"一带一路"暨金砖国家技能发展与技术创新大赛

工程仿真共性技术解决方案

北京赋智工创科技有限公司技术创新中心　主编

化学工业出版社

·北京·

内容简介

本书作为工程仿真创新设计大赛推动关键共性技术创新的成果之一，也是仿真秀平台打造跨行业跨领域的工业品解决方案“资源池”的一部分。本书将工程仿真大赛的优秀作品进行整理，以便形成可用于行业间技术转移的解决方案，技术涵盖工业设备、车辆、航空航天与国防、能源、土木建筑、生命科学等九个行业大类。

本书收录和整理了工程仿真应用的案例，共 46 个共性技术解决方案，包括车辆应用、航空航天应用、地质土建应用、工艺应用、能源动力应用等领域。详细阐述了技术路线、软件实现手段，以图文并茂的形式，将项目成果转化为可转移的技术方案。

本书涉及领域丰富，技术路线清晰，适用于以数字化、智能化、绿色化为方向的设计、研发、生产相关的工程技术人员，以及理工科院校的教师、研究生、高年级本科生。

图书在版编目(CIP)数据

工程仿真共性技术解决方案/北京赋智工创科技有限公司技术创新中心主编．—北京：化学工业出版社，2024.4

ISBN 978-7-122-44798-2

Ⅰ.①工…　Ⅱ.①北…　Ⅲ.①计算机仿真　Ⅳ.①TP391.9

中国国家版本馆 CIP 数据核字（2024）第 054315 号

责任编辑：金林茹　　文字编辑：陈立璞

责任校对：李　爽　　装帧设计：王晓宇

出版发行：化学工业出版社

（北京市东城区青年湖南街 13 号　邮政编码 100011）

印　　装：北京天宇星印刷厂

787mm×1092mm　1/16　印张 22¾　字数 578 千字

2024 年 9 月北京第 1 版第 1 次印刷

购书咨询：010-64518888　　售后服务：010-64518899

网　　址：http://www.cip.com.cn

凡购买本书，如有缺损质量问题，本社销售中心负责调换。

定　价：188.00 元

前言

工程仿真作为工业软件的重要部分之一，是行业间创新融合的关键共性技术。本书从共性技术的维度，将工程仿真大赛的优秀作品优化整合，整理成可跨行业、跨软件、跨专业的技术融合的解决方案。同时众多大赛专家和参赛选手集思广益，力求实现技术转移和成果转化。

本书依托真实工程项目，分批收录和整理前沿的工程仿真解决方案，为行业及行业间提供实践范例。项目涵盖工业设备、车辆、航空航天与国防、能源、土木建筑、生命科学等九个行业大类。按照技术领域划分为篇，每个案例围绕一个工业产品或重要场景，从软件、专业、行业背景等方面阐述，内容包括项目背景、技术路线、实施方案、结果验证，以及意义和结论等。

第一篇为车辆应用方向，在共性技术方面包括了多学科优化技术、拓扑优化技术、结合 AI 的智能优化、虚拟驾驶技术等；在专业方面包括热力学、静力学、多体动力学、控制等学科；在仿真软件方面涉及 Altair Hyperworks、OptiStruct、Radioss、Ansys Mechanical、Isight、eta/VPG、Adams、CarSim、Matlab/simulink 等商业软件。第二篇为航空航天应用方向，在共性技术方面包括了 MBSE 建模技术、数字孪生、健康监测、降阶模型等；在专业方面包括了机-电-液-控制、热力学、静力学、显式动力学、振动、流固耦合等学科；在仿真软件方面涉及 Ansys Fluent、LS-DYNA、Twin Builder、Altair Hyperworks、Isight、Abaqus、Matlab/simulink、Modelica 等商业软件。第三篇为地质土建应用方向，在共性技术方面包括了逆向建模、多学科优化、参数优化、二次开发、试验验证等；在专业方面包括了静力学、摩擦、阻尼、稳定性、振动、显式动力学、断裂、流固耦合等学科；在仿真软件方面涉及 Ansys Fluent、LS-DYNA、Dassault Abaqus、XFlow、Altair EDEM、GDEM、Marc、SAP2000 等国内外商业软件。第四篇为工艺应用方向，在共性技术方面包括了参数优化、二次开发、试验验证；在专业方面包括了多尺度、疲劳、物质点算法、体积成型等学科；在仿真软件方面涉及 CoinFEM、Abaqus、Deform、Ansys Fluent 等商业软件。第五篇为能源动力应用方向，在共性技术方面包括了参数优化、试验验证、系统仿真；在专业方面包括了强度、屈曲、疲劳、振动热、流固耦合、分子动力学、水动力、燃烧、生物力学等学科；在仿真软件方面涉及 Ansys Mechanical、Ansys Fluent、AnyBody、Isight、GDEM、SIEMENS STAR-CCM＋等商业软件。

随着工程仿真技术不断迭代，本书肯定还有诸多需要优化之处，敬请广大仿真用户批评指正。

北京赋智工创科技有限公司

技术创新中心

目录

6 第六篇 其他篇 332

第一篇

车辆应用篇

案例1　车身多学科性能集成优化

案例2　基于多学科的某型轻混商用车车架轻量化仿真分析

案例3　AI技术实现新能源电池包公差仿真分析

案例4　发动机活塞热疲劳数值模拟研究

案例5　分布式电动汽车控制策略研究

案例6　排气歧管热应力仿真分析

案例7　赛车摇臂仿真与优化

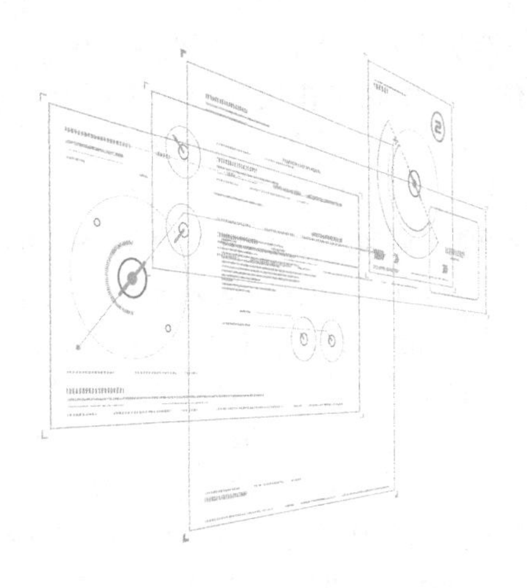

案例 1

车身多学科性能集成优化

参赛选手：石朝亮，谌胜，乔彦　　指导教师：屈新田
东风汽车集团有限公司
第一届工程仿真创新设计赛项（企业组），一等奖

作品简介： 基于参数化模型，搭建车身刚度、模态、碰撞安全、重量等多学科性能优化平台，进行车身的结构尺寸、材料、形状、拓扑结构等优化，得到满足多学科性能要求的车身轻质结构，有效解决了性能集成优化问题，优化效率提升60%以上。

作品标签： 汽车、拓扑优化、多学科优化、二次开发。

1.1 引言

在乘用车项目开发中，车身结构作为最重要的系统，需要满足刚度、强度、碰撞、耐久、NVH（noise，vibration，harshness，噪声、振动与声振粗糙度）、轻量化等多种性能要求。车身结构设计是最复杂的结构设计之一。近年来，随着CAE技术的普及，国内各车企在车身结构设计中均已逐步形成“设计—仿真—设计”的标准流程。CAE技术的应用，解决了在生产试制之前对车身性能进行仿真评估的问题，但还存在一些问题：

① 仿真依赖于设计，即仿真工作总是在设计方案完成后才能开展。此时，结构设计边界已基本固化，如要更改，将对项目开发周期产生重大影响。

② 仿真过程需要经历网格建模、子模型处理、全模型处理、边界载荷施加、模型试算、正式计算、结果提取等一系列复杂操作，周期长、易出错。等到完成仿真时，设计方案早已由于造型、工艺等因素发生了改变（如设计变化，以上步骤需从头开始），仿真工作费时费力，没有效果。

③ 不同的仿真学科独立开展性能评估，从各自的角度提出改进建议，诉求往往互相矛盾，方案选择时只能妥协一部分性能以换取另一部分性能，无法达到整体最优。

随着项目开发周期的缩短，采用较传统的仿真方法已不足以应对逐步提高的各性能要求，因此研究更具指导意义、更加快捷、综合性更高的仿真技术具有非常高的技术价值。本项目对车身参数化方法及集成仿真优化技术进行了深入研究及应用。该技术方法具有不依赖于设计数据、参数化建模完成后自动划分网格、依据一个模型开展多学科仿真优化等特点，可应用于项目前期概念设计阶段，指导设计工程师完成结构设计。

1.2 技术路线

首先在前期开发阶段，根据基础车模型和整车边界，建立车身拓扑优化模型，基于动、静态载荷进行拓扑优化，完成车身框架的优化设计。其次利用参数化设计软件，建立某乘用

车开发平台概念白车身隐式全参数化三维模型，快速验证拓扑优化方案。同时结合有限元网格自动生成技术，对车身模型接头、截面等各项特性参数进行有效设置，联合 Isight、OptiStruct、Radioss 可实现运算过程无需人工干预的优化循环，基于白车身模态、扭转刚度、弯曲刚度、整车碰撞性能，对车身结构进行形状与拓扑优化，实现“CAD 设计与 CAE 分析一体化”设计。最后，结合平台开发车型的边界定义，快速衍生平台定义车型的概念车身模型，并进行相关性能摸底，预测平台性能带宽。另外，在车型设计阶段，运用参数化模型快速变换的优势，根据车型初期各关键区域造型变化调整对白车身刚度、模态、整车碰撞等性能评估，为造型设计提供性能依据。

参数化车身优化工作主要技术途径如图 1-1 所示，主要分为五个阶段。第一阶段，为该平台设计的早期概念阶段，基于参考车型、平台定义尺寸等建立早期的参数化模型，并进行方案预研分析；第二阶段，基于新的造型数据和车身断面，进行更新和模型衍生，完成造型数据的拟合及性能达成可行性分析；第三阶段，首先基于刚度、NVH、安全等多学科性能进行拓扑结构方案的优选，找出最佳传力路径，完成车身框架结构设计，其次进行材料、厚度及结构尺寸的优化；第四阶段，为详细的工程设计阶段，针对部分出现性能矛盾的系统或零部件，进行多学科性能平衡优化，找出满足各性能要求的最佳方案，以及基于参数化模型进行一些构想方案相关性能的快速验证；经仿真验证后进入第五阶段，将固化后的参数化数据入库，进行多层级模块化数据库的构建，此数据库可直接用于开发下一款车型或平台的参数化模型的快速构建。

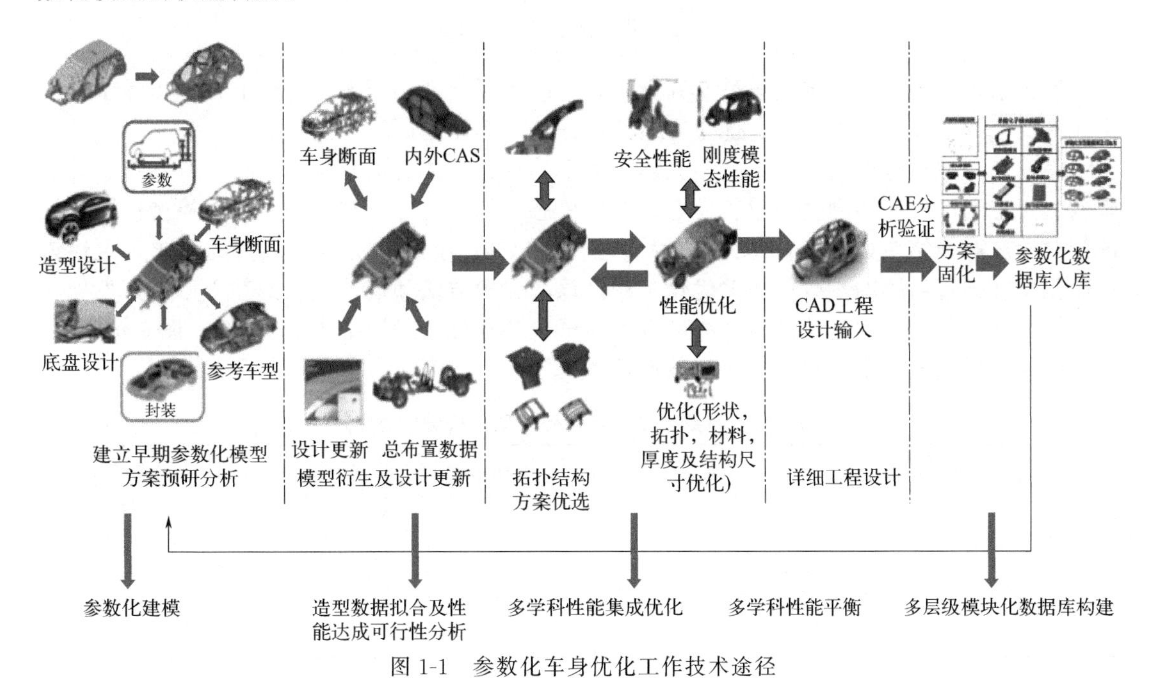

图 1-1 参数化车身优化工作技术途径

1.3 技术手段

1.3.1 参数化车身建模

通过全参数化几何与拓扑建模技术，实现点、线、截面、梁、自由曲面等参数化，基于精细化的建模流程及命名规范，实现高精度和智能装配。另外，通过智能映射技术可实现智能化模型装配。建模示例如图 1-2 所示，单元属性/类型、焊接/粘接、边界条件/载荷定义等和有限元软件对应且兼容，拥有独特的快速/自动网格生成技术，根据几何模型的变化可实时生成高质量有限元网格，连接关系可自动识别（如铆接、焊点、焊缝、螺栓等）。

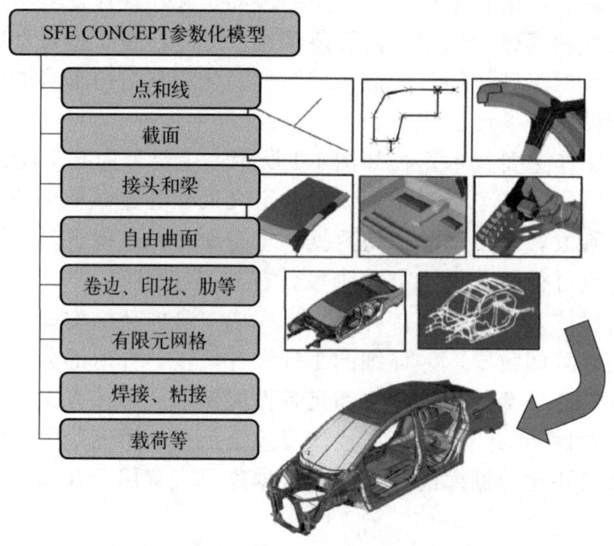

图 1-2 参数化车身建模示例

该技术可实现平台所定义车型及其衍生，解决了平台架构开发车身性能带宽覆盖范围的预评估及性能达成可行性分析、优化方案的快速迭代等难题。

完成车身参数化建模，并定义相关连接关系，快速生成有限元网格模型后，基于白车身质量、扭转刚度、弯曲刚度、扭转模态、弯曲模态等性能指标，与传统有限元模型仿真结果进行对标。对标结果如表 1-1 所示，最大误差为 4.3%，小于行业 10%以内的要求，可用该参数化模型进行后续的参数化相关优化工作。该套建模方法和规范应用到某乘用车开发项目中，针对其参数化模型基于碰撞性能进行了与试验的对标。对标结果如图 1-3、图 1-4 所示，关键区域变形模式基本一致，加速度波形基本一致。

表 1-1 参数化模型与基础模型分析结果对比

模型说明	质量/kg	扭转刚度/[N·m/(°)]	弯曲刚度/(N/mm)	扭转模态/Hz	弯曲模态/Hz
基础模型	317.2	18307	11855	34.8	42.1
参数化模型	322.3	17640	12365	35.6	42.7
变化率	1.6%	−3.6%	4.3%	2.3%	1.4%

图 1-3 40%偏置碰纵梁、上纵梁、防撞梁变形对标

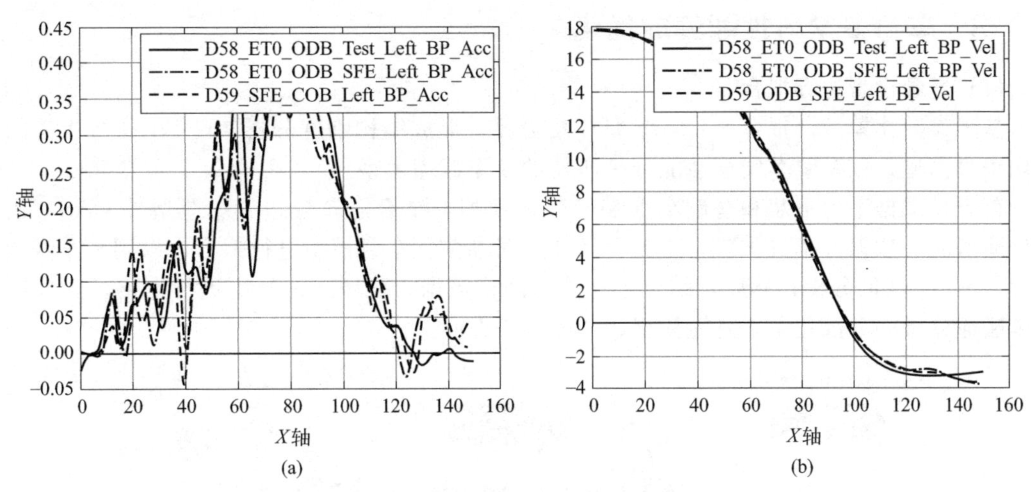

图 1-4　B 柱碰撞加速度和速度对标

1.3.2 基于参数化模型的多学科仿真优化平台

基于参数化模型，搭建车身刚度、模态、碰撞安全、重量等多学科性能优化平台，如图 1-5、图 1-6 所示，进行车身结构的尺寸、材料、形状、拓扑结构等优化，可得到满足多学科性能要求的车身轻质结构，有效解决了性能集成问题，优化效率提升 60%以上。

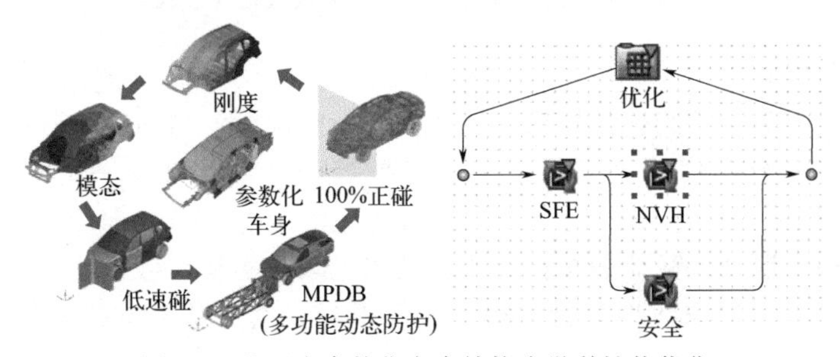

图 1-5　基于全参数化车身结构多学科性能优化

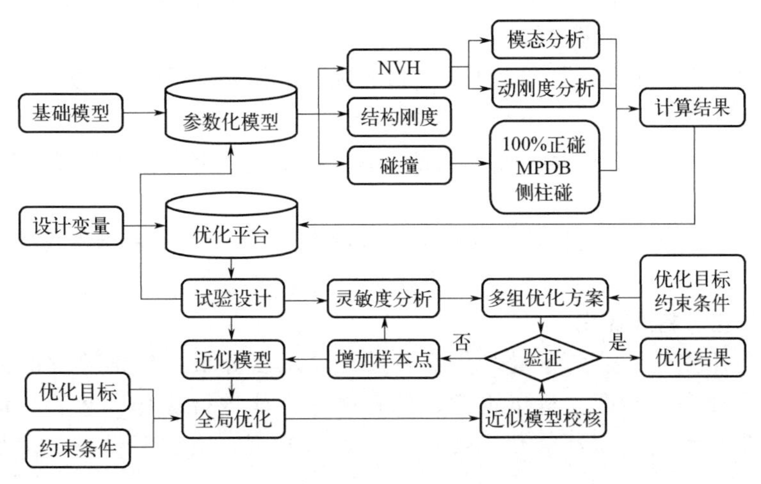

图 1-6　多学科仿真优化平台

1.3.3 车身多学科性能集成优化

（1）概念模型边界拟合

基于参数化模型，拟合平台、车型开发边界，形成结构刚度分析、NVH 分析所需的参数化车身模型，以及整车安全性能分析所需的整车碰撞模型。

首先，根据平台下装和基础车上装参数化模型，结合总布置边界、造型外 CAS（汽车初步造型面）数据、车身止口、主断面尺寸，对参数化车身模型进行拟合，以用于车身结构耐久、NVH 性能分析；然后，结合车身外部网格数据，按照既定规则进行连接，形成用于整车碰撞分析的参数化整车碰撞模型，如图 1-7 所示。

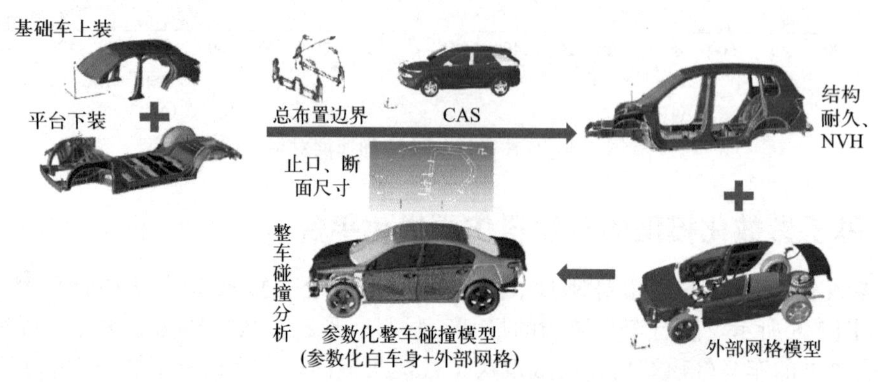

图 1-7 参数化车身及整车碰撞模型搭建过程

（2）传力路径优化

采用基于动、静态载荷的多目标拓扑优化技术，解决行业内动态载荷难以拓扑优化的非线性问题，同时，形成的优化方案能保证车身框架的设计既具有一定刚度又保持一定的柔度。

基于碰撞冲击工况动态载荷的拓扑优化，技术上较难实现，行业较少应用。本技术方案首先对优化区域进行动态非线性分析，得到位移响应，然后基于位移响应计算等效静态载荷，施加载荷进行优化。

该技术方案的另一重难点就是需要同时兼顾车身刚度等静态（应变能）指标、碰撞冲击变形量等动态指标。本技术对整体应变能、碰撞冲击工况下的关键区域变形量等进行了加权叠加，以加权后的结果作为优化目标。

将整体应变能、前舱变形量和防火墙变形量加权后作为目标函数，如下：

$$\min\{F=aE+bD_1-cD_2\}$$

式中，F 是目标函数；E 是整体应变能；D_1 是防火墙变形量；D_2 是前舱变形量；a、b、c 是权重系数。

基于动、静态载荷的多目标拓扑优化结果如图 1-8 所示，有效指导了车身主要传力路径的设计。

（3）断面优化、料厚优化

首先基于断面优化、梁系布置优化等，进行灵敏度分析，识别关键断面及最优位置等，并基于车身模态、刚度、整车正碰、偏置碰等性能进行优化，然后与优化工具和求解器组合，实现自动化的闭环优化，最后建立近似模型，实现多学科、多目标优化。优化过程如图 1-9 所示。

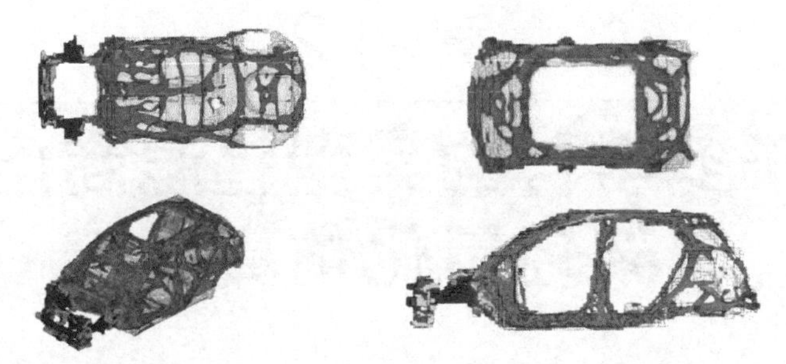

图1-8 基于动、静态载荷的多目标拓扑优化结果

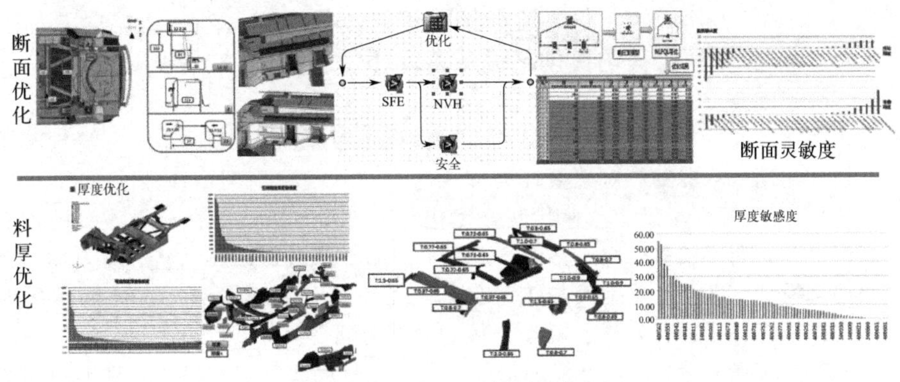

图1-9 断面、料厚优化

1.4 结果分析

通过上述技术手段，得到拓扑优化方案12个、优化截面变量33个，优化板件料厚51个，实现减重8kg，同时扭转性能提升20%左右，弯曲性能提升2%～3%，整车碰撞关键区域侵入量有所降低，如表1-2所示。

表1-2 优化前后各性能对比

项目	质量/kg	扭转刚度/[N·m/(°)]	弯曲刚度/(N/mm)	扭转模态/Hz	弯曲模态/Hz	FRB(100%正碰)		ODB(正面4%偏置碰撞)	
						加速度	侵入量	加速度	侵入量
原方案	342.5	18606	23599	36.36	52.52	43.1	130.11	43.63	223.52
优化方案	334.5	22641	24169	43.49	53.96	42.92	118.97	43.54	243.59
变化率	−2.34%	21.69%	2.44%	19.6%	2.74%	−0.6%	−8.6%	−0.2%	9%

通过优化，形成高性能、轻量化的技术方案，车身整体性能达到了预期目标。

1.5 项目意义

本技术成果可使仿真工作提前介入项目开发，解决了仿真依赖详细3D数据不能前置的问题；通过本技术的应用，可获得兼顾各性能要求的轻量化方案，使产品具有更好的品质，提升了品牌形象与市场竞争力。

案例 2

基于多学科的某型轻混商用车车架轻量化仿真分析

参赛选手：苏欢，丁培林，王辉　　指导教师：刘道勇
东风汽车集团有限公司

第二届工程仿真创新设计赛项（企业组），二等奖

作品简介： 车架作为商用车的重要承载结构，对商用车整车的NVH、耐久性特性起着至关重要的作用。本案例针对某型轻混商用车，在其优化周期内应用了VPG（虚拟试车场）、二次开发、尺寸与形状联合优化、超单元与轻质复合材料等关键仿真技术手段。首先利用试车场数字路面，提取车架的外部载荷边界；然后高效建立高精度的仿真模型，结合优化手段与工程经验，不断迭代出质量最小、性能最优的车架结构；最终联合刚度分析、模态分析、疲劳分析等，在保证NVH、耐久性等特性的同时，获得了满足全部性能的最优结构。优化后的车架最终一次性通过了可靠性道路试验，投放市场后获得了无失效故障出现的良好反馈。该轻混车型结构设计仿真与优化的流程考虑全面，提前了仿真在设计开发中的接入时间，使用丰富的仿真手段和有限的试验资源即可开发出得到市场检验的关键车架结构，具有极大的工程参考价值。

作品标签： 车架、轻量化、多学科性能。

2.1 引言

基于“双碳”目标和“双积分”政策，降低燃油车平均油耗，快速扩张新能源市场、投放新能源产品和技术，正倒逼汽车行业节能减排。随着商用车“多拉快跑”的需求日趋重要，轻量化成为开发中必须考虑的一项重要性能指标。车架作为核心承载结构，其自身重量的优化对于整车轻量化有着重要的意义。同时，市场竞争日益激烈，研发过程中试验周期过长，为进一步提高研发效率，需采用VPG（虚拟试车场）等仿真手段来替代实物试验，将仿真提前到设计之初。

车架的性能直接决定整车的使用寿命。为保证车架在使用过程中的可靠性，核心承载结构必须综合考虑强度、刚度、固有频率以及疲劳寿命［分别代表着可靠性、操作稳定性（操稳）、平顺性以及NVH四个方面的特性性能］。与此同时，车架自身重量的优化对整车轻量化有着重要的意义。本项目以成熟应用该流程后在市场无破坏问题反馈的某型轻混商用车车型为基础，结合简化的车架模型进行了技术手段流程与效果的详细说明。首先利用试车场数字路面，提取车架的外部载荷边界；然后高效建立高精度的仿真模型，结合优化手段与工程

经验，不断迭代出质量最小、性能最优的车架结构；最终联合刚度分析、模态分析、疲劳分析等多学科手段，在保证 NVH、耐久性等特性的同时，获得满足全部性能的最优结构。完整的车架仿真优化设计流程如图 2-1 所示。

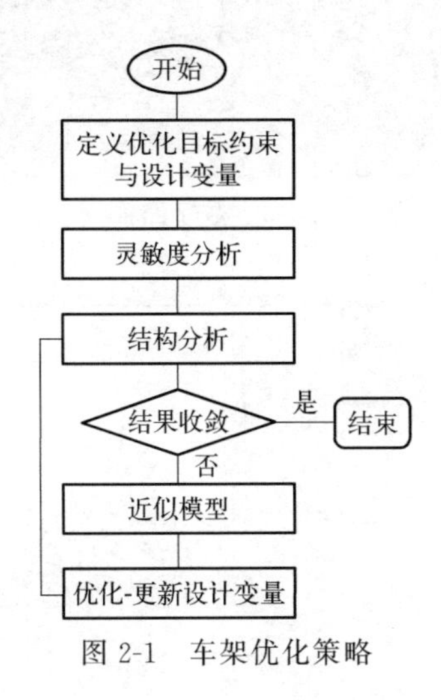

图 2-1 车架优化策略

2.2 技术路线介绍

优化设计周期内应用了 VPG（虚拟试车场）、二次开发、尺寸与形状联合优化、超单元与轻质复合材料、性能联合仿真等关键仿真技术手段。

2.2.1 VPG 技术应用

在设计初期阶段，通过对基础车应用试车场数字路面，提取车架的外部载荷边界。数字路面结合 Adams 整车模型，可以确保仿真的边界条件与道路路谱具有强相关性；其采样频率为 256Hz，包括石块路、软石路、直搓板、斜搓板、连接路等，弥补了传统仿真优化设计的缺陷。

VPG 用 Adams 来创建整车模型时需要的信息包括硬点位置，车架附件质心与配重，弹簧、衬套、橡胶垫的刚度，减振器阻尼等。与虚拟迭代不同的是，虚拟试验场中的虚拟路面必须将轮胎模型创建出来，而且要表达出悬架的非线性特性（这一步需要通过试验的标定来积累相关参数）。同时，需要用柔性体 mnf 文件模拟所有的车架相关模型。整车多体动力学模型如图 2-2 所示，数字路面如图 2-3 所示，提取的某一接附点的载荷谱如图 2-4 所示。

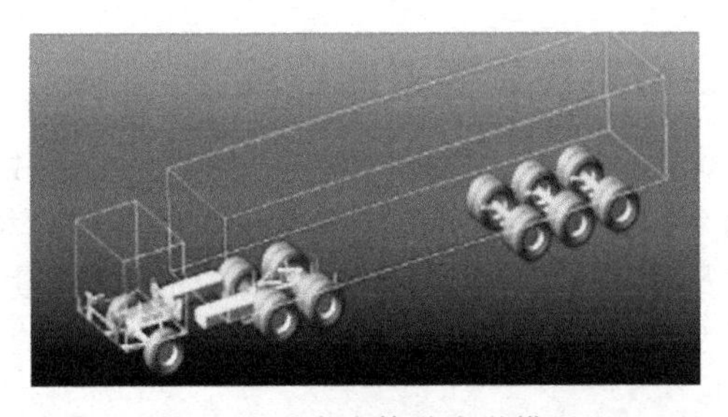

图 2-2 整车多体动力学模型

图 2-3 数字路面

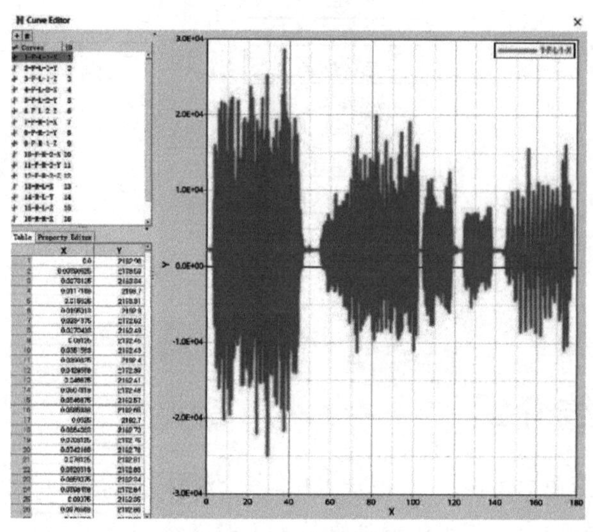

图 2-4 载荷谱示意

2.2.2 尺寸与形状联合优化技术

尺寸优化和形状优化已经是非常成熟且应用广泛的优化方法。底盘车架系统具有大量零部件，针对整车进行全局优化会使对重量不敏感的零部件也参与计算，导致效率降低。因此采用相对灵敏度分析方案，该技术能挑取需要优化的零部件进行后续优化，显著提升了优化效率。

针对本案例的车架模型，首先建立弯曲刚度、扭转刚度、模态工况的灵敏度分析模型，然后以质量灵敏度与工况灵敏度的比值作为相对灵敏度，依据指标排序对零件进行筛选，最终选择影响最大的 9 个零件作为优化目标零件。筛选出来的全部零件以厚度作为设计变量进行尺寸优化，变化范围为 3～8mm，其可设计空间为梯度设置为 1mm 的离散变量；同时针对筛选出来的第二、三横梁做形状优化，设计变量为边界和连接板腹面节点允许前后移动 10mm。以弯曲刚度、扭转刚度、一阶模态的界限值为约束条件，整体零件质量最小为目标展开优化。

2.2.3 超单元、复合材料在尾横梁的应用

轻量化主要依靠结构优化、新工艺和新材料三大技术。复合材料因超高的比强度特性在车架中具有光明的应用前景。由经验判断，类似牵引车的尾横梁结构对强度性能的提升较小，但其对操稳平顺性以及尾部刚度性能的影响较大。因此在轻量化的背景下，对尾横梁零部件应用新型材料，同时考虑强度、刚度和模态特性，在整车架的全局载荷边界下对复合材料的铺层进行优化。

建立各向异性材料 MAT8，以 HyperLaminate 建立 PCOMP 属性，实现复合材料铺层。应用超单元缩减矩阵（DMIG）技术，在整车车架刚度模型中针对尾横梁进行优化。每层的铺层厚度作为设计变化，变化范围为 0.1～1mm，允许变化梯度是 0.02mm，以尾横梁的质量不增加 5%为约束条件，柔度最小为目标进行优化。图 2-5 为超单元与复合材料建模示意。

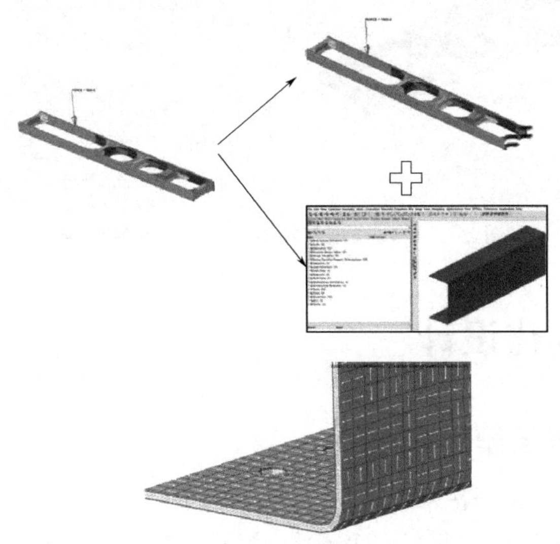

图 2-5　超单元与复合材料尾横梁示意

2.2.4　多学科联合仿真校核

针对操稳、振动和耐久特性，采用刚度分析、模态分析、疲劳分析多学科联合仿真的手段对车架进行性能校核。弯曲刚度计算采用

$$K_b=\frac{FL^3}{48D}$$

式中，F 为载荷；L 为轴距；D 为相应位置车架腹面最大形变；K_b 为弯曲刚度。

扭转刚度计算采用

$$K_t=\frac{FL^2W}{D}$$

式中，F 为载荷；L 为轴距；W 为车架宽度；D 为相应位置车架腹面最大形变；K_t 为扭转刚度。

弯曲刚度的仿真约束点为：板簧中间点投影在车架下翼面的对应点，加载在车架上翼面，对应为前后约束点的中点在上翼面的投影点。扭转刚度的仿真约束点为：左前板簧中间点投影在车架下翼面的对应点，加载位右前板簧中间点投影在车架下翼面的对应点。模态为车架自由模态。

疲劳强度为准静态的应力疲劳分析方法，强度模型中附件表征为质量点，用 RBE2 和 RBE3 抓取质心处的质量单元连接在底盘安装孔处。针对接附点的单位载荷应力数值联合 VPG 载荷与 S-N 曲线（应力-寿命曲线）获得车架的损伤与疲劳寿命，如图 2-6 所示。本案例采用简化影响最大的悬架处 6 个接附点。

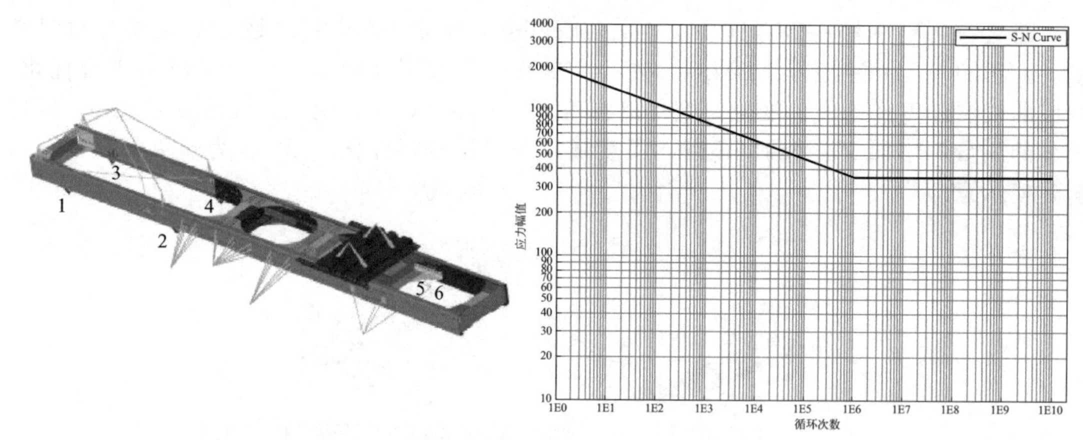

图 2-6 强度模型与接附点示意及 S-N 曲线

2.3 轻量化优化设计

2.3.1 车架有限元模型建立

本案例采用简化车架进行技术手段流程与效果的详细说明。其中纵梁、横梁、鞍座的 CAD 模型建立采用 Catia 进行，共计 31 个零件。装配完成后导入 Hyperworks 软件运行二次开发程序，自动化完成模型网格划分、材料赋予、零部件连接以及载荷和约束建立的前处理工作，其中包括抽中面、创建材料参数、自动配重等需要消耗大量时间的工作。对于复合材料尾横梁建模，采用超单元对模型缩减后再展开复合材料尾横梁的铺层厚度优化工作。最终刚度模型共计 17 万个单元、18 万个节点，强度模型共计 19 万个单元、20 万个节点。

2.3.2 基础方案与轻量化优化方案对比

基础方案的金属件以及复合材料优化前后的厚度对比如图 2-7 所示。形状优化联合设计

序号	零部件	优化前/mm	优化后/mm
1	二横梁	6	4
2	一横梁	6	3
3	尾横梁角板	8	4
4	四横梁	6	4
5	四横梁角板	8	6
6	二横梁	翼面加宽10mm	
7	四横梁	翼面加宽10mm	

(a) 优化前后金属件的厚度

Ply lay-up: WEIHENGLIANG
Total number of plies: 10
Total thickness: 5.0

Ply	Material	Thickness T1	Orientation Degrees
1	WEIHENGLIANG	0.5	0.0
2	WEIHENGLIANG	0.5	45.0
3	WEIHENGLIANG	0.5	-45.0
4	WEIHENGLIANG	0.5	90.0
5	WEIHENGLIANG	0.5	-45.0
6	WEIHENGLIANG	0.5	45.0
7	WEIHENGLIANG	0.5	90.0
8	WEIHENGLIANG	0.5	-45.0
9	WEIHENGLIANG	0.5	45.0
10	WEIHENGLIANG	0.5	0.0

Ply lay-up: WEIHENGLIANG
Total number of plies: 10
Total thickness: 5.04

Ply	Material	Thickness T1	Orientation Degrees
1	WEIHENGLIANG	0.5	0.0
2	WEIHENGLIANG	0.5	45.0
3	WEIHENGLIANG	0.46	-45.0
4	WEIHENGLIANG	0.68	90.0
5	WEIHENGLIANG	0.48	-45.0
6	WEIHENGLIANG	0.48	-45.0
7	WEIHENGLIANG	0.58	90.0
8	WEIHENGLIANG	0.48	-45.0
9	WEIHENGLIANG	0.5	45.0
10	WEIHENGLIANG	0.5	0.0

(b) 优化前后复合材料的厚度

图 2-7 优化前后厚度对比

开发的工程经验，最终采用第二、三横梁的翼面宽度拉伸 10mm，连接板拉伸 20mm 的优化方案。

2.3.3 弯扭模性能

基础方案与最终优化方案的弯曲、扭转、模态性能分别如表 2-1、图 2-8 所示。优化后的所有性能指标均达到了设计目标。

表 2-1 特性性能

项目	弯曲/N·m^2	扭转/(N·m^2/rad)	一阶模态/Hz
基础方案	1.27×10^7	5×10^5	11.6
最终优化方案	1.29×10^7	5×10^5	11.98

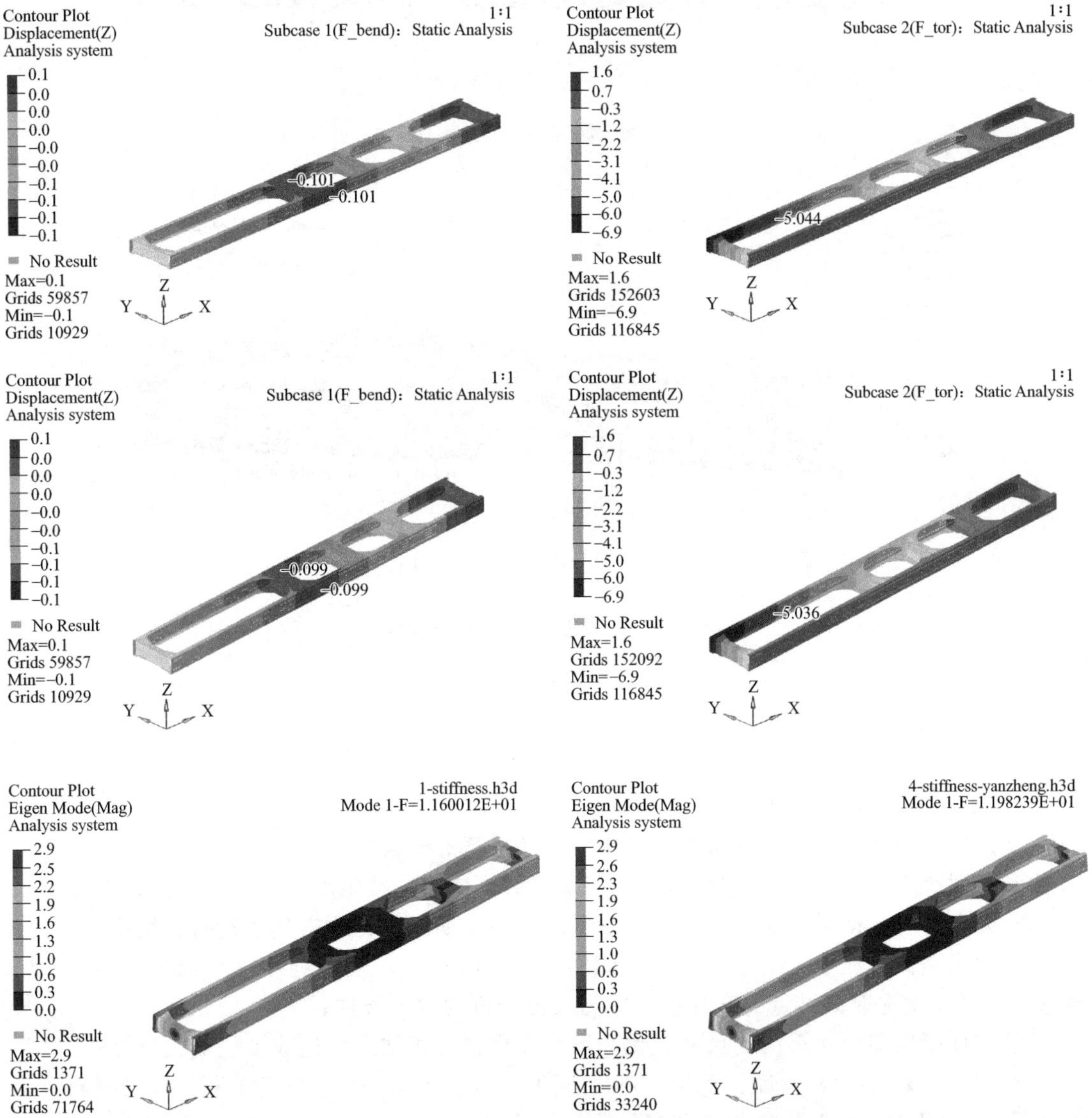

图 2-8 优化前后的弯曲、扭转、模态云图对比

2.3.4 疲劳耐久性能

图 2-9、图 2-10 表示原方案与轻量化优化后的最小循环次数分别为 1535 次和 1668 次。按照转换系数 10km 计算，其对应的里程分别为 15350km 与 16680km，远超过道路试验标准规定的试车场卵石路、石块路、搓板路等加强试验道路的里程。

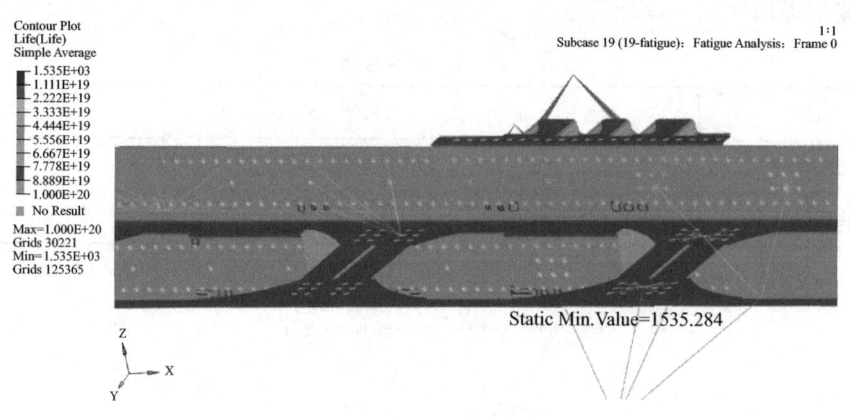

图 2-9　原方案的疲劳寿命

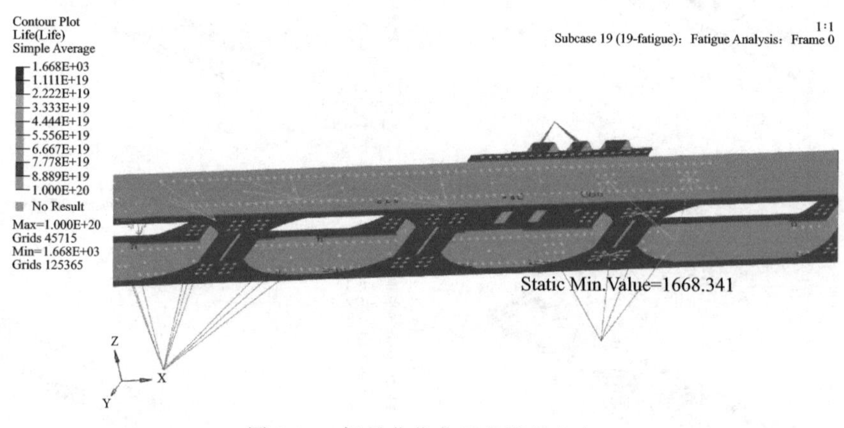

图 2-10　轻量化优化后的疲劳寿命

2.4 总结

本案例的创新点主要包含以下几方面：

① 二次开发技术：45min 完成车架建模，且建模精度满足要求；

② 相对灵敏度应用：以质量灵敏度/工况灵敏度为相对灵敏度，筛选出了优化零件；

③ 复合材料尾横梁：超单元、复合材料的应用及铺层优化，得到了新材料结构；

④ 数字路面，提取车架外部载荷：VPG（虚拟试车场）技术利用试车场数字路面，结合整车多体模型提取关键点的载荷谱，作为疲劳分析的输入条件；

⑤ 零件厚度和形状重构：尺寸优化和形状优化技术相结合，达成了轻量化目标；

⑥ 联合仿真-多学科验证：利用 VPG、刚度分析、模态分析、疲劳分析、复合材料等手段，保证了 NVH、耐久性等特性和轻量化目标达成。

同时，实施该方案可为商用车的开发和应用带来巨大的经济效益。该车架总成单车降重52.8kg，成本降279.3元，每年销量3万台，预计全年降成本837.9万元。该车架单车降重52.8kg，客户每趟可多拉货物52.8kg，运费按照10元/(km·t)计，每千米多赚0.528元，每年跑10万千米，预计客户多赚5.28万元。通过仿真分析可以替代实车的可靠性试验验证，可节省试验费用100万元。在建模过程中利用二次开发技术提升了仿真效率，传统车架建模需16h，本技术仅需1h，大大缩短了开发周期。本案例涉及的所有技术，均可以在全平台全车型推广应用，将大力推进节能减排工作。

参考文献

[1] 路军凯，张朝军，王香云，等．基于虚拟试验场（VPG）整车强度耐久开发技术［J］. 内燃机与配件，2021（16）：7-8.

[2] 赵强，刘丹丹，李旭，等．基于CAE技术的工程自卸车车架有限元分析［J］. 重型汽车，2022（5）：29-30.

[3] 伍柏霖，顾小川．基于静强度分析的车架疲劳寿命仿真预测［J］. 内燃机与配件，2021（10）：48-49.

案例 3

AI 技术实现新能源电池包公差仿真分析

参赛选手：陈钰龙，贺建炜，杨阳　　指导教师：王朝阳
棣拓（上海）科技发展有限公司
第一届工程仿真创新设计赛项（企业组），一等奖

作品简介： 传统装配公差仿真过程中创建特征、定义公差、创建装配、创建测量全部通过手工操作完成，建模过程比较烦琐，只有少数专业的尺寸工程师能掌握这些方法，限制了三维公差仿真技术的应用范围。本案例通过多种 AI 技术（如图像识别、深度学习等）和三维数模解析技术的联合应用，实现了新能源车动力电池包上、下壳装配公差仿真自动化，提升公差仿真效率 60%以上，降低了三维公差仿真软件对工程师的技能要求。

作品标签： 装配公差、图像识别、深度学习、公差仿真自动化。

3.1 工程问题描述

电池包是新能源车的重要组成部分，其上、下壳的装配质量对电池包的安全及密封等有着重要影响，装配效率对产能释放具有重要意义。

电池包研发企业在产品开发过程中，其公差仿真业务通常由专门的尺寸工程师完成。在电池包上、下壳的公差仿真装配建模过程中，常常由于上、下壳连接螺栓数量多，导致建模时有大量的重复性操作，很大程度上延长了建模时间，并且目前的电池包都是针对单一车型或平台开发的专用件，产品型号非常多，尺寸工程师难以在规定的时间内完成全部的仿真工作，只能在试制过程中发现了再调试解决，拉长了开发试制周期。

常见的电池包上、下壳体通过周边 50～80 个螺栓紧固，如果制造偏差的设置或装配过程中定位销的位置不合理，则这些螺栓难以同时通过，装配后上、下壳法兰面的贴合质量不佳影响电池的密封性和安全，螺栓与螺孔干涉导致在工位上需要反复调整，延长工序的生成时间，影响产能，因此在设计阶段对螺栓通过性进行虚拟评价至关重要。

本案例使用 DTAS 3D 软件建立电池包三维公差仿真分析模型（图 3-1），利用蒙特卡洛法评价上、下壳体螺栓一次性通过的合格率，并找到影响其合格率的关键因素，比如螺栓孔的位置公差、定位方式等，从而指导上、下壳体的公差设计和工艺设计等。公差仿真过程中使用 AI 技术，自动创建装配和测量特征，使用 DTAS 3D 的命令流功能一键驱动公差赋值和创建装配、测量操作，大幅地简化了操作过程，减少了工程师的重复性操作，提升了仿真建模效率。

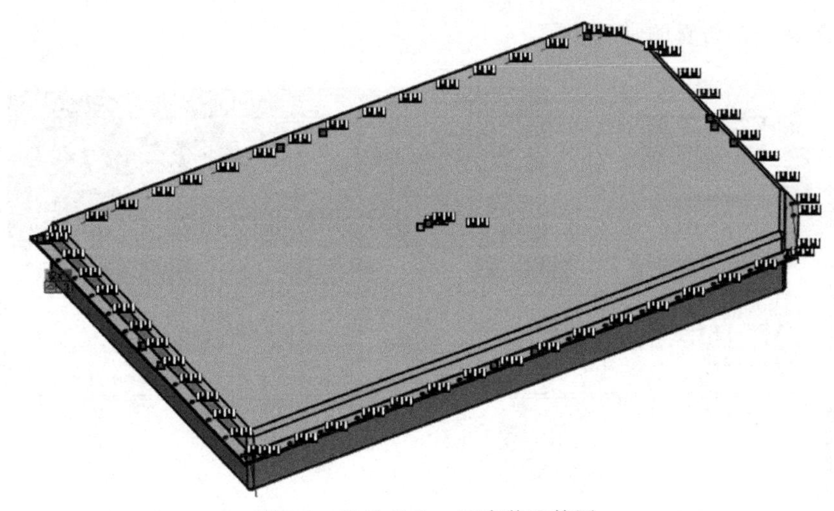

图 3-1 电池包上、下壳装配简图

3.2 分析流程

3.2.1 公差仿真的基本假设

① 下壳体被假定为刚性体，上壳体分块，每块均为刚性体。

② 所有的仿真结果均不体现由实际的环境条件引起的变化。

③ 所有的仿真结果均不体现热变形、热膨胀、振动等条件引起的变化。

④ 所有的线性公差设定均为正态分布，所有的位置公差均默认为瑞利分布，除非有特殊说明。

⑤ 所有的零件公差设定均是以零件的生产合格率是 99.73%（一般汽车行业的通用标准是$\pm 3\sigma$，在这个标准下零件的合格率为 99.73%，其中 σ 为标准差）作为输入。

⑥ 仿真系统进行 5000 次模拟，所有的仿真结果均是基于对这 5000 次模拟数据进行统计分析得到的。

3.2.2 三维公差仿真建模流程介绍

基于蒙特卡洛法的三维公差仿真流程一般分为建模前准备、特征创建、公差赋值、创建装配和测量与提交仿真。

建模前的充分准备是公差仿真的基础，包括三维数模的准备和导入 DTAS 3D 软件，收集产品的装配工艺流程、公差参考标准和测量评价目标等。

特征创建是在公差仿真软件中将产品按工艺流程装配的配合特征和需要测量评价的目标特征提取成参数化特征。

公差赋值是按照公差参考标准或其他的标准要求对提取的装配和测量特征赋值变量范围。

创建装配和测量是按工艺流程在公差仿真软件中定义装配过程，按测量要求设定虚拟测量特征的波动评价范围。

提交仿真是将已经创建完成的公差仿真模型提交给求解器进行运算，以确定测量评价目标的波动范围是否在允许的目标范围内。

如图 3-2 是公差仿真的常见步骤。

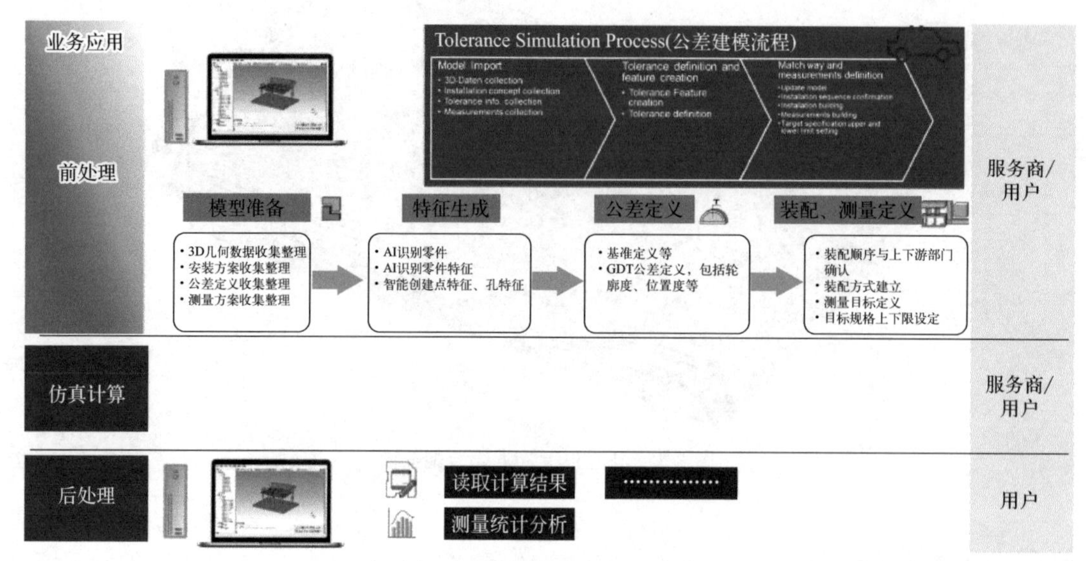

图 3-2 公差仿真的常见步骤

3.2.3 电池包上下壳建模过程描述

(1) 仿真要求

① 建模要求：上壳体为复合材料件，刚性较低，装配时存在变形，为降低变形对仿真结果的影响，考虑将上盖分区域与下盖进行装配，如图 3-3 所示。

② 求解内容：上盖所有安装孔是否满足装配要求。

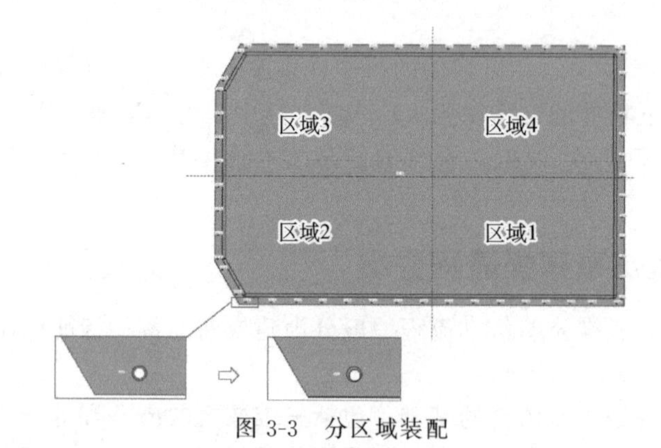

图 3-3 分区域装配

(2) 装配顺序说明

① 首先预锁 4 个对角 M5 螺栓，然后将其余螺栓全部对孔预锁（预锁时，若局部区域部分孔对装不上，先用长销强行对中一个安装孔，再预锁其余安装孔）。图 3-4 为部分长销位置。图中 Pin 为销。

② 统一锁紧全部螺栓。

(3) 模拟方案

本案例中，需要考虑上盖分区域装配，各区域边界（对角装配孔）借用同组装配特征，从而保证边界孔（使用了定位销）先能安装通过。图 3-5 为分块_1 的安装方案示意，其余分块装配按照相同的思路创建。图中 Hole 为孔。

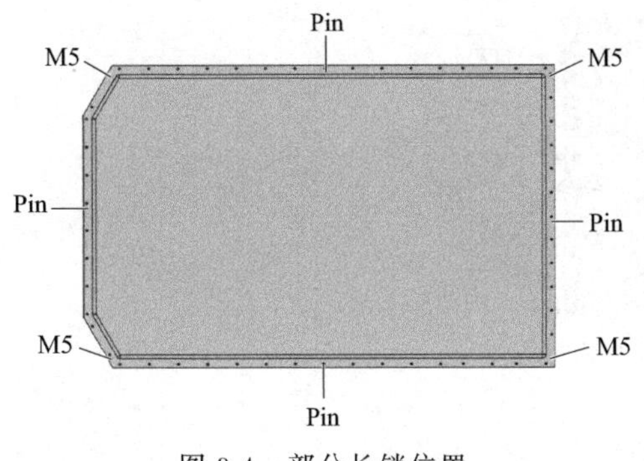

图 3-4　部分长销位置

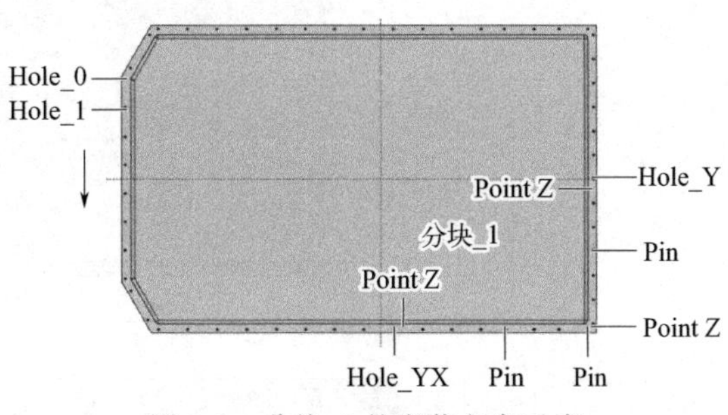

图 3-5　分块_1 的安装方案示意

先使用 DTAS 3D 的 321 装配功能安装分块区域，再使用迭代装配模拟长销定位。

第一组特征 Z：上盖定位面定位到下盖定位面上，见图 3-5 中的 3 个 Point Z。

第二组特征 Y：见图 3-5 中分块 _ 1 的对角孔 Hole _ Y 与 Hole _ YX。

第三组特征 X：见图 3-5 中的 Hole _ YX。

如图 3-6 所示是 DTAS 3D 中的 321 装配功能操作界面。

长销插入后相当于必须保证上、下盖的孔能对中，在 321 装配的迭代装配中添加迭代条件，保证上、下盖的孔能对准。如图 3-7 所示为添加的迭代条件。

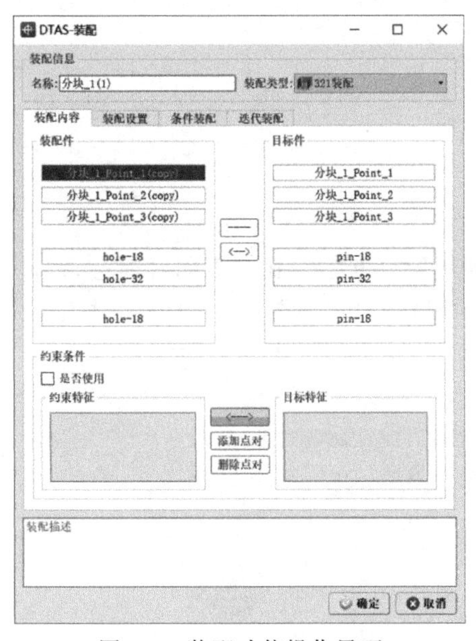

图 3-6　装配功能操作界面

图 3-7　添加的迭代条件

(4) 公差定义

制造偏差是导致孔销干涉的重要因素，因此对已经创建的特征需要设定公差。图 3-8 为 DTAS 3D 中公差定义后的状态。

(5) 创建测量

所有分块装配完成后，未参与装配操作的孔位需要创建测量，以判断孔销是否有干涉。如图 3-9 所示，图中注明的孔为分块_1 中需要创建测量的上、下盖孔对。其余分块的测量

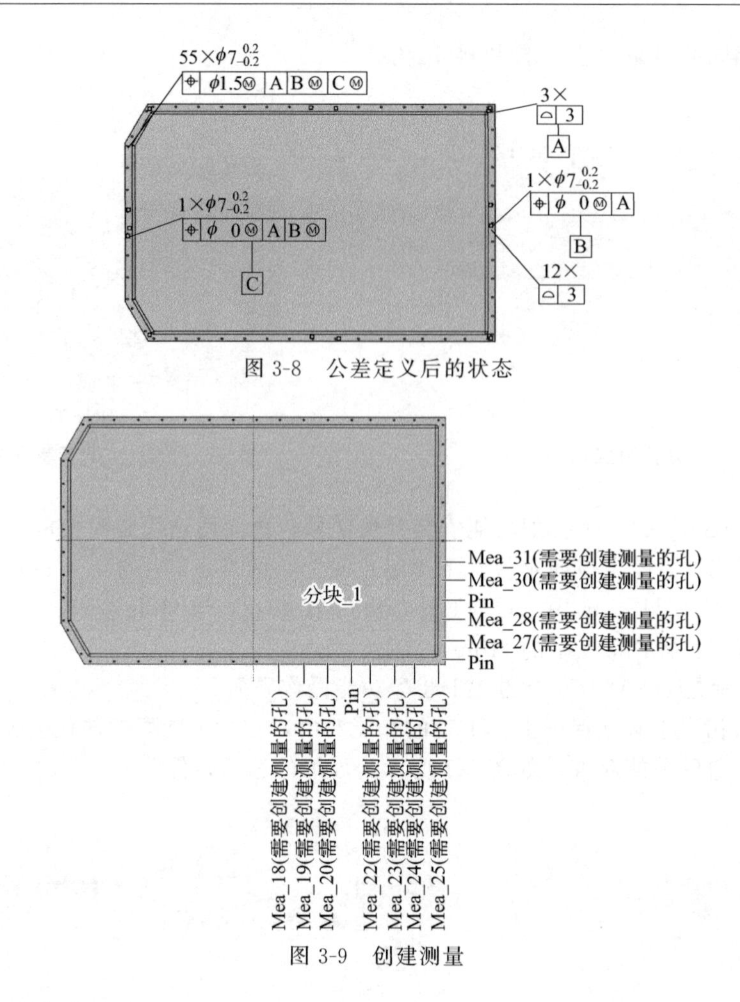

图 3-8　公差定义后的状态

图 3-9　创建测量

与分块_1 的处理方式相同。

上述创建的测量只能判断单个孔是否发生了干涉，如果要判断多个孔能否同时通过，需要使用 DTAS 3D 中的逻辑表达式，对各分片测量的孔销间隙同时进行判断。如果同时大于 0，则表示该分片的所有孔都能顺利装配上螺栓。如图 3-10 所示为逻辑表达式操作。

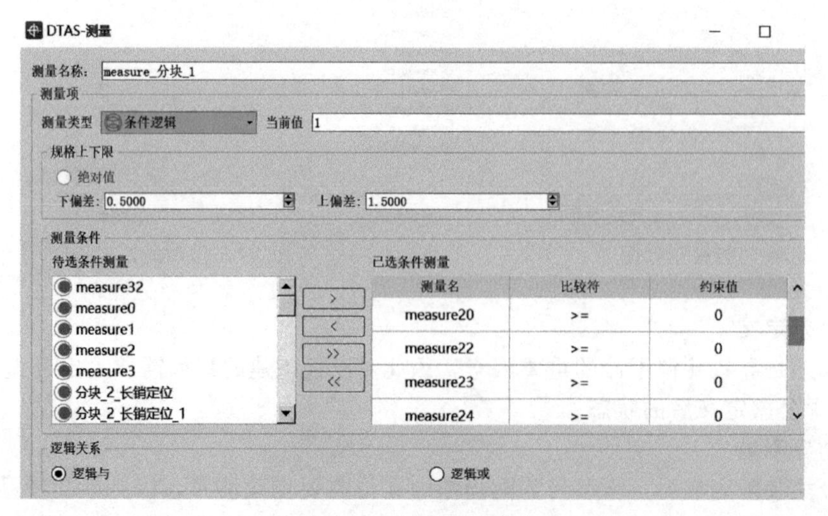

图 3-10　逻辑表达式操作

(6) AI 智能公差建模

与传统公差仿真相比，结果模型学习的 AI 技术能够自动识别电池上、下盖的孔销对，并在新导入的数模上自动判断分片位置，从而调用装配程序进行装配，调用公差库数据进行公差赋值。整个公差仿真的过程由计算机自动完成。图 3-11 是 AI 智能仿真与上述传统公差建模流程的差异。

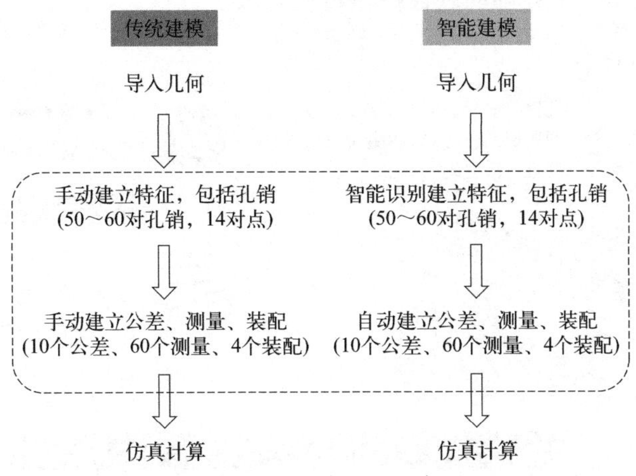

图 3-11 AI 智能仿真与传统公差建模流程的差异

(7) 仿真结果

使用 AI 智能建模的仿真结果与手动建模的结果相同。图 3-12 为智能建模的仿真结果。表 3-1 为是否用长销进行预锁对仿真结果的影响。

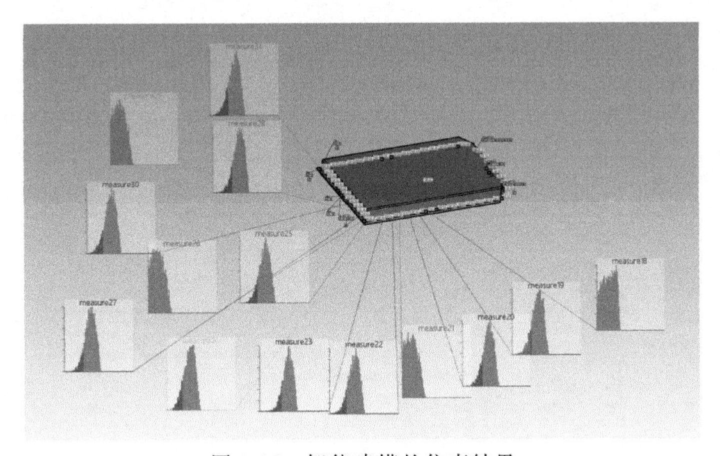

图 3-12 智能建模的仿真结果

表 3-1 仿真结果统计对比

项目	无长销时合格率	有长销时合格率
分块_1	18.4%	29.64%
分块_2	18.2%	27.2%
分块_3	15.5%	24.9%
分块_4	18.7%	32.7%

3.3 特色与优势

图 3-13 是 AI 智能公差仿真与传统公差仿真的效率优势对比。DTAS 3D 通过使用 AI 技术实现了自动创建特征，自动创建装配和测量，大量的手动操作由计算机完成，提高了公差仿真的效率，也降低了对工程师的软件操作技能要求。

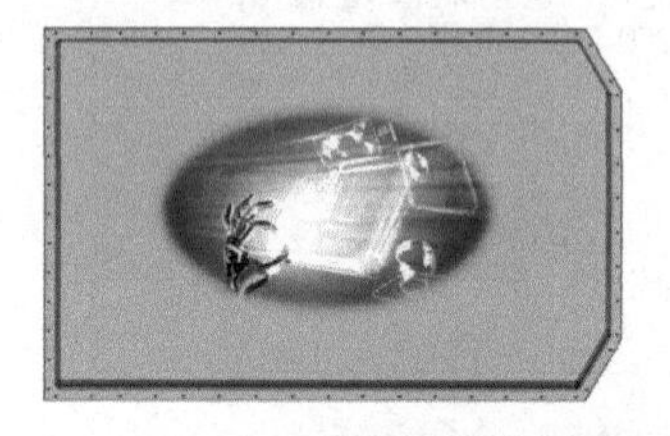

图 3-13　AI 智能公差仿真与传统公差仿真的效率优势对比

案例 4

发动机活塞热疲劳数值模拟研究

参赛选手：李滋亮，历萌，杨双阳　指导教师：朱叶
上海交通大学
第一届工程仿真创新设计赛项（研究生组），二等奖

作品简介： 基于 Ansys 平台，开发了一种热-弹-塑性有限元计算方法，进行了某新型铝合金活塞热疲劳过程热响应和力学响应的数值模拟，为活塞的热疲劳研究提供了新的手段。

作品标签： 活塞、热疲劳、温度、应力、铝合金。

4.1 引言

柴油机由于其良好的可靠性和经济性，在汽车、工程机械、船舶等领域得到了广泛的应用。如图 4-1 所示为某船用柴油机。近年来，随着节能减排的要求越来越严格和对更高热效率的持续追求，发动机内部的工况愈发复杂。活塞是柴油机的核心零件，在运行中，承受着巨大的热载荷的作用，热疲劳是其主要失效形式。因此，开展发动机活塞热疲劳研究对活塞的设计、优化和维修都具有重要实际意义。

本案例基于 Ansys 平台，开发了一种热-弹-塑性有限元计算方法，进行了某新型铝合金活塞热疲劳过程热响应和力学响应的数值模拟，为活塞的热疲劳研究提供了新的手段。

图 4-1　某船用柴油机

4.2 技术路线

本案例以某新型铝合金活塞为研究对象，首先，利用热疲劳试验台架（图 4-2）试验，

获得了活塞的热疲劳寿命和热循环温度；然后，基于 Ansys 平台，开发了一种热-弹-塑性有限元计算方法，计算了活塞在热疲劳过程中的热响应和力学响应。

图 4-2 热疲劳试验台架

4.3 仿真计算

热-弹-塑性有限元分析流程如图 4-3 所示。首先，根据活塞的几何形状，生成等尺寸的网格模型；然后，输入材料的热物理参数，设置热载荷和热边界条件，利用热分析求解器，计算出活塞的温度场；接着，将计算得到的温度场数据作为热载荷，输入材料力学参数，设置力学边界条件，进行力学分析，求得活塞的应力应变场。

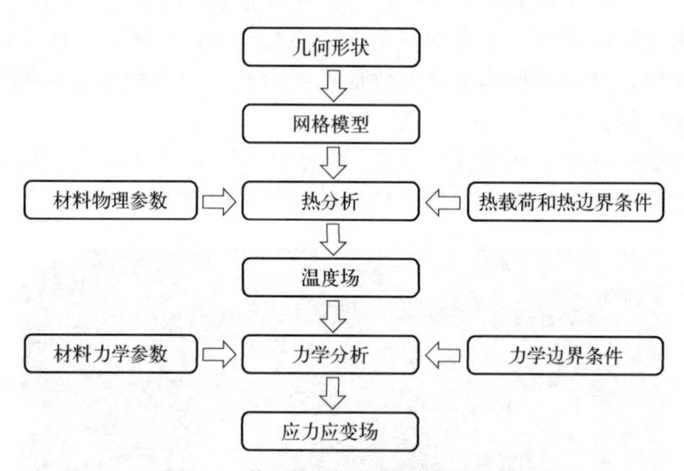

图 4-3 热-弹-塑性有限元分析流程

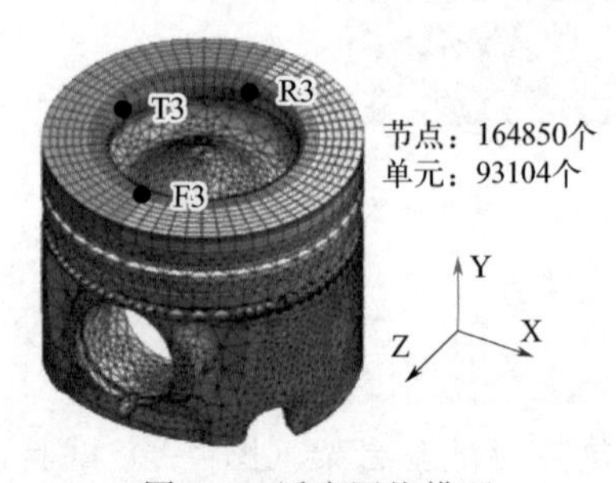

图 4-4 活塞网格模型

活塞网格模型如图 4-4 所示。在活塞头部，采用六面体网格，其中喉口处的网格尺寸较小，远离喉口的部位网格尺寸较大；在活塞裙部，采用四面体网格。整个模型包括 93104 个单元和 164850 个节点。

活塞的热疲劳过程是一个温度不断变化的过程。由于温度对材料的性能有一定影响，为了能更加准确地计算活塞的热疲劳行为，本案例采用了考虑温度影响的材料性能，如表 4-1 所示。

表 4-1　铝合金的材料性能

温度/℃	25	150	200	250	300	350	400
密度/(g/cm^3)	2.76	2.74	2.73	2.72	2.71	2.70	2.70
热导率/[W/(m·℃)]	114 ±0.7	122 ±0.3	123 ±0.2	128 ±0.2	132 ±0.2	133 ±0.2	137 ±0.3
比热容/[J/(g·℃)]	0.842	0.909	0.925	0.951	1.015	1.038	1.091
弹性模量/GPa	89.3	85.8	84.3	82.3	80.7	78.3	75.1
泊松比	0.34	0.33	0.33	0.33	0.33	0.33	0.33
屈服强度/MPa	246±6.2	235±1.2	195±1.5	109±1.1	70±0.6	43±1.0	26±0.6
线胀系数/10^{-6}℃	18.7	19.9	20.3	20.7	21.1	21.5	21.7

在热分析中，考虑到感应加热区域主要集中在活塞喉口处，开发了一种分段热源来模拟感应器的热输入，活塞内部的热传导服从傅里叶定律，活塞表面与周围介质的对流换热服从牛顿冷却定律，如图 4-5 所示。

在力学分析中，载荷为热分析计算得到的温度场，边界条件仅为了防止活塞的刚体移动，如图 4-6 所示。

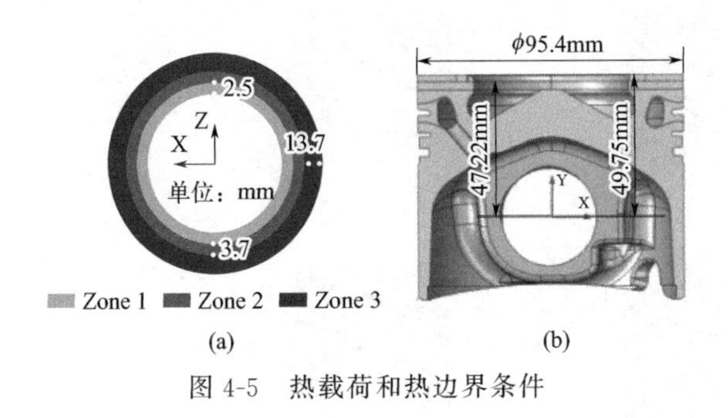

图 4-5　热载荷和热边界条件

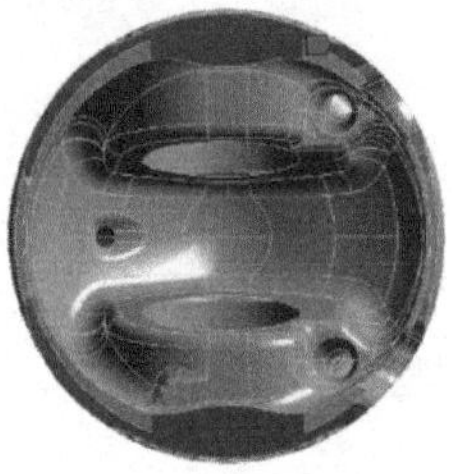

图 4-6　力学边界条件

4.4　结果分析

在一个温度循环中，加热结束时，活塞顶部出现了明显的温度梯度，且最高温度出现在喉口处；冷却结束时，活塞顶部无明显的温差。活塞裙部由于未直接受热且处于冷却水中，温度始终较低，如图 4-7 所示。为了验证计算结果的有效性，将计算温度和实测温度进行了比较，如图 4-8 所示。结果表明，两者吻合良好，说明计算得到的温度场是有效的，可以作为热载荷进行接下来的力学分析。

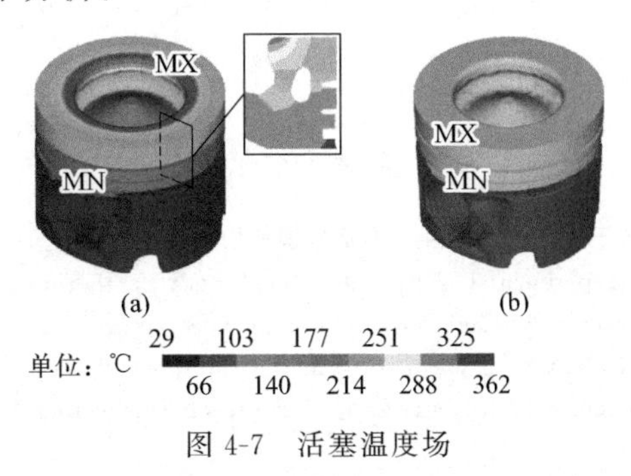

图 4-7　活塞温度场

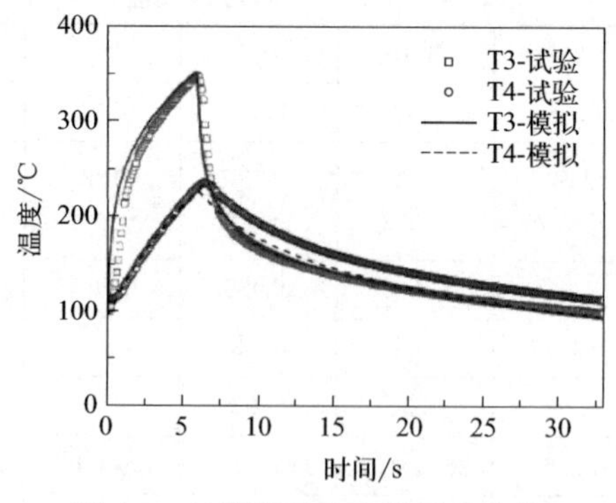

图 4-8 计算温度与实测温度比较

图 4-9 为活塞的应力场分布云图。从图中可以看出，活塞喉口处出现了明显的周向应力集中；加热结束时的周向应力为压应力，而冷却结束时的周向应力为拉应力，且最大拉伸周向应力要大于最大压缩周向应力。

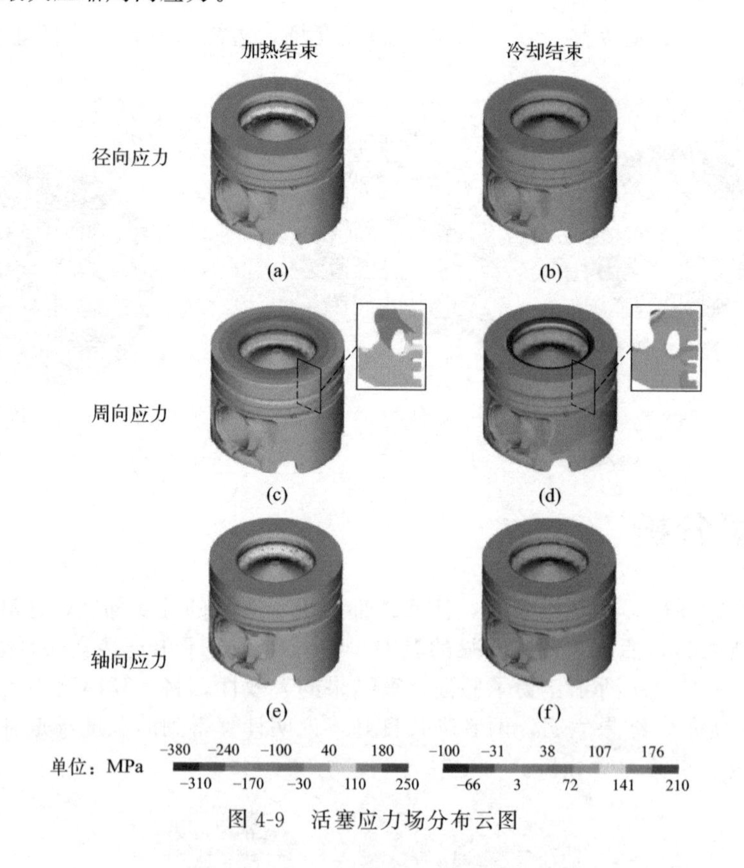

图 4-9 活塞应力场分布云图

参考文献

[1] 陈正科，朱叶，罗宇，等. 基于磁-热耦合的铝合金活塞温度场有限元分析 [J]. 热加工工艺，2021，50：58-61.

[2] Li Z，Li J，Chen Z，et al. Experimental and computational study on thermo-mechanical fatigue life of aluminium alloy piston [J]. Fatigue & Fracture of Engineering Materials & Structures，2021，44：141-155.

[3] Li Z，Li J，Zhu Y，et al. Evaluation of plastic deformation and prediction of thermal mechanical fatigue life of an Al-Si alloy piston for diesel engines [J]. Fatigue & Fracture of Engineering Materials & Structures，2021，44：3094-3107.

案例5

分布式电动汽车控制策略研究

参赛选手：王鸿，傅婷，吴铭锋　　指导教师：查云飞，黄登峰
福建工程学院
第一届工程仿真创新设计赛项（本科组），一等奖

作品简介： 基于 CarSim 车辆模型，模拟实车行驶的状态，进行整车结构的动力分布、尺寸、行驶工况的设定，得到了满足实验要求的整车模型；使用 Simulink 进行动力学仿真以及控制策略搭建，得到了控制效果优良的控制策略。

作品标签： 汽车、新能源、电子电控、Simulink。

5.1 设计流程

在本案例研究中，利用 CarSim 和 Simulink 建立了车辆数学模型和控制器模型。CarSim 是一款车辆动态仿真软件，可以为各种车辆动力学和悬挂系统提供准确的仿真模拟；Simulink 则是一款专门用于控制系统设计和仿真的工具，可以快速建立各种控制器模型。将两款软件结合，可以更加精确地分析和测试分布电驱车的横摆稳定性能，并为后续控制策略的设计和优化提供基础。在 Simulink 中建立关键变量的理想值与期望值，再根据变量的偏差值运用模糊控制计算出变量的数值，结合补偿力矩分配层，合理分配给四个电机，从而实现整车的控制，提高整车的稳定性。

5.2 CarSim 整车配置

5.2.1 CarSim 整车参数配置

选用 C 型车，修改驱动系统为外部接入动力源，将 Powertrain 改为四轮驱动形式（4-wheel-drive），其余默认设置，如图 5-1 所示。

5.2.2 Simulink 和 CarSim 联合仿真模型搭建

（1）输入

四轮转矩设置如图 5-2 所示。

（2）输出

如图 5-3 所示，依次为方向盘转角、纵向加速度、侧向加速度、横摆角速度、质心侧偏角、纵向车速、侧向车速、四轮纵向力、四轮侧向力、四轮转速、四轮侧偏角。

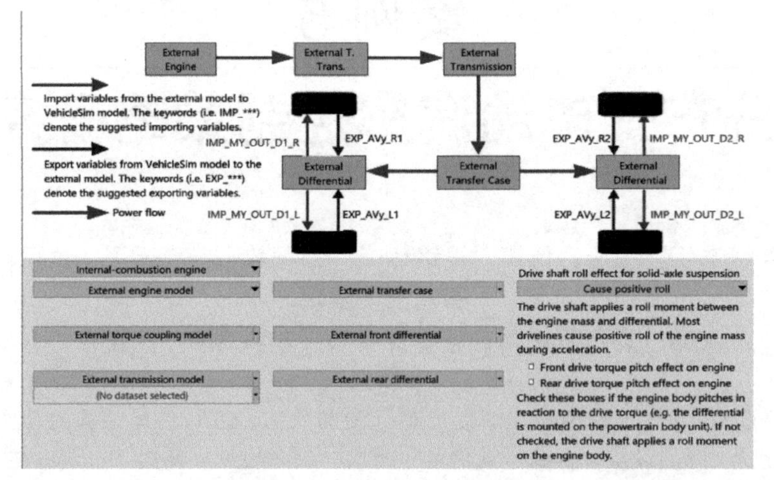

图 5-1 驱动系统设置图

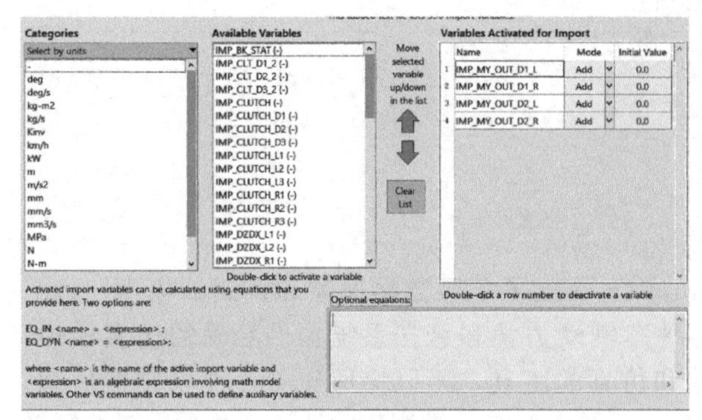

图 5-2 输入设置图

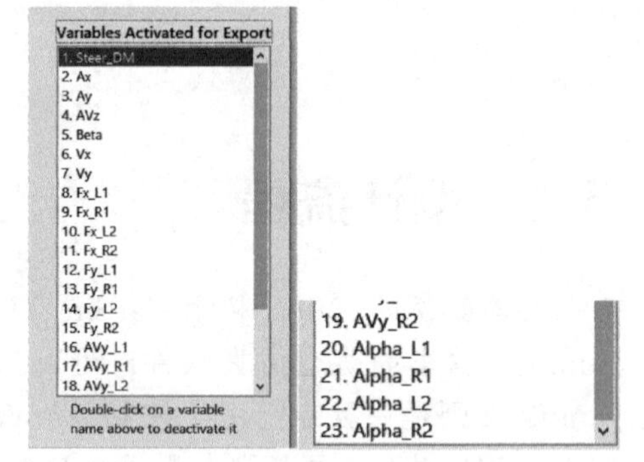

图 5-3 输出设置图

5.3 Simulink 建模

5.3.1 信号处理

首先对 CarSim 中输出的信号进行处理，做简单的单位换算（图 5-4）。

5.3.2 车辆状态估计

（1）轮速估计

$$V_{L1}=\left(V_x-\frac{t_{w1}}{2}\gamma\right)\cos\vartheta+(V_y+a\gamma)\sin\vartheta$$

$$V_{R1}=\left(V_x+\frac{t_{w1}}{2}\gamma\right)\cos\vartheta+(V_y+a\gamma)\sin\vartheta$$

$$V_{L2}=V_x-\frac{t_{w2}}{2}\gamma$$

$$V_{R2}=V_x+\frac{t_{w2}}{2}\gamma$$

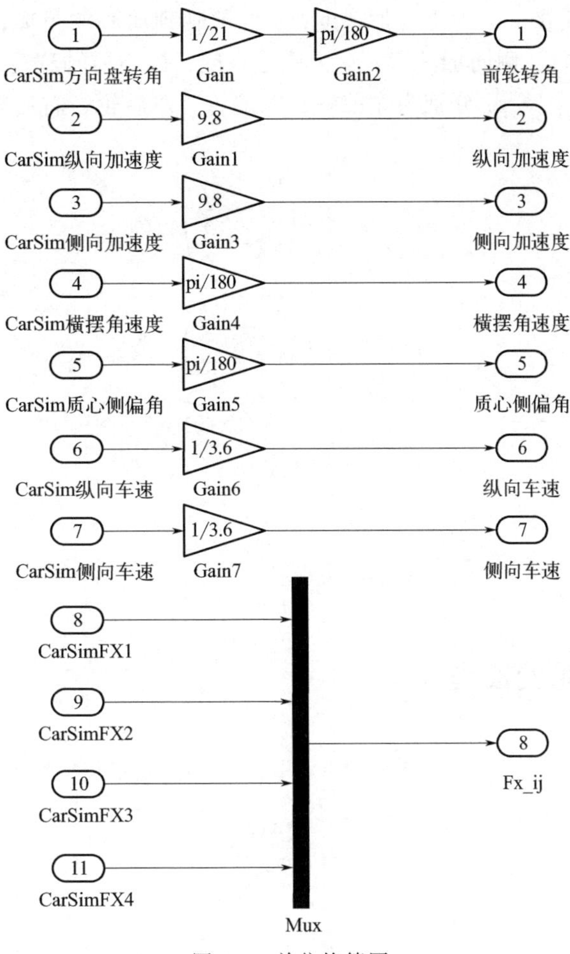

图 5-4 单位换算图

式中，t_{w1}、t_{w2} 分别是车辆前后轮的轮距；a 是车辆质心到前轴的距离；V_x、V_y 分别是车辆质心处的纵向速度和横向速度；γ 是车辆横摆的角速度；ϑ 是前轮转角；V_{L1}、V_{R1}、V_{L2}、V_{R2} 分别是左前轮、右前轮、左后轮、右后轮速度。

(2) 滑移率估计

$$\lambda_i=\frac{\omega_i R_i - v_i}{v_i}$$

式中，i 可取 1、2、3、4，分别表示车辆的四个车轮；R_i 表示车轮 i 的有效半径；ω_i 表示车轮 i 的旋转角速度；v_i 表示车轮 i 的中心沿轮胎切面方向的速度。

(3) 轮胎垂直力估计

$$F_{zL1}=\frac{1}{2}mg\ \frac{a}{L}-\frac{1}{2}\times\frac{ma_x h}{L}-ma_y\ \frac{ah}{Lc}$$

$$F_{zR1}=\frac{1}{2}mg\ \frac{a}{L}-\frac{1}{2}\times\frac{ma_x h}{L}+ma_y\ \frac{ah}{Lc}$$

$$F_{zL2}=\frac{1}{2}mg\ \frac{b}{L}+\frac{1}{2}\times\frac{ma_x h}{L}-ma_y\ \frac{bh}{Lc}$$

$$F_{zR2}=\frac{1}{2}mg\ \frac{b}{L}+\frac{1}{2}\times\frac{ma_x h}{L}+ma_y\ \frac{bh}{Lc}$$

式中，m 为整车质量；g 为重力加速度；a 为前轴到质心的距离；b 为后轴到质心的距离；a_x、a_y 分别为纵向、侧向加速度；h 为质心高度；L 为前轴到后轴的距离；c 为左右轮距；F_{zL1}、F_{zR1}、F_{zL2}、F_{zR2} 分别为左前轮、右前轮、左后轮、右后轮垂直力。

(4) 侧偏角估计

$$\alpha_{L1}=\arctan\left(\frac{V_y+a\gamma}{V_x-\frac{c\gamma}{2}}\right)-\vartheta$$

$$\alpha_{R1}=\arctan\left(\frac{V_y+a\gamma}{V_x+\frac{c\gamma}{2}}\right)-\vartheta$$

$$\alpha_{L2}=\arctan\left(\frac{V_y-b\gamma}{V_x-\frac{c\gamma}{2}}\right)$$

$$\alpha_{R2}=\arctan\left(\frac{V_y-b\gamma}{V_x+\frac{c\gamma}{2}}\right)$$

5.3.3 Dugoff 轮胎模型

$$F_x=C_x\frac{\lambda_i}{1+\lambda_i}f(L_i)$$

$$F_y=C_x\frac{\tan\alpha_i}{1+\lambda_i}f(L_i)$$

$$L_i=\frac{\mu F_{zi}(1+\lambda_i)}{2\sqrt{(C_x)^2+(C_y\tan\alpha_i)^2}}$$

$$f(L_i)=\begin{cases}(2-L_i)L_i & L\leqslant 1\\ 1 & L>0\end{cases}$$

式中，λ_i 为滑移率；L_i 为地面附着系数；C_x 为轮胎纵向刚度；C_y 为轮胎侧偏刚度；α_i 为轮胎侧偏角；F_{zi} 为各轮的垂直载荷；μ 为摩擦系数；F_x、F_y 为整车横纵向力。

拟合效果如图 5-5、图 5-6 所示。

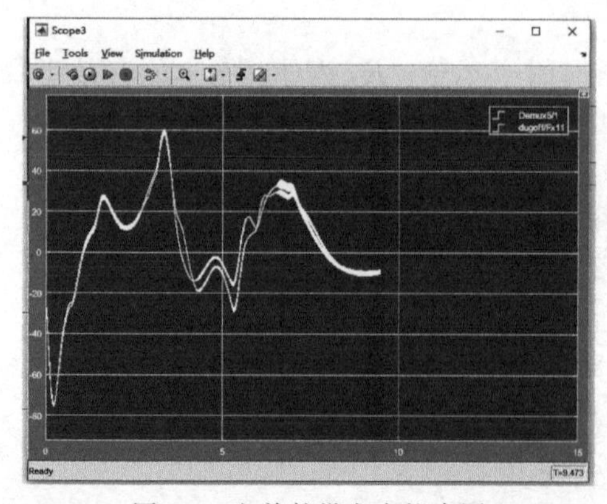

图 5-5　左前轮纵向力拟合图

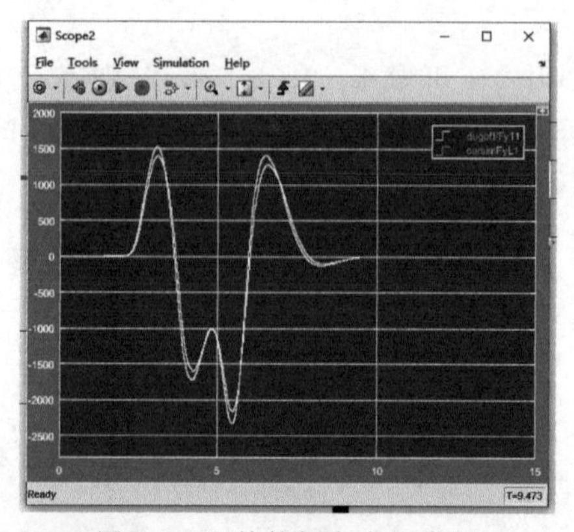

图 5-6　左前轮侧向力拟合图

5.3.4 控制目标期望值

（1）理想横摆角速度

$$\gamma_1=\frac{\frac{V_x}{L}}{1+KV_x}\vartheta$$

式中，K 表示汽车稳定因数，$K=\frac{m}{L^2}\left(\frac{a}{k_2}-\frac{b}{k_1}\right)$，其中 k_1、k_2 代表前后轮侧偏刚度。

（2）理想质心侧偏角

$$\beta_1=\vartheta\left[\frac{b}{L(1+KV_x^2)}+\frac{maV_x^2}{k_2L^2(1+KV_x^2)}\right]$$

（3）实际质心侧偏角

由于汽车在行驶过程中，侧向速度过小不易测量，导致实际质心侧偏角难以测量，故采用估算的方式对质心侧偏角进行计算：

$$\beta_s=\frac{ma_y+2\left(2k_1\vartheta+\frac{k_2b\gamma_s-k_1a\gamma_s}{V_x}\right)}{2k_1+2k_2}$$

式中，a_y 为侧向加速度；γ_s 为实际横摆角速度。

整车控制原理：上层决策层根据当前车速和转向盘转角，借助二自由度车辆参考模型计算出期望的横摆角速度和质心侧偏角。将横摆角速度的差值和质心侧偏角差值作为模糊控制器输入量，通过模糊控制器计算出所需的附加横摆力矩，下层分配层将所需的目标驱动力矩和附加横摆力矩进行重新分配，驱动力矩规则分配器计算出每个车轮应该有的驱动力矩，实现转矩分配。

5.3.5 模糊控制器的设计

采用双输入单输出的模糊控制策略，将横摆角速度误差 $\Delta\gamma$ 和质心侧偏角误差 $\Delta\beta$ 模糊化，作为模糊控制器的输入量，附加横摆力矩 ΔM 作为输出量。将三个变量的模糊子集均分为五级，即 {小，较小，中，较大，大}，记作 {NB，NS，ZE，PS，PB}。其中，对“小”等级和“大”等级采用梯形函数，而“较小，中，较大”等级采用三角隶属度函数。附加力矩模糊论域设为 {−2.5，2.5}，横摆角速度误差论域设为 {−5，5}，质心侧偏角误差论域设为 {−2，2}。具体隶属度函数如图 5-7～图 5-10 所示。

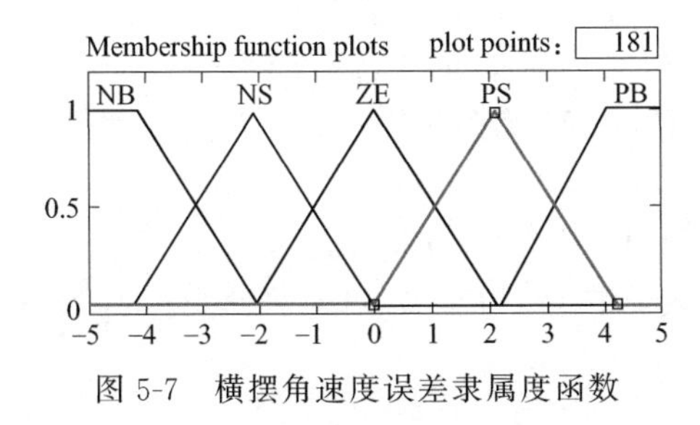

图 5-7 横摆角速度误差隶属度函数

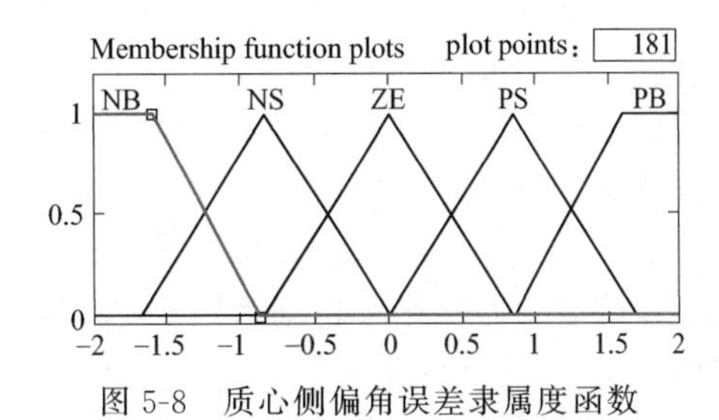

图 5-8 质心侧偏角误差隶属度函数

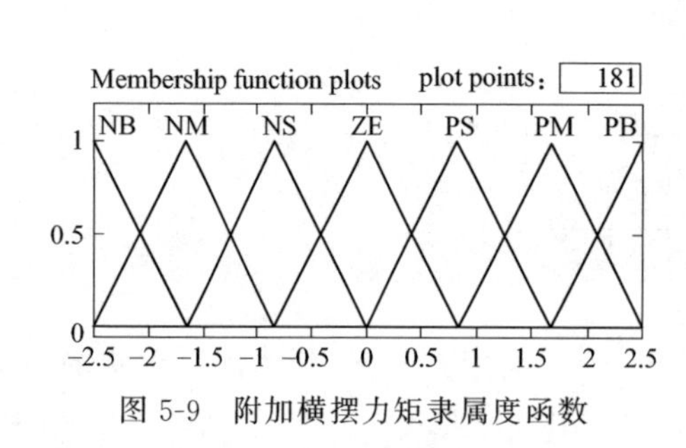

图 5-9 附加横摆力矩隶属度函数

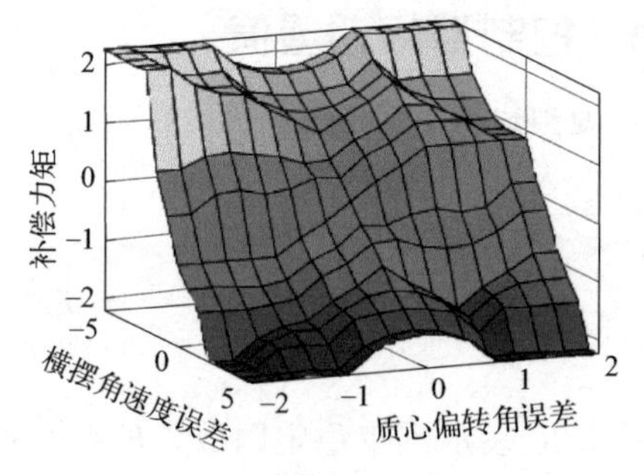

图 5-10 补偿转矩 MAP 图

模糊控制规则如表 5-1 所示。

表 5-1 模糊控制规则表

项目	NB	NS	ZE	PS	PB
PB	PB	PS	PS	NS	NB
PS	PB	PM	PS	NM	NB
ZE	PM	PS	ZE	NS	NM
NS	PB	PM	NS	NM	NB
NB	PB	PB	NS	NB	NB

5.3.6 附加转矩分配

四轮附加纵向分力分别为

$$F_{xL1}=\frac{j\dfrac{T_d}{R}\left(a\sin\vartheta+\dfrac{d}{2}\cos\vartheta\right)-i\Delta M}{d\cos\vartheta}$$

$$F_{xR1}=\frac{j\dfrac{T_d}{R}\left(\dfrac{d}{2}\cos\vartheta-a\sin\vartheta\right)+i\Delta M}{d\cos\vartheta}$$

$$F_{xL2}=\frac{(1-j)T_d}{2R}-\frac{(1-i)\Delta M}{d}$$

$$F_{xR2}=\frac{(1-j)T_d}{2R}+\frac{(1-i)\Delta M}{d}$$

式中，i 为附加力矩调节系数，i 的值处于 0～1 之间，其值越大代表附加力矩中前轮所占的比例越大；j 的值也处于 0～1 之间，其值越大表示前轮通过驱动力所分配的值越大；T_d 为加速踏板提供的整车动力矩；R 为轮胎半径；ΔM 为附件力矩；d 为附件直径。

在求得四轮补偿驱动力后，将所得的纵向力转成车轮动力矩：

$$T_n=F_{xi}R+I\dot{\omega}_R \quad i=\mathrm{L1,L2,R1,R2}$$

式中，T_n 为四轮车车轮动力矩；I 为轮胎转动惯量；F_{xi} 为四轮驱动力；$\dot{\omega}_R$ 为各轮转角加速度。

转矩分配见图 5-11。

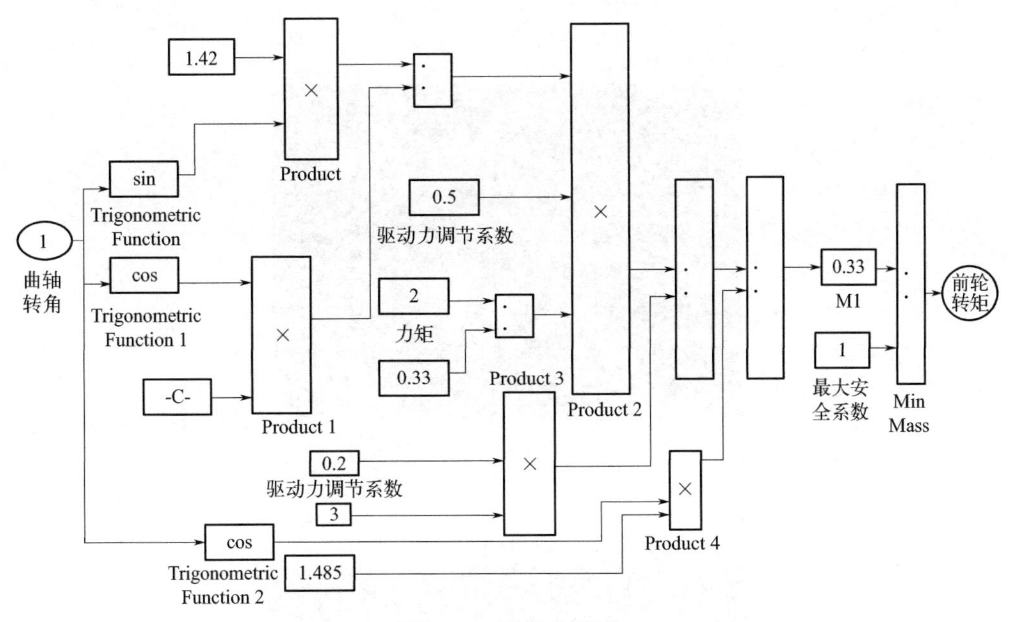

图 5-11 转矩分配图

5.4 控制策略仿真及其分析

从图 5-12～图 5-15 中可以看出，无控制时，前 2s 内，横摆角速度和质心侧偏角实际值

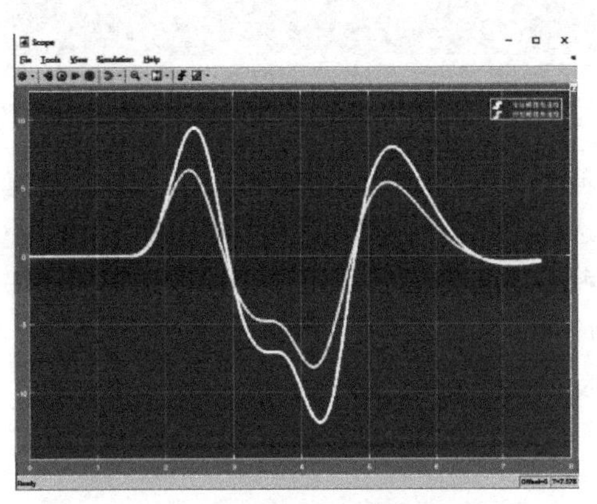

图 5-12 未做控制前横摆角速度

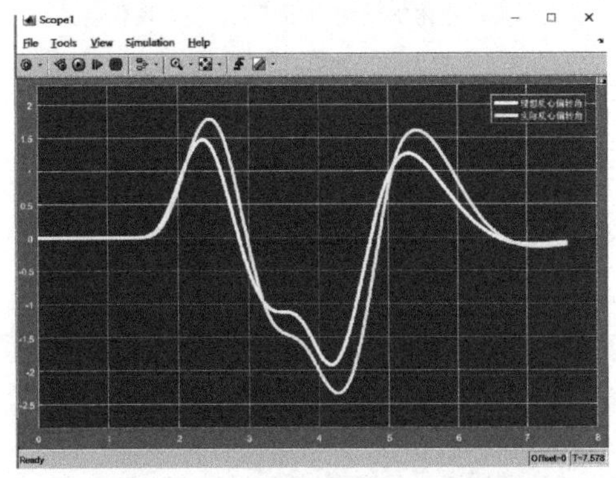

图 5-13 未做控制前质心侧偏角

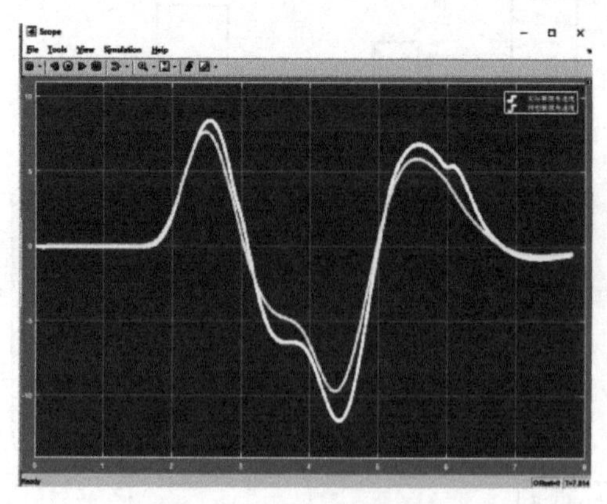

图 5-14　控制后横摆角速度

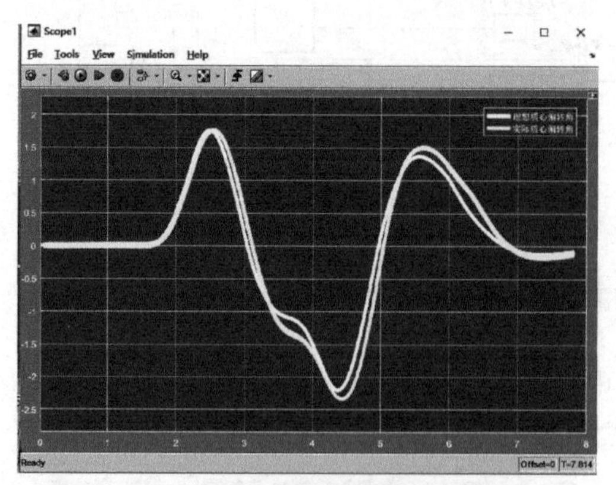

图 5-15　控制后质心侧偏角

可以较好地紧跟理想值。但是在 2s 后，在高速转向时，横摆角速度和质心侧偏角实际值开始超过理想值，并且偏差逐渐增大；横摆角速度峰值误差约为 4.03°/s，质心侧偏角峰值误差约为 0.432°/s。经过控制后横摆角速度理想值与实际值基本一致，仅在高速连续过弯时有较大误差，峰值误差为 1.793°/s；质心侧偏角理想值与实际值高度一致，峰值误差为 0.02°/s。这体现了算法的可靠性以及高速行驶时的适应能力。

参考文献

[1] 刘广. 分布式驱动电动汽车横摆稳定性控制策略研究 [D]. 长沙：长沙理工大学，2019.
[2] 张炜培，范健文，谭光心. 分布式电动汽车附加横摆力矩研究 [J]. 现代制造工程，2020 (5)：64-70.

案例6

排气歧管热应力仿真分析

参赛选手：杨焘，郝宇聪，郭鹏　　指导教师：赵韡
中北大学
第一届工程仿真创新设计赛项（研究生组），二等奖

作品简介： 基于 Ansys Workbench 计算平台，主要采用 Fluent、Mechanical 等计算模块模拟分析排气歧管工作过程中涉及的尾气、冷却水、固体结构材料之间的流动、传热、变形等物理过程，针对性地开展“热-流-固”耦合计算，对问题进行定性和定量分析。

作品标签： 排气歧管、热应力、热变形、结构优化。

6.1 引言

随着人们绿色制造、节能减排等意识的不断增强，对汽车节能减排技术的应用提出了更高的要求。发动机排气系统作为汽车的重要组成部分之一，担负着收集废气、净化排放等任务。另外，其工作性能直接影响发动机的工作效率、排放性、经济性和可靠性。排气歧管作为排气系统的关键部件，其整体结构和性能则直接关系到整个排气系统的工作效率。因此，如何提高排气系统的工作效率，对排气歧管进行有效的优化节能设计等一系列问题，是众多汽车制造企业绿色工艺创新的重要研究课题之一。

在汽车高速运行时，混合油气在发动机缸体完成燃烧做功后，会在活塞的作用下，从排气门直接排入发动机排气歧管中，因此排气歧管会受到较大的热冲击而使温度急剧上升。同时，排气歧管的外侧与高速冷空气还在进行强制对流换热和辐射换热。由于排气歧管内、外侧较大的温度梯度，使得排气歧管产生了极不均匀的热应力分布。如果热应力和热载荷超过材料所能承受的极限，将会降低排气歧管的使用寿命，甚至使其破裂失效。

由于高温废气在排气歧管中的运动过程复杂，排气歧管内、外壁换热环境差异较大，难以直接通过实验法获得准确的运行参数，因此笔者拟使用 Ansys 软件建立发动机排气歧管工作时的热、流、固耦合模型，并进行稳态过程求解，以获得排气歧管在工作过程中的热应力和热变形参数，为排气歧管的优化设计提供参考和依据。

6.2 技术路线

6.2.1 模型简化原则

① 几何模型根据实际设计图纸构建，功能结构保留、工艺结构忽略；

② 物理边界条件相关参数根据理论估算确定，忽略复杂实际工况波动；

③ 主要获取仿真模型的状态结论，采取稳态计算。

6.2.2 计算方法

针对不同的模型结构，均通过更换材料种类和改变结构强制约束类型进行计算，以便对比分析“热-流-固”后计算获得的变形和应力相关结果。

6.2.3 拟解决的问题

① 针对结构的热变形优化；

② 两种不同类型材料性质在相同耦合作用情况下对变形的影响；

③ 烟气流道的优化设计。

6.3 仿真计算

6.3.1 物理模型

针对图 6-1 所示的矩形歧管模型 A、模型 B、模型 C 进行相关计算分析。

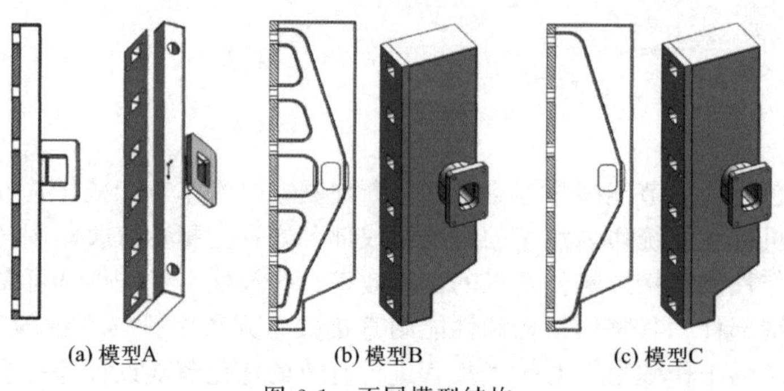

(a) 模型A　(b) 模型B　(c) 模型C

图 6-1　不同模型结构

6.3.2 计算过程

① 建立相应模块，见图 6-2。

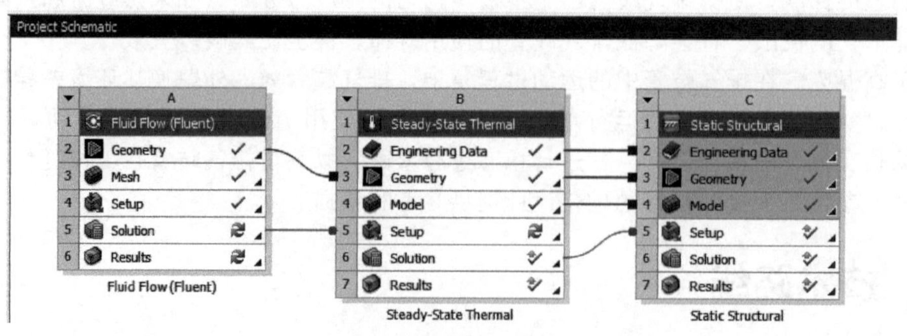

图 6-2　仿真模块设置情况

② 建立内部流体域。在 DM 中通过 Concept、Fill 建立模型内的流体域，见图 6-3。

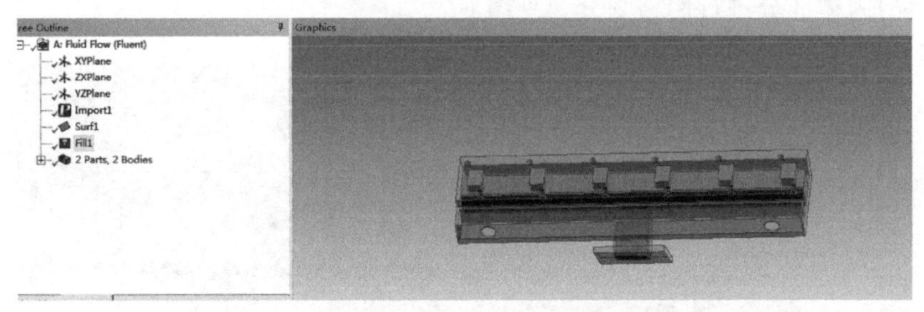

图 6-3 流体域生成情况

③ 在 Mesh 中对流体域进行网格划分（图 6-4），对流体域进出口以及壁面进行命名。

图 6-4 流体域网格划分情况

④ 在 Fluent 中打开能量方程，选择 k-epsilon 方程，给定对应边界条件（图 6-5），初始化后进行计算。

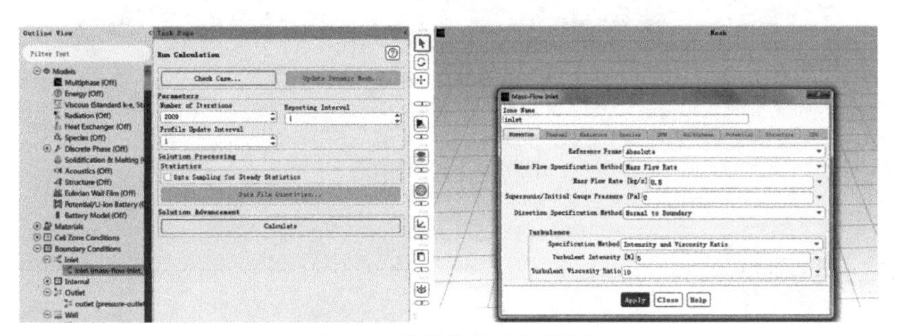

图 6-5 计算方程选择情况

⑤ 将计算结果中的热量加载于模型内壁面（图 6-6），给定对流换热系数。

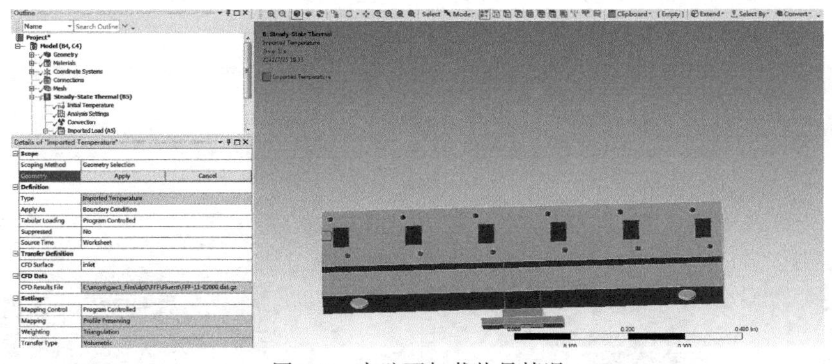

图 6-6 内壁面加载热量情况

⑥ 对模型固体部分进行网格划分，见图 6-7。

图 6-7 固体结构网格划分情况

⑦ 结合实际情况对目标模型进行约束，见图 6-8。

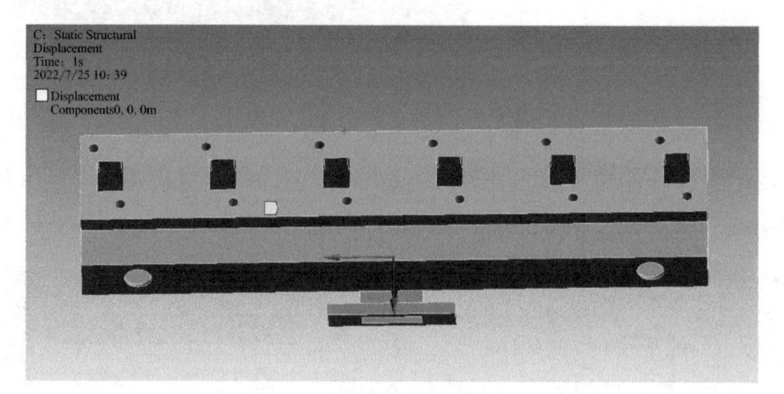

图 6-8 约束情况

6.4 结果分析

6.4.1 结果展示

① 结合实际情况，模型约束入口时耦合计算应力应变结果见图 6-9。

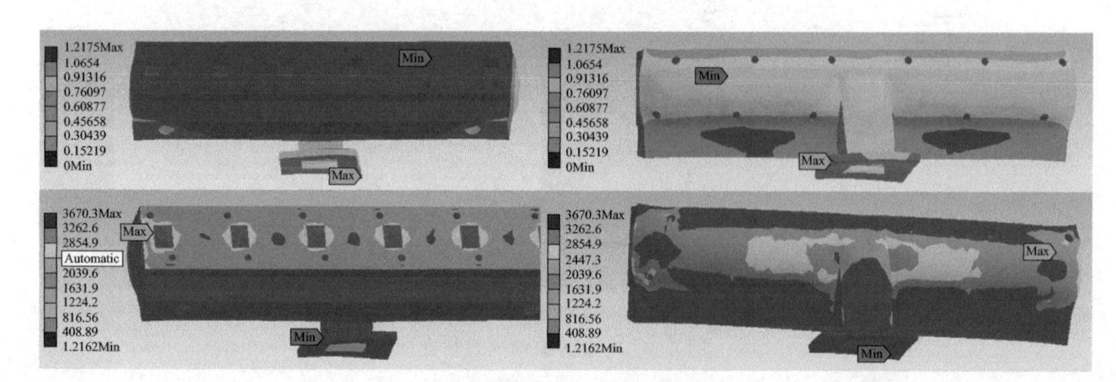

图 6-9 不同角度下约束入口时耦合计算应力应变结果

② 模型约束出口时耦合计算应力应变结果见图 6-10。

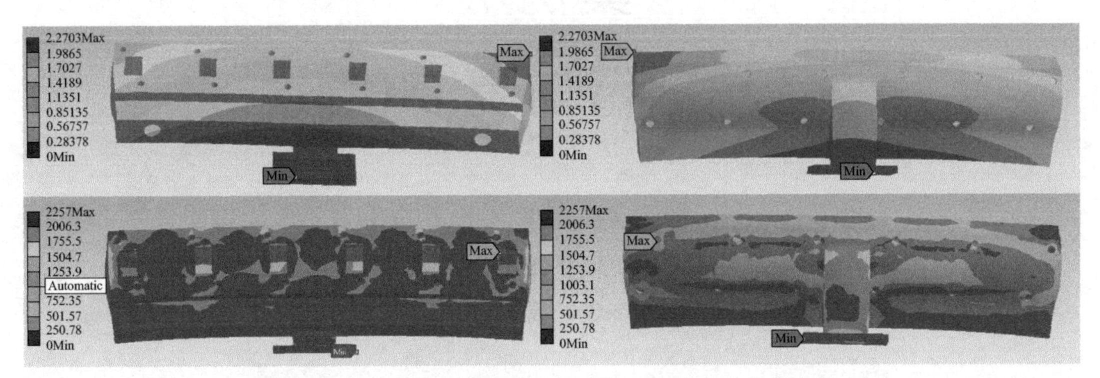

图 6-10 不同角度下约束出口时耦合计算应力应变结果

③ 模型同时约束入口和出口时耦合计算应力应变结果见图 6-11。

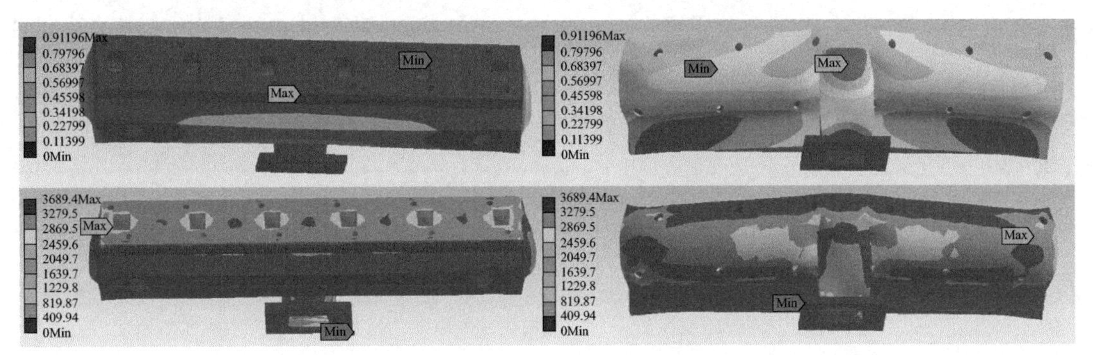

图 6-11 不同角度下同时约束入口和出口时耦合计算应力应变结果

6.4.2 结论

① 综合前一部分的计算结果分析可知，在同一模型的相同约束条件下，选用 Q235 时模型结构变形量是选用不锈钢 409L 时的 1.17 倍左右，前者相应的应力也为后者的 1.2 倍左右。整体比较来看，选用不锈钢 409L 时，装置整体的热变形和热应力都相对较小。

② 约束入口时，尾气入口一侧应力较大，整体热变形向自由端发展明显，最大变形量出现在出口侧。约束出口时，横向汇集方向的背侧应力较大，最大变形量向自由端发展，尾气入口端面的两端变形量最大。

③ 同时约束入口和出口时，尾气入口端和出口端变形位移被约束，整体变形趋于向中间部位（竖管与横管结合处及横向汇总管路背侧）发展，最大变形出现在汇总排出管接近横管的部位。

参考文献

[1] 方劲松，李浩亮，林文干．柴油机排气歧管断裂的有限元分析［J］. 专用汽车，2020（11）：84-89.

[2] 黄泽好，黄荆荣，唐先龙．排气歧管流固耦合热仿真分析［J］. 西南师范大学学报（自然科学版），2020，45（6）：6.

[3] 唐先龙．排气歧管热机耦合分析及优化［D］. 重庆：重庆理工大学，2019.

案例 7

赛车摇臂仿真与优化

参赛选手：陈瑞宇，陆锌豪，王鹏　　指导教师：王选
合肥工业大学
第二届工程仿真创新设计赛项（本科组），二等奖

作品简介： 基于在 Adams 动力学仿真下得到的数据，对赛车摇臂进行静力学、动力学、疲劳分析以及拓扑优化的仿真，在保证强度的情况下，对赛车摇臂进行减重，减轻赛车的整体质量，从而减少载荷转移，提高弯中速度和直线速度。为了验证摇臂的使用抗疲劳性能，本案例采用疲劳分析的方法。同时通过动力学拓扑优化，使摇臂尽可能远离基频，减少共振。

作品标签： 汽车、拓扑优化、Ansys、静力分析。

7.1 引言

摇臂是赛车中非常重要的一部分，本案例就是不断地对摇臂进行减重和提高摇臂的强度，从而提高赛车的性能，进而提高车队的竞争力。就目前来讲，国内赛车已经用上了国际一流水平的配置，但在技术上仍和世界一流水平存在较大的差距，所以需要做到精益求精，在一些零件上做进一步的优化。

7.2 技术路线

首先通过赛车轮边的线体图设计出粗略的摇臂，然后通过材料的对比，选出最优的材料，接着通过静力学分析、疲劳分析，看是否符合安全等一系列要求；在此基础上，进行柔度一定的前提下质量最小化的拓扑优化（减轻重量），以及基频最大化的拓扑优化（提高摇臂基频，避免共振）；在一系列优化后再一次进入建模软件进行优化，最后进行仿真的验证。

7.2.1 初步建模

通过一些经验值以及一些数据画出工程图，以便在建模软件中准确并快速地构建所需零件。

7.2.2 装配

在线体图中装配建好的零件，以便接下来的仿真与优化。摇臂零件装配见图 7-1。

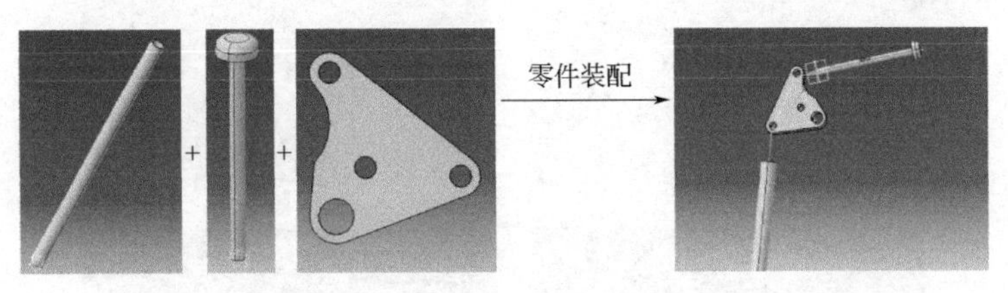

图 7-1 摇臂零件装配

7.3 仿真分析与优化

通过对摇臂进行材料对比，静力学、动力学、疲劳分析以及拓扑优化，提高其性能。

7.3.1 材料选择

材料选择见图 7-2。

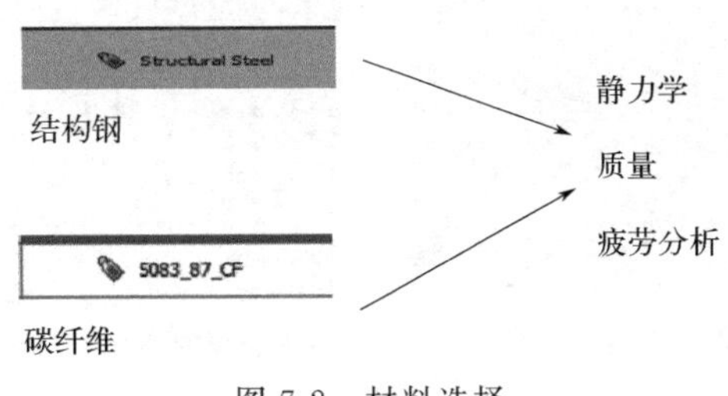

图 7-2 材料选择

7.3.2 预处理

对摇臂进行几何处理、网格划分、弹簧刚度的设置，见图 7-3。

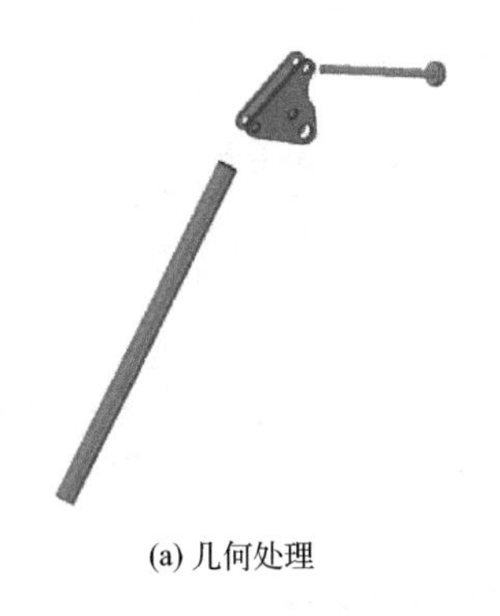

(a) 几何处理

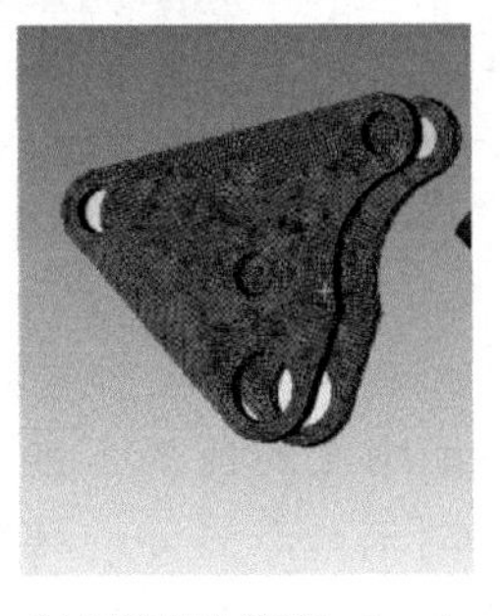

(b) 网格划分(精度：1mm)

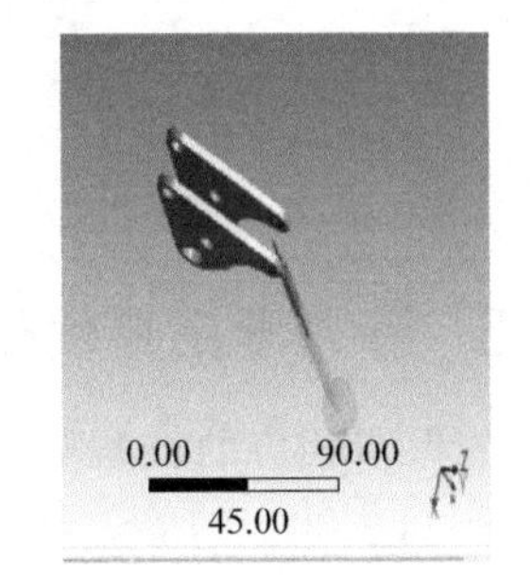

(c) 弹簧设置(弹簧刚度：79N/mm)

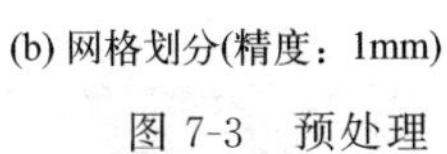

图 7-3 预处理

7.3.3 载荷步和边界条件的施加

两个约束（一个全约束，一个旋转约束）、两个受力（推杆 2000N，防倾杆 800N），见图 7-4。

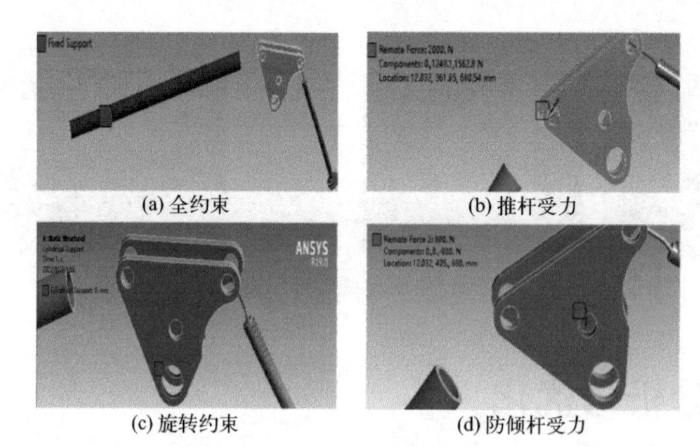

(a) 全约束　(b) 推杆受力

(c) 旋转约束　(d) 防倾杆受力

图 7-4　载荷步和边界条件的施加

7.3.4　仿真结果（两种材料对比）

静力学分析结果见图 7-5。

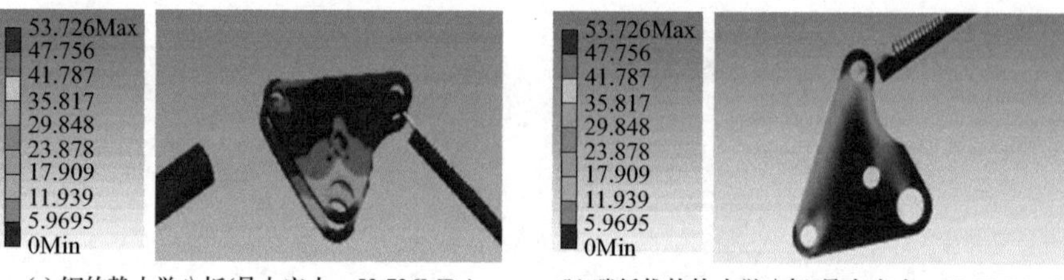

(a) 钢的静力学分析(最大应力：53.726MPa)　(b) 碳纤维的静力学分析(最大应力：53.726MPa)

图 7-5　应力图对比

质量对比见图 7-6。

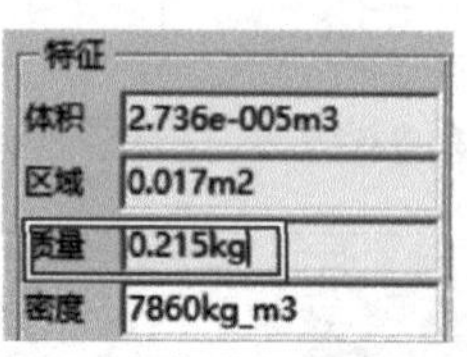

(a) 钢的质量(215g)　(b) 碳纤维的质量(48g)

图 7-6　质量对比

7.3.5　静力学拓扑优化

首先保留相应的体积分数，在保证刚度的前提下进行减重。本案例选取了体积分数60%、70%、80%的静力学拓扑优化结果。然后导入建模软件进行挖槽和建模优化，见图 7-7。

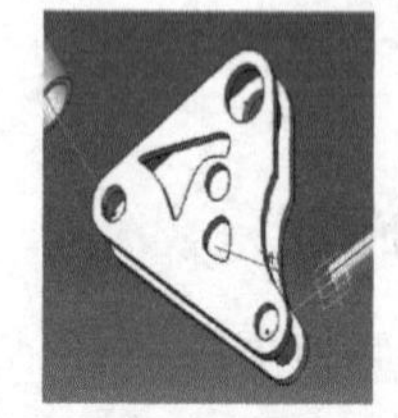

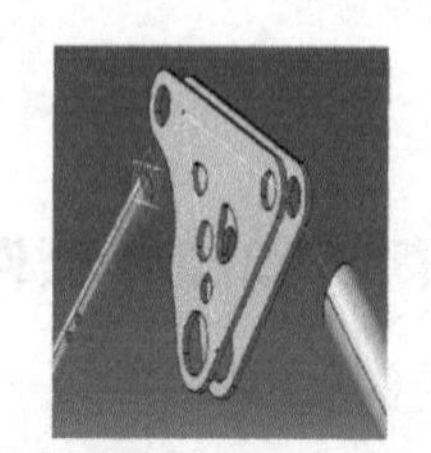

(a) 60%的体积分数(质量：36g)　(b) 70%的体积分数(质量：40g)　(c) 80%的体积分数(质量：43g)

图 7-7　建模挖槽

7.3.6 动力学拓扑优化

通过动力学拓扑优化可提高摇臂的基频，避免共振，见图 7-8。

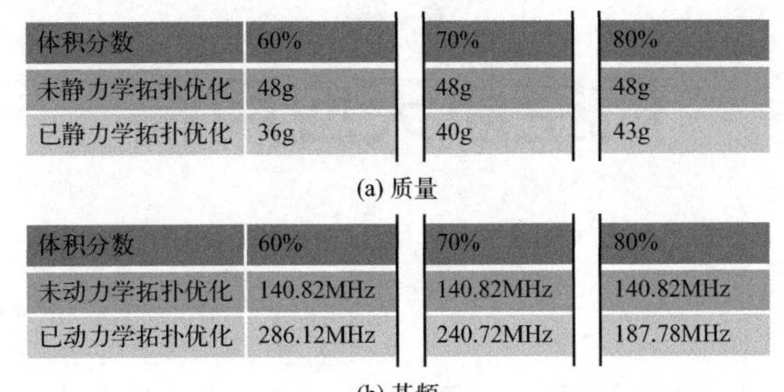

体积分数	60%	70%	80%
未静力学拓扑优化	48g	48g	48g
已静力学拓扑优化	36g	40g	43g

(a) 质量

体积分数	60%	70%	80%
未动力学拓扑优化	140.82MHz	140.82MHz	140.82MHz
已动力学拓扑优化	286.12MHz	240.72MHz	187.78MHz

(b) 基频

图 7-8　表格汇总

7.4 总结

① 在众多的材料中，本案例选择了碳纤维材料，这是因为碳纤维的质量更轻、强度更大，并且成本在可以承受的范围内。

② 通过静力学的拓扑优化后，本案例选择优化结果为保留体积分数 70%，因为该优化结果减重效率高，并且保证了摇臂的强度和使用安全。

③ 动力学拓扑优化提高了摇臂的基频，提高了安全性。

第二篇

航空航天应用篇

案例 8

第四代多用途协同空战无人机——飞将

参赛选手：班乃骞，刘鑫，刘思远　　指导教师：徐长英
南昌航空大学
第一届工程仿真创新设计赛项（本科组），二等奖

作品简介： 本案例根据未来战争需求，设计了一款具备格斗能力、隐身与超声速巡航兼顾的协同主力机空战的第四代无人机。通过大迎角空气动力学分析飞机外形，运用 Fluent 分析涡系影响，设计兼顾低阻和隐身性能的飞机气动布局、实现大迎角机动性的可动前边条、带有控制面的全动 V 形尾翼、复式折叠主弹仓门和吊仓智能速射机炮。

作品标签： 无人机总体设计、Fluent 涡迹分析、有限元、层次法分析、多学科优化。

8.1 引言

当前，人工智能正逐渐成为战争形态质变的第一推动力，AI 技术飞速发展，具有技术微观规划与控制优势的无人机协同作战应运而生。新一代无人机逐渐成为发展热点与需求。

8.2 设计流程

考虑未来 2030 年的需求、先进设计技术和理念的成熟性和可实现性，对未来协同空战无人机进行总体概念设计，设计流程如图 8-1 所示。

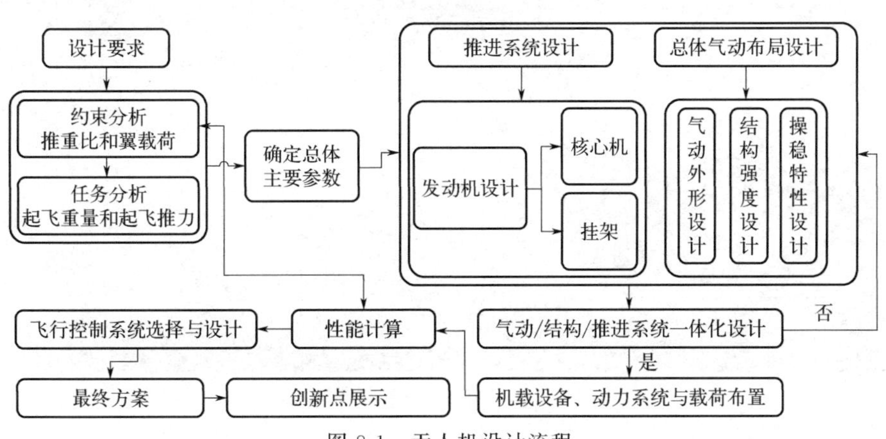

图 8-1　无人机设计流程

现分别给出本机的空中优势任务剖面（图 8-2）和协助歼-20 空战的任务剖面（图 8-3）。

空中优势任务剖面如图 8-2 所示。飞机从基地机场起飞后快速爬升，至巡航高度后以亚声速巡航状态自动搜索目标；同时预警机起飞，在距无人机一定距离的空域待命。发现目标后，由无人机智能控制与预警机战术指导，飞机以超声速向敌方逼近，并发射中距弹对敌方空中目标进行超视距攻击；攻击结束后转入跨声速格斗，最后以超声速脱离战区并减速至亚声速返航。

图 8-2 空中优势任务剖面

协同空战任务剖面如图 8-3 所示。歼-20 从机场起飞后，无人机起飞同时爬升至巡航高度，在歼-20 前巡航，发现目标后，报告长机，同时转至超声速状态飞行，并发射中距弹进行超视距攻击，攻击结束后，进入近距格斗，无人机保持咬尾，等待长机指令，此时长机超视距攻击，待长机进入作战区后，无人机协助其攻击目标，最后以超声速脱离战区并减速至亚声速返航。

图 8-3 协助歼-20 空战任务剖面

本机的设计飞行剖面如图 8-4 所示。

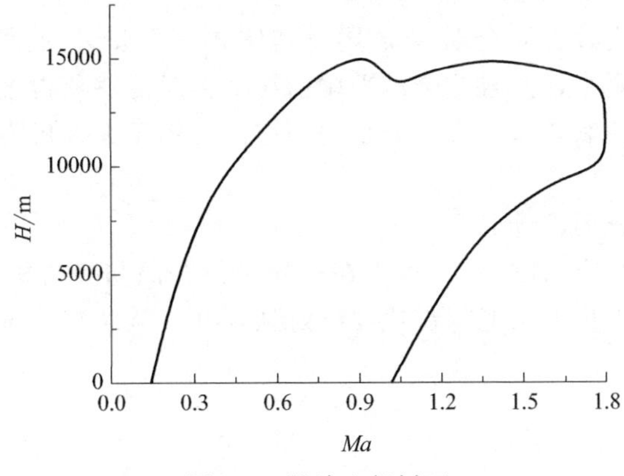

图 8-4 设计飞行剖面

8.3 设计创新点

(1) 兼顾低阻和隐身性能的飞机气动布局

本机的整个机身，包括机头在内，都采用了平板曲面与多棱角截面相结合的设计。平板曲面的机身设计也是当今四代机的一个重要特征，它可以有效地消除后向散射，以减小本机的雷达散射面积；多棱角截面在靠近机头处逐渐过渡成较为圆润的曲面，可以避免阻力分布过于集中。本方案的边条、主翼、尾翼的前缘均为平行面，前机身的棱边与进气道侧面保持平行，进气道口的形状采用平行四边形设计，这些设计可将雷达波集中散射到特定的方向上；机头到主翼之间采用可动前边条＋不可动翼根边条组合的设计，平缓了机身截面积分布曲线，使截面积在主翼处不至于激增，降低了跨音速阻力，其与主翼、尾翼之间的关系也减小了 RCS（雷达反射截面）；尾部的矢量喷管配合机身后边条的侧面遮挡，可以起到降低机尾红外信号的作用。本机采用 S 形进气道，可使空气进入后朝着飞机上部和内部合方向的 S 形路线抵达风扇和吸气机，有利于遮挡和消除涡扇叶片“强散射源”，达到降低正面 RCS 的目的。因此本方案的隐身性尤为显著。

(2) 实现大迎角机动性的可动前边条

本方案采用了可动前边条＋不可动翼根边条组合的设计。本飞机在做大迎角机动时，气流绕过翼根处的不可动细长边条卷起边条涡，而可动前边条会向下偏转以适应来流。一方面，可动前边条与发动机进气口位置特殊，能承担导流作用，稳定进气流速；另一方面，这两种边条相互配合可使本机拥有良好的大迎角升力特性，改善机动性，特别是瞬时转弯性能。在迎角过大时，本机的机身后边条可以配合机身在飞机的气动中心之后产生一个向上的升力，从而形成一个较大的低头力矩，使飞机低头，避免因迎角进一步增大而导致飞机失速。除此之外，后边条的棱边在某些迎角状态下产生的涡对平尾和垂尾的效率都有一定的提高作用，使得本机做大迎角机动时的稳定性更好。

本方案采用了二元推力矢量喷管，可使本机在俯仰方向的机动性加强，同时矢量推力的作用也更容易使本机在低速状态下进行位置调整。若本机的 V 形尾翼在战斗中被炮火损伤而失效，二元推力矢量喷管将绕飞机 Y 轴转动，提供部分俯仰力矩以保证本机继续飞行。

(3) 带有控制面的全动 V 形尾翼

本方案的亮点在于使用了全动 V 形尾翼整体式侧面安装设计，向外侧倾斜约 60°，两翼面可绕飞机 Y 轴同向转动，提供俯仰力矩。一般而言，当飞机做大迎角机动时，机背会发生较为严重的气流分离，像苏-27这种常规垂尾布局的飞机就不得不以增高垂尾的方式来弥补紊乱气流导致的尾翼失效。而全动V形尾翼整体式侧面安装则比固定的外倾双垂尾的舵面受此紊乱气流的影响更小，并且此全动平尾前缘下偏时能够获得主翼下方的优质气流，提高大迎角状态下的舵面控制效率。其上的小控制舵面可用于无人机飞行的微调，改善大迎角状态下的方向稳定性。

(4) 复式折叠主弹仓门设计

本方案的折叠主弹仓门（图8-5）可以在打开时使仓门与飞机机身侧面平行，这样既减小了开仓门时对气流的干扰，又能将雷达波反射到别处，从而减小飞机开仓门时雷达的散射面积。

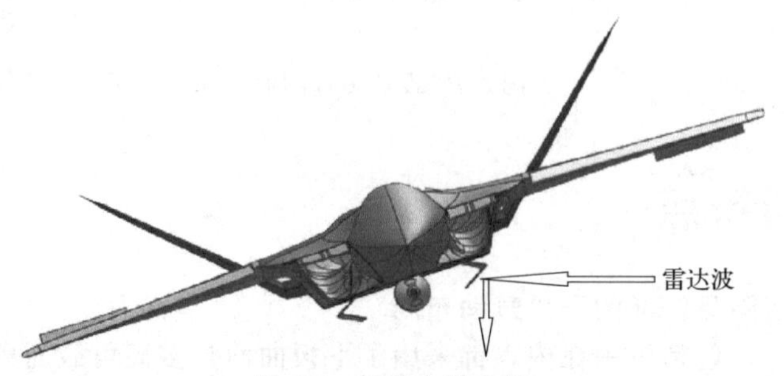

图8-5　折叠主弹仓门

(5) 吊仓智能速射机炮设计

吊仓速射机炮（图8-6）可以充分发挥人工智能的优势。通过机载计算机和吊仓配备的火控计算机之间相互配合，可解析出前方敌机的运动轨迹并进行一定程度上的预判，从而使飞机做出相应的动作来调整姿态，并用吊仓内的30mm机炮对敌机进行短点射摧毁目标。对于战斗机飞行员来讲，他们只能凭借自己先进的飞行技术和经验与敌人纠缠和近距离格斗，利用飞机的航炮或航空机枪击落目标。战斗机飞行员面临着需要微调飞机姿态并精确预判瞄准和飞机过载的双重考验。而可调射角的机炮吊仓搭配人工智能意味着无人机不必完全用机头对准敌机或敌机的预判位置，只需调整飞机姿态，将敌机目标纳入可调射角机炮的射角范围内，机炮吊仓内的火控计算机就会对机炮的射角进行调整并击落敌机。也就是说，本无人机的机炮成为一种小角度范围内的可锁定武器，大大提升了作战效能。若有需要，吊仓悬挂翼下能获得更大的射角调节范围。

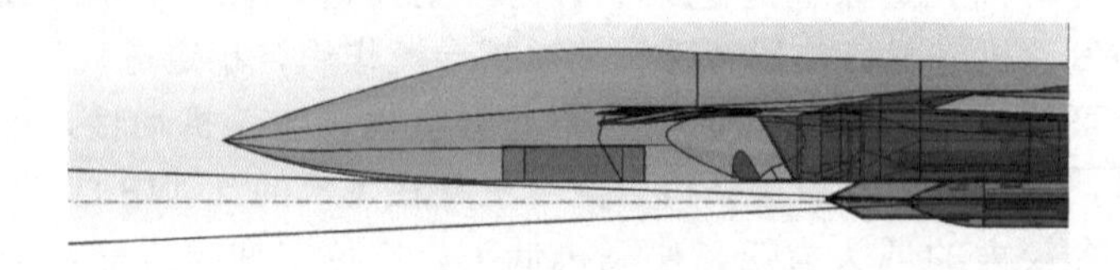

图8-6　吊仓速射机炮

8.4 设计方案

8.4.1 作战构型

协同我方主力四代机对空作战构型（空优作战构型）如图8-7、图8-8所示。

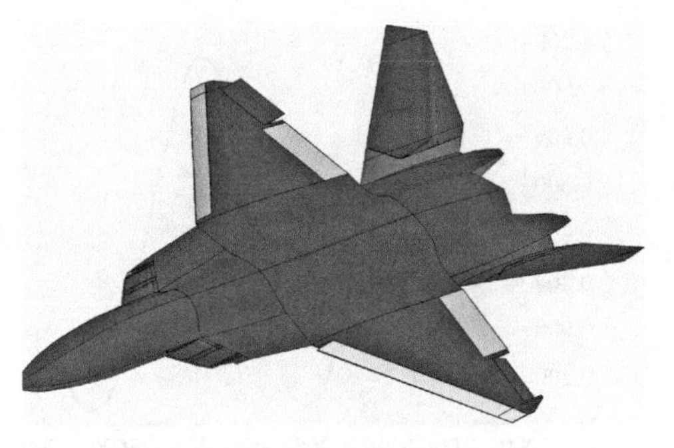

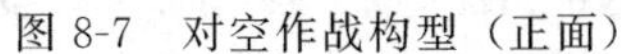

图 8-7 对空作战构型（正面）

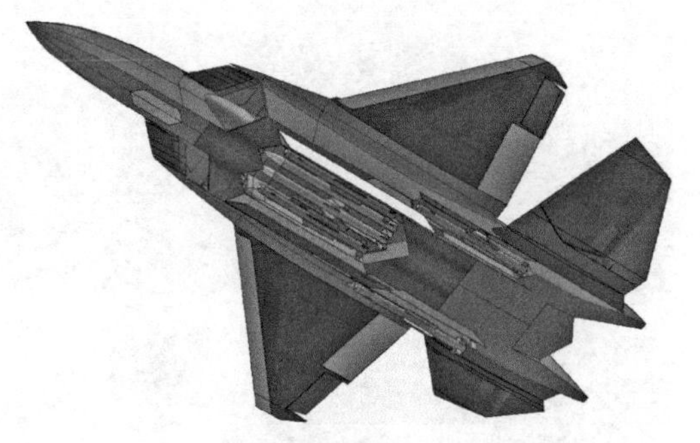

图 8-8 对空作战构型（反面-开仓）

这种作战构型为本方案设计的协同空战无人机的主要作战形式，配备了 4 枚近距空空导弹和 2 枚中距空空导弹。其中 2 枚近距空空导弹和 2 枚中距空空导弹布置在主弹仓，另外 2 枚近距空空导弹分别布置在侧弹仓。空优作战构型旨在协同我方的主力四代机进行空战。此构型所搭载的空对空武器弹药数目为一个比较理想的值，较为充分地利用了飞机内弹仓的空间。与此同时，本案例无人机所携带的空空导弹也可以作为对我方主力战机载弹量的一种补充。这样一来，我方主力战机空战的可持续性得到了某种意义上的延长，有利于我方空军牢牢地掌握制空权。

譬如，当我方的主力四代机锁定了敌方目标，而自身的弹药量却不足时，飞行员可以向附近的作战无人机下达代发射导弹的指令，此时无人机发射的弹药由我方主力战斗机接管。我方主力四代机只需要将对敌方的锁定信息移交给附近的作战无人机，便可以使附近的作战无人机自主展开空战。

8.4.2 前体设计

由于飞机前体的投影面积相比参考面积很小，对全机升力影响很小。但是因为其离飞机重心很远，产生的力矩对飞机的稳定性有着较大的影响，且在大迎角飞行状态，前体上产生的卡门涡街会使飞机产生较严重的横向抖振。因此，前体设计的关键就在于如何减弱这种不利于操纵的抖振现象。接下来将通过对 F-22 与苏-57 的横流数值模拟的方式来研究现有四代机的前体，并给出本方案的前体设计。首先确定计算条件，即飞机以大迎角和大侧滑角进行跨音速机动。计算条件如表 8-1 所示。

表 8-1 计算条件

飞机迎角	30°
飞机侧滑角	8°
飞行马赫数	0.9*Ma*

然后对 F-22 的前体气动特性进行分析，并给出其前体外形（图 8-9）、横向力系数随无量纲时间的变化（图 8-10）以及涡卷起到涡脱离的变化过程。

F-22 的前体呈菱形，其高宽比略大于 1，两边有明显的棱线，底部的圆角半径较小。菱形的机头显然更利于隐身；两边的棱线使前体涡的卷起位置固定在了此处，有利于减缓大迎角下前体的抖振和两侧涡强度的不对称，但过大的前体高宽比会减弱机头的横向稳定性，因此棱线带来的有益影响也会有所减弱。下面给出数值模拟的结果。

图 8-9　F-22 前体外形

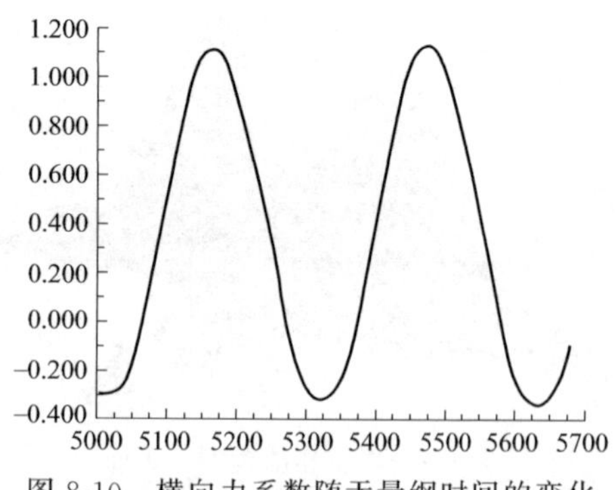

图 8-10　横向力系数随无量纲时间的变化

(1) 涡卷起（图 8-11 和图 8-12）

图 8-11　涡卷起压力云图

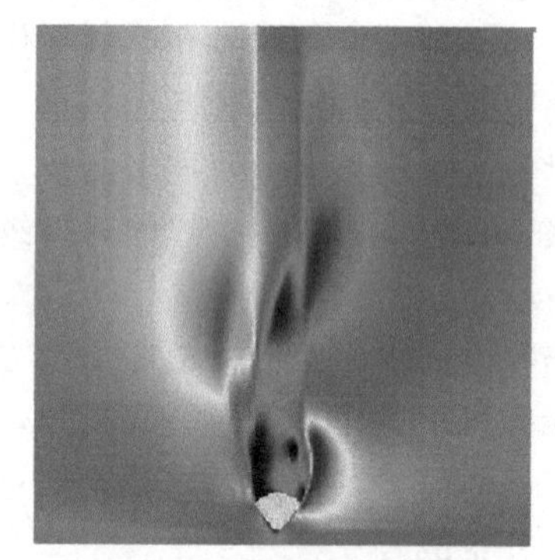

图 8-12　涡卷起速度云图

由图 8-11 可以看出，气流在前体右侧棱线上发生分离，并卷起前体涡，形成低压区；两边的压差使前体上产生一个向右的横向力，此时对应着横向力正的最大值。

(2) 中间过程（图 8-13 和图 8-14）

上一个涡已经脱离，下一个涡开始卷起，两涡的相互作用使前体的抖振达到了一个“平衡”状态。该状态对应横向力的中间值。

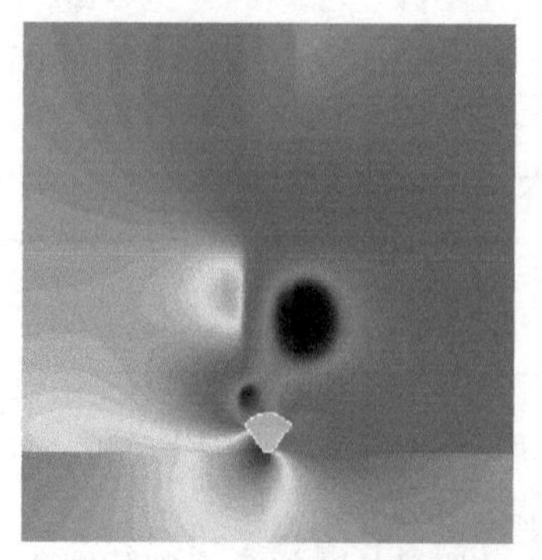

图 8-13　中间过程压力云图

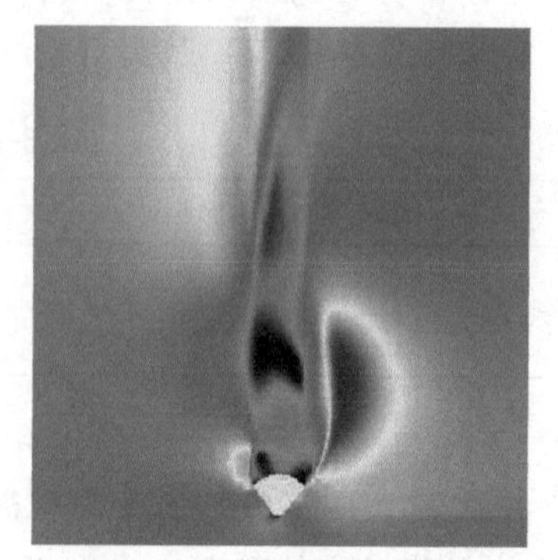

图 8-14　中间过程速度云图

(3) 涡脱离（图 8-15 和图 8-16）

此时上一个涡已经脱离，其对前体的影响基本消失；而前体左侧的涡已经卷起，此时前体受一个向左的横向力，对应的状态即左侧横向力增长到负的最大值。

图 8-15 涡脱离压力云图

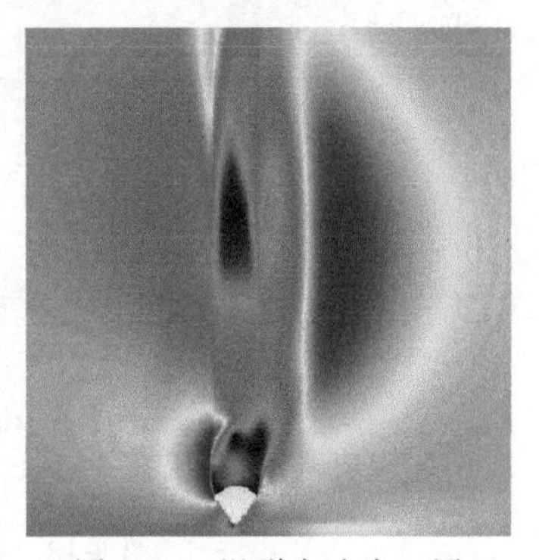
图 8-16 涡脱离速度云图

最终给出 F-22 的前体抖振数据：横向力系数最大值 1.12，横向力系数最小值－0.32；横向力系数平均值 0.4，横向力系数变化幅度 0.72。

8.4.3 涡流迹分析和边条设计

① 本方案的可动前边条设计产生的前边条涡如图 8-17 所示。前边条位于发动机进气口处，在飞机做大迎角飞行时所产生的边条涡能够产生附加的升力，并且能够减缓飞机背部气流分离现象，有助于飞机在大迎角情况下稳定飞行。同时可动前边条具有一定的调节作用，可使飞机在失速的情况下迅速改出。

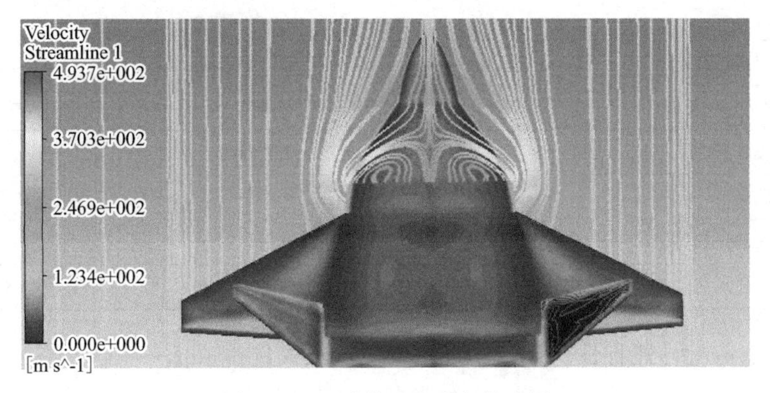

图 8-17 可动前边条卷起涡迹图

② 在本方案的尾边条设计中，将尾边条过渡到了发动机两侧的尾段位置。此种设计可使尾翼的横向位置更宽，使得尾翼不会受到前边条涡的影响而导致实现，从图 8-18 中我们可以看出，在飞机迎角为 30°，飞行速度为 0.8*Ma* 的条件下，飞机前边条产生的涡并未对尾翼产生干扰。所以可认为尾边条的宽度设计是合理的。尾边条的几何参数见表 8-2。

表 8-2 尾边条的几何参数

尾边条宽度	820.73mm
尾翼根弦间距	3754.71mm
舵面端尾翼根弦弦长	3300mm

图 8-18 尾边条卷起涡迹图

8.4.4 起落架设计和总体布置

根据本机的整体战术技术要求和主要使用任务、装载和外挂情况，以及规定的有关起降要求，明确起落装置设计中应达到的战术技术要求及可能的极限情况，给出以下方案设计，见表 8-3。

表 8-3 三种起落架性能参考

特性	前三点式	自行车式	后三点式
结构与重量	中等	复杂，重	简单，轻
前方视野	好	好	不好
地面滑行稳定性	好	取决于重心位置	不好，易打地转
起飞抬前(尾)轮	好	稍难	需螺旋桨滑流
起飞过程	容易	较难	较难
着陆速度	不限	不限	不大于 150km/h
着陆接地过程	好	可以	不好
使用的发动机	不限	不限	只用于螺旋桨发动机

根据三种起落架形式特性对比，本机采用前三点式起落架。

8.4.5 前三点式起落架配置形式及参数选择

为了便于确定在水平与垂直平面内起落架的一些主要几何参数，采用机身水平基准线与水平面重合的方式。起落架参数示意如图 8-19 所示。

① 重心位置 h_{CG} 按最大起飞设计重量与最大着陆设计重量对应的最后及最上重心位置以及静态压缩的静态地面线的高度，取值为 1.735m。

② 按起飞、着陆性能分析，选择飞机的俯仰角 Θ_{AC}。为了保证起飞、着陆时，飞机的尾部不擦地，按起飞和着陆的最大迎角设计，确定对应的飞机姿态角 Θ_{AC}，令 $\Theta_{TD}=\Theta_{AC}$。为了避免着陆接地时飞机向后翻，轮胎接地面积中心必须刚好位于飞机后重心与地面的法线交点之后。本机后翻角 $\Theta_{TB}=15°$，查看有关资料，可知防后翻角 $\Theta_{TO}>\Theta_{TB}$，$\Theta_{TO}=15°$。通过综合可能的重心及其对应起落架位置得到最小防后翻角为 16.13°。

③ 主轮 B 决定地面转弯的稳定性和刹车的稳定性。其表达式为

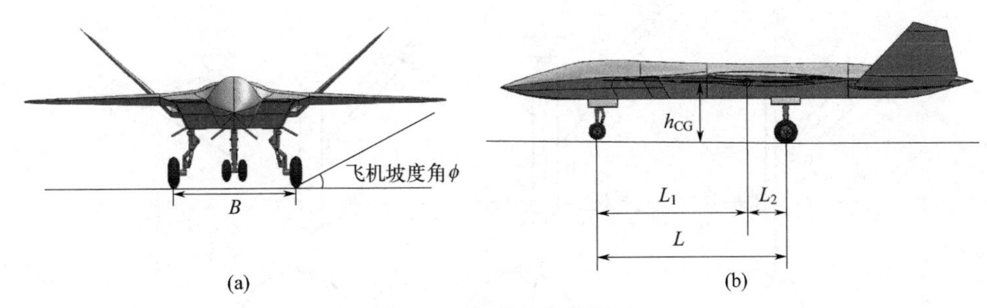

图 8-19 起落架布置尺寸

$$B=\frac{2\mu h_{CG}L}{\sqrt{L^2-(\mu h_{CG})^2}}$$

选择 $\mu=0.85$，由上述可知 $L=6.363\text{m}$，$h_{CG}=1.735\text{m}$，故 $B=3.12\text{m}$。

④ 前倾角主要是保持自由定向的可转机轮（如前轮、尾轮）在滑跑中的静稳定和动稳定。飞机侧倾角，一般取 $\varphi=4°$，主轮前倾角 $\Theta_R=7.5°$，前轮前倾角根据美军空军规范要求 $\Theta_R=7.5°$。

起落架参数布置见表 8-4。

表 8-4 起落架参数布置

重心位置 h_{CG}	1.735m
间隙 D	150mm
L_3	6.121m
L	6.363m
L_2	0.633m
L_1	5.73m
后翻角 Θ_{TB}	15°
最小防后翻角	16.13°
B	3.12m
主轮前倾角 Θ_R	7.5°
前轮前倾角	7.5°

8.4.6 起落架布置方案（图 8-20～图 8-23）

由于本机采用前三点式起落架，根据飞机的布局方案及机内外装载情况（采用翼下进气道布局，多外挂战斗机）可知本机采用机身起落架。结合飞机的内部安排装载情况及结构成立系统方案，综合选取主轮收于机身。

图 8-20 起落架布置方案前视图

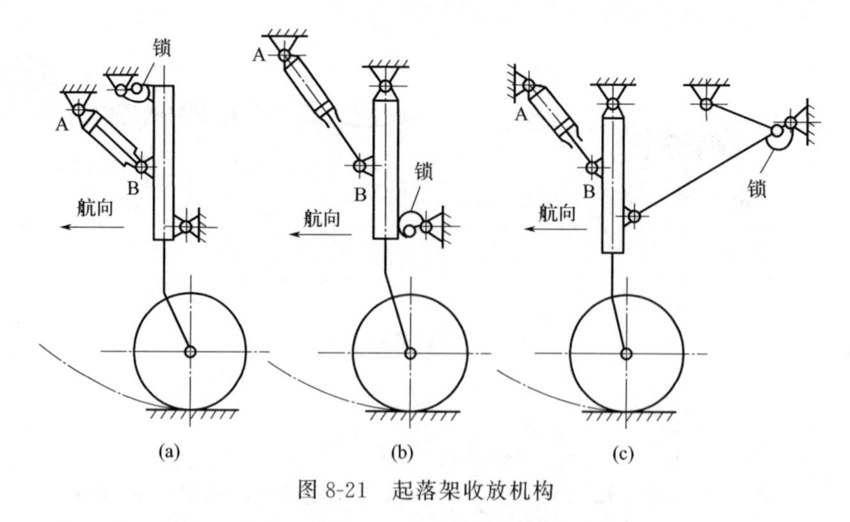

图 8-21 起落架收放机构

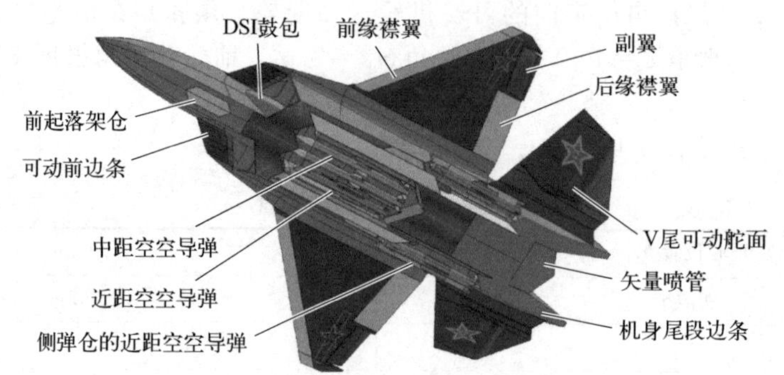

图 8-22 整机布置图

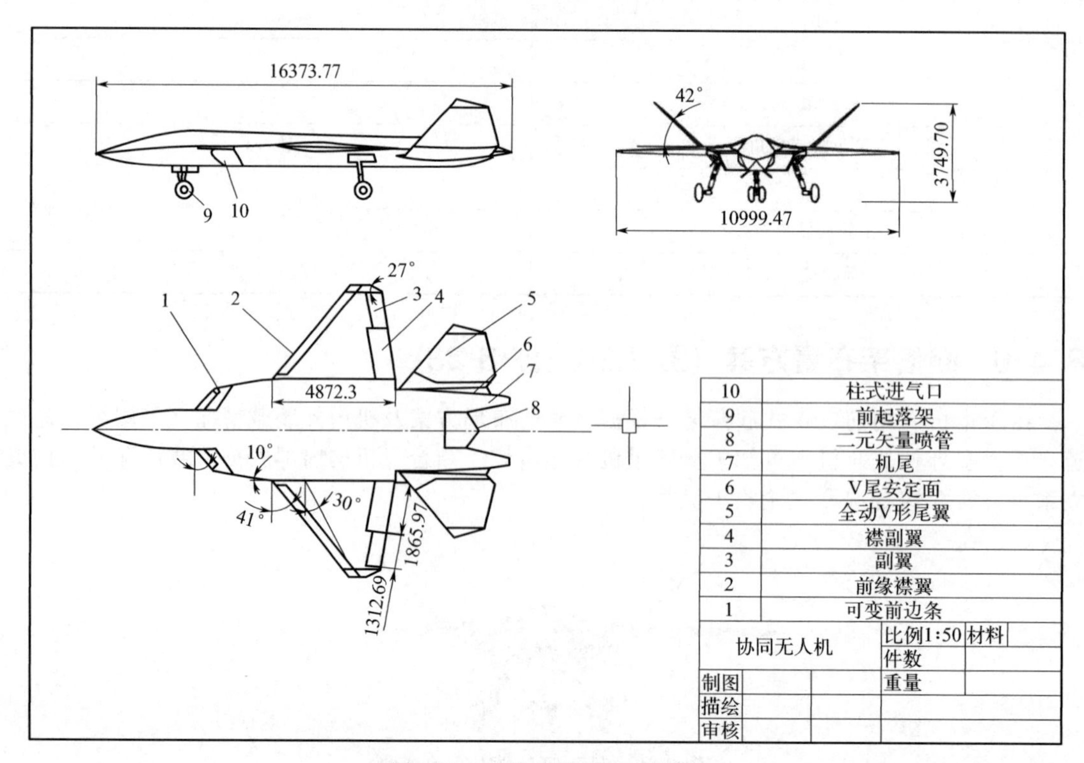

10	柱式进气口
9	前起落架
8	二元矢量喷管
7	机尾
6	V尾安定面
5	全动V形尾翼
4	襟副翼
3	副翼
2	前缘襟翼
1	可变前边条

协同无人机		比例1:50	材料
		件数	
制图		重量	
描绘			
审核			

图 8-23 无人机的详细三视图

本机起落架的受力形式主要为梁架式，在收放平面内起落架的受力形式在结构力学上属于静定力系，按机械原理，在收放过程中起落架构成四连杆机构或四连杆铰链机构，用来保证受力系统的几何不变性和收放运动。根据收放式起落架的特性，其主要形式可分为四类，本机主要采用第二类；受力系统在放下位置借助承力锁来保证几何不变性，该所将起落架的成立撑杆或梁直接固定在飞机结构上。根据该类受力形式设计出了“伊尔”和“米格”型飞机的前起落架结构。这一类起落架在机体内所占空间较小。

参考文献

[1] 顾诵芬．飞机总体设计［M]．北京：北京航空航天大学出版社，2001.
[2] 刘虎．飞机总体设计［M]．北京：北京航空航天大学出版社，2019.
[3] 李为吉．飞机总体设计［M]．西安：西北工业大学出版社，2005.
[4] 姬金祖，黄沛霖，马云鹏，等．隐身原理［M]．北京：北京航空航天大学出版社，2013.
[5] 李大鹏．人工智能空战来了［N]．中国青年报，2019-07-25（12）.

案例 9

X 语言及其建模仿真系统

参赛选手：谢堃钰，古鹏飞，王昆玉　　指导教师：张霖
北京航空航天大学
第一届工程仿真创新设计赛项（研究生组），一等奖

作品简介： 针对当前复杂产品多领域建模仿真一致性差、有缝集成等问题，设计开发了一种支持 MBSE 的新一代多领域统一建模仿真语言——X 语言，以及一款基于 X 语言的完全自主知识产权的一体化建模仿真软件 XLab。X 语言在具备 SysML 语言系统建模能力的同时，也具备 Modelica 语言多物理建模的能力，实现了复杂产品全系统建模时需求、功能、逻辑架构以及物理特性的一体化描述，从根本上保证了全系统模型数据传递的一致性，提高了复杂产品的研发效率。

作品标签： 系统仿真、求解技术、机-电-液-控制联合、航天、数字孪生。

9.1　X 语言的研发背景

复杂产品是指研发成本高、规模大、技术含量高、单件或小批量定制化、集成度高的大型产品、系统或基础设施，包括大型通信系统、航空航天系统、大型船只、电力网络控制系统、高速列车、大型武器装备等。复杂产品的研制是建模仿真应用最广泛、最深入的领域之一。对于复杂产品而言，其结构非常复杂，一般都会涉及几十个甚至上百个学科，最典型的如结构、材料、气动、流体、燃烧、电子、电磁等，而且按照层次可以分为系统级、子系统级、设备级、组件级、部件级、零件级等；产品的生命周期往往很长，涉及需求分析、设计、加工制造、实验测试、销售、维护、销毁等。因此，复杂产品的研制往往需要大量的单位、部门协同工作，利用系统工程的理论方法指导实施。

传统的系统工程方法是基于文档的系统过程。在系统设计阶段，各个部门各个阶段之间的信息交换主要依赖文档、数据，甚至电话、邮件等各种方式，交换的信息大多是非结构化的、不标准的，语义模糊甚至歧义。各种设计文档很难保持一致性，出现问题也很难回溯。各部门积累了大量的文档和数据，种类繁多、采用不同的开发环境和工具，无统一标准。在系统集成阶段，主要是物理系统的组装，成本高、周期长，难以进行反复试错。

基于模型的系统工程即 MBSE（model-based systems engineering），是应对传统系统工程所面临挑战的重要手段。其核心思想是通过一个统一的形式化、规范化的模型来支持系统从概念设计、分析、验证到开发的全生命周期的各个阶段，使工程师之间的信息交换从基于文本的模式变为基于模型的模式。由于采用了统一的模型，各级单位用同一种规范进行工作和沟通，可以解决前面提到的传统模式的种种弊端，极大地提高系统研发的效率和质量。目

前，支持 MBSE 的主流建模语言是由 INCOSE（系统工程国际委员会）联合 OMG（对象管理组织）在统一建模语言 UML 的基础上开发的适用于描述工程系统的系统建模语言 SysML。

目前，领域内基于 MBSE 方法论实施复杂产品统一建模的方法有两种，如图 9-1 所示。

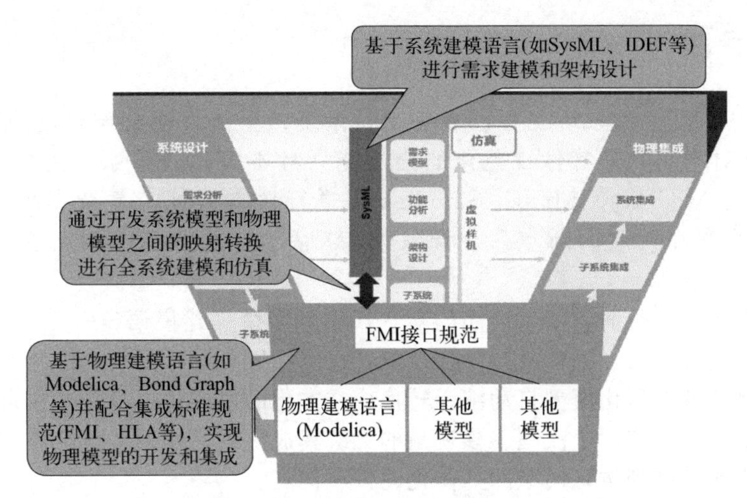

图 9-1　复杂产品统一建模仿真实现方法

一种是首先基于 SysML 建立系统级需求、功能、逻辑架构模型，然后基于 Matlab/Simulink、Modelica 等建立物理级模型，最后基于 FMI 集成建立完整的仿真模型，不断迭代验证需求满足情况，实现对系统设计的快速验证；另一种是首先基于 SysML 建立系统级需求、功能、设计模型，然后通过扩展 SysML 并开发 SysML 与 Modelica 转换引擎实现系统级设计模型到仿真模型的转换生成，从而达到快速验证系统设计的目的。这两种方法的实现均需要多种语言、多种平台集成。另外，在采用 FMI 实现系统级设计模型和物理级模型集成时，当对物理模型参数进行优化时，若物理模型需要修改，则需要将修改后的物理模型重新封装成 FMU（功能模拟单元）再集成进行需求验证，效率低且无法通过优化算法进行自动优化；通过扩展 SysML 并开发 SysML 与 Modelica 转换引擎的方法，虽然能实现某些场景模型的自动转换，然而当模型足够复杂时，由于 SysML 与 Modelica 元模型的不完全一致性，导致模型转换的准确性难以保证。

为改善当前基于 SysML 实施复杂产品统一建模框架方法的局限性，北京航空航天大学张霖教授带领团队设计并开发了支持 MBSE 的复杂产品一体化建模仿真语言——X 语言。X 语言是系统建模语言 SysML、多物理统一建模语言 Modelica、离散事件系统规范 DEVS 以及智能体建模语言等多种语言规范的深度交叉融合。在系统层面，对系统建模的需求进行描述，形成包含建模目标和约束的元模型，建立系统结构、系统行为、系统能力、包含对象、系统驱动参数及流程时序要求的描述范式。在模型架构层面，基于 DEVS 规则给定耦合模型、模型关联事件、耦合模型内部和外部转换机制的描述范式。在模型仿真层面，遵循面向对象的设计思想，以变量和方程等形式描述其特性和功能，并支持连续时间建模、离散事件建模、智能体建模和混合系统建模。基于 DEVS，借助其仿真框架对多领域模型的统一能力，将连续模型、智能体模型的仿真统一到离散事件仿真框架下。通过搭建解释器，实现将模型解释为可直接由底层仿真框架进行仿真的可执行代码。X 语言既支持图形化设计，同时也提供全套文本。团队对 SysML 的图进行了文本化描述，再参考 Modelica、DEVS 等典型建模语言、软件的架构以及风格，构建了X语言的连续和离散模型建模文本；在此基础上，通过增添对智能体模型和神经网络模型的描述，实现了X语言对复杂智能模型的描述能力扩充。最终，从根本上保证了全系统模型数据传递的一致性，加快了复杂产品的研发进程，提高了研发效率。

9.2 X语言

近年来，基于模型的系统工程已成为支持系统乃至体系建模与开发的重要手段。由于SysML缺乏对产品物理特性规范化的描述能力且不可执行，系统集成阶段必须通过物理级建模语言Modelica、Matlab/Simulink等进行仿真验证，复杂产品的系统级设计和物理级的仿真存在明显的断点，会导致复杂产品的开发效率低下、成本高昂，局限性大。

基于此，提出了一种面向复杂产品的新一代多领域统一建模语言——X语言（图9-2）。X语言全面支持复杂产品全流程协同设计开发，在产品概念设计阶段提供规范的图形化建模描述，还可将规范的图形化模型自动编译转换成文本化的底层仿真模型，在自主研发的仿真引擎驱动下，支持全系统、全流程、多视角的无缝集成仿真，实现从概念模型设计、系统架构设计、多物理域模型到仿真模型的一体化建模和仿真。

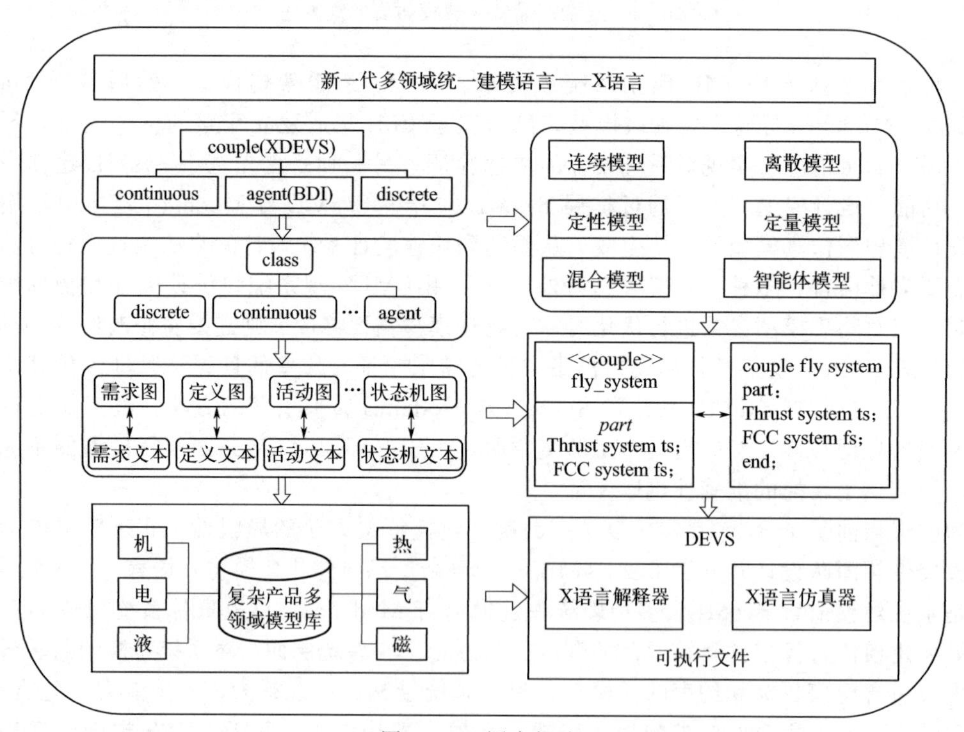

图9-2 X语言概述

X语言是一种面向对象的语言。X语言可通过特定类的构建实现具有不同行为实体的模型，每种特定类在系统设计层面均由不同的图或者多种图组合构建（图9-3）。在系统设计层面，如连续类由定义图和方程图组合描述，离散类由定义图和状态机图组合描述等。然而，由于图形化模型难以实现模型的解释仿真，因此X语言创造性地定义了元模型一致的图形和文本两种建模形式，且两者之间可以相互转换（图9-4）。

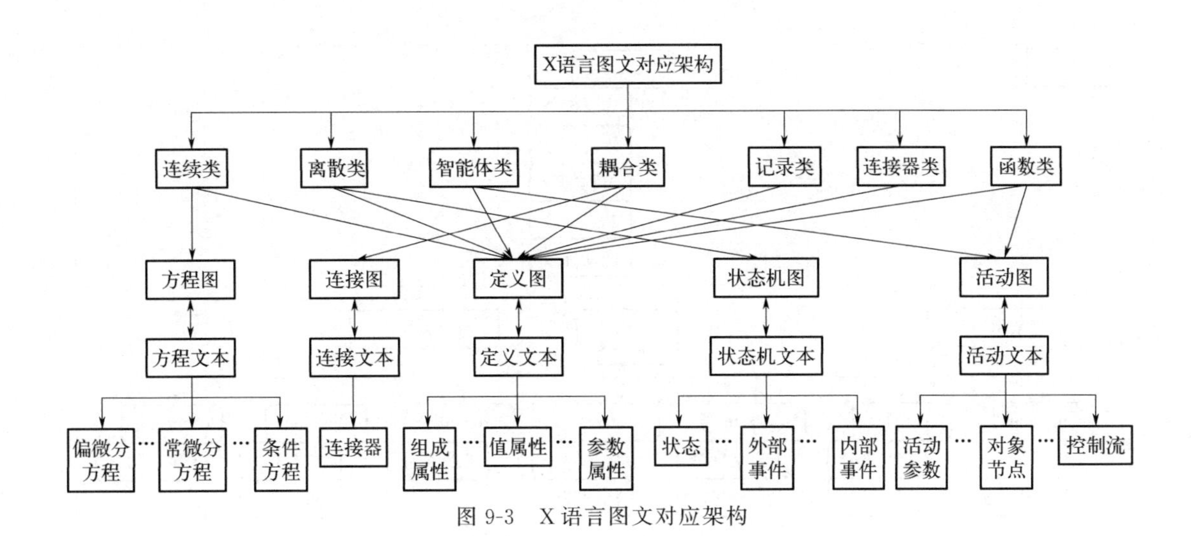

图 9-3　X 语言图文对应架构

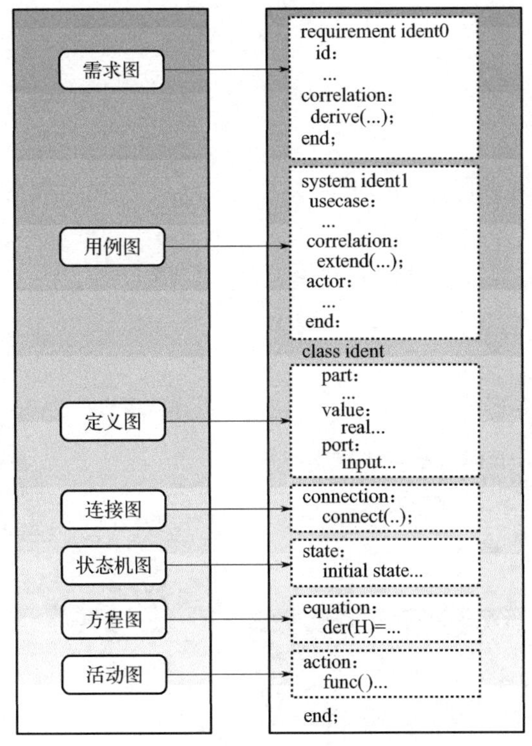

图 9-4　X 语言图文对应关系

在 X 语言中针对不同行为的实体（连续、离散、混合）以及具有智能行为的实体，在基类（class）基础上扩展定义了 4 种受限类（连续类、离散类、智能体类以及耦合类）以及 3 种辅助建模类（记录类、连接器类以及函数类），可实现对复杂系统多领域、多粒度、多特征的建模描述（图 9-4）。由图 9-5 可知，不同的类是由不同部分组成的。如连续类由定义部分和方程部分组成，离散类由定义部分和状态机部分组成。另外，不同的部分在图形层面对应不同的图。如定义部分对应定义图，连接部分对应连接图等。

X 语言结合 Harmony SE 和 MagicGrid 等 MBSE 方法论，并完善物理建模方法，奠定了实现系统级模型和物理级模型一体化建模的理论基础，建立了基于 X 语言的全流程建模

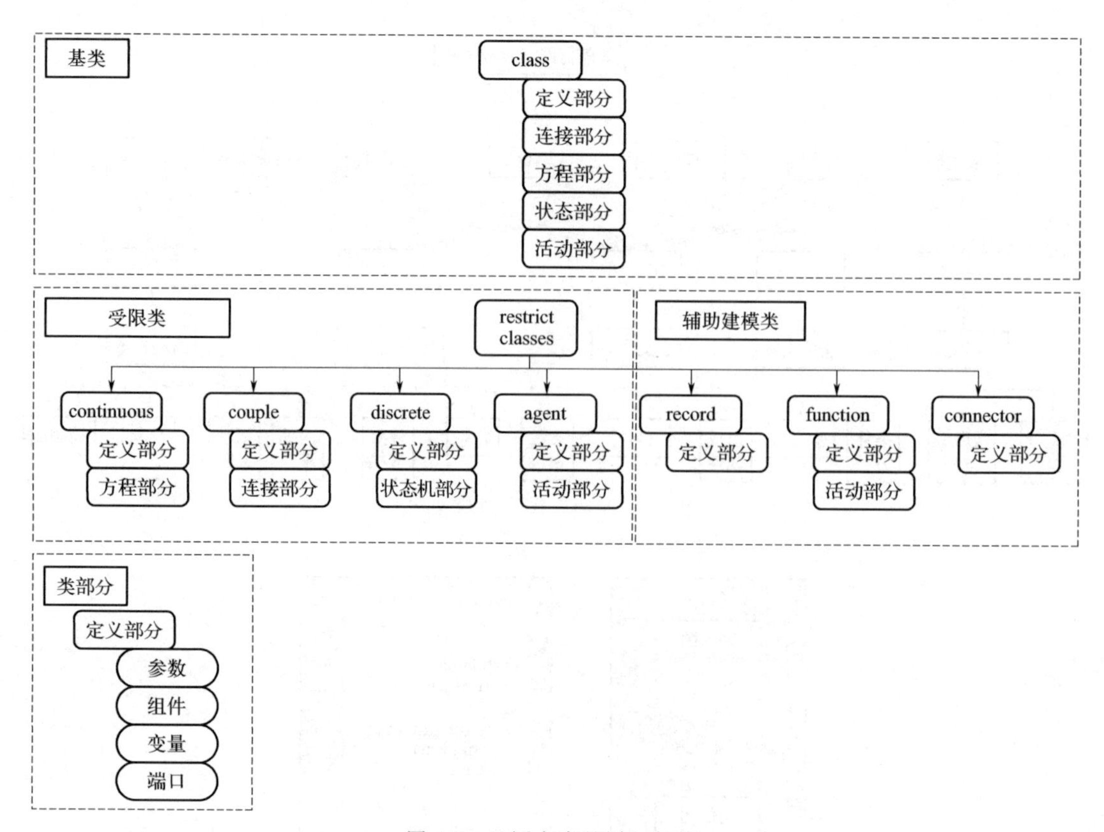

图 9-5　X 语言类的详细架构

方法论（图 9-6）。

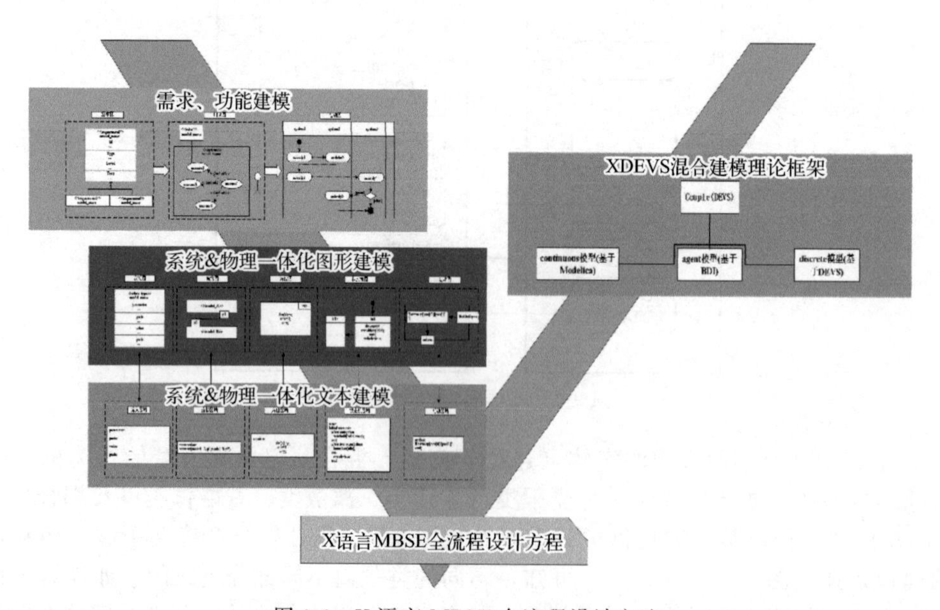

图 9-6　X 语言 MBSE 全流程设计方法

在系统黑盒构建阶段，X 语言建立了需求视图、用例视图以及活动视图实现对复杂产品的需求以及功能分析，能够支撑对系统模型的需求、功能建模。

在系统白盒构建阶段，基于 X 语言系统建模方法，针对复杂产品的结构建模，提出了定义图和连接图，服务于多领域多层级系统模型构建；针对复杂产品的行为建模，提出了方程图、状态机图以及活动图。其中，方程图基于等式方程规则描述建立，能够支撑以方程为基础的物理模型构建；活动图则能够描述系统级层面的复杂逻辑行为。X 语言基于上述 5 种视图，通过不同视图的组合实现了对连续（定义图和方程图）、离散（定义图和状态机图）、智能体（定义图和活动图）以及多领域多层级（定义图和连接图）模型的建立。严格的图形和文本语法规范为 X 语言实现全系统一体化仿真验证奠定了基础。

基于 X 语言，研发了面向 X 语言支持 MBSE 的一体化建模仿真软件 XLab。XLab 软件的工具链支持 MBSE 的全流程工作（需求建模分析、系统架构设计建模、文本检查、系统仿真以及仿真验证），分别对应图形建模、文本建模、文本检查器、解释器仿真器、结果数据库（图 9-7），能够支撑基于 X 语言的系统模型全流程设计。

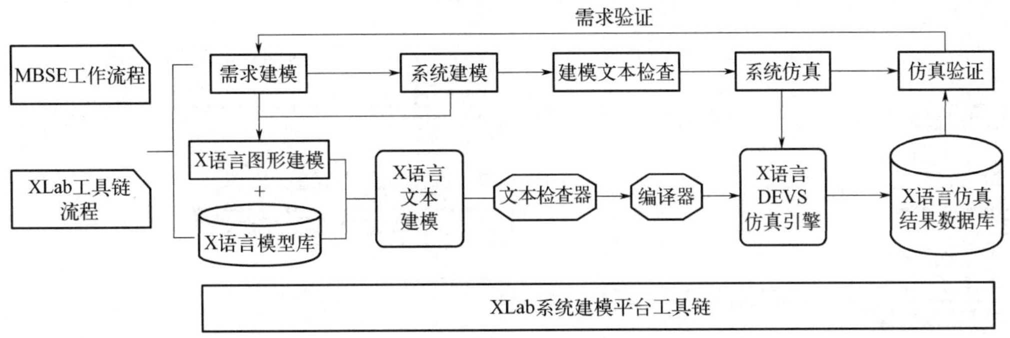

图 9-7　XLab 支持 MBSE 全流程一体化建模仿真框架

9.3 案例

9.3.1 模型背景

近年来，导弹的性能提升迅速，高速、大机动目标的出现对防空拦截系统提出了更高的要求，传统的以气动控制方式工作的拦截器已无法准确打击目标。直气复合控制系统除了具有气动力控制方式外，在必要时还可以开启直接力控制方式，提升了导弹对信号的跟踪性能，引起了军事大国的广泛关注。本案例对直气复合控制系统展开了研究，并基于 X 语言对直气复合控制系统进行了协同仿真优化设计。图 9-8 是直气复合控制模型案例。

9.3.2 模型建立

首先在确定直气复合控制系统需求的基础上，在 X 语言的一体化建模仿真平台 XLab 上，通过 X 语言的 discrete 类构建逻辑架构模型以及运动学和动力学模型、function 类构建飞行环境模型，然后通过 couple 类构建逻辑架构模型、运动学和动力学模型之间的交互逻辑，最后基于统一的仿真器实现模型的一体化仿真验证。一体化的建模仿真语言及平台可完整实现系统的需求分析、功能分析、系统设计、仿真验证的全生命周期，加快验证系统的设计是否满足最初的设计需求，达到优化设计的目的。图 9-9 为使用 X 语言 couple 类构建的直气复合控制模型顶层系统模型，对模型中的子系统以及子系统之间的关系进行了建模。

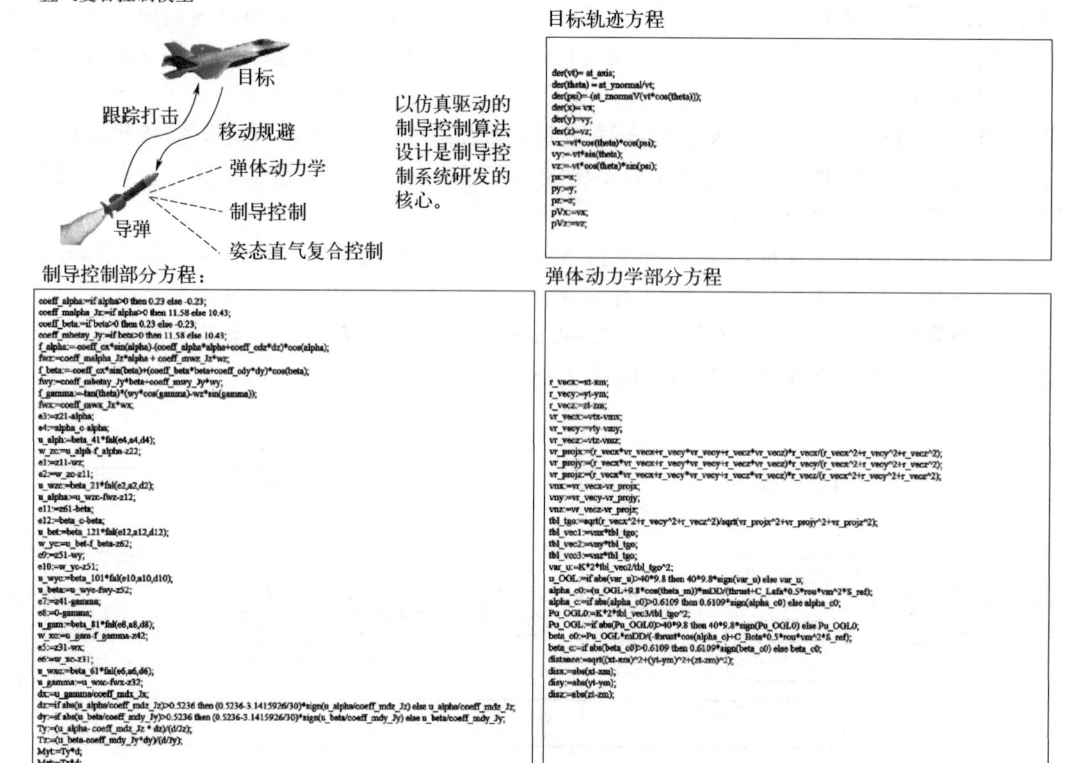

图 9-8　直气复合控制模型案例

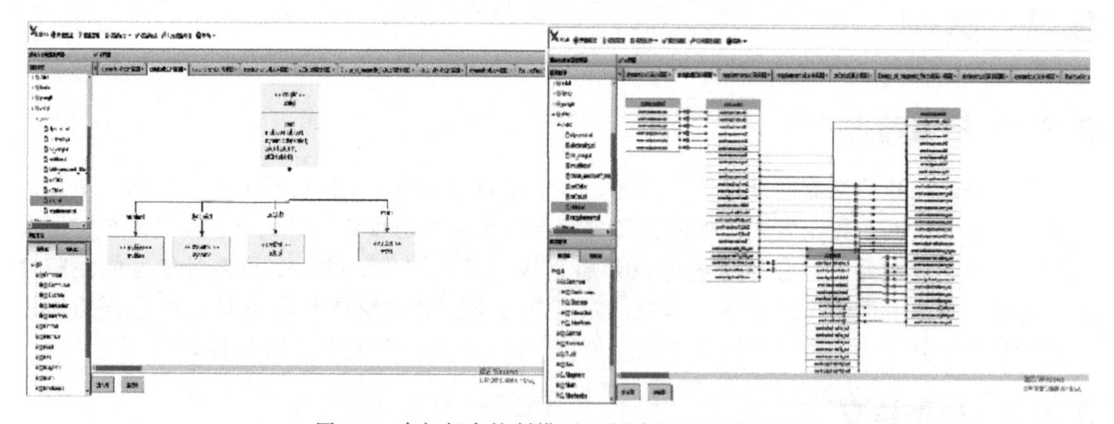

图 9-9　直气复合控制模型 X 语言顶层系统设计

图 9-10 为弹体动力学模块的状态机图，指出了模型在基于事件的仿真中的行为。我们可以在具体状态中对弹体的动力学进行建模。

9.3.3　模型解析与仿真

首先以顶层模型文件作为仿真入口，应用自研 XDEVS 仿真器进行仿真求解。然后通过 TCP 将模型文本传输到编译器软件中。编译器通过收到的 TCP 信号，从模型数据库中读取模型信息，并进行模型编译；编译过程会将输入的文本文件转化为抽象语法树，并依托抽象

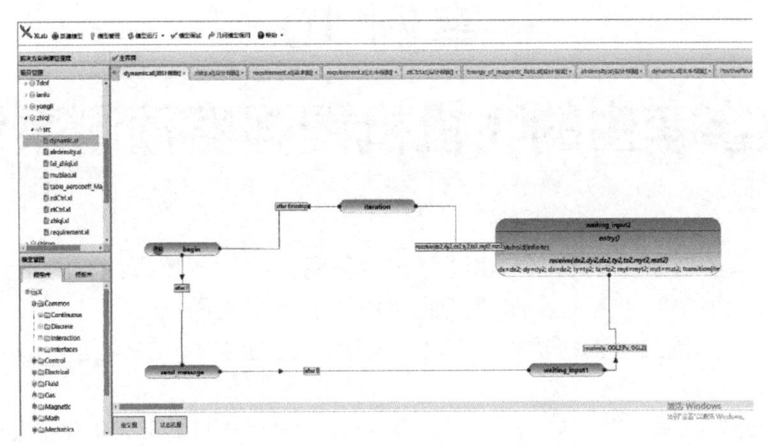

图 9-10 弹体动力学模块的状态机图

语法树进行智能化的语法和语义分析。最终获得需要的可仿真程序（图 9-11）。

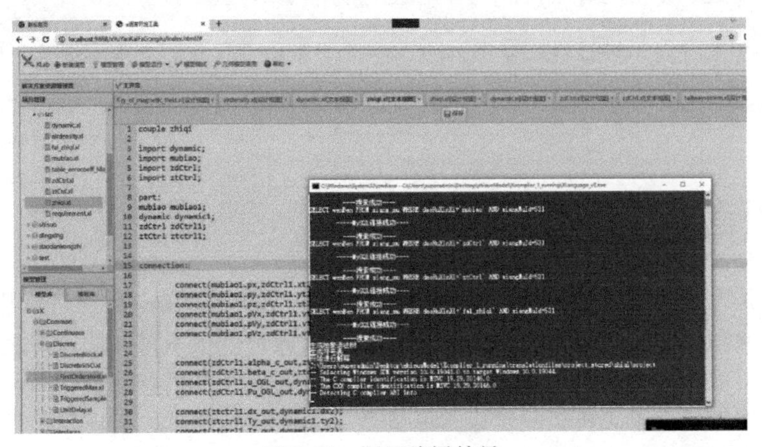

图 9-11 调用编译结果

获得仿真程序之后运行即可获得仿真结果，如图 9-12 所示为导弹和目标之间的相对距离。可见在 7292s，导弹和目标之间的相对距离为 0，表明导弹在控制下击中目标。

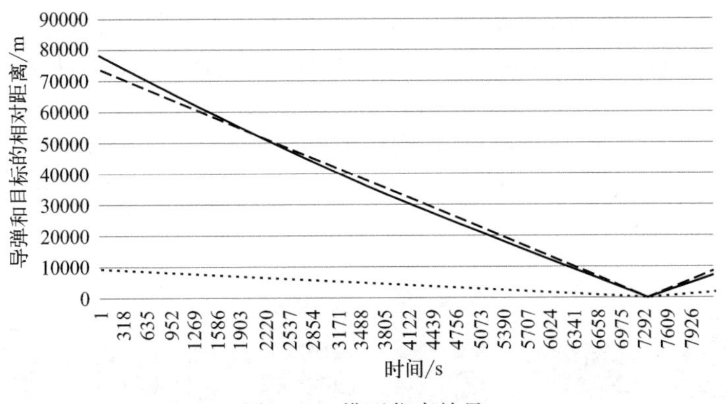

图 9-12 模型仿真结果

案例 10

基于数字孪生的飞机机翼强度预测系统开发

参赛选手：王凯祥，谢春磊，甘新海　　指导教师：石周正

新乡航空工业（集团）有限公司

第二届工程仿真创新设计赛项（企业组），二等奖

作品简介： 通过抽取机翼主体结构，建立 FEM 仿真模型，进而采用优化拉丁超立方法对全飞行剖面下的机翼载荷进行取样，完成参数化仿真分析。基于多组取样得到的强度分析结果，建立机翼强度的数字孪生模型，并将其部署至健康监测平台，实现飞机全飞行过程中对机翼载荷的实时监控和寿命预测，进一步保障飞机飞行安全。

作品标签： 民用航空、飞机机翼、健康监测、数字孪生、平台开发、优化取样。

10.1 引言

飞机机翼是飞行姿态调整的核心执行机构，飞机机翼与尾翼一起支持飞机在空中飞行。一旦机翼出现问题，就会导致飞机升力变小、阻力增大，产生不对称性，严重的情况下还会导致飞机失速尾旋，直接影响飞机的飞行安全，因此开展飞机机翼健康状况预测越发重要与紧迫。由此本案例提出了飞机机翼健康诊断的数字孪生仿真技术，实现机翼整个飞行包线下的动态响应值强度预测，为机翼在整个生命周期的强度健康管理提供新的理念。

10.2 技术路线

本案例依据 Ansys Workbench 与 Twin Builder 建立了机翼强度数字孪生模型。首先基于机翼 CAD 模型完成 FEM 模型的创建；然后根据全飞行剖面下的压力载荷，进行 DOE 取样简化计算，得出 125 组计算数据；最后，将计算结果进行训练，即可得出载荷-应力的数字孪生模型。基于同组数据，以特定部位的应力值作为输入，压力载荷作为输出，即可得到机翼的应力-载荷识别模型。之后通过平台开发，即可完成相关系统部署。强度预测系统开发技术路线如图 10-1 所示。

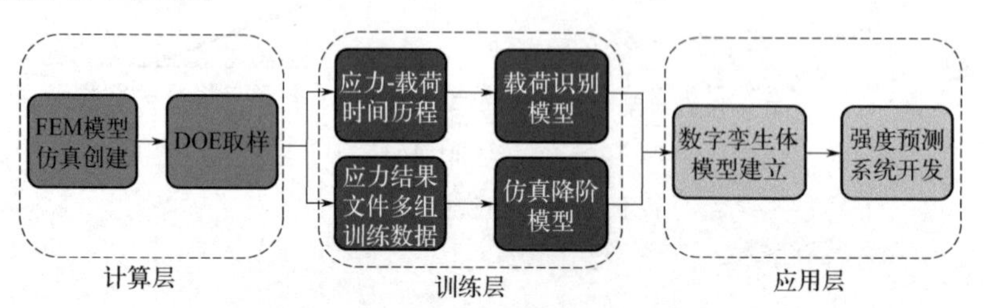

图 10-1　强度预测系统开发技术路线

在机翼工作过程中，对关键部位的应力进行监测，通过传感器将数据传递给计算机，依据载荷识别模型，可直接计算出作用于机翼的气动载荷；然后将气动载荷传递给数字孪生模型，即可得出机翼在工作过程中的应力分布，找出薄弱部位，进行健康管理。其应用场景如图 10-2 所示。

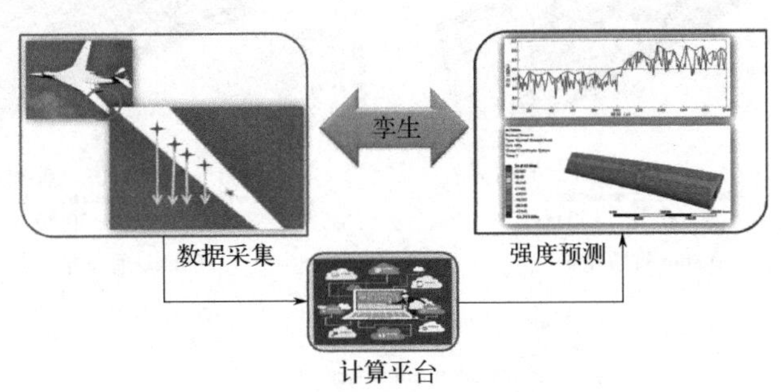

图 10-2 强度预测应用场景模型

10.3 仿真计算

10.3.1 FEM 模型创建

首先依据大飞机在飞行过程中的受力情况，将机翼表面分为四个压力区域，见图 10-3。然后在 Caita 中构建机翼 CAD 模型，并将其导入 SCDM 中进行前处理。机翼模型如图 10-4 所示。

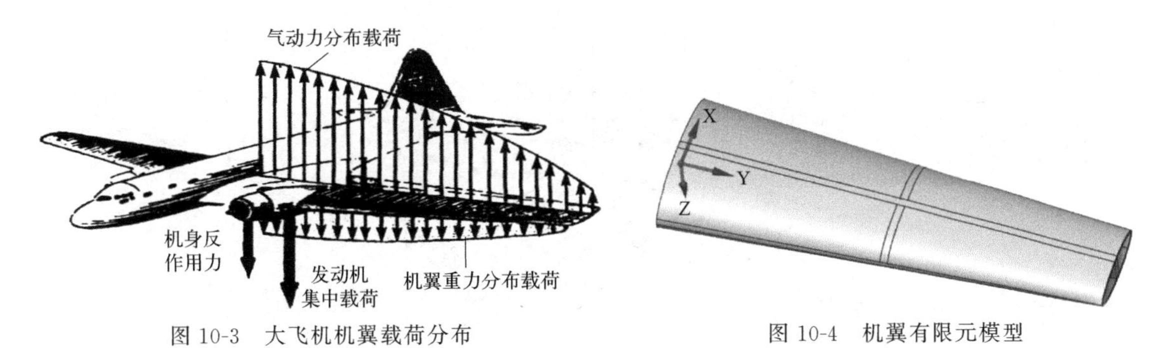

图 10-3 大飞机机翼载荷分布

图 10-4 机翼有限元模型

对边界和载荷进行设置后，首先要进行 FEM 模型的网格无关性验证，将基本网格尺寸分别设置为 8mm、5mm、3mm 并进行计算，结果如图 10-5 所示。

由图 10-5 可以看出，在不同网格尺寸下，机翼最大应力的误差为 2.5%<5%。最终模型采用 5.0mm 进行计算。

10.3.2 载荷取样

依据机翼工作过程中的受力，将其蒙皮分为四个区域，分别施加 0.001～0.2MPa 的压力，分别命名为 p1、p2、p3、p4，并对这 4 个压力区域进行拉丁超立方取样（optimal Latin hypercube，OLH），同时保证取样均匀性、计算经济性与计算精度。其样本分布如图 10-6 所示。

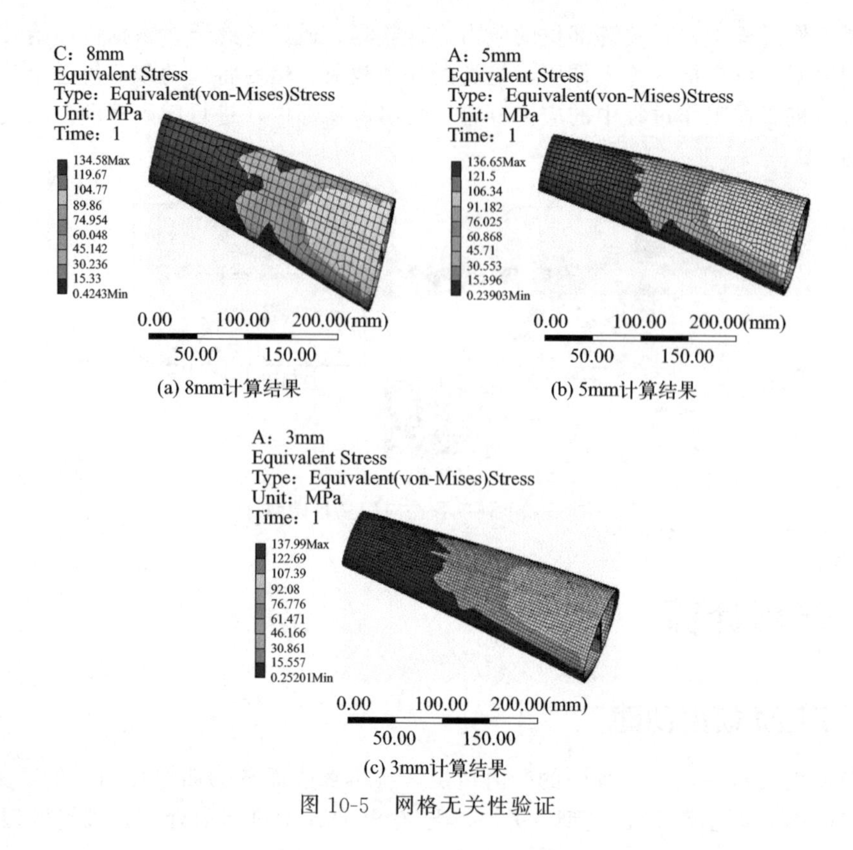

(a) 8mm计算结果　(b) 5mm计算结果

(c) 3mm计算结果

图 10-5　网格无关性验证

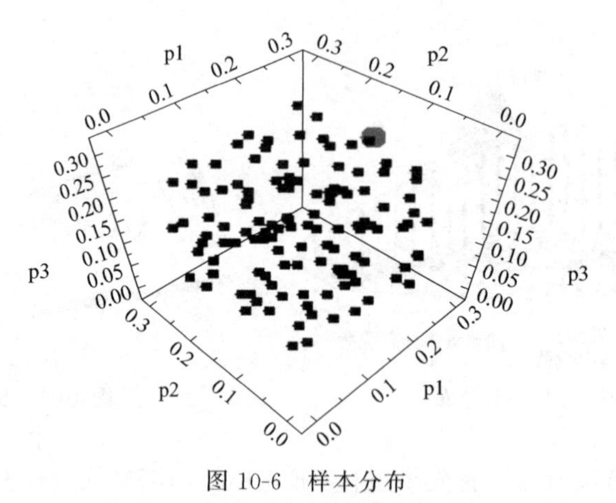

图 10-6　样本分布

10.3.3　载荷识别

通过响应面拟合，将机翼 FEM 模型计算的 4 个气动载荷与 8 个应力数据导入到 Twin Builder 软件中，实现载荷识别系统的部署。其训练数据及拟合模型见图 10-7。通过预留的应力数据接口，可将应力数据转化为相应载荷。

10.3.4　FEM 模型降阶

首先将基于 Ansys Workbench 平台导出的计算结果文件导入到 Twin Builder 软件中，进行应力场数据训练，并将其拟合成一个内部模型；然后将 4 个载荷模型输入，即可直接计

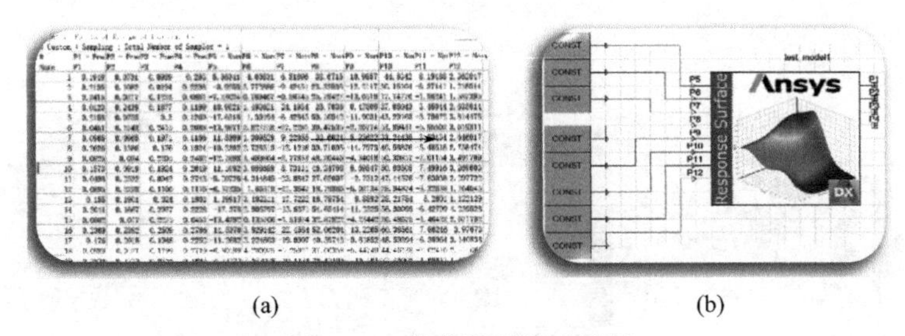

(a) (b)

图 10-7 载荷识别模型部署

算出整个机翼的应力分布情况。FEM 降阶模型如图 10-8 所示。

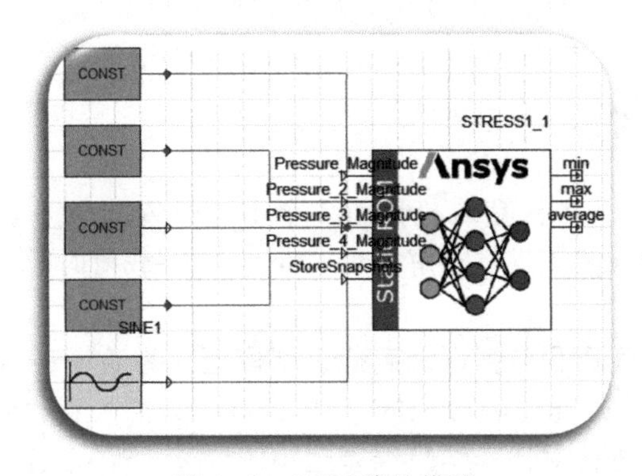

图 10-8 FEM 降阶模型

通过输入载荷数据，得出的降阶计算结果与有限元模型计算结果的对比如图 10-9 所示。

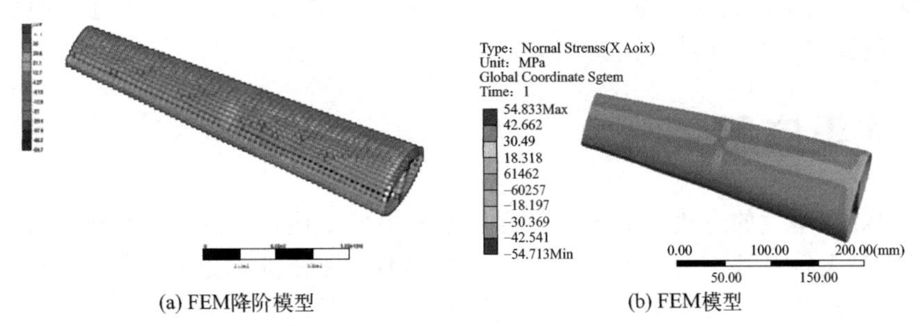

(a) FEM降阶模型 (b) FEM模型

图 10-9 模型计算结果对比

由图 10-9 可以看出，FEM 降阶模型的结果（54.8MPa）与 FEM 模型的结果（54.833MPa）相吻合，表明 FEM 降阶模型的精度满足使用要求，可进行下一步工作。

10.3.5 预测系统

将载荷识别模型和 FEM 降阶模型的输入及输出接口配置完成后，即可实现预测系统的开发。强度预测系统利用少数几个应力传感器，无需进行强度仿真计算，便可获得机翼应力分布状态，实现实时预测功能。

传感器应力数据与数字孪生模型输入端口实现实时数据交互，达到预测机翼强度的目的。模型封装后如图 10-10 所示。

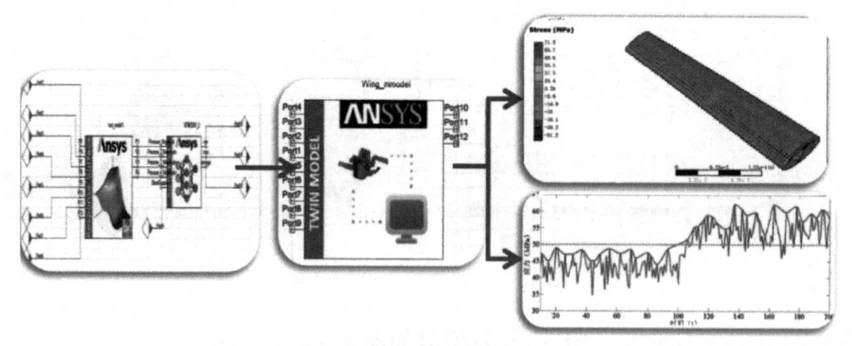

图 10-10 强度预测系统

10.4 结果分析

① 采用拉丁超立方取样方法获取机翼面 4 个不同位置的压力载荷组合样本，同时，将样本作为 FEM 模型的输入载荷进行求解计算，获得应力-载荷时间历程和应力结果文件多组训练数据。

② 利用应力-载荷时间历程数据训练载荷识别模型。为验证载荷识别模型的精度，本案例任意取一组压力-应力数据进行常规 FEM 计算，对应力输入到载荷识别模型后获得的压力值与 FEM 的输入压力值进行对比。结果误差远小于 5%，满足工程需求。

③ 利用应力结果文件多组数据训练仿真降阶模型 ROM。为验证降阶模型 ROM 的精度，本案例任意取一组压力-应力数据进行常规 FEM 计算，对 FEM 降阶模型的结果（54.8MPa）与 FEM 模型的结果（54.833MPa）进行对比。两者结果相吻合。

④ 本案例将载荷识别模型与仿真降阶模型封装为强度预测系统，通过典型位置应力传感器配置，对机翼应力分布状态进行实时监测。

10.5 成果应用

本案例的数字孪生的飞机机翼强度预测技术成果可直接复用到民用客机、通用飞机及无人机上，对飞机飞行过程中的机翼应力进行实时监测，评估机翼健康状况，提升飞机飞行的安全性与维护的经济性。可为大型高端装备健康监测及故障诊断提供一种通用的技术方法，可推广应用到航天、船舶、武器装备等领域，提升装备整体质量和技术水平，加快科技强国建设，实现高水平科技自立自强。

参考文献

[1] 黄志新. ANSYS Workbench16.0 超级学习手册 [M]. 北京：人民邮电出版社，2016.
[2] 赖宇阳. Isight 参数优化理论与实例详解 [M]. 北京：北京航空航天大学出版社，2012.

案例 11

基于自主创新主题的 C919 融合式翼梢小翼的减阻优化设计

参赛选手：延鑫赛，于稼锐，杨琎　　指导教师：高相胜，高鹏
北京工业大学
第一届工程仿真创新设计赛项（本科组），一等奖

作品简介： 基于参数化模型，创建飞机融合式翼梢小翼三维模型，通过不同倾斜角的融合式翼梢小翼的流体仿真，证明“通过小翼的设计与使用，小翼能够起到减小诱导阻力的作用”，得到满足减阻要求的最优倾斜角。

作品标签： 融合式翼梢小翼、流体仿真、参数优化、Workbench。

11.1 引言

“十三五”时期，我国诞生了不少新技术与新工程，其中航空航天方面取得的成果尤为显著。2017 年 5 月 5 日，C919 一飞冲天，其流畅的外形和卓越的性能，给全世界带来了惊喜。特别是一对看似鲨鱼鳍、与机翼浑然一体的翼梢小翼，成了航空爱好者辨识 C919 飞机的显著标志之一。

C919 的机翼修长优美，翼尖部分微微向上翘起，好似舞蹈演员漂亮地摆出一个手部造型，这就是 C919 的翼梢小翼。在飞机飞行中，机翼下翼面的高压区气流会绕过翼梢流向上翼面，形成强烈的旋涡气流，并从机翼向后延伸很长一段距离。它们带走了能量，增大了诱导阻力。翼梢小翼就是用来削弱这种气流从而减小阻力的。C919 使用了目前在世界上较为先进的融合式翼梢小翼，即机翼主翼面和小翼呈自然过渡，而非原本的两个独立部分。此种小翼在世界主流航空市场上的新机型中很常见，在波音 787 系列、777-9X、747-8 以及空客 A350 系列、A330neo 系列中都有使用。相比传统的翼梢小翼，融合式翼梢小翼可以更大程度地在飞行过程中减小飞机的飞行阻力，以节省飞机的飞行成本。由于翼梢小翼对减小诱导阻力具有明显贡献，现代军民用运输机几乎都安装了翼梢小翼。

翼梢小翼的设计受诸多因素的制约，其中翼梢小翼参数的确定是至关重要的一环。其参数主要包括小翼的翼展、后掠角、梢根比、倾斜角、外撇角和扭转角等。翼梢小翼的弦平面与地平面之间的夹角定义为倾斜角，它是影响机翼诱导阻力的重要敏感参数之一，能降低小翼根部附近的气流干扰。随倾斜角增大，机翼阻力单调下降。关于小翼倾斜角的选取，一般希望大一点，这样可以改善诱导阻力。但是倾斜角的增大也会增大滚转力矩以及机翼翼根弯矩，导致在相同舵效下飞机对滚转命令的反应更加迟钝，滚转率也更低。本案例拟通过不同倾斜角的融合式翼梢小翼的流体仿真，证明“通过小翼的设计与使用，小翼能够起到减小诱

导阻力的作用”，以此来确定优化后的融合式翼梢小翼模型。

11.2 技术路线

整体技术路线如图 11-1 所示。

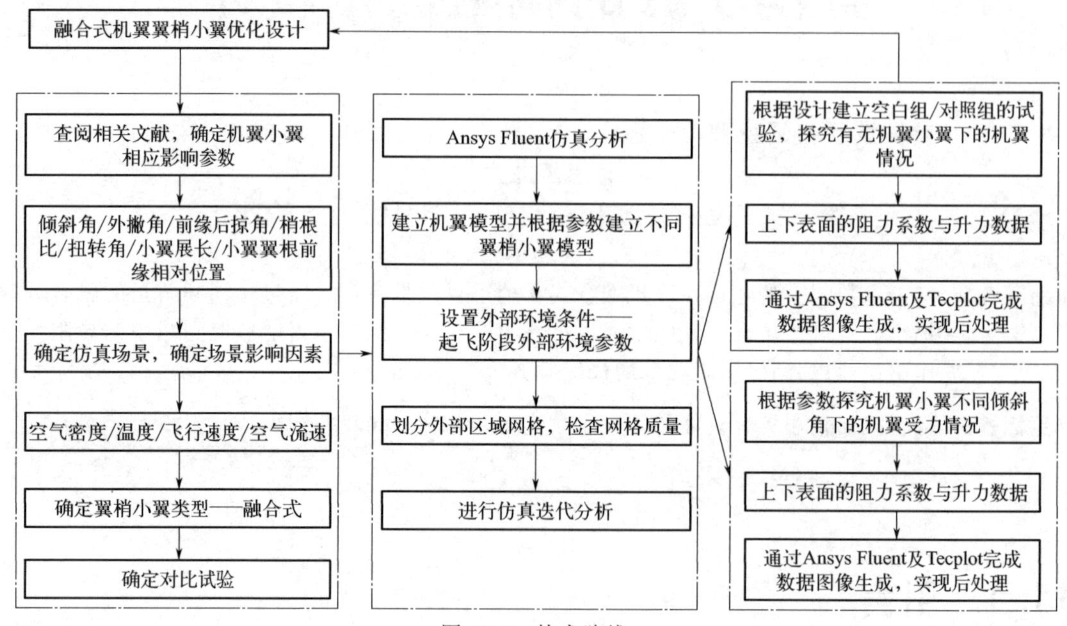

图 11-1 技术路线

机翼翼梢小翼在设计的时候有许多的参数需要确定。根据相关文献可以查到，倾斜角、外撇角、前缘后掠角、梢根比、扭转角、小翼展长、小翼翼根前缘相对位置都会对翼梢小翼的实际作用产生影响。因此，在整体研究单个因素对翼梢小翼本身影响的时候，应整体确定其他设计未知量。由于飞机起飞时是一个流体力学中空气动力学的问题，因此在仿真该场景时，需要先对整体环境进行确定。本案例所设定的飞行环境如下：飞机在温度为 288K 的无风地面环境中以 70m/s 的速度滑行起飞。在整体大环境确定的情况下进行特定参数对其整体性能影响的试验设计。

为了进行翼梢小翼的减阻优化设计，本案例通过对比无小翼和有小翼情况下机翼的阻力系数大小来分析翼梢小翼在机翼减阻方面的作用，同时建立不同倾斜角下的融合式翼梢小翼模型，探究不同倾斜角对翼梢小翼阻力系数的影响，从而对融合式翼梢小翼进行减阻优化设计。

整体仿真采用的软件为 Ansys、Inventor、Tecplot 软件。具体应用为借助 Inventor 建立相关机翼模型；通过 Ansys 对整体模型进行数值仿真分析；借助 Tecplot 进行仿真数据的处理与分析。

11.3 仿真计算

11.3.1 模型构建

构建如图 11-2 所示的融合式翼梢小翼简化模型，设置倾斜角 110°、120°、130°与无小翼

4 种情况，分别进行仿真操作，得出结果以做对比。

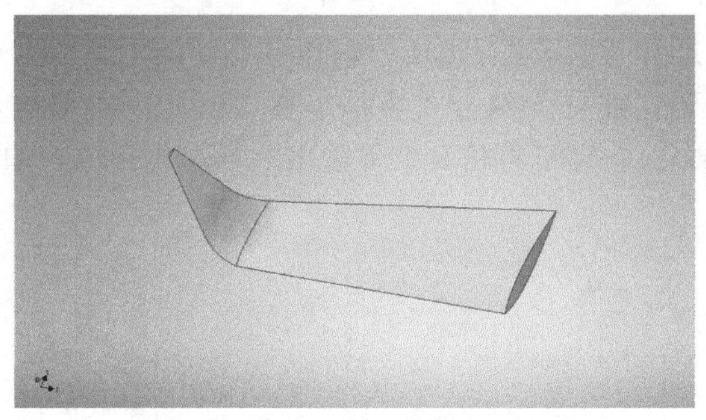

图 11-2　融合式翼梢小翼简化模型

11.3.2　主要参数设置

设置 X 轴方向长 20m，Y 轴方向长 10m，Z 轴方向长 10m 的长方体流场区域；使用 Boolean 将机翼模型和流场区域分为两个部分；将机翼部分命名为 wing，$-X$ 轴方向流场区域面命名为 inlet，X 轴方向流场区域面命名为 outlet，$-Y$ 轴方向流场区域面命名为 ground，其余面命名为 wall；网格划分时，Size Function 选择 Proximity and Curvature 类型，Relevance Center 选择 Medium 类型，其余选项默认。网格效果如图 11-3 所示。

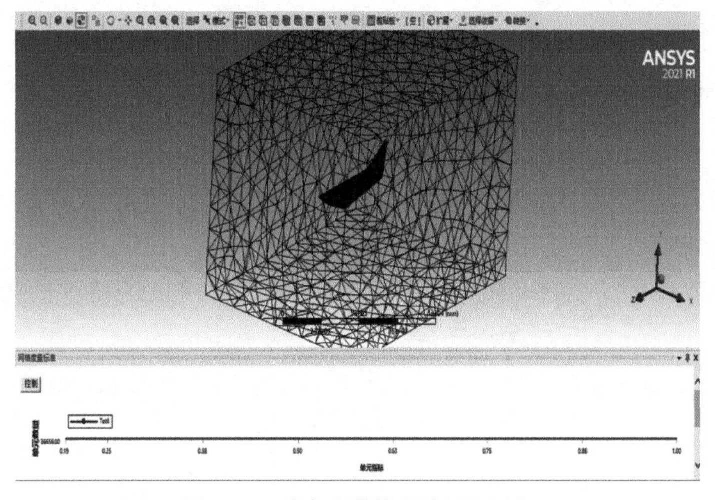

图 11-3　融合式翼梢小翼网格划分

此外，设置空气密度为 1.205kg/m^3、温度 288K、飞行速度 70m/s。

11.3.3　主要操作设置

在 Fluent 中打开 Task Page 选择 Energy，在 Viscous Model 中设置 k-omega Model 为 SST，其余默认。在 Boundary Conditions 中将 wall 设置为 Specified Shear，且 X、Y、Z 轴均为 0；在 Reports 中将 Projected Areas 设置为机翼受升力轴（即 Y 轴）得到机翼面积，复制后粘贴至 Reference Values 的 Area 中。

接着在 Report Definitions 中新建 Drag Force、Drag Coefficient、Lift Force 和 Lift

Coefficient 四部分用于输出求解报告。在 Run Calculation 中设置迭代次数为 300 来保证求解精度，接着选择求解。

当迭代求解完成之后打开 Results 模块，创建一个新的 Contour 用来进行结果的可视化输出。由于本案例主要研究部分为融合式翼梢小翼，因此设置输出部位 Locations 为 wing（即前述中定义的机翼部分），即可将仿真结果输出为可视化云图，如图 11-4 所示。

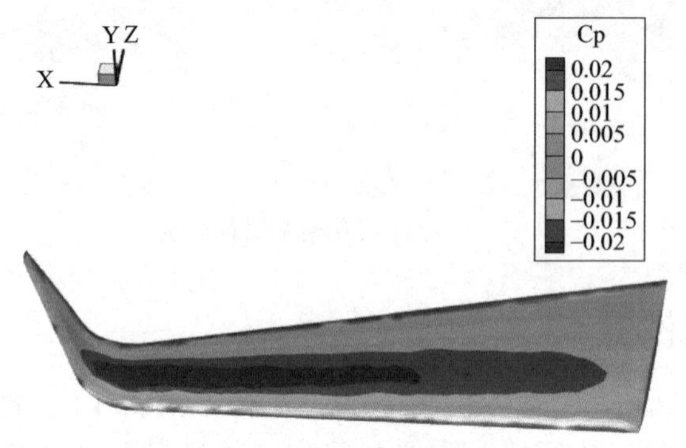

图 11-4　融合式翼梢小翼仿真结果

11.4　结果分析

4 种融合式翼梢小翼仿真结果对比见图 11-5、表 11-1。

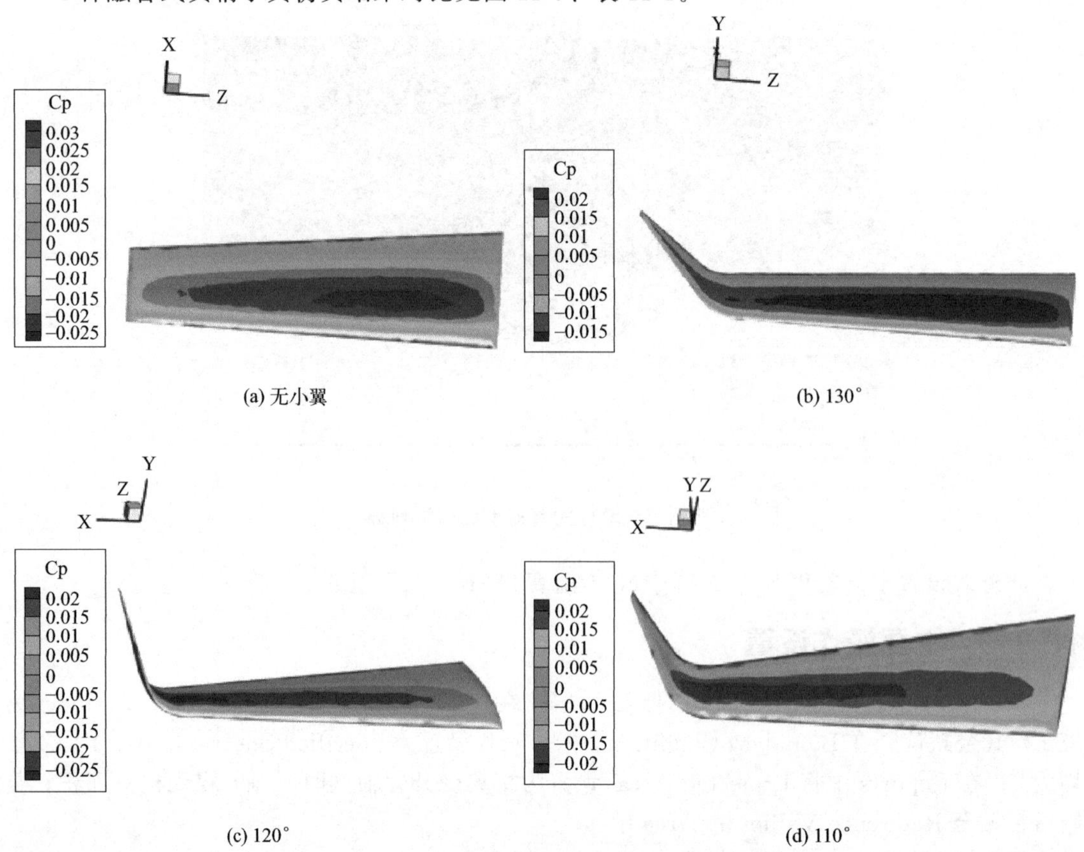

图 11-5　4 种融合式翼梢小翼仿真结果对比

表 11-1 4 种融合式翼梢小翼仿真数据对比

项目	有小翼			无小翼
	110°	120°	130°	
机翼表面最大阻力系数 Cp_{max}	0.0213	0.0236	0.0254	0.0345
机翼表面最小阻力系数 Cp_{min}	−0.0251	−0.0277	−0.0206	−0.027

经过数据处理后对比发现，小翼的倾斜角与其阻力系数呈相关性，在机翼倾斜角为110°时阻力系数最小。

案例 12

低排放燃气轮机燃烧室燃烧流场及结构应力仿真

参赛选手：张志浩，吕光普，谭磊　　指导教师：刘潇，郑洪涛

哈尔滨工程大学

第二届工程仿真创新设计赛项（研究生组），二等奖

作品简介： 在“3060”低碳转型和破除燃机低排放燃烧技术垄断的大背景下，哈尔滨工程大学涡轮机技术研究所燃烧团队设计了一种针对天然气燃气轮机的低排放塔式同轴分级模型燃烧室（LETCC-GF），采用高保真数值仿真方法，研究了燃料分级策略对燃烧稳定性的影响。同轴分级的布置策略不仅为良好的燃/空掺混提供了结构基础，还有利于燃烧室出口温度场的均匀分布和工况的平稳过渡，燃料分配的多样性将为燃烧室性能的动态调控提供更灵活的思路。

作品标签： 低排放、燃气轮机、燃烧室、大涡模拟。

12.1　引言

“十四五”是我国能源向清洁化转型的关键期、窗口期，在碳达峰、碳中和战略目标要求下，能源系统面临着巨大的低碳转型压力。中国能源转型的任务已经非常明确，即能源结构要进一步调整并向清洁化发展。电力行业作为最大的碳排放来源以及支撑终端电气化发展的关键行业，在整体能源系统低碳转型中扮演着重要的角色。

我国以煤电为主的电源结构（含装机和发电量）以及未来用电增长，决定了电力系统对我国实现减碳国际承诺至关重要。2018 年，中国煤电发电量增长超过 5%，增加了 2.5 亿吨的二氧化碳排放量，大大抵消了电力行业以外的其他行业二氧化碳的减排量。中国煤电装机容量位居全球前列，但是较低效机组占中国现役煤电装机容量的近一半。因此，要实现对火电发电机组的有效管理，碳市场就势必加快高效机组、低碳机组对落后机组的替代。由于光伏、风电等可再生能源发电机组具有发电波动性、间歇性等弊端，在短时间内无法替代火电机组的重要地位。与煤炭和石油相比，天然气是最为清洁的化石能源，因此在现阶段天然气发电是火电转型的重要方向。天然气发电具有运行灵活、启停时间短、爬坡速率快、调节性能出色等优势，是响应特性、发电成本、供电持续性综合最优的调峰电源，因此天然气发电机组将在“双碳”目标实现过程中发挥重要的作用。

作为燃气发电的重要力量，各类轻、重型天然气燃气轮机在国内外市场需求巨大，然而低排放技术是燃气轮机民用市场的准入门槛。现今，国际组织对燃烧系统制定了严格的大气污染物排放标准，严苛的排放法规成为限制我国燃气轮机发展的又一大阻碍。在此背景下，

开发我国自主知识产权的低排放天然气燃机具有重要的战略意义。

在低碳转型和破除燃机低排放技术垄断的大背景下，本案例提出了一种针对天然气燃烧的低排放塔式同轴分级模型燃烧室。燃烧室作为燃气轮机的核心部件，是实现高稳定性低排放燃烧的关键所在，本案例将高保真数值仿真方法应用于燃烧室的设计，旨在掌握先进的低排放燃烧技术，并将其应用于国产天然气燃机。

12.2 模型燃烧室设计特点及结构介绍

气态燃料-低排放塔式同轴分级燃烧室（low emission tower-type coaxial-staged combustor for gaseous fuel，LETCC-GF），是针对天然气燃气轮机所设计的低排放模型燃烧室，如图 12-1 所示。同轴分级的布置策略不仅为良好的燃/空掺混提供了结构基础，还有利于燃烧室出口温度场的均匀分布和工况的平稳过渡，燃料分配的多样性将为燃烧室性能的动态调控提供更灵活的思路。

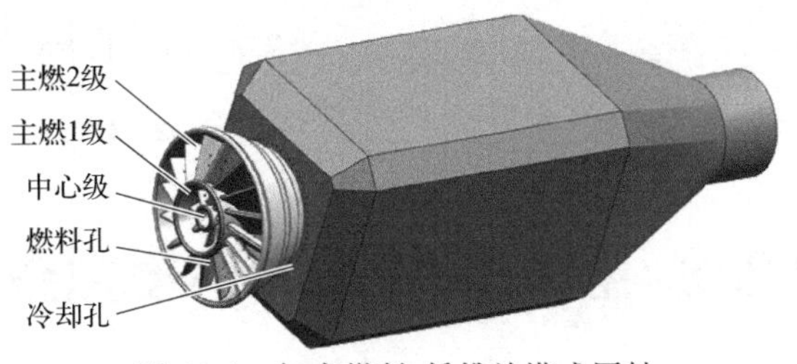

图 12-1　气态燃料-低排放塔式同轴分级燃烧室（LETCC-GF）模型

为尽可能地降低燃烧室内的流动损失，顺流式燃烧室（轻型燃机）一般采用轴向旋流器，逆流式燃烧室（重型燃机）一般采用径向旋流器。塔式旋流器的斜向空气流通方式可使得其拥有同时适用于顺流和逆流式燃烧室的潜力。与轴向旋流器相比，塔式旋流器具有更大的入口尺寸设计，在降低流动损失方面具有一定的优势；与径向旋流器相比，结构较为紧凑的塔式旋流器更便于燃料管路集成。

LETCC-GF 的设计特点（图 12-2）如下：

① 塔式旋流器的开阔入口设计。能降低旋流器入口流速，减少燃烧室流动损失，使该旋流器方案有同时应用于顺流和逆流式燃烧室的可能。

② 分级旋流设计。能够在燃烧室提供多种燃料分配策略。燃料分配方式的多样性能为燃烧室各工况间的平稳过渡提供更丰富的方案。

③ 中心级空气路设计。在燃烧室头部中心位置引入少量冷却空气，可防止烟气回流引起的旋流器烧蚀，提高燃烧室使用寿命。中心级引入少量空气可降低燃烧室中轴线位置的局部当量比，有利于进一步控制 NO_x 排放。

④ 中心级低位旋流器设计。为避免中心空气路射流扰乱旋流火焰稳火点，在中心级下游接近出口的位置（低位）设置旋流器，同时可实现头部吹扫目的。

⑤ 叶片采用 NACA 叶型设计。降低流动阻力，防止气流分离，以保证燃/空掺混效果。

⑥ 叶片开燃料孔设计。使燃料在进入燃烧室前充分掺混，以实现低氮燃烧。

⑦ 渐缩流道设计。塔式旋流器拥有宽阔的入口，旋流器流道采用逐渐收缩的设计方式，可使混合气流在旋流器出口处加速，在优化掺混效果的同时降低燃烧室回火风险。

⑧ 长流道设计。较长的叶间流道为燃/空掺混提供了充足的时间。

⑨ 燃烧室头部冲击冷却设计。气流冲击冷却燃烧室头部的同时，形成的气帘沿壁面流向燃烧室下游，与角涡回流区内气体流动的方向相反。气帘流动形成的反向涡量将削弱角涡回流区强度，以抑制角涡着火。

⑩ 燃烧肩部倒角设计。削弱了角涡回流区的空间尺寸，有利于抑制燃烧室的角涡着火。

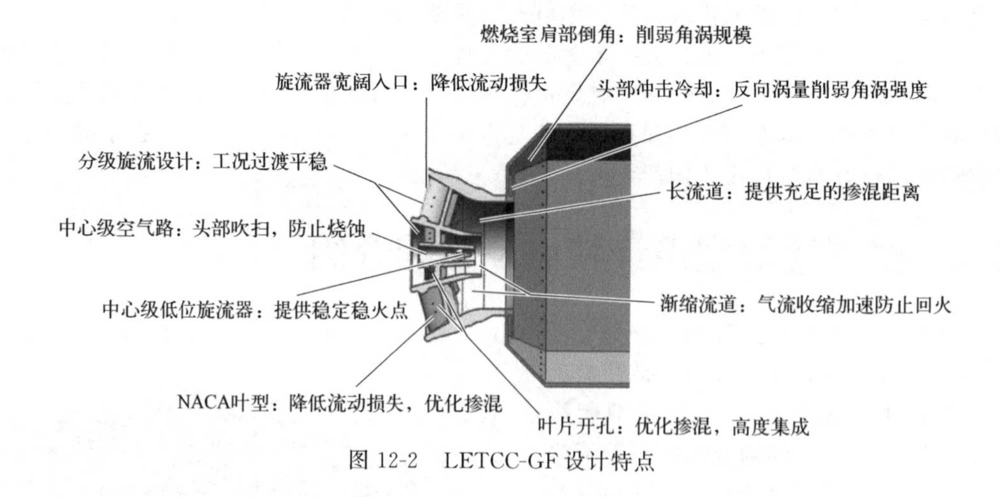

图 12-2 LETCC-GF 设计特点

12.3 模型燃烧室大涡模拟数值研究

定义分层比（SR）为主燃 1 级当量比与主燃 2 级当量比的比值。分层比为 2 表明主燃 1 级的当量比较高。图 12-3 为同轴分级燃烧室在不同分层比条件下的温度及产物生成率（释热率）分布瞬时云图。燃烧室中轴线处当量比较高时，释热率波动较低，燃烧过程相对较稳定。不同的燃料分级策略能够在一定程度上影响燃烧室的动态燃烧性能。

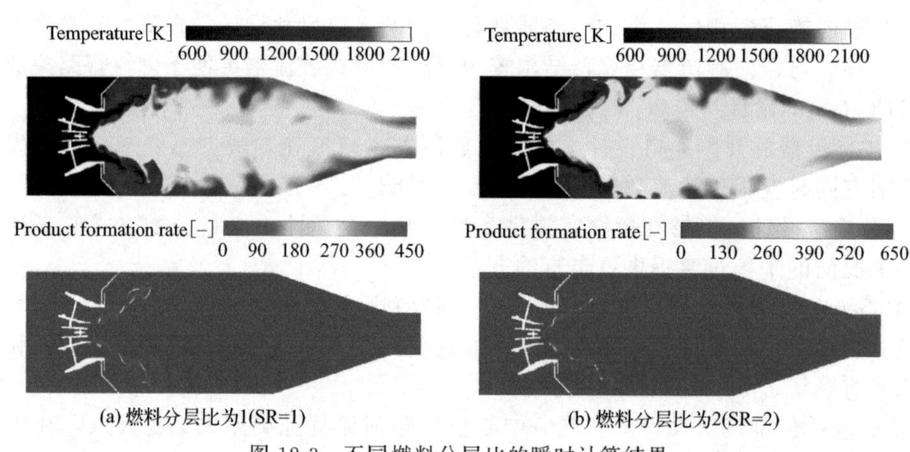

图 12-3 不同燃料分层比的瞬时计算结果

动力学模态分级（DMD）是一种高效的图像降维处理方法。DMD 方法是通过矩阵映射将数据样本表示为不同频率模态的叠加，通过分析不同频率下模态能量的大小可以判定火焰场的主要模态及其模态特征，除此之外还可以通过映射矩阵进行火焰形态预测。

由于 SR＝1 和 SR＝2 的燃烧流场形态相似，本案例以 SR＝1 工况下的速度场为例进行了 DMD 分解的应用。

模态特征值分布显示各阶模态基本的特征值基本分布在单位圆上，说明各阶模态都是稳定存在的。各阶模态的能量占比见图 12-4，前 25 阶模态叠加就能够涵盖速度场 90％的能量占比。能量最高的 1、2 阶模态图也相继给出，见图 12-5。1 阶模态图显示出速度场波动能量最高的区域位于速度剪切层位置。

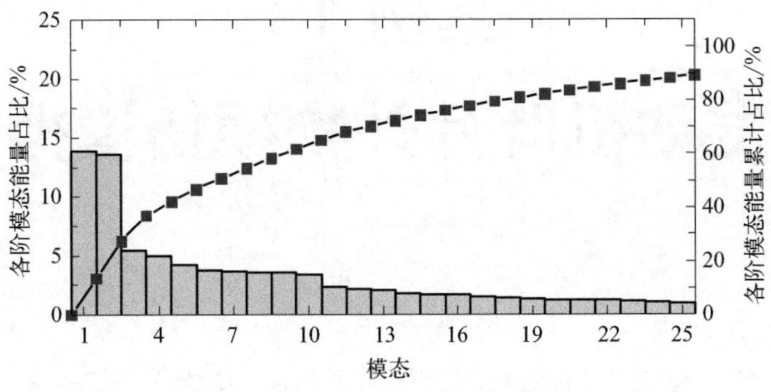

图 12-4 速度场前 25 阶模态能量分布

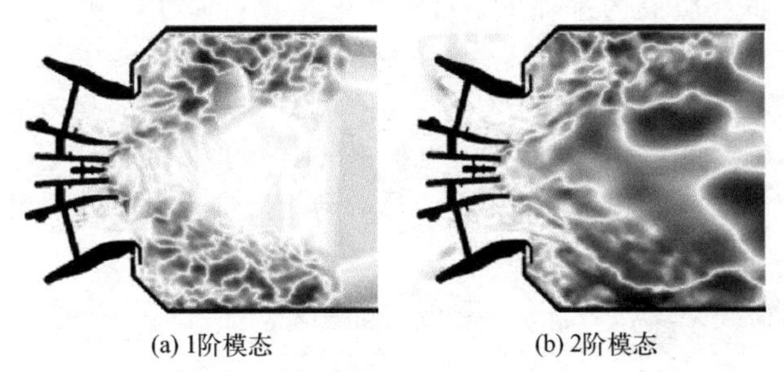

图 12-5 速度场 1、2 阶模态

参考文献

[1] 李政，陈思源，董文娟，等．碳约束条件下电力行业低碳转型路径研究 [J]. 中国电机工程学报，2021 (12)：1-15.

[2] 尹明．对电力系统“碳达峰”的两种不同认识 [J]. 电力设备管理，2021，(4)：21.

[3] 王雅娴．中国火电行业碳排放和总碳强度减排问题研究 [D]. 北京：华北电力大学，2020.

[4] 周亚敏．以碳达峰与碳中和目标促我国产业链转型升级 [J]. 中国发展观察，2021，(Z1)：56-58.

[5] 周淑慧，王军，梁严．碳中和背景下中国“十四五”天然气行业发展 [J]. 天然气工业，2021，41 (2)：171-182.

案例 13

航空发动机叶片外物损伤模拟研究

参赛选手：张宏博，万珉岑　　指导教师：胡大勇，杨振宇
北京航空航天大学
第二届工程仿真创新设计赛项（研究生组），二等奖

作品简介： 航空发动机在服役的过程中，易吸入硬物颗粒而导致叶片出现外物损伤（FOD）。本案例首先基于不同应力三轴度下的准静态拉伸试验和霍普金森压杆（SHPB）试验，建立了 TC4 的 Johnson-Cook（J-C）模型，并对试验结果进行了有限元（FE）验证；然后建立了不同直径的弹丸撞击 TC4 模拟叶片试样边缘的有限元模型，并对预测结果与试验结果进行了比较；最后利用所提出的 J-C 模型建立了全尺寸航空发动机风扇叶片 FOD 有限元预测模型，结果可为真实发动机叶片 FOD 预测提供参照。

作品标签： 航空、碰撞、Abaqus、显式动力学、非线性。

13.1 研究背景

在航空器飞行特别是起飞-降落阶段，发动机经常会由于吸入砂石、碎片等“硬物颗粒”，对叶片等部件造成“外物冲击损伤”（FOD）。而在这些损伤部位一般都会产生应力集中、残余应力，甚至产生一些初始微小裂纹，可能导致叶片过早发生疲劳断裂失效，给飞行安全带来了巨大的危害。

本案例针对发动机转子叶片 FOD 问题展开了数值模拟研究。首先基于材料试验数据建立一种发动机叶片常用金属材料钛合金（TC4）的 Johnson-Cook（J-C）本构及失效模型，并借助数值模拟的手段进行验证；然后开展模拟叶片试样 FOD 有限元预测并通过试验比对进行校核，对 FOD 的失效模式、损伤特征、残余应力等进行分析；最后建立真实航空发动机风扇叶片 FOD 预测模型，并对损伤进行预测。

13.2 J-C 模型的建立及校核

叶片的 FOD 过程总伴随着材料的高应变率、大变形、失效行为。为了能准确模拟外物冲击叶片过程、叶片塑性变形、损伤区域的演化以及冲击波在材料中的传播特性，选取合理的本构关系和损伤模型是关键因素。对于本案例中所采用的典型金属材料钛合金，为能较好地描述外物侵彻下金属材料的应变强化效应、应变率效应和温度软化效应，采用 J-C 黏塑性模型模拟金属材料的力学本构关系。

J-C 本构模型如公式(13-1）所示，该式三对小括号的三项分别代表了三种不同的塑性效应。

$$\sigma_y=(A+B\varepsilon_p^n)(1+C\ln\dot{\varepsilon}^*)(1-T^{*m}) \tag{13-1}$$

式中，$\dot{\varepsilon}^*=\dot{\varepsilon}_p/\dot{\varepsilon}_0$，为无量纲等效塑性应变率，$\dot{\varepsilon}_0$ 为参考应变率，本案例取 $0.001s^{-1}$，$\dot{\varepsilon}_p$ 为塑性应变率；$T^*=(T-T_r)/(T_m-T_r)$，为无量纲温度，其中 T_r 为参考温度（一般取室温），T_m 为材料熔点温度；A、B、n、C、m 分别为初始屈服应力、硬化模量、硬化指数、应变速率常数、热软化指数。

此外，由于 FOD 过程中弹丸的冲击速度较高，会对叶片造成严重的材料失效和损失。为了更准确地模拟，本案例采用了与三轴度相关的简化 J-C 失效模型。J-C 失效模型如公式(13-2) 所示。

$$\varepsilon_f=D_1+D_2\exp(D_3\sigma^*) \tag{13-2}$$

式中，ε_f 为失效应变；σ^* 为应力三轴度；D_1、D_2、D_3 为失效模型参数——需拟合的材料参数。

本案例分别开展了光杆在常温、高温下的准静态拉伸试验，不同尺寸缺口杆的准静态拉伸试验，以及材料在动态载荷下的霍普金森压杆压缩试验（即 SHPB 试验）。基于试验数据，采用基于多目标优化的遗传算法，获得了材料的 J-C 模型参数，如表 13-1 所示。后续的仿真工作将以此为基础展开。

表 13-1 TC4 的 J-C 本构及失效模型参数

模型	参数				
J-C 本构	A/MPa	B/MPa	C	n	m
	954.7	340.4	0.0503	0.49	0.52
J-C 失效	D_1	D_2	D_3		
	0.0835	0.657	−2.09		

13.2.1 模型参数有限元验证——准静态拉伸

为了确保预测的准确性，本案例通过数值模拟方法对试验所得的模型参数进行了验证。模型的几何尺寸与试验试样保持一致，在 Hypermesh 中用 C3D8R 六面体单元对模型进行网格划分，并开展质量检查。而在实际拉伸过程中，由于试样两端的夹持端直径远远大于中间的标距平行段，因此通常认为两端不发生变形，在 Abaqus 建模过程中采用 Rigid body 的方式对两端的单元进行了刚性化处理。试样的一端施加固支边界条件，另一端施加 0.09m/s 的匀速边界条件进行模拟拉伸，如图 13-1 所示。模拟拉伸试验的应变率可以估计为

$$\frac{0.09\text{mm/ms}}{64\text{mm}}\approx 0.0014\text{ms}^{-1} \tag{13-3}$$

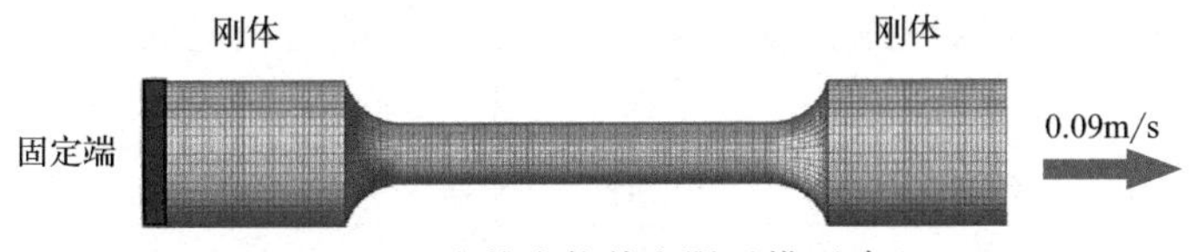

图 13-1 准静态拉伸有限元模型建立

由上式可知模拟拉伸试验的应变率高于实际试验应变率 $0.001s^{-1}$，但应变率差异在 $1s^{-1}$ 以内，对仿真结果没有显著的影响。因此可以认为准静态模拟结果可以用来与试验结果进行比较。通过 Abaqus/Explicit 显示分析模块对拉伸过程进行计算，在拉伸过程中会发生单元的大变形以及失效破坏，为了简化计算，此处只建立了试样的 1/2 模型并施加对称边

界条件进行运算。

图 13-2 为模拟拉伸结果。可以看到在试样中心段出现了颈缩变形，这与试验现象类似，并最终发生断裂。在此基础上通过输出的试样端部的力-位移关系，借助公式转换最终得到了模拟拉伸试验的真应力-真应变曲线，并与试验所得曲线进行了对比，如图 13-3 所示。可以看到弹性段两曲线完美地重合，而发生颈缩以至于塑性变形时，模拟曲线略高于试验曲线。这可能是因为模拟加载的应变速率略高，导致对塑性曲线段的估计偏高。

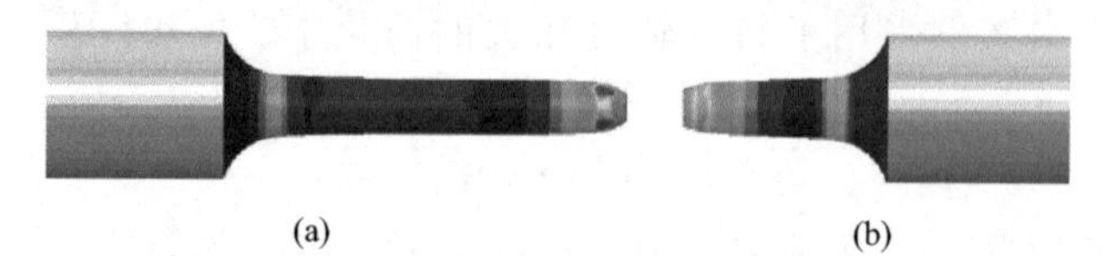

图 13-2 准静态拉伸有限元模拟结果

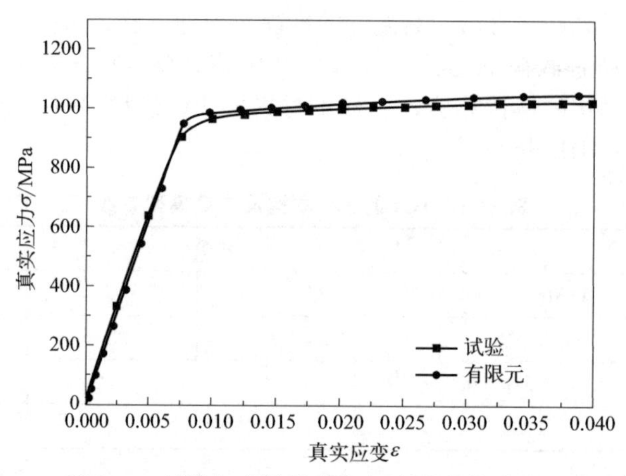

图 13-3 试验与有限元真应力-真应变关系对比

13.2.2 模型参数有限元验证——动态霍普金森压杆压缩

SHPB 试验是对高应变率下材料的力学行为进行测试的一种试验技术。试样夹在入射杆与透射杆之间，撞击杆以不同初速度冲击入射杆，从而对试样形成动态载荷作用。通过应变片分别测量入射杆与透射杆中的弹性应变波，再依据一维波传播理论，即可获得材料在动态载荷作用下的真应力-真应变关系曲线。

本案例对 SHPB 试验结果进行了复现。建立的有限元模型主要包括撞击杆、入射杆、透射杆以及试样，采用 C3D8R 单元进行网格划分，如图 13-4 所示。杆的材料为 18Ni，只考虑弹性变形。采用 1/4 模型加对称边界条件，以简化运算。杆与杆以及杆与试样之间采用面-面接触，忽略面-面之间的摩擦。通过给撞击杆施加与试验相应的初始速度场来模拟不同应变率的试验。

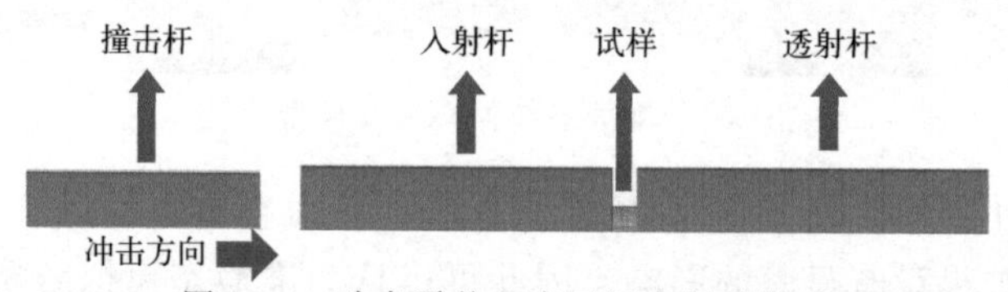

图 13-4 动态霍普金森压杆有限元模型

图 13-5 分别给出了应力波通过试样前、试样中以及试样后的传播过程。可以看到应力

波对试样造成了显著的压缩。而后依据试验中应变片的位置，提取了有限元模型中相应节点的弹性应变与试验进行比对。如图 13-6 所示，结果展现出良好的一致性，一些细微差异可能是由于在 SHPB 模拟中没有考虑试样内部微裂纹和绝热剪切带引起的局部失效。

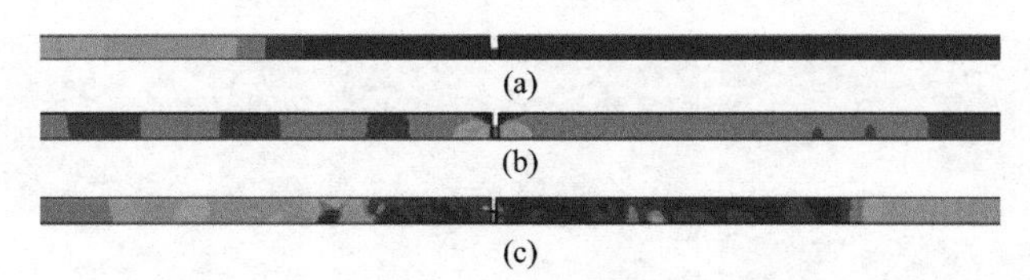

图 13-5 有限元仿真应力波传播过程

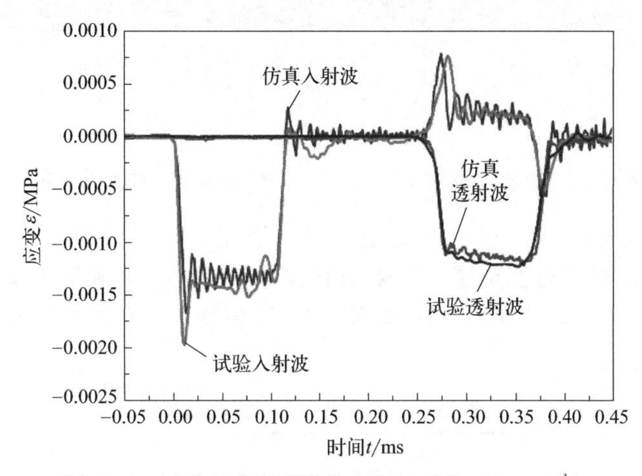

图 13-6 试验与有限元弹性应变波对比（$1000s^{-1}$）

13.3 模拟件外物冲击损伤模拟验证

在完成模型参数的有效性验证基础上进一步开展 FOD 模拟研究。由于真实的发动机叶片形状复杂且价格昂贵，本案例首先针对具有一定发动机叶片特征的模拟件试样进行模拟，如图 13-7 所示。该试件的壁厚只有 2mm，以模拟叶片的薄壁结构特征。使用不同直径的球形弹丸模拟外物冲击，并利用 Rigid body 刚性化弹丸高速冲击试样边缘，以模拟可能的“最严酷”的 FOD 损伤。利用显示求解方法进行运算，并采用带沙漏控制的 C3D8R 六面体单元来划分试样，保证结果的正确性。接触定义为面-面接触，其中主动面为刚体弹丸，从动面为冲击中心节点区域，从而保证在开启单元删除后的接触连续。叶片的底端固支模拟叶片结构的安装特征。

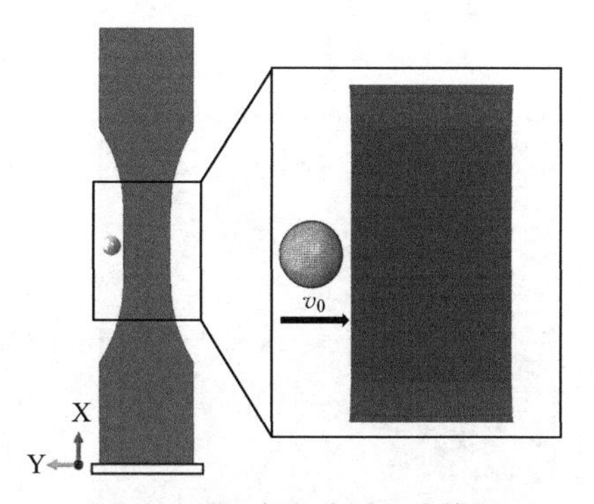

图 13-7 具有发动机叶片特征的模拟件及有限元模型

由于网格的尺寸会对冲击模拟的结果产生显著影响，因此本案例首先开展了网格无关性验证。不同网格大小的计算结果如图 13-8 所示。可以看到，随着网格的加密损伤轮廓逐渐变得光滑、连续。当中心区域网格尺寸为 0.12mm 左右时，预测的侵彻深度 L_2 与更细密网格的计算结果已无差异，因此最终选定网格尺寸为 0.12mm 进行计算。弹丸网格尺寸稍大一些，为 0.15mm。此外在冲击过程中，瞬时剧烈的力学变形会引发局部的温升，因此需要在分析中考虑温升对 FOD 行为的影响。本案例在材料中通过定义 * Specific heat、 * Inelastic heat fraction 两个键词来考虑局部温升的影响。

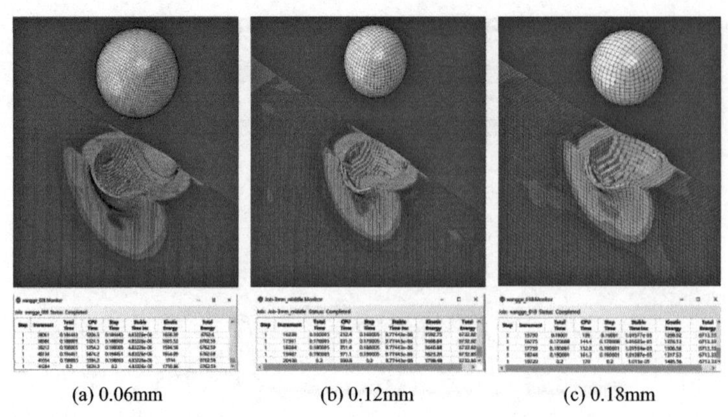

图 13-8　不同网格大小 350m/s、3mm 直径弹丸冲击计算结果

本案例选用了基于失效位移的准则定义损伤演化，并在分析步中输出单元的状态量 STATUS 观察损伤。对于延性金属，可采用其伸长率与失效区域最小单元的特征尺寸的乘积来估算失效位移。经过多次试算比较预测的 FOD 损伤，最终确定失效位移为 0.012mm，如表 13-2 所示。

表 13-2　不同失效位移预测结果

项目	L_1/mm	L_2/mm	L_3/mm
FE-0	2.74	1.08	1.05
FE-0.012	2.67	1.02	0.94
FE-0.02	2.66	1	0.93

注：表中 FE-0、FE-0.012、FE-0.02 分别表示损伤演化（damage evolution）中的失效位移（displacement at failure）设置为 0mm、0.012mm 和 0.02mm；L_1、L_2 和 L_3 分别表示在 X、Y 和 Z 三个方向上的侵彻深度。

在计算中引入了冲击位置的影响。具体的定义方式为弹丸的冲击点从中心逐步向外侧边缘偏离，共 5 个位置，间隔为 0.25mm，如图 13-9 所示。

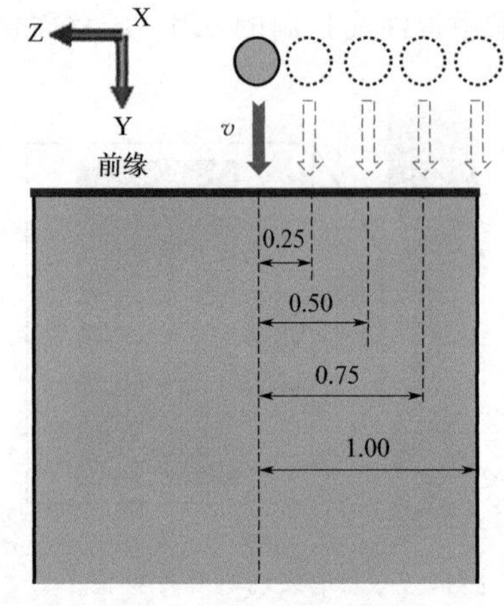

图 13-9　冲击位置

图 13-10 是 350m/s、4mm 弹丸的冲击过程，并与高速摄像机所记录的冲击过程进行了比对。由于弹丸与试样之间的强冲击载荷作用，在试验录像中可以观察到大量的碎片飞溅，这也表明了严重的材料失效和材料损失。最终在试样边缘产生了一个明显的半圆形缺口，并且不同时刻的有限元预测也能够与试验吻合。

弹丸的冲击速度、直径、冲击位置等也会对 FOD 损伤样貌造成影响。随着速度、直径的增大，损伤也逐渐增加，从较小的凹坑逐渐变化为两边贯穿通透的缺口。由于试验中弹丸冲击位置的误差，还会产生一边通透的边缘型缺口。上述试验现象均在仿真结果中得到了复现。在损伤区域会观察到弹丸的“褶皱”“堆叠”以及“鼓包”，这都与试验所展现的损伤形貌相近。此外，对于凹

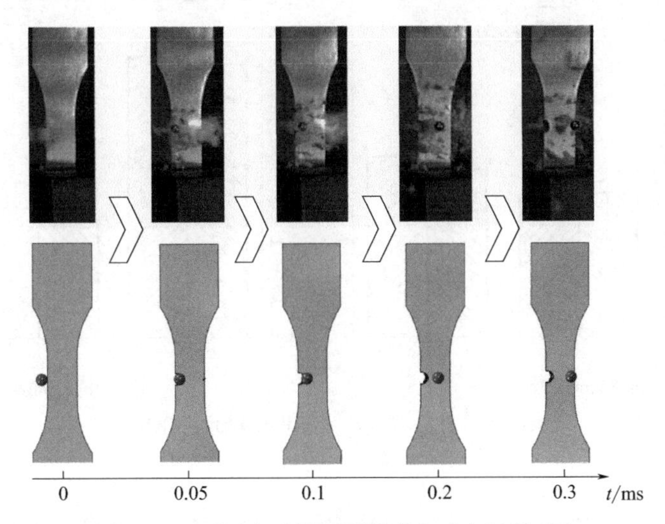

图 13-10 试验与有限元预测弹丸冲击过程对比

坑损伤对比了其直径 D，对于缺口比较了其沿长度、深度、宽度方向的损伤尺寸，分别用 L_1、L_2、L_3 表示。

表 13-3 与图 13-11 分别对低能量、高能量下的仿真结果进行了汇总，并与试验测得的损伤尺寸进行了对比。表中 TC4T 表示模拟件的材料为 TC4T；D 表示弹丸直径，D1 表示弹丸直径为 1mm；V 表示弹丸冲击速度，V150 表示弹丸冲击速度为 150m/s。可以看到最大预测误差为 17.4%。考虑到问题的复杂性，可认为数值模拟结果是有效的。

表 13-3 低能量冲击下损伤尺寸的比较

模拟工况		损伤直径/mm	相对误差/%
TC4T-D1-V150	试验值	0.606	—
	FEM	0.597	1.49
TC4T-D2-V150	试验值	1.15	—
	FEM	1.26	9.57
TC4T-D1-V200	试验值	0.621	—
	FEM	0.729	17.4
TC4T-D2-V200	试验值	1.23	—
	FEM	1.41	14.6
TC4T-D1-V250	试验值	0.773	—
	FEM	0.869	12.4

FOD 冲击中由于弹丸对试样的挤压，会导致接触区域不均匀、不连续的塑性变形。卸载后，塑性变形部分约束了相邻材料的弹性变形恢复，从而会在缺口周围产生残余应力。而航空发动机叶片通常承受周期性循环载荷，特别是沿轴向的载荷，因此 FOD 引起的残余应力会对缺口叶片的疲劳寿命产生显著影响。

为了获取稳定的残余应力场，使用 Abaqus 的隐式求解器开启重启动回弹分析（spring-back）。将 FOD 冲击损伤后的应变场与应力场作为重启动分析输入，材料属性、边界条件与

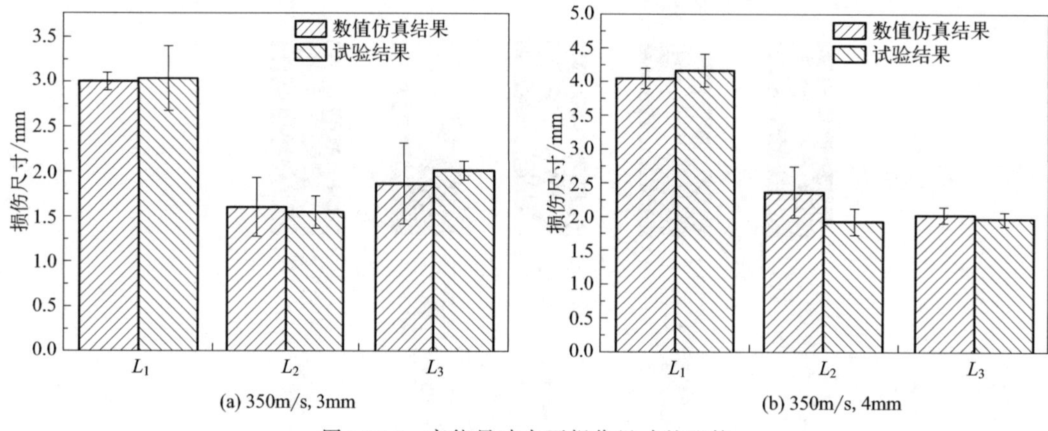

图 13-11 高能量冲击下损伤尺寸的比较

之前保持一致。

残余应力分析结果如图 13-12 与图 13-13 所示。对于凹坑形损伤，在底部表面主要为高

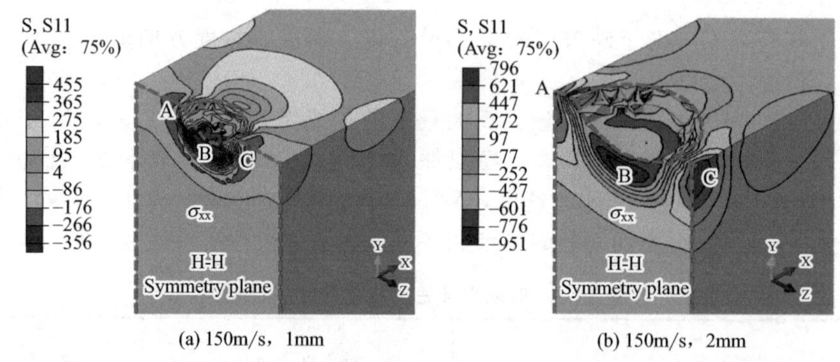

图 13-12 低能量冲击下的预测轴向残余应力 σ_{xx} 的分布（H—H 剖面）

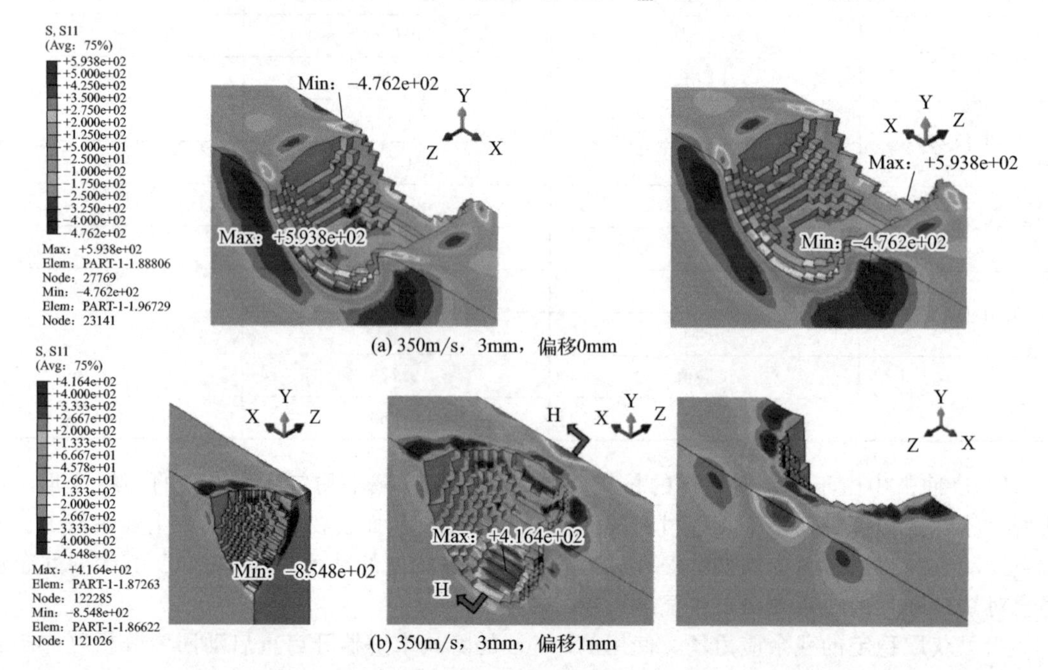

图 13-13 高能量冲击下的预测轴向残余应力 σ_{xx} 的分布

的压缩残余应力，而拉伸应力则分布在其外围，且随着凹坑尺寸的增大，残余应力的数值也显著增大；同时还观察到 2mm 弹丸冲击产生的凹坑在边角处有极高的拉伸应力，大约 796MPa，这可能会诱发裂纹的进一步扩展。贯穿型缺口与边缘型缺口的残余应力如图 13-13 所示。边缘型缺口在底部表面存在较高的拉伸应力，且由于弹丸的挤压使材料“鼓起”，在边缘的中部也有较高的拉伸应力。

13.4 发动机叶片外物冲击损伤模拟

针对真实发动机风扇叶片，建立了 FOD 有限元预测模型，如图 13-14 所示。叶片的材料属性等参数与前述模拟件均保持一致。模型风扇的直径为 1.95m，最大转速为 3633r/min。真实的发动机叶片为复杂的空间曲面，其各截面的厚度、轮廓形状均有差别，譬如其前缘的厚度从叶根到叶尖 3.9～1.2mm 不等。利用 Hypermesh 对叶片进行网格划分，采用 C3D8R 单元沿叶片厚度方向至少布置 4 层单元，以避免冲击过程中单元的体积锁定。此外，在实际飞行条件下，航空发动机中的风扇叶片通常会受到很大的离心力，离心力和外物撞击造成的冲击力的叠加可能会对结构的变形和断裂产生影响。因此，分析真实叶片 FOD 时有必要考虑初始应力状态的影响。

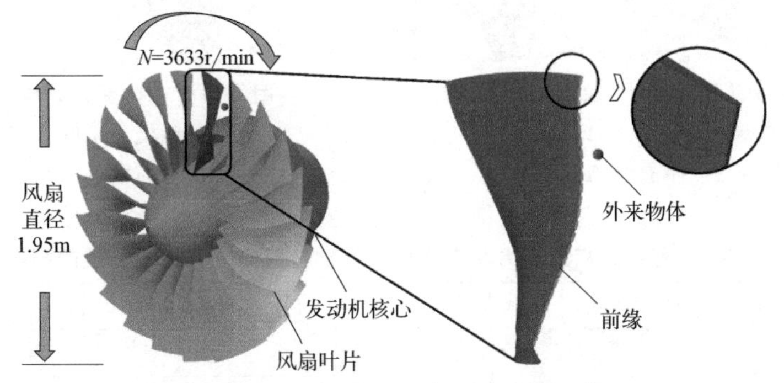

图 13-14 航空发动机风扇叶片有限元模型

本案例通过显/隐式求解相结合的方法，分两步对风扇叶片 FOD 展开预测。

第一步：离心应力场的隐式静力分析。该分析步骤使用 Abaqus/Standard 进行，旨在获得稳态离心应力场。边界条件进行如下设置：叶片底部固定，以 3633r/min 的速度旋转，半径为 0.975m（该分析采用 * Load、* Rotational body force 关键词即可实现）。图 13-15 显示了叶片的初始离心应力场分布，可以看到高的离心应力主要分布在叶片吸力面中心以及叶根的局部区域。

第二步：FOD 的显式动态分析。将第一步的分析结果作为风扇叶片的初始应力/应变场导入风扇叶片 FOD 分析模型，采用 Abaqus/Explicit 进行分析。

本案例采用了 4mm 直径刚性弹丸垂直冲击叶片前缘，以获取可能的“最严酷”的 FOD。考虑三个不同的冲击位置 A、B、C，分别对应叶片尖端附近、叶片中部附近和叶片根部附近的三个位置，如图 13-15 所示，并且对冲击区域的网格进行了细化。依据实际风扇的转速及半径可求得 A、B、C 三个位置的撞击速度为 357m/s、253m/s、122m/s。同时为了开展对比研究，对不考虑的离心应力条件下的 FOD 损伤分别进行模拟。

预测结果如图 13-16 所示，可以看到从叶尖到叶根逐渐呈现出贯穿型缺口到凹坑的损伤样貌。采用 L_1、L_2 两个参数来量化损伤大小，并与无初始应力的结果进行比较，具体如

表 13-4 所示。

可以发现在 A 点和 C 点，有/无应力的结果十分接近，即 FOD 损伤几乎不受离心应力的影响。只有在叶片中部 B 点，两者有些许差异。因此可以认为真实叶片 FOD 应更多地关注其撞击速度与撞击位置，而叶片本身的应力状态影响较小。

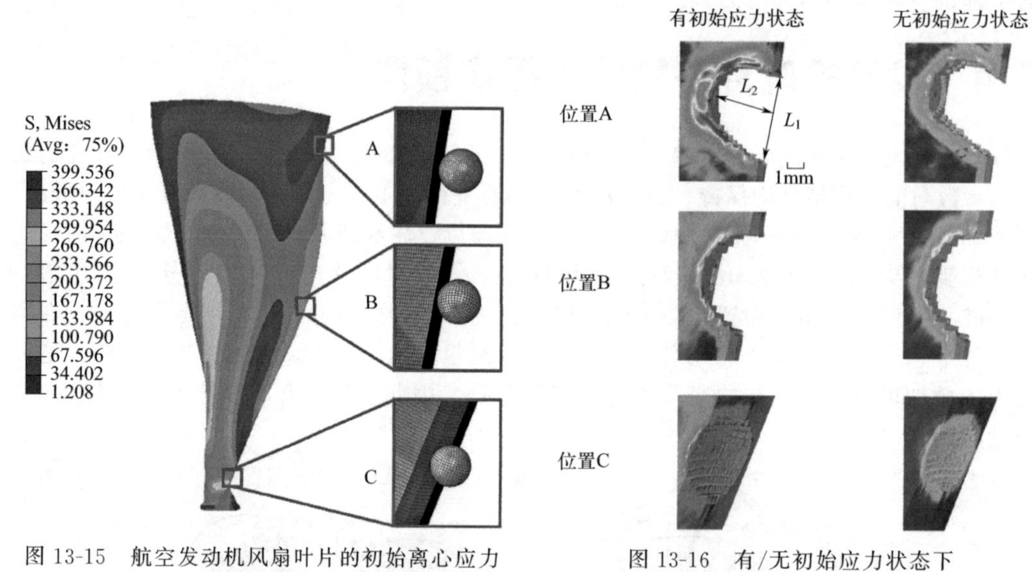

图 13-15 航空发动机风扇叶片的初始离心应力场分布（右侧的方框显示了施加初始离心应力的三个冲击点 A、B、C）

图 13-16 有/无初始应力状态下航空发动机风扇叶片三个位置损伤的数值模拟结果

表 13-4 有或无初始应力状态下航空发动机风扇叶片不同位置的损伤

冲击位置	冲击速度/(m/s)	叶片壁厚/mm	初始应力值/MPa	L_1/mm	L_2/mm
A	357	1.23	7	4.29	4.26
			—	4.28	4.26
B	253	1.2	126	4.61	2.77
			—	4.44	2.5
C	122	3.92	384	3.76	1
			—	3.73	0.93

13.5 研究总结

本案例旨在建立精确的航空发动机叶片 FOD 预测模型，主要结论包括：

① 建立了航空发动机常用金属材料 TC4 的 J-C 本构及失效模型，并通过有限元技术分别对准静态拉伸试验、SHPB 试验进行复现，得到了较好的一致性，验证了本构模型参数的有效性。

② 建立了模拟叶片 FOD 预测模型，考虑不同冲击速度、冲击位置、弹丸直径对损伤尺寸、损伤形貌的影响。结果表明损伤区域的宏观形貌主要包括“凹坑”“边缘型缺口”和“贯穿型缺口”三种，同时在损伤区域会出现材料的“褶皱”“飞溅”以及“鼓包”，这都与气炮试验所展现的损伤形貌相近；而预测 FOD 损伤尺寸与试验的最大误差为 18.2%，表明

了建模方法的有效性。

③ 在冲击损伤模型的基础上，进行重启动回弹分析，得到了 FOD 所引发的残余应力场分布。

④ 通过显/隐式组合分析方法，建立了考虑初始离心应力场的真实发动机风扇叶片 FOD 预测模型，讨论了冲击位置、冲击速度以及应力状态对损伤的影响。结果表明 FOD 主要取决于撞击速度与撞击位置。

参考文献

[1] Johnson G R, Cook W H. A constitutive model and data for metals subjected to large strains high strain rates and high temperatures [J]. Engineering Fracture Mechanics, 1983, 21: 541-548.

[2] Johnson G R, Cook W H. Fracture characteristics of three metals subjected to various strains, strain rates, temperatures and pressures [J]. Engineering Fracture Mechanics, 1985, 21 (1): 31-48.

[3] Zhang H, Hu D, Ye X, et al. A simplified Johnson-Cook model of TC4T for aeroengine foreign object damage prediction [J]. Engineering Fracture Mechanics, 2022 (269): 108523.

案例 14

低温下主镜支撑平台微小变形分析

参赛选手：陈珂
上海航天控制技术研究所
第一届工程仿真创新设计赛项（企业组），二等奖

作品简介： 某型号导引头在环境试验过程中，其成像主镜在低温下经常出现丢失目标的现象。成像主镜失效的原因是自身面型发生了微小变形。为了在后续大批量生产中规避成像主镜在低温下面型变化的问题，我们有必要对变形产生的原因进行准确定位。因该问题仅凭测试手段无法得出结论，所以需要借助仿真工具分析成像主镜失效原因。

作品标签： 航空航天、热力耦合、Ansys APDL。

14.1 引言

螺纹连接是机械结构中最常见的连接方式，具有结构简单、连接可靠等优点。因此其一直是主流计算机辅助工程（CAE）软件争相改进的功能模块。传统的螺纹仿真有以下 3 种方法：①利用三维建模软件建立真实的螺纹结构，该方法的缺点在于划分网格困难、接触状态复杂、计算资源耗费巨大，专门研究螺纹可以采用此法，当装配体中有多个螺钉时该方法不再适用；②对螺纹连接处采用绑定接触的简化处理方法，该方法的缺点在于无法模拟出螺钉与螺孔的螺纹结构，进而无法计算出螺钉预紧对结构更加真实的影响；③先采用哑铃状结构将零件连接在一起，再施加预紧，该方法能近似模拟出螺栓螺母组合，但同样不包含螺纹结构，且遇到螺钉螺孔形式就无法仿真。综上所述，传统螺纹仿真方法或者适用范围太窄，或者偏离实际较远，难以兼顾仿真真实性和计算的收敛性。

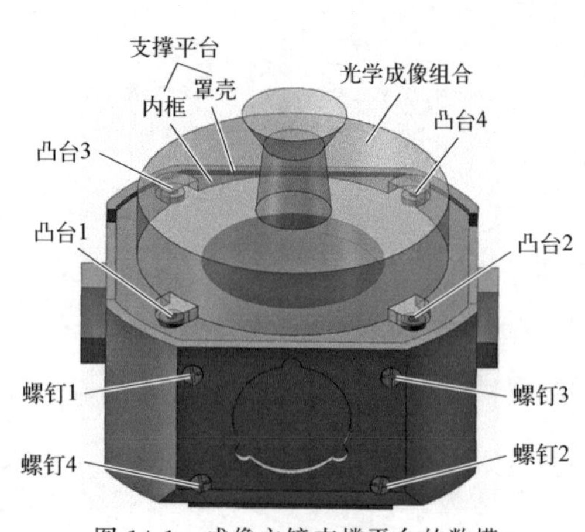

图 14-1　成像主镜支撑平台的数模

成像主镜支撑平台的数模如图 14-1 所示。

14.2 技术路线

① 简化数模。对图 14-1 中的支撑平台模型进行简化，去除不利于网格划分的圆角、狭缝等细小几何特征。

② 针对隐式分析选取合适单元（Solid186 单元）。

③ 划分网格，建立接触对。使用自由网格划分方法划分四面体网格，并为每一对接触面建立接触单元。

④ 设置螺钉预紧单元。

⑤ 施加边界条件。采用多个载荷步，先依据现实情况分四步对支撑平台施加螺钉预紧，再进行第五步施加降温形变的边界条件。

⑥ 求解，后处理。

14.3 仿真计算

本案例完全使用 APDL 命令流实现仿真，对于项目中的主要命令流含义，会采用分步骤的方式进行讲解。

点击开始菜单，打开 Ansys 文件夹，找到 Mechanical APDL Product Launcher 选项，点击即可进入图 14-2 所示的界面。在该界面设置好工作目录和项目名称，点击左下角的 Run 按钮，即可进入 Ansys 经典环境。

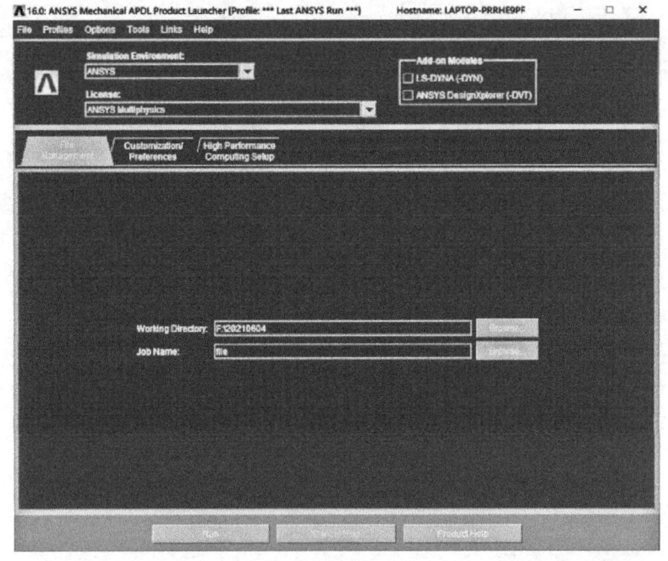

图 14-2 启动软件

进入经典环境后，点击左上角的 File→Read Input File，进入图 14-3 所示的界面；在右侧窗口找到存放 anf 格式的文件夹，并在左侧选中模型后，单击右上角的 OK，即可导入三维模型。

点击左侧菜单栏的 Preprocessor→Element Type→Add/Edit/Delete，进入图 14-4 所示的菜单栏；点击左下角的 Add，即可添加单元类型。总共需要添加三种单元类型，即 186 单元（高阶实体单元）、174 单元（接触单元）、170 单元（目标单元）。

点击左侧菜单栏的 Preprocessor→Material Props→Material Models，出现图 14-5 所示的对话框后，先点击 Structural→Linear→Elastic→Isotropic 定义材料的弹性模量和泊松比，再点击下方的 Thermal Expansion 定义材料的线胀系数，完成材料参数的定义。整体材料都使用铝合金。

点击左侧菜单栏的 Preprocessor→Meshing→MeshTool，弹出图 14-6 所示的对话框；选择四面体网格划分方式，点击左下角的 Mesh 按钮，选择三维模型即可进行网格划分。需要

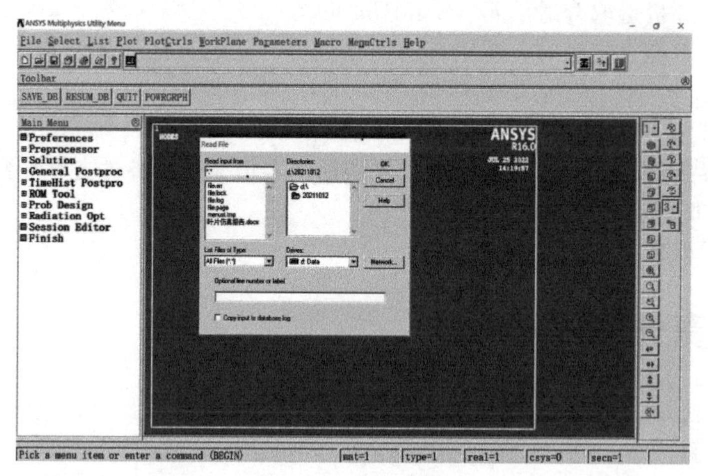

图 14-3　导入模型

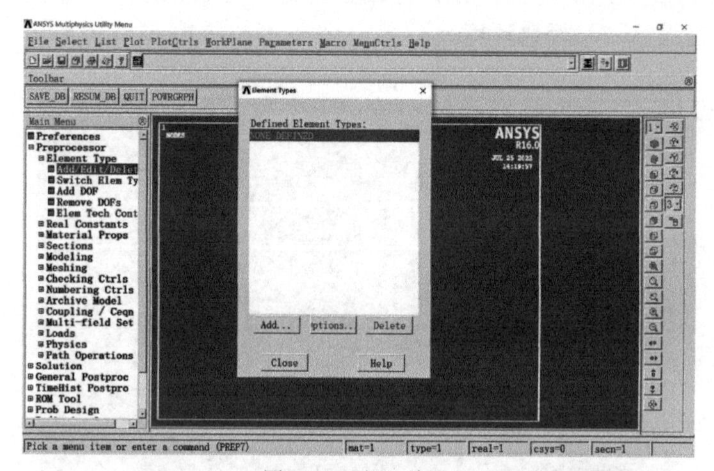

图 14-4　定义单元

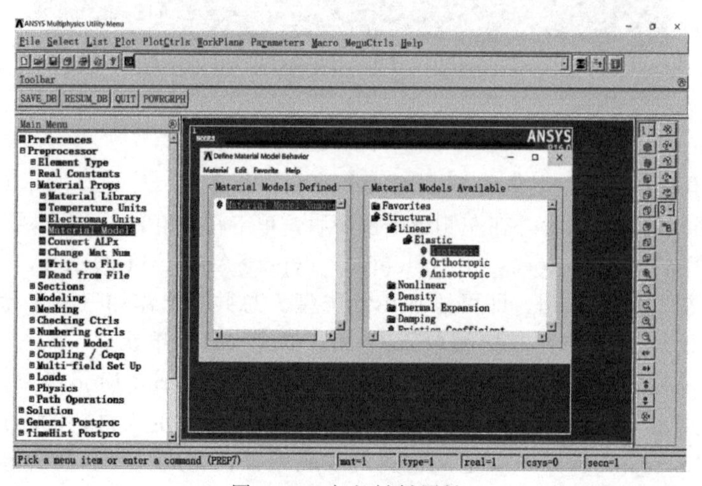

图 14-5　定义材料属性

注意的是，对于模型中比较小的面，可以通过 AESIZE 命令调整其网格尺寸大小，务必做

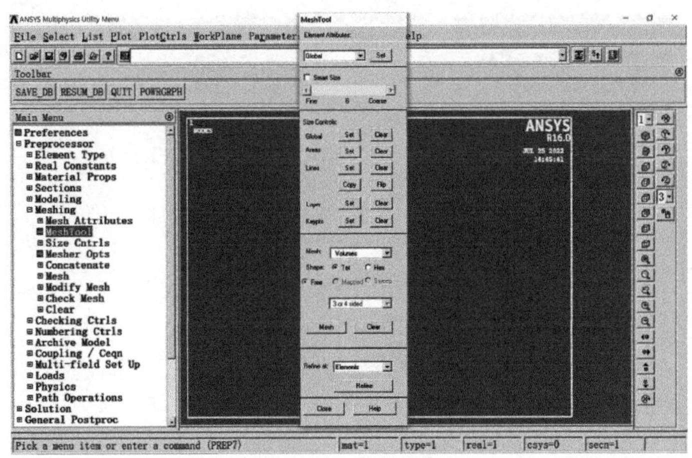

图 14-6　网格划分

到模型网格能够反映模型几何特征，这里不再赘述。

点击左侧菜单栏的 Preprocessor→Modeling→Create→Elements→Surf/Contact，即可在给定节点集上生成接触单元，如图 14-7 所示。如果采用纯 APDL 命令流操作，可以使用 ESURF 命令。操作的方法是，先在选集中添加节点，使用 TYPE 命令声明单元类型、时常数等，再直接输入 ESURF 命令，即可在选集节点上生成对应的接触单元。

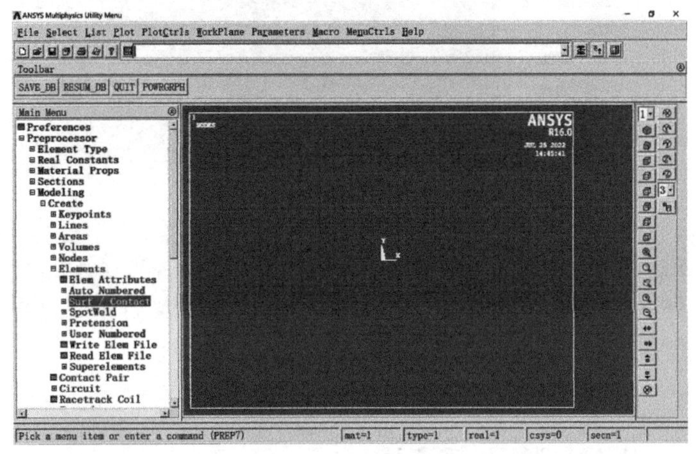

图 14-7　定义接触面

经典环境中的螺纹参数通过 SECTYPE 和 SECDATA 这两个命令定义，如图 14-8 所示，这是定义螺纹属性的语句。如果不插入这两个命令，那就和定义普通接触没有区别；如果插入这两个命令，那么生成的接触就是螺纹接触。

如图 14-9 所示，选择 Preprocessor→Modeling→Create→Elements→Pretension→Pretension Mesh→Picked Elements，用此命令之前需要提前在选集中添加生成预紧单元位置的实体单元，这样才能在点击 Picked Elements 后选中正确的单元。需要特别注意的是，预紧单元不能施加在之前定义的螺纹接触位置，否则会导致应力奇异。

如图 14-10 所示，通过 SLOAD 命令在不同载荷步上施加螺钉预紧力，对应着装配工人预紧螺钉的顺序，使用 do 循环依次计算每一个载荷步，螺钉的预紧力也会继承到下一载荷步。

Simplified Bolt Thread Modeling The contact section for bolt-thread modeling (*Subtype* = BOLT) is referenced by t thread surface. This feature allows you to include the behavior of bolt threads without having to add the geometric detail

Type: CONTACT, Subtype: BOLT

Data to provide in the value fields for *Subtype* = BOLT:

Dm, P, ALPHA, N, X1, Y1, Z1, X2, Y2, Z2

where

Dm = Mean pitch diameter, d_m.

P = Pitch distance, p.

ALPHA = Half-thread angle, α (defaults to 30 degrees).

N = Number of starts (defaults to 1).

X1, Y1, Z1, X2, Y2, Z2 = Two end points of the bolt axis in global Cartesian coordinates.

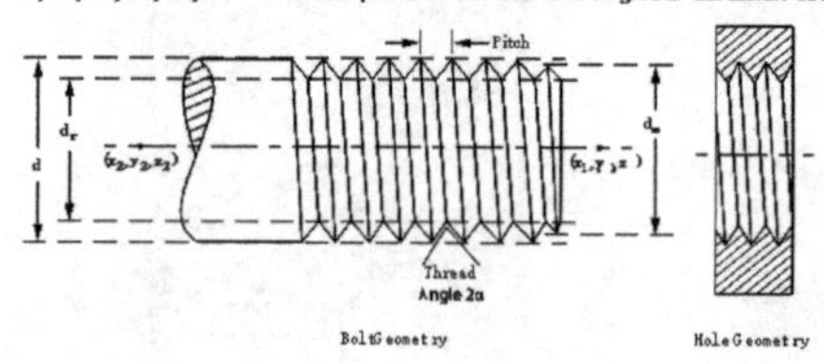

图 14-8　定义螺纹参数

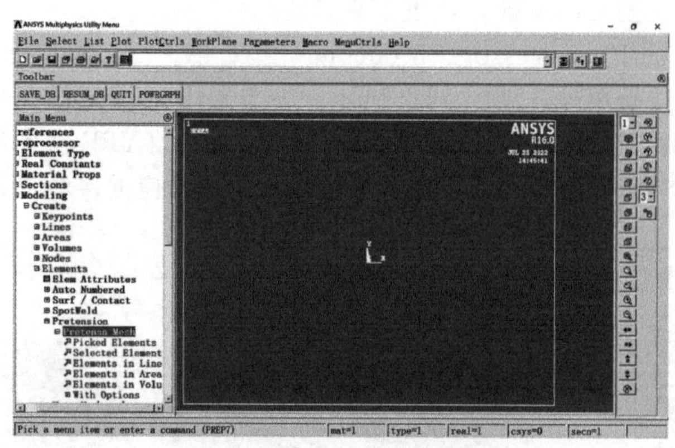

图 14-9　定义预紧单元

在上述螺钉预紧力顺序施加完成之后，对整个部件降温至－40℃（图 14-11），观察支撑平台上四个凸台在竖直方向的高度变化。计算过程前 8s 为螺钉预紧过程，8～10s 是降温过程，整个分析过程为稳态过程。

```
/solu

SLOAD,11,PL1,lock,FORC,312.5, 1,2
SLOAD,13,PL1,lock,FORC,312.5, 3,4
SLOAD,12,PL1,lock,FORC,312.5, 5,6
SLOAD,14,PL1,lock,FORC,312.5, 7,8

*do,i,1,8
  ANTYPE,0
  AUTOTS,1
  NSUBST,100,1e6,10
  OUTRES,ERASE
  OUTRES,ALL,ALL
  OUTPR,ALL,ALL,
  TIME,i
  allsel
  solve

*enddo
```

图 14-10　施加预紧力

```
ANTYPE,0
NSUBST,100,1e6,5
OUTRES,ERASE
OUTRES,ALL,ALL
OUTPR,ALL,ALL,
TIME,10
TUNIF,-40,
allsel
solve
```

图 14-11　低温分析

至此，完成了仿真过程中主要内容的介绍。

14.4 结果分析

由图 14-12 可知，在螺钉预紧的过程中，四个凸台高度变化（UY1～UY4）在允许范围之内。由图可知，在温度降低的过程中，四个凸台产生了约 4μm 的高度差，而 1μm 的面型变化就可以导致主镜失效。通过有限元仿真分析，我们对这一不能实际测量的工程问题进行了准确的定位，为后续解决该工程问题建立了数学模型。

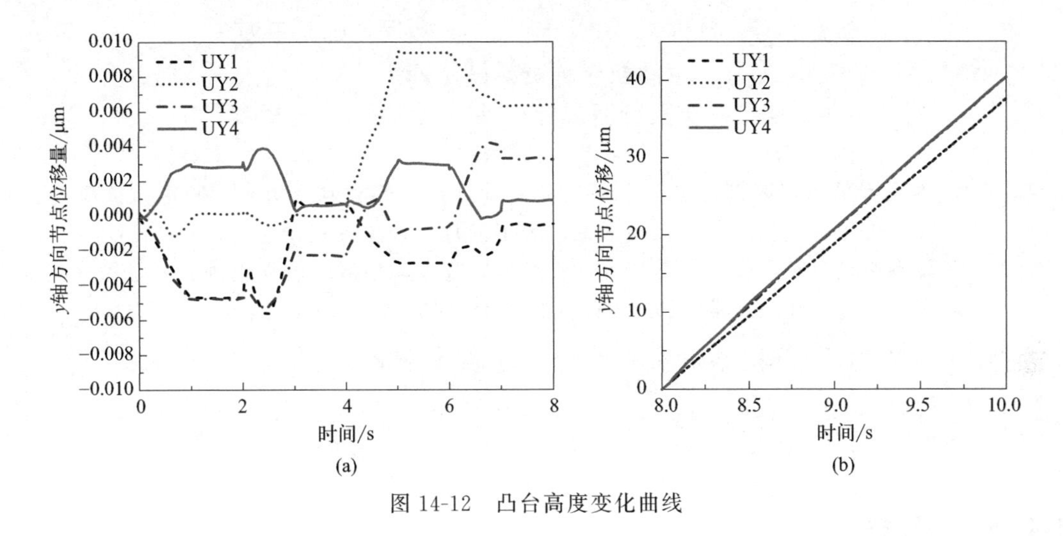

图 14-12　凸台高度变化曲线

案例 15

运载火箭整流罩分离系统动力学特性仿真分析

参赛选手：陈洋，汤杰，赵凡　　指导教师：王海东

上海航天精密机械研究所

第二届工程仿真创新设计赛项（企业组），一等奖

作品简介： 本案例采用流固耦合分析、显式动力学分析、聚能射流仿真、冲击碰撞等仿真技术，在考虑整流罩呼吸运动形变、火工品爆炸冲击的基础上，运用 LS-DYNA 对整流罩分离过程进行了仿真分析，获得了运载火箭整流罩运动轨迹、姿态、分离角速度等特性。相关技术在国防军工、民用领域具有广泛的应用前景。

作品标签： 航天、运载火箭、整流罩分离、聚能切割、呼吸运动。

15.1 引言

运载火箭作为人类进入太空的最主要手段，不仅决定了一个国家航天活动舞台的大小，也是一个国家综合实力的彰显。随着空间站建设、载人登月、火星探测、木星探测和小行星探测等航天任务的不断开展，我国新一代载人运载火箭、重型运载火箭和可重复使用运载火箭研制任务的步伐也在稳步推进。我国运载火箭发展见图 15-1。

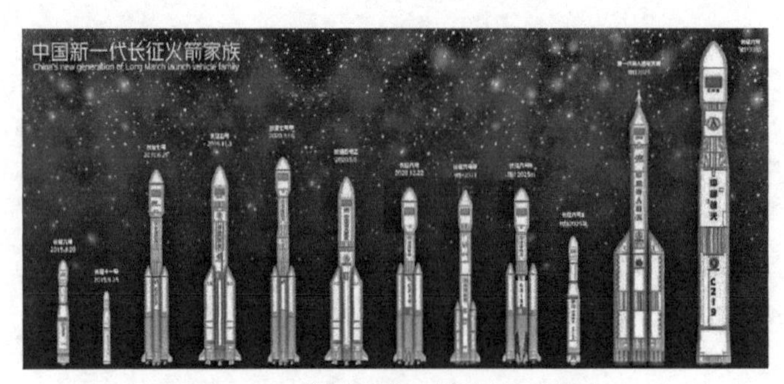

图 15-1　中国运载火箭发展型谱图

15.1.1 火箭整流罩的功能与分离方式

整流罩是运载火箭的重要组成部分，用来保护卫星及其他有效载荷在火箭飞行过程中不受气动力、气动热及声振载荷等有害环境的影响。当火箭飞出大气层后（轨道高度一般大于110km），整流罩分开并脱离箭体，减轻火箭飞行质量，也为有效载荷释放做好准备。整流

罩的分离分析是判定整流罩设计成功与否、确定有效载荷包络空间的重要依据，是火箭研制中需要解决的关键技术。常用的三种整流罩分离技术见图 15-2。整流罩结构设计有以下六个准则：①外形选择要使抖振载荷和迎面阻力最小；②要有一定的无线电穿透性；③要有足够大的有效空间；④要开若干个窗口；⑤质量要尽量小；⑥要有隔热及降噪设计。整流罩分离的主要方式有两瓣旋转分离、两瓣平推分离、整体拔罩分离。为了确保整流罩安全分离，避免整流罩与有效载荷碰撞，对整流罩分离过程中各种振动、变形和运动情况的研究十分迫切与必要。

(a) 两瓣旋转分离

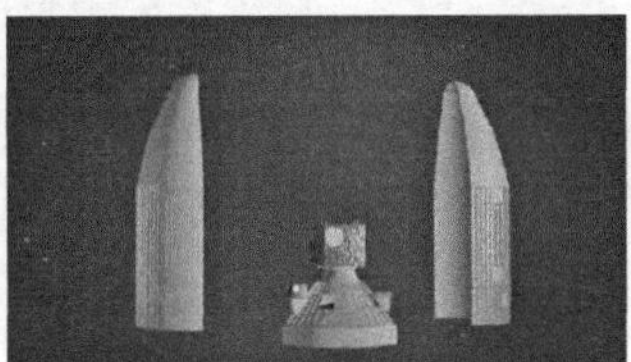

(b) 两瓣平推分离

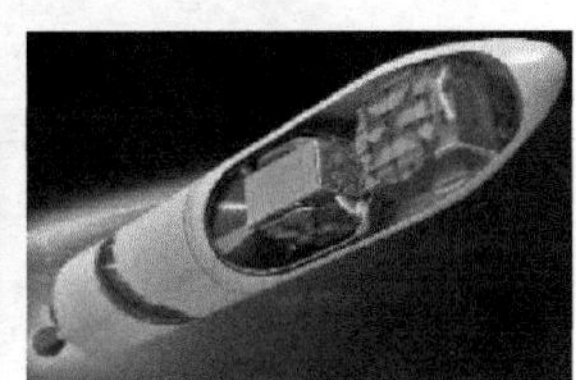

(c) 整体拔罩分离

图 15-2　三种整流罩分离技术

15.1.2　火箭整流罩分离失败案例

整流罩分离如果不能可靠地进行，不仅会造成有效载荷的损坏，更会造成发射任务的失败；在造成经济损失的同时，也会在国际上产生不良影响。2009 年美国“金牛座”Ⅻ火箭、2011 年美国“金牛座”XL 火箭、2022 年美国 Astra Rocket 3.3 火箭、中国双曲线号火箭发射失败的主要原因都是火箭升空后整流罩未及时分离。例如，2022 年 2 月美国“嗅碳”卫星发射失败的原因是火工分离装置未能正常工作，导致一侧整流罩未能成功分离，进而导致火箭姿态发生偏转失控，最终导致火箭爆炸（图 15-3）。由此可见，整流罩分离，尤其是其中火工分离装置的可靠性对运载火箭至关重要。

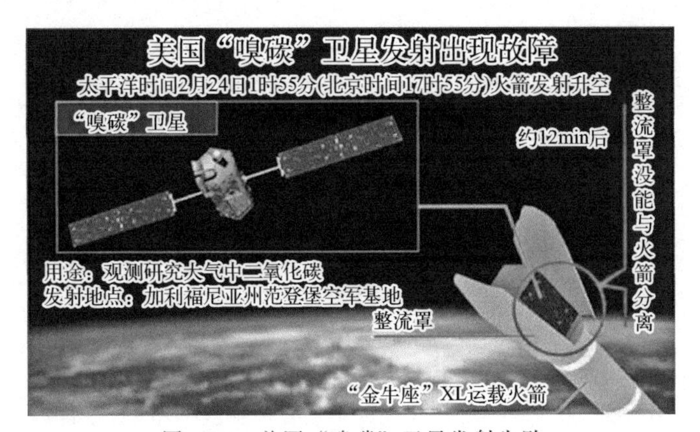

图 15-3　美国“嗅碳”卫星发射失败

15.1.3　火箭整流罩分离国内外研究现状

国外对整流罩分离的理论研究和应用研究都比较先进，并且随着柔性多体动力学和计算机技术的发展，整流罩分离模型已从刚体多体动力学系统发展为多耦合、全柔性多体动力学模型，具备开展整流罩真空罐抛投试验和风洞实验（图 15-4）的能力，研究手段比较完善。

国内对整流罩分离的研究相对落后。由于国内没有大型真空罐（直径大于 30m），因此整流罩地面分离试验和仿真是我国研究整流罩分离特性的主要手段。然而，整流罩地面分离时产生的气动阻力可能会给整流罩分离带来潜在风险，因此相应的数值仿真预示变得至关重要。

(a)

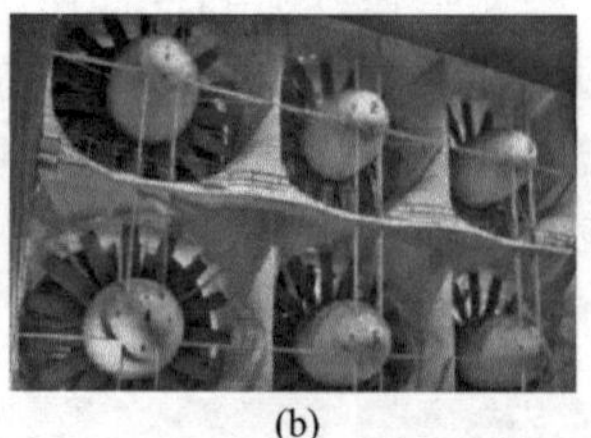
(b)

图 15-4　国外整流罩真空罐抛投试验和风洞实验

15.2　技术路线

15.2.1　火箭整流罩分离设计目标

整流罩分离设计需要达到两个目标：

① 两个半罩能够顺利解锁、脱离箭体，对箭体造成的冲击尽可能小；

② 合理的轻量化设计，既要使有效容积尽可能大，又要避免与有效载荷及箭体发生碰撞。

满足第一个目标，要求整流罩的解锁、分离装置设计合理以及拥有较高的可靠性；满足第二个目标，需要能够对整流罩分离过程中的扭转、弯曲、呼吸运动等各种形式的运动准确预估判断。运载火箭构型及分离原理见图 15-5，整流罩分离过程中的变形运动见图 15-6。

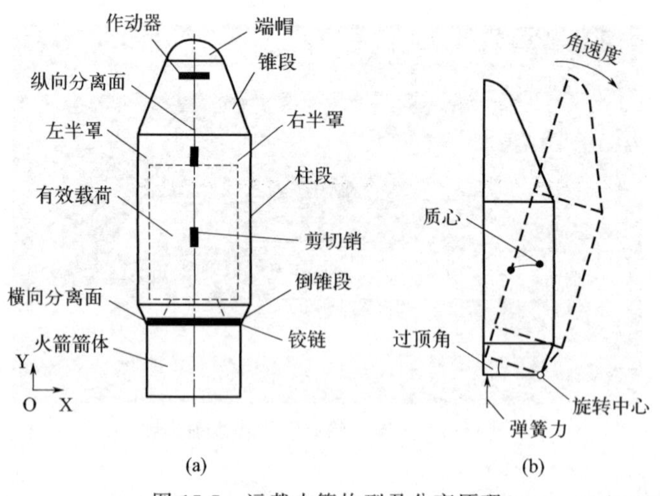

(a)　(b)

图 15-5　运载火箭构型及分离原理

15.2.2　三维模型建立

在三维造型软件 Pro/E 4.0 中建立整流罩的三维模型，包括罩体、载荷、箭体、连接环、切割环、铰链、剪切销、作动器。运载火箭模型装配图见图 15-7，整流罩分离关键构件见图 15-8。

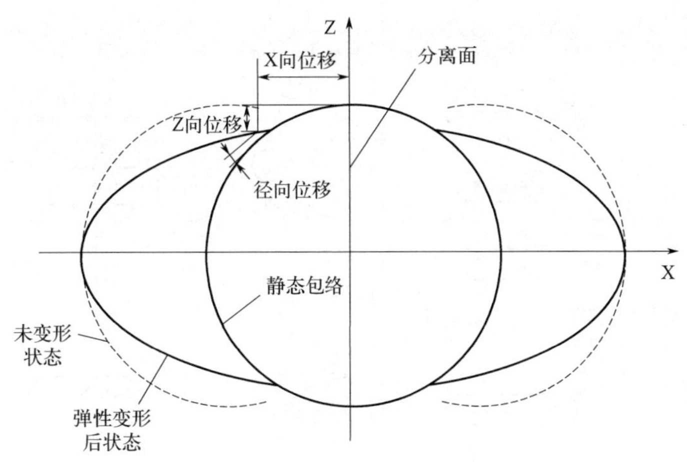

图 15-6 整流罩分离过程中的变形运动

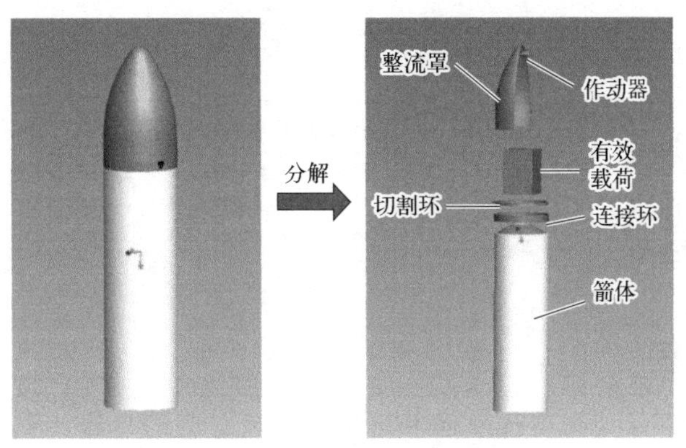

图 15-7 运载火箭模型装配图

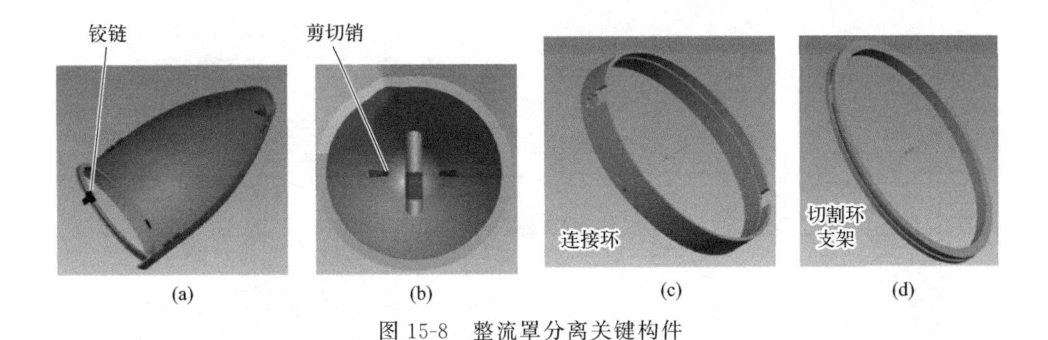

图 15-8 整流罩分离关键构件

15.3 仿真计算思路

建立三维模型之后，先在 Hypermesh 中进行网格划分与检查，然后将网格模型导入 LS-PrePost 中进行材料、边界条件、初始条件等定义，最后用 LS-DYNA 求解器进行求解。仿真计算流程及资源配置见图 15-9。

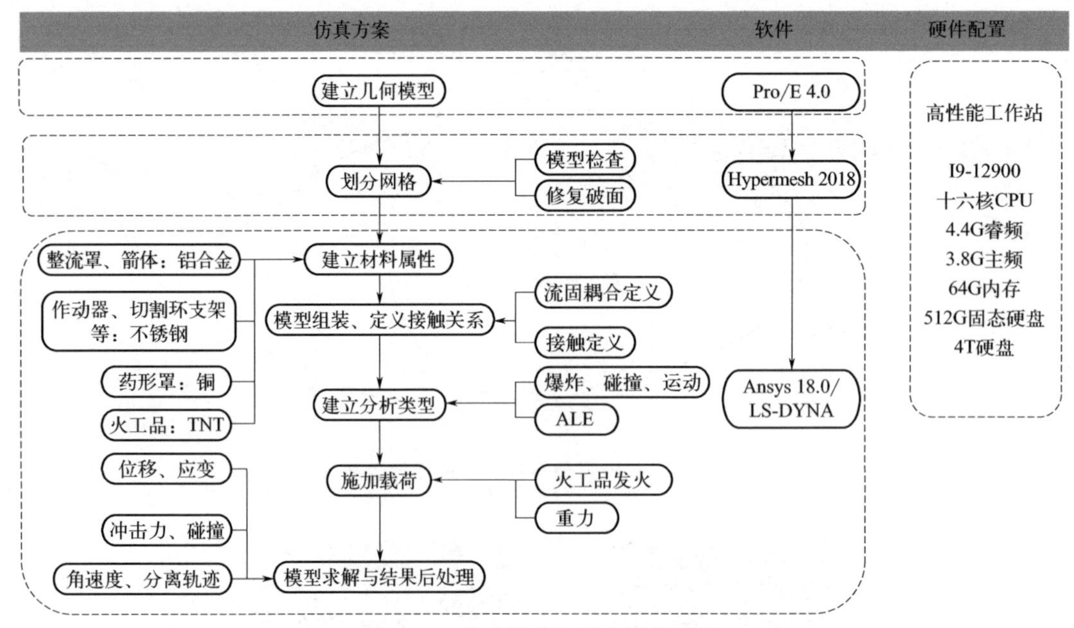

图 15-9　仿真计算流程及资源配置

15.4　结果分析

15.4.1　分离过程

首先从不同视角展示火箭飞行过程中整流罩解锁分离的过程（图 15-10）。这里涉及四个主要解锁分离动作：①切割环起爆，聚能射流切断整流罩连接环；②作动器弹出，顶开两个半罩；③剪切销断裂；④铰链脱钩。

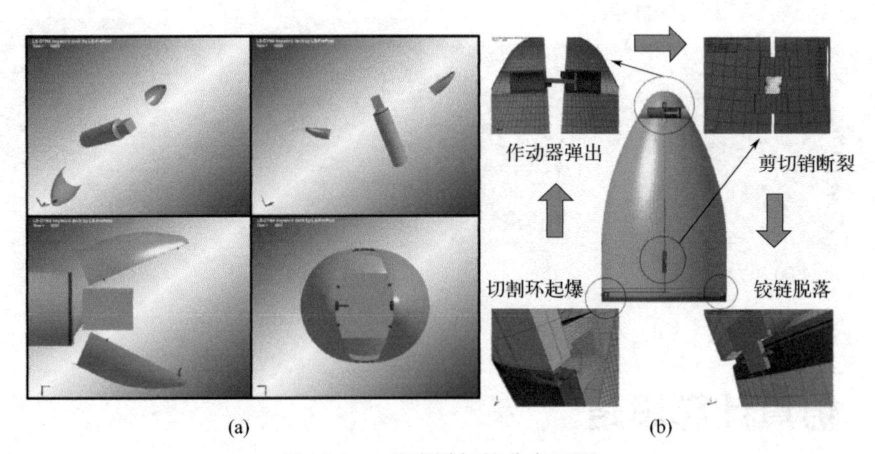

图 15-10　整流罩解锁分离过程

15.4.2　分离速度、角速度

如果能顺利完成以上动作，整流罩便分离成功。如图 15-11 所示，整流罩顶部和底部的

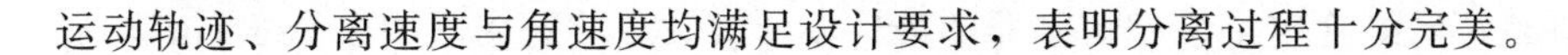
运动轨迹、分离速度与角速度均满足设计要求，表明分离过程十分完美。

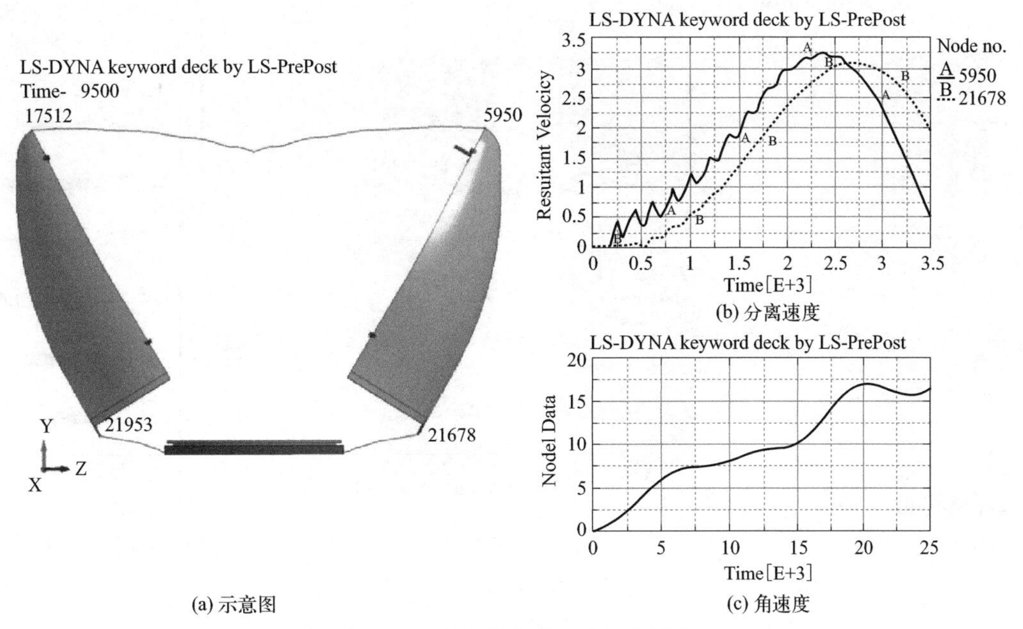

(a) 示意图　(b) 分离速度　(c) 角速度

图 15-11　整流罩分离速度与角速度

15.4.3　整流罩呼吸运动

柔性整流罩分离过程中有一个非常重要的特性，那便是呼吸运动。如图 15-12 所示，通过分析呼吸运动的轨迹、幅值以及频率，能够更加明确整流罩的边界、可用空间以及动力学特征。

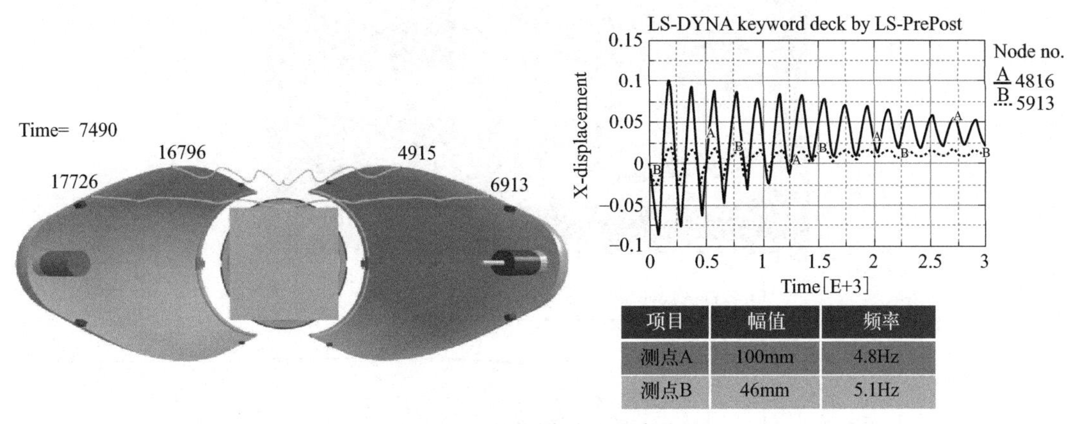

项目	幅值	频率
测点A	100mm	4.8Hz
测点B	46mm	5.1Hz

图 15-12　整流罩呼吸运动过程

15.4.4　聚能射流切割效果影响因素探讨及药形罩优化设计

对于上述整流罩分离，我们需要重点关注其中的火工装置，比如聚能切割装置，其工作效果关系到整流罩分离的成败。对此，我们建立了聚能射流切割器的参数化模型，通过调整装药密度、药形罩折角、爆炸高度等参数，观察侵彻深度，分析射流尖端速度等影响切割效果的因素（图 15-13），最终确定了该型切割器的最优设计参数：装药密度为 1.68g/cm^3，折角为 98°，炸高为 6.5mm。

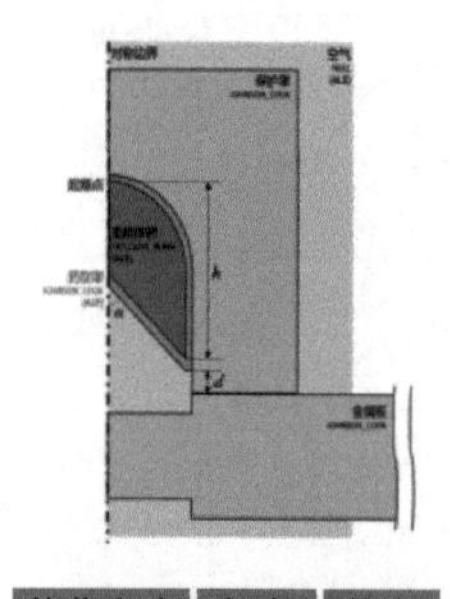

装药密度	折角	炸高
1.63	98	4
1.68	98	4
1.68	98	6.5
1.68	120	4
1.68	120	4
1.63	60	4

(a) 切割器二维模型

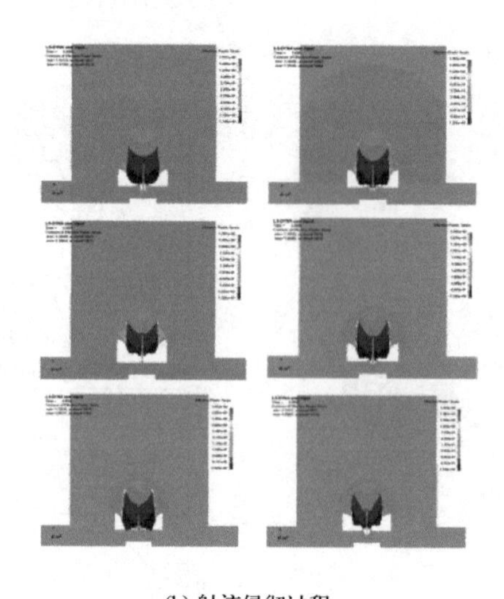

(b) 射流侵彻过程

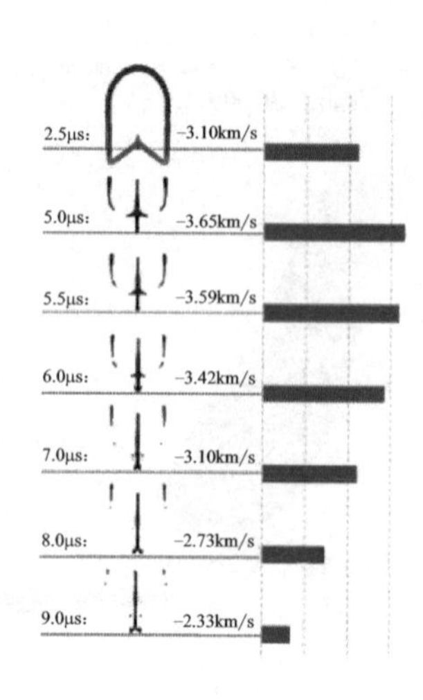

(c) 射流尖端速度变化过程

图 15-13　聚能切割环优化过程

15.4.5　作动器工作过程仿真

本案例所述整流罩采用的作动器由燃气发生器驱动，仿真中采用炸药模型模拟燃气发生剂，同样采用任意拉格朗日-欧拉方法（ALE）计算爆炸生成气体驱动作动器顶杆运动，并推动整流罩分离的整个过程。作动器工作原理及运动速度如图 15-14 所示。

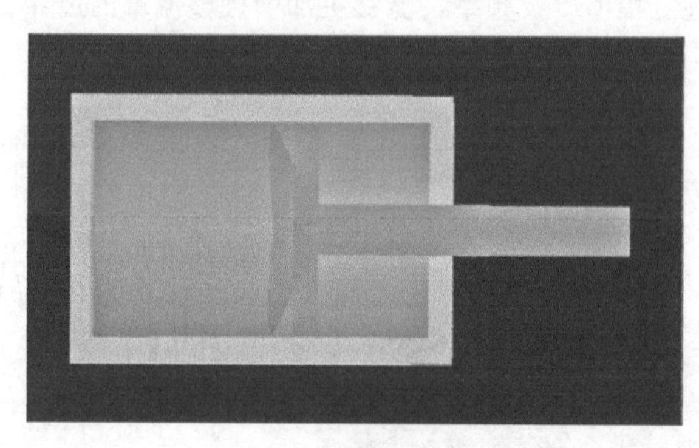

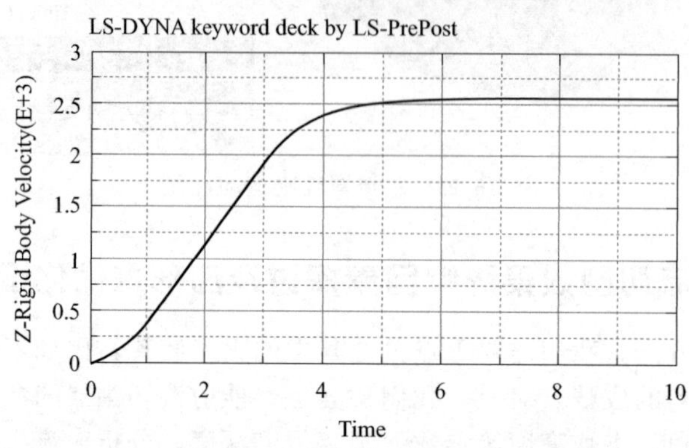

图 15-14　作动器工作原理及运动速度

15.4.6 分离时序优化设计

本案例重点分析了切割环和作动器起爆时序对分离结果的影响，如图 15-15 所示。按照时序 1 切割环和作动器同时点火，由于整流罩连接段切割不充分，导致整流罩一个半罩未能成功分离；当按照时序 2 切割完成后作动器点火时，整流罩正常分离，各部分无干涉现象。

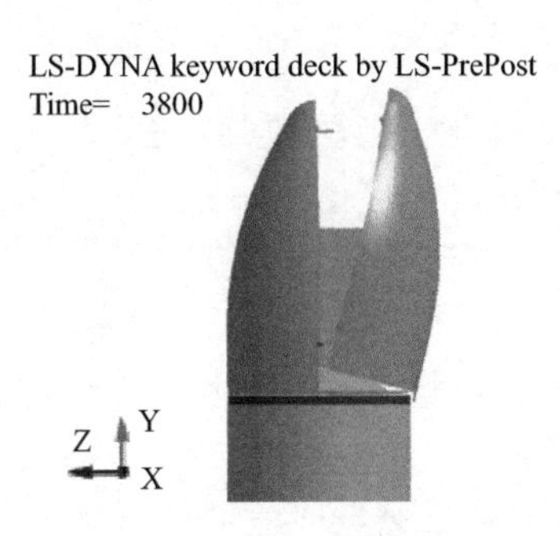

(a) 时序1：切割环、作动器同时点火

LS-DYNA keyword deck by LS-PrePost
Time= 9600

(b) 时序2：切割完成后作动器点火

图 15-15 不同分离时序仿真结果

参 考 文 献

[1] 李东旭．航天飞行器分离动力学汇［M］．北京：科学出版社，2013.
[2] 许杨剑，金超超，梁利华，等．基于显式动力学的焊点冲击失效分析［J］．工程力学，2014，31（1）：193-200.
[3] 张小伟，王延荣，谢胜百，等．弹性整流罩分离的流固耦合仿真方法［J］．北京航空航天大学学报，2009，35（8）：976-979.
[4] 张刚，刘陆广，赵卓茂，等．气动载荷对整流罩分离特性影响的仿真计算研究［J］．航天器环境工程，2017，34（3）：235-240.
[5] 佘淑华，陈新连．基于 ANSYS/LS-DYNA 的非线性碰撞问题仿真分析［J］．装备制造技术，2009（8）：39-41.
[6] 落桨寿．整流罩地面分离试验流固祸合分析与数值模拟［D］．哈尔滨：哈尔滨工业大学，2008.
[7] 唐宵汉，新一代运载火箭整流罩关键分离特性研究［D］．大连：大连理工大学，2018.
[8] 王成，邓涛，徐文龙．铝药型罩环形聚能射流的数值模拟［J］．北京理工大学学报，2019，39（12）：1211-1218.

案例 16

火星探测车车轮结构强度、疲劳及振动特性分析

参赛选手：麻一博，孙士轶，郭焕然　　指导教师：甄琦
内蒙古农业大学

第一届工程仿真创新设计赛项（本科组），二等奖

作品简介： 基于有限元法对火星探测车车轮进行静力学分析，按其尺寸、形状等用建模软件建立三维模型，通过力学分析软件对其进行提取和网格划分，对火星探测车车轮的结构强度、疲劳及振动特性进行数值仿真。对计算所得的结果进行整理分析，得到火星探测车车轮强度可满足要求且无共振的可能性；对于易变形和受力较大的轮辐，在生产时要注意该处的铸造质量；对于强度储备较大的轮辋，可以进行适当的减重，有利于火星车的轻量化。

作品标签： 静力学、疲劳、振动、航空。

16.1 引言

火星被称为“袖珍地球”。大量迹象表明，火星以前很有可能与地球一样，因此火星成为除地球之外人类研究程度最高的行星，人类对火星的探索一直进行着，然而进展并不理想。虽然火星与地球有很多相似之处，但火星上的环境要比地球恶劣，因此探测火星十分不易。火星地表沙丘、砾石遍布，外表呈现橘红色，沙尘悬浮在大气层中，每年常有尘暴发生。

火星探测车是用于火星探测的可移动探测器，是人类发射在火星表面行驶并进行考察的一种车辆，如图 16-1 所示。它的组成大致分为太阳能电池板、科学仪器以及车身整体等。大多数火星探测车的材料为金属复合材料，车轮材料大多采用铝合金材料。它具有高强、高塑性、高稳定性等特点，能够解决火星复杂地貌导致的冲击、刺穿开裂、磨损等问题。但由于火星探测车的工作环境恶劣，不同功能的探测车重量不同，若要保证探测车在设计寿命内正常工作，则要求火星探测车各部分零部件的强度必须高度符合要求。

图 16-1　火星探测车

火星探测车车轮作为支撑火星探测车重量

并保证火星探测车顺利行驶的重要零部件，其结构强度和振动特性对火星探测车的安全性至关重要。由于现实生活中难以模拟火星探测车的工作环境，因此本案例采用数值仿真方法进行研究。选取车轮半径规格为 16cm 的火星探测车车轮作为研究对象，利用三维建模软件建立模型并通过力学分析软件进行静力学分析，验证其结构强度的合理性。

16.2 技术路线

火星探测车车轮研究的技术路线如图 16-2 所示。

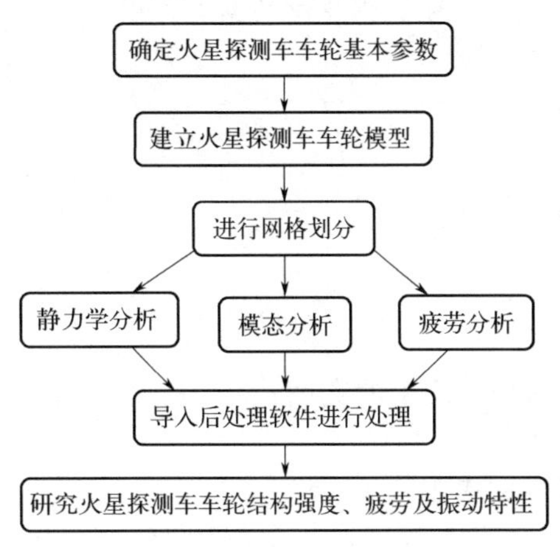

图 16-2 火星探测车车轮研究技术路线

16.3 数值仿真计算

数值仿真技术是一种描述性技术，一种定量分析方法。其首先通过建立某一过程或某一系统的模式来描述该过程或该系统，然后用一系列有目的、有条件的计算机仿真实验来刻画系统的特征，从而得出数量指标，为我们提供关于这一过程或系统的定量分析结果，作为决策的理论依据。本案例采用数值仿真方法来对所研究的火星探测车车轮进行静力学分析。

16.3.1 数值计算前处理

利用数值仿真软件对火星探测车车轮计算时需先对其进行前处理，主要是对车轮所涉及的载荷和约束进行合理性分析，以及利用三维建模软件和网格划分软件对火星探测车车轮进行模型建立和网格划分。

(1) 数据合理性

当火星探测车静止时，车轮受到的力有自身重力 G 以及地面的反作用力。在施加载荷时，重力不予考虑；螺栓相比车轮可忽略不计，所以这里不考虑施加螺栓预紧力，但需要对所有车轮螺栓孔进行全约束处理，视为与车轴的固定约束；地面反作用力是由于车重产生的，施加在车轮下半圆周上。

火星探测车车轮所受的最大载荷可表示为

$$F_{\max}=\frac{Wn_{i}}{3}+\frac{G}{6}=604.75\text{N} \tag{16-1}$$

式中，W 为火星探测车自重；n_{i} 为载荷影响系数。

$$n_i = n_1 n_2 n_3 n_4 \tag{16-2}$$

式中，n_1 为车轮制造质量系数，取 1.05；n_2 为火星表面工况影响系数，取 1.1；n_3 为火星探测车装载系数，取 1.05；n_4 为其他影响系数，取 1.05。

火星探测车在实际运行过程中，除了承受其载重外，还会因为轴的转动而受到弯矩。计算如下：

$$M = (R\mu + D)FS = 160.688\text{N} \cdot \text{m} \tag{16-3}$$

式中，μ 为火星探测车行驶过程中，车轮与路面的摩擦系数，取 0.7；R 为车轮的静负荷半径，取 16cm；D 为火星探测车轮胎偏距，根据选定的车轮参数取 0.054m；F 为车轮最大额定载荷，通常取 $F = F_{max}$；S 为强化试验系数，取 1.6。

偏心力

$$f = \frac{M}{L} = 267.81\text{N} \tag{16-4}$$

式中，L 为试验加载力臂的长度，取 0.6m。

施加在单位面积上的压力

$$T_0 = \frac{f\pi}{2dr\theta} = 2615.33\text{N} \tag{16-5}$$

式中，d 为载荷作用在所施加面上的宽度；r 为所施加载荷面的半径；θ 为载荷分布夹角，其中角度取下半圆周，为 180°。

火星探测车车轮材料属性如表 16-1 所示。

表 16-1　材料属性

材料	弹性模量/GPa	密度/(kg/m^3)	泊松比	屈服强度/MPa
铝合金	71000	2770	0.33	280

(2) 火星探测车车轮模型建立

第一步，建立基本轮廓。

打开建模软件，建立一个内外半径分别为 140mm 和 160mm 的半弧形轮辋结构。

第二步，建立车轮轮毂和轮辐。

首先在轮辋里边拉伸一个半径为 60mm，一边高为 25mm，另一边高为 50mm 的轮毂圆柱体，然后拉伸绘制厚度为 9.8mm 的半弧形轮辐连接轮辋和轮毂，利用圆形阵列生成均匀分布的 12 个半弧形轮辐。对圆柱体的两个圆面分别进行 10mm 倒角切除，以倒角边相切拉伸 8 个直径为 15mm 均匀分布的圆孔。在高为 50mm 的圆柱面的一端中心挖去一个上下底面半径分别为 30mm 和 15mm、深度为 35mm 的凸台，以凸台底部凸台面最高点为圆心均匀挖出半径为 6mm 的圆，利用圆形阵列生成均匀分布的 6 个圆形成内法兰；在高为 25mm 的圆柱面的中心挖去一个半径为 15mm、深度为 15mm 的圆柱体。

第三步，外轮修饰。

在轮辋中心轮廓线上利用旋转生成一个上下半径依次为 3mm 和 6mm、高为 7.5mm 的凸台，记为中间凸台。在中间凸台左侧再旋转生成一个上下半径分别为 2mm 和 5mm、高为 7.5mm 的凸台，记为左侧凸台。利用镜像功能在中间凸台右侧生成与左侧凸台相同尺寸的右侧凸台。利用圆形阵列分别使得中间凸台、左侧凸台和右侧凸台在轮辋表面生成均匀分布的 36 个大小相同的凸台。在中间凸台和左侧凸台之间绘制一个上下宽度分别为 16mm 和 8mm、深度为 8mm 的倒梯形，进行旋转切割形成槽。利用镜像在中间凸台和右侧凸台之间生成相同尺寸的倒梯形槽。进行倒角和圆角修饰，即可完成建模，如图 16-3 所示。

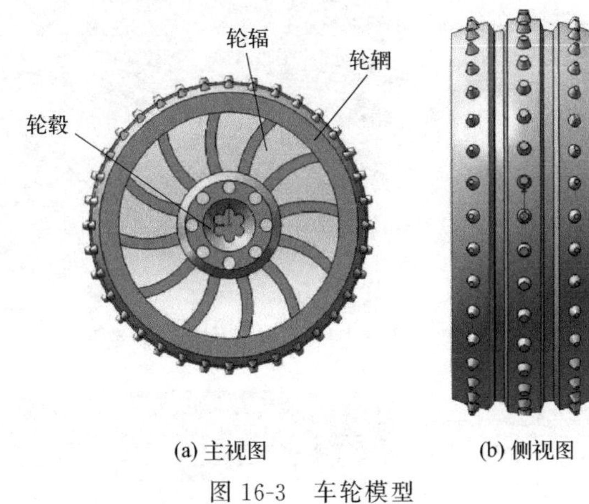

(a) 主视图 (b) 侧视图

图 16-3 车轮模型

(3) 网格划分

网格划分是创建有限元模型的一个重要环节，直接影响有限元分析的计算精度和计算规模。网格划分原则是在计算数据变化梯度较大的部位，将网格划分得较密集些，在计算数据变化梯度较小的部位，将网格划分得相对稀疏些。这样既可以提高计算精度，又可以减小计算规模，提高计算效率。对火星探测车车轮进行网格划分时应在应力集中处进行加密。

首先打开力学分析软件，拖拽静力学模块至操作面板，在静力学模块中双击打开几何数据，将几何数据中的材料参数修改为铝合金。随后双击打开几何结构，导入火星探测车车轮的 X_T 模型文件。

接着在静力学模块中打开 Model，点击网格选项，网格精度输入 5mm，点击生成网格，从而完成火星探测车车轮的网格划分。火星探测车车轮划分好的网格如图 16-4 所示，其中有 116452 个节点，64734 个单元数。

图 16-4 网格划分

16.3.2 力学数值分析

力学数值分析主要是利用力学分析软件对火星探测车车轮进行静力学分析，从而得到其平衡规律以及所受载荷影响；在此基础上对火星探测车车轮进行模态分析，从而验证其是否与外界激励发生共振；最后对其进行疲劳分析，从而得到火星探测车车轮疲劳失效时的循环次数。

(1) 静力学分析

静力学主要研究物体在力系作用下的平衡规律。静力学分析是力的合成、分解与力系简化的研究成果，可以直接应用于动力学，因此静力学在工程技术中具有重要的使用意义。静力学分析用来计算结构在固定不变载荷作用下的响应，如位移、应力、应变等。具体操作如下：

在上述静力学模块中打开设置，点击静态结构插入力，选中火星探测车车轮的轮辋，应用力，输入力的大小 604.75N，选择车轮轮辋设置垂直向下的力。设置完成后如图 16-5 所示。

点击静态结构插入约束，选定火星探测车车轮轮辋与地面接触的 9 个凸台，应用固定约束。设置完成后如图 16-6 所示。

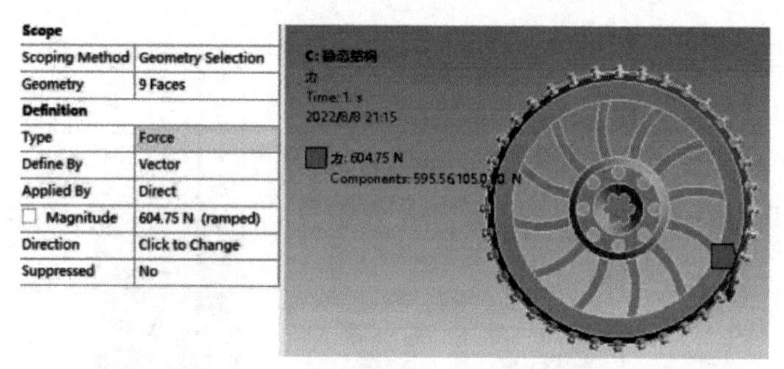

图 16-5　设置力的大小以及方向参数

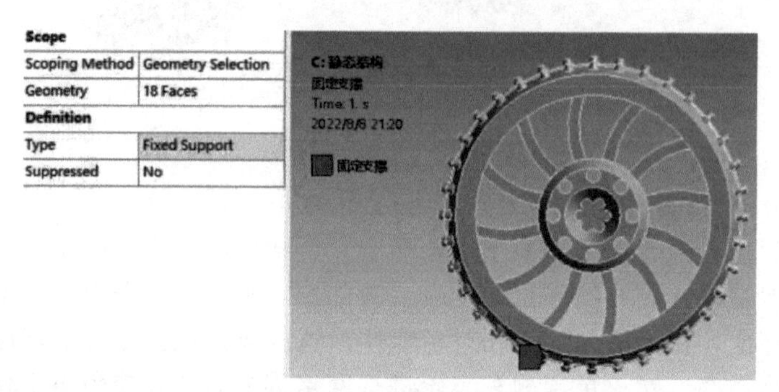

图 16-6　插入约束

点击静态结构插入力矩，选中火星探测车车轮内法兰以及梅花面，应用力矩，输入力矩的大小为 160688N · mm。设置完成后如图 16-7 所示。

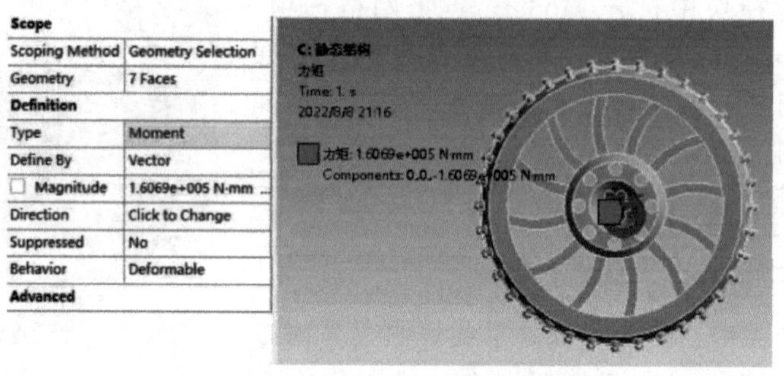

图 16-7　输入力矩的大小以及方向参数

点击求解插入等效应力、等效应变和总变形，最后保存并关闭窗口。

(2) 模态分析

模态分析是研究结构动力特性的一种方法，一般应用在工程振动领域。其中，模态是指机械结构的固有振动特性，每一个模态都有特定的固有频率、阻尼比和模态振型。分析这些模态参数的动力学属性过程称为模态分析。

首先对火星探测车车轮进行模态分析，在力学分析软件中得到车轮的自振频率，然后与外界激振做比较，验证其发生共振的可能性。具体模态计算步骤如下：

首先拖拽一个模态模块与前一个静力学模块相连，如图 16-8 所示。

然后双击打开 Model，在工具栏中点击求解，插入总变形，总变形模式设置为 8，点击生成，结果如图 16-9 所示。接着以同样的方式插入总变形 1～7，分别点击生成按钮，得出其模态计算结果。最后保存并关闭窗口。

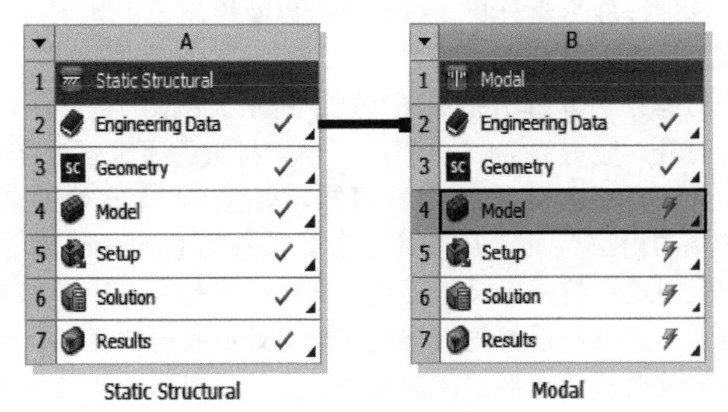

图 16-8 拖拽模态模块

图 16-9 插入总变形

(3) 疲劳分析

当材料或结构受到多次重复变化的载荷作用后，应力值虽然始终没有超过材料的强度极限，但在比弹性极限还低的情况下可能发生破坏。这种在交变载荷作用下材料或结构的破坏现象称为疲劳破坏。对火星探测车车轮进行疲劳分析，有利于得到车轮易损部位，从而对该部位提前进行优化。操作步骤如下：

首先拖拽一个静力学模块与前一个静力学模块相连，如图 16-10 所示。然后双击打开 Model，按照前述静力学分析中的步骤分别插入并设置力、约束以及转矩参数，此处不做过多赘述。接着点击求解插入疲劳寿命和疲劳安全系数，最后保存并关闭窗口。

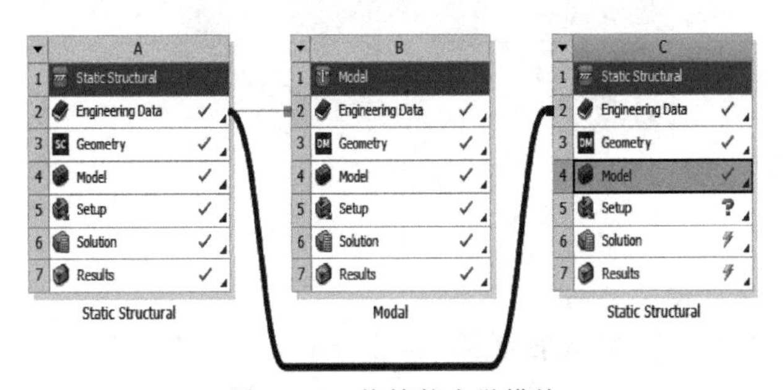

图 16-10 拖拽静力学模块

16.3.3 数值后处理

利用力学分析软件对火星探测车车轮进行力学数值分析后需对得到的结果进行后处理。数值后处理是对仿真结果进行进一步分析，从而对得出的结果进行合理性判断，以便于实际应用。火星探测车车轮进行静力学分析、疲劳分析以及模态分析如下。

(1) 火星探测车车轮静力学分析

火星探测车车轮的静力学分析结果如图 16-11 所示。由图 16-11(a) 可知，在静态载荷下，火星探测车车轮的最大应力为 24.068MPa，小于材料的屈服强度 280MPa，车轮不会发生塑性变形，属于安全范围。由图 16-11(b) 可知，火星探测车车轮的最大应变为 1.2137×10^{-4}，主要发生在轮辐与内法兰处。从整体上看，靠近轮毂的轮辐部分的应力要比靠近轮辋的轮辐部分大，应变同理。轮辐上越靠近受力部位应力越大，应变越大。应力与应变较大的区域主要分布在离受力区域最近的轮辐与轮毂相交处以及内法兰处。最大应力点和最大应变点出现在离受力部位较近的轮辐根部。该处受力大的主要原因是几何形状发生突变，产生应力集中现象。轮辐受力均较大，说明这 12 个轮辐起到火星探测车车轮的主要支撑作用。由图 16-11(c) 可知，火星探测车车轮总变形由上到下逐渐减小，变形量也在变小。最大变形出现在火星探测车车轮的上半部分。

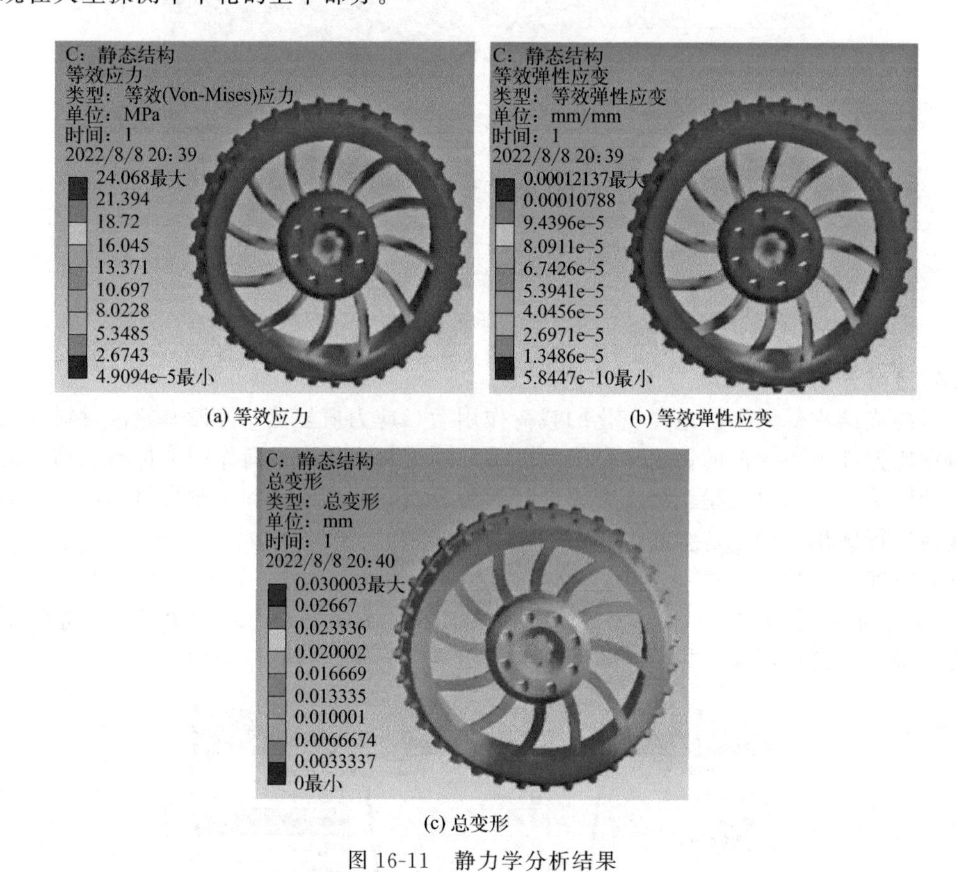

(a) 等效应力　　(b) 等效弹性应变

(c) 总变形

图 16-11　静力学分析结果

(2) 火星探测车车轮疲劳分析

火星探测车车轮的疲劳分析结果如图 16-12 所示。疲劳寿命是指结构在刚开始产生裂纹时疲劳载荷的循环次数。从图 16-12(a) 中可以看出，当火星探测车车轮受到内法兰处施加的弯矩时，其寿命为 1×10^{6} 次。从图 16-12(b) 中可以看出，火星探测车车轮的疲劳安全系数最小值为 3.5815，大于 1。因此，载荷循环 100000 次时，火星探测车车轮不会发生破坏。疲劳安全系数较小的部分主要分布在轮辐上。这说明火星探测车车轮受到循环弯矩作用时，容易发生疲劳破坏的部位是轮辐。

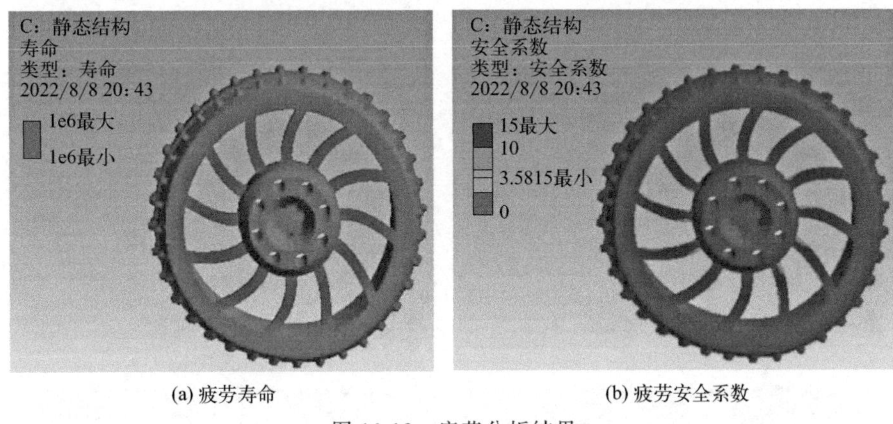

(a) 疲劳寿命　(b) 疲劳安全系数

图 16-12　疲劳分析结果

(3) 火星探测车车轮模态分析

模态分析亦即自由振动分析，主要用于确定结构和机械零部件的振动特性（固有频率和振型）。受不变载荷作用产生应力作用下的结构可能会影响固有频率，尤其是对于那些在某一个或两个尺度上很薄的结构，因此在某些情况下执行模态分析时可能需要考虑预应力的影响。而火星车轮毂是连接制动盘、轮盘和半轴的重要零部件，同时车体产生的振动也会传递到轮毂上，所以在对轮毂进行设计时，有必要对其进行预应力模态分析来判断其固有频率是否与发动机等其他部件的固有频率重合，以避免产生共振，引起轮毂失效破坏。

火星探测车车轮模态分析结果如图 16-13 所示。图 16-13(a) 为一阶模态，其固有频率为 0Hz，可以看出火星探测车车轮在上下摆动。图 16-13(b) 为二阶模态，振动频率为 0Hz，

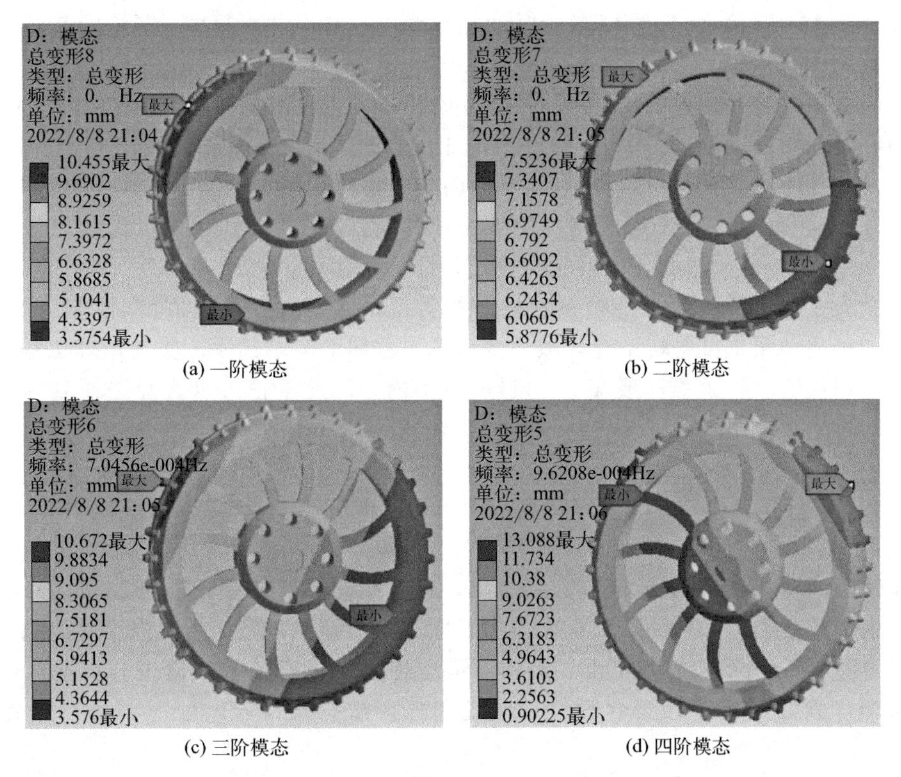

(a) 一阶模态　(b) 二阶模态

(c) 三阶模态　(d) 四阶模态

图 16-13

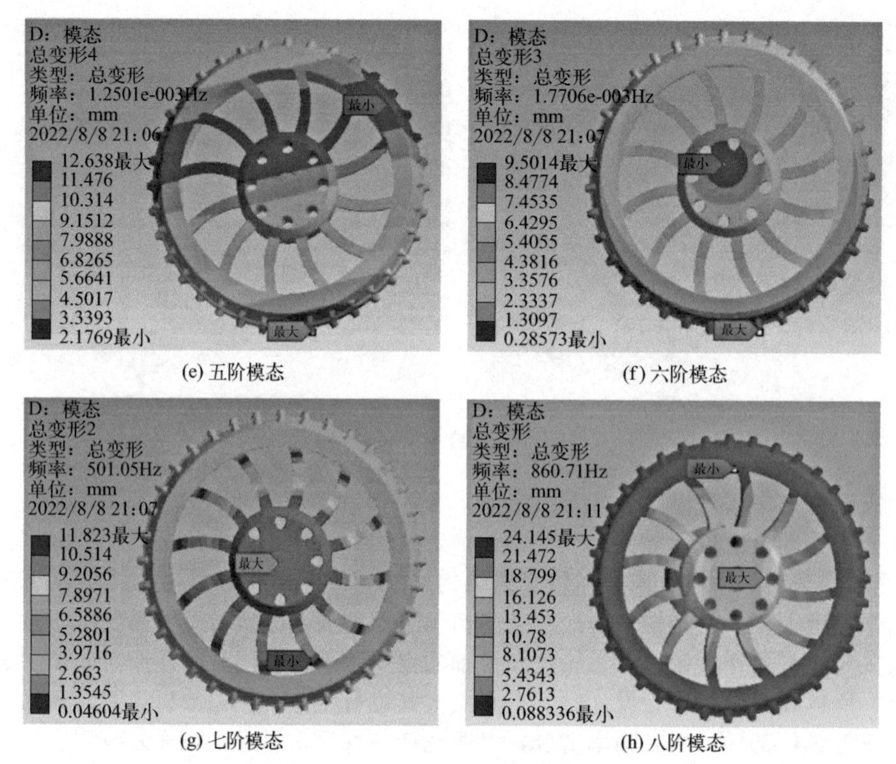

图 16-13　模态分析结果

可以看出火星探测车车轮在左右摆动。由于火星探测车车轮为轴对称零件，因此前两阶模态频率一样。图 16-13(c) 为三阶模态，振动频率为 7.0456×10^{-4}Hz，车轮沿竖直中心轴向左右摆动。图 16-13(d) 为四阶模态，振动频率为 9.6208×10^{-4}Hz，车轮沿竖直中心轴与二阶对称的方向左右摆动。图 16-13(e) 为五阶模态，振动频率为 1.2501×10^{-3}Hz，车轮沿水平中心轴与一阶对称方向上下摆动。图 16-13(f) 为六阶模态，振动频率为 1.7706×10^{-3}Hz，车轮以内法兰为中心，在车轮平面内旋转摆动。图 16-13(g) 为七阶模态，振动频率为 501.05Hz，车轮已经开始扭曲，轮毂内外摆动。图 16-13(h) 所示为八阶模态，振动频率为 860.71Hz，车轮扭曲加剧且轮毂向螺栓孔外侧移动。

外界激振主要包括路面激励频率和发动机的振动频率。在火星探测时，火星车车速较慢，其发动机振动频率可忽略不计，故主要考虑火星路面激励频率。类比地球工程经验，火星凹凸不平路面的激励频率一般在 3～11Hz 范围内。即此车轮可以避开路面激励频率，避免了共振的发生，验证了火星车轮毂设计的合理性。

16.4　结论

① 以铝合金火星探测车车轮为研究对象，在三维建模软件中建立了模型，并导入力学分析软件施加载荷和边界条件，求解出应力云图和变形云图，验证了其强度可以满足要求。

② 在静力学分析模块的基础上，进行了有预应力的模态分析，通过分析前八阶的固有频率和振型，验证了模态分布合理性；通过和外界激振做比较，证明了可以避免共振的发生。

③ 通过对火星探测车车轮进行静力学分析，可以看出易变形和受力较大的部位在火星

探测车车轮轮辐处，生产时要注意该处的铸造质量；对于火星探测车车轮轮辋处强度储备较大的区域，可以进行适当的减重，这样不仅有利于火星探测车的轻量化，对火星探测车车轮的进一步优化设计也具有一定的指导意义。

参考文献

［1］ 周渝庆．镁合金车轮疲劳寿命预测与优化设计［D］．重庆：重庆大学，2008.
［2］ 杨磊．镁合金汽车轮毂的轻量化设计及有限元分析［D］．青岛：山东科技大学，2011.
［3］ 陈荣华．某型越野汽车动力总成的振动模态研究及壳体改进设计［D］．南京：南京理工大学，2013.
［4］ 万腾辉，李盛欣．计算机仿真后处理数据显示方法研究［D］．郴州：湘南学院，2012.
［5］ 胡汉春，陈晨，许星月，等．某汽车铝合金轮毂的有限元分析［J］．汽车实用技术，2020（3）：106-108.

案例 17

配平翼展开过程动力学分析及冲击响应

参赛选手：李岩松，万亮　　指导教师：胡大勇，杨振宇
北京航空航天大学
第二届工程仿真创新设计赛项（研究生组），一等奖

作品简介： 配平翼是一种气动控制结构。在火星探测器中利用该结构能够增加有效载荷，提高着陆探测器在进入、下降和着陆（EDL）阶段的成功率。本案例设计了以高压气瓶提供驱动力，基于单曲柄摇杆机构的配平翼展开系统，在实现翼板快速展开的同时通过液压阻尼器降低展开过程中结构内部的冲击力，防止高速展开对背罩产生破坏。机构设计完毕后，采用理论模型、有限元模型和样机模型相结合的方法对所设计的结构进行了验证。

作品标签： 航空航天、结构设计、Abaqus、动力学。

17.1 引言

火星大气进入方式目前主要有“弹道式”和“弹道-升力式”两种。相较于“弹道式”进入方案，“弹道-升力式”能够在火星大气环境不确定度大的情况下，获得更高的着陆精度。目前已成功着陆火星的探测器中，除中国“天问一号”探测器外，只有美国的“好奇号”和“毅力号”采用“弹道-升力式”方案。以“天问一号”为代表的使用“弹道-升力式”的探测器在 EDL 阶段的过程如图 17-1 所示。探测器刚刚进入火星大气层时，采用配平攻角飞行；在气动减速终端，气动减速的效率已下降，将启动第二阶段减速控制-降落伞减速。开伞前需要将舱体的攻角调回零度，以降低弹射过程中的绳帆效应和降落伞不均匀充气影响。针对 EDL 阶段，“毅力号”使用压载调整飞行制导轨道，以实现偏移重心并保持接近 16°的配平攻角。因为巡航阶段在星际穿越期间是自旋平衡的，所以还需要一个额外的平衡质量（在进入大气层之前排出）来抵消配平压载。据计算，这种组合牺牲了 325kg 的有效载荷。

使用配平翼的一个优点是减轻结构质量，减轻的结构质量可以直接转化为有效载荷质量。为了更好地提高着陆精度和有效载荷，美国“火星科学实验室改进型”（MSL-I）研究组对比了包括配平翼在内的七种 EDL 阶段手段，其中配平翼组获得了最大的有效着陆载荷。由试验结果可知，配平翼使火星科学实验室改进型（MSL-I）的着陆质量达到了 1464kg，而带有压载质量的有效载荷只有 1230kg。因此配平翼片提供了 234kg 的有效载荷增益。“勇气号”和“机遇号”火星车的质量分别为 174kg 和 180kg，与其相比可以看出配平翼所提供增益的显著性。除了作为低质量装置的潜力之外，配平翼还可以在较宽的马赫数范围内提供类似或更好的气动性能，以及通过改变翼片配置来调节升阻比。单个配平翼提供单向俯仰控制，而两个或多个配平翼可以通过改变俯仰/偏航幅度和方向来提供俯仰与偏航控制。此外，

配平翼结构之所以被认为是具有潜力的设计，还在于当任务环境为火星或其他有大气的天体时，在 EDL 阶段仍可采用配平翼结构来提高有效载荷。

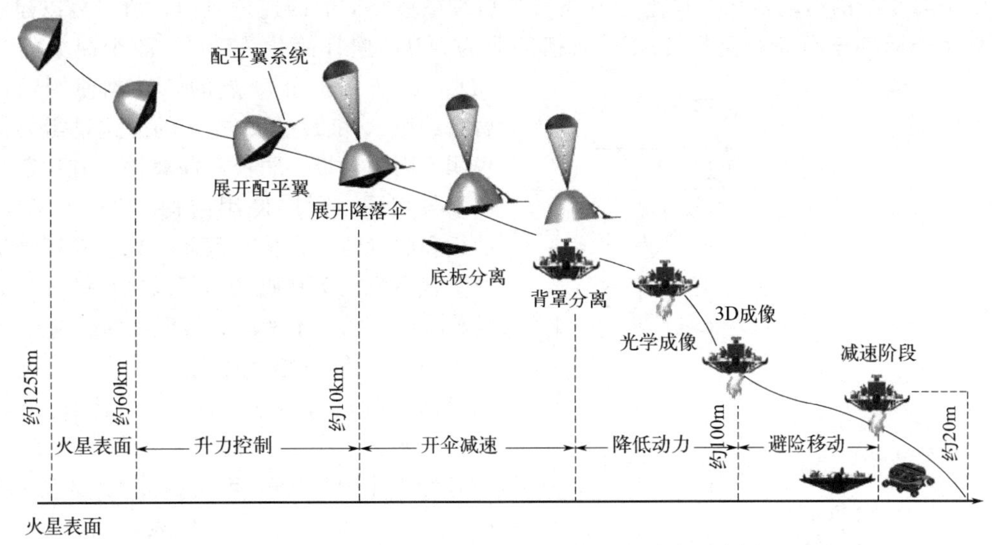

图 17-1 “天问一号”火星探测器 EDL 阶段示意图

尽管现在配平翼技术已有迅猛发展，但是现在的研究大多数针对配平翼完全展开后的气动效应，而对于配平翼展开结构设计以及展开过程中的情况考虑较少. 例如在 MSL-I 的配平翼系统试验中，使用了简单的双液压杆结构实现配平翼的展开，并未进行后续优化，配平翼整体结构质量 31kg，尽管相对于使用压载配平已经极大地减轻了结构质量，但仍存在较大的优化空间。基于此，我们认为对配平翼的优化设计仍然是值得深入研究的课题。

17.2 技术路线

配平翼设计除了要考虑复杂气动弹性力学效应对翼板结构强度及变形的影响之外，还需要考虑在气动载荷作用下配平翼能在很短的时间（1.5s 内）展开并避免产生过大的冲击。“天问一号”火星探测器的配平翼通过单曲柄摇杆的方式实现配平翼的展开，本案例重点对配平翼展开过程进行研究，这一过程通过单曲柄摇杆的运动实现。采用理论方法和有限元方法建立配平翼结构展开过程的动力学模型，对其展开过程进行分析和计算，指导配平翼结构的设计。理论模型和有限元模型结果与样机试验结果拟合良好，证明了本案例理论的正确性，并且可为未来飞行器中配平翼系统的设计提供指导意见。

17.2.1 机械设计

本案例中考虑到“天问一号”内部空间的余量和重量要求，基于单曲柄摇杆结构提出了一种“四杆”收拢及单点压紧、“三角形结构”展开锁定的配平翼收拢展开机构设计方案。为了解决翼板和背罩结构曲面共形设计条件下的收拢展开匹配性问题，首先通过单曲柄摇杆机构的驱动实现配平翼翼板定轴展开，其次根据背罩结构边界约束对展开机构构型进行了具体的适应性设计。充分利用曲柄摇杆机构运动死点，结合自锁结构，将配平翼展开机构展开后锁定为稳定的“三角形”结构，保证了大变形抖振载荷下配平翼展开锁定结构具有足够的强度和稳定性；通过配平翼展开机构构型设计优化，实现了轻量化设计的目标。

17.2.2 理论模型

配平翼系统的运动机构实质上是和飞行器后缘襟翼类似的四连杆机构，所以可以建立二维模型用于运动学分析，见图 17-2。曲柄简化为 AB，连杆简化为 BC，两个曲梁简化为 CD。A、B、C 和 D 点的转动副使用铰链代替，约束 A 和 D 点处的平动。这里需要进行说明，因为翼板、肋板和曲梁固支在一起，运动参数相同，所以使用结构 CDE 代表翼板、肋板和曲梁的组合体。因此，翼板对运动机构的贡献主要在于其质量。所以之后的分析只包括翼板的质量，不考虑翼板形状的影响。

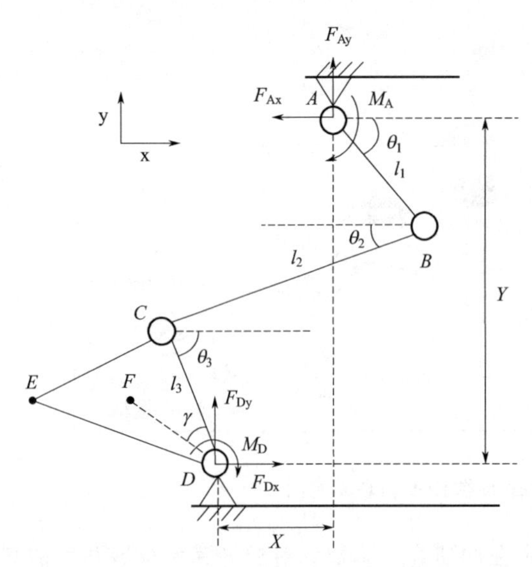

图 17-2 简化的平面二维理论模型

图 17-2 同时描述了外力的作用情况。驱动机构被简化为 A 点的输入力矩 M_A，其计算公式见式(17-1)，代表驱动机构内理论驱动力矩和阻尼力矩组成的实际驱动力矩。F_{Ax}、F_{Ay} 和 F_{Dx}、F_{Dy} 代表 A 点驱动机构和 D 点支座处的约束反力。气动阻力被简化为 D 点的气动阻力矩 M_D，该力矩的大小和翼板展开角度近似成正比，具体数据由气动实验获得，其中 α 和 β 为常数。

$$M_A=(M_0-M_C)\eta \tag{17-1}$$

$$M_D=\alpha\theta_3+\beta \tag{17-2}$$

式中，M_0 为驱动力矩；M_D 表示驱动力矩；M_C 表示阻尼力矩；η 表示比例系数。

理论模型使用第一类拉格朗日方程求解。根据图 17-2 中的几何关系，几何方程如下：

$$\Phi_1=l_1\sin\theta_1+l_2\sin\theta_2+l_3\sin\theta_3-Y \tag{17-3}$$

$$\Phi_2=l_1\cos\theta_1-l_2\cos\theta_2+l_3\cos\theta_3+X \tag{17-4}$$

式中，Φ_1、Φ_2 分别是 y 方向和 x 方向的几何差值；l_1、l_2、l_3 分别是 AB、BC、CD 的长度；θ_1、θ_2 和 θ_3 分别是 AB、BC、CD 与 x 轴的夹角；X 和 Y 是 A 与 D 两点间 x 向和 y 向的距离。系统内 AB、BC 和 CD 杆的动能可表示如下：

$$T_1=\frac{1}{2}J_1\dot{\theta}_1^2 \tag{17-5}$$

$$T_2=\frac{1}{2}J_2\dot{\theta}_2^2+\frac{1}{2}m_2[\alpha_1^2\dot{\theta}_1l_1^2+\alpha_3^2\dot{\theta}_3^2l_3^2-2\alpha_1\alpha_3\dot{\theta}_1\dot{\theta}_3l_1l_3\cos(\theta_1-\theta_3)] \tag{17-6}$$

$$\alpha_1=\frac{l_2-r_2}{l_2},\alpha_3=\frac{r_2}{l_2} \tag{17-7}$$

$$T_3=\frac{1}{2}J_3\dot{\theta}_3^2 \tag{17-8}$$

式中，T_1、T_2 和 T_3 分别为 AB、BC 和 CD 的动能；$m_i(i=1,2,3)$ 表示杆件的质量；r_1 表示 AB 质心到 A 点的距离；r_2 表示 BC 质心到 B 点的距离；r_3 代表 CD 质心到 D 点距离；J_1、J_2 和 J_3 表示 AB、BC 和 CD 绕质心的转动惯量。计算 AB、BC 和 CD 势能的公式如下：

$$V_1=m_1g(Y-r_1\sin\theta_1) \tag{17-9}$$

$$V_2=m_2g[(l_2-r_2)\sin\theta_2+l_3\sin\theta_3] \tag{17-10}$$

$$V_3=m_3gr_3\sin(\theta_3+\sigma) \tag{17-11}$$

$$L=T_1+T_2+T_3-V_1-V_2-V_3 \tag{17-12}$$

式中，V_1、V_2 和 V_3 分别为 AB、BC 和 CD 的势能；g 为重力加速度，在地球表面取 9.8m/s^2，在火星表面取 3.7m/s^2，在气动减速状态下的等效重力加速度为 19.6m/s^2；σ 为平面二维理论模型的夹角。F 点代表 CDE 的质心可以通过 γ 确定 F 点的位置。将式(17-5)～式(17-11) 代入拉格朗日方程式(17-12) 中，并对其进行关于广义坐标的微分，可以得到平衡方程

$$\begin{aligned}&J_1\ddot{\theta}_1+\frac{1}{2}m_2[2\alpha_1^2\ddot{\theta}_1l_1^2-2\alpha_1\alpha_3\ddot{\theta}_3l_1l_3\cos(\theta_1-\theta_3)+\\&2\alpha_1\alpha_3\dot{\theta}_3l_1l_3\sin(\theta_1-\theta_3)(\dot{\theta}_1-\dot{\theta}_3)]-m_2\alpha_1\alpha_3\dot{\theta}_1\dot{\theta}_3l_1l_3\sin(\theta_1-\theta_3)\\&-m_1gr_1\cos\theta_1=M_A+\lambda_1l_1\cos\theta_1-\lambda_2l_1\sin\theta_1\end{aligned} \tag{17-13}$$

$$J_2\ddot{\theta}_2+m_2g(l_2-r_2)\cos\theta_2=\lambda_1l_2\cos\theta_2+\lambda_2l_2\sin\theta_2 \tag{17-14}$$

$$\begin{aligned}&J_3\ddot{\theta}_3+\frac{1}{2}m_2[2\alpha_3^2\ddot{\theta}_3l_3^2-2\alpha_1\alpha_3\ddot{\theta}_1l_1l_3\cos(\theta_1-\theta_3)\\&+2\alpha_1\alpha_3\dot{\theta}_1l_1l_3\sin(\theta_1-\theta_3)(\dot{\theta}_1-\dot{\theta}_3)]+m_2\alpha_1\alpha_3\dot{\theta}_1\dot{\theta}_3l_1l_3\sin(\theta_1-\theta_3)\\&+m_3gr_3\cos(\theta_3+\sigma)+m_2gl_3\cos\theta_3\\&=M_D+\lambda_1l_3\cos\theta_3-\lambda_2l_3\sin\theta_3\end{aligned} \tag{17-15}$$

式中，λ_1、λ_2 分别为 y 方向和 x 方向的系数。

为方便使用 Matlab 进行常微分方程计算，对公式进行变形，将系统的自变量简化为 $\theta_i(i=1,2,3)$。将之前计算的各个参数代入拉格朗日方程中求得拉格朗日乘子

$$\begin{aligned}C_1=&J_1\ddot{\theta}_1+\frac{1}{2}m_2[2\alpha_1^2\ddot{\theta}_1l_1^2-2\alpha_1\alpha_3\ddot{\theta}_3l_1l_3\cos(\theta_1-\theta_3)\\&+2\alpha_1\alpha_3\dot{\theta}_3l_1l_3\sin(\theta_1-\theta_3)(\dot{\theta}_1-\dot{\theta}_3)]\\&-m_2\alpha_1\alpha_3\dot{\theta}_1\dot{\theta}_3l_1l_3\sin(\theta_1-\theta_3)-m_1gr_1\cos\theta_1-M_A\end{aligned} \tag{17-16}$$

$$C_2=J_2\dot{\theta}_2+m_2g(l_2-r_2)\cos\theta_2 \tag{17-17}$$

$$\lambda_1=\frac{C_1l_2\sin\theta_2+C_2l_1\sin\theta_1}{l_1l_2\sin(\theta_1+\theta_2)} \tag{17-18}$$

$$\lambda_2=\frac{C_2l_1\cos\theta_1-C_1l_2\cos\theta_2}{l_1l_2\sin(\theta_1+\theta_2)} \tag{17-19}$$

将方程式(17-3)、式(17-4) 和式(17-5) 代入 Matlab ODE15i 函数，可以通过经典的四阶 Runge-Kutta 方法获得角度、角速度和角加速度的解。AB、BC 和 CD 的受力情况可以通过 x 和 y 向的受力平衡和力矩平衡方程求得。a_{1x}、a_{1y}、a_{2x}、a_{2y}、a_{3x}、a_{3y} 分别代表 AB、BC 和 CD 的质心加速度。每根杆的受力情况，可以通过其 x 和 y 方向受力平衡和转动力矩平衡三个方程获得。根据三根杆单独的受力分析，可以得到

$$F_{Ax}+F_{Bx}=m_1a_{1x} \tag{17-20}$$

$$F_{Ay}-m_1g+F_{By}=m_1a_{1y} \tag{17-21}$$

$$m_1gr_1\cos\theta_1+M_A-F_{By}l_1\cos\theta_1-F_{Bx}l_1\sin\theta_1=J_1\ddot{\theta}_1 \tag{17-22}$$

对 BC 杆进行受力分析可得如下三个方程：

$$F_{Bx}+F_{Cx}=-m_2a_{2x} \tag{17-23}$$

$$F_{By}+m_2g+F_{Cy}=-m_2a_{2y} \tag{17-24}$$

$$F_{By}r_2\cos\theta_2-F_{Bx}r_2\sin\theta_2+F_{Cx}(l_2-r_2)\sin\theta_2-F_{Cy}(l_2-r_2)\cos\theta_2=-J_2\ddot{\theta}_2 \tag{17-25}$$

对 CD 杆进行受力分析可得如下三个方程：

$$F_{Cx}+F_{Dx}=m_3a_{3x} \tag{17-26}$$

$$F_{Cy}-m_3g+F_{Dy}=m_3a_{3y} \tag{17-27}$$

$$F_{Cy}l_3\cos\theta_3+F_{Cx}l_3\sin\theta_3-m_3gr_3\cos(\theta_3+\sigma)+M_e=J_3\ddot{\theta}_3 \tag{17-28}$$

式中，M_e 表示外界输入的力矩。

AB 杆的 x 方向与 y 方向加速度分别为

$$a_{1x}=-r_1\ddot{\theta}_1\sin\theta_1-r_1\dot{\theta}_1^2\cos\theta_1 \tag{17-29}$$

$$a_{1y}=-r_1\ddot{\theta}_1\cos\theta_1+r_1\dot{\theta}_1^2\sin\theta_1 \tag{17-30}$$

BC 杆的 x 方向与 y 方向加速度分别为

$$a_{2x}=r_2\ddot{\theta}_2\sin\theta_2+r_2\dot{\theta}_2^2\sin\theta_2-l_1\dot{\theta}_1^2\cos\theta_1-l_1\ddot{\theta}_1\sin\theta_1 \tag{17-31}$$

$$a_{2y}=-r_2\ddot{\theta}_2\cos\theta_2+r_2\dot{\theta}_2^2\sin\theta_2+l_1\dot{\theta}_1^2\sin\theta_1-l_1\ddot{\theta}_1\cos\theta_1 \tag{17-32}$$

CD 杆的 x 方向与 y 方向加速度分别为

$$a_{3x}=r_3\ddot{\theta}_3\sin(\theta_3+\sigma)+r_3\dot{\theta}_3^2\cos(\theta_3+\sigma) \tag{17-33}$$

$$a_{3y}=r_3\ddot{\theta}_3\cos(\theta_3+\sigma)-r_3\dot{\theta}_3^2\sin(\theta_3+\sigma) \tag{17-34}$$

求解方程式(17-20)～式(17-34)，可以确定每个铰链的反力。因为对背罩所受支反力有工程要求，所以着重关注支座与背罩连接处的支反力。该处支反力可近似使用 A 处铰链的支反力代替。

影响展开时间和支反力的主要因素是阻尼的大小。图 17-3 展示了展开角度随阻尼系数的变化情况。在整个展开过程中，翼板展开角度从 0 开始增大，最终达到完全展开 1.99rad；随着平动阻尼从 1.0×10^5N·s/m 变化到 3.0×10^5N·s/m，展开时间从 0.32s 增加至 0.85s。在整个过程中，气动阻力矩随展开角度持续增大。在 0.1s 前，实际驱动力矩大于气动阻力矩，配平翼与曲柄速度增加，然而阻尼力矩也随着曲柄速度的增加而增大，导致该阶段实际驱动力矩持续减小；在 0.1s，实际驱动力矩降至与气动阻力矩同等水平，此时配平翼速度达到峰值；之后两者在一段时间内保持近似相等，这段时间内配平翼速度保持稳定；最后，由于连杆结构本身的尺寸约束，配平翼速度逐渐减小，直到停止。最终的减速阶段完全依靠结构本身的约束，无需减小输入的理论驱动力矩。

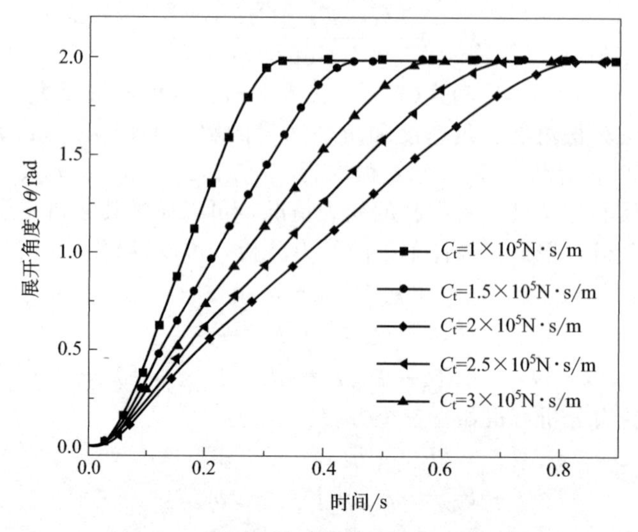

图 17-3 不同阻尼系数下展开角度的比较

17.3 仿真计算

17.3.1 有限元模型建立

为更好地计算结构非刚性的结果，同时更精准地计算展开全过程中各处的受力情况，建立配平翼机构的有限元模型进行有限元仿真。配平翼有限元模型见图 17-4。所有结构均为薄壁结构，使用减缩积分的壳单元（S4R）建模。配平翼整体结构安装在铝合金支架上，可以近似认为支架是刚体。

翼板使用改性氰酸酯/M40 夹铝蜂窝的三明治结构建模，其符合经典层合板理论。其余结构使用铝合金。翼板材料性质见表 17-1。铺层 1～4 为上层，第 5 层为铝蜂窝结构，铺层 6～9 为下层，改性氰酸酯/M40 每层厚度为 0.08mm，铝蜂窝结构厚度为 9.36mm。

表 17-1 翼板的材料性能

项目	ρ /(kg/m^3)	E_1 /MPa	E_2 /MPa	G_{12} /MPa	G_{13} /MPa	G_{23} /MPa	μ
改性氰酸酯/M40	550	230000	7000	4000			0.3
蜂窝材料	27	0.0001	0.0001	0.0001	140	76	0.3
铝合金	27000	72000	72000				0.3

注：ρ 表示密度；E_1、E_2 表示材料在不同方向的杨氏模量；G_{12}、G_{13}、G_{23} 表示材料在不同方向的剪切模量；μ 表示泊松比。

此外，考虑到配平翼的实际使用情况，需要对背罩的影响加以考虑。背罩结构主要由蒙皮、支架和四个框架梁组成，其几何模型如图 17-5 所示。采用典型层合板理论建模。采用具有减缩积分方式的四节点壳单元（S4R）进行建模，单元个数为 100759。配平翼系统通过支座处的销钉连接到背罩。销钉使用 Hinge 结构替代，其约束反作用力表示展开过程中结构对背罩的冲击力。背罩的材料与翼板一样采用蜂窝夹芯的复合材料夹层结构。

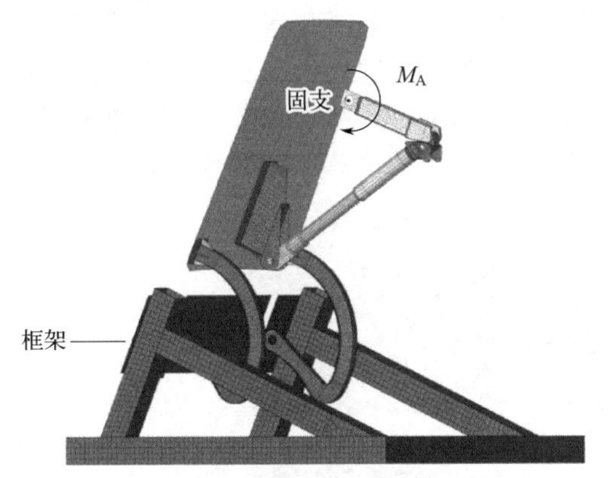

图 17-4 有限元模型

图 17-5 火星车背罩模型图

17.3.2 仿真计算流程

提前进行的翼板的材料实验证明了翼板在展开过程中不会失效，因此考虑气动阻力对结构强度的影响时，可以采用曲梁与支架间的铰链 D 为基准，将气动力等效为气动阻力矩。

根据实验结果，该气动阻力矩 M_D 与翼板展开角度 $\Delta\theta$ 呈线性关系，使用 Hinge 连接单元内的阻尼（damping）功能模拟气动阻力矩，以模拟施加在翼板上的气动阻力。

$$M_D=\alpha\Delta\theta \tag{17-35}$$

式中，α 为实验所得常数，数值为 9N·m/rad。

通过限制底部节点的所有自由度，将铝合金框架完全固支。为了模拟自锁机构内的相互作用，在曲柄和连杆及连杆和腹板间定义了基于 Penalty 的通用接触。其余在几何模型中使用销钉连接的部分均使用 Tie 连接。选择铰链 D 处的约束反力、旋转角度和角速度作为输出，时间间隔为 0.001s。选择自动时间步长的 Abaqus/Standard 作为求解器，并使用 SAE 600 滤波器消除数值振荡。

17.4 结果分析

17.4.1 仿真结果验证

为了验证根据理论所设计的配平翼是否符合设计要求，进行了配平翼物理样机（图 17-6）的展开试验。该试验是将配平翼样机放置在刚性支架上，配平翼在驱动机构处是固接在支架上的，而曲梁底部与支架是通过铰链连接的。首先在配平翼翼板上标注标记点，通过高速摄像机抓拍展开过程，然后使用数字图像相关法（digital image correlation，DIC）对高速摄像结果进行处理，将每个标记点当作刚性运动，接着针对每个标记点，通过一定的搜索方法按预先定义的相关函数来进行相关计算，最后得到配平翼翼板处的变形信息。

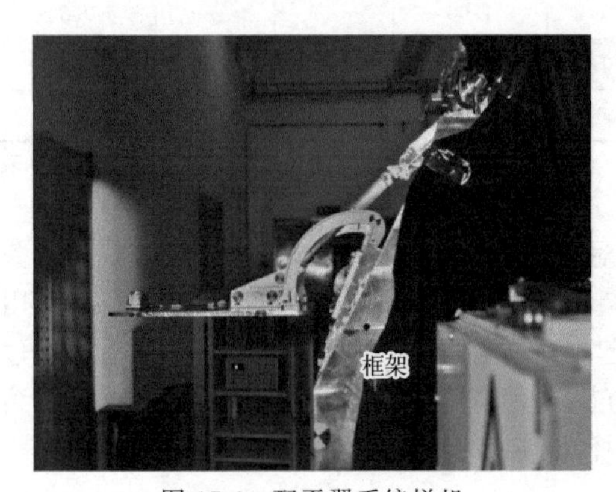

图 17-6 配平翼系统样机

图 17-7 显示了高速摄像机拍摄的配平翼系统展开过程。可以看出，由驱动机构驱动的翼板逐渐展开，直到达到完全展开状态，然后锁定至完全展开配置。在展开过程中未发现结构故障。可以认为，配平翼系统可以在当前负载条件下成功展开。仿真所演示的配平翼系统展开过程见图 17-8。该展开过程与配平翼样机展开过程基本一致，说明了有限元模型的正确性。

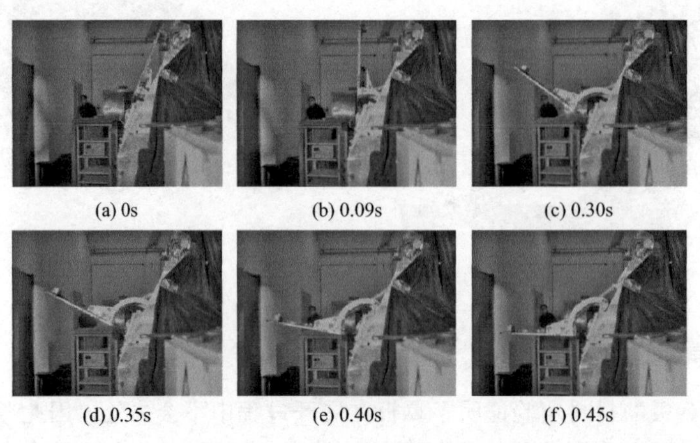

(a) 0s (b) 0.09s (c) 0.30s

(d) 0.35s (e) 0.40s (f) 0.45s

图 17-7 配平翼样机展开过程

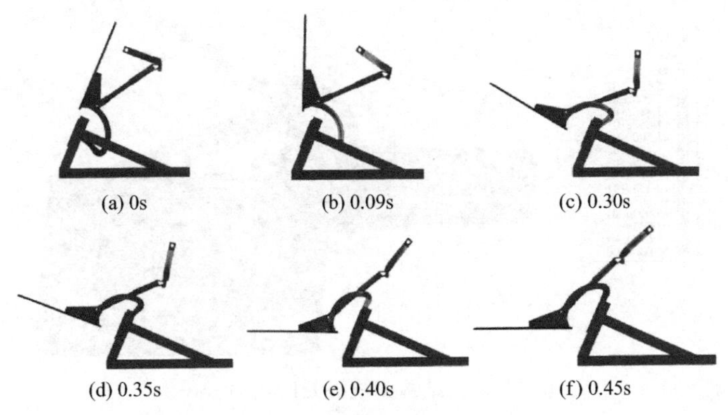

图 17-8 有限元模型展开过程

图 17-9 显示了展开角速度和展开角度 $\Delta\theta$ 随时间的变化。理论模型、实验与有限元仿真结果显示出良好的一致性。存在的微小差异主要是由铰链间隙引起的。如图 17-8 所示，翼板最大展开角度约为 1.99rad，这与初期结构设计一致。展开时间对应于翼板展开角度 $\Delta\theta$ 达到最大值所需的时间，在图中约为 0.45s，满足在 1.5s 内展开的基本设计要求。从图 17-8 中还可以观察到，展开角速度 $\dot{\theta}$ 的特征是具有波峰和波谷的波动模式。当曲柄与连杆平行时，$\dot{\theta}$ 最终降至零，对应于死点的位置。

基于上述结果，可以得出如下结论：所提出的理论模型及有限元模型可以作为一种有效、省时的工具，为配平翼系统的设计提供指导，并预测和评估其展开特性。

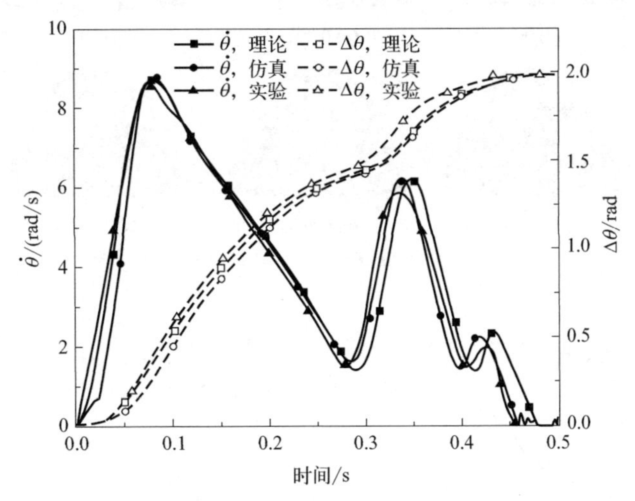

图 17-9 实验、仿真计算、理论计算的结果对比

同时对单独配平翼结构的强度和运动情况进行了验证，重点关注了在展开时刻，曲梁结构与支架间铰链处的冲击力。曲柄、连杆和曲梁的最大应力出现在展开完成的瞬间，其数值分别为 512.8MPa、211.2MPa 和 49.1MPa，都存在于材料的强度极限之内，局部应力最大的区域如图 17-10 中圆圈标注所示。

17.4.2 背罩影响分析

本案例还进行了固定在支架上与安装在背罩上的有限元模型之间的比较。安装在背罩上

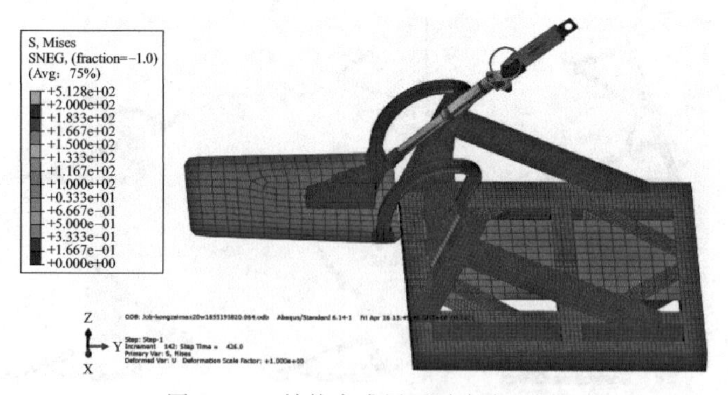

图 17-10　结构完成展开时应力云图

的结构展开过程中的应力云图如图 17-11 所示。两个有限元模型的响应曲线如图 17-12(a) 所示，反力曲线如图 17-12(b) 所示。两者具有相似的趋势，但仍有一定差异，即安装在背罩上的配平翼系统展开角速度和约束反力的峰值更高。可能的原因是复合材料构成的背罩相较金属支架具有更高的弹性，四杆机构展开时的约束力导致背罩结构发生变形，背罩的变形与系统的展开过程耦合，从而提高展开速度，而展开速度的增加反过来在展开结束瞬间导致更大的冲击力。

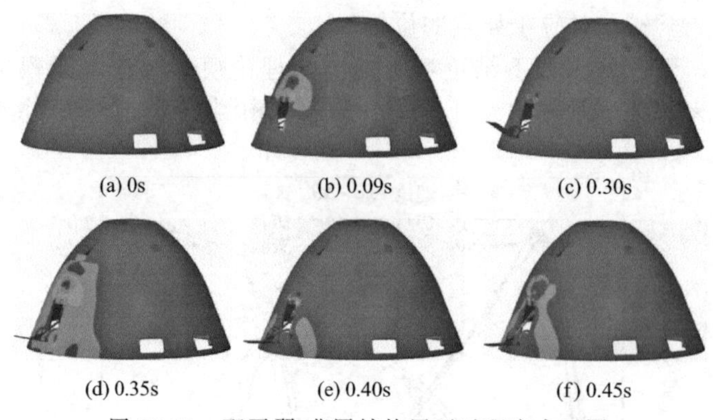

图 17-11　配平翼-背罩结构展开过程应力云图

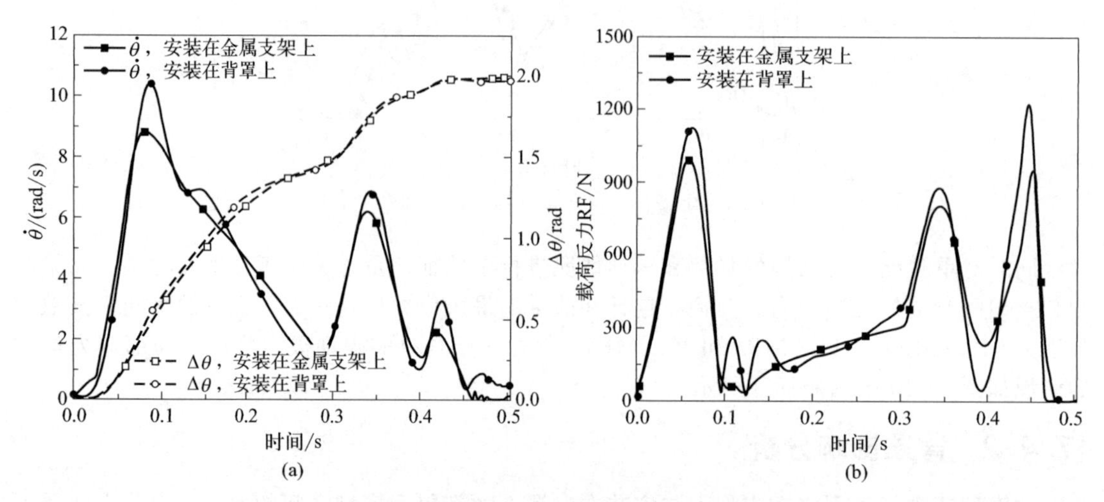

图 17-12　配平翼-背罩结构的响应曲线和反力曲线

17.5 结论

本案例阐述了火星探测器配平翼结构的设计方案，重点讨论了配平翼展开的驱动机构阻尼数值的选取。在设计过程中，本案例首先建立了理论模型和有限元模型进行模拟，通过运动学分析、动力学分析获取配平翼展开时间和曲柄根部最大反作用力等参数，然后获得样机的相关试验参数，对所建模型的准确性进行了验证。同时，讨论了实际情况下背罩变形对结果的影响。“天问一号”的成功着陆表明，配平翼系统的设计满足了工程中的条件需求，且本案例中的理论对后续型号探测器的配平翼系统设计具有指导意义和参考价值。

参考文献

[1] Murphy K J, Korzun A M, Watkins N, et al. Testing of the trim tab parametric model in NASA langley's unitary plan wind tunnel [M]. 31st AIAA Applied Aerodynamics Conference.

[2] NASA. Entry descent and landing systems analysis study: Mars Science Laboratory improvement final design review slide package [R]. 2011.

[3] Li Y, Han Y, Lu X F, et al. Transmission efficiency of the motion mechanism in high-lift devices [J]. J Aircraft, 2020, 57: 761-772.

[4] 秦浙，钱孟波，龚剑伟，等．计及铰链间隙的弹射式移栽机构非线性动力学特性分析 [J]. 振动与冲击，2020，39 (21)：186-194.

案例 18

返回式航天装备水域回收系统仿真预示

参赛选手：陈洋，汤杰，赵凡　　指导教师：王海东
上海航天精密机械研究所
第二届工程仿真创新设计赛项西区预选赛（企业组），一等奖

作品简介： 本案例针对带环形密闭气囊返回式航天器入水冲击问题，基于 LS-DYNA，运用 CV（control volume）法模拟环形密闭气囊，结合流固耦合算法，模拟了某弹体及附带环形密闭气囊入水过程。将入水过程分为弹体砰水、气囊着水、入水减速、水中悬停、缓慢上浮、上浮出水、水面漂浮七个主要阶段，对比分析了垂直与倾斜入水过程中不同阶段弹体和气囊的姿态变化以及减速特性、入水深度等特征的异同。从气囊内压变化、流体对气囊的作用合力、气囊内压与入水速度的关系等方面研究了流体与气囊的相互作用，发现入水过程中气囊内压的变化主要受入水深度、运动速度、连接绳拉力等因素影响。通过计算不同初始内压条件下弹体的入水深度、减速时间以及连接绳的拉力峰值，发现囊压越高，入水深度越小，减速时间越短，但是相应连接绳对弹体外壳的拉力峰值越大。因此，在进行入水回收气囊参数设计时，需要综合考虑缓冲效果、减速效果以及气囊安全性等因素。

作品标签： 返回式航天器、水域回收、环形缓冲气囊、流固耦合、LS-DYNA。

18.1 引言

在航空航天、救生、船舶等领域，经常会遇到气囊高速入水冲击的问题。如图 18-1 所示，载人航天器返回舱海上着陆、弹道式飞行器海上回收、装备水面投放等均需要使用气囊来实现缓冲入水冲击的目的。虽然国内外关于缓冲气囊冲击问题和结构入水冲击问题的研究成果已经很多，但是针对气囊高速入水冲击问题的研究还很欠缺。由于气囊结构的特殊性，气囊入水冲击过程要比气囊着陆缓冲过程或者一般结构的入水冲击过程复杂得多。例如，在水面对某飞行器进行无动力回收时，在到达水面之前，缓冲气囊迅速充气弹出，飞行器和气囊接触水面缓冲减速；入水之后，在浮力的作用下气囊带着飞行器上浮，最终稳定漂浮在水面。在这个过程中就涉及囊内气体、气囊壁、囊外液体三者之间复杂的相互作用，对这个问题的研究对航空航天、救生、船舶等领域均有重要的意义。鉴于此，本案例基于 LS-DYNA，运用 CV（control volume）法模拟环形密闭气囊，结合流固耦合算法，模拟某飞行器回收入水姿态及减速上浮过程，研究了气囊的入水冲击特性并分析了囊内气压、气囊壁、囊外液体压力三者之间的相互作用机理，可为入水回收气囊参数的优化设计提供依据。

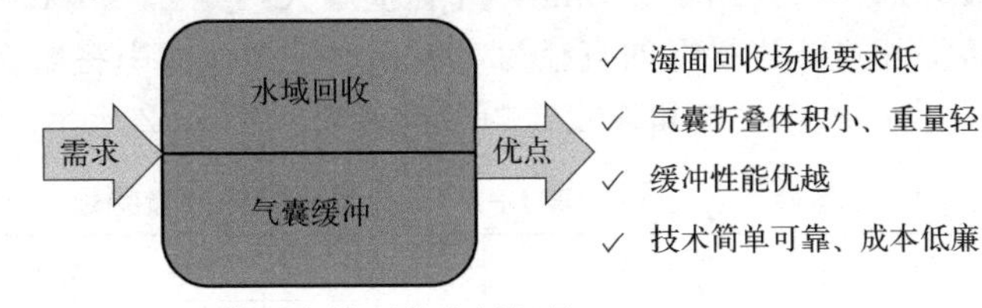

图 18-1 典型水域回收应用场景

18.2 技术路线

18.2.1 基本理论

(1) CV 法基本原理

CV 法（control volume method，控制体积法）基于理想气体均压模型，认为气囊内压由理想气体状态方程决定，囊内各处压力相等。CV 法构建气囊模型不拘泥于流场细节，在气囊壁围成的气囊体积内，通过质量流量和温度这两个与时间相关的参数描述气流变化。当不需要考虑气囊充气过程外形和流场变化时，CV 法是一种简单高效的方法。例如本案例数值模拟中的环形密闭气囊，假设为理想气体且为恒定热容，气囊入水过程绝热，内部温度与压强均匀，则气囊的控制方程可以描述为

$$\begin{cases} pV=nRT \\ p=(k-1)\dfrac{U}{V} \\ U=nC_{V}T \end{cases} \tag{18-1}$$

式中，p 是气囊内压；V 是气囊体积；n 是囊内气体物质的量；R 是气体常数[8.314J/(mol·K)]；T 是温度；$k=C_{p}/C_{V}$，是气体绝热指数（C_{p} 和 C_{V} 分别是比定压热容和比定容热容）；U 是气囊气体内能。

(2) LS-DYNA 的流固耦合算法

基于 LS-DYNA 进行显式动力分析，主要有 Lagrange、Euler 和 ALE 三种算法。其中 Lagrange 方法主要应用于固体的结构分析。这种方法描述的网格与结构是一体的，单元节点即为物质点，网格的变化与结构变形是完全一致的；主要优点是能够精确描述结构边界的运动，但是处理大变形问题时，将由于单元的严重畸变而导致计算终止。Euler 方法以空间坐标为基础，空间网格与物质相分离，单元节点为空间点，物质可以在网格之间流动。这种方法的优点在于网格大小和空间位置不变，计算中具有恒定的计算精度，但难以准确描述物质边界，多用于流体分析中。ALE 方法兼具 Lagrange 方法和 Euler 方法的优点，计算中首先通过 Lagrange 方法处理物质边界的运动变形，然后执行 ALE 时步计算：首先，保持变形后的物体边界条件，重新划分内部网格，网格的拓扑关系保持不变；然后，将变形网格中的

单元变量（密度、能量、应力张量等）和节点速度矢量输运到重分后的新网格中。

18.2.2 仿真模型建立

某返回式航天器上安装有回收气囊，在水面对其进行无动力回收，当航天器结构体接近水面时，气囊迅速充气弹出，保证航天器结构体落水后能够稳定并长时间漂浮，保障航天器可靠回收。展开状态下的气囊与航天器结构体模型如图 18-2 所示。航天器结构体呈圆柱状；环形气囊展开后体积大约是 2.8m^3，气囊壁厚大约是 0.5mm；气囊与航天器结构体之间通过四根连接绳相连，连接绳的直径为 1.5cm。模拟计算中将航天器结构体设为刚体，其质量特性如表 18-1 所示。气囊和连接绳的材料参数如表 18-2 所示。

表 18-1 航天器结构体质量特性

质量/kg	质心坐标	惯性矩/kg·m^2		
		J_{xc}	J_{yc}	J_{zc}
2523	(0,0,0)	3011	3011	225

注：表中数据坐标以环形气囊中心为原点，以航天器结构体轴线为 Z 轴。

表 18-2 材料参数

项目	ρ/(kg/m^3)	E/Pa	μ
气囊	875	5.57×10^8	0.2
连接绳	840	2.19×10^{10}	0.2

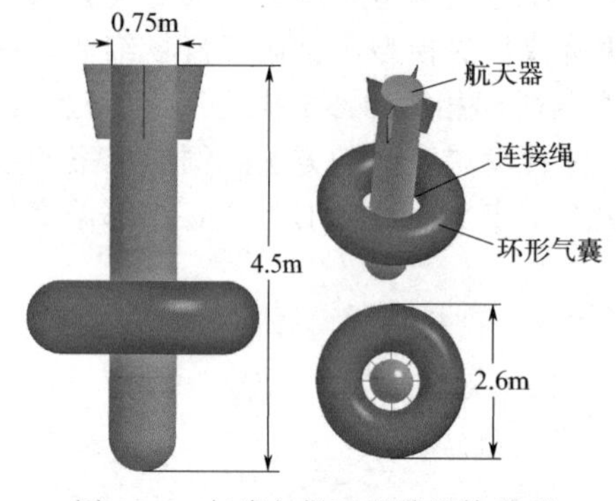

图 18-2 气囊与航天器结构体模型

气囊展开状态下弹体及气囊入水冲击过程涉及固、液、气三态耦合，是一类非常复杂的数值计算问题。LS-DYNA 作为世界上著名的显式非线性动力分析软件，在求解各类非线性结构高速碰撞、爆炸和金属成形等非线性动力冲击问题时具有极大的优势，同时具有求解热传导、流体及流固耦合问题的能力，能够有效模拟真实物理世界的各种复杂问题，在汽车安全设计、武器系统设计、跌落仿真等工程领域得到了广泛应用。用 LS-DYNA 模拟气囊入水冲击问题是非常合适的。

18.2.3 计算模型及边界条件

如图 18-3 所示，航天器结构体和气囊在重力作用下，从水域上方以一定初速度坠入水中，计算中涉及航天器结构体、气囊、连接绳、水和空气的相互作用。运用 LS-DYNA 进行显式动力学分析时，流体采用 ALE 算法，固体采用 Lagrange 算法，固体和流体之间的相互作用通过流固耦合关键字定义，气囊与航天器结构体之间通过自动单面接触关键字定义约束，连接绳与气囊之间通过生成节点刚性体的方式连接，与航天器结构体之间采用共节点方式连接。有限元建模时，兼顾计算效率和精度，液体和空气采用 Solid164 单元划分成六面体网格，网格尺寸为 0.2m；气囊材料简化为各向同性的线弹性无弯矩薄膜材料，采用四边形薄膜单元划分网格，网格尺寸为 0.1m；连接绳采用柔性索单元划分网格，网格尺寸为 0.1m；航天器结构体简化成刚性体，采用 Shell 单元划分航天器结构体外壳网格，并定义航天器结构体质量特性。为模拟无限水域环境，取 10m×10m×10m 的水域范围，约束底部竖向自由度，其他水域边界及空气边界均设为无反射边界条件。最终生成的有限元模型如图 18-4 所示，一共划分了 166220 个单元。

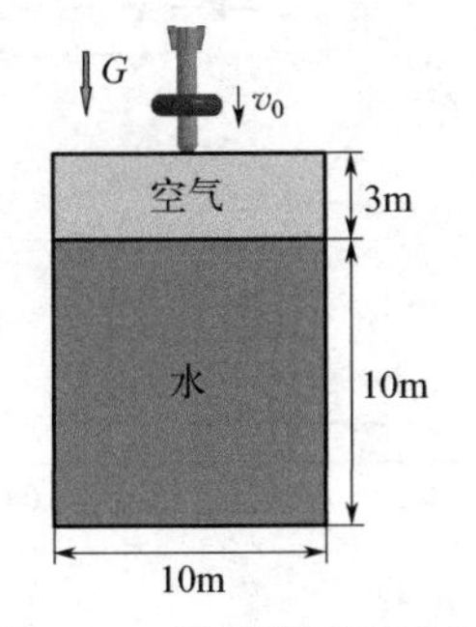

图 18-3 计算模型示意图

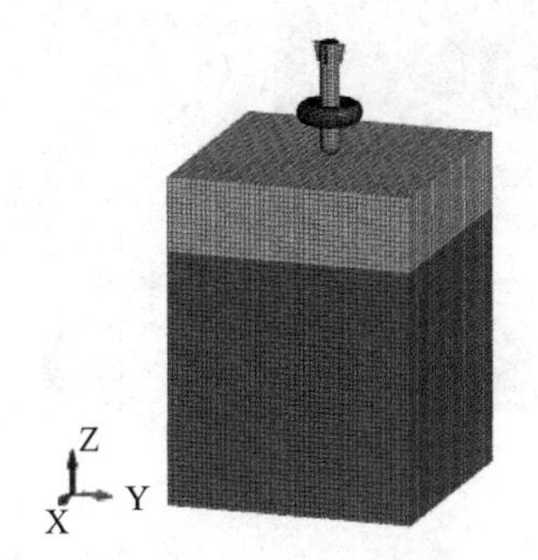

图 18-4 有限元模型

18.2.4 流体材料和状态方程

水和空气均采用 MAT_NULL 材料模型，通过 Gruneisen 状态方程描述，其压力如式(18-2) 所示。

$$p=\frac{\rho_0 C^2\mu\left[1+\left(1-\frac{\gamma_0}{2}\right)\mu-\frac{a}{2}\mu^2\right]}{\left[1-(S_1-1)\mu-S_2\frac{\mu^2}{\mu+1}-S_3\frac{\mu^3}{(\mu+1)^2}\right]^2}+(\gamma_0+a\mu)E \tag{18-2}$$

式中，p 为压力；C 为冲击速度-质点速度曲线的截距；S_1、S_2、S_3 为冲击速度-质点速度曲线的系数；γ_0 为 Gruneisen 常数，a 为 γ_0 的一阶体积修正；ρ_0 为初始密度。

水和空气参数设置如表 18-3。

表 18-3 水和空气参数

项目	$\rho/(\mathrm{kg/m^3})$	PC/Pa	MU/Pa·s	C/(m/s)	S_1	S_2	S_3	γ_0
水	998	-1×10^4	0.87×10^{-3}	1480	2.56	−1.99	0.227	0.5
空气	1.185	−10	1.84×10^{-5}	340	0	0	0	1.4

注：PC 为截断压力，$PC<0$，一般假定一个小的负值；MU 为材料的动力学黏度；C 为冲击波速度，即声波在该材料中的传播速度。

18.3 结果分析

18.3.1 流体压力静平衡

气囊入水过程中，随着深度增大，静水压力呈线性增加。为准确模拟自然环境中，在重力作用下水域静压强环境（本案例中水域压强、气囊内压等均以相对压强进行分析，即超出大气压的超压值），在航天器结构体和气囊入水之前，对水域压力进行静平衡处理。在 LS-DYNA 中用 LOAD_BODY 关键字模拟重力，结合 INITIAL_ALE_HYDROSTATIC 对静水压强进行初始化。如图 18-5 所示，流体压强在 0.05s 以内即达到平衡状态。平衡状态符合静水压强公式

$$p_w=\rho gh \tag{18-3}$$

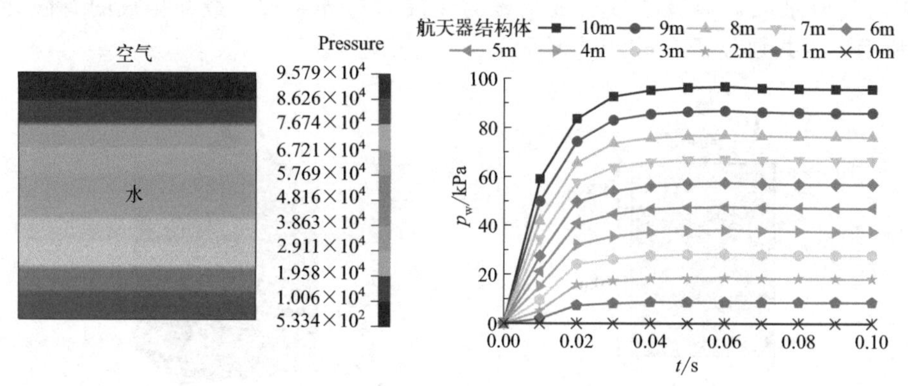

图 18-5　流体压力静平衡状态

18.3.2　气囊及航天器结构体的入水过程

气囊和航天器结构体的入水过程主要分为航天器结构体砰水、气囊着水、入水减速、水中悬停、缓慢上浮、上浮出水、水面漂浮七个阶段。气囊的缓冲作用主要体现在气囊着水阶段；入水减速阶段主要受流体黏滞阻力、浮力和重力影响；当航天器结构体到达最低点附近，在一段时间内将处于悬停状态（此阶段速度已经减到非常小，可以认为是静止状态）；随后水的浮力将使得航天器结构体和气囊开始缓慢上浮，并最终稳定漂浮在水面。各阶段的特征受初始条件影响较大。例如，气囊初始囊压为 50kPa 条件下，航天器结构体以 50m/s 的初始速度从距离水面 3m 处垂直入射和 45°（航天器结构体轴线与水面夹角）斜入射，入水过程分别如下。

(1) 航天器结构体垂直入射

如图 18-6 所示，在 0.06s 时刻，航天器结构体头部接触水面，此时为航天器结构体砰水阶段。0.09s 时气囊接触水面，此时在冲击挤压及水压作用下，气囊迅速压缩，起到减速与缓冲作用。由于入水速度较快，航天器结构体和气囊周围形成较大范围的空泡现象。入水之后，在浮力和流体黏滞阻力作用下，气囊和航天器结构体持续减速。直到 0.81s 时，速度减到 0，气囊和航天器结构体在水中基本处于悬停状态，此时周围的空泡逐渐闭合，水面溅起较高的水花。从 2.81s 开始，气囊和航天器结构体缓慢加速上浮，上浮最大速度在 2m/s

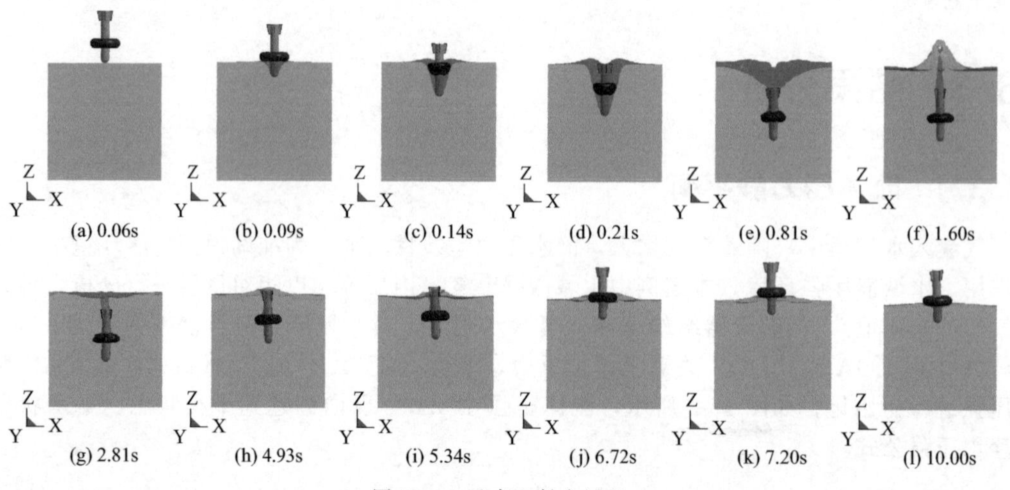

图 18-6　垂直入射全过程

以下，最终在 6.72s 时浮出并漂浮在水面，整个过程航天器结构体始终保持直立姿态。图 18-7（图内小图为局部放大图）和图 18-8 分别是入水过程中航天器结构体头部节点的速度时程曲线和位移时程曲线。图中反映出各阶段的速度变化和位移变化特征，从入水到浮出水面历时约 6.7s，最大入水深度为 6.47m。

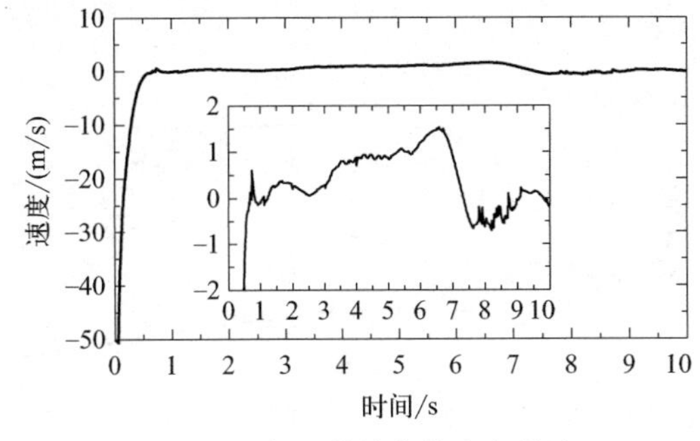

图 18-7 航天器结构体头部节点的竖向速度时程曲线

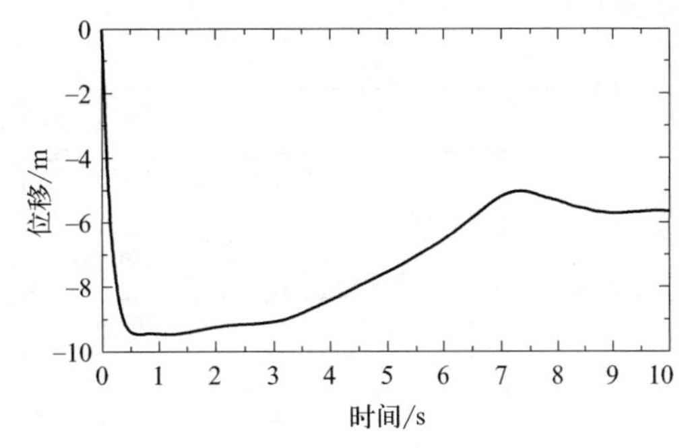

图 18-8 航天器结构体头部节点的竖向位移时程曲线

（2）航天器结构体 45°角斜入射

斜入射时航天器结构体和气囊入水的全过程如图 18-9 所示。0.06s 时航天器结构体砰水；0.09s 时气囊着水；0.14s 时气囊完全入水；随后一直到 0.56s 为入水减速阶段；0.56～2.25s 为水中悬停阶段，此时航天器结构体头部速度极小，主要是尾部在运动，航天器结构体由倾斜转变成直立姿态；1.25s 时航天器结构体和气囊开始上浮，2.25s 时完全浮出水面。

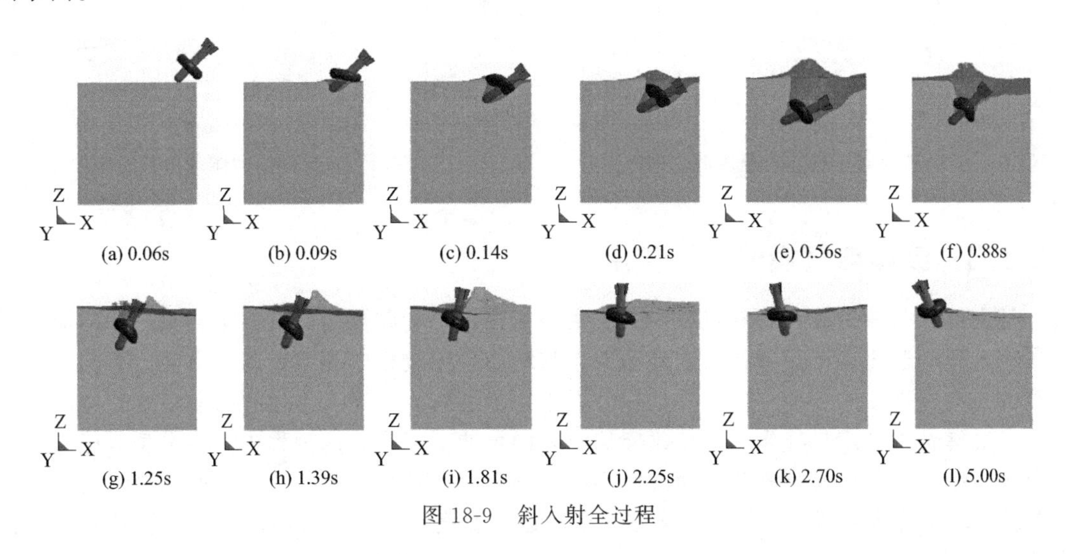

图 18-9 斜入射全过程

斜入射时航天器结构体在水中的姿态与垂直入射有较大差异，以航天器结构体头部节点为基点，图 18-10（图内小图为局部放大图）和图 18-11 分别是斜入水过程中航天器结构体的平动速度和平动位移时程曲线，图 18-12 和图 18-13 分别是航天器结构体的角速度和角位移时程曲线（顺时针为正，逆时针为负）。入水后航天器结构体角速度迅速增大到正向峰值，航天器结构体轴线与水平方向的夹角逐渐减小，这是入水减速后航天器结构体头部和尾部速度不一致导致的：头部所受阻力较大，并且受到气囊和连接绳的拉力，所以竖向速度衰减较快；而空泡主要靠近尾部，所以尾部所受阻力较小。这样，入水之后航天器结构体头部的竖向速度小于尾部，航天器结构体将发生顺时针旋转。直到到达最低点，气囊开始上浮，在连接绳拉力作用下，航天器结构体角速度逐渐由正转为负，航天器结构体开始调整到直立状态，并上浮出水，上浮速度在1m/s左右。最终航天器结构体和气囊一起在水面漂浮。从入水到浮出水面历时约2.3s，最大入水深度为3.67m（斜入射，0时刻航天器结构体距离水面为2.14m）。

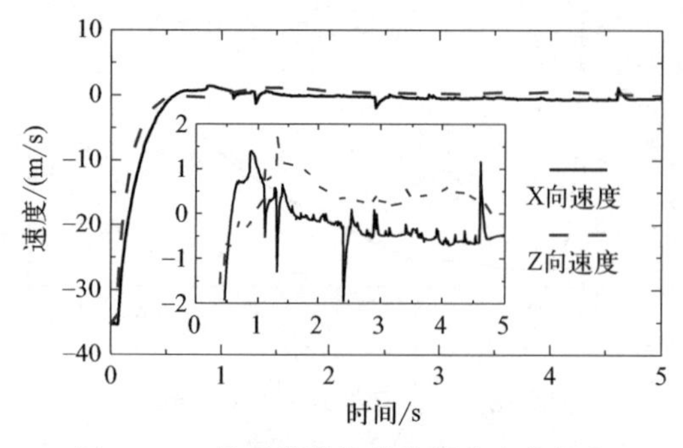

图 18-10 航天器结构体头部节点的竖向和水平速度时程曲线

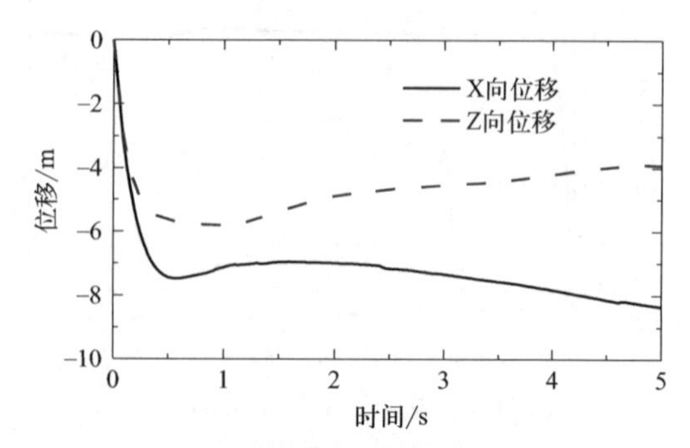

图 18-11 航天器结构体头部节点的竖向和水平位移时程曲线

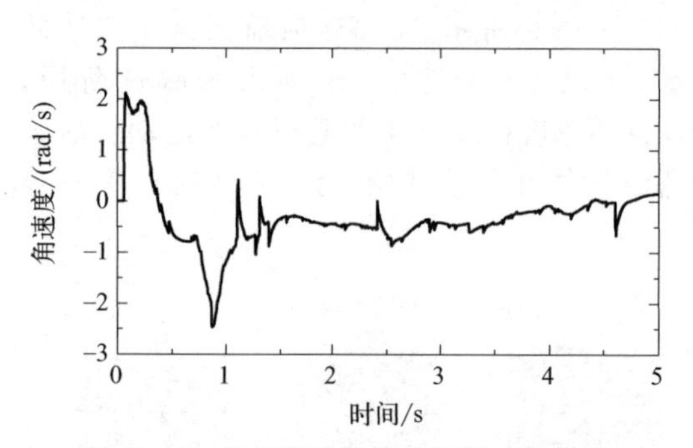

图 18-12 航天器结构体角速度时程曲线

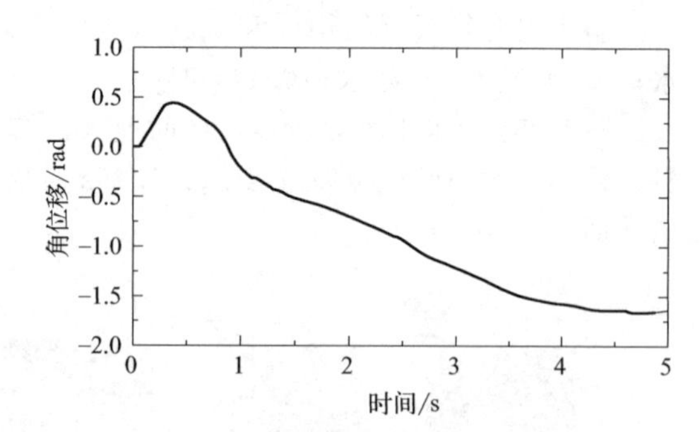

图 18-13 航天器结构体角位移时程曲线

18.3.3 流体与气囊的相互作用

气囊着陆缓冲系统在着陆过程中会发生多次弹跳，受摩擦力、气囊结构阻尼和内流阻尼的影响，弹跳速度会逐步降低，着陆动能在与地面碰撞过程中逐步衰减。因此，着陆过程中气囊内压会出现多次波动峰值，并且峰值大小逐步衰减。气囊入水过程与着陆过程有明显差异：①气囊着水阶段是气囊与流体碰撞的流固耦合冲击问题，该过程中流体本身对碰撞也有一定缓冲作用，和气囊与固态地面碰撞不同，不会出现弹跳现象；②流体的黏滞阻力与速度 v 成正比，随着航天器结构体和气囊在水中的运动速度降低，阻力逐渐减小；③随着入水深度 h 增大，流体对气囊的压力逐渐增大；④航天器结构体和气囊之间通过连接绳的相互作用力 T 也是影响囊压的重要因素。因此，在入水后到上浮过程中，气囊内压可用以下函数表示：

$$p(t)=p_0+p(h,v,T,\rho,\mu) \tag{18-4}$$

式中，p_0 是气囊初始内压；h、v、T 均是与时间相关的函数，分别表示入水深度、运动速度、连接绳拉力；ρ、μ 分别是流体密度和黏滞系数。

图 18-14 是气囊内压变化曲线，初始囊压为50kPa，航天器结构体以50m/s的初始速度

从距离水面 3m 坠落，分为垂直入射和 45°斜入射两种情况。在气囊着水阶段，气囊与水面猛烈碰撞，急剧变形，囊压迅速升高到峰值；随后由于入水速度较大，气囊和航天器结构体排水形成空泡，水对气囊的压力减小，气囊内压迅速减小；随着空泡的闭合，水猛烈撞击气囊，气囊内压再次迅速上升到峰值，然后随着运动速度的衰减而缓慢衰减。可以看到，垂直入射时，在 1.5～3s 时间段内，气囊内压基本稳定在 68kPa 左右，此时间段正好是气囊和航天器结构体到达最低点，处于悬停阶段；此后，随着气囊上浮，静水压力减小，气囊内压逐渐减小。无论是斜入射还是垂直入射，浮出水面后，漂浮状态下，气囊的内压都稳定在 52.5kPa 左右。

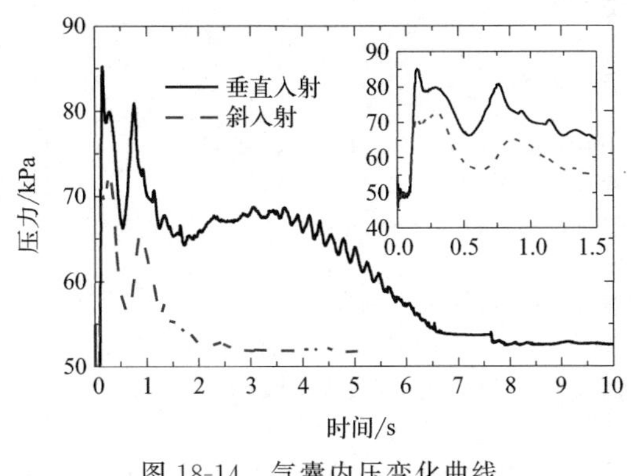

图 18-14　气囊内压变化曲线

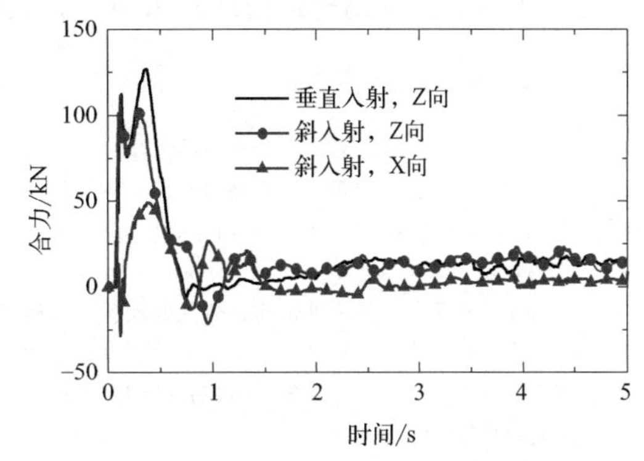

图 18-15　流体对气囊的作用力合力时程曲线

图 18-15 是流体对气囊的作用力合力时程曲线。垂直入射时，合力主要是 Z 方向的，另外两个方向基本为 0；而斜入射时主要是 Z 方向和 X 方向，并且 Z 方向的合力略大于 X 方向。结合航天器结构体的速度变化进行分析，可以发现流体合力峰值出现的区间正是气囊着水和水中减速阶段，并且与囊压峰值出现的时间段也是一致的。当初始速度衰减到 0 之后，流体对气囊的作用合力主要就是向上的浮力。

由前面的分析可以知道，入射速度对气囊压力峰值的大小有很大影响。在气囊初始内压为 50kPa 的条件下，航天器结构体以不同初速度垂直入射到水中，可得到气囊内压峰值与初始速度之间的关系曲线，如图 18-16 所示。由图可知，初始速度越大，囊压峰值越高，即气囊受水的冲击力越大。

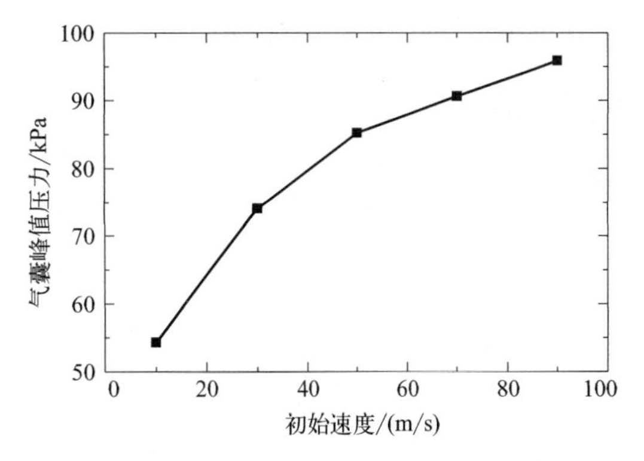

图 18-16　囊压峰值与初始速度的关系曲线

18.4　结论

基于 LS-DYNA，运用 CV(control volume) 法模拟环形密闭气囊，结合流固耦合算法，模拟了某返回式航天器及附带环形密闭气囊在展开状态下的入水过程，分析了多种工况下气囊和弹体入水姿态，探讨了影响气囊和弹体入水回收效果的多种因素，得到以下结论：

① 显式动力分析软件能形象地再现气囊和弹体的入水上浮全过程，可将气囊和弹体的入水过程分为弹体砰水、气囊着水、入水减速、水中悬停、缓慢上浮、上浮出水、水面漂浮

七个阶段。弹体垂直入水后能始终保持直立姿态；斜入水初期，弹体轴线与水平方向夹角会有所减小，但随着运动速度的衰减，弹体能在悬停阶段逐渐调整姿态，并在上浮阶段中逐渐转变成直立姿态，浮出水面后弹体能保持直立姿态漂浮在水面。斜入水的深度比垂直入水小，从入水到浮出水面所耗时间短。

② 气囊入水过程中囊压的变化主要受入水深度、运动速度、连接绳拉力等因素影响。囊压峰值出现在气囊着水阶段，此时气囊与水面猛烈碰撞，水对气囊的冲击力较大。在上浮阶段，随着入水深度减小，静水压力减小，气囊内压也逐渐减小。另外，入水冲击过程中气囊内压峰值随着入水速度的增大而升高。气囊内压与入水深度、运动速度、连接绳拉力等因素的具体函数关系仍需根据进一步的实验数据拟合得到。

参考文献

[1] 温金鹏，李斌，杨智春．缓冲气囊冲击减缓研究进展 [J]. 宇航学报，2010，31 (11)：2438-2447.

[2] 秦洪德，赵林岳，申静．入水冲击问题综述 [J]. 哈尔滨工业大学学报，2011 (Z1)：152-157.

[3] Worthington A M. Impact with a liquid surface studied with aid of instantaneous photography [J]. Philosophical Transactions of the Royal Society of London，1900，194A：175-199.

[4] 王永虎，石秀华．入水冲击问题研究的现状与进展 [J]. 爆炸与冲击，2008，28 (3)：276-282.

[5] 卢炽华，何友声．二维弹性结构入水冲击过程中的流固耦合效应 [J]. 力学学报，2000，32 (2)：129-140.

[6] 李飞，孙凌玉，张广越，等．圆柱壳结构入水过程的流固耦合仿真与试验 [J]. 北京航空航天大学学报，2007，33 (9)：1117-1120.

[7] 施红辉，胡青青，陈波，等．钝体倾斜和垂直冲击入水时引起的超空泡流动特性实验研究 [J]. 爆炸与冲击，2015，35 (5)：617-624.

[8] 程涵．气囊工作过程仿真研究 [D]. 南京：南京航空航天大学，2009.

[9] 李裕春，时党勇，赵远．ANSYS 11.0/LS-DYNA 基础理论与工程实践 [M]. 北京：中国水利水电出版社，2008.

第三篇

地质土建应用篇

案例19　大跨度膜结构风载体型优化和流固耦合分析

案例20　自复位摩擦阻尼器数值试验及工程应用

案例21　高层建筑施工高坠柔性综合防控系统仿真分析

案例22　基于山体滑坡防灾减灾主题的“复兴号”列车线路选址问题

案例23　川藏铁路沿线高位远程地质灾害综合柔性防护技术

案例24　基于三维地质建模的公路桥梁岸坡全寿命周期稳定性研究

案例25　海底围岩高压水压裂微细观裂隙演化研究

案例26　远距离保护层开采覆岩应力演化规律研究

案例27　多矿物组分页岩水压裂缝扩展仿真及分析

案例28　基于CFD-DEM耦合的大尺度隧道断层破碎带突水突泥模拟方法

案例29　连续充填开采覆岩矿压显现数值模拟研究

案例30　地面应急救援车载钻机钻架力学行为研究及改进初探

案例 19

大跨度膜结构风载体型优化和流固耦合分析

参赛选手：程明，王义凡，尹鹏飞　　指导教师：张慎
中南建筑设计院股份有限公司
第一届工程仿真创新设计赛项（企业组），一等奖

作品简介： 本案例将仿真分析应用于建筑结构设计全流程中，进行了风载体型优化和考虑流固耦合效应的大跨度膜结构风振动力分析，分析方案经过膜结构气弹试验和建筑刚性模型风洞试验的验证，成功应用到了实际工程项目中。分析流程首先利用自主研发的基于 Rhino 的参数化建模工具，开展大跨度膜结构风载体型优化，得到建筑模型；然后利用 SAP2000 软件进行结构设计，建立三维结构设计模型；接着利用自主研发的前后处理软件，将 SAP2000 结构设计模型转换为 Abaqus 结构有限元分析模型，根据场地条件以及气象参数建立 XFlow 流体分析模型；最后设定 Abaqus 固体有限元模型与 XFlow 流体分析模型之间的双向流固耦合边界条件，开展流固耦合分析，得到大跨度膜结构的风振动力响应。

作品标签： 参数优化、二次开发、流固耦合、Abaqus、XFlow。

19.1 引言

本案例仿真分析的对象选自实际的体育场工程项目。该项目所在的地区时常受到台风侵袭，同时又位于高烈度地震设防区，因此综合考虑结构抗震性能和抗风性能，选用膜结构作为主要的承重体系。作为 21 世纪最具代表性的建筑形式之一的薄膜结构，具有简洁、明快的优美曲面造型，是刚与柔、力与美的完美组合。膜结构自重轻、抗震性能好，能够实现较大的建筑跨度，同时工期短，具有较好的经济性，被广泛应用于大型体育场馆、大型集会场所。

膜结构具有优美的曲面造型，这种复杂多变的造型不仅关乎感官上的建筑美感，还直接影响膜结构的风振性能。为了达到力与美的和谐统一，首先需要解决的关键性问题是建筑方案形体的深化问题和结构风振性能的优化问题。前者可以通过从建筑方案阶段开始引入高效率的参数化建模方法搭配高精度的流体仿真分析方法来实现参数化建筑风载体型优化，从而尽可能地降低风荷载对该体育场罩棚结构的影响；后者则重点关注结构的风振性能，不仅需要高精度的流体仿真分析方案，还需要相匹配的结构仿真分析方案，以分析流固耦合效应对结构风载性能的影响。

所谓膜结构的“流固耦合”效应是指膜结构在风荷载的作用下产生较大的变形和振动，这种大幅的变形和振动反过来也会影响其表面风压分布。膜结构周围流场与结构的变形互相影响。风与膜结构的流固耦合作用是膜结构抗风设计理论发展的瓶颈，也是膜结构抗风设计

中亟待解决的重点和难点问题。

分析流固耦合效应可以利用气弹模型风洞试验方法和考虑流固耦合作用的数值模拟方法。气弹模型风洞试验方法是研究流固耦合效应对结构风振响应的一种有效方法，但是对试验技术和设备以及场地均要求较高，无法应用于一般的工程设计和工程实践中。数值仿真技术具有成本低、易于变参分析、不受模型尺度影响、具有丰富的可视化数据结果等优点，能够揭示复杂膜结构在风荷载作用下的风压分布特性，对完善膜结构的抗风设计有着非常重要的理论意义和工程实践价值。

19.2 技术路线

19.2.1 设计全过程仿真应用

在传统的设计流程中，仿真分析方案往往在设计的某一个单独的阶段临时介入，针对单个部件的物理场进行仿真分析，或者在设计完成之后作为验证使用。然而方案初期的设计决策对设计的适用性、安全性、耐久性、经济性影响巨大，例如图 19-1 所示的方案阶段对造价的影响，就需要在设计全流程引入仿真分析手段。这样不仅可以在整个设计阶段发挥其优化作用，还可为各个设计阶段提供创新的设计方法和解决方案，最大限度地保证高质量的同时减少计算变更带来的成本。

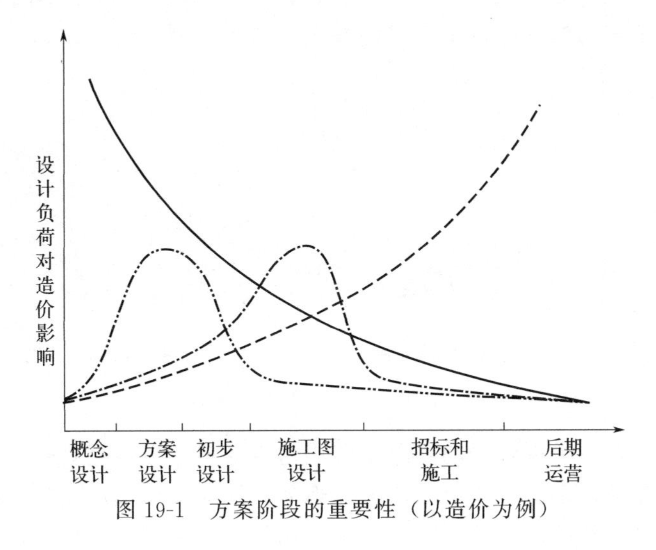

图 19-1 方案阶段的重要性（以造价为例）

本案例将仿真分析应用于建筑结构设计全流程，重点介绍了基于 CFD 的建筑风载体型优化和基于考虑流固耦合效应的大跨度膜结构风振动力响应技术的应用。所采用的技术路线如图 19-2 所示，具体包括以下内容：

① 基于 Rhino 软件的建筑参数化建模，生成建筑方案，从而利用 CFD 对建筑方案进行风载体型优化；

② 利用基于 Abaqus 的前后处理软件将设计模型转换为有限元仿真模型；

③ 采用 Abaqus＋XFlow 的解决方案对大跨度膜结构风振响应进行分析；

④ 利用风洞试验验证所采用的 CFD 分析和流固耦合分析方案的有效性；

⑤ 待项目竣工之后，将结构动力响应与项目实测数据进行对比，进一步验证仿真方案的准确性。

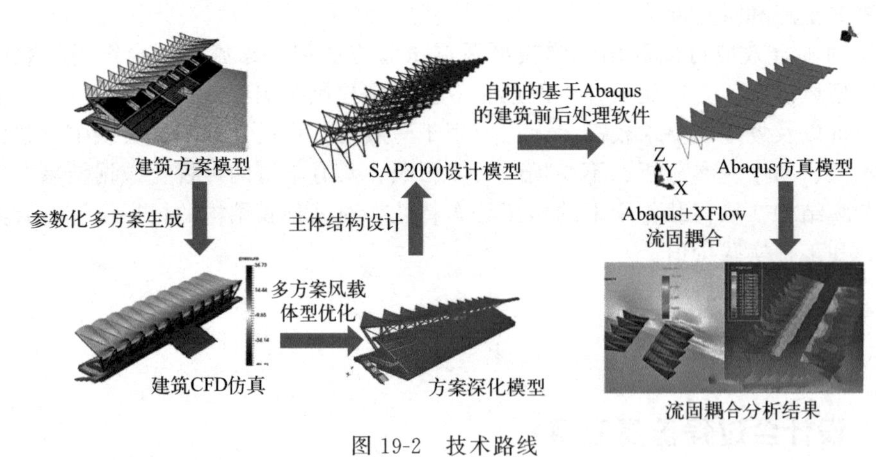

图 19-2　技术路线

19.2.2　风载体型优化

方案设计初期，在与建筑师充分沟通建筑方案创意与美学要求的前提下，本案例选取了罩棚拱起高度作为膜结构风载体型优化的控制参数。为便于在方案阶段的设计决策初期快速运用优化策略，利用参数化工具 Grasshopper 编写了优化形体自动生成的程序，实现了建筑形态的参数化生成。基于此开展 XFlow 数值风洞模拟，量化分析了不同罩棚高度对倾覆弯矩、风吸力以及迎风阻力的影响，供设计师参考。风载体型优化思路如图 19-3 所示。

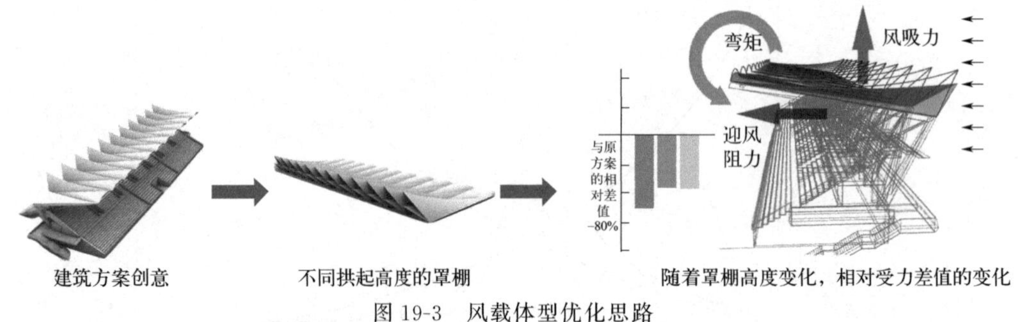

图 19-3　风载体型优化思路

值得一提的是，基于数据驱动的思路来开展仿真分析模拟，需要打通不同软件之间的数据接口，从而让数据流动起来，避免形成数据孤岛。这就要求我们在项目前期就对仿真方案所用到的软件进行针对性调研以及开发，包括数据接口的类型、支持的数据格式等。这里本案例用的是具有较为完备数据接口的 SAP2000 结构设计软件搭配 XFlow 软件开展风载体型优化流程，如图 19-4 所示。

19.2.3　结构仿真模型

在基于参数化风载体型优化流程得到结构的深化设计模型基础上，进一步开展结构复杂非线性分析计算需要将结构设计软件的模型转化为有限元计算模型。本案例自研了高等非线性分析集成软件 CSEPA，包括前处理、计算、后处理三大模块，如图 19-5 所示。其中，前处理模块是以 AutoCAD 作为图形处理平台完成网格划分、单元选取、边界条件以及材料赋予等功能，计算模块是利用 Abaqus 强大的非线性求解器和丰富的二次开发功能实现建筑工程所需要的材料本构以及单元模型的求解，后处理模块是以 Abaqus/CAE 作为结果显示平

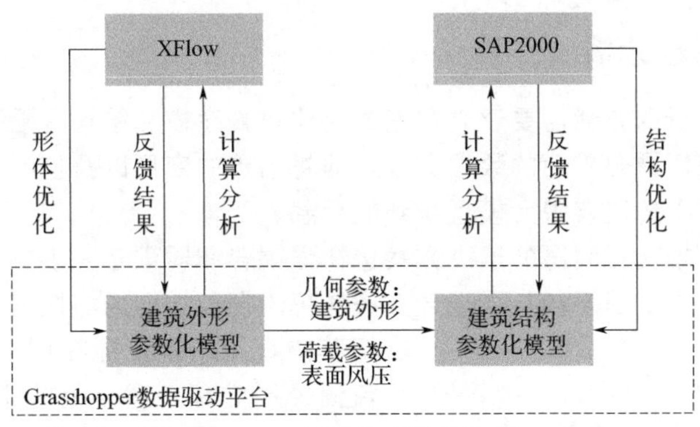

图 19-4 风载体型优化流程

台。如图 19-6 所示，该软件能够实现当前国内外主流设计软件模型导入（包括 PKPM/SATWE、YJK、SAP2000、ETABS、Midas/Gen、Midas/Building，导入信息包括结构荷载、构件截面及材料、设计配筋结果等），真正实现弹塑性有限元分析模型与设计模型的完美统一。

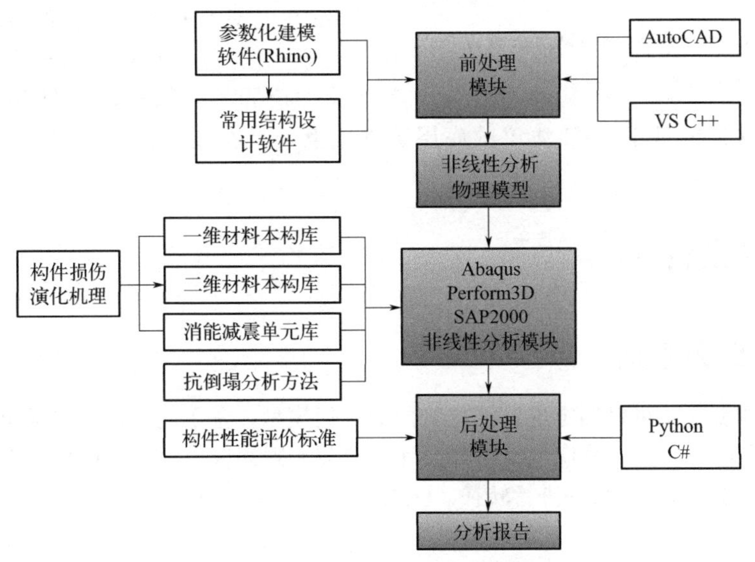

图 19-5 CSEPA 软件构架

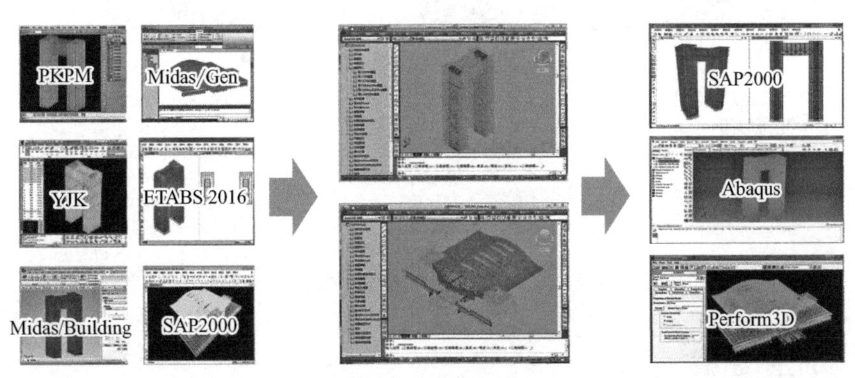

图 19-6 CSEPA 软件将设计模型转换为有限元仿真模型

19. 2. 4 流固耦合分析

流固耦合仿真分析的开展需要建立在完成流体仿真建模和结构有限元建模的基础上，其关键问题就是建立流固耦合界面的数据交互，即将结构的变形以及空间位置反馈给流体仿真模型，同时在交界面上传递有限元模型受到的荷载。

处理交界面上数据交互问题的解决方案包括强耦合和弱耦合，主要区别在于固体域和固体域之间物理场耦合程度的不同。强耦合方法是将流场和结构场的控制方程耦合到同一方程矩阵中直接求解，即在同一求解器中同时求解流固控制方程，理论上非常先进，但是数值收敛性和计算效率会受到影响。弱耦合方法是在控制方程层面对流固控制方程和固体控制方程进行解耦，通过分步求解的方式对控制方程进行分别求解，对计算机性能的需求大幅降低，常用于实际工程项目的大规模计算。目前的商业软件中，除 Adina 和 Comsol 外，包括 Ansys、Simulia 在内基本采用弱耦合的方法。本案例采用了达索系统旗下的 Abaqus+XFlow 的解决方案来求解流固耦合问题，如图 19-7 所示。其优点是达索系统采用的基于 FMI 协议的底层数据交互，具有用户交互简易、数据传输稳定、收敛性好的特点。

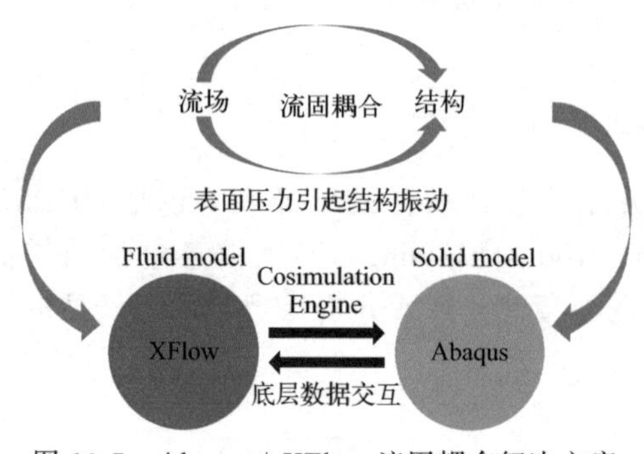

图 19-7 Abaqus+XFlow 流固耦合解决方案

19. 3 仿真计算

19. 3. 1 有限元建模

通过风载体型优化可以确定建筑深化阶段的几何模型，基于此可以开展建筑结构设计，得到结构设计阶段的有限元计算模型。结构设计模型与流固耦合仿真计算模型存在较大差异，需要通过我们自研的 CSEPA 软件进行转换。主要建模流程和关键性参数如图 19-8 所示。

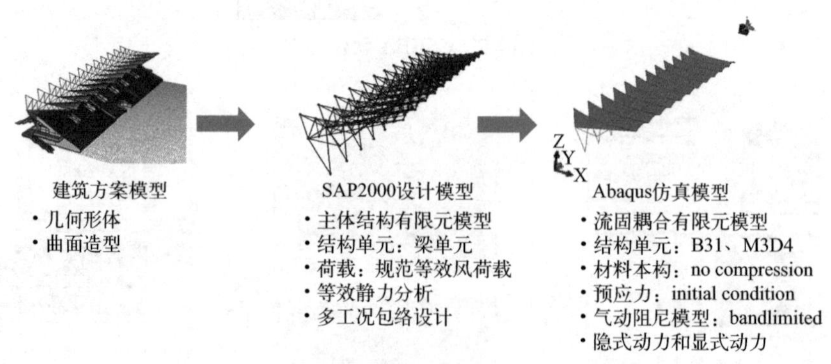

图 19-8 Abaqus 有限元建模主要流程和参数

19. 3. 2 流体建模

这部分主要是在 XFlow 中建立目标建筑物区域的数值风洞模型，计算设置如图 19-9 所示。总结要点如下：

① 根据甲方提供的建筑资料和气象资料，确定该项目建筑场地夏季、冬季以及过渡季节的主导风向和平均风速以及年平均和极端气温资料。

② 依据建筑项目场地资料和《建筑结构荷载规范》(GB 50009—2012)，判断建筑物所处的场地地貌类别以及地貌指数 α；大气边界层平均风速沿高度按指数规律变化；风场湍流强度沿高度按《建筑结构荷载规范》(GB 50009—2012) 中相应理论公式变化。

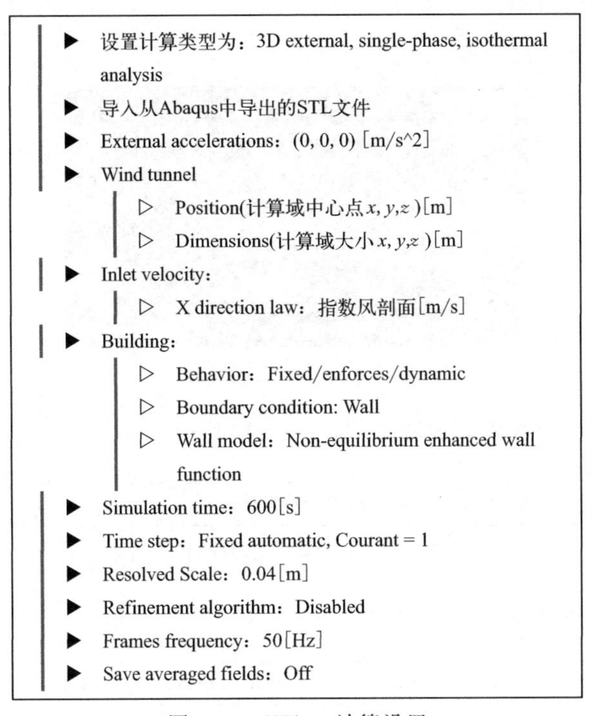

图 19-9 XFlow 计算设置

由英联邦航空咨询理事会对风洞试验进行的相关研究可知，计算域需要足够大才能减小边界条件引起的误差。本案例计算域的选取原则为：建筑物离来流入口处的距离需大于 10 倍建筑物高度，侧边界和顶部区域需要大于 5 倍的建筑物高度。计算域的网格划分形式为：建筑物周围格子尺寸取 1m，远离建筑物取 10m。

19. 3. 3 流固耦合设置

① 在 Abaqus 中设置流固耦合面。通过修改 Abaqus 模型的 inp 文件，在 inp 文件中添加图 19-10 所示的代码，即可指定名称为 Surf-1 的交界面。其可用于承受 XFlow 传递而来的风荷载。

```
**Interaction：Int-1
*Co-simulation, name=Int-1, program=MULTIPHYSICS
*Co-simulation Region, import, type=SURFACE
Surf-1, CF
*Co-simulation Region, export, type=SURFACE
Surf-1, COORD
Surf-1, U
Surf-1, V
```

图 19-10 Abaqus 流固耦合设置

② 将 Abaqus 几何模型导出至 XFlow 模型。在 Abaqus 软件中按照图 19-11 所示的步骤，选中功能区中的 STL 文件导出功能，导出 Abaqus 模型至 XFlow 软件中。

Parts > Part-1 > Mesh select Plug-ins > Tools > STL Export

图 19-11 Abaqus 导出 STL 文件步骤

③ 在 XFlow 中设置流固耦合类型。在 XFlow 中按照图 19-12 所示设置流固耦合功能选项。

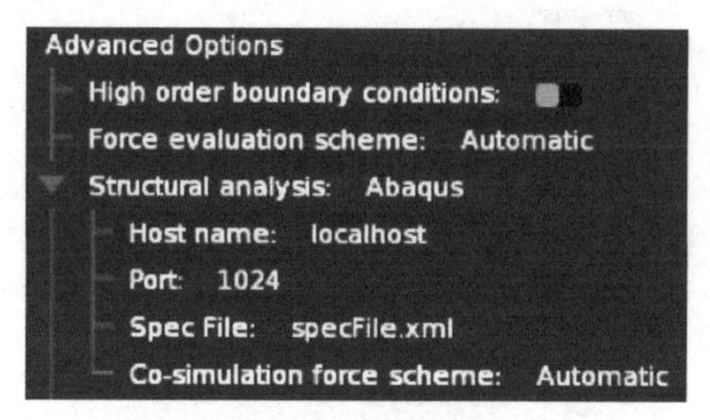

图 19-12 XFlow 流固耦合设置

④ 修改流固耦合配置文件，如图 19-13 所示。

FSI_Ⅱ_std_css.xml中的duration(持续时间)

图 19-13 流固耦合模拟时长设置

⑤ 提交 XFlow 计算任务。XFlow 出现图 19-14 所示的信息，代表耦合设置无误。

Establishing connection with host $LOCALHOST on port 1024

图 19-14 流固耦合设置成功提示

⑥ 提交流固耦合作业。在 CMD 中输入图 19-15 所示的命令流。

```
ABAQUS-job FSI_Ⅱ_std -input Job-1.inp -double -csedirect
or localhost：1024–int
ABAQUS cse -configure FSI_Ⅱ_std_css -listenerport 1024
```

图 19-15 提交流固耦合计算所用命令流

19.4 结果分析

19.4.1 气弹性试验对比

采用哈尔滨工业大学徐正进行的单向张拉膜结构气弹模型风洞试验研究对 Abaqus+XFlow 流固耦合技术方案进行验证，从而完成数值标定工作，为后续工程应用打下基础。

在试验中，膜结构需要施加预应力，并且考虑自重作用。因此为了能够真实地模拟试验中的状态，数值模拟中首先建立结构有限元模型，对其进行预张拉，然后计算在自重作用下的变形，并指定流固耦合面，从而进行流固耦合计算。

单向张拉膜结构如图 19-16 所示，图中给出了风洞试验的入口风方向。膜材为乳胶薄膜，线弹性材料，弹性模量为 $1.667\times10^6 N/m^2$，泊松比为 0.4，厚度为 0.4mm，密度为 $1033.45kg/m^3$，预张力为 X-X 方向 20N/m，结构跨度 $D=0.6m$，对边固定支撑，固定边长 1.2m，来流垂直于固定边。膜结构单元采用 Abaqus 自带的 M3D4 膜单元，网格尺寸取 0.005m。

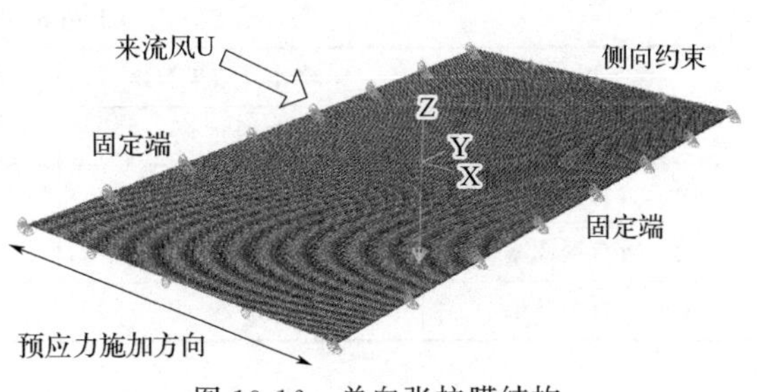

图 19-16 单向张拉膜结构

流体模型如图 19-17 所示。计算域尺寸为：$D=0.6m$，$H=0.6m$。流场入口采用速度入口条件，来流风速度为 10m/s；流场出口采用对流出口边界；侧面采用周期边界条件；顶面采用对称边界条件；底面和壁面采用 Non-Equilibrium enhanced Wall-function 壁面模型。流体上下表面为流固耦合边界，分别对应于结构上下表面的流固耦合边界。计算时间取 5s，格子采用 0.005m。

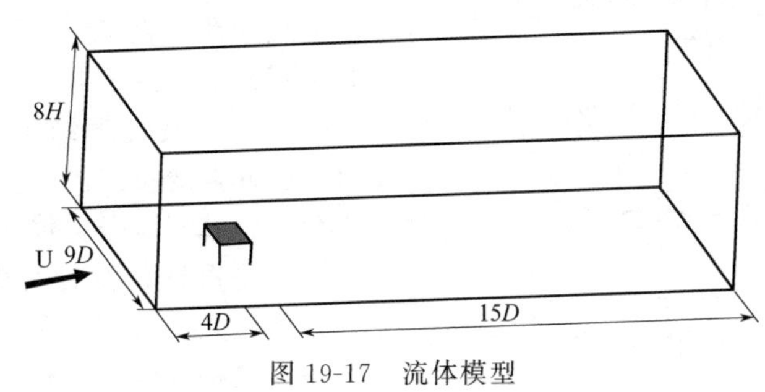

图 19-17 流体模型

对单向张拉膜结构进行自振分析，前四阶模态及周期如图 19-18 所示。与文献中徐正给出的计算结果进行对比，误差小于 5%，两者基本一致（表 19-1）。

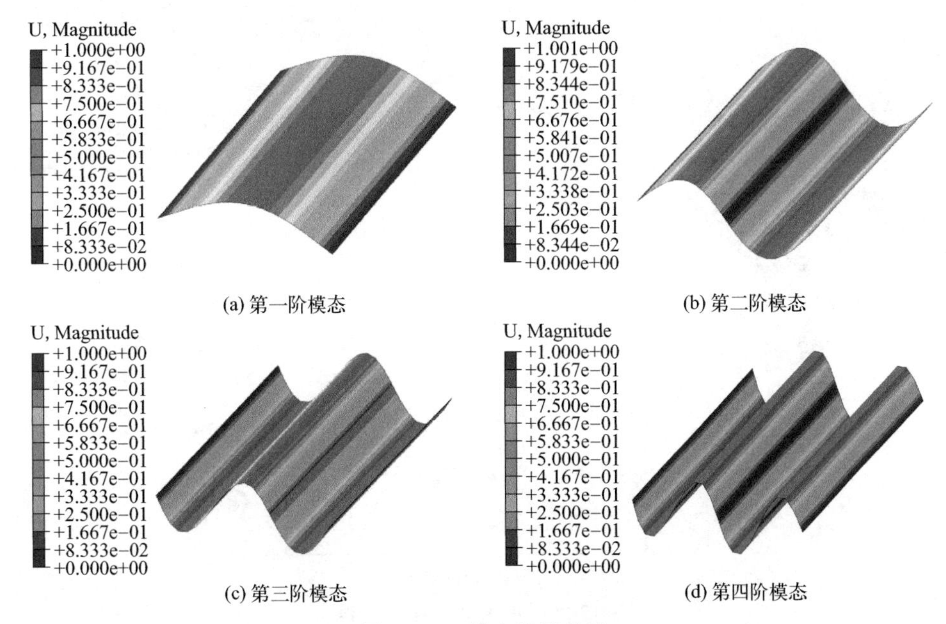

图 19-18 模态计算结果

表 19-1 Abaqus 计算结果与文献

模态对比	文献计算结果/Hz	Abaqus 计算结果/Hz	相对误差
第一阶自振频率	5.806	5.979	2.89%
第二阶自振频率	11.67	11.661	−0.08%
第三阶自振频率	17.64	17.418	−1.27%
第四阶自振频率	23.79	23.051	−3.21%

对单向张拉膜结构进行流固耦合分析，将所得结果与气弹模型风洞试验结果进行对比，中心线处的竖向位移如图 19-19 所示，吻合良好。

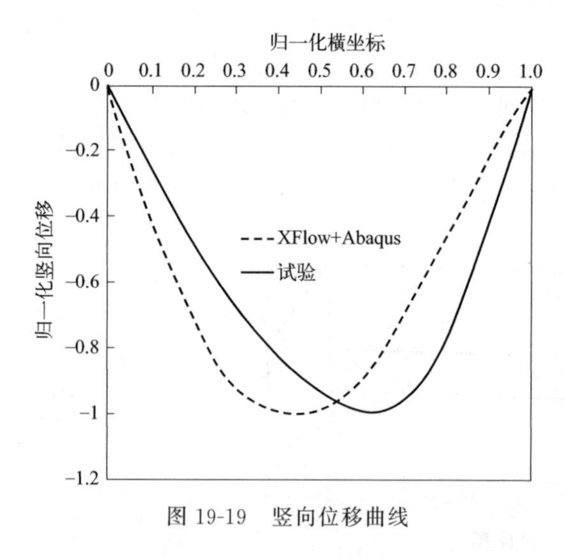

图 19-19 竖向位移曲线

19.4.2 实际工程应用

开展流固耦合仿真计算需要按照前文依次进行结构有限元建模、流体仿真建模，并设置流固耦合方式。计算完成后，可以得到风荷载云图、位移云图、应力云图及其对应的时程曲线。在实际工程应用中往往采用等效风荷载的方式开展结构设计，无法直接将流固耦合仿真计算结果应用于实际工程项目，因此需要按照图 19-20 所示的风振性能优化流程基于风振系数开展结构优化。

首先根据仿真计算结果进行结构后处理，得到风振系数，在此基础上结合设计规范得到结构等效风荷载，然后按照结构设计开展多工况计算，验证结构的应力以及位移等结果是否满足规范要求限值，最后根据计算结果判断是否修改结构设计方案或者增加构造措施。

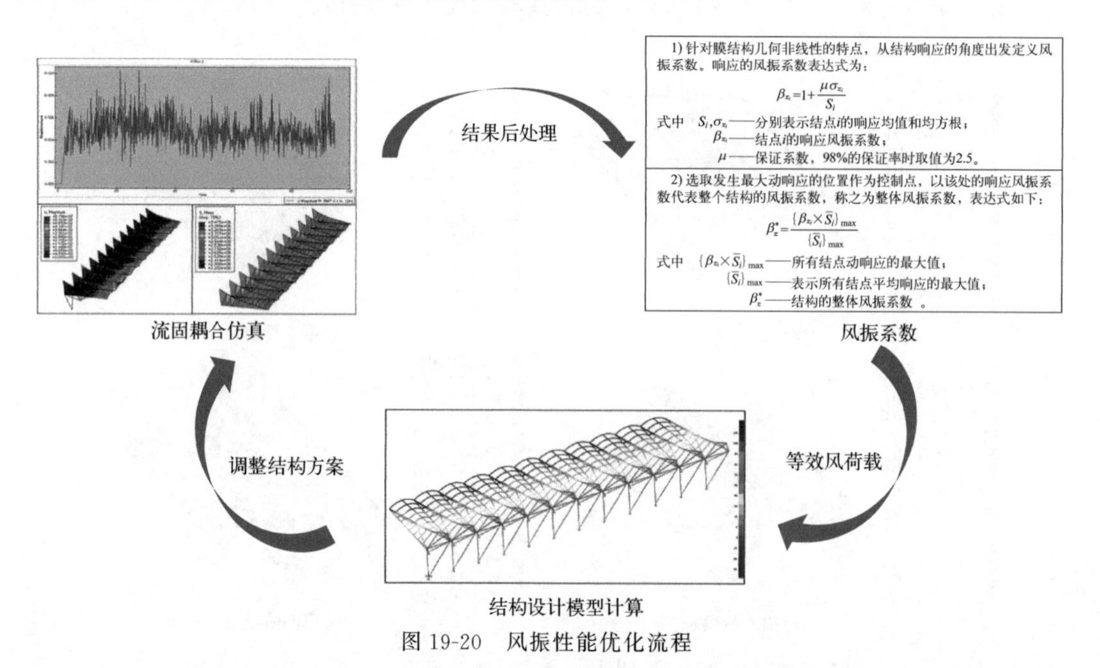

图 19-20 风振性能优化流程

参 考 文 献

[1] 孙晓颖，武岳，陈昭庆．薄膜结构流固耦合的 CFD 数值模拟研究 [J]. 计算力学学报，2012，29 (6)：873-878.

[2] 张慎，李霆，徐厚军，等．基于 Abaqus 的高层建筑结构动力弹塑性分析后处理软件的研究与开发 [J]. 建筑结构，2015，45 (23)：79-85.

[3] 张慎，王义凡，程明，等．体育场馆膜建筑平均风压数值模拟及验证分析 [J]. 科学技术与工程，2022，22 (14)：5768-5777.

[4] 孙晓颖，陈昭庆，武岳．单向张拉膜结构气弹模型试验研究 [J]. 建筑结构学报，2013，34 (11)：63-69.

案例 20

自复位摩擦阻尼器数值试验及工程应用

参赛选手：周奎元，范雷震，常凯俊　　指导教师：杨小卫，边亚东

中原工学院

第二届工程仿真创新设计赛项（本科组），二等奖

作品简介： 利用有限元软件建立自复位摩擦阻尼器的数值模型，研究凹槽坡角、摩擦系数、碟形垫圈刚度和螺栓初始预紧力等参数对阻尼器耗能和自复位性能的影响，利用研究结果选取最佳阻尼器参数进行自复位钢框架结构设计，三维自复位钢框架地震非线性时程分析结果表明，使用该阻尼器后，算例中的钢框架在震后可以得到使用功能的恢复。

作品标签： 自复位摩擦阻尼器、数值仿真实验、MSC. Marc、功能可恢复。

20.1　引言

20.1.1　研究背景

在传统的抗震设计中，结构的延性是由材料的弹塑性变形来保证的。这种高损伤的结构延性，在大震后修复成本很高。而通过在结构相对变形比较大的位置设置自复位摩擦阻尼器，使结构在地震时表现可控的摇摆和摩擦耗能，有可能实现震后结构体系的功能恢复。

20.1.2　自复位摩擦阻尼器简介

图 20-1 所示的一种自复位摩擦阻尼器，由盖板、芯材、蝶形垫片通过螺栓组装而成。上下端芯材连接在受力构件上，通过盖板与芯材之间的摩擦耗散外力的能量，通过碟形垫圈对盖板的压力和盖板上的波形凹槽实现复位效果。

可以通过数值仿真试验来模拟凹槽的坡角、摩擦系数、碟形垫片的刚度及螺栓的初始预紧力对耗能和自复位的影响。

芯材　盖板　蝶形垫片　螺栓

图 20-1　自复位摩擦阻尼器

20.2　自复位摩擦阻尼器数值仿真

20.2.1　模型建立

自复位摩擦阻尼器组成如图 20-2 所示，包括芯材和上、下盖板。

为了试验这种自复位摩擦阻尼器的耗能能力、刚度特性及

相关参数的影响，建立了图 20-3 所示的 MSC. Marc 有限元数值模型。考虑对称性只建立一半有限元模型，进行图 20-4 所示的低周往复加载。

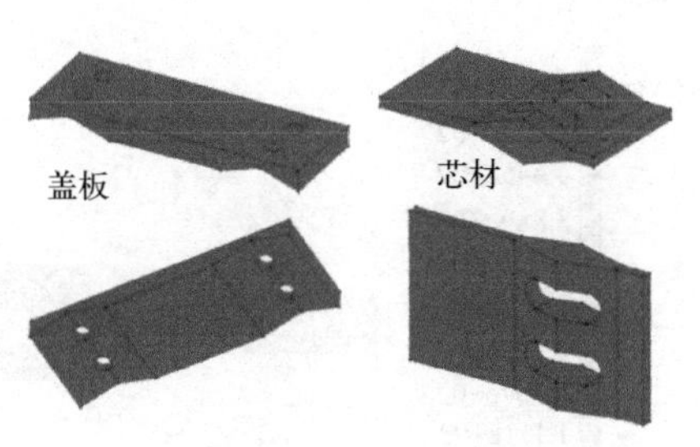

图 20-2 阻尼器分解图

① 采用 8 节点的六面体 7 号实体单元；

② 盖板和芯材指定为接触体，设置摩擦系数和摩擦应力限值实现节点对面段的接触模拟，摩擦接触采用双线性库伦模型；

③ 在上下盖板先通过连接约束集中于一点实现螺栓对盖板和芯材的预压力，再通过一个弹性连杆模拟碟形弹簧对盖板的约束刚度；

④ 芯板加载端通过连接约束集中于一点实现加载同步往复荷载；

⑤ 钢材本构关系采用理想的双折线弹塑性模型。

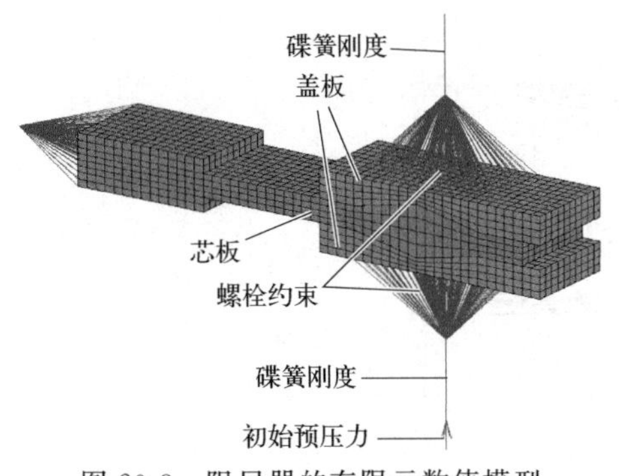

图 20-3 阻尼器的有限元数值模型

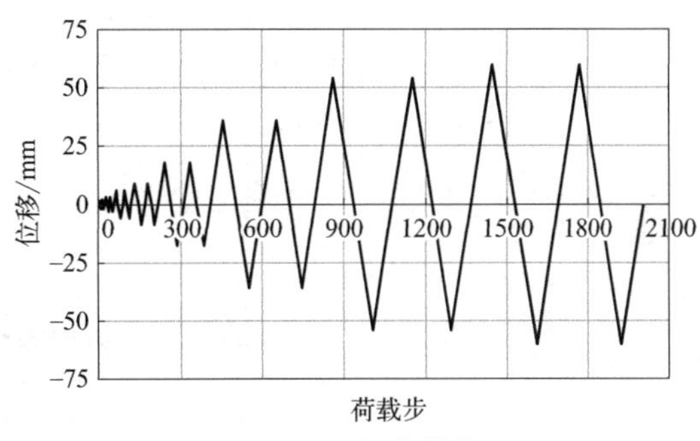

图 20-4 加载制度

20. 2. 2 仿真试验

图 20-5 为仿真试验过程中往复加载、卸载时构件的内应力，图 20-6 为仿真试验过程中往复加载、卸载时构件内的复位摩擦力。

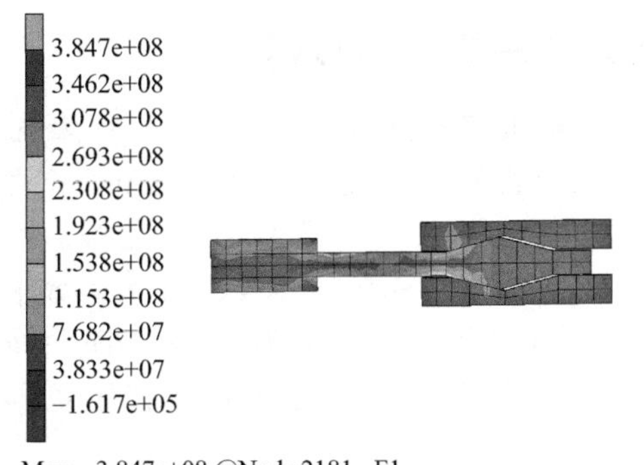

图 20-5 加载、卸载时的应力

图 20-7 是通过仿真试验得到的该构件加载、卸载过程的力与位移滞回曲线。可以清晰地看到它是一个旗帜形的滞回曲线，表明该自复位摩擦阻尼器在加载时产生一定的位移，卸载后又回到了原位，也就是说可以实现加载、卸载后自复位的效果。

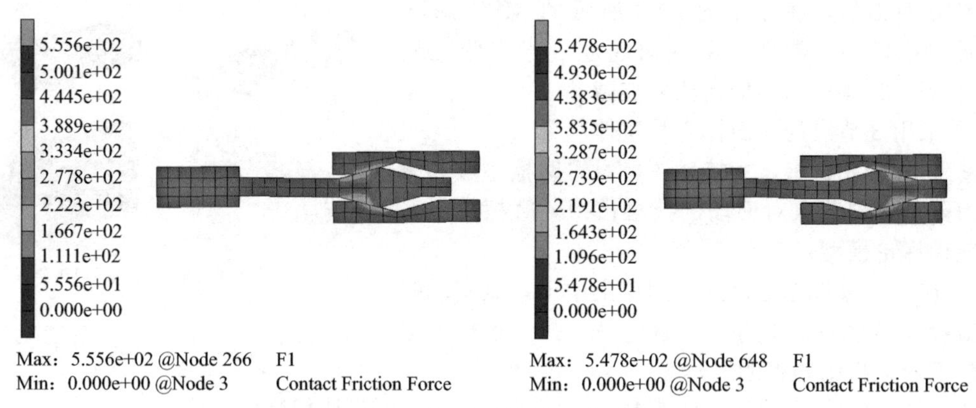

图 20-6 加载、卸载时的复位摩擦力

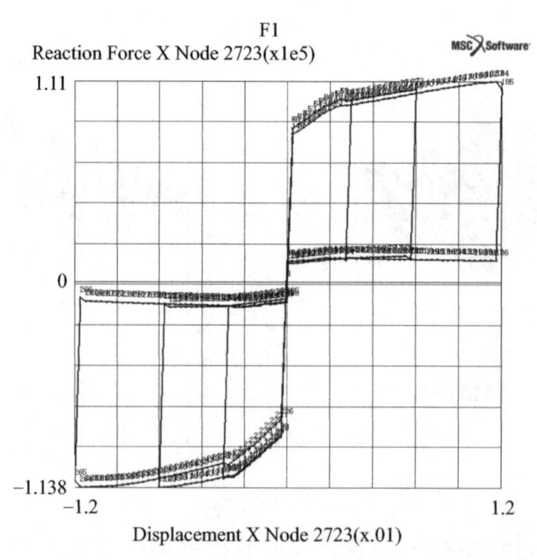

图 20-7 加载、卸载时的力-位移滞回曲线

20.2.3 阻尼器仿真结果与阻尼器-摩擦弹簧连接单元对比

选取表 20-1 所示一组参数的自复位摩擦阻尼器，盖板和芯板的宽度为 150mm，螺栓直径为 20mm，盖板上的螺栓孔直径为 20.5mm，芯板上螺栓孔的宽度为 20.5mm，长度为 42mm，碟簧的参数详见表 20-1。钢材的弹性模量为 200GPa，泊松比为 0.3，屈服应力为 350MPa。利用 MSC. Marc 有限元建立模型低周往复得出力-位移滞回曲线将骨架参数输入 SAP2000 中阻尼器-摩擦弹簧连接单元中进行低周往复计算，两者的力-位移滞回曲线如图 20-8 所示。可见阻尼器-摩擦弹簧连接单元可以用于实际工程中自复位摩擦阻尼器的模拟。

表 20-1 自复位摩擦阻尼器的几何参数

阻尼器参数		碟簧参数	
坡度角 θ/(°)	15	厚度 t/mm	6.5
螺栓个数 n_b	1	总高度 H_0/mm	8
静摩擦系数 μ_s	0.2	压平变形量 h_0/mm	1.5

续表

阻尼器参数		碟簧参数	
坡面水平长度 $2L$/mm	70	外直径 D/mm	70
		内直径 d/mm	21
		每侧碟簧个数 n_j	9
		碟簧的极限承载力/kN	110

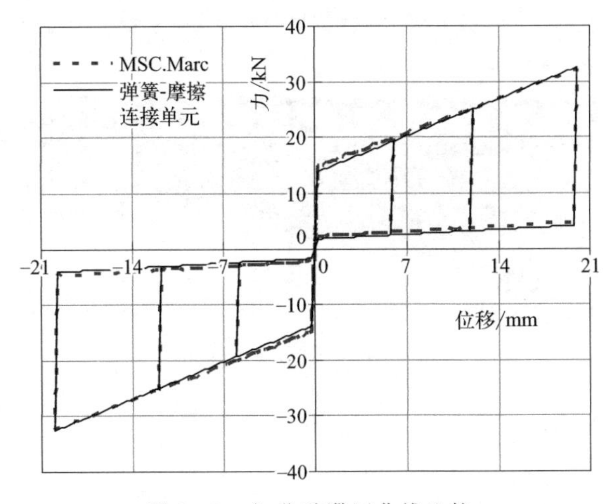

图 20-8 力-位移滞回曲线比较

20.3 工程应用数值仿真

20.3.1 工程应用模型

四层钢框架办公楼，层高 3.6m，抗震设防烈度为 8 度（0.2g），场地类别为Ⅱ类，设计地震分组为第一组，平面布置如图 20-9 所示。该结构的主要抗侧体系是布置在周围框架上的自复位摇摆框架支撑系统（图 20-10）。楼面和屋面附加的恒荷载分别为 1.5kN/m^2 和 2kN/m^2，活荷载分别为 2.5kN/m^2 和 0.5kN/m^2。根据竖向荷载进行结构初步设计，楼板厚度为 100mm，钢材采用 Q235，楼板混凝土强度等级为 C30，钢管混凝土柱中的强度等级

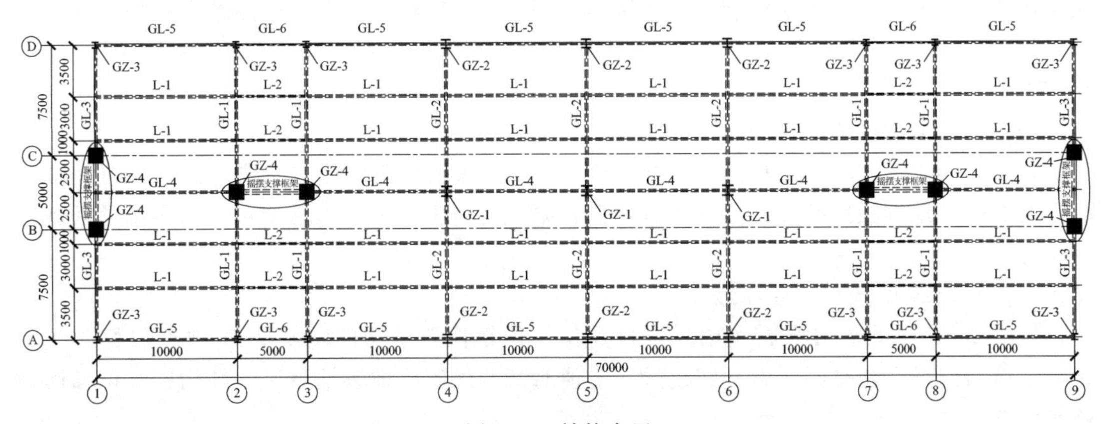

图 20-9 结构布置

为 C40。结构整体模型如图 20-11 所示，并分别在纵向、横向输入如图 20-12 所示的地震动加速度时程曲线进行抗震性能分析。

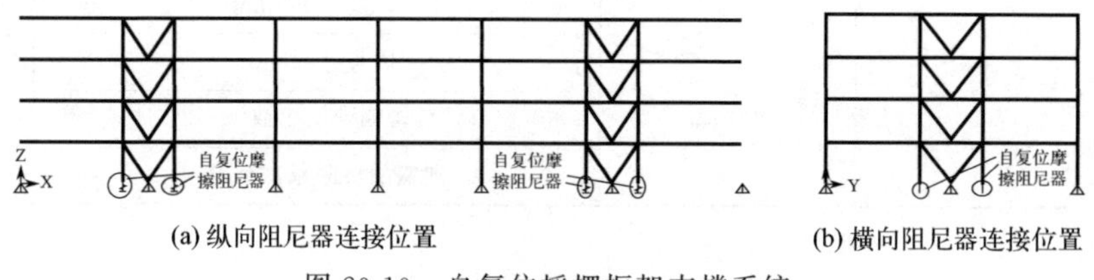

图 20-10　自复位摇摆框架支撑系统

图 20-11　结构整体模型

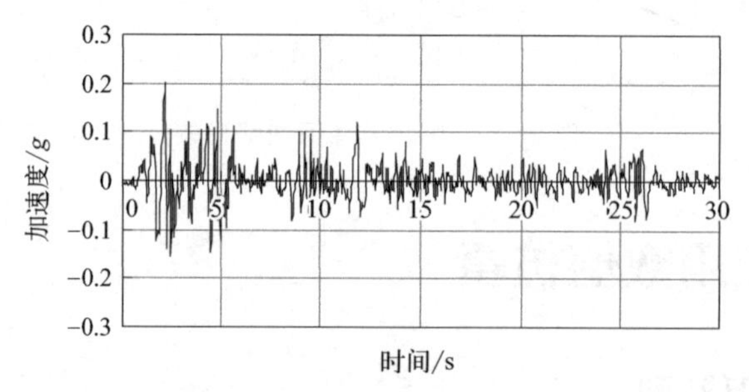

图 20-12　地震动加速度时程曲线

20.3.2　结构抗震性能

(1) 阻尼器的耗能

图 20-13 显示了自复位摇摆钢框架的阻尼器耗能与地震输入能量比值的时间历程。多遇地震作用下阻尼器没有产生耗能；设防地震作用下 X、Y 向阻尼器的耗能约占结构系统总输入能的 30%和 29%；罕遇地震作用下 X、Y 向阻尼器的耗能约占结构系统总输入能的 59%和 57%。

(2) 楼层顶点位移时程响应

如图 20-14 所示，不同地震强度作用时，自复位摇摆钢框架结构的顶点位移在时间轴两侧摇摆振荡；地震烈度越大，振动的最大位移幅值也越大，但在地震结束时以零位移回到原始位置。

(3) 基底剪力-顶点位移曲线

如图 20-15 所示，在强震作用时，自复位摇摆钢框架结构的基底剪力-顶点位移曲线为旗帜形滞回曲线；当基底剪力分别超过一定值时开始摇摆，地震结束后，结构以零位移回到初始位置。

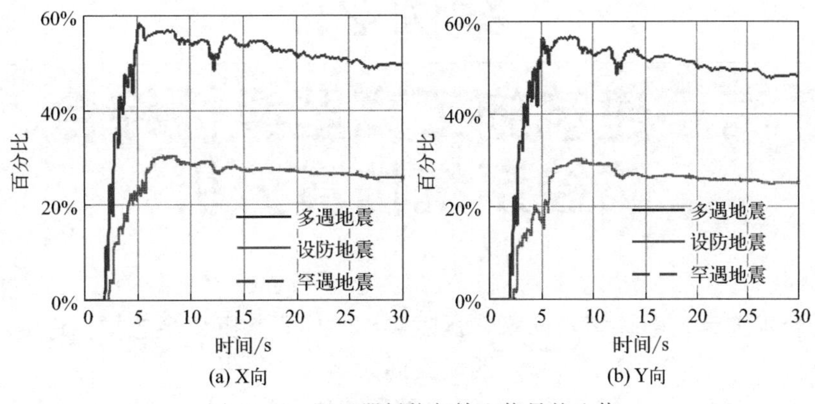

图 20-13 阻尼器耗能与输入能量的比值

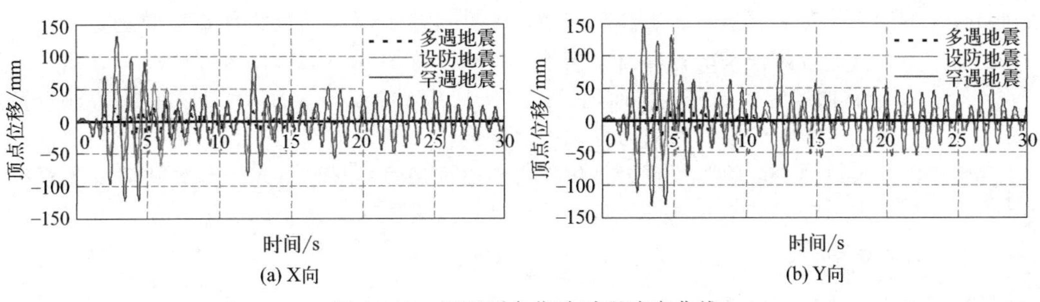

图 20-14 屋面顶点位移时程响应曲线

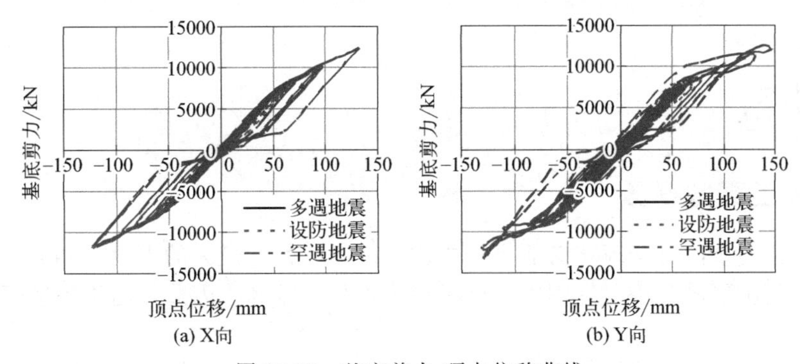

图 20-15 基底剪力-顶点位移曲线

20.4 结论

开发自复位摩擦阻尼器并在结构体系中设计成摇摆框架，在地震作用下，由基底剪力-顶点位移曲线可以看出，能够达到震后功能可恢复的效果。

案例 21

高层建筑施工高坠柔性综合防控系统仿真分析

参赛选手：廖林绪，何欢，杨啸宇　　指导教师：余志祥，许浒

西南交通大学

第二届工程仿真创新设计赛项（研究生组），一等奖

作品简介： 本案例针对高层建筑施工高坠问题，尤其是施工模架系统整体坠落问题，开发了新型柔性综合防护系统；提出了基于拉弯刚度协调的环梁单元自接触模拟方法、基于力-位移曲线等效的耗能器通用模拟方法、基于约束节点的活塞支撑模拟方法以及基于安全带单元的钢丝绳滑移模拟方法来模拟各部件的复杂工作过程；开展部件试验以及足尺冲击试验验证了上述仿真方法的准确性；基于上述仿真方法建立了系统的显式动力计算模型并进行坠落冲击计算，结果表明该系统能够成功防治模架系统整体坠落事故。

作品标签： 冲击与防护、建筑施工、柔性防护系统。

21.1 引言

21.1.1 施工高坠事故

建筑施工高坠事故是全球建筑业事故中占比最高、伤亡最大的事故。随着超高层建筑高度不断增高，高坠事故防治愈发困难，已经成为世界性难题。因此，施工高坠事故的防治具有重要意义。

在诸多高坠事故中，超高层建筑施工模架系统整体坠落事故最为严重。模架系统工作时，内部大平台刚度大、锚固强，往往十分可靠，但是其外部爬升模架系统和悬挂在大平台上的架体曾发生过多起坠落事故。由于其工作高度高、坠落冲击能量大，不仅模架系统上的施工人员难以幸存，同时还会对下方人或物造成二次冲击伤害，往往会酿成特别重大事故，造成巨大的人员伤亡和经济损失。因此，急需一种有效的防护措施。

施工模架系统是目前高层建筑施工运用最多的一种辅助施工装备，其工作机理是附着在已经完成施工的混凝土墙体上，为施工作业提供堆载和操作平台。目前，常见的模架形式有：大型钢平台体系，该体系以钢平台为受力主体，架体悬挂在钢平台上，可实现整体顶升；内顶外爬体系，即内外模架系统分离，核心筒内采用整体顶升模架系统，筒外采用整体爬升模架系统。从以往报道来看，整体坠架事故一般是所述悬挂架体整榀坠落或整体爬升模架系统坠落，整体钢平台和整体顶升模架系统尚未有坠落事故发生。故针对悬挂架体或整体爬升模架系统整体坠落事故提出防治措施具有现实的工程意义。

21.1.2 柔性防护技术

柔性防护技术已经广泛应用于崩塌落石、泥石流、碎屑流、风雪流、风沙流等自然灾害的防治中。其一般由支撑结构、金属拦截网、耗能装置、拉锚结构四个部分组成，根据不同的使用需求进行合理的设计和配置，能够耗散上万千焦冲击能量，如图 21-1 所示。大量试验、数值模拟及工程应用表明，被动柔性防护系统具有防护能力强、结构轻巧、安拆便捷、易锚固、易修复等优良特性。上述优点使柔性防护技术有望应用于超高层建筑施工高坠防护中。

图 21-1 典型柔性防护系统

21.2 技术路线

21.2.1 系统设想

针对整体坠架等大型事故，提出了施工高坠柔性综合防控系统。该系统由两部分组成：一是位于核心筒内的悬挂式柔性防护结构，该结构借助核心筒内墙体埋锥进行锚固，并悬挂在内部模架系统下方；二是位于核心筒外的幕帘式柔性防护结构（图 21-2）。两者结合使用能够有效防治核心筒内外坠人、坠物以及悬挂架体整体坠落的事故。

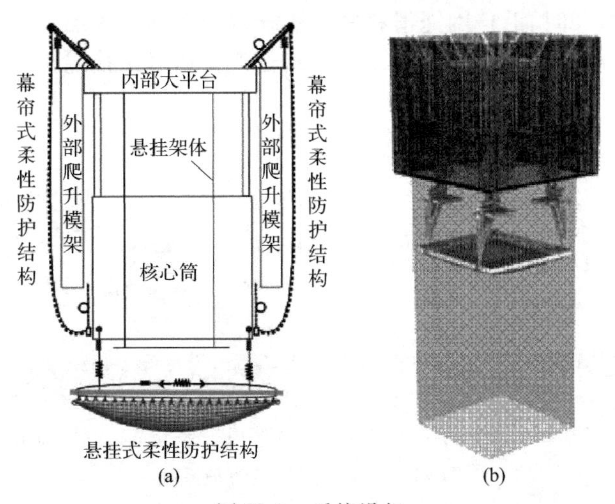

图 21-2 系统设想

幕帘式柔性防护系统主要由支撑部件、拦截部件以及悬挂部件组成（图 21-3）。支撑部件锚固在施工顶升模架系统大平台上，为拦截部件提供上支承点，形成“袋口”；悬挂部件锚固在核心筒墙体预埋件上，为拦截部件提供下支承点，形成“袋底”；拦截部件与支承部件和悬挂部件连接形成“袋身”。

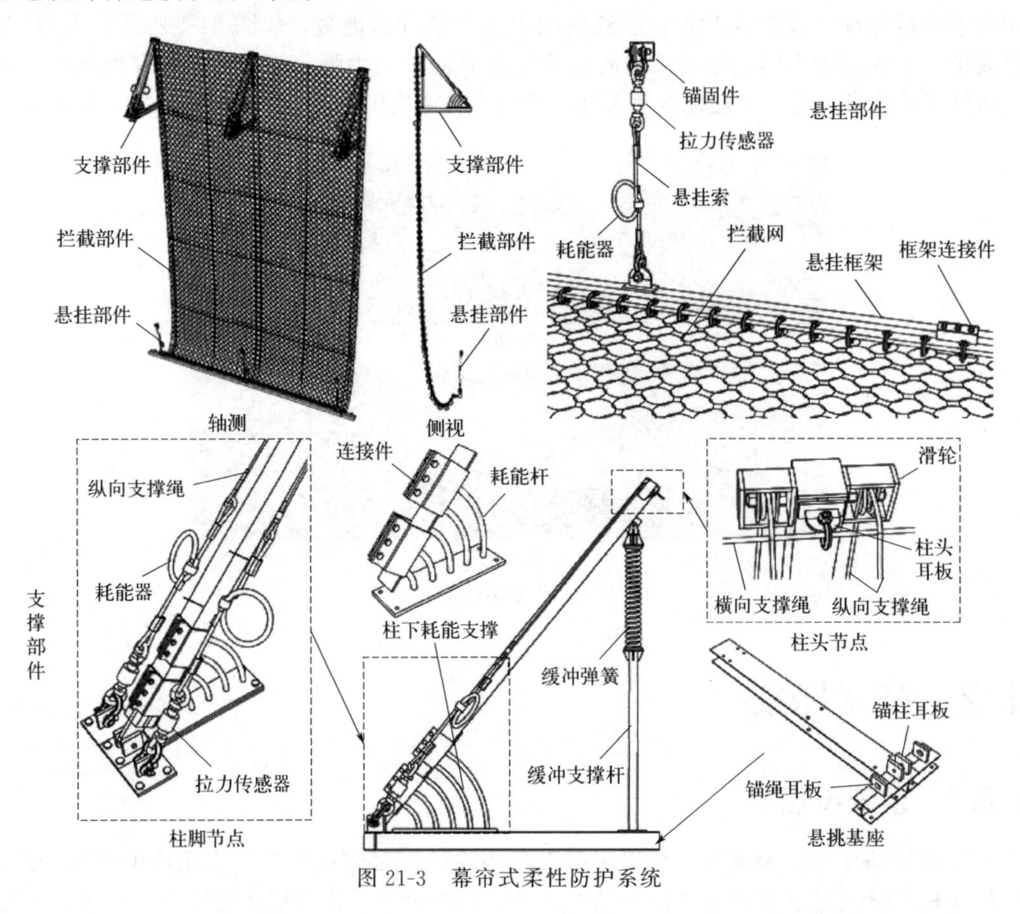

图 21-3 幕帘式柔性防护系统

悬挂式柔性防护系统的挂网绳采用自锚式连接方式（图 21-4），即挂网绳首尾相连形成闭环传力体系，无需额外锚固点，契合核心筒所具备的锚固条件。在受到高坠物冲击时，拦截网变形向中部收缩，卸扣沿挂网绳滑移并牵引挂网绳随网片收缩，挂网绳受力启动一级耗能器并沿滑槽向内侧滑移，同时将力传递到转换框架再通过悬挂绳传递至核心筒墙体锚固点并启动二级耗能器。

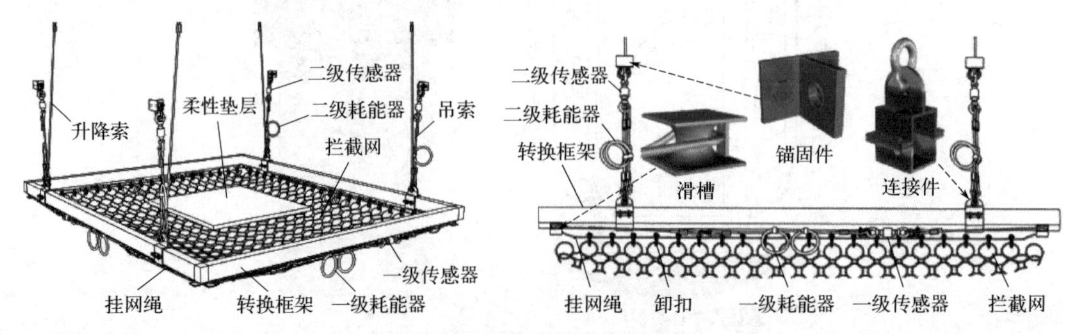

图 21-4 悬挂式柔性防护系统

21.2.2 技术难点

仿真模拟有以下几个难点，如图 21-5 所示。一是拦截网的模拟十分复杂，柔性拦截网在工作时具有复杂的非线性大变形特征，同时网环之间会发生相互滑移错位。二是耗能器的模拟，耗能器具有显著的大变形特点，同时数量众多且相较于系统来说尺寸较小，若建立精细化模型将消耗大量计算资源。三是缓冲活塞支撑的模拟，如何合理考虑缓冲支撑带来的附加阻尼和附加刚度是一大问题。四是钢丝绳沿着滑槽、滑轮的模拟。

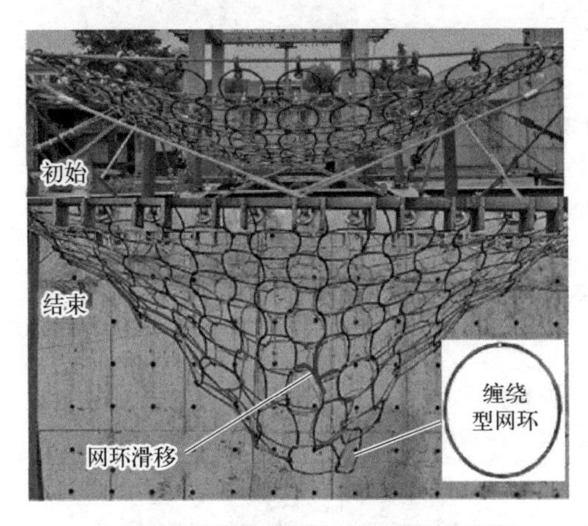

(a) 拦截网非线性大变形及网环间滑移模拟

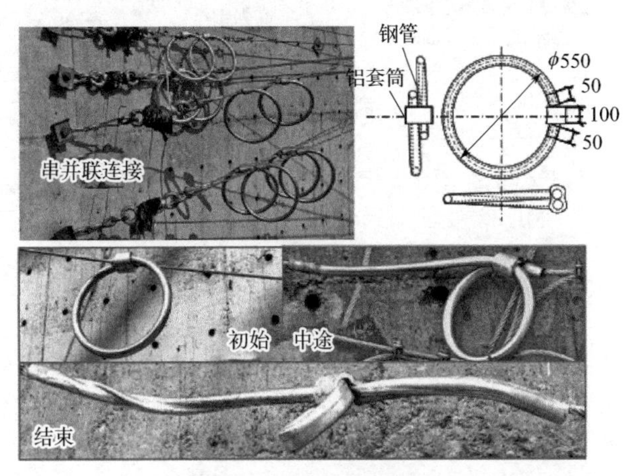

(b) 耗能器运动过程等效模拟

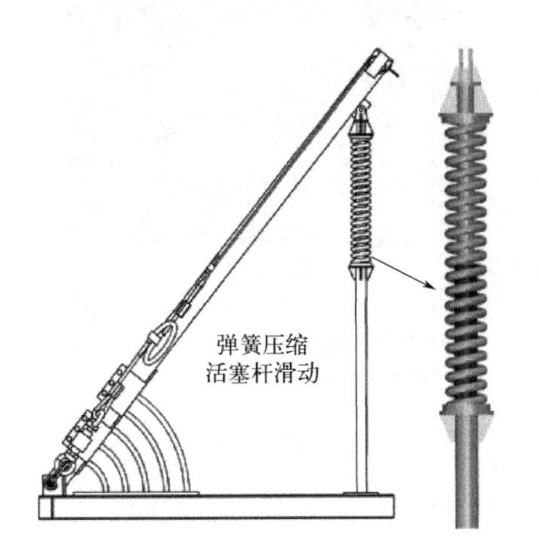

(c) 缓冲活塞支撑模拟

(d) 钢丝绳滑移过程模拟

图 21-5 技术难点

21.2.3 解决方案

针对第一个难题，提出了基于拉弯刚度协调的环梁单元自接触模拟方法，通过截面等效的方式将缠绕型环形网环等效成圆截面，网环采用环梁单元进行模拟，且各网环之间设置接触。采用该方法建立数值模型对网片顶破试验进行了反演，网片的变形特征与试验高度一致，顶破力、极限变形量误差不超过 5%，如图 21-6 所示。

针对第二个难题，提出了基于力-位移曲线等效的耗能器通用模拟方法，耗能器采用梁单元进行模拟，材料模型采用多选线性模型，通过耗能器的力-位移曲线进行应力-应变换算，得到真实的本构关系。通过反演减压环的静力拉伸试验，验证了该方法的有效性和准确性，如图 21-7 所示。

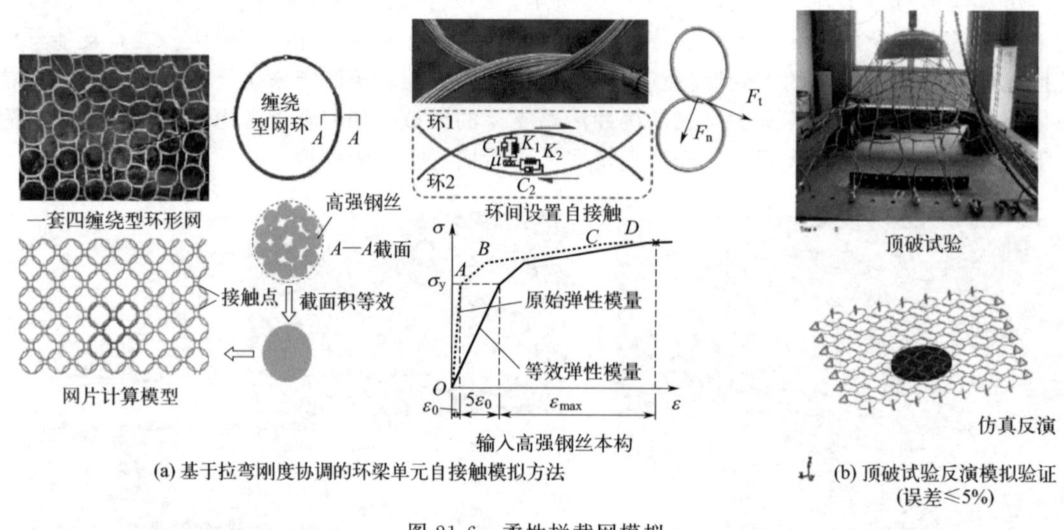

(a) 基于拉弯刚度协调的环梁单元自接触模拟方法

(b) 顶破试验反演模拟验证（误差≤5%）

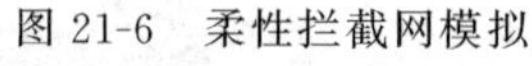

图 21-6　柔性拦截网模拟

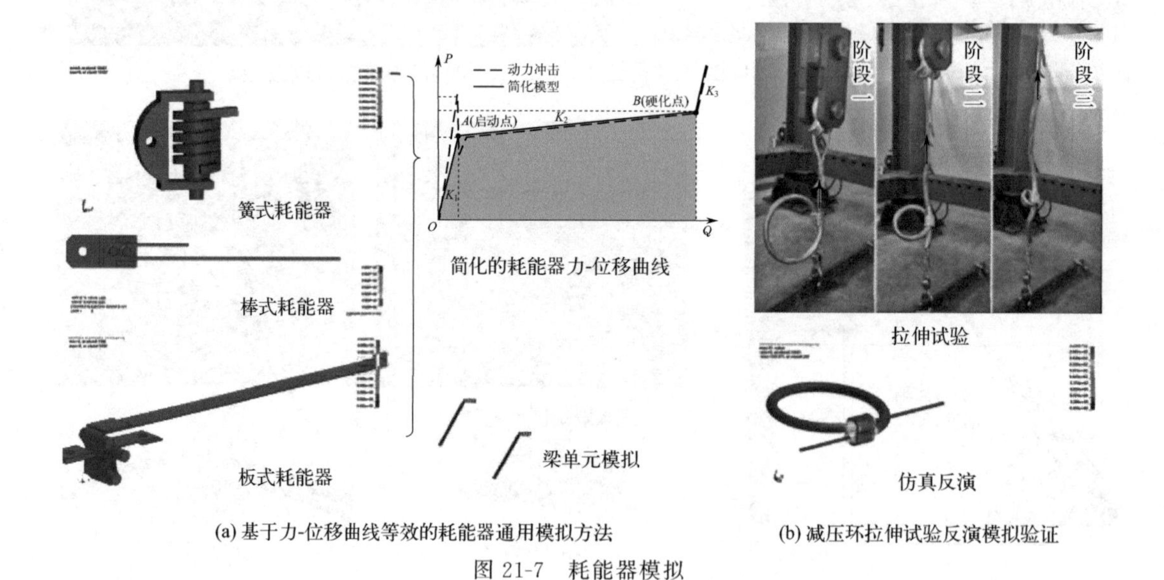

(a) 基于力-位移曲线等效的耗能器通用模拟方法

(b) 减压环拉伸试验反演模拟验证

图 21-7　耗能器模拟

针对第三个难题，基于约束节点的活塞支撑模拟方法，提出了一种活塞-弹簧单元，即在一对约束节点的基础上并联弹簧单元。通过活塞支撑冲击试验反演模拟验证了该方法的准确性，如图 21-8 所示。

针对第四个难题，提出了基于安全带单元的滑移节点模拟方法，即在滑移节点附近采用安全带单元代替索单元，能够有效模拟钢丝绳沿鞍座或滑轮滑移的现象；与足尺冲击试验进行对比，滑移误差量不超过 10%，如图 21-9 所示。

与传统土木结构相比，高坠柔性防护系统在结构单元的连接关系、系统传力机制、变形特征等方面存在较大差异，导致设计难度较大，因此需要大量仿真分析辅助。研究时采用理论、试验与模拟结合的技术路线见图 21-10。

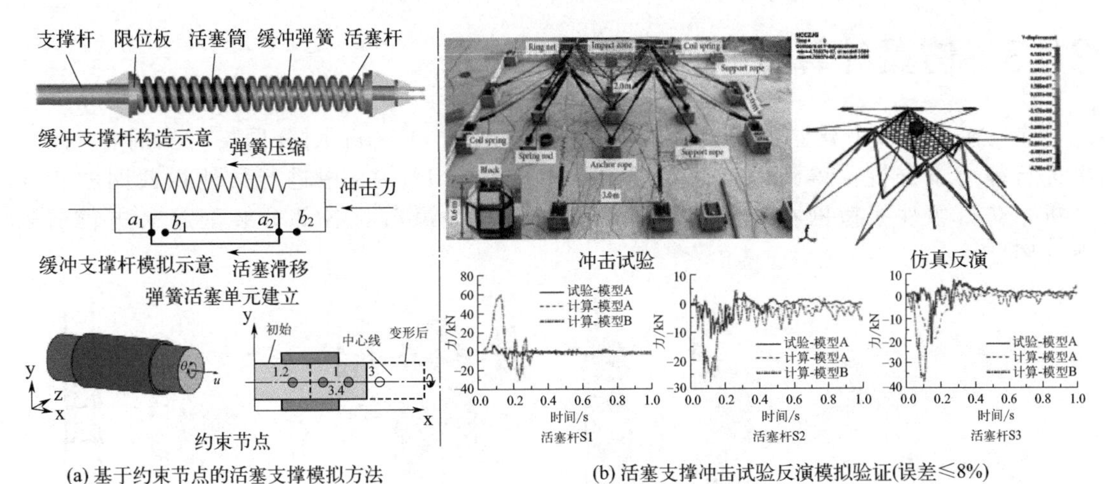

(a) 基于约束节点的活塞支撑模拟方法　(b) 活塞支撑冲击试验反演模拟验证(误差≤8%)

图 21-8　缓冲支撑模拟

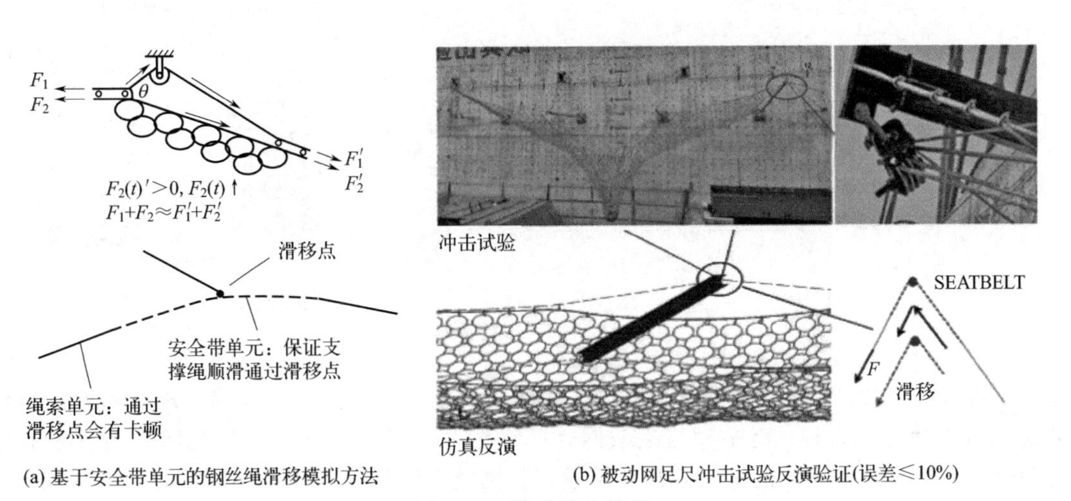

(a) 基于安全带单元的钢丝绳滑移模拟方法　(b) 被动网足尺冲击试验反演验证(误差≤10%)

图 21-9　滑移节点模拟

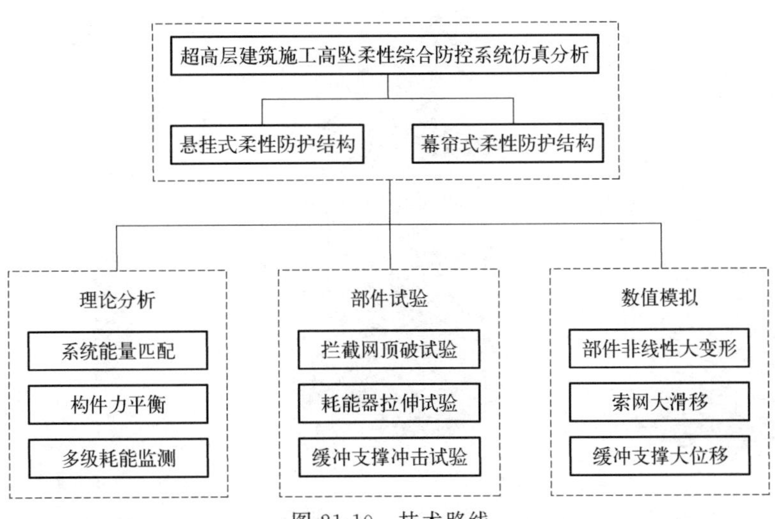

图 21-10　技术路线

21.3 仿真计算

首先在Rhino中建立关键结构的三维模型，导入Femap划分网格；然后在NIDA中进行静力学分析，得到模态等关键参数；接着在DYNA中进行柔性拦截网的找形分析，获得柔性拦截网在自重作用下的自然形态；最后将各部分装配起来进行前处理（图21-11）。

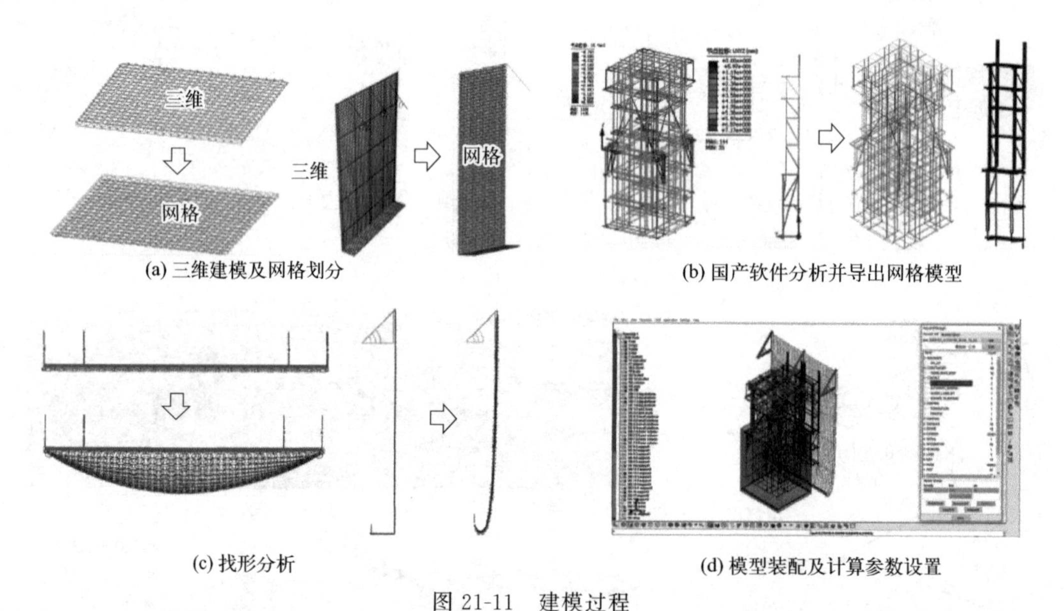

(a) 三维建模及网格划分　(b) 国产软件分析并导出网格模型

(c) 找形分析　(d) 模型装配及计算参数设置

图21-11　建模过程

有限元模型如图21-12所示。关键部件模拟按照前述方法处理，各部件规格和模拟参数见表21-1。冲击计算时，高坠物与拦截网之间设置线面接触；卸扣与拦截网之间设置通用自动接触；卸扣与挂网绳之间设置滑移接触；挂网绳与转换框架连接处采用安全带单元，设置滑移接触；高坠物、高坠柔性防护系统均与核心筒墙体设置通用自动接触。

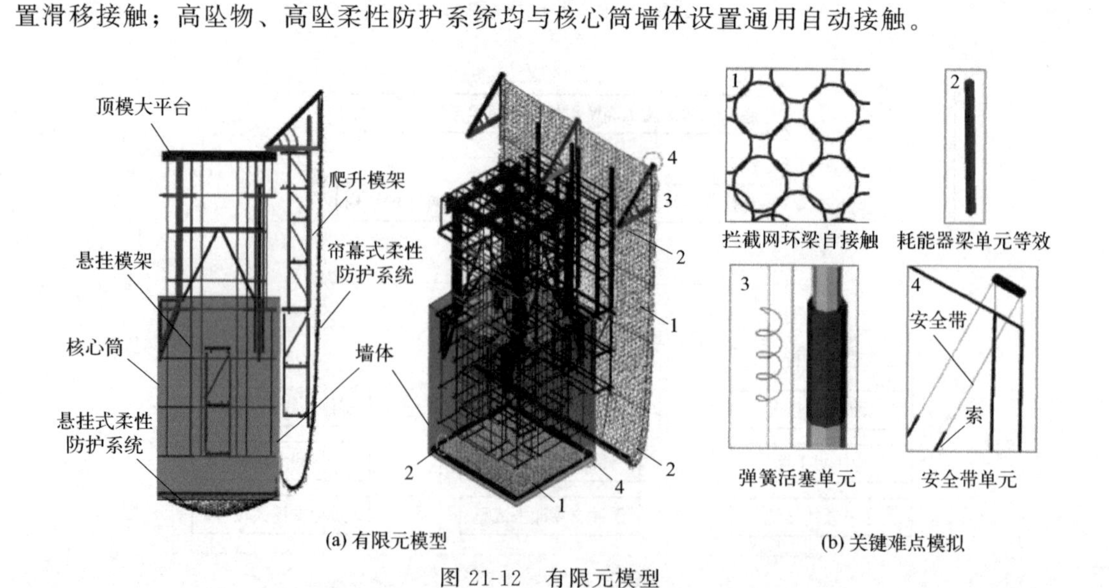

(a) 有限元模型　(b) 关键难点模拟

图21-12　有限元模型

表 21-1 构件参数

构件	规格	实际材料	单元类型	材料模型	密度 /(kg/m^3)	弹性模量 /MPa	屈服强度 /MPa
环形网	R16/3/300	1770MPa 高强钢丝	BEAM	PIECEWISE-LINEAR-PLASTICITY	7850	1.5×10^5	850
钢丝绳	1φ22	6×19s+IWR(钢芯)	BEAM	CABLE	7850	1.2×10^5	—
减压环	GS-8002	Q235	BEAM	PIECEWISE-LINEAR-PLASTICITY	—	—	—
活塞支撑	自定义	弹簧钢	DISCRETE	SPRING-INELASTIC	—	—	—
钢柱	方管 d200mm	Q345	BEAM	PLASTIC-KINEMATIC	7850	2.06×10^5	345
基座	HW300	Q345	BEAM	PLASTIC-KINEMATIC	7850	2.06×10^5	345
柱下耗能器	圆管 d40mm	Q235	BEAM	PLASTIC-KINEMATIC	7850	2.06×10^5	235
悬挂框架	方管 d300mm	Q345	BEAM	PLASTIC-KINEMATIC	7850	2.06×10^5	345
卸扣	弓形卸扣 12t	高强钢材	BEAM	PLASTIC-KINEMATIC	7850	2.06×10^5	1245
爬升模架	SKE50	Q235	SHELL	RIGID	7850	2.06×10^5	—
顶模大平台	SCP400	Q235	BEAM	PLASTIC-KINEMATIC	7850	2.06×10^5	345
顶模坠架	部分挂件	Q235	SHELL	RIGID	7850	2.06×10^5	—
核心筒墙体	—	钢筋混凝土	SHELL	RIGID	2350	3.25×10^4	—

21.4 结果分析

系统冲击后应力云图与宏观变形如图 21-13 所示，各部件应力均未超过屈服强度，可见系统并未整体失效，系统能够成功拦坠落的模架结构。

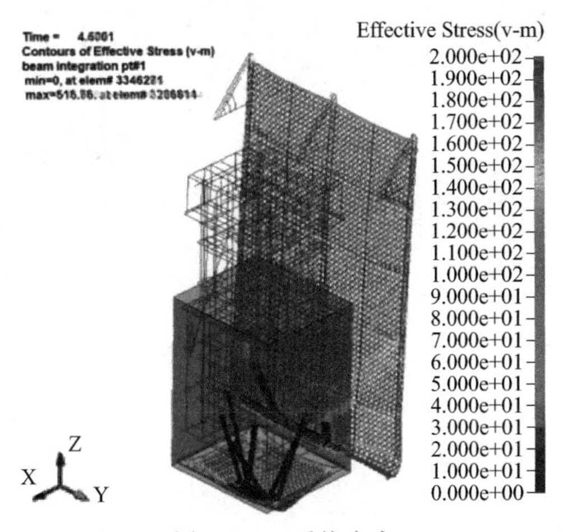

图 21-13 系统应力

由于具有较强的耗能能力和缓冲能力，各部件内力还有较大富余（图 21-14 及图 21-15），因此，悬挂式柔性防护系统和幕帘式柔性防护系统具有较强的安全性。两系统各部件均采用了经试验对比验证过的仿真方法进行模拟，但是尚缺乏系统整体冲击试验验证，可将整体冲击试验作为进一步研究方向。

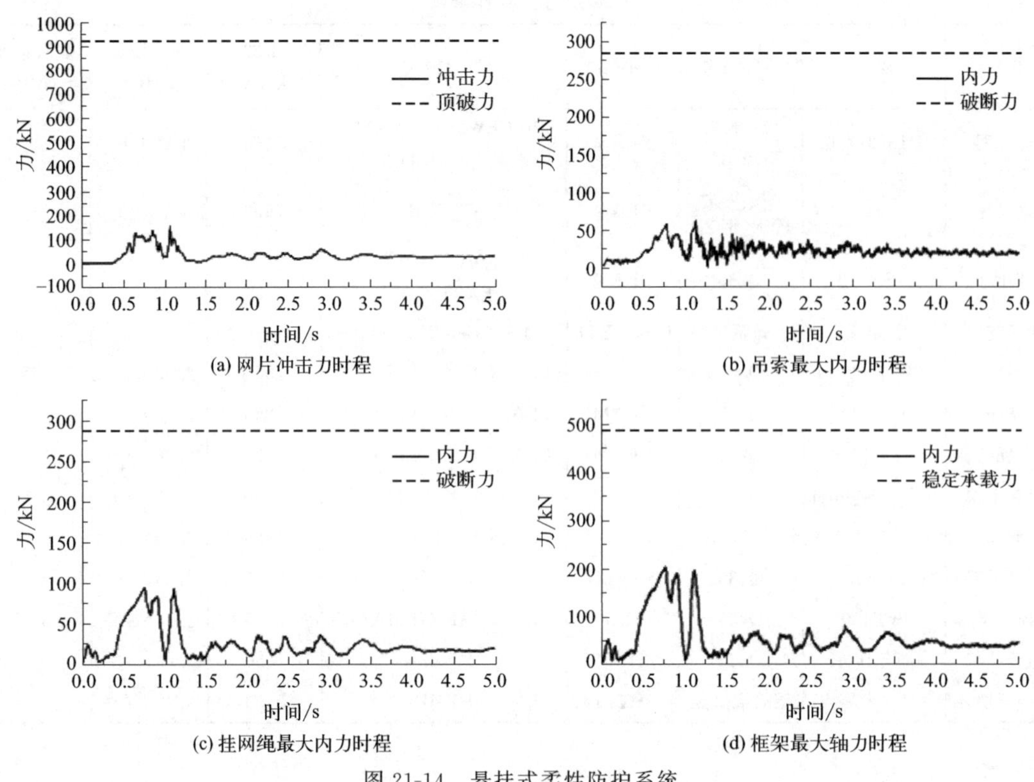

图 21-14 悬挂式柔性防护系统

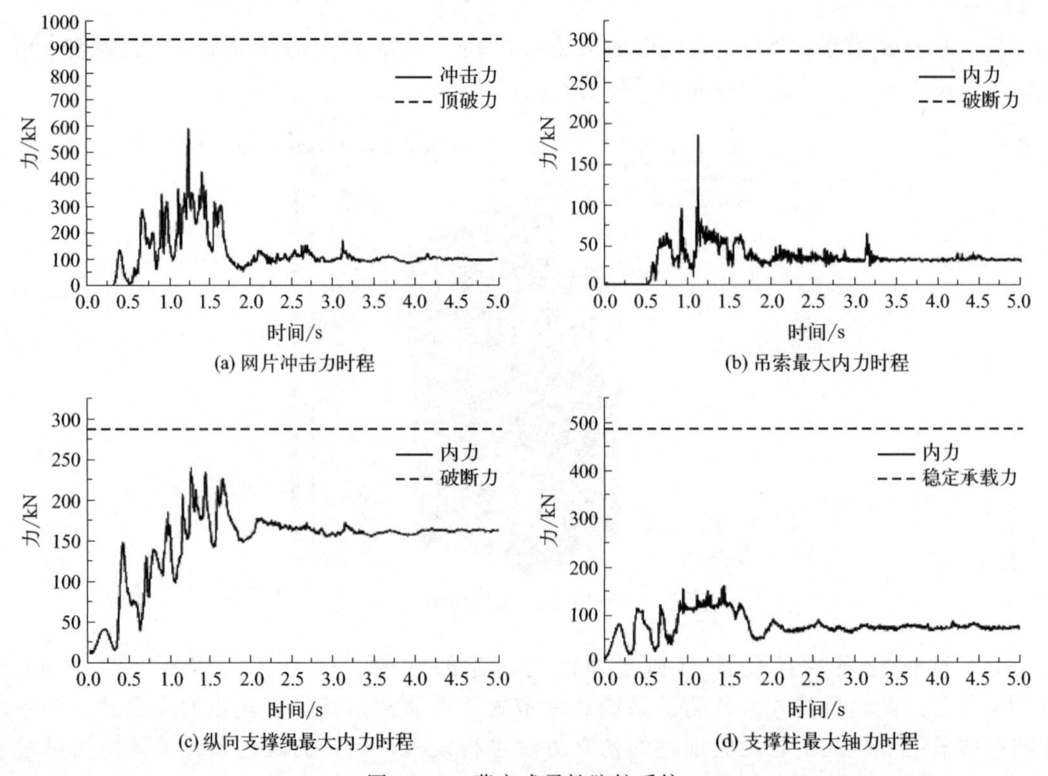

图 21-15 幕帘式柔性防护系统

参考文献

[1] 赵世春，余志祥，韦韬，等．被动柔性防护网受力机理试验研究与数值计算［J］．土木工程学报，2013，46（5）：122-128.

[2] 齐欣，许浒，余志祥，等．柔性拦截结构中减压环动态力学性能试验研究［J］．工程力学，2018，35（9）：188-196.

[3] 赵世春，余志祥，赵雷，等．被动防护网系统强冲击作用下的传力破坏机制［J］．工程力学，2016，33（10）：24-34.

[4] 余志祥，严绍伟，许浒，等．活塞杆点支式柔性缓冲系统冲击力学行为［J］．土木工程学报，2018，51（11）：61-69，112.

[5] 骆丽茹，余志祥，金云涛，等．高陡边坡引导式落石防护网系统原位冲击试验［J］．土木工程学报，2021，54（11）：119-128.

案例 22

基于山体滑坡防灾减灾主题的“复兴号”列车线路选址问题

参赛选手：李赟鹏，李婧，丛俊余　　指导教师：张一鸣，马照松
河北工业大学，北京极道成然科技有限公司
第一届工程仿真创新设计赛项（企业组），二等奖

作品简介： 本案例基于参数化建立三维数值模型，根据真实的山体等高线拉伸建立三维模型，并通过历史数据及工程经验假设出滑动面及复兴号列车线路。通过所搭建的 Genvi 平台（1+N，1 个平台，N 个学科专业软件）实现了滑坡涌浪全过程的动态模拟，从而为“复兴号”列车选线问题提供可视化参考。此模拟结果可为该区域防灾减灾提供经验指导和科学依据。

作品标签： 防灾减灾、山体滑坡、耦合计算、风险评估。

22.1 引言

在当前全球化和科技快速发展的时代背景下，创新已经成为推动国家经济增长和社会进步的关键要素。特别是在战略性新兴产业领域，创新被视为核心驱动力，为国家赢得竞争优势提供了重要支撑。在面对国家重大需求的同时，我们必须坚定不移地走上自主创新的道路，通过不断引入新技术、新思维和新模式，加速推动新技术领域的发展，为国家高质量发展提供强大动力。

在众多重大基础建设项目中，高速铁路建设具有独特的重要性和战略地位。作为现代交通体系的关键组成部分，高速铁路不仅可以提升城市之间、城乡之间的互联互通水平，更能够引导重大基础建设、重大生产力和公共资源的优化配置。通过加快高速铁路建设，我们可以构建起一个高效、便捷的交通网络，为各个领域的发展提供良好的支撑和保障。然而，在高速铁路大发展、大建设的黄金时期，我们必须时刻牢记几个重要底线。首先是工程质量底线，高速铁路作为大型基础设施工程，其质量直接关系到安全和可持续发展。因此，我们必须严格把控施工过程中的质量标准，确保每一项工程都符合相关规范和要求。其次是安全生产底线，高速铁路建设涉及大量的人员和设备，必须高度重视安全生产，采取有效的安全管理措施，确保施工过程中的安全稳定。最后是生产环保底线，高速铁路建设必须充分考虑环境保护和生态平衡，合理规划和设计，采取有效的环境保护措施，减少对自然环境的影响，实现可持续发展的目标。

为确保生态安全与高速铁路建设的同步发展，边坡安全作为生态安全的重要组成部分，对保障铁路线路的稳定和运行安全至关重要。因此，边坡选线治理与高速铁路建设密切相

关，必须充分考虑地质条件、水土保持和生态保护等因素，采取科学有效的措施，保障边坡的稳定性和安全性，从而实现高速铁路建设与生态安全的双赢。

22.2 项目背景

创新是战略性新兴产业发展的核心，面向国家重大需求，我们需坚定不移地走自主创新道路。为推动高速铁路建设新技术发展，需要引进重大基础建设、重大生产力和公共资源优化配置，推进高质量发展。同时，我们还要加快建设川藏铁路，全面提升城际、城乡互联互通水平。在高速铁路大发展、大建设的黄金时期（图 22-1），我们需严守工程质量底线、安全生产底线、生产环保底线，确保生态安全与高速公路建设同步发展。另外，边坡选址与高速铁路建设息息相关，可有效保障工程质量、安全生产和生态环境的协调发展，为高速铁路建设和生态保护做出积极贡献。

图 22-1 工程现状

22.3 技术路线

22.3.1 设计思路

根据收集到的某地区山体、河道的几何资料，采用 GID 软件等比例建立可供数值计算的三维模型，所建立山体长 298m、宽 100m、高 209m，河道宽 87m、深 40m。其中山体为固体单元，采用 BlockDyna 进行相关的计算；河道为颗粒，采用 PDyna 进行相关的计算。初步拟定“复兴号”列车距离河道 182m。

根据山体的地形地貌特征及所在地区的降雨量，拟确定了该山体的滑动破裂面。在重力及其他外力作用下，山体破裂，部分山体沿着拟定滑动面整体失稳下滑。为了在数值上快速准确再现这一现象，我们对不同区域进行不同大小的网格划分，这样既有利于缩短计算时间，又对精细化计算有帮助。项目整体的技术路线如图 22-2 所示。

图 22-2 技术路线

22.3.2 关键技术

GDEM-BlockDyna 软件的核心求解功能是基于连续-非连续数值计算方法（continuum discontinuum element method，CDEM）。CDEM 方法是中国科学院力学研究所利用近 20 年的时间提出的基于拉格朗日方程的可模拟固体材料从连续到非连续全过程的数值模拟方法，可定义为一种拉格朗日系统下的基于可断裂单元的动态显式求解算法。本案例通过拉格朗日能量系统建立严格的控制方程，利用动态松弛法显式迭代求解，实现了连续非连续的统一描述，通过块体边界及块体内部的断裂来分析材料渐进破坏，可模拟材料从连续变形到断裂直至运动的全过程。它结合了连续和离散计算的优势，连续计算采用有限元、有限体积及弹簧元等方法，离散计算则采用离散元法。

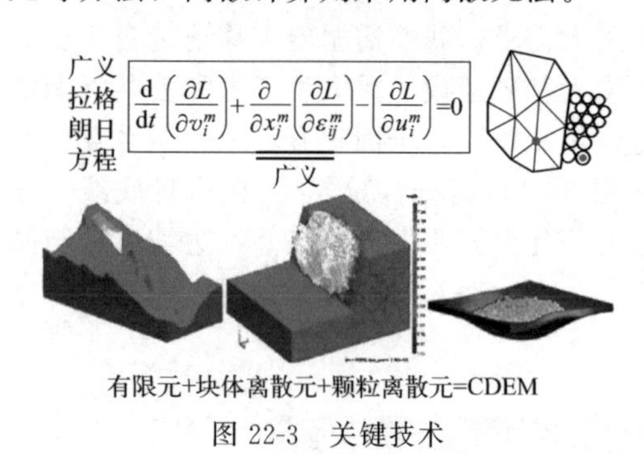

图 22-3 关键技术

CDEM 方法中的数值模型由块体及界面两部分构成。块体由一个或多个有限元单元组成，用于表征材料的弹性、塑性、损伤等连续特征；两个块体间的公共边界即为界面，用于表征材料的断裂、滑移、碰撞等非连续特征。CDEM 方法中的界面包含真实界面及虚拟界面两个概念。真实界面用于表征材料的交界面、断层、节理等真实的不连续面，其强度参数与真实界面的参数一致；虚拟界面主要有两个作用，一是连接两个块体，用于传递力学信息，二是为显式裂纹的扩展提供潜在的通道（即裂纹可沿着任意一个虚拟界面进行扩展），如图 22-3 所示。

22.4 仿真计算

22.4.1 三维建模

所建山体长 298m、宽 100m、高 209m，所建水体长 87m、宽 100m、高 40m。如图 22-4 所示，在山体左右两侧也设置了刚性面，用来模拟连绵的山脉和无限的水域。

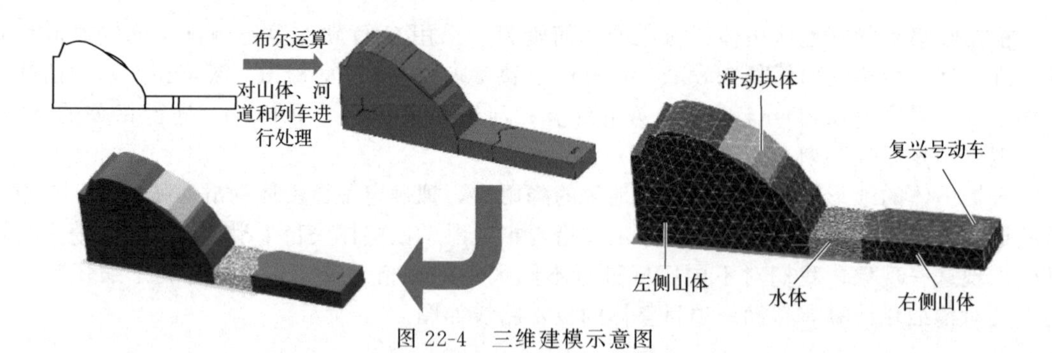

图 22-4 三维建模示意图

为了保证计算精度兼顾计算效率，对水颗粒和滑动体局部细化。其中颗粒采用传统颗粒流方法计算，滑动体则采用有限元计算。在力学本构方面，块体单元采用线弹性本构，接触面则采用脆性断裂本构，水颗粒采用脆性断裂本构，从而实现对滑坡涌浪全过程的数值模拟，进而研究“复兴号”列车选址问题。

22.4.2 操作步骤

本案例通过输入基于 JavaScript 编写的求解命令来实现自动建模、求解、监测等操作。图 22-5～图 22-7 为部分脚本。

```
////Dyna模块清除
dyna.Clear();
////平台显示结果清除
doc.ClearResult();
//打开力学计算开关
dyna.Set("Mechanic_Cal 1");
//设置 X、Y、Z 三个方向的重力加速度,
dyna.Set("Gravity 0.0 -9.8 0.0");
//打开大变形计算开关
dyna.Set("Large_Displace 1");
//将结果输出间隔设定为 500 步
dyna.Set("Output_Interval 500");
//设置监测信息提取间隔为500时步
dyna.Set("Moniter_Iter 100");
//设置满足稳定条件的系统不平衡率
dyna.Set("UnBalance_Ratio 1e-3");
//打开虚质量计算开关
dyna.Set("If_Virtural_Mass 1");
dyna.Set("Virtural_Step 0.6");
//设置接触容差为1e-3
dyna.Set("Contact_Detect_Tol 1e-3");
//打开固体单元接触更新开关
dyna.Set("If_Renew_Contact 1");
```

图 22-5　全局开关

```
//导入刚性面“假山”
rdface.Import("gid", "刚性面.msh");
//导入滑动块体
mesh.Import("Gid", "滑动体.msh");
dyna.GetMesh();
//将滑动体离散
blkdyn.CrtIFace();
blkdyn.UpdateIFaceMesh();
//设置单元的本构为线弹性
blkdyn.SetModel("linear");
//设置单元的材料参数(土)
blkdyn.SetMat(1770, 0.2e8, 0.35, 0.6e5, 0.3e5, 30, 10, 1);
//设置接触面的单元本构为线弹性
blkdyn.SetIModel("linear");
//将所有接触面的材料参数均设置为一种值
blkdyn.SetIMat(1e9, 1e9, 30, 1e5, 1e5);
//导入颗粒
pdyna.Import("Gid", "水颗粒.msh");
//将水颗粒重新进行分组，分为组3
pdyna.SetGroupByID(3, 1, 50000);
//创建刚性面作为约束条件
//创建底部刚性面
var fCoord = new Array();
fCoord[0] = new Array(-10, 0.0, -10)
fCoord[1] = new Array(-10, 0.0, 110)
```

图 22-6　设置本构及创建辅助单元（刚性面）

```
//求解滑坡过程
//将接触面的本构改为脆性断裂
blkdyn.SetIModel("brittleMC");
//设置局部阻尼为0.01
blkdyn.SetLocalDamp(0.01);
//打开瑞丽阻尼计算开关
dyna.Set("If_Cal_Rayleigh 1");
//将瑞丽阻尼中的刚度阻尼系数设置为1e-4
blkdyn.SetRayleighDamp(1e-4, 0.0);
//当前时间设置为0
dyna.Set("Time_Now 0");
//设置计算时步
dyna.TimeStepCorrect(1);
//监测信息
dyna.Monitor("particle", "pa_magdis", 331, 18, 60);
dyna.Monitor("particle", "pa_magdis", 349, 18, 60);
dyna.Monitor("particle", "pa_magdis", 367, 18, 60);
dyna.Monitor("particle", "pa_magdis", 349, 13, 60);
dyna.Monitor("particle", "pa_magdis", 349, 23, 60);
//动力求解10s
dyna.DynaCycle(13);
print("求解完毕");
```

图 22-7　求解及设置监测点

22.5　结果分析

22.5.1　山体滑坡运动特征

滑块体入水冲击速度是评判运动特征的关键指标，本案例绘制了滑块冲击静水面前后的 Y 方向速度云图，如图 22-8(a)～(c) 所示。由图可知滑块体呈“凹形”楔入水中，散体形状受模型边界的影响，两侧的滑移速度小，中心区域的滑移速度大。入水前平均速度为 17.7m/s；入水时平均速度为 26.2m/s；入水后平均速度锐减为 8.95m/s。

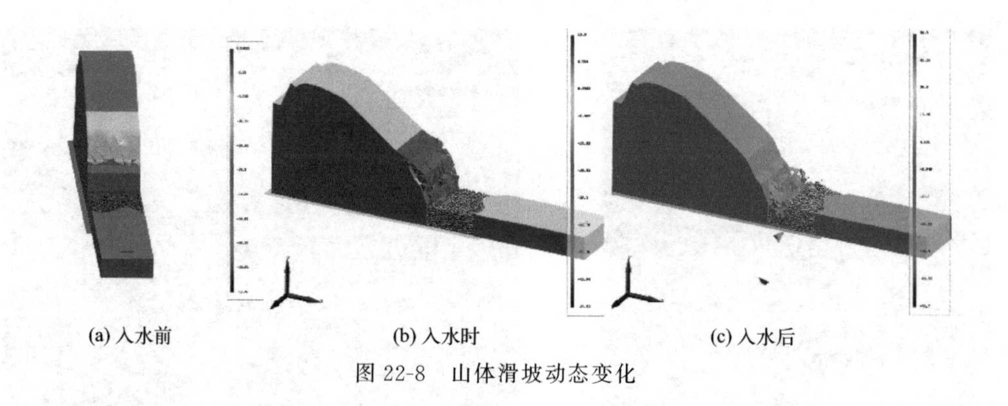
(a) 入水前　(b) 入水时　(c) 入水后

图 22-8　山体滑坡动态变化

22.5.2　涌浪运动特征

本案例对山体滑坡后落入水中这一运动过程进行了分析，根据模拟观测到的涌浪高度，将这一过程分为三个阶段，即水花团—首浪—溅落，如图 22-9 所示。$T=6.704\mathrm{s}$，滑块前缘冲击水面，产生水花并溅射出水面；$T=9.044\mathrm{s}$，块体基本全部滑入水中，滑块迅速入水，扰动区水位增高；$T=10.448\mathrm{s}$，滑块全部落入水中，扰动区水位达到最大值 30m，形成首浪；$T=13\mathrm{s}$，首浪回落，扰动区水位明显降低，开始溅落。

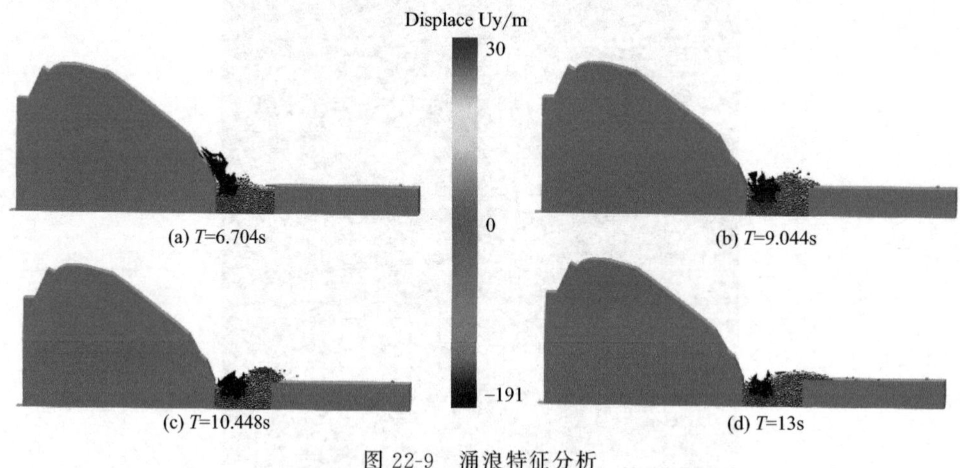

(a) T=6.704s　(b) T=9.044s　(c) T=10.448s　(d) T=13s

图 22-9　涌浪特征分析

22.6　工程意义

① 数值模拟可实现滑坡涌浪全过程的动态模拟，从而为“复兴号”列车选线问题提供可视化参考。

② 本案例模拟成果可为该区域防灾减灾提供科学依据，对减少人民生命财产损失具有重要的意义。

③ 数值模拟促进了数据监测行业的发展，为监测方案的科学制定提供可靠的数据及图像支撑。

④ 数值模拟可以更加直观地观察事物的发展变化，而且可以反复地进行动态观察，便于详细研究滑坡涌浪过程中的现象特征，为定量地研究该类问题提供数据。

参考文献

[1] 黄波林，殷跃平，李滨，等．库区城镇滑坡涌浪风险评价与减灾研究［J］．地质学报，2021，95（6）：1949-1961.

[2] 谭海，徐青，陈胜宏，等．基于 DEM-SPH 耦合模型的散粒体滑坡涌浪仿真模拟［J］．岩土力学，2020（S2）：1-11.

[3] 徐文杰．滑坡涌浪流-固耦合分析方法与应用［J］．岩石力学与工程学报，2020，39（7）：1420-1433.

[4] 韩林峰，王平义，王梅力，等．碎裂岩体滑坡运动特征及近场涌浪变化规律［J］．浙江大学学报（工学版），2019，53（12）：2325-2334.

[5] Wang X，Shi C，Liu Q，et al. Numerical study on near-field characteristics of landslide-generated impulse waves in channel reservoirs［J］. Journal of Hydrology，2021，595（8）：126012.

[6] Chen M，Huang D，Jiang Q. Slope movement classification and new insights into failure prediction based on landslide deformation evolution［J］. International Journal of Rock Mechanics and Mining Sciences，2021，141（6）：104733.

案例 23

川藏铁路沿线高位远程地质灾害综合柔性防护技术

参赛选手：骆丽茹，张丽君，金云涛　　指导教师：余志祥，赵雷
西南交通大学
第一届工程仿真创新设计赛项（研究生组），一等奖

作品简介： 本案例针对川藏铁路隧道洞口高位远程崩塌落石灾害，提出了综合立体柔性防护方案，基于 FEM-DEM 耦合方法，建立了考虑多因素影响的落石群冲击防护动力学模型，开展了参数化分析，全面揭示了新型柔性防护系统的动力学行为与动力响应特征，论证了综合立体柔性防护技术“多路径、多能级、全覆盖”的 4D 时空防护特性。该动力学模型还创新地采用了离散环网的膜单元等效方法，解决了海量离散接触态网环单元计算效率低的难题，效率优化一个数量级。

作品标签： 高位远程落石灾害、动力冲击、柔性防护、非线性计算、LS-DYNA。

23.1 引言

我国约 2/3 为山地，是滑坡、崩塌、泥石流等坡面地质灾害高发地区。坡面地质灾害对城镇人居安全及基础设施形成了重大威胁。

据《全国地质灾害通报（2019 年）》统计，2013～2019 年坡面地质灾害 6 万多起，仅 2019 年平均一天就发生 16 起，给国民生命财产造成了重大损失，如图 23-1 所示。

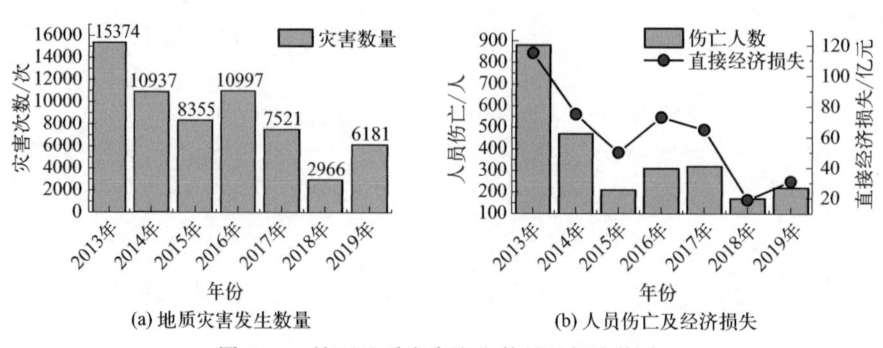

(a) 地质灾害发生数量　(b) 人员伤亡及经济损失

图 23-1　坡面地质灾害发生数量及损失统计

柔性防护技术因防护性能突出、施工快捷，在坡面地质灾害防护中发挥着重要的作用。柔性防护的核心原理为“以柔克刚”，即受到致灾体冲击时，柔性防护系统发生大变形，在时空上形成缓冲，显著降低冲击力，同时，通过材料弹塑性变形及专用的消能装置，消除落

石冲击动能。

柔性防护系统是一种由柔性网片、钢丝绳、支撑结构、消能装置和锚固件组成的柔性结构系统（图 23-2）。根据结构形态，柔性防护系统主要分为 4 类：主动网、被动网、引导式防护网及柔性棚洞（图 23-3）。上述柔性防护系统可应用于落石、泥石流、碎屑流以及浅层滑坡等坡面地质灾害的综合防治。

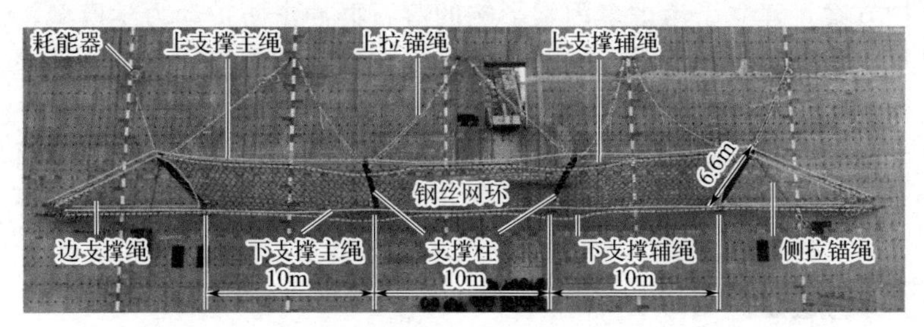

图 23-2 柔性防护系统组成

(a) 主动网 (b) 被动网

(c) 引导式防护网 (d) 柔性棚洞

图 23-3 经典柔性防护系统

坡面动力灾害的柔性防护技术发展长期进展缓慢，主要原因为柔性防护过程具有多因素作用下的强非线性特征，导致无法开展科学的定量化分析与设计。若要突破柔性防护工程的科学设计，就必须在理论上构建柔性防护动力学模型，但受多因素作用和强非线性影响，中短期内尚无法建立系统的解析模型，而高速发展的计算力学为构建复杂动力学数值模型提供了可能。数值模型必须准确映射实际灾害动力防护过程的三个代表性非线性特征：

① 灾害作用非线性：致灾体包括岩石、碎屑流及泥石流，其运动轨迹、冲击能量、冲击位置及改角具有随机性，物源具有多相性，时域上也存在多变性。

② 材料非线性：冲击作用下，钢丝绳、柔性网片会发生不同程度的弹塑性变形，从而消耗冲击能量。

③ 接触非线性：钢丝绳与柔性网片、支撑结构均为滑移接触边界。柔性网片由钢丝网环套接而成，随冲击过程演化，网环间的相对关系存在接触、分离、滑移等多种工作状态。

上述力学行为产生了复杂的非线性接触问题。

上述难题使得经典的力学解析理论与方法无法满足设计与工程应用，必须借助计算机仿真技术，采用数值模拟对其力学行为进行科学分析，进而实现科学设计，以保证防护工程的可靠性。

本案例以川藏铁路某隧道洞口高位远程落石崩塌灾害为例，提出引导网与柔性棚洞结合的综合立体防护方案，建立了考虑多因素影响的落石群冲击防护动力学模型，开展了参数化分析，全面揭示了新型柔性防护系统的动力学行为与动力响应特征，论证了综合立体柔性防护技术“多路径、多能级、全覆盖”的4D时空防护特性。该动力学模型还创新地采用了离散环网的膜单元等效方法，解决了海量离散接触态网环单元计算效率低的难题，效率优化一个数量级。

23.2 方案提出

23.2.1 工况介绍

川藏铁路沿线地理、地质和气候环境恶劣，仅雅安—林芝段就直接穿越或近距离展布于龙门山断裂带、鲜水河断裂带等10条大型区域性活动断裂带，坡面地质灾害风险极高。川藏铁路雅安—林芝段新建桥隧合计长965.74km，桥隧比95.8%。其中，新建隧道72座计851.48km，占线路全长的84.43%。隧道洞口为落石灾害高发区，该区域的落石灾害往往具有发生位置高、运动距离远、致灾范围大的特点（图23-4），极易造成重大安全事故，因此在沿线隧道洞口采取合理的防治措施极为重要。

图23-4 隧道洞口潜在高位远程落石灾害

本案例将针对隧道洞口潜在的高位远程落石灾害进行防护方案设计。

23.2.2 防护思路

面对发生位置高、运动距离远、致灾范围大的高位远程坡面地质灾害［图23-5(a)］，单一的防护系统难以满足防护需求。从一个工点仅设置一种防护产品的点式集中防护思想，转变为沿坡面分布耗能的4D防护观念，本方案根据局部地形特点综合应用多种防护产品，从空间和时间历程对灾害进行防护。针对隧道洞口的高位远程落石灾害，在坡面设置引导网，

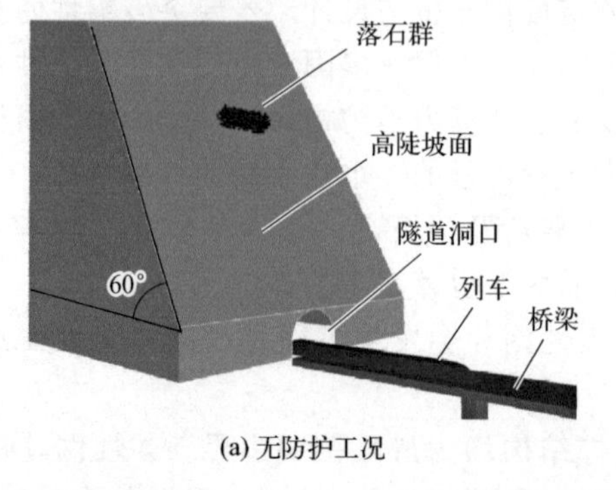

(a) 无防护工况

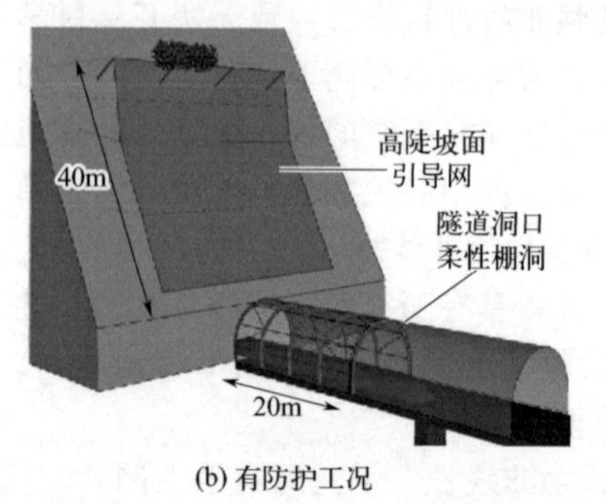

(b) 有防护工况

图23-5 计算工况

使落石在动能较低时便被纳入系统内，在引导网的引导压制作用下落石致灾范围受到控制，同时落石动能在与网面及坡面的反复碰撞中被消耗；在隧道洞口设置柔性棚洞，全方位保证列车行车安全。以上便设计形成了引导网+柔性棚洞的防护方案［图 23-5(b)］。

23.3 仿真技术

如图 23-5 所示，开展有、无防护两种工况的仿真计算并进行对比分析。模型中坡高 40m，坡度 60°。沿坡面布置高 30m、宽 30m 的引导网，并在洞口布置高 7m、宽 10m 的柔性棚洞，由于时间限制，棚洞长度仅建立 20m，其余为刚性体。冲击物为 100m^3 落石群，采用离散元模拟，初动能 3630kJ，并且采用 FEM-DEM 耦合的多柔体动力分析方法对上述工况进行仿真模拟。

23.3.1 关键单元

仿真模型中的主要单元类型及材料如表 23-1 所示。下面将着重介绍离散柔性网片膜单元等效模型和大变形耗能器弹簧单元等效模型。

表 23-1 模型单元类型及材料

构件名称	单元类型	材料
钢柱	梁单元	塑性硬化材料(*MAT_PLASTIC_KINEMATIC)
钢丝绳	索单元	绳索材料(*MAT_CABLE_DISCRETE_BEAM)
柔性网片	膜单元	弹塑性材料(*MAT_PIECEWISE_LINER_PLASTICITY)
耗能器	弹簧单元	弹簧材料(*MAT_SPRING_INELASTIC)
碎石群	离散单元	弹性材料(*MAT_ELASTIC)
山体	壳单元	刚体材料(*MAT_RIGID)
桥/列车	壳单元	刚体材料(*MAT_RIGID)

(1) 离散柔性网片膜单元等效

对于大尺度工程模型，密集的环网部件会产生复杂的非线性力学行为，由此需要消耗大量的计算资源。为此，从缓解大量离散网环计算的非线性接触搜索消耗出发，建立了连续化的薄膜等效模型（图 23-6），从加载过程中的刚度一致、卸载回弹一致、质量一致出发，建立了等效薄膜的等效厚度以及屈服点为极小值的弹塑性指数硬化本构模型（图 23-7），并基于 LS-DYNA 中的引导滑移接触实现了等效薄膜与索单元位置的滑移行为等效。等效薄膜模型相较于离散环网模型的平均计算精度牺牲 5%左右，但计算效率可提高至少一个数量级，大大节约了计算资源，提高了工程仿真设计的效率。该方法适用于大规模柔性防护系统仿真，如帘式网和引导网的设计计算。

(2) 大变形耗能器弹簧单元等效

虽然能够建立基于板壳单元或者实体单元的耗能器精细化数值模型，但其计算效率很低。针对此问题，基于耗能器准静态拉伸和动力拉伸试验获得耗能器力-位移曲线，建立了三折线弹塑性本构模型（图 23-8）。

图 23-6 离散柔性网片连续化的薄膜等效模型

A 点和 B 点分别为耗能器工作启动点和硬化点。该方法实现了基于弹簧单元的耗能器拉伸高效率分析。

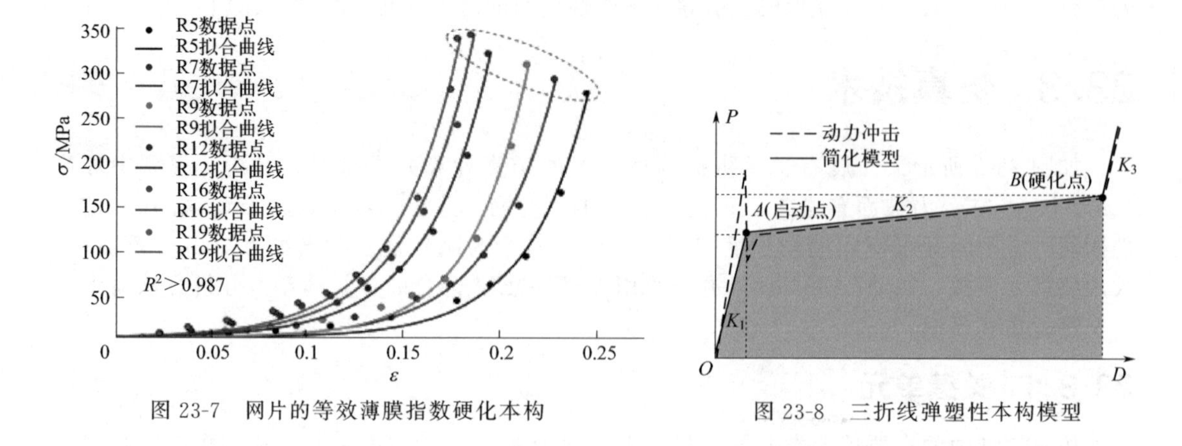

图 23-7 网片的等效薄膜指数硬化本构

图 23-8 三折线弹塑性本构模型

23.3.2 非线性接触

仿真模型中的主要接触设置为：

① 钢丝绳引导滑移接触（＊GUIDED_CABLE）：用于模拟网片沿支撑绳的滑移运动；

② 梁-面接触（＊AUTOMATIC_BEAMS_TO_SURFACE）：用于模拟支撑绳与山体、落石之间的接触关系；

③ 面-面接触（＊SURFACE_TO_SURFACE）：用于模拟柔性网片与山体之间的接触关系；

④ 点-面接触（＊AUTOMATIC_NODES_TO_SURFACE）：用于模拟落石与山体、落石与网片之间的接触关系。

此外，索-柱端的滑移接触需要着重说明：如表 23-1 所述，钢丝绳采用索单元模拟，但在计算过程中，索单元无法顺滑通过柱端，因此，对钢丝绳的滑移段采用安全带单元进行等效，构建了“安全带＋绳索”组合单元，实现了大滑移柔性索单元的非线性模拟（图 23-9）。

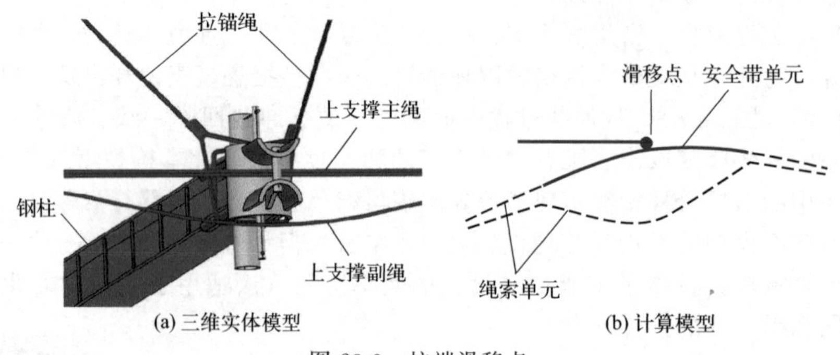

图 23-9 柱端滑移点

23.4 结果分析

图 23-10 为防护方案计算结果。落石在引导网的压制耗能下，末端动能由无防护工况的 19000kJ 降至 11000kJ，降幅超 40%。由于时间限制，模型中引导网长度仅 30m，实际工程

中增加拖尾长度，其耗能效果将更加显著。

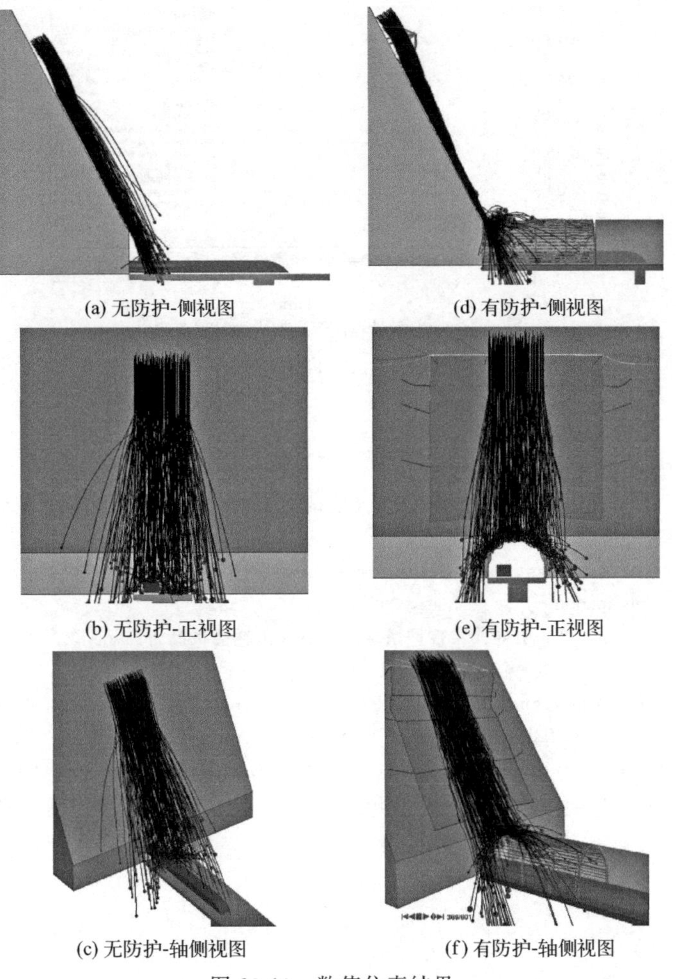

(a) 无防护-侧视图　(d) 有防护-侧视图

(b) 无防护-正视图　(e) 有防护-正视图

(c) 无防护-轴侧视图　(f) 有防护-轴侧视图

图 23-10　数值仿真结果

如图 23-11 所示，主要柔性支撑构件如钢丝绳的最大拉力为 252kN，小于相应规格钢丝绳的破断力；主要刚性支撑构件如钢柱的最大有效塑性应变为 0.12，小于 Q355B 的失效塑性应变。结构尚未达到承载能力极限状态。

因此，从防护效果及防护系统受冲击状态两个方面来看，该防护方案均满足要求。

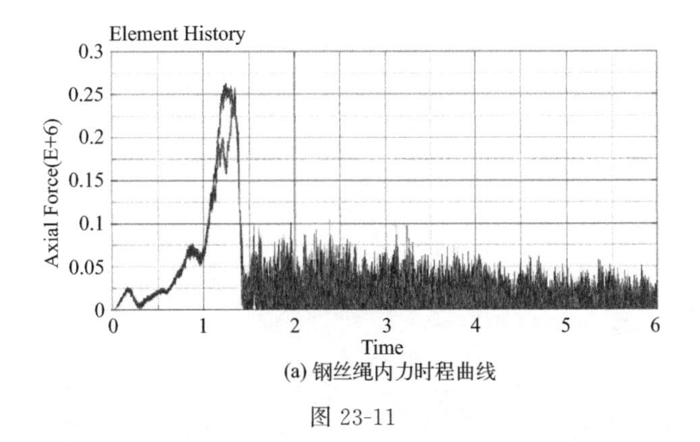

(a) 钢丝绳内力时程曲线

图 23-11

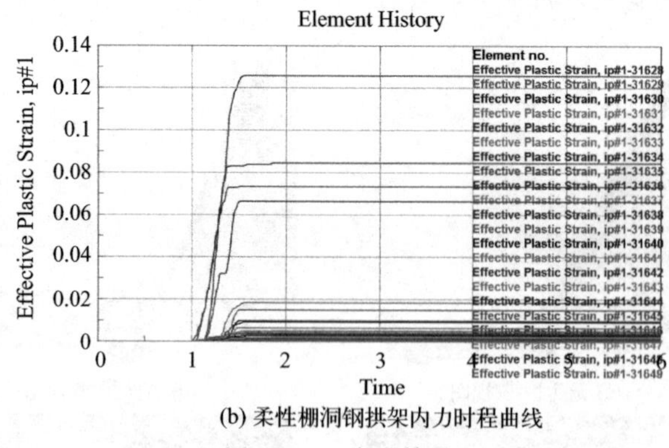

(b) 柔性棚洞钢拱架内力时程曲线

图 23-11　内力结果

参 考 文 献

[1] 赵世春，余志祥，韦韬，等．被动柔性防护网受力机理试验研究与数值计算［J］. 土木工程学报，2013，46（5）：122-128.

[2] Luo L，Yu Z，Jin Y，et al. Quantitative back analysis of in situ tests on guiding flexible barriers for rockfall protection based on 4D energy dissipation［J］. landslides，2022，19：1667-1688.

[3] 金云涛，余志祥，骆丽茹，等．引导式柔性网系统防落石冲击耗能机制研究［J］. 振动与冲击，2021，40（20）：177-185，192.

[4] Jin Y，Yu Z，Luo L，et al. A membrane equivalent method to reproduce the macroscopic mechanical responses of steel wire-ring nets under rockfall impact［J］，Thin-Walled Structures，2021，167：108227.

[5] Yu Z，Qiao Y，Zhao L，et al. A simple analytical method for evaluation of flexible rockfall barrier Part 1：Working mechanism and analytical solution［J］. Advanced Steel Construction，2018，14（2）：115-141.

案例 24

基于三维地质建模的公路桥梁岸坡全寿命周期稳定性研究

参赛选手：武博强　　指导教师：刘青，王勇

中交第一公路勘察设计研究院有限公司

第一届工程仿真创新设计赛项（企业组），二等奖

作品简介： 为更好地在设计阶段实现对桥梁岸坡工程施工期、运营期的指导，弥补国内对桥梁岸坡稳定性分析方法的不足，本案例总结了一套桥梁岸坡全寿命周期稳定性分析方法，对桥梁岸坡基础数据的确定、桥梁岸坡三维模型的搭建、桥梁岸坡工况划分及岸坡稳定性评价等关键技术进行了系统归纳，将该方法应用到多个高等级公路工程中，成功利用数值模拟实现了对桥梁施工阶段的指导及建议。

作品标签： 道路工程、全寿命周期、岸坡稳定系数、先进工法、多学科优化。

24.1 问题的发现

常规的公路边坡由于坡率规则可看作平面应变问题，可采用常规的二维极限平衡法进行分析。但将规模巨大、坡形多变的岸坡简化成一个由多点线段组成的二维模型并不符合实际，施工便道是环绕坡体进行开挖修筑的，二维模型中将便道简化成一个平台显然无法得到其真实稳定性，因此研究施工环境下岸坡稳定性时必须建立三维模型。近些年桥梁岸坡的稳定性问题成了公路工程界的又一热点问题，许多学者也对桥梁岸坡的稳定性问题进行了较为深入的研究。从近 5 年中国、美国及欧洲一些国家相继发生的桥梁垮塌事故来看，桥梁岸坡主要是在施工阶段及运营阶段发生了失稳破坏，有的岸坡是在承台开挖时产生了局部溜滑，也有的是在桩基施打、钢板桩支护时发生了失稳破坏。因此应从桥梁岸坡的全寿命周期出发，以天然边坡的稳定性做对照参考，重点考虑施工阶段与运营阶段的岸坡稳定性，并且结合设计中建议的施工组织顺序进行岸坡模型的建立，同时根据规范制定相应的评价标准，形成一套从建模到分析的完整评价体系。

本案例以某高速公路某特大桥桥梁岸坡为研究对象，详细叙述了三维岸坡地质模型的构建方法（图 24-1），结合研究区的工程地质条件确定了合理的施工组织方案，如承台平台开挖顺序、平台的开挖边坡坡率以及钢板桩支护设计等，确定了岸坡在不同阶段的稳定性评价

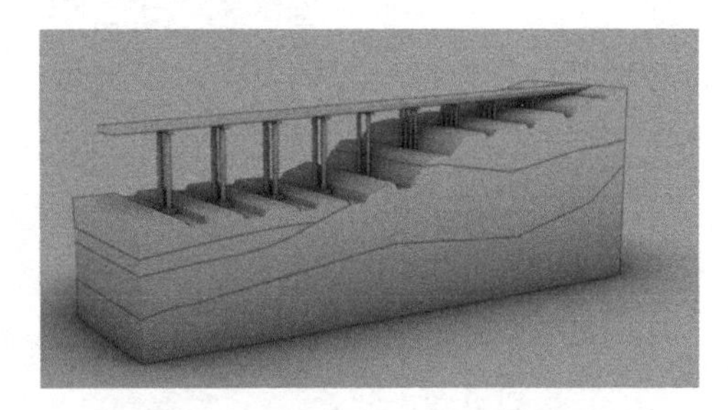

图 24-1　桥梁岸坡三维模型效果图

标准，分析了在自然工况、不同施工阶段条件下以及运营阶段的桥梁岸坡全寿命周期稳定性。

24.2 三维模型构建技术

岸坡模型构建基本思路为：CAD地形图裁剪—导入Rhinoceros软件—拾取等高线上所有的矢量点—拾点成面（图24-2）—曲面拉伸挤出实体模型—划分网格—输出岸坡天然三维地质模型（图24-3）。

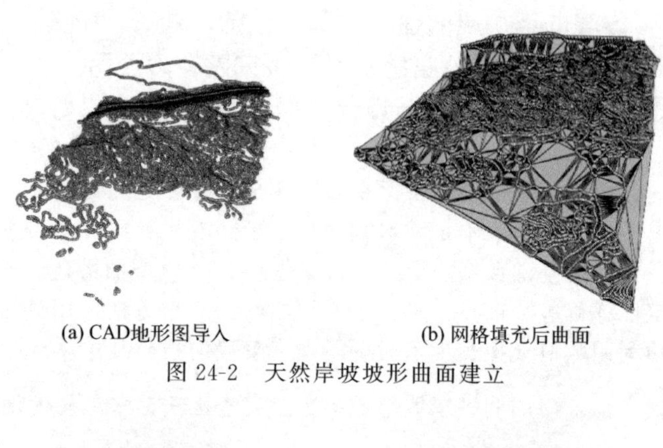

(a) CAD地形图导入　(b) 网格填充后曲面

图24-2　天然岸坡坡形曲面建立

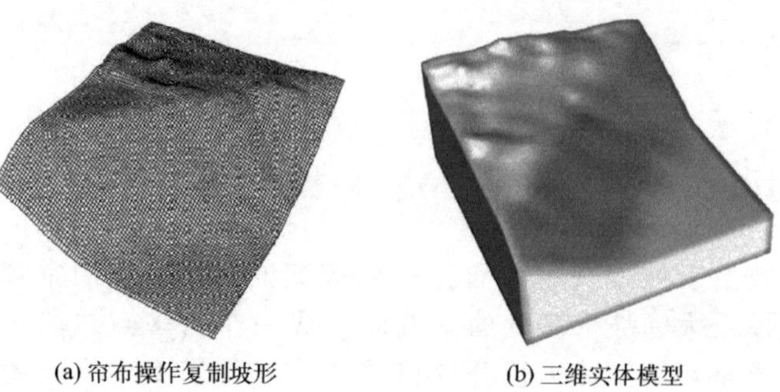

(a) 帘布操作复制坡形　(b) 三维实体模型

图24-3　岸坡三维模型建立

施工便道岸坡模型构建基本思路为：复制原岸坡坡形曲面，在原坡形上裁剪出便道区域—对便道纬地模型图重新建立矢量点并替换原坐标重合地形点—曲面拉伸挤出实体模型—划分网格—输出施工便道岸坡模型（图24-4）。

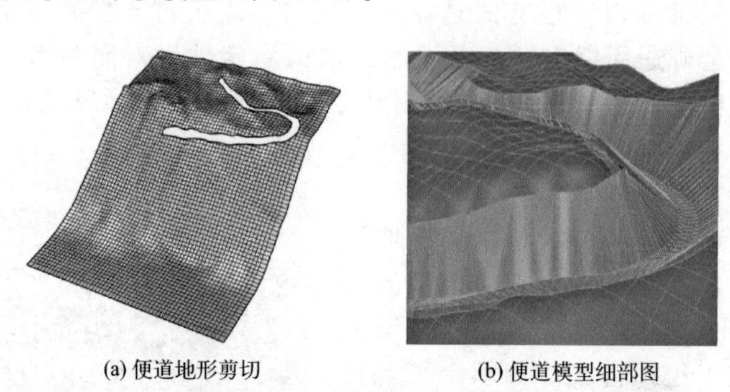

(a) 便道地形剪切　(b) 便道模型细部图

图24-4　施工便道岸坡模型

24.3 全寿命周期稳定性分析思路

24.3.1 桥梁岸坡全寿命周期各分析阶段划分

全寿命周期各阶段包括自然边坡未开挖阶段、施工期阶段及运营期阶段。为与施工期工况做对比分析，首先应结合宏观定性方法及数值定量方法分析施工前自然边坡的稳定性情况；施工阶段首先需根据施工组织方案开挖各桥墩承台平台，因此需分析开挖承台平台后的岸坡稳定性；桩基施工时由于在施打第二根桩基时，第一根桩基已经具有一定强度（按照龄期和抗压强度确定），因此只需考虑每个承台开挖平台后第一根桩基施打的最不利安全系数即可；在施工完成后，还应分析在行车荷载作用下运营期岸坡正常工况及暴雨工况的稳定性。

因此，本案例将全寿命周期分成 8 个分析阶段。

① 模拟天然岸坡的正常工况与暴雨工况；

② 模拟 11～13 号承台平台放坡开挖后岸坡的施工阶段稳定性；

③ 模拟 11 号承台施打第一根桩基的岸坡稳定性；

④ 模拟 11 号、12 号桩基完全施工后施打 13 号承台第一根桩基的岸坡稳定性；

⑤ 模拟 14 号承台施打第一根桩基的岸坡稳定性；

⑥ 模拟 15 号承台施打第一根桩基的岸坡稳定性；

⑦ 由于 16～18 号承台所在岸坡区域较缓，且有反坡，因此只需模拟 15 号承台施打第一桩基的岸坡稳定性与所有承台桩基施工完毕的岸坡稳定性即可；

⑧ 模拟运营期右岸岸坡正常工况及暴雨工况的岸坡稳定性。

24.3.2 桥梁岸坡全寿命稳定性分析

① 桥梁岸坡天然稳定系数计算结果 FS=1.39，天然工况下处于稳定状态，施工便道开挖工况下岸坡稳定系数计算结果 FS=1.152（图 24-5），满足建设需要。

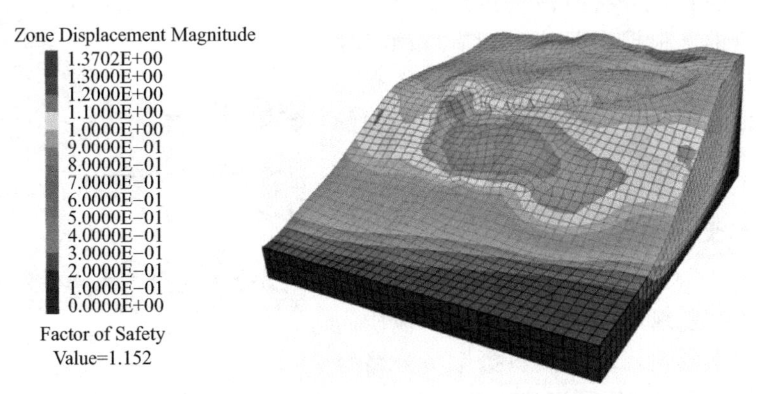

图 24-5　天然工况下施工便道施工后岸坡稳定性分析结果

② 桥梁岸坡桩基施工阶段，施打第二根桩基时，第一根桩基已经具有一定的抗剪强度（按照龄期和抗压强度确定），应考虑到桩基施工工况中（图 24-6）。因此根据计算结果，只考虑开挖平台后第一根桩基施打时的最不利安全系数即可。此点其他岸坡稳定性分析可以借鉴。

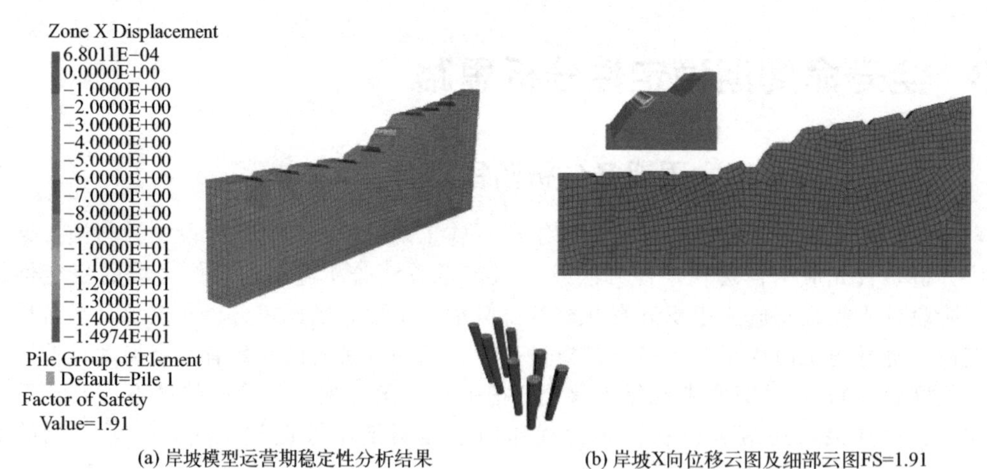

(a) 岸坡模型运营期稳定性分析结果　　(b) 岸坡X向位移云图及细部云图FS=1.91

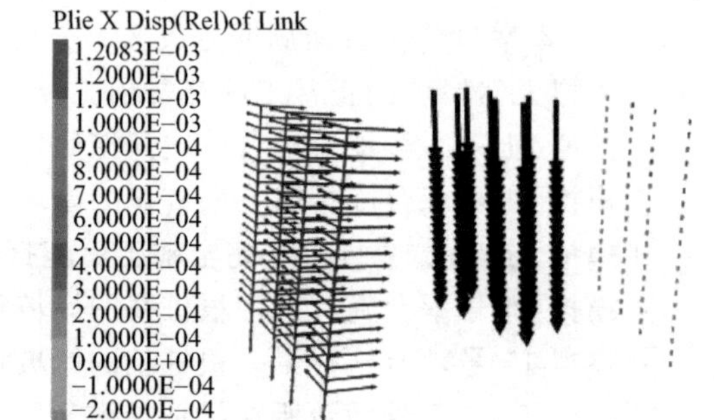

(c) 岸坡模型网格划分细部图　　(d) 岸坡模型桩基受力荷载细部图及X向位移云图

图 24-6　桩基施工工况下岸坡桥址区剖面假三维模型稳定性分析结果

③ 根据桥梁的工程地质条件、施工组织综合确定全寿命周期的具体分析阶段进行桥梁岸坡稳定性分析是可行的，根据实际施工期岸坡稳定性的情况充分证明了设计指导施工的正确性(图 24-7)，并根据各分析阶段的特点确定不同的评价标准减少了潜在的工程浪费。

图 24-7　桥梁岸坡现场

24.4　方法的应用延伸

从工程实践中发现，越来越多的不良地质问题需要三维模型来解决，基于倾斜摄影将公路地质灾害模型从传统二维升级到实景三维，并与岩土计算软件进行交互，能够更好地实现公路设计师的诸多想法。基于此分享两个实际的应用案例，一个是弃渣场边坡稳定性分析，另一个是崩塌体防治分析。

24.4.1　弃渣场边坡稳定性分析

弃渣场区域属于河谷深切 V 字形地貌，距路线约 200m，平均填筑高度为 3m，并在弃渣区设置 6 道拦渣墙。弃渣区两侧均为自然陡坡，季节性流水较多，在多雨季边坡发生失稳可能性较大。根据地勘成果资料可知，表层为浅层碎石土，下覆强风化、中风化碳质板岩。本案例计算分析主要分为三种分析情况。

分析情况 1——自然工况下两侧斜坡对弃渣区的影响；分析情况 2——典型两侧斜坡断面在弃渣填筑后在自然工况及暴雨工况下的稳定性；分析情况 3——弃渣区边坡断面模型在自然工况及暴雨工况沿着填筑界面及其内部发生滑动的可能性。其中，分析情况 1 是最为复杂的。因为两侧斜坡采用常用的二维分析无法真实模拟其稳定性，只能通过计算多个二维剖面来判定整个区域的稳定性，因此，本案例基于上述的三维模型构建技术构建弃渣填筑区三维斜坡模型评价其稳定性。建模精度为 0.2m×0.2m，保证模型的准确性（图 24-8～图 24-10）。

图 24-8 弃渣填筑区地形地貌

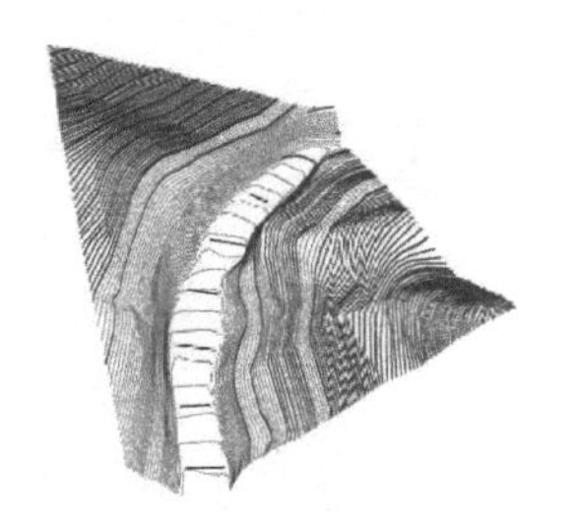

(a) CAD地形图导入

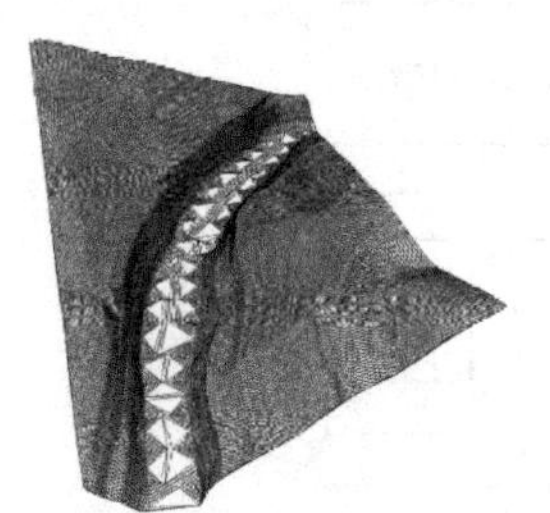

(b) 拾取点信息后构建坡面

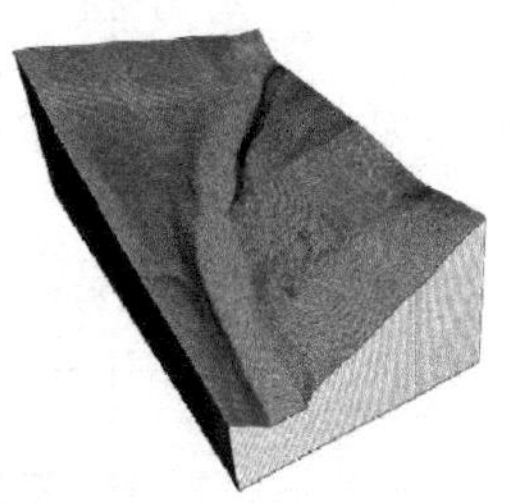

(c) 挤出实体模型

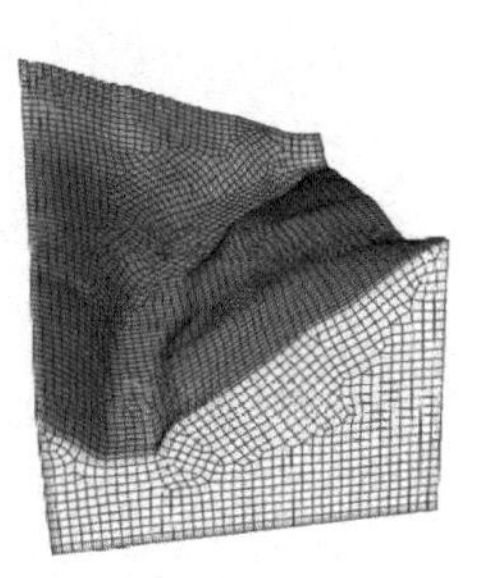

(d) 划分网格

图 24-9 弃渣填筑区两侧斜坡模型构建过程

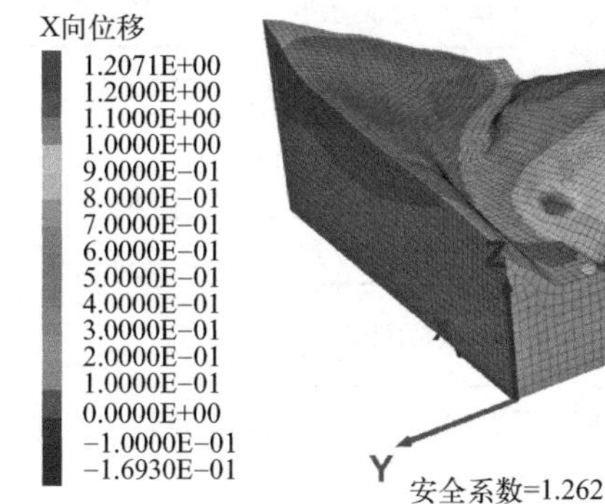

图 24-10 基于倾斜摄影的三维地质计算模型分析结果

24.4.2 基于倾斜摄影三维地质建模的崩塌防治设计

研究区路线右侧为崩塌地质灾害隐患点。该段路线右侧山体高陡，分为岩堆区和潜在落石崩塌区。崩塌区后壁陡立，接近 90°，高度约 150m；岩堆区岩堆厚度 15～30m 不等，岩性为粗粒砾岩（图 24-11）。由于潜在落石崩塌区位于山腰陡壁上，人员无法攀登，且岩体节理裂隙较为发育，有发生二次崩塌的危险，传统测绘工作很难开展，几乎无法用人工的方式获得现场资料。

图 24-11　崩塌区现场

针对面临的问题，在全线类似段采用倾斜摄影技术，并与本团队自主建立的崩塌防治设计体系进行结合（图 24-12），建立崩塌模型进行落石路径及支挡分析（图 24-13），为崩塌区方案设计提供依据。该方法同样可应用于桥址区崩塌碎落防治设计（图 24-14）。

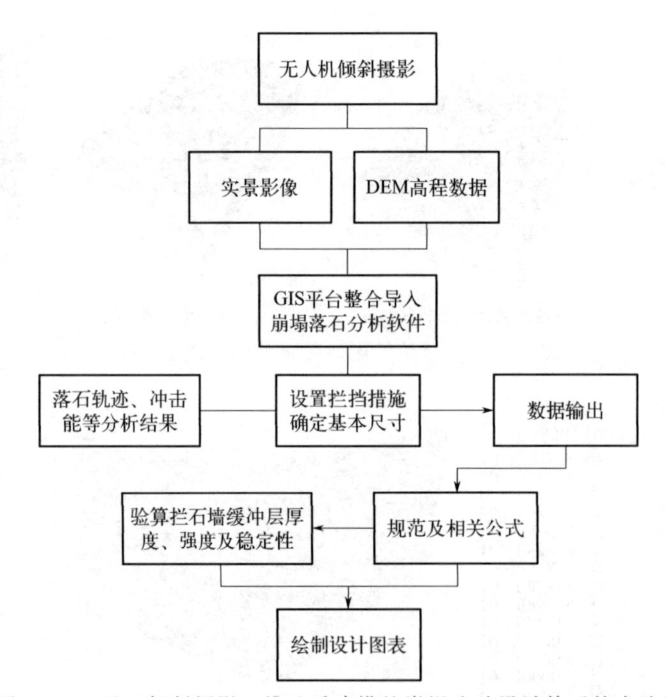

图 24-12　基于倾斜摄影三维地质建模的崩塌防治设计体系技术路线

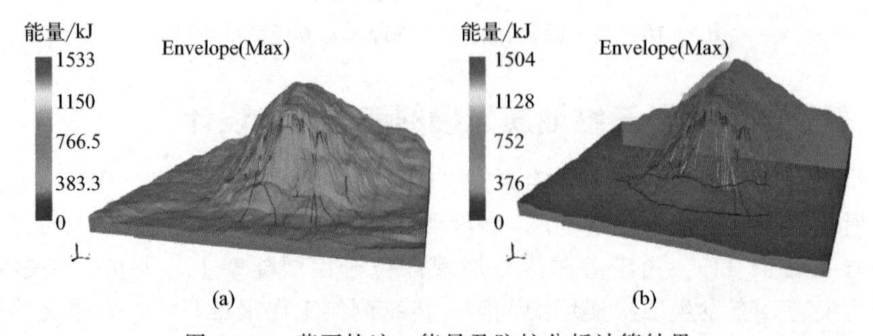

图 24-13　落石轨迹、能量及防护分析计算结果

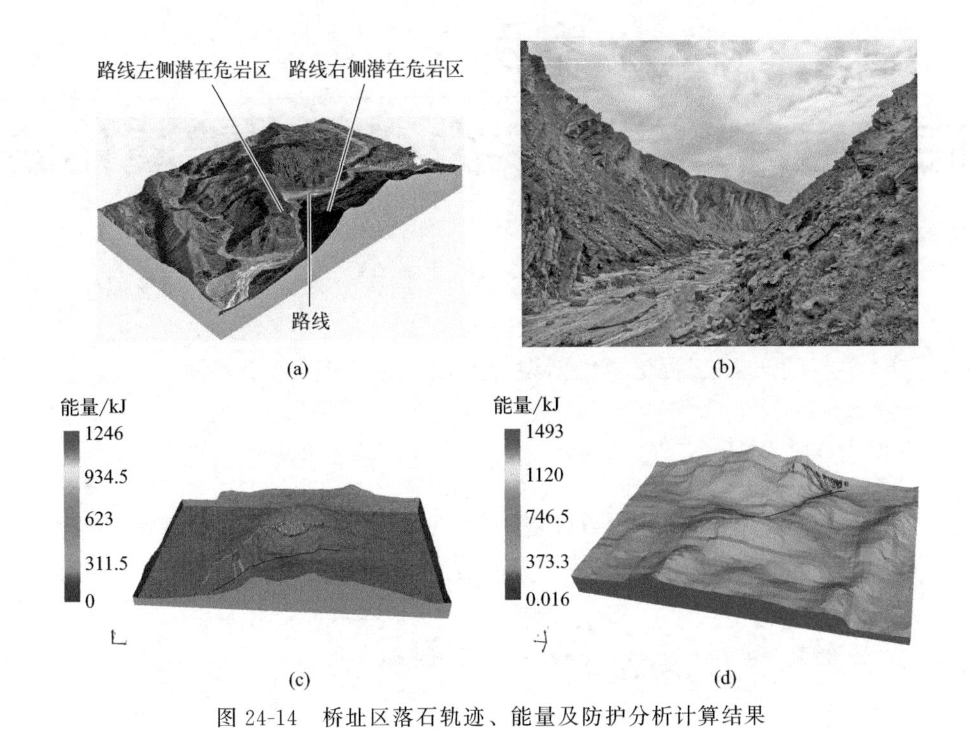

图 24-14 桥址区落石轨迹、能量及防护分析计算结果

参考文献

[1] 武博强，王勇，杨德宏．施工环境下风积沙地区公路岸坡稳定性分析［J］．路基工程，2021（2）：217-223.

[2] Wu B Q，Wang Y，Yang D H. Stability analysis of bank slope under construction environment in sand area［J］. Subgrade Engineering，2021（2）：217-223.

[3] 冯文凯，石豫川，王学武，等．库区公路岸坡稳定性风险评价基本理论体系［J］．山地学报，2005（6）：6702-6708.

[4] 刘前进，董毓，封林波．九江地区长江沿岸工程地质特征与岸坡稳定性探讨［J］．华东地质，2017，38（2）：147-154.

[5] 邓彩云，李凌云，朱勇辉．河岸稳定性评估指标体系初探［J］．长江科学院院报，2019，36（10）：127-130.

[6] 赵前进．大瑞铁路澜沧江特大桥岸坡稳定性分析［J］．铁道标准设计，2017，61（11）：47-50.

[7] 武博强，刘青，杨德宏，等．公路土质边坡注浆加固稳定性研究［J］．公路交通科技，2021，38（11）：45-51，87.

案例 25

海底围岩高压水压裂微细观裂隙演化研究

参赛选手：陈建，张嘉勇，朱令起　　指导教师：郭立稳，王福生
华北理工大学
第一届工程仿真创新设计赛项（企业组），二等奖

作品简介： 基于海底隧道围岩的 SEM 扫描图像，数字化重构微细观孔裂隙结构模型；结合分形理论，获取考虑围岩微细观原始孔裂隙的水力压裂尺度扩展模型；基于全局嵌入的 Cohesive 单元方法，模拟研究围岩微细观水力裂隙网络扩展规律；揭示海底地质活动造成的围岩水力裂隙扩展机制，为海底巡检机器人探测海底工程薄弱点以及人工加固提供理论支撑。

作品标签： 海底隧道、水力压裂、Cohesive 单元、图像数字化。

25.1 引言

随着科技水平的提高，人们探索和掌握了在海底施工的技术，堪比三峡工程的海底隧道、海底工程逐渐增多，给人民生活带来了巨大便利。但是，面对自然灾害，人类工程往往显得非常脆弱。海底工程最怕遇到海底地震、海底火山喷发、海底构造运动。

自然灾害释放的瞬间能量容易带来巨大的水压冲击，并且高压水冲击时间可持续几十秒甚至更久，严重威胁人类海底工程。

“千里之堤，溃于蚁穴”，海底工程破溃源于微细观裂隙的发育。但是，目前从微细观角度扩大分析模型尺寸，探究海底围岩高压水跨尺度致裂机制的研究较少。因此，本案例基于 SEM 扫描电镜图片，将海底岩石微细观图片数字化，并进行全局各向同性、局部各向异性的模型扩展，搭建微细观孔裂隙与宏观孔裂隙关系的桥梁，进而揭示海底围岩高压水跨尺度致裂机制。技术路线如图 25-1 所示。

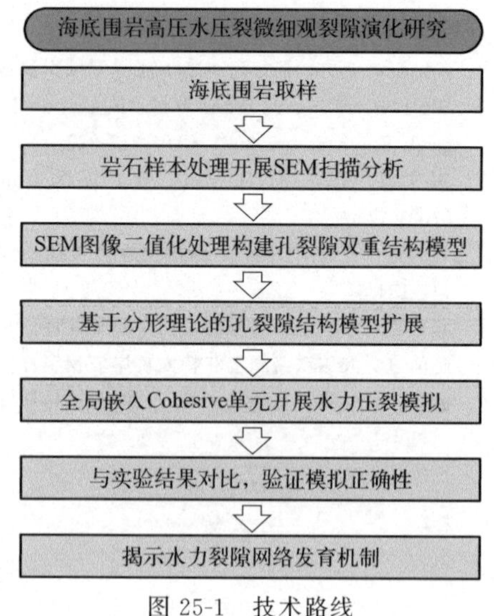

图 25-1　技术路线

25.2 海底围岩 SEM 扫描图像处理

海底岩石从结构上可分为 3 层，层 1 为沉积层，层 2 以玄武岩为主，层 3 包括辉长岩和超基性岩等。海底隧道所构建位置大多属于层 2、3 的范畴，是深部岩浆溢出，在洋底冷凝

而成的岩石。首先，对该位置的海底岩石进行取样，采用 SEM 扫描技术分析其原生微细观孔裂隙结构，如图 25-2 所示。

(a) 海底岩石取样图片

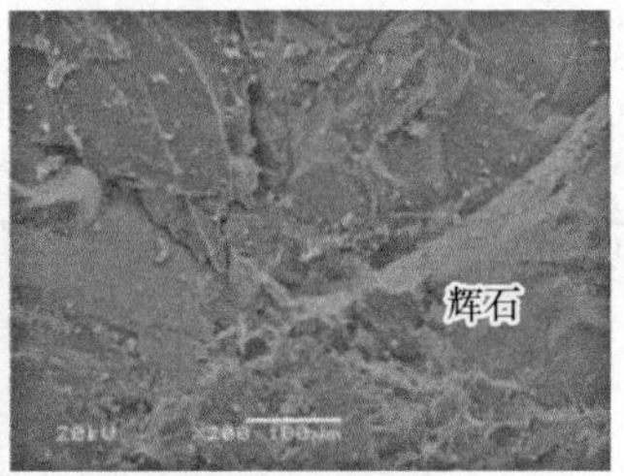

(b) 海底岩石SEM图片

图 25-2　海底岩石及其 SEM 图片

然后，对海底围岩的 SEM 图像进行数字化处理。首先，对 SEM 图像进行二值化处理，得到二值化处理后的孔裂隙结构模型。然后，采用 Matlab，编程将空间矩阵信息转为文本信息，并赋予尺寸坐标信息，完成模型的数字化处理，得到数字化的孔裂隙结构模型，如图 25-3 所示。

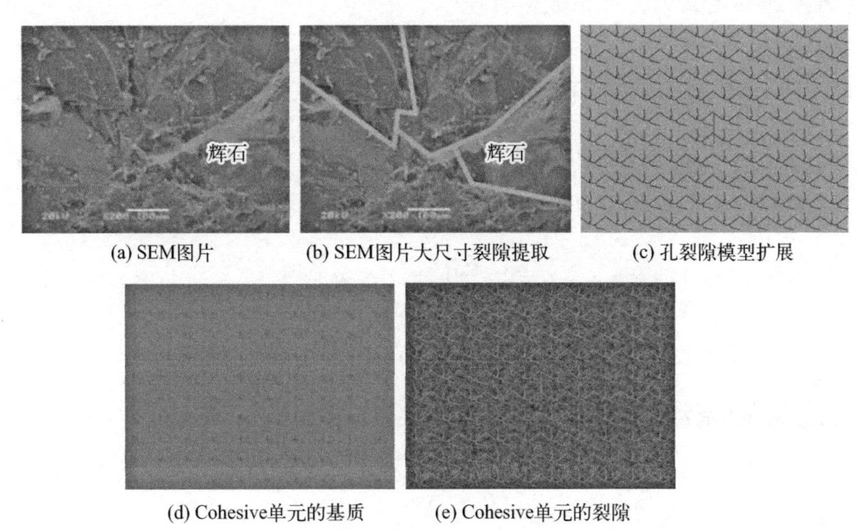

(a) SEM图片　(b) SEM图片大尺寸裂隙提取　(c) 孔裂隙模型扩展

(d) Cohesive单元的基质　(e) Cohesive单元的裂隙

图 25-3　模型构建路线

接着，采用几何扩展的方式，将小范围的微细观裂隙模型扩展为宏细观模型，并采用分形理论，计算 SEM 原始图片的分形维数 D_1，以及扩展后模型的分形维数 D_2，验证 D_1 与 D_2 的误差。当 D_2 值小于 D_1 值时，在模型中补充一部分省略的细小裂隙，直至 D_1 与 D_2 的误差达到要求。最后，引入描述水力裂隙扩展的 Cohesive 单元，采用 Abaqus 软件二次开发，实现全局嵌入 Cohesive 单元，如图 25-4 所示。

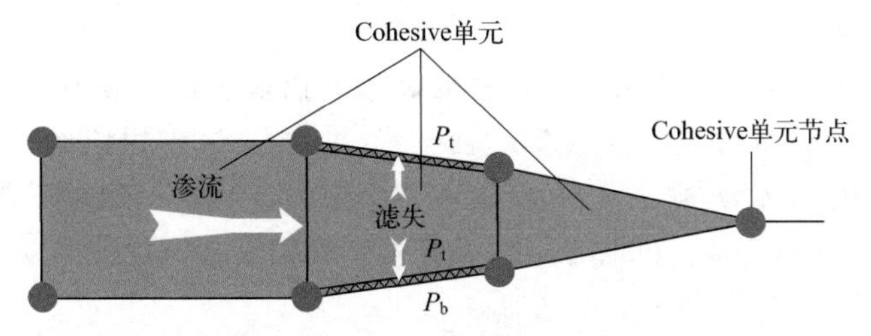

图 25-4　水力裂隙扩展的 Cohesive 单元模型

25.3 基于Cohesive单元的水力裂隙扩展模拟

25.3.1 流体流动方程

压裂液在岩石中的流动过程被认为是多孔介质渗流过程，主要采用Forchheimer方程进行描述。

$$q=-\frac{\rho g k_s k}{\mu_w \gamma_w (1+\beta|v_w|v_w)}\left(\frac{\partial p}{\partial x}-\rho_w g\right) \tag{25-1}$$

式中，q 为流体在多孔介质的单位流量，m^3/s；ρ_w 为多孔介质密度，kg/m^3；ρ 为流体密度，kg/m^3；k_s 为多孔介质初始渗透率，mD；k 为多孔介质渗透率，mD；μ_w 为流体动力黏度系数，Pa·s；γ_w 为流体重度，N/m^3；p 为孔隙压力，Pa；β 为非达西渗流影响系数；v_w 为流体流速，m/s。

模拟时将渗透率定义为传导系数，有

$$\bar{k}=\frac{g k_s}{v_{\text{kinematic\_w}}(1+\beta|v_w|v_w)}k=\frac{g\mu_w k_s}{\mu_w(1+\beta|v_w|v_w)}k \tag{25-2}$$

式中，$v_{\text{kinematic\_w}}$ 为运动学流体速度，m/s；$\bar{k}$ 为水力传导系数。

则由Forchheimer定义的水力传导系数为

$$q=-\frac{\bar{k}}{r_w}\left(\frac{\partial p}{\partial x}-\rho_w g\right) \tag{25-3}$$

式中，r_w 为流体重度，N/m^3。

25.3.2 压裂液流动方程

模拟过程中，将压裂液视为牛顿流体。当压裂液进入裂隙时，压裂液在裂隙内的流动符合Reynold方程的描述，见式(25-4)。

$$q=-\frac{d^3}{12\mu}\nabla p \tag{25-4}$$

式中，q 为注入流量；d 为裂缝宽度；μ 为压裂液黏度；∇p 为Cohesive单元压力梯度。

d 的计算公式如下：

$$d=t_{\text{curr}}-t_{\text{ong}}+g_{\text{init}} \tag{25-5}$$

式中，t_{curr} 为现有Cohesive单元几何宽度；t_{ong} 为初始Cohesive单元几何宽度；g_{init} 为初始裂隙开口宽度。

使用Cohesive单元模拟水力压裂，在裂缝尚未开启的时候，现有Cohesive单元几何厚度 t_{curr} 等于初始Cohesive单元几何厚度 t_{ong}，裂缝宽度 d 等于初始裂缝开口宽度 g_{init}。此时，压裂液在裂缝内的流动被认为是流体在岩石中的渗流，该渗流满足达西定律，则Reynold方程转化为达西定律；同时也可以计算得到初始裂缝宽度值。

$$q=-\frac{g_{\text{init}}^3}{12\mu}\nabla p$$

$$=-\frac{k}{\mu}\nabla p \tag{25-6}$$

$$g_{\text{init}}=\sqrt[3]{12k} \tag{25-7}$$

式中，k 为渗透率。

25.3.3 压裂滤失方程

压裂液进入裂缝后，在压力差作用下会向地层滤失。Cohesive 单元采用的滤失模型 p_i 为 Cohesive 单元内的压裂液压力，p_t、p_b 分别为上、下地层的孔隙压力，滤失层如图箭头所示。滤失速度满足如下公式：

$$\begin{aligned} q_t &= c_t(p_i-p_t) \\ q_b &= c_b(p_i-p_b) \end{aligned} \tag{25-8}$$

式中，q_t、q_b 分别为上、下滤失层的滤失速度，m/s；c_t、c_b 分别为上、下滤失层的滤失系数，m/(kPa・s)。

由滤失速度公式可知，当裂缝内流体压力 p_i 大于地层岩石孔隙压力 p_t、p_b 时，裂缝内的压裂液便会向地层岩石滤失；当裂缝内流体压力 p_i 小于或等于地层岩石孔隙压力 p_t、p_b 时，裂缝内的压裂液不会向地层岩石滤失。地层岩石孔隙中的流体存在压力差会发生液体流动。压裂液滤失系数定义如下：

$$c_{\text{leak-off}}=\frac{kA}{\mu L} \tag{25-9}$$

式中，A 为诱导裂缝产生的区域乘数；L 为水力裂缝长度，m。在实际压裂过程中，会产生剪切裂缝及裂缝分支，因此模拟时裂缝滤失区域小于实际压裂时的滤失区域。

25.3.4 模拟参数

模拟参数主要来源于相关文献以及真三轴实验结果，见表 25-1。

表 25-1 模拟参数表

变量名称	岩石弹性模量/GPa	泊松比	渗透率系数/mD^{-1}	孔隙率	损伤演化	滤失系数	黏度/Pa・s	内聚力/MPa
变量值	17.5	0.29	1×10^{-7}	0.1	5×10^{-4}	1×10^{-14}	0.001	5

25.3.5 模拟方案

本案例主要模拟富含原生裂隙的围岩注水压裂时宏-细观尺度裂隙发育规律及特征。由于地应力差是影响裂隙发育的重要因素，因此对应力差变化对裂隙发育的影响规律进行了研究。主要模拟如表 25-2 所示。

表 25-2 模拟方案表

标号	1	2	3	4	5	6
应力差	$\delta_2-\delta_1=0$(MPa)	$\delta_2-\delta_1=1$(MPa)	$\delta_2-\delta_1=2$(MPa)	$\delta_2-\delta_1=3$(MPa)	$\delta_2-\delta_1=4$(MPa)	$\delta_2-\delta_1=5$(MPa)

25.3.6 仿真过程

仿真设置及计算过程见图 25-5。

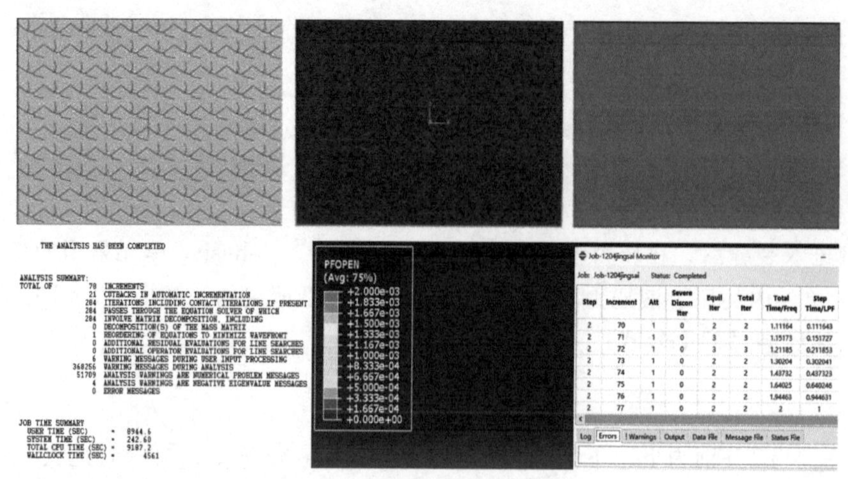

图 25-5　仿真设置及计算过程

25.4　结果与讨论

25.4.1　模拟结果与实验结果对比

为了验证模拟结果的准确性，对相同条件下的实验结果与数值模拟结果进行对比分析，如图 25-6 所示。

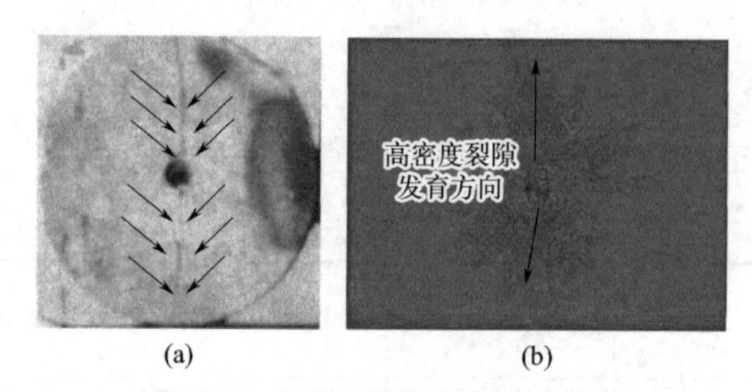

图 25-6　实验与数值模拟结果对比

通过对比发现实验结果和数值模拟结果中天然裂隙在高压水作用后的膨胀形态相似，且高密度压裂裂隙发育方向一致，因此，可验证数值模拟结果的准确性。

25.4.2　裂隙网络发育特征

模拟分析了裂隙网络扩展过程，规律如图 25-7 所示。

在高压水注入后的前三个阶段，天然裂隙在水压的作用下同时在竖直方向和水平方向扩展，天然裂隙的竖直尖端部分形成应力集中区。在第四阶段，裂隙尖端部位的拉伸应力高于岩石的最大抗拉强度，在竖直方向上开始发育裂隙。裂隙的形成使天然裂隙尖端的应力被释放，天然裂隙停止在竖直方向扩展。在第五阶段，随着天然裂隙在孔压作用下不断膨胀，最终水平方向的拉应力达到岩石强度极限，天然裂隙左右两侧逐渐发育裂隙。由于天然裂隙水平轴向的圆角有利于应力传递，该位置形成的水平裂隙的数量和发育程度均低于垂直裂隙。此时，天然裂隙已基本停止扩展。在第六阶段，压裂裂隙的数量和扩展长度进一步增加，形成密集裂隙网络，竖直方向裂隙的延伸长度明显大于水平裂隙，使岩石上下裂隙贯通。

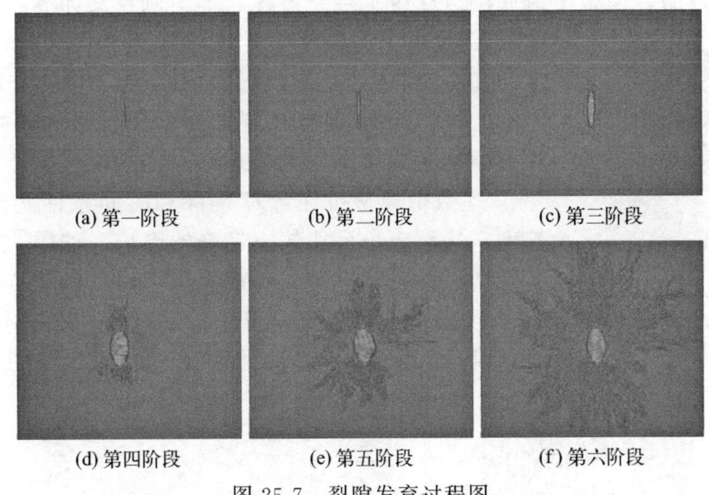

图 25-7　裂隙发育过程图

除海底水压之外，有必要考虑围压对水力压裂裂隙扩展的影响。通过模拟得到了不同应力差下的裂隙扩展图，图 25-8 为 6 种应力差下的水力裂隙扩展最终状态图。

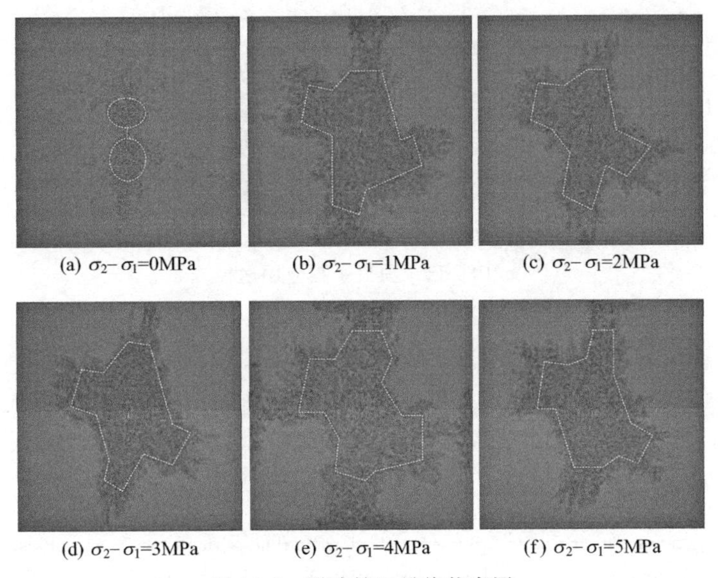

图 25-8　裂隙扩展最终状态图

应力差对裂隙扩展的形态有明显的影响，模拟结果与 Bell 等的观点一致，在无应力差的情况下，压裂裂隙仅在天然裂隙竖直尖端发育，裂隙生成数量和延伸长度较小。与之相比，在图 25-8(b)～(f) 中，天然裂隙周围有大量裂隙发育，裂隙扩展范围明显扩大，且上下裂隙贯通。然而，应力差的大小与裂隙扩展之间的关系复杂，在模拟结果中，裂隙发育程度图 (e)＞图 (b)＞图 (f)＞图 (d)＞图 (c)，$\sigma_2-\sigma_1=4$MPa 时裂隙发育程度最高，$\sigma_2-\sigma_1=2$MPa 时裂隙发育程度最低。此外，还发现应力差的大小对裂隙网络的扩展范围影响不大，在改变应力差后，裂隙的主要发育法向基本一致。

25.4.3　后期应用前景

本案例通过几何扩展的方式，将基于 SEM 图像扫描的小尺寸微细观裂隙模型扩展为大尺寸的宏观裂隙模型，模拟了海底围岩高压水致裂过程。本案例意义如下：

图 25-9 微细观裂隙网络扩展结果

① 发现了裂隙网络扩展过程及路径，揭示了每条裂隙的走向和由来，有助于后续的岩石裂隙预测工作顺利进行。

② 厘清了微细观孔裂隙对水压致裂的影响，揭示了微细观裂隙网络的状态，可为现场提供理论依据，见图 25-9。

③ 数值模型可在计算条件和时间条件允许的情况下继续扩大，从而减小尺寸效应带来的影响，如图 25-10 所示，最终实现微细观裂隙模型向宏观裂隙模型的成功转化。

④ 通过数值模拟，可为海底巡检机器人探测海底工程薄弱点以及衬体的重点加固提供理论支撑，见图 25-11。

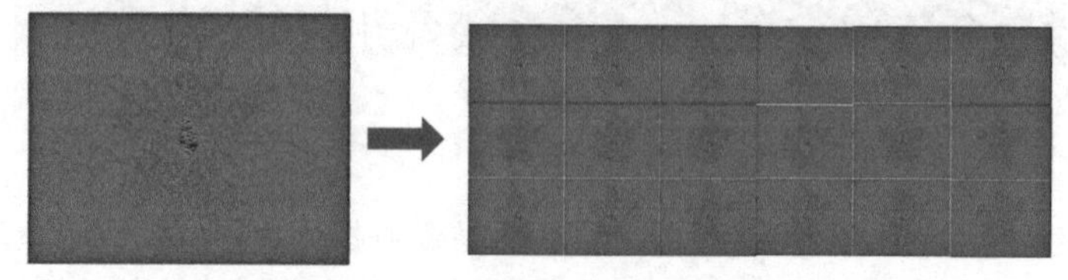

图 25-10 模型尺寸扩大效果图

(a) 着重加固衬体

(b) 海底巡检机器人

图 25-11 项目工程应用途径

参考文献

[1] Chen J, Cheng W, Wang G. Simulation of the meso-macro-scale fracture network development law of coal water injection based on a SEM reconstruction fracture Cohesive model [J]. Fuel, 2021, 287: 119475.

[2] Arrarás A, Gaspar F J, Portero L, et al. Geometric multigrid methods for Darcy-Forchheimer flow in fractured porous media [J]. Computers & Mathematics with Applications, 2019, 78 (9): 3139-3151.

[3] Okoya S S. Disappearance of criticality for reactive third-grade fluid with Reynold's model viscosity in a flat channel [J]. International Journal of Non-Linear Mechanics, 2011, 46 (9): 1110-1115.

案例 26

远距离保护层开采覆岩应力演化规律研究

参赛选手：陈昕涛，张军林，刘雅琪　　指导教师：刘强

辽宁工程技术大学

第二届工程仿真创新设计赛项（本科组），一等奖

作品简介： 由于国内大部分煤层群存在多工作面开采的情况，群组工作面间存在的特殊压茬关系导致保护层开采引起的覆岩应力演化规律复杂。本案例以平煤八矿丁、戊、己三组具有特殊压茬关系的煤层多工作面开采过程为研究对象，利用 FLAC 软件开展数值模拟试验，研究得到保护层开采所形成的卸压区、增压区、过渡区范围，在己组煤层工作面采动影响下，上覆岩层应力场和位移场的演化规律以及戊$_{9,10}$-21070 工作面风巷受到己组煤层采动影响的应力场和位移场变化规律。

作品标签： 网格处理、岩土、试验、Rhinoceros、FLAC^{3D}。

26.1 引言

在煤炭资源开采的过程中，瓦斯突出事故在我国煤矿事故中占有较大比例。理论研究和工程实践表明，保护层卸压开采配合瓦斯抽采是十分经济有效的防治突出事故发生的手段之一。预先开采的保护层可以使与其相邻的有突出危险的煤层受采动影响而有效降低瓦斯压力和瓦斯含量，从而达到预防突出事故发生的目的。

本案例数值模拟的研究内容主要基于平煤八矿现场实际情况展开。平煤八矿位于河南省平顶山市区东部，是我国自行勘探设计和施工建设的第一座特大型矿井。矿区内煤炭储量丰富，存在多组煤层，为合理高效回收煤炭资源，设计了丁、戊、己三组煤层群开采工作面，形成独特的煤层群组与组间距大和群内层间距小的特点。其中丁、戊组煤层间距约为 80m，戊、己组煤层间距约为 170m。

丁组煤层与戊组煤层走向近乎平行，并与己组煤层存在一定斜交角度，约为 13°。斜交角度的存在，致使上覆煤层与己组煤层存在一定的压茬关系。目前己$_{15}$-21030 工作面超前于戊$_{9,10}$-21070 工作面回采，两工作面的垂直投影相互交叉，己$_{15}$-21030 工作面与戊$_{9,10}$-21070 工作面斜交于己组工作面上方，如图 26-1 所示。

根据现场实际工况，戊组煤层围岩在空间和时间上的应力演化规律受丁组煤层开采完成后的预留煤柱与己组煤层的开采扰动叠加影响产生了卸压区与应力集中区；并且在己组煤层工作面推进过程中，戊$_{9,10}$-21070 工作面风巷已经出现变形回缩等现象，说明己组煤层开采对戊组煤层有较大的影响。因此，需要通过数值模拟对戊$_{9,10}$-21070 工作面在丁组预留煤柱叠加己组煤层开采扰动影响下的应力演化及分布状态进行分析研究。

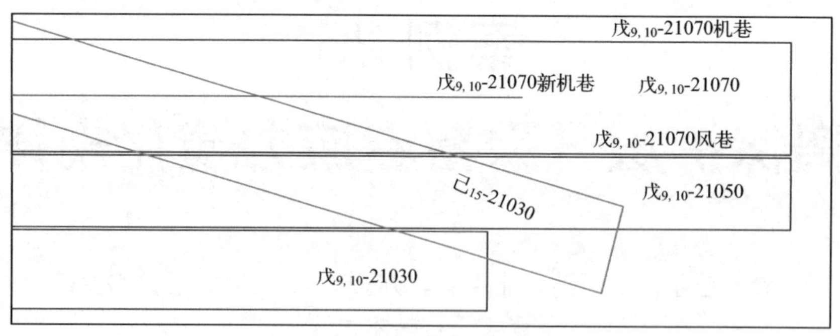

图 26-1　采面位置关系简图

26.2　主要研究内容和技术路线

26.2.1　主要研究内容

本案例在收集大量现场资料的基础上，主要研究远距离保护层开采覆岩的应力演化规律。研究内容为以下三个方面：

(1) 覆岩层原始应力分布特征及受采动影响的应力演化规律研究

利用 $FLAC^{3D}$ 软件模拟各煤层在开采前受初始地应力影响的应力分布特征；观察随己$_{15}$-21030 工作面和戊$_{9,10}$-21070 工作面的推进，在丁、戊煤层预留煤柱和煤层采动影响的叠加作用下覆岩的应力变化情况，总结其演化规律。

(2) 保护层开采增压区、卸压区、过渡区的范围确定及规律研究

采用 $FLAC^{3D}$ 软件模拟保护层开采过程，观察随己$_{15}$-21030 工作面和戊$_{9,10}$-21070 工作面的推进，煤层附近岩体的应力变化情况，确定增压区、卸压区、过渡区的范围并总结应力演化规律。

(3) 覆岩层受采动影响的位移演化规律

采用 $FLAC^{3D}$ 软件进行数值模拟，通过监测点观察随己$_{15}$-21030 工作面的推进，其上覆岩层，特别是戊组煤层的位移变化最大量以及主要变形范围；观察戊$_{9,10}$-21070 工作面推进过程中，戊组煤层预留安全煤柱及上覆岩层的位移最大变化量以及主要变形范围。

26.2.2　技术路线

研究方法及技术路线见图 26-2。

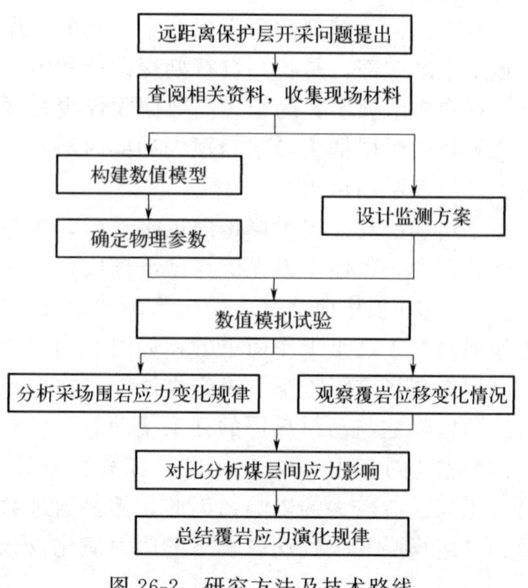

图 26-2　研究方法及技术路线

26.3　模型的建立及计算

26.3.1　数值模型的建立及参数选取

(1) 煤层开采情况

丁、戊、己三组煤层中，共有 9 个工作面（图 26-3）。其中丁组煤层有五个工作面，分别为丁$_{5,6}$-11010、丁$_{5,6}$-11030、丁$_{5,6}$-11050、丁$_{5,6}$-11070 以及丁$_{5,6}$-11090，目前已经全部完成开采；戊组煤层有 4 个工作面，分别为戊$_{9,10}$-21010、戊$_{9,10}$-21030、戊$_{9,10}$-21050、戊$_{9,10}$-21070，戊$_{9,10}$-21010、戊$_{9,10}$-21030、戊$_{9,10}$-21050 已经完成开采；己组煤层只有己$_{15}$-21030 工作面，尚未开采。

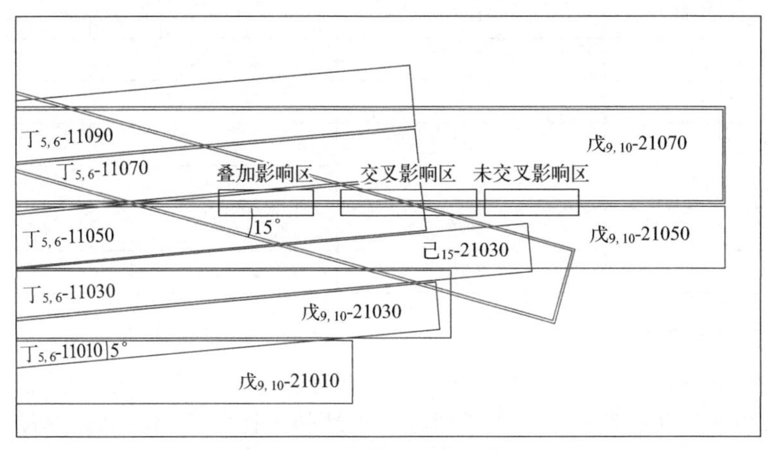

图 26-3　各煤层工作面简图

(2) 模型的建立

为了能够较好地克服 FLAC^{3D} 有限差分软件建立岩土地下工程三维数值计算模型时固有的困难和缺点，通过 Rhino 软件建立等比例实体模型，模型 x、y、z 方向分别为 800m、2000m 和 450m 丁组煤层与戊组煤层间距约 80m，戊组煤层与己组煤层间距约 170m，煤层倾角为 9°，如图 26-4 所示。其中，x 轴为倾向方向，y 轴为工作面走向方向，z 轴为竖直方向。使用 Griddle 对模型进行网格划分，生成网格单元 132876 个，节点 116284 个。

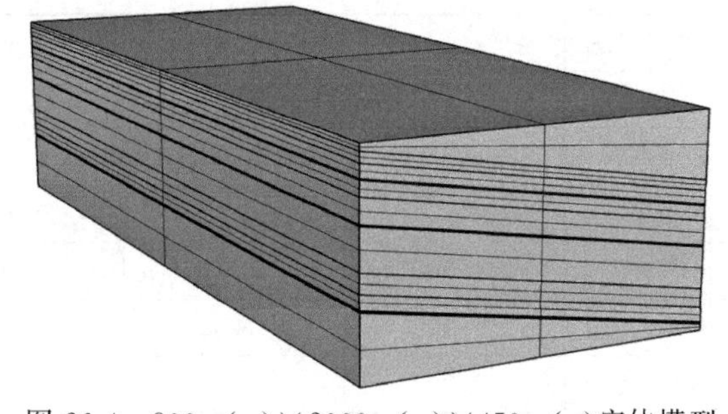

图 26-4　800m(x)×2000m(y)×450m(z)实体模型

将划分好的网格导入 FLAC^{3D} 软件中，得到网格模型，如图 26-5 所示。数值模型中工作面的位置按照现场工作面空间位置简化以后建立，如图 26-6 所示。工作面的具体参数如表 26-1 所示。

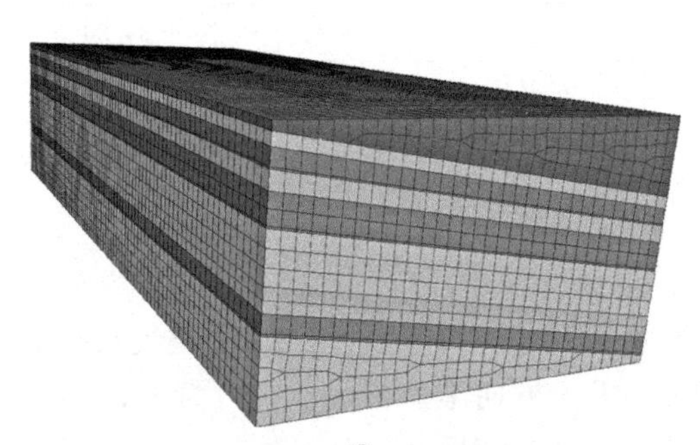

图 26-5　FLAC^{3D} 中的网格模型

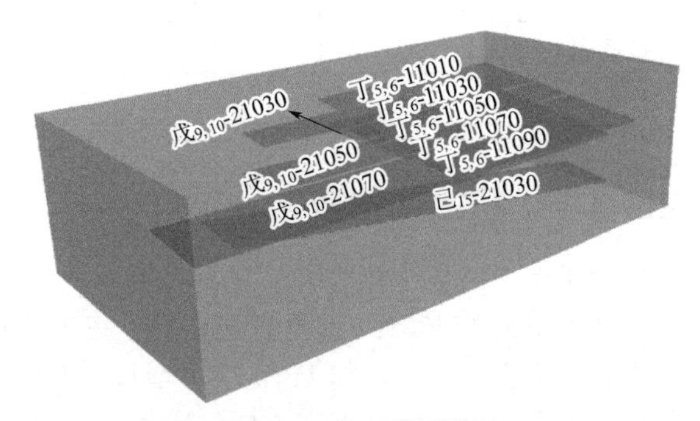

图 26-6　各工作面位置

表 26-1 各工作面的具体参数

序号	工作面回采顺序	工作面长度/m	走向长度/m	煤层厚度/m
1	丁$_{5,6}$-11010	125	850	3
2	丁$_{5,6}$-11030	125	1240	3
3	丁$_{5,6}$-11050	140	930	3
4	丁$_{5,6}$-11070	125	925	3
5	丁$_{5,6}$-11090	160	900	3
6	戊$_{9,10}$-21030	175	840	3.3
7	戊$_{9,10}$-21050	160	1300	3.3
8	己$_{15}$-21030	205	1400	4.4
9	戊$_{9,10}$-21070	240	1700	3.3

(3) 模型参数的选取

FLAC^{3D} 内置的模型中，适合模拟岩石的模型有多种，如霍克-布朗模型、莫尔-库仑模型等。霍克-布朗模型在软件中常用于模拟各向同性的岩体，且因其塑性流动法则是围压的函数，也适用于位于黏土中的岩土工程。莫尔-库仑模型因参数少且容易获得，概念简单但又能反映岩土材料内摩擦性的特点而成为岩土工程中最常用的模型。因此，本案例也采用莫尔-库仑模型。利用 FLAC^{3D} 命令可以对各个岩层的参数进行赋值，本案例中各个岩层的位置关系及力学参数如表 26-2 所示。

表 26-2 数值计算中各岩层位置关系及力学参数

岩层及岩性	密度/(kg/m^3)	体积模量/GPa	剪切模量/GPa	黏聚力/MPa	抗拉强度/MPa	内摩擦角/(°)
中粒砂岩	2.99	29.74	3.85	32.274	3.77	18.83
砂质泥岩	2.57	15.82	1.36	18.351	3.64	35.15
丁组煤层	1.33	2.21	0.96	1.712	0.49	34.80
中粒砂岩	2.99	29.74	3.85	32.274	3.77	18.83
砂质泥岩	2.57	15.82	1.36	18.351	3.64	35.15
戊组煤层	1.33	2.21	0.96	1.712	0.49	34.80
泥岩	2.33	9.14	1.36	18.351	3.64	35.15
中粒砂岩	2.99	29.74	3.85	32.274	3.77	18.83
细粒砂岩	2.92	22.80	4.68	32.274	3.77	18.83
己组煤层	1.33	2.21	0.96	1.712	0.49	34.80
泥岩	2.33	9.14	1.36	18.351	3.64	35.15

26.3.2 初始化地应力

所建立的模型所处地层位置距离地表约 490m，根据公式(26-1)～式(26-3)，在模型顶部施加大小为 12.5MPa 的垂直地应力；在 x 方向施加初始地应力为 13.6MPa 的最大水平地应力，沿垂直方向每增加 1m，应力增加 0.027MPa。在 y 方向施加初始地应力为 11.7MPa 的最小水平地应力，沿垂直方向每增加 1m，应力增加 0.018MPa。

$$\sigma_V = 0.0257H \tag{26-1}$$

$$\sigma_H = 0.0272H + 2.90 \quad (26\text{-}2)$$

$$\sigma_h = 0.0179H + 1.132 \quad (26\text{-}3)$$

式中 σ_V——含煤地层垂直地应力，MPa；

σ_H——含煤地层最大水平地应力，MPa；

σ_h——含煤地层最小水平地应力，MPa；

H——埋深，m。

同时对模型施加位移边界条件：在模型的 x 方向上采用固定位移边界，限制 x 方向的位移；y 方向上采用固定位移边界，限制 y 方向的位移，对模型底部采用固定边界条件，限制 z 方向上的位移，对模型顶部采用自由边界条件。

在应力和位移边界条件作用下，模型模拟得到了岩层在初始状态下的应力分布。沿模型倾向和走向方向分别做剖面，可得到其倾向和走向的垂直应力分布情况，如图 26-7 和图 26-8 所示。

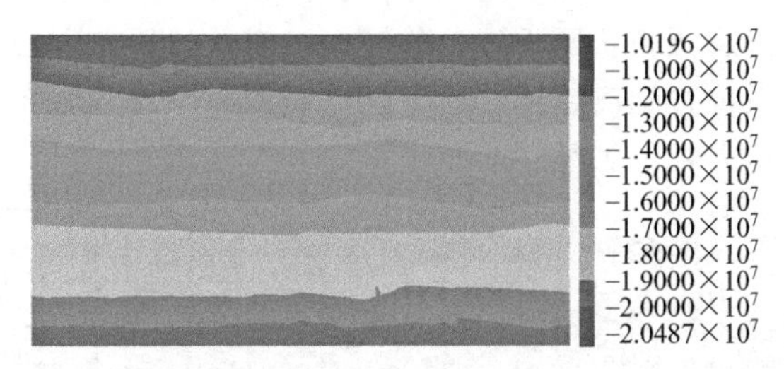

图 26-7 倾向垂直应力分布（单位：MPa）

图 26-8 走向垂直应力分布（单位：MPa）

26.4 结果分析

26.4.1 丁组戊组煤层开采数值模拟

模型初始化以后，利用“model null”命令实现各煤层工作面开挖工作，按照现场实际开采顺序还原采场围岩的应力状态。

丁组煤层各工作面开采完成后，沿倾向方向在模型 $y=1440$m 处做剖面，得到倾向方向切片应力云图，如图 26-9 所示。图中，负号代表物体受压应力，正号代表物体受拉应力。从图中可以发现，丁组煤层各工作面全部开采完成后，已经使岩层的应力场发生了较大的变化。各工作面采空区上方和下方出现了明显的卸压区域，垂直应力由原始应力场的 10～15MPa 降低至 0.3～5.0MPa，且卸压范围已经影响到了戊组煤层的位置，说明丁组煤层开采对戊组煤层开采起到了一定的卸压保护效果。应力集中区域主要在丁组煤层的预留安全煤柱位置，最大垂直应力达到 69.3MPa。

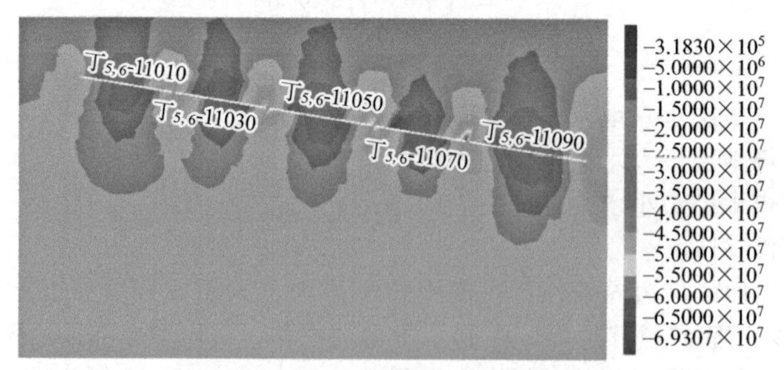

图 26-9 丁组煤层开采完成倾向垂直应力云图（单位：MPa）

丁组煤层各工作面开采完成后，沿倾向方向在模型 $y=1440$m 处做剖面，得到倾向方向切片位移云图，如图 26-10 所示。从图中可以看出，丁组煤层的开采使得采场围岩位移场重新分布，各工作面采空区上覆岩层和丁组煤柱位置都出现了明显变化。各工作面采空区覆岩主要出现下沉现象，在煤层顶板位置垂直位移最大；煤柱位置上方岩层和下方岩层都出现了较大位移，且岩层与顶板位置距离越远，其下沉量越大；下方岩层的下沉量为 0.2～0.6m，随着与底板位置距离的增大，下沉量逐渐减小。

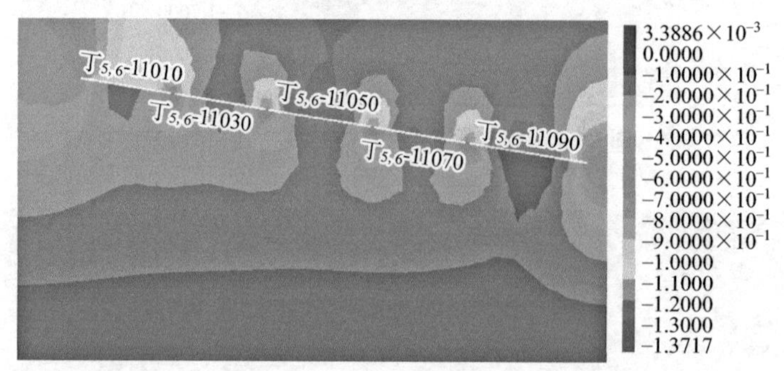

图 26-10 丁组煤层开采完成倾向垂直位移云图（单位：m）

戊$_{9,10}$-21050 工作面后半部分采空区上方卸压区受到丁$_{5,6}$-11030 和丁$_{5,6}$-11050 之间的煤柱下方产生的应力集中区影响，卸压范围减小，由图 26-11 可见，由于丁、戊两组煤层工作面的压茬关系，导致卸压区的分布没有集中在采空区的正上方；戊$_{9,10}$-21050 工作面上方的卸压区受到丁组煤层预留安全煤柱的影响，呈“Y”形发育。

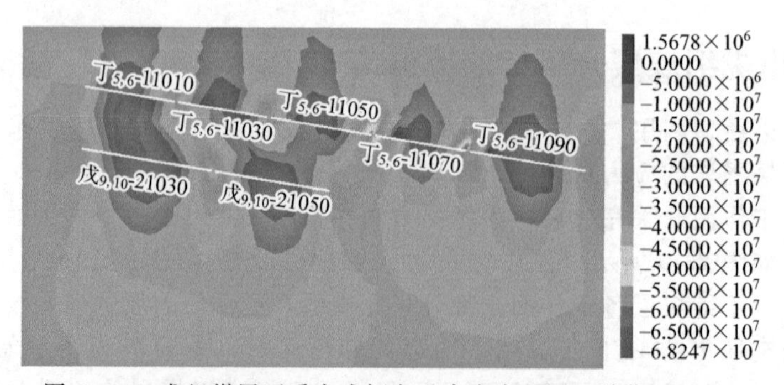

图 26-11 戊组煤层开采完成倾向垂直应力云图（单位：MPa）

从图 26-12 中可以看出，受到戊组煤层戊$_{9,10}$-21030 和戊$_{9,10}$-21050 工作面的采动影响，岩层位移场重新分布。由于开采工作面位置位于丁$_{5,6}$-11010、丁$_{5,6}$-11030 和丁$_{5,6}$-11050 下方，该区域范围内的岩层受影响较大。垂直位移最大处集中在丁$_{5,6}$-11030 工作面顶板位置，位移量达到 2.3m。戊组煤层覆岩位移最大处集中在丁组煤柱下方，最大位移量达到 1.7m。

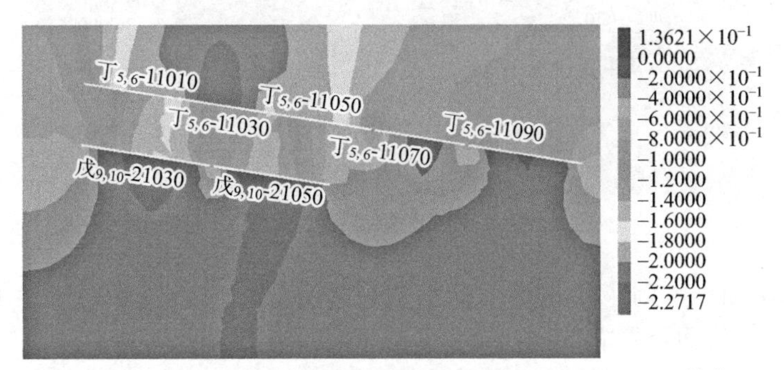

图 26-12　戊$_{9,10}$-21050 开采完成垂直位移云图（y=1110m）（单位：m）

26.4.2 己组煤层开采数值模拟

如图 26-13 所示，在己$_{15}$-21030 工作面的前 500m 开采过程中，保护层上方的卸压区发育明显受到戊$_{9,10}$-21050 的影响。己组煤层上覆岩层受采动影响垂直应力快速下降，卸压效果明显。

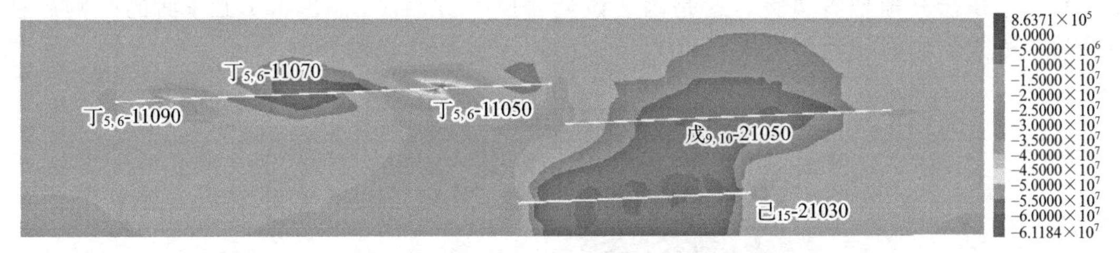

图 26-13　己$_{15}$-21030 开采应力演化规律（前 500m）（单位：MPa）

如图 26-14 所示，工作面推进 600m 以后，保护层开采上覆岩层的应力变化和卸压区的发育不再受到戊组煤层的明显影响。己组煤层上覆岩层垂直应力分布应呈对称分布，若己组煤层切眼位置上方岩层没有受到戊$_{9,10}$-21050 工作面开采的影响，己组煤层上方的卸压区会发育成“M”形，符合远距离保护层开采特征。

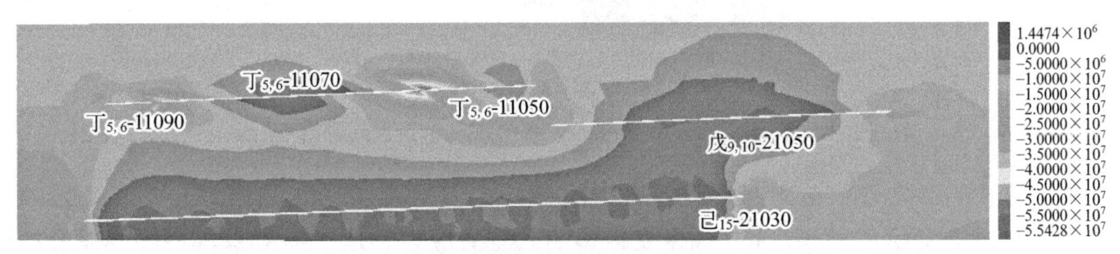

图 26-14　己$_{15}$-21030 开采应力演化规律（开采完成）（单位：MPa）

图 26-15 是己组煤层开采完成后在 y=1300m 处的倾向应力云图。从图中可以发现，受到己$_{15}$-21030 工作面采动影响，己组煤层顶板和底板岩层应力发生了不同程度的变化。工作面掘进产生的采空区导致原本煤层应承受的覆岩应力向工作面两边的煤柱转移，形成了明显的应力集中区域。

图 26-15 己$_{15}$-21030 开采完成倾向垂直应力云图（y=1300m）（单位：MPa）

己组煤层的采动影响到了戊组煤层的垂直应力分布，对上覆煤层产生了一定的卸压影响。戊$_{9,10}$-21070 工作面位置岩层同时受到丁组和己组煤层采动影响，垂直应力范围降低。

为了能够具体探究己组煤层上覆岩层受采动影响的垂直位移变化情况，提取布置于上覆岩层的监测线位移数据，以垂直位移的数值大小为纵坐标，以监测位置距工作面切眼的距离为横坐标绘制位移变化曲线，如图 26-16 所示。观察距离煤层顶板上方 10m、50m 和 90m 处的位移变化曲线，能够发现随着岩层与保护层顶板的距离不断增加，岩层受采动影响而出现的垂直位移变化量不断变小。

在叠加影响区和交叉影响区内，随着与戊组煤层距离的缩短，垂直变化量受到戊$_{9,10}$-21050 工作面的影响增大。在交叉影响区内，观察发现距离己组煤层顶板 160m 处的岩层垂直位移变化相对于煤层其他位置更大，这是因为该处岩层上方为戊$_{9,10}$-21050 工作面的两侧煤柱，意味着该处岩层同时受到己组煤层和戊$_{9,10}$-21050 工作面的采动影响。

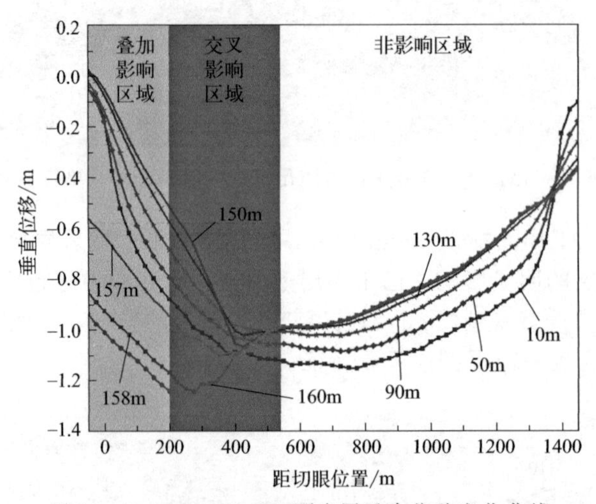

图 26-16 己$_{15}$-21030 上覆岩层垂直位移变化曲线

观察图 26-17 发现，在未交叉影响区（0～300m），垂直应力迅速增大。在交叉影响区（300～570m），受己$_{15}$-21030 工作面采空区影响，垂直应力迅速下降至 18.6MPa。在叠加影响区（570～1135m）第一阶段，垂直应力由 18.6MPa 增大至 23.2MPa；第二阶段，垂直应力增大至 26.0MPa。

观察图 26-18 可以发现，在戊$_{9,10}$-21070 工作面风巷位置整体受己$_{15}$-21030 工作面采动影响较大，位移平均变化量达到了 0.37m。在距离工作面切眼 750～800m 的范围内，受到己$_{15}$-21030 工作面采动影响最大，垂直位移由 0.48m 增加至 1.07m。

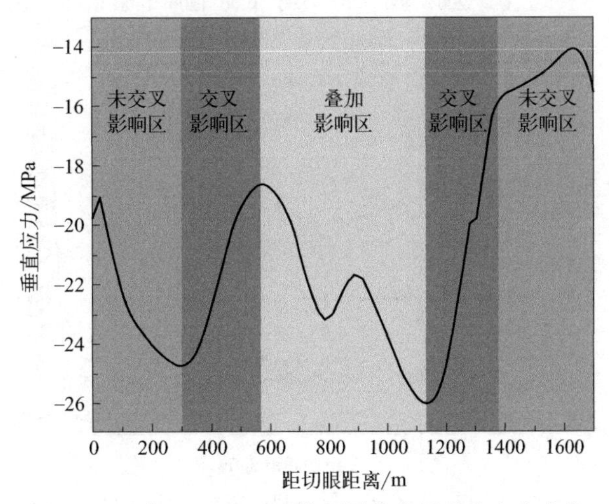

图 26-17 戊$_{9,10}$-21070 工作面风巷位置垂直应力变化

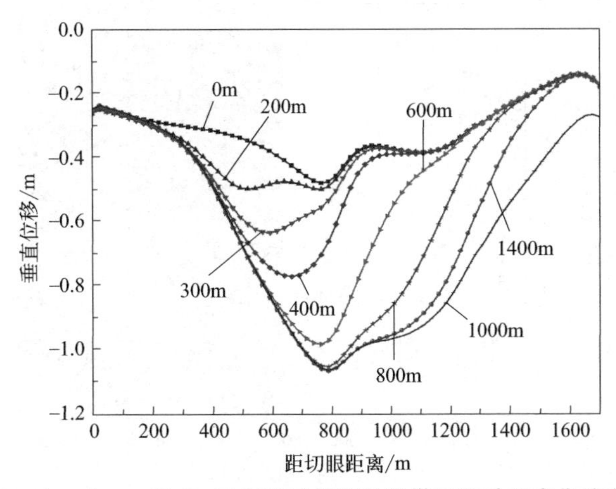

图 26-18 戊$_{9,10}$-21070 工作面风巷随己组煤层开采垂直位移变化

26.4.3 戊$_{9,10}$-21070 开采数值模拟

为了能够具体确定戊$_{9,10}$-21070 工作面开采形成的卸压区、增压区以及过渡区的范围，提取布置于戊$_{9,10}$-21070 工作面顶板和底板的监测线 W-1 和 W-2 的应力数据，绘制采动应力卸压情况曲线，如图 26-19 所示。从变化曲线中可以看出，戊$_{9,10}$-21070 工作面开采卸压区的范围在煤层采空区范围内，距切眼位置 50～1650m 处为稳定卸压区；－25～50m 和 1650～1725m，即切眼和工作面往采空区方向 50m 以及往未开采煤层方向 25m 的范围内为增压区。

观察图 26-20 的应力曲线，可以发现随着与保护层距离的增大，卸压效果逐步降低。在非影响区域内，由于丁$_{5,6}$-11070 采动形成的应力集中区，所有应力曲线均有小幅度上升。在受影响区域内，随着岩层位置与保护层顶板的距离不断增大，各岩层的垂直应力受采动影响越来越小。

为了能够具体探究戊组煤层上覆岩层受采动影响的垂直位移变化情况，提取布置于上覆岩层的监测线位移数据，以垂直位移的数值大小为纵坐标，以监测位置距工作面切眼的距离

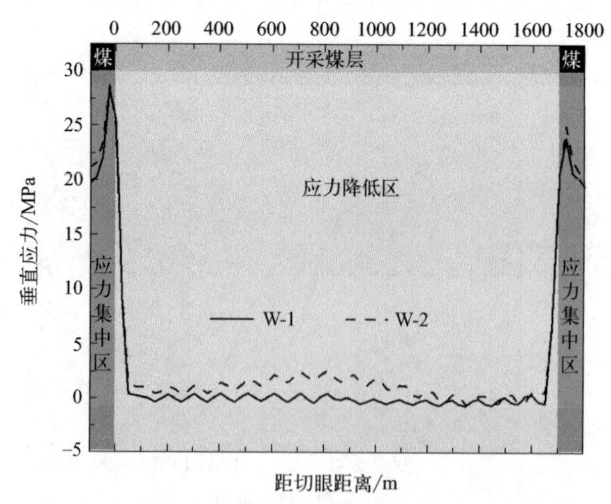

图 26-19　戊$_{9,10}$-21070 顶板和底板垂直应力变化曲线

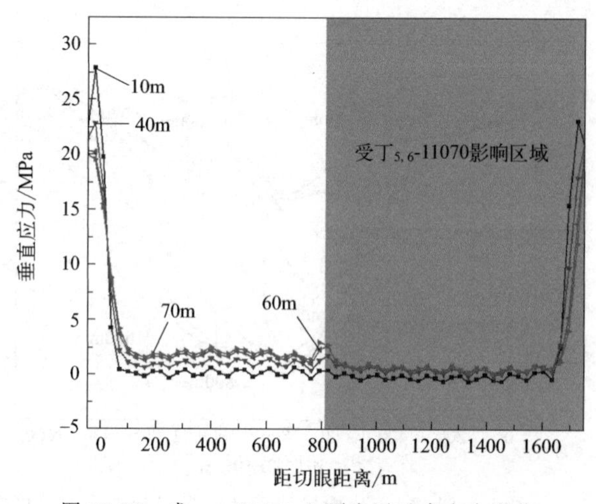

图 26-20　戊$_{9,10}$-21070 上覆岩层垂直应力变化

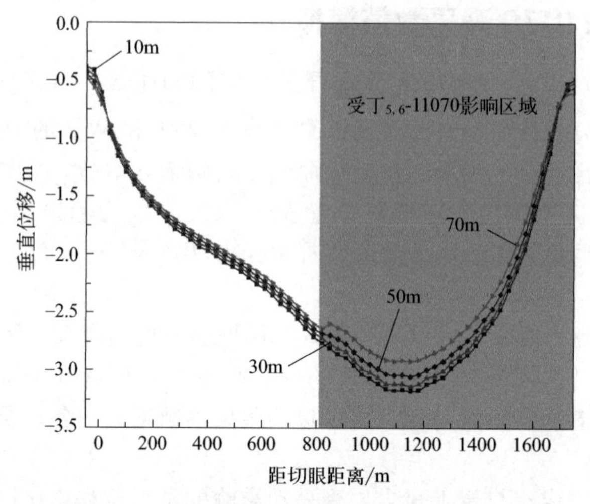

图 26-21　戊$_{9,10}$-21070 上覆岩层垂直位移变化

为横坐标绘制位移变化曲线。如图 26-21 所示，戊组煤层上覆岩层在戊$_{9,10}$-21070 工作面开采前就已经产生了较大的位移。在白色区域范围内，岩层主要受到己组煤层开采的影响，垂直位移量达到了 2.75m 左右；在粉色区域范围内，岩层同时受到丁、己组煤层开采的影响，垂直位移量最大达到了 3.16m。对比距离戊$_{9,10}$-21070 顶板 10m 和 70m 处的位移变化曲线，发现在白色区域内，距离保护层顶板越远，覆岩垂直位移变化越小的规律并不明显。通过对多条曲线的垂直位移平均值进行计算，可以发现每远离顶板 10m，平均垂直位移量减小 0.01m 左右。在粉色区域内，不同岩层的垂直位移变化量更加明显，距离戊$_{9,10}$-21070 顶板 10m 处垂直位移平均值为 2.97m，距离戊$_{9,10}$-21070 顶板 70m 处垂直位移平均值为 2.73m，两者差值所代表的位移变化量远大于白色区域。

案例 27

多矿物组分页岩水压裂缝扩展仿真及分析

参赛选手：候梦如，刘奇，孙家琪　　指导教师：孙维吉
辽宁工程技术大学
第二届工程仿真创新设计赛项（研究生组），二等奖

作品简介： 本案例针对页岩的非均质特性进行了仿真模拟，对本构模型、内聚力模型、条件参数、操作流程、非均质与均质模型的裂缝形态及场量对比、矿物界面刚度、矿物组分含量、矿物粒径对水力压裂的影响进行了详细阐述。

作品标签： 流固耦合、断裂、水力压裂、Abaqus。

27.1 研究背景

27.1.1 研究非均质性的必要性

我国的页岩气资源丰富，随着页岩气勘探开采步伐的挺进，页岩储层物理力学性质及其水力压裂试验、数值计算手段的研究已成为油气开发领域的热点，而水力压裂作为一种利用地面高压泵向岩石储层挤注压裂液使其产生裂缝的增产方式一直被人们探究。页岩气储层含有大量闭合的天然裂隙和层理，具有强非均质性和各向异性特征，页岩气储层构造（图 27-1）的复杂性一直是制约页岩气开采效率提高的关键因素，因此，探究页岩储层的非均质特性引起人们的广泛关注。

图 27-1　微观尺度下矿物组分的复杂性

27.1.2 操作工具

Abaqus 可针对诸多储层压裂物性参数进行分析，且裂缝形态逼真，裂缝面凹凸程度清晰，结果准确，能作为研究非均质岩石水力压裂裂缝扩展规律研究的平台。

27.2 水力压裂流固耦合模型及参数反演

27.2.1 水力压裂流固耦合模型

(1) 基本假设

为简化模型，本案例建立的有限元模型满足以下几个基本假设：

① 地层为均质各向同性孔隙材料且岩石颗粒不可压缩；

② 流体充满裂缝，不考虑流体滞后效应；

③ 忽略温度场对岩石和流体的影响；

④ 假设流体为不可压缩的牛顿流体；

⑤ 裂缝扩展为平面应变准静态过程，忽略惯性力的影响。

(2) 控制方程

多孔介质中固体骨架在当前构型下的平衡方程为

$$\int_V (\bar{\boldsymbol{\sigma}} - p_w \boldsymbol{I}) \delta\boldsymbol{\varepsilon} \, \mathrm{d}V = \int_S \boldsymbol{t} \delta \boldsymbol{v} \mathrm{d}S + \int_V \boldsymbol{f} \delta \boldsymbol{v} \mathrm{d}V \tag{27-1}$$

式中，$\bar{\boldsymbol{\sigma}}$ 为有效应力矩阵；p_w 为孔隙压力；$\delta\boldsymbol{\varepsilon}$ 为虚应变率矩阵；$\boldsymbol{t}$ 为表面力矩阵；$\boldsymbol{f}$ 为体力矩阵；$\delta\boldsymbol{v}$ 为虚速度矩阵。

渗流流体的连续性方程为

$$\frac{1}{J} \times \frac{\partial}{\partial \boldsymbol{t}} (J \rho_w n_w) + \frac{\partial}{\partial \boldsymbol{x}} (\rho_w n_w \boldsymbol{v}_w) = 0 \tag{27-2}$$

式中，J 为多孔介质体积变化比例；ρ_w 为流体密度；n_w 为孔隙比；$\boldsymbol{x}$ 为空间向量；$\boldsymbol{v}_w$ 为流体渗流速度。

流体在多孔介质中的流动服从 Darcy 定律：

$$\boldsymbol{v}_w = -\frac{1}{n_w g \rho_w} \boldsymbol{k} \left(\frac{\partial \rho_w}{\partial \boldsymbol{x}} - \rho_w \boldsymbol{g} \right) \tag{27-3}$$

式中，$\boldsymbol{k}$ 为渗透率矩阵；$\boldsymbol{g}$ 为重力加速度向量。

(3) 边界条件

① 位移边界条件。将页岩微观矿物随机分布几何模型边界固定，并将位移设置为零，即

$$U_x = 0 \quad U_y = 0$$

② 孔压边界条件。将模型边界上的初始孔隙压力设置为零，以便模拟超静水压力系统下页岩水力压裂过程。即

$$p_e = 0$$

③ 裂缝中的压裂液注入速率和裂纹尖端零流量表示为

$$\begin{cases} q(0) = Q_0 \\ q(L) = 0 \end{cases}$$

27.2.2 矿物界面双线性内聚力模型

(1) 界面的本构关系

$$\begin{cases} T = K\delta & 0 < \delta \leqslant \delta^0 \\ T = \left(1 + \dfrac{K}{\widetilde{K}}\right) T^{\max} - \widetilde{K}\delta & \delta^0 < \delta \leqslant \delta^f \\ T = 0 & \delta^f < \delta \end{cases}$$

式中，$T^{\max}$ 为界面强度；K 和 $\widetilde{K}$ 分别为界面的弹性模量及软化模量；δ^0 为界面损伤临界张开位移；δ^f 为界面失效张开位移。

界面在发生损伤破坏之前，其应力-应变关系满足线弹性理论

$$\boldsymbol{T}=\begin{Bmatrix}T_{n}\\T_{t}\end{Bmatrix}=\begin{bmatrix}K_{nn} & K_{nt}\\K_{nt} & K_{tt}\end{bmatrix}\begin{Bmatrix}\varepsilon_{n}\\\varepsilon_{t}\end{Bmatrix}=\boldsymbol{K}\varepsilon$$

式中，$\boldsymbol{T}$ 为不同方向承受的内聚张力，它的两个分量 T_n 和 T_t 分别沿着法向和切向，在刚度矩阵 $\boldsymbol{K}$ 中包含了界面刚度参数，ε 为应变向量，ε_n 和 ε_t 分别为法向和两个切向的应变分量。

当界面开始发生损伤时，界面应力满足

$$\boldsymbol{T}=\begin{Bmatrix}T_{n}\\T_{t}\end{Bmatrix}=\begin{bmatrix}(1-D)K_{nn} & 0\\0 & (1-D)K_{tt}\end{bmatrix}\begin{Bmatrix}\varepsilon_{n}\\\varepsilon_{t}\end{Bmatrix}=(1-D)\boldsymbol{K}\varepsilon$$

式中，n 和 t 分别代表界面的法向和切向；K_{nn} 和 K_{tt} 为弹性刚度；界面应变 ε_n 和 ε_t 可通过界面位移与单元初始厚度的比值求出；D 为描述界面损伤程度的损伤变量，$D=0$ 时对应界面初始无损伤阶段，$D=1$ 时，说明界面失效丧失承载能力。

损伤变量 D 为

$$D=\begin{cases}0 & \delta\leqslant\delta^{0}\\\dfrac{\delta^{f}(\delta-\delta^{0})}{\delta(\delta^{f}-\delta^{0})} & \delta>\delta^{0}\end{cases}$$

当双线性内聚力模型不考虑材料的断裂方向时，有

$$T=(1-D)\frac{T^{\max}}{\delta^{0}}\delta$$

其中，

$$K=\frac{T^{\max}}{\delta^{0}}$$

于是有

$$T=K\delta-KD\delta$$

(2) 界面刚度 K

基于 Traction-separation 准则的界面单元的刚度可以通过一个简单杆的变形公式来理解：

$$\delta=\frac{PL}{AE}$$

式中，L 为杆长；E 为弹性刚度；A 为初始截面积；P 为载荷。

该公式又可表达为

$$\delta=\frac{S}{K}$$

式中，$S=\dfrac{P}{A}$ 为名义应力；$K=\dfrac{E}{L}$ 为界面刚度。

27.3 页岩水力压裂建模流程及参数

27.3.1 几何模型边界条件及模型参数

建立 1mm×1mm 的页岩储层微观结构模型，如图 27-2 所示。其中石英含量为

45.57%，黏土含量为39.27%，方解石含量为7.02%，黄铁矿含量为1.43%，长石含量为6.71%。对矿物几何模型划分离散实体网格，利用Python程序在实体离散网格间批量插入零厚度Cohesive单元。

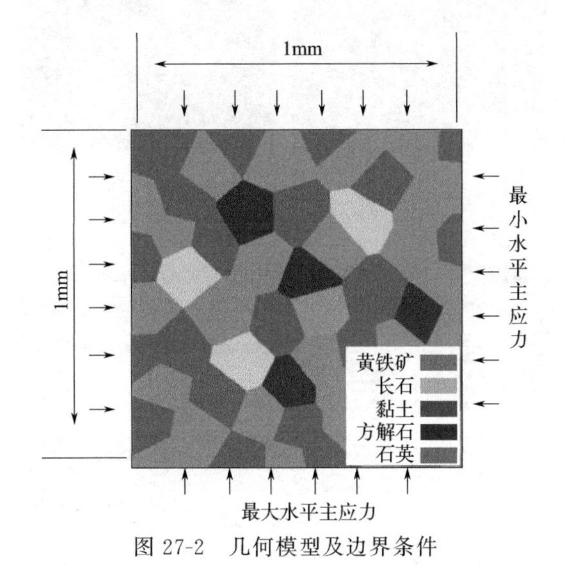

图 27-2　几何模型及边界条件

数值模型边界条件为 x 和 y 方向的位移为0，初始孔隙压力为0。选择靠近中心边界处一点作为水力压裂的射孔，射孔方向沿着矿物边界。

模型重度为 $9800N/m^3$，选择清水压裂，初始时间增量步为0.01s，页岩储层矿物的参数见表27-1、表27-2。

表 27-1　矿物组分参数

矿物	弹性模量/GPa	泊松比
石英	95.89	0.07
黏土	14.68	0.30
方解石	79.23	0.31
长石	69.05	0.36
黄铁矿	306.17	0.14

表 27-2　模型数据

最大水平主应力/MPa	最小水平主应力/MPa	孔隙度/%	压裂液排量/(m^3/s)
10	8	4.8	0.01
压裂液黏度/Pa·s	刚度/GPa	渗透率/μm^2	抗拉强度/MPa
0.001	6	1×10^{-7}	5.96

27.3.2　具体操作流程

具体操作流程见图27-3～图27-7。首先建立页岩矿物随机分布几何模型，对矿物分别赋予相应的材料，接着设置分析步和边界条件，最后提交作业，对模型进行求解。

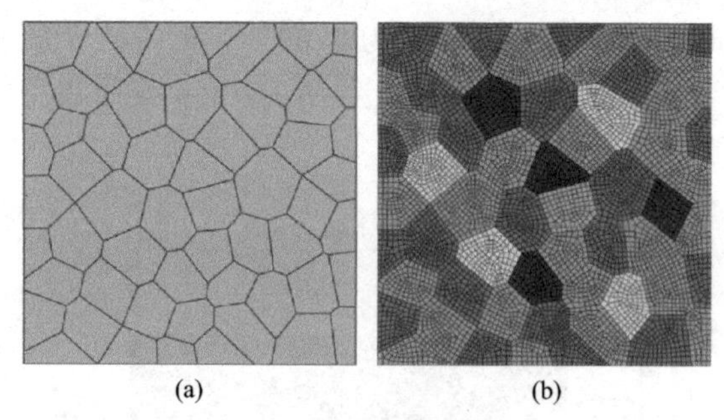

图 27-3 部件设置

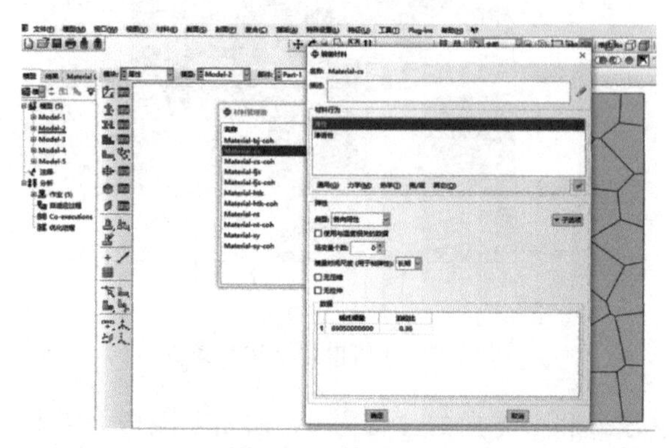

图 27-4 材料设置

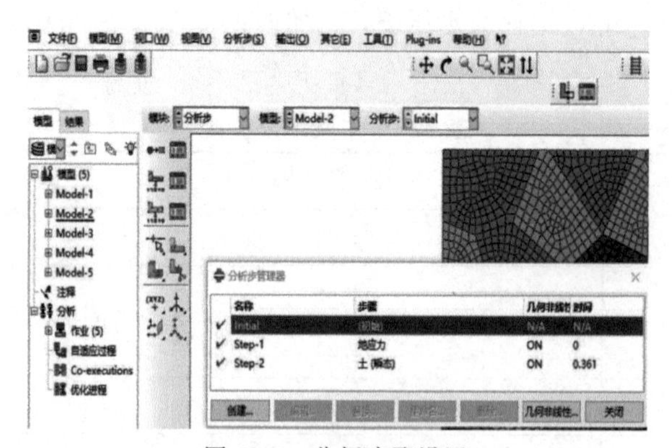

图 27-5 分析步聚设置

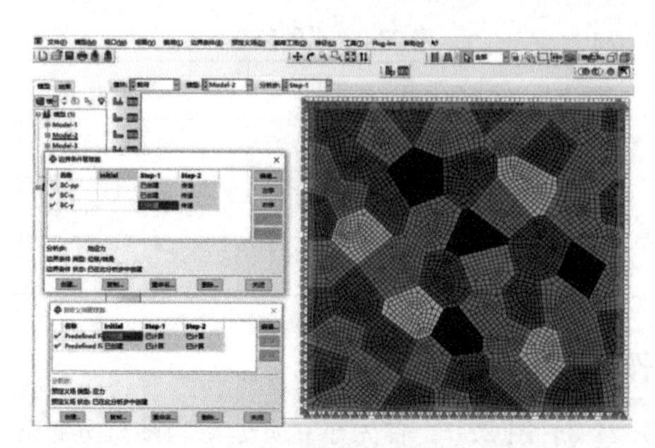

图 27-6 边界条件设置

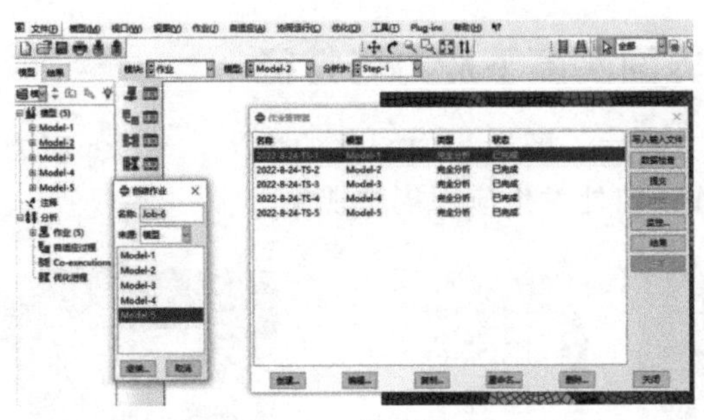

图 27-7　作业提交

27.4　矿物界面刚度对页岩水力压裂的影响

27.4.1　不同矿物界面刚度下裂缝形态

如图 27-8～图 27-12 所示，随着界面刚度的增大，裂缝长度、数目、面积均逐渐减小。水力裂缝易沿矿物边界发生转向。小的界面刚度更有利于水力裂缝的扩展。

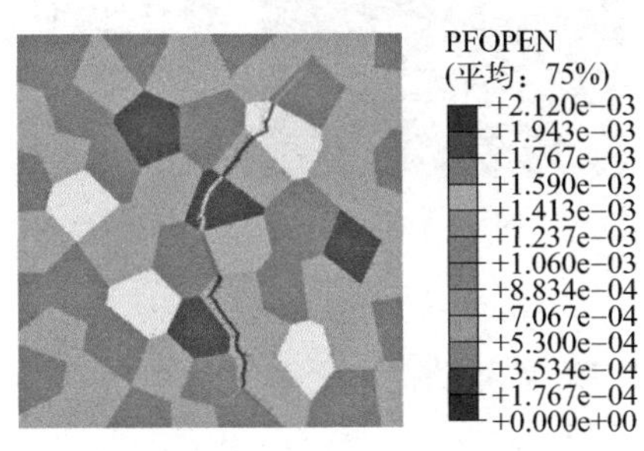

图 27-8　2GPa 时裂缝形态

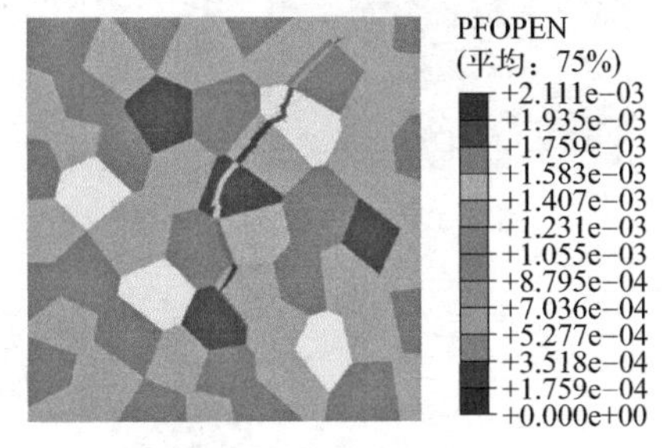

图 27-9　4GPa 时裂缝形态

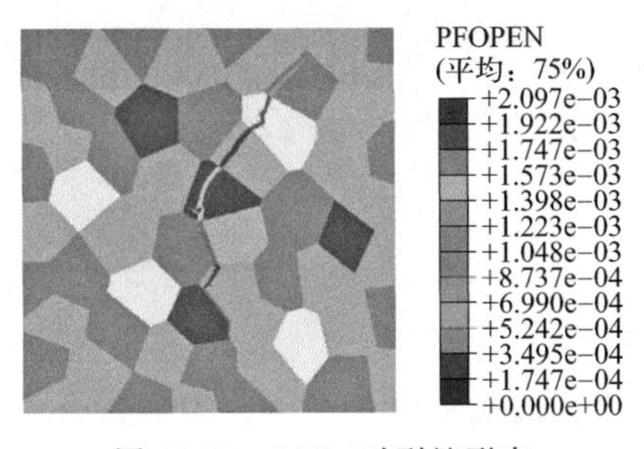

图 27-10　6GPa 时裂缝形态

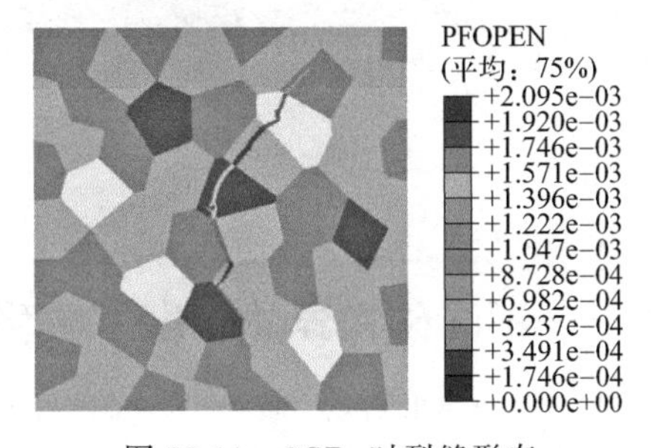

图 27-11　8GPa 时裂缝形态

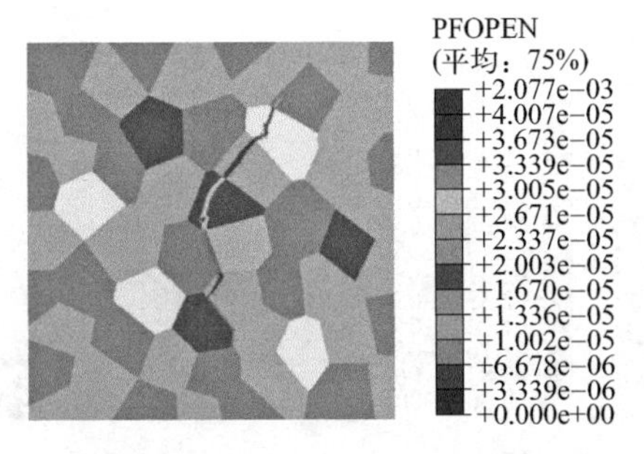

图 27-12　10GPa 时裂缝形态

27.4.2 不同矿物界面刚度下应力场特征

如图 27-13～图 27-17 所示，随着界面刚度的增大，Mises 应力值逐渐减小。多组模拟裂缝均在裂缝尖端和裂缝转向处发生应力集中现象。

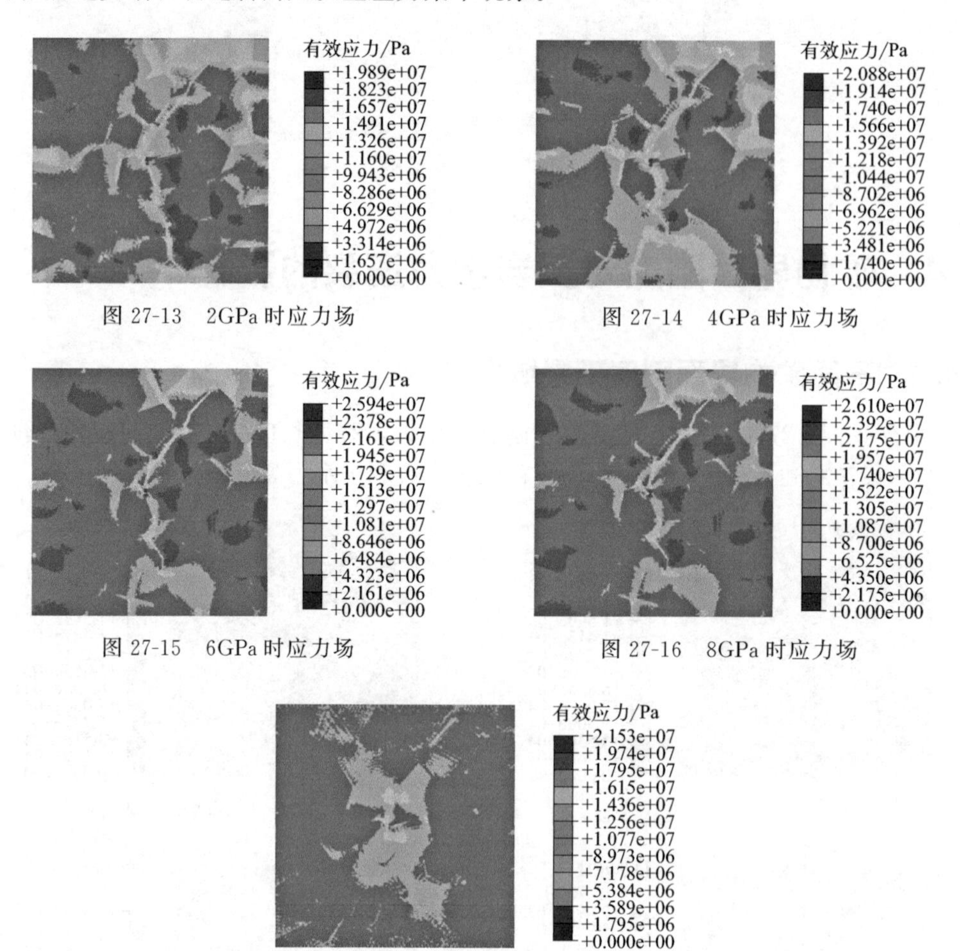

图 27-13　2GPa 时应力场

图 27-14　4GPa 时应力场

图 27-15　6GPa 时应力场

图 27-16　8GPa 时应力场

图 27-17　10GPa 时应力场

27.4.3 不同矿物界面刚度下位移场特征

如图 27-18～图 27-22 所示，位移云图总体沿裂缝两侧呈对称分布，裂缝转向处局部位移增大。随着矿物界面刚度的增大，裂缝扩展位移逐渐减小。

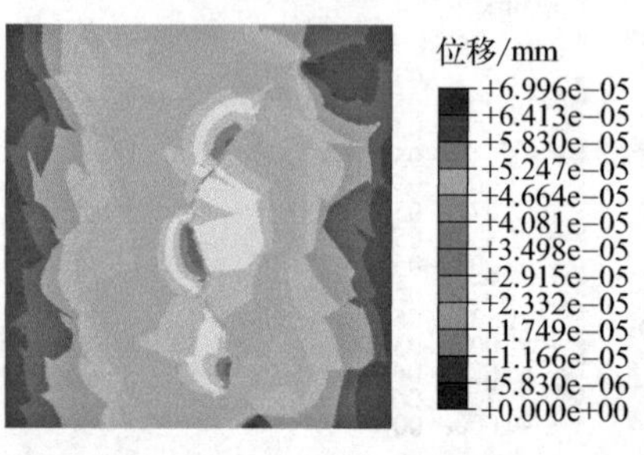

图 27-18　2GPa 时位移场

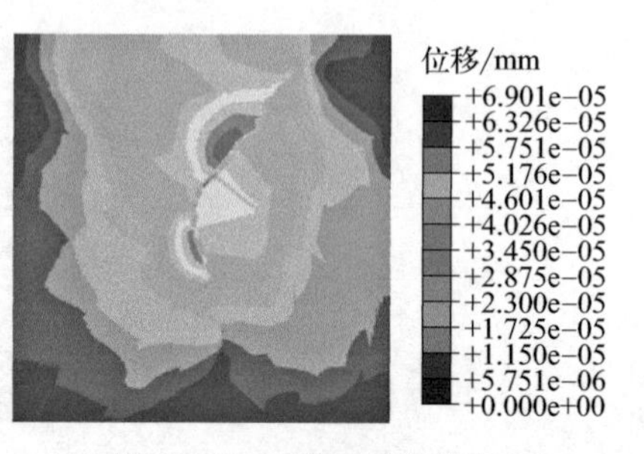

图 27-19　4GPa 时位移场

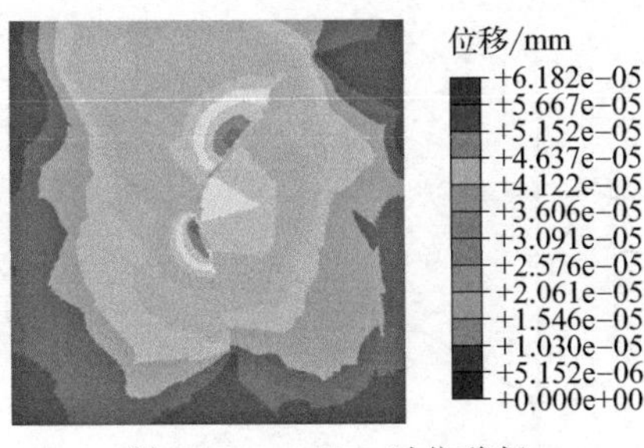

图 27-20　6GPa 时位移场

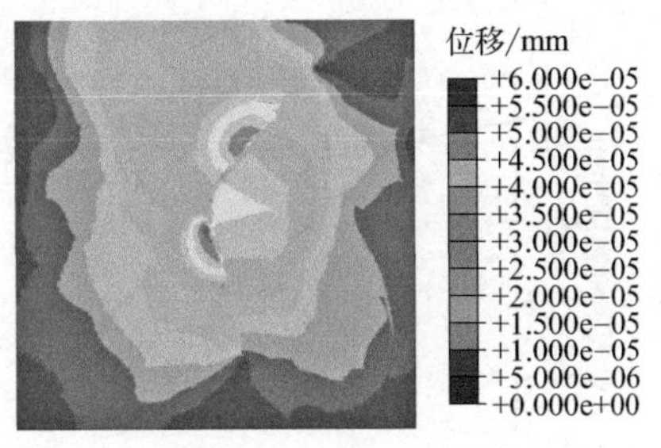

图 27-21　8GPa 时位移场

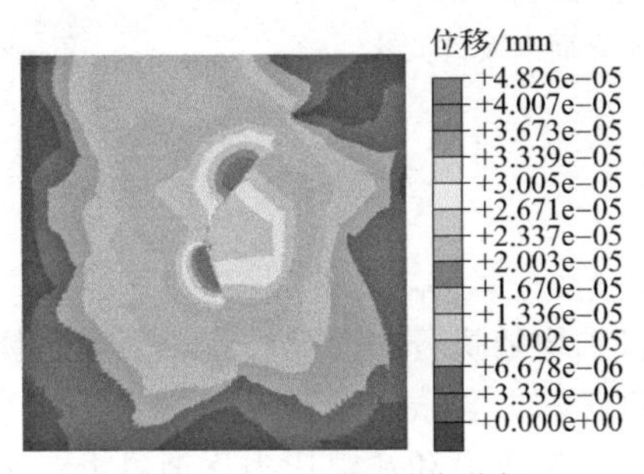

图 27-22　10GPa 时位移场

27.5　矿物界面刚度对页岩水力裂纹扩展规律的影响

如图 27-23～图 27-28 所示，随界面刚度增大，起裂压力呈逐渐升高趋势，裂缝长度呈减小趋势，破裂单元数目呈降低趋势，裂缝面积逐渐减小，最大裂缝宽度逐渐降低，孔隙压力逐渐升高。

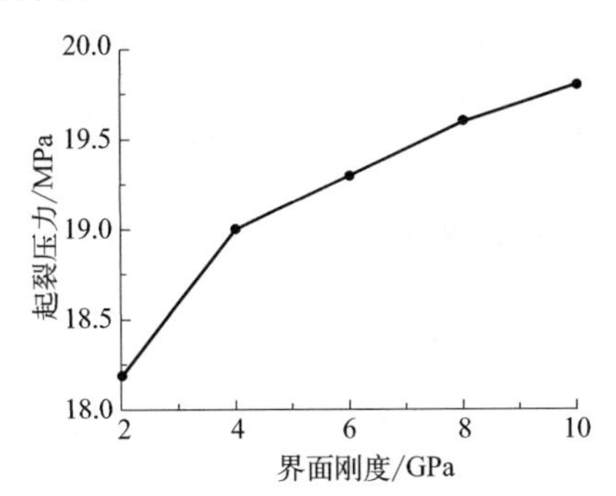

图 27-23　起裂压力随界面刚度的变化

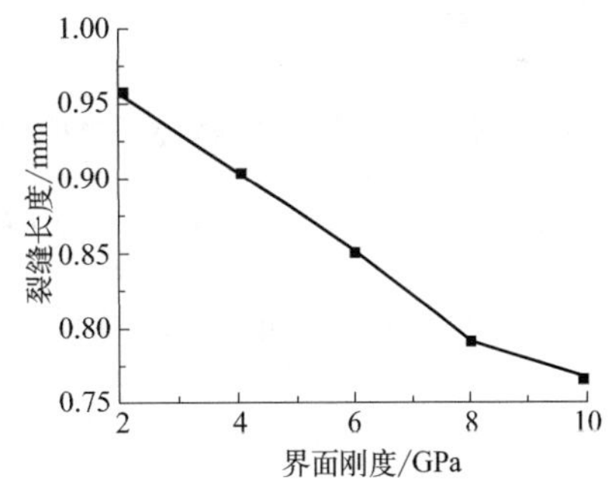

图 27-24　裂缝长度随界面刚度的变化

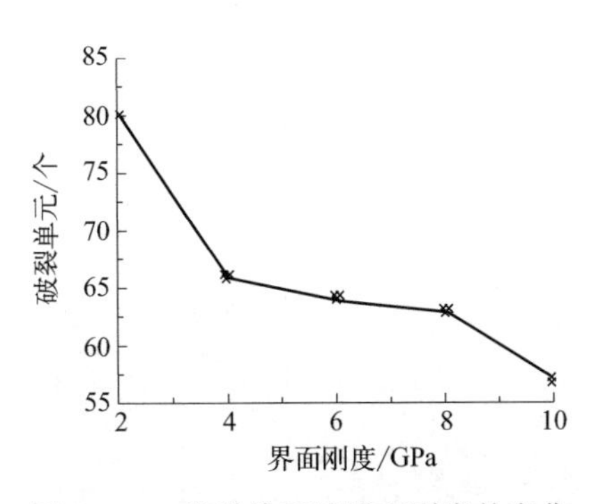

图 27-25　破裂单元随界面刚度的变化

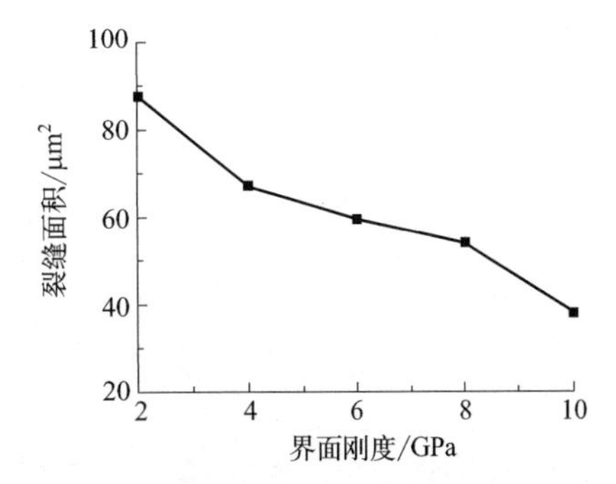

图 27-26　裂缝面积随界面刚度的变化

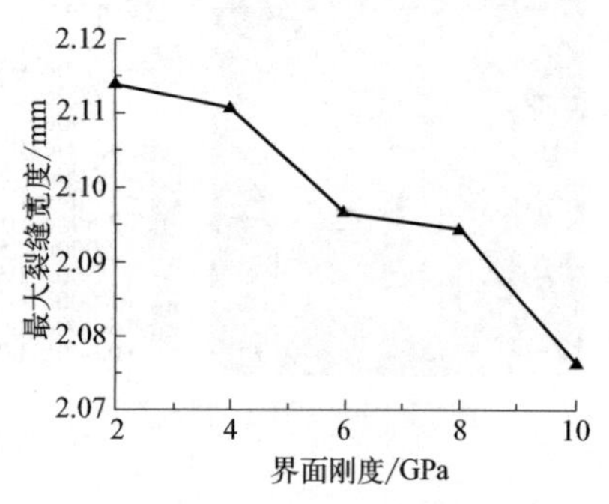

图 27-27 最大裂缝宽度随界面刚度的变化

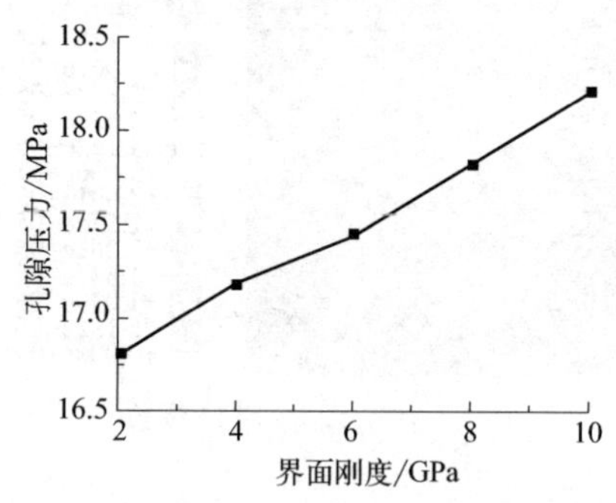

图 27-28 孔隙压力随界面刚度的变化

27.6 主要结论

在微观尺度上建立了页岩矿物随机分布几何模型，并在实体单元内嵌入零厚度 Cohesive 单元，构建了考虑矿物界面效应的页岩微观结构模型。

随矿物界面刚度的增大，起裂压力和孔隙压力逐渐增大；裂缝长度、宽度、数目以及面积逐渐减小，更易形成长且窄的裂缝；裂缝破坏形式以拉伸破坏为主。

页岩水力压裂作业应该优先选择矿物界面刚度较小的层位压裂，这样有利于页岩储层渗流通道的构建，提高页岩储层输运的能力。

参考文献

[1] 彭志龙，杨爽，陈少华．界面性能对层状结构材料力学行为的影响［J］. 山东科技大学学报（自然科学版），2020，39（4）：106-112.

[2] 沈珉，郝培．颗粒增强复合材料非理想界面刚度和有效模量的理论估计［J］. 复合材料学报，2016，33（1）：189-197.

[3] Liu Q，Liang B，Sun W J，et al. Experimental study on the difference of shale mechanical properties ［J］. Advances in Civil Engineering，2021：1-14.

[4] 张晨晨，王玉满，董大忠，等．川南长宁地区五峰组—龙马溪组页岩脆性特征［J］. 天然气地球科学，2016，27（9）：1629-1639.

[5] Ramsay J G. Folding and fracturing of rocks ［M］. London：Mc Graw Hill，1967.

案例 28

基于 CFD-DEM 耦合的大尺度隧道断层破碎带突水突泥模拟方法

参赛选手：靳高汉，刘雨函，涂汉臣　　指导教师：周宗青
山东大学
第二届工程仿真创新设计赛项（研究生组），二等奖

作品简介： 隧道建设中的突水突泥灾害是制约地下工程安全建设的重大难题！针对地下工程建设中的突水突泥灾害，本案例基于岩土介质渗透破坏模型建立了基于 CFD-DEM 耦合的计算方法，并引入粗粒化理论提高了模型的计算效率，构建了大尺度隧道断层破碎带渗透破坏突水突泥数值模拟方法，为科学揭示突水突泥演化机理提供理论和技术支撑。

作品标签： 隧道、突水突泥、CFD-DEM、大规模计算、渗透破坏。

28.1 引言

交通基础设施是国民经济重要引擎和支柱，隧道是交通大动脉咽喉工程。随着西部大开发、交通强国等国家重大战略的实施，隧道建设逐步向西部地区迈进，工程建设面临强岩溶、富水断层等极端地质条件，极易诱发突水突泥灾害，导致设备损毁、工期延误甚至人员伤亡的严重后果。据不完全统计，近 20 年共发生突水突泥灾害 600 余起，造成千余人伤亡。

针对上述突水突泥重大地质灾害，本案例基于离散元（DEM）-计算流体动力学（CFD）耦合的仿真策略，融合自主建立的 EDEM 岩土体黏结模型、粗粒化方法，构建大尺度隧道断层破碎带渗透破坏突水突泥数值模型，开展大尺度突水突泥高精度数值计算，实现了对突水突泥全过程的高精度模拟，计算结果与实际突水突泥过程具有较好的一致性。

28.2 技术路线

本案例以隧道修建过程中的突水突泥重大地质灾害为对象，针对大尺度模拟中对计算精度与计算效率的迫切需求，基于 CFD-DEM 耦合的模拟策略，融合自主开发的岩土体黏结模型、粗粒化模型、侵蚀弱化模型等，建立了大尺度断层破碎带突水突泥数值模拟方法。本次模拟的技术路线如图 28-1 所示。

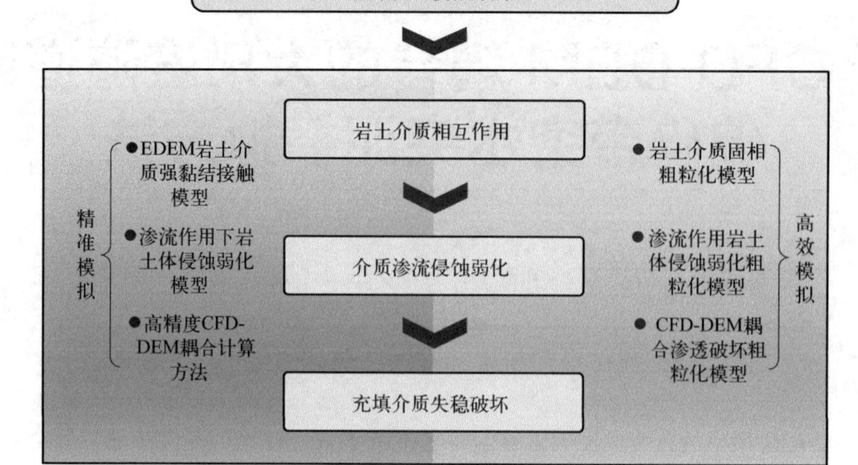

图 28-1　技术路线图

28.3　仿真计算

本案例利用了 SolidWorks 2019、EDEM 2021、Fluent 2019 三个软件进行仿真耦合操作，EDEM 中涉及的 API 需要在 VS 2017 平台上进行开发。开发过程本案例不进行详述，具体操作流程见后续部分。

28.3.1　SolidWorks 的建模与保存

① 根据目标仿真区域地质构造，在 SolidWorks 中画出 1∶1 几何模型，单位选择为 m；不同的围岩及断层几何模型需要单独画出，并且空间位置都要在同一坐标系中建立，如图 28-2 所示。

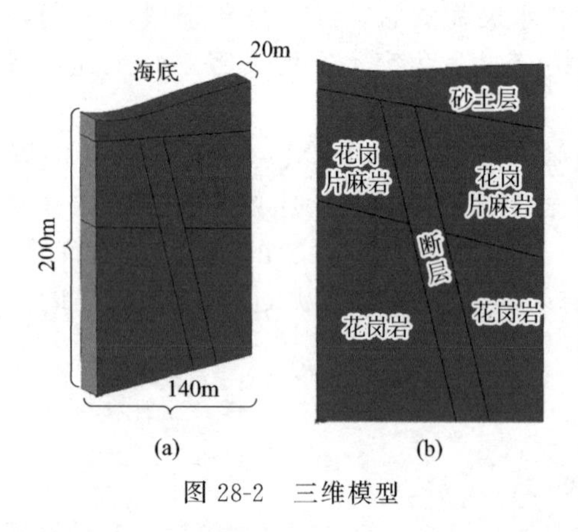

图 28-2　三维模型

② 在 SolidWorks 中分别将砂土层、花岗片麻岩、断层、花岗岩几何模型导出为 step 格式文件。如图 28-3 所示，共导出 6 个 step 格式文件，分别命名“shatuceng”“pianma1”“pianma2”“duanceng”“huagangyan1”“huagangyan2”。

③ 在 SolidWorks 中画出不区分围岩的几何模型，如图 28-4 所示，并将其整体导出为一个 step 格式文件，命名为“zhengtimoxing”。

④ 在 SolidWorks 中，画出图 28-5 所示的几何模型（浅色），并将此模型导出为 step 格式文件，文件名称命名为“liutiyu”，等待网格划分及流体域相关设置。

28.3.2　网格划分与流体域设置

考虑时长限制，本案例采用单向耦合。

① 将 step 格式文件“liutiyu”导入 Workbench Mesh 中，进行图 28-6 所示的网格划分，

并设置进口和出口面，另存为 msh 格式文件“liutiyu”，等待 Fluent 操作。

图 28-3 模型分区

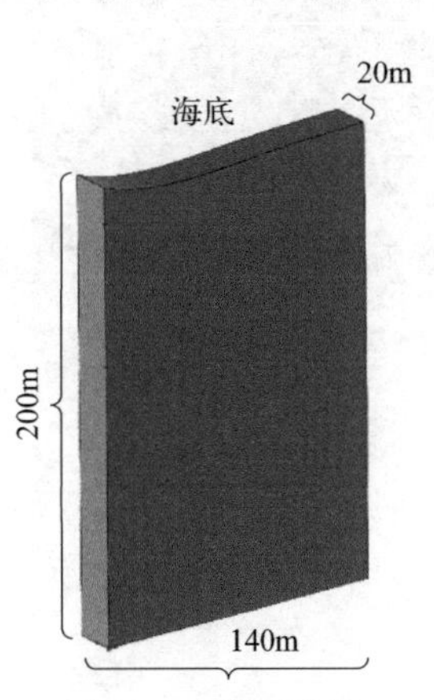

图 28-4 模型边界

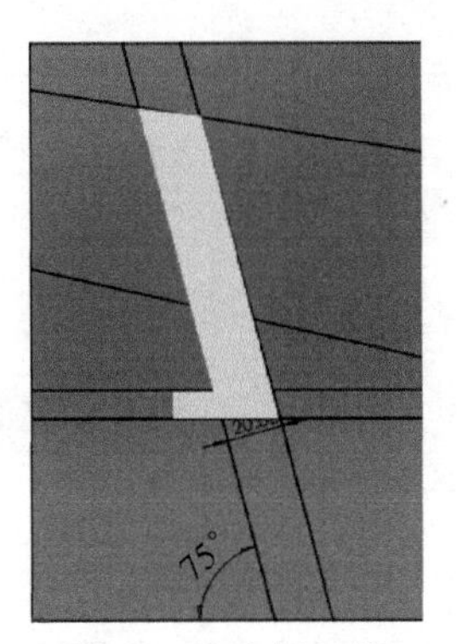

图 28-5 流场区域

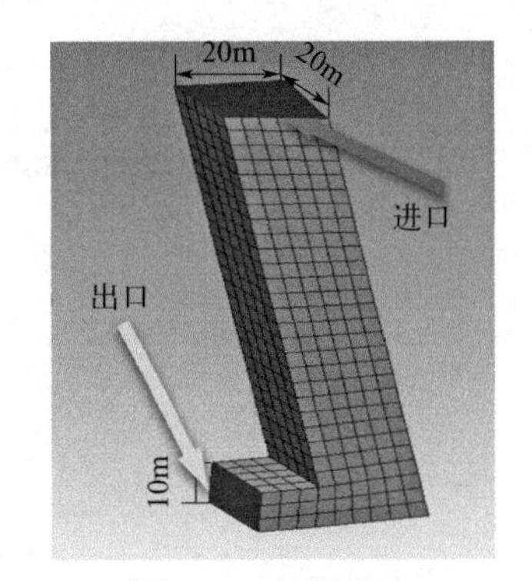

图 28-6 网格划分

② 将 msh 格式文件“liutiyu”导入 Fluent 中，并设置进口和出口面，等待 Fluent 操作。

③ 在 Fluent 中进行流体域相关设置，操作如下：

• 读入网格文件“liutiyu”；

• 利用 mesh/reorder 命令进行网格重排，直至为 1；

• 利用 Check 按钮检查网格及网格质量；

• 在 Setup→General 中选择求解器为压力求解，设置计算模式为瞬态计算，勾选重力选项，重力方向为 $-Z$，大小为 10；

• 在 Model 中选择 k-e 模型；

• 在 Material 中，将流体材料 Air 更改为 Water，密度为 1000，黏度为 0.001；

• 设置进口为速度进口，流速为 4m/s，其余选择为默认，出口为压力出口，其余选择为默认；

• 选择 Method，在 Pressure-Velocity Coupling Scheme 栏选择 Simple，在 Momentum 下拉列表框中选择 First Order Upwind，其余采用默认设置；

• 选择 Setup→Solution→Solution Controls，松弛因子采用默认设置；

• 在 Setup→Solution→Monitors 中选择 Residuals 中定义各项残差值为 1×10^{-5}，单击 OK 按钮确定；

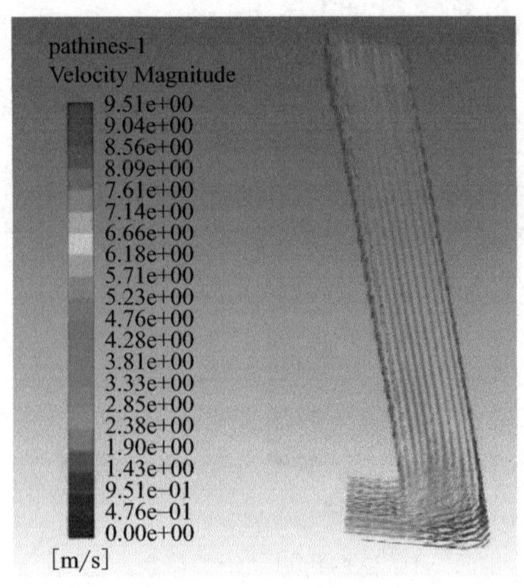

图 28-7 速度场分布

• 选择 Setup→Solution→Solution Initialization 中在 Initialization Method 栏选择 Standard Initialization，单击 Initialize 初始化流场；

• 选择 Setup→Solution→Run Calculation，在 Number of Iterations 文本框中输入 2000，定义最大求解步数，单击 Calculate 开始计算；

• 选择 Setup→File→Write→Case&Data，保存案例文件；

• 完成计算后速度场分布情况如图 28-7 所示。

④ 在 Fluent 中选择 File→Export→Solution date，保存文件类型为 CGNS，在 Quantities 中选择 X Velocity、Y Velocity、Z Velocity（图 28-8），点击 Write，文件命名为“Fluent”，结束 Fluent 部分操作。

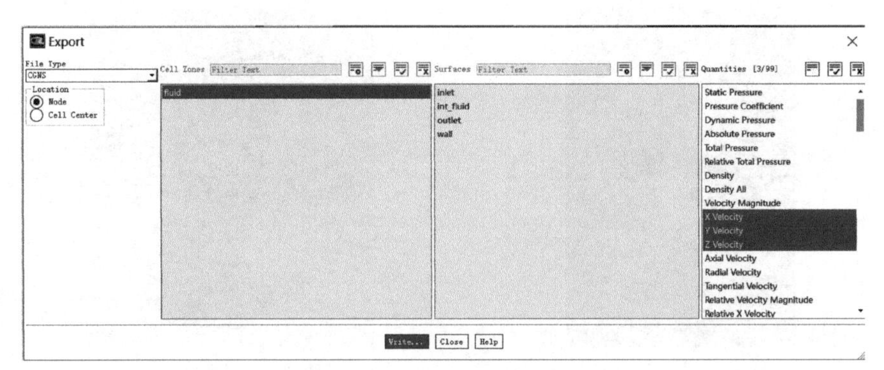

图 28-8 操作步骤截图（1）

28.3.3 EDEM 设置

模拟前新建文件夹，将模拟需要的 dll 格式文件与计算文档放在同一目录下。

① 启动 EDEM 2021，点击 File→Save，在弹出的文件保存对话框中保存工程文件，默认名称为 New EDEM input deck.dem。

② 颗粒材料设置。

• 右键 Bulk Material→Add Material，添加砂土层材料，命名为“shatuceng”，其弹性模量、泊松比、堆积密度等参数如图 28-9 所示。

颗粒	材料参数			
参数	堆积密度/(kg/m³)	剪切模量/Pa	杨氏模量/Pa	颗粒半径/m
砂土层	2000	1.5×10^{6}	3.75×10^{6}	1.01
断层破碎带	1250	3×10^{7}	7.5×10^{7}	0.8
花岗岩	1250	6.1×10^{8}	1.525×10^{9}	1.1
片麻花岗岩	1200	4.2×10^{8}	1.05×10^{9}	1.15

接触参数			
	恢复系数	静摩擦系数	滚动摩擦系数
花岗-花岗	0.55	0.2	0.05
砂石-砂石	0.35	0.2	0
片麻-片麻	0.35	0.2	0.2
断层-断层	0.15	0.2	0.05
…	…	…	…
基于岩石性质及EDEM官方样例库			

图 28-9 材料参数

• 点击 Add Multsphere（图 28-10），添加颗粒，颗粒名称命名为“shatuceng”，颗粒形状选择 Single Sphere，半径设置如图 28-9 所示。

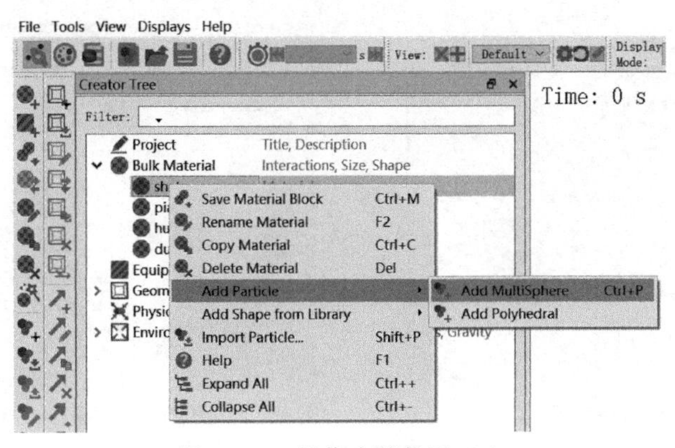

图 28-10　操作步骤截图（2）

• 点击颗粒下拉菜单，在 Properties（图 28-11）中勾选 Auto Calculation，自动计算出颗粒的质量、体积等属性。

• 重复上述操作，依次建立断层破碎带、片麻花岗岩、花岗岩材料及颗粒。

③ 几何材料设置。右键 Add Equipment Material，添加几何材料，命名为“EquipMaterial”，设置其弹性模量、泊松比、堆积密度等参数。

④ 几何模型导入与颗粒填充。为了保证颗粒在集合体填充时不出现外溢，填充过程需要依次导入 step 格式文件。

• 打开 Geometry 标签。首先导入砂土层几何模型，点击 Import…按钮；然后选择 step 格式文件“shatuceng”，在弹出的对话框中，Mesh Control type 选择 Size and Bias，CAD Unit 选择 Meters，Element size 选择 10，点击 OK，如图 28-12 所示，完成砂土层几何模型导入。

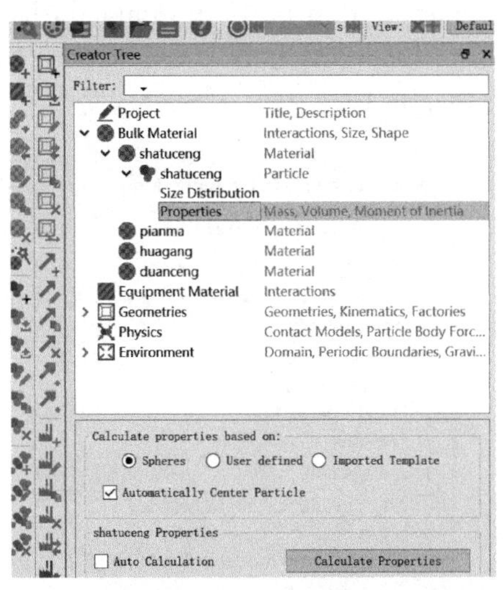

图 28-11　操作步骤截图（3）

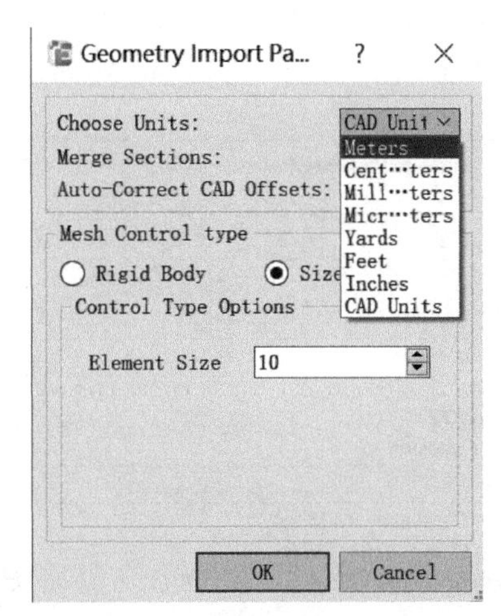

图 28-12　操作步骤截图（4）

• 在 Geometry 标签中，右键单击 shatuceng，选择 Add Volume Packing，如图 28-13 所示，填充砂土层颗粒。

• 选择填充颗粒为砂土层颗粒，将 Imposed Solid Fraction 设置为 0.6，Start Time 设置为 0，如图 28-14 所示。

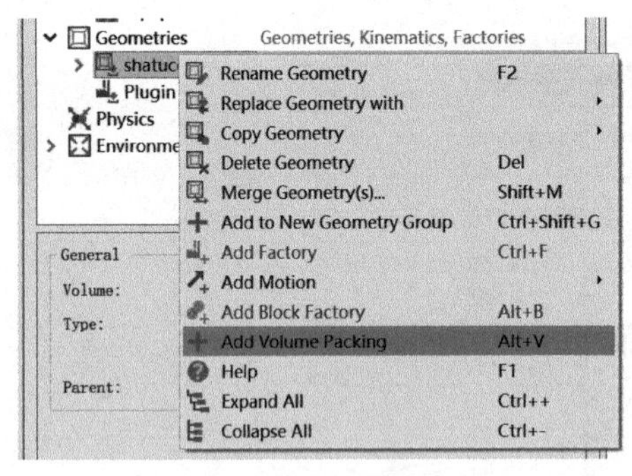

图 28-13 操作步骤截图（5）

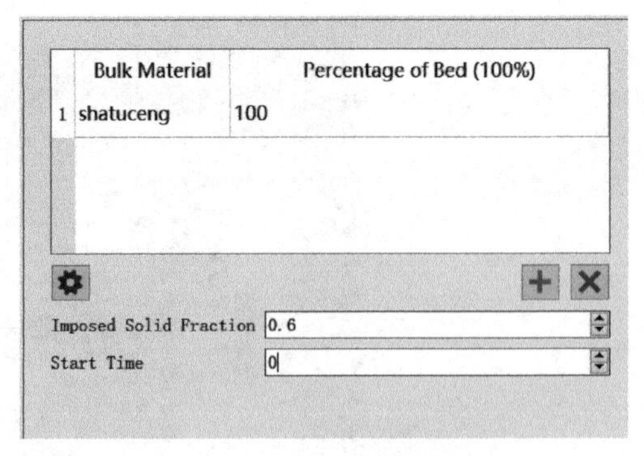

图 28-14 操作步骤截图（6）

⑤ 物理模型设置。此段操作流程所用的接触模型为自定义接触模型，包含由 VS 2017 生成的两个 dll 动态链接库文件以及两个 txt 前缀文件（图 28-15），具体开发流程不在此详述。

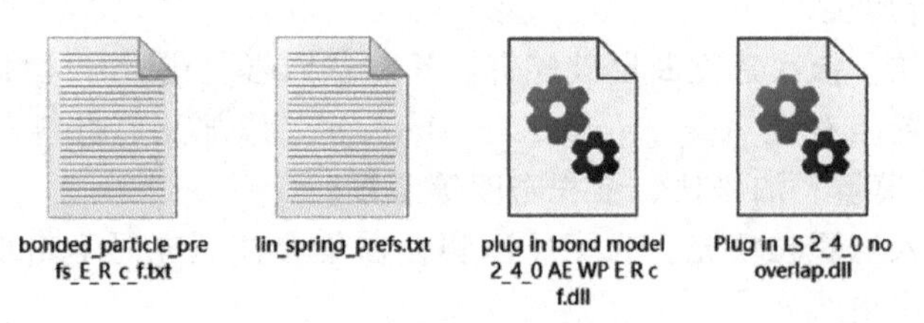

图 28-15 操作步骤截图（7）

• 选择 Physics 标签，在 Particle to Particle 中点击 Edit Contact Chain，弹出图 28-16 所示的对话框；将 Base Model 与 Friction Model 改为 No Base Model、No Rolling Friction Model，在下方的 Plug-in Models 中勾选 Plug in LS 2_4_0 no overlap 文件，点击 OK。

• 选择 Physics 标签，在 Particle to Geometry 中点击 Edit Contact Chain，弹出图 28-17 所示的对话框；将 Base Model 与 Friction Model 改为 No Base Model、No Rolling Friction Model ，在下方的 Plug-in Models 中勾选 Plug in LS 2_4_0 no overlap 文件，点击 OK。

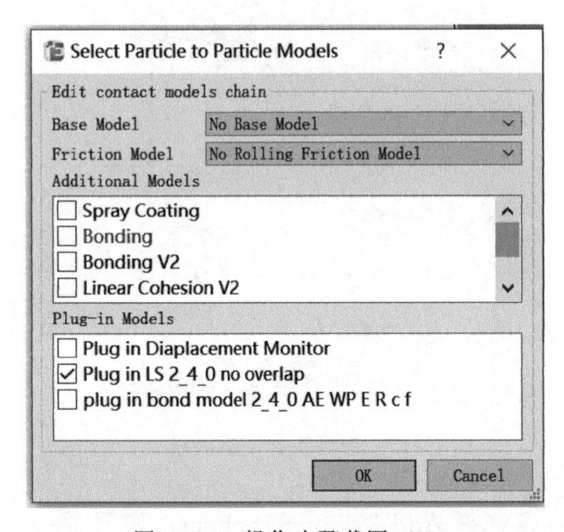

图 28-16 操作步骤截图（8）

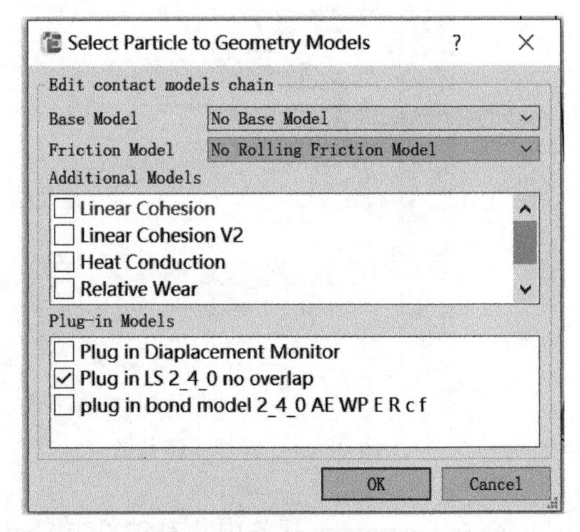

图 28-17 操作步骤截图（9）

• 选择 Physics 标签，在 Particle Body Force 中点击 Edit Contact Chain，弹出图 28-18 所示的对话框；在下方的 Plug-in Models 中勾选 Plug in Displacement Monitor 文件（此文件用于监测模拟过程中的颗粒位移情况），点击 OK。

⑥ 全局环境设置。

• 选择 Environment 标签，勾选 Auto update from Geometry，将计算域设置为随几何模型更新；

• 设置重力为 $-Z$ 方向，大小为 10。

⑦ 求解器设置。

• 点击 Simulator 标签，调整时间步长为 1×10^{-4}s。

• 在 Simulation Time 中将 Total Time 设置为 1s。

• 在 Date Save 中将 Target Save Interval 设置为 0.0001s。

• 在 Simulator Grid 中设置网格尺寸为 3R。

• 设置跟踪碰撞，勾选 Track Collisions，如图 28-19 所示。

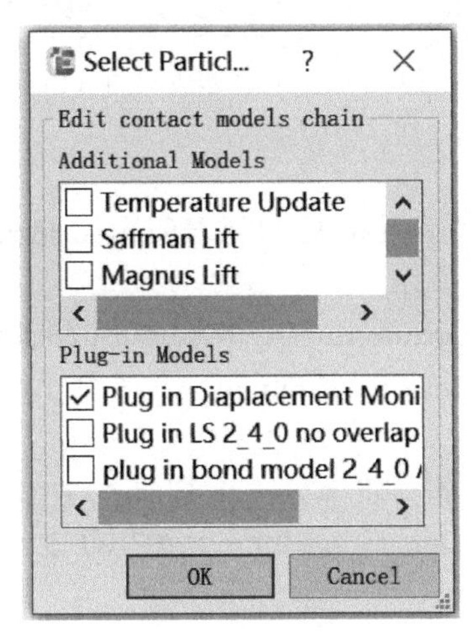

图 28-18 操作步骤截图（10）

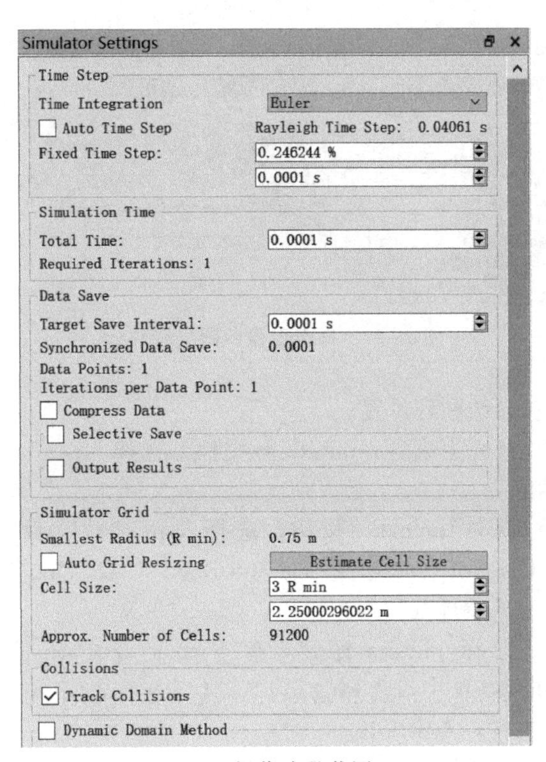

图 28-19 操作步骤截图（11）

• 点击运行，运行一个时间步后暂停模拟（此处操作仅为填充颗粒，只需运行一个时间步即可，因此模拟时间无需过大），此时会发现砂土层几何模型已经充满颗粒，如图 28-20 所示。

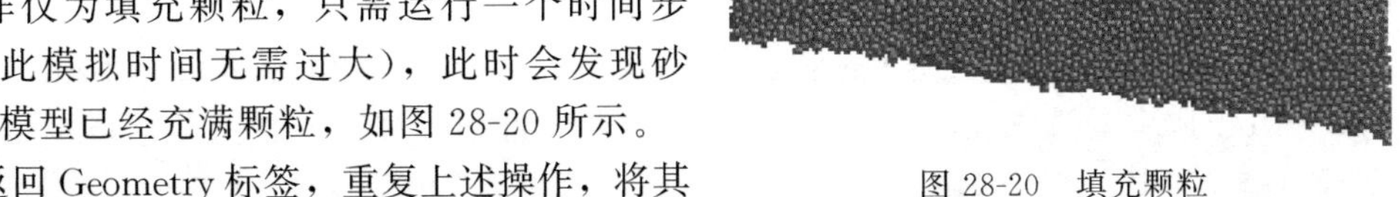

图 28-20 填充颗粒

• 返回 Geometry 标签，重复上述操作，将其余岩层模型填充完成，最终模型效果如图 28-21 所示。

• 选择 File→Export→Simulation Deck（图 28-22），将本案例文件另存为新的 dem 格

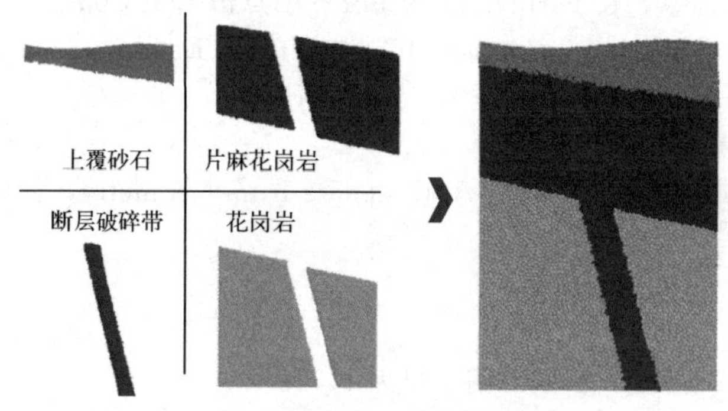

图 28-21　分区填充颗粒

式文件，文件名称命名为“input”，在弹出的对话框中将模拟时间重置为 0s，如图 28-23 所示。

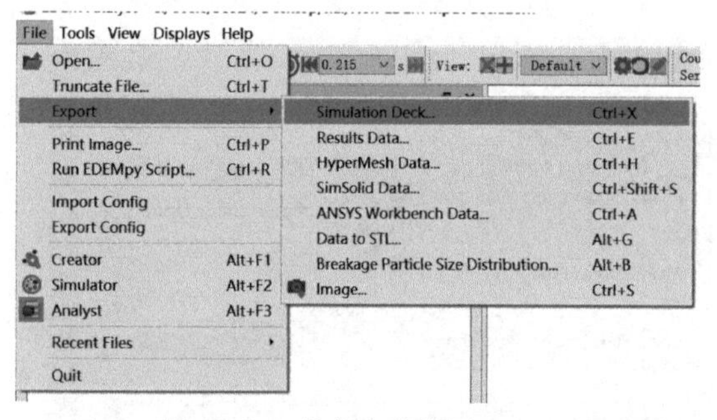

图 28-22　操作步骤截图（12）

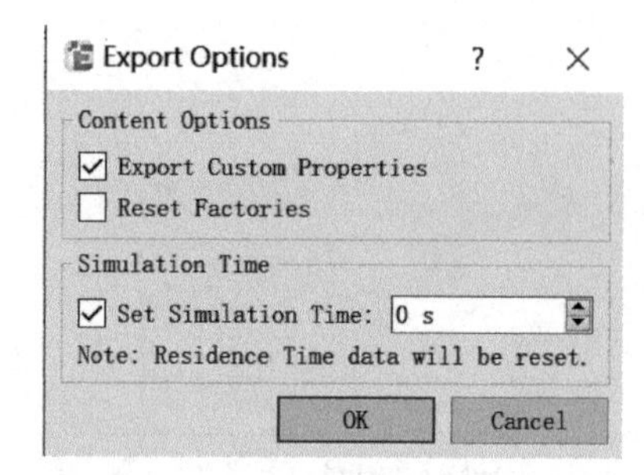

图 28-23　操作步骤截图（13）

⑧ 黏结颗粒设置。

• 打开生成的 input. dem 文件，选择 Geometry 标签，将断层和围岩的 step 格式几何文件删除。

• 点击 Import…按钮，选择 step 格式文件“zhengtimoxing”；在弹出的对话框中，Mesh Control type 选择 Size and Bias，CAD Unit 选择 Meters，Element size 选择 10，点击 OK，完成整体几何模型导入。

• 选择 Physics 标签，在 Particle to Particle 中点击 Edit Contact Chain，在下方的 Plug-inModels 中勾选 Plug in LS 2_4_0 no overlap 和 Plug in bond model 2_4_0 AE WP E R c f 两个 dll 文件，点击 OK。

• 打开 bonded_particle_prefs_E_R_c_f. txt 和 lin_spring_prefs. txt 两个前缀文件，文件中参数设置如图 28-24 所示，参数具体含义不在此详述（注：此文件中的参数非虚拟实验标定参数，而是经粗粒化模型处理后的参数）。

⑨ 隧道开挖面设置。

• 选择 Physics 标签，在 Particle to Geometry 中点击 Edit Contact Chain，在下方的 Plug-in Models 中勾选 Remove particle 文件（此文件用于移除与指定几何体接触的颗粒），用于模拟隧道开挖，点击 OK。

• 在 Geometry 标签中新建一个多边形平面，设置参数并使其移动至指定位置作为开挖面，然后添加指定方向速度与时间，用于模拟开挖过程。

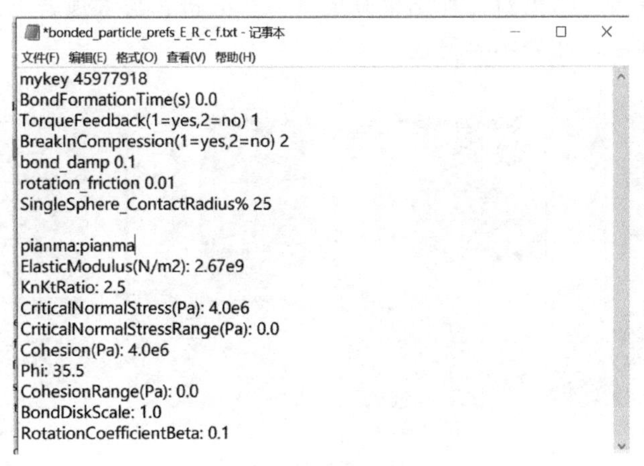


```
mykey 45977918
BondFormationTime(s) 0.0
TorqueFeedback(1=yes,2=no) 1
BreakInCompression(1=yes,2=no) 2
bond_damp 0.1
rotation_friction 0.01
SingleSphere_ContactRadius% 25

pianma:pianma
ElasticModulus(N/m2): 2.67e9
KnKtRatio: 2.5
CriticalNormalStress(Pa): 4.0e6
CriticalNormalStressRange(Pa): 0.0
Cohesion(Pa): 4.0e6
Phi: 35.5
CohesionRange(Pa): 0.0
BondDiskScale: 1.0
RotationCoefficientBeta: 0.1
```

图 28-24 细观参数取值

28.3.4 EDEM-CFD 单向耦合设置

• 选择 Physics 标签，在 Particle Body Force 中点击 Flied Date Manage，导入 Fluent 中输出的 CGNS 文件。

• 选择 EDEM 中内置的升力曳力模型，密度设置为 1000，黏度设置为 0.001，即完成流场导入。流场如图 28-25 所示。

• 点击 Simulator 标签，调整时间步长为 1×10^{-4}s。

• 在 Simulation Time 中将 Total Time 设置为 25s。

• 在 Date Save 中将 Target Save Interval 设置为 0.05s。

• 在 Simulator Grid 中设置网格尺寸为 3R。

• 点击运行，模拟过程如图 28-26 所示。模拟过程中按照侵蚀弱化模型，不断调整接触模型黏结参数，以模拟岩石侵蚀破坏的过程。

图 28-25 导入流场

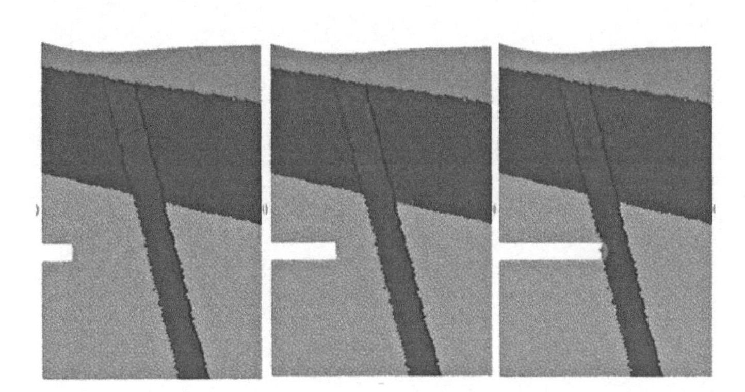

图 28-26 模拟过程截图（1）

28.4 结果分析

基于模拟结果，可以利用颗粒速度、位移、应力、力链变化等参数对突水突泥过程开展进一步量化分析。图 28-27 中分别为颗粒位移、颗粒速度、颗粒应力以及黏结键变化情况的后处理结果。可根据研究结果对计算结果开展进一步分析，与常规岩土工程数值结果分析方法一致。由于篇幅限制，此处不再赘述。

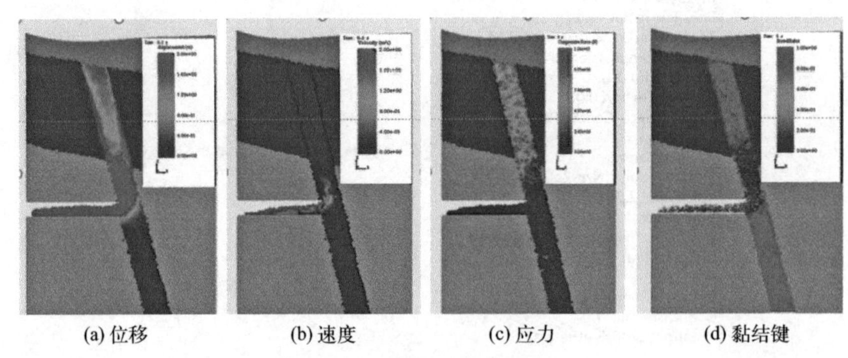

(a) 位移　(b) 速度　(c) 应力　(d) 黏结键

图 28-27　模拟过程截图（2）

参考文献

[1] 王梦恕．中国铁路、隧道与地下空间发展概况［J］．隧道建设，2010，30（4）：351-364.

[2] 钱七虎．地下工程建设安全面临的挑战与对策［J］．岩石力学与工程学报，2012，31（10）：1945-1956.

[3] 李利平，成帅，张延欢，等．地下工程安全建设面临的机遇与挑战［J］．山东科技大学学报（自然科学版），2020，39（4）：1-13.

[4] Cundall P A，Strack O. A discrete numerical model for granular assemblies［J］. Géotechnique，1979，30（3）：331-336.

[5] Potyondy D O，Cundall P A. A bonded-particle model for rock［J］. International Journal of Rock Mechanics and Mining Sciences，2004，41（8）：1329-1364.

案例 29

连续充填开采覆岩矿压显现数值模拟研究

参赛选手：马志远，蒋寅飞　　指导教师：苏荣华

辽宁工程技术大学

第一届工程仿真创新设计赛项（研究生组），二等奖

作品简介： 我国原煤产量逐年上升，大量不经处理的采空区塌陷会导致地表沉陷，产生的矸石等废弃物污染矿区周围环境。为了提高产出率以及减少地表沉降，相关学者对矸石进行了重复利用，用于井下充填置换，有效控制上覆岩层的变形。本案例以沈阳红阳三矿矸石充填采煤为工程背景，运用数值模拟的方法，应用 Ansys 有限元分析软件研究了矸石充填覆岩矿压显现规律及关键层变形特征。

作品标签： 充填开采、覆岩控制、应力场、应变场。

29.1 引言

充填开采为地下采矿工程提供了安全、高效、绿色可持续的优势研究方向。本案例设计了充填方式和不同弹性模量充填材料模拟方案，对各方案上覆岩层移动规律进行了数值模拟，可为粉煤灰基胶结充填开采控制覆岩沉降变形提供理论依据。

29.2 技术路线

技术路线见图 29-1。

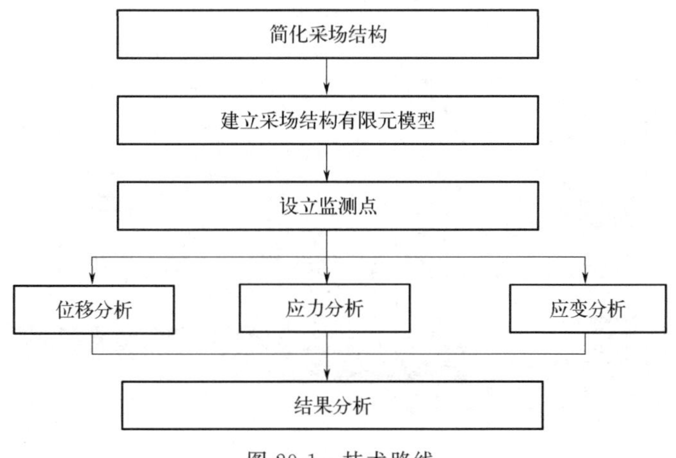

图 29-1　技术路线

29.3 仿真计算

以红阳三矿工作面顶底板地质条件为基础建立几何模型，矿区所处地层结构近似水平，模型共有 26 层。其中上覆岩层 23 层，底板岩层 2 层。各地层材料如表 29-1 所示。

表 29-1 岩层参数表

材料编号	材料名称	材料编号	材料名称	材料编号	材料名称
1	泥岩	11	细砂岩	21	黏土岩
2	黏土岩	12	泥岩	22	细砂岩
3	细砂岩	13	煤	23	泥岩
4	黏土岩	14	细砂岩	24	粉砂岩
5	粉砂岩	15	泥岩	25	开采煤层
6	细砂岩	16	细砂岩	26	泥岩
7	粉砂岩	17	煤	27	煤
8	细砂岩	18	中砂岩	28	矸石充填材料
9	中砂岩	19	粉砂岩		
10	粉砂岩	20	煤		

模型尺寸为 450m×268m×40m（长×宽×高）。模型左右两侧限制水平方向位移，底部限制水平和竖直方向位移。

(1) 指定单元类型并设置材料属性

Main Menu→Preprocessor→Element Type→Add/ Edit/ Delete，如图 29-2、图 29-3 所示。

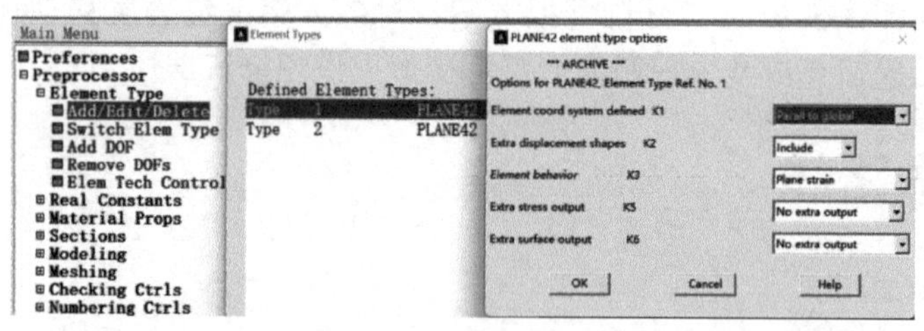

图 29-2 单元选项

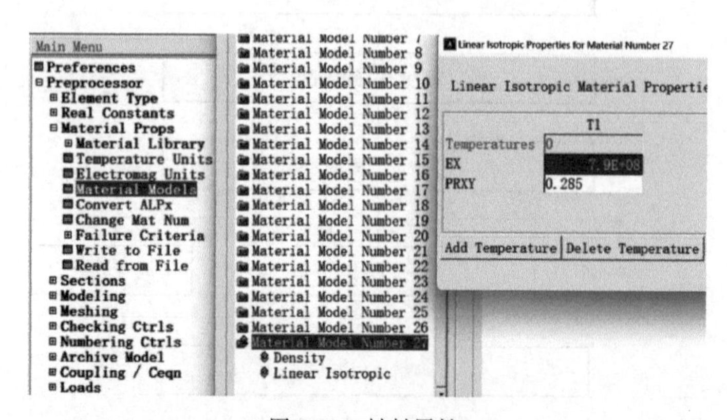

图 29-3 材料属性

（2）生成关键点

Main Menu>Preprocessor>Modeling>Create>Keypoints>In Active CS，依次输入关键点的坐标并设置方向关键点。

（3）绘制长方形

Main Menu>Preprocessor>Modeling>Create>Areas>Rectangle<by 2 corner，输入原点坐标以及长和宽的长度，点击 OK，得出长方形，如图 29-4 所示。

（4）布尔运算的设置

Main Menu>Preprocessor>Modeling>Operate>Booleans>Settings，将各面相加。

图 29-4　模型示意图

（5）设置单元尺寸

Main Menu>Preprocessor>Meshing>MeshTool>Size Controls>Global Set。

假设模型为各向同性体，采用 D-P 本构模型将表 29-1 中的各地层材料赋予模型，划分单元后共有 27480 个单元，27359 个节点，如图 29-5、图 29-6 所示。加载自重应力以及初始地应力，按照采厚 3.0m 对目标煤层进行开采，X 轴正向为推进方向，每次开采步距为 10m，设置位移收敛标准并计算平衡后，再进行下一步开采。

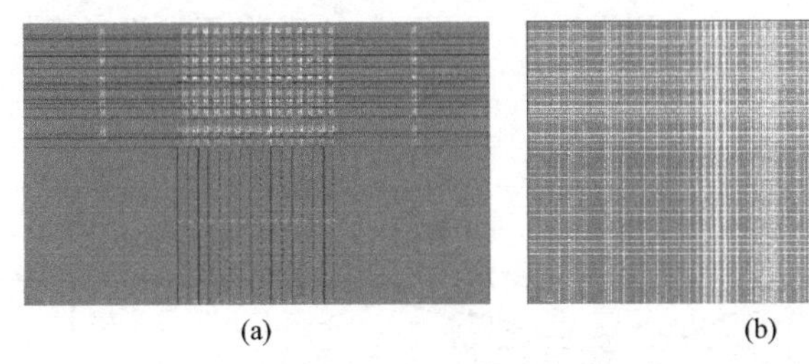

(a)　(b)

图 29-5　模型划分网格

当采空区被矸石材料充填时，上覆岩层移动规律与直接垮落不同，为研究不同填充率时上覆岩层移动规律，在图 29-7 所示的位置设置接触对，接触算法选择增强拉格朗日算法，接触方式选择 rough，模拟非常粗糙的接触（图 29-8），保证两个物体之间只是发生静摩擦，同时在顶板设置监测点，用于分析不同方案的岩层移动规律。

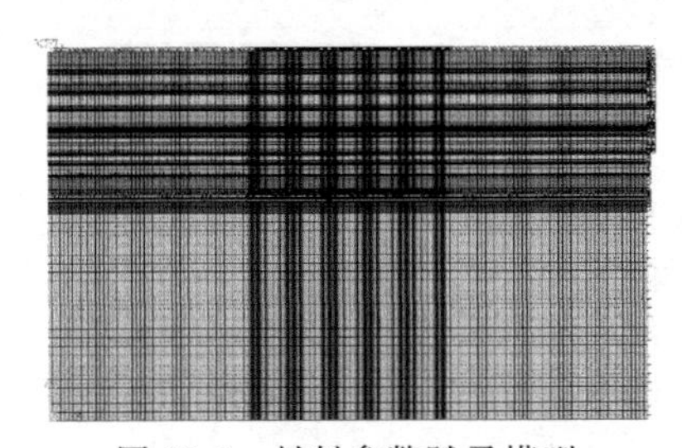

图 29-6　材料参数赋予模型

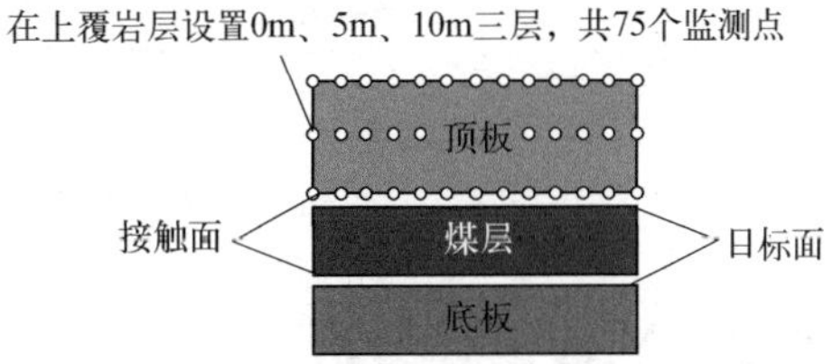

图 29-7　模型建立接触对

利用生死单元法（图 29-9），模拟采煤的同时进行矸石填充，提出以下 3 个模拟开采方案。

① 方案 1：不充填（直接垮落）。

② 方案 2：全充填，充填体宽度为 10m。

③ 方案 3：部分充填，充填体宽度为 6m。

图 29-8 接触状态

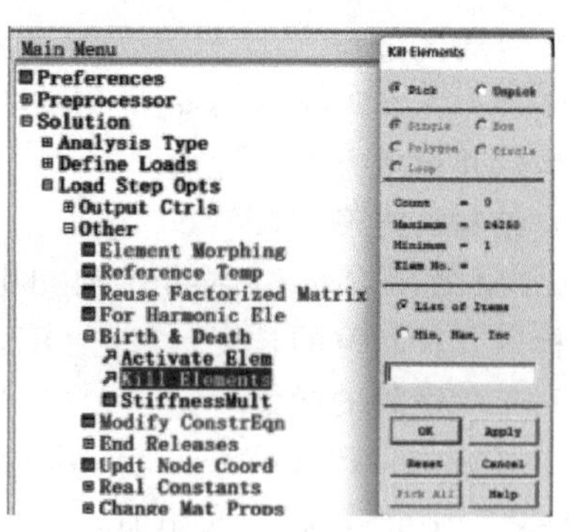

图 29-9 生死单元设置

29.4 结果分析

29.4.1 静态结构分析

如图 29-10 所示，箭头指示方向为推进方向，开挖后上覆岩层出现一定程度的下沉，其中最大下沉位置出现在采空区直接顶中部，最大下沉量为 0.461m。顶板下沉使应力得到了一定程度的释放。对比不同高度的监测点数据可以看出，工作面推进对直接顶的影响最为明显，从 UY0001 至 UY0025 直接顶 25 个监测点数据分析，其位移曲线波动最大，远离直接顶的位移曲线波动逐渐平缓。

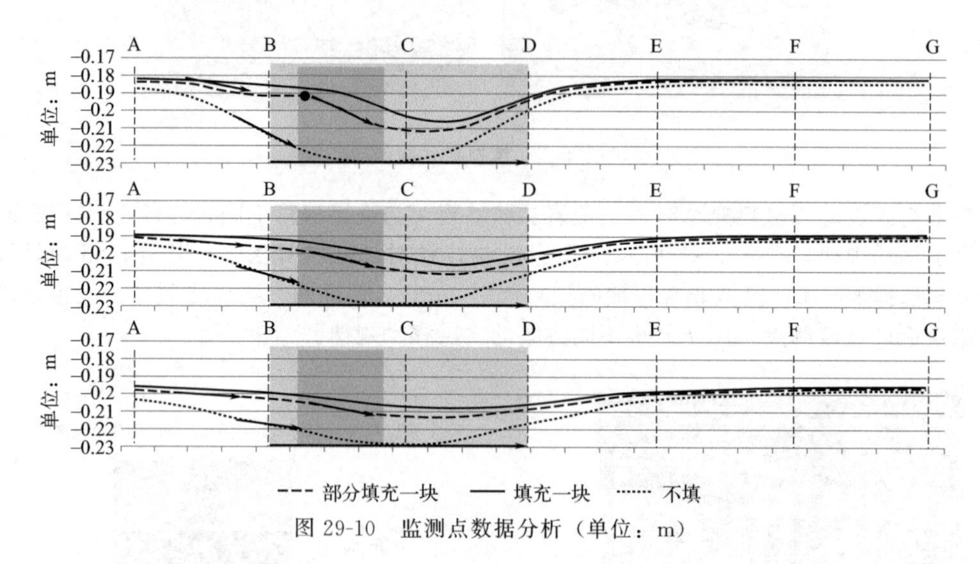

图 29-10 监测点数据分析（单位：m）

29.4.2 Y 轴位移分析

如图 29-11 所示，随着工作面推进距离增大，上覆岩层发生沉降、弯曲，远离采空区所受回采影响较小；其 Y 轴位移趋势呈轴对称分布，与直接顶监测点位移曲线结果互相验证可以看出，最大位移量始终位于采空区直接顶中间区域，在推进 40m 时达到 82.85mm 的最大位移量。

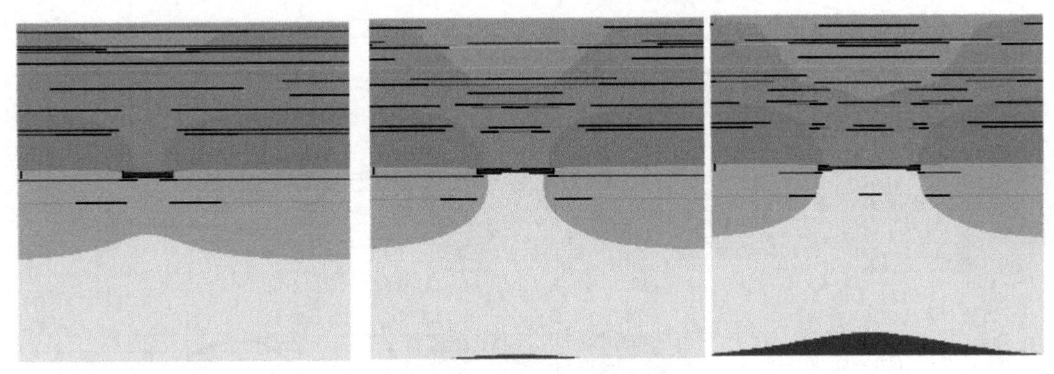

图 29-11 不充填 Y 轴位移

29.4.3 Y 轴应力云图分析

从不充填方案可以看出，推进距离越大，采空区上方的应力降低区越大，两侧最大应力值不断提高。

如图 29-12 所示，采空区右侧两种不同宽度的充填体分担着采空区上覆岩层的重力，推进 20m 时，岩层重力不大，且有原岩及充填体承担，应力降低区变化不明显；推进 40m 时，由于充填体的控制作用，应力降低区大幅度减小，高应力区由两侧向充填体转移，由图 29-13 可知，采空区两侧的岩体 Y 轴最大压应力值下降了 20%～37%。

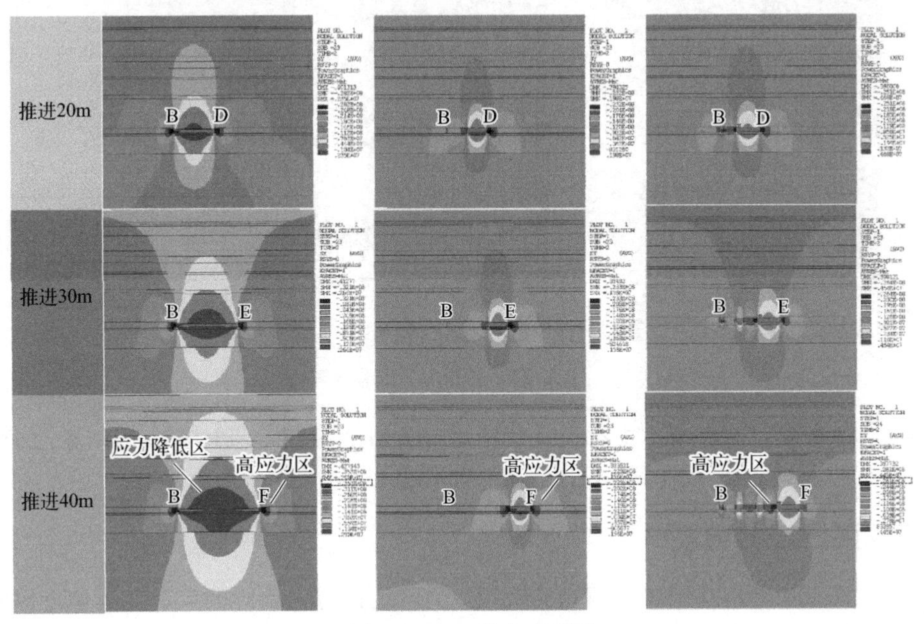

图 29-12 Y 轴应力云图

29.4.4 X 轴应力云图分析

如图 29-14 所示，从采空区左侧可以看出，随着工作面推进，裸露的顶底板向采空区方向弯曲，使上下两个面 X 轴方向的拉应力增大，在采空区的顶底板中间位置出现 X 轴拉应力最大值。

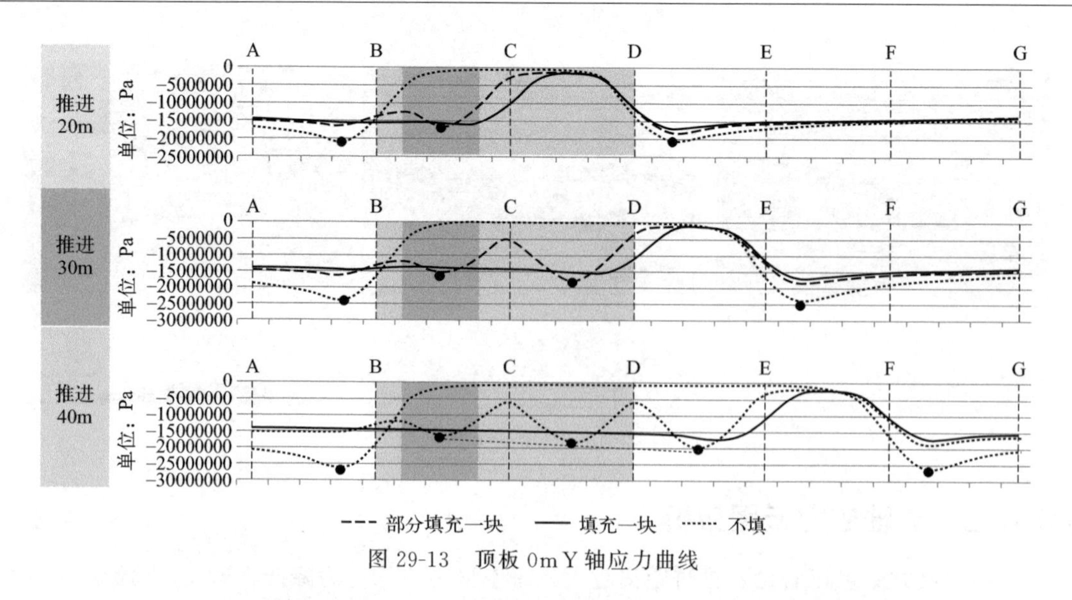

图 29-13　顶板 0m Y 轴应力曲线

图 29-14　X 轴应力云图

如图 29-15 所示，有充填体支撑的顶底板位移被有效控制，呈现与整体相近的绿色，X 轴拉应力最大值出现在回采工作面的顶底板中间位置。

29.4.5　接触应力分析

如图 29-16 所示，不充填时，两侧的接触应力峰值是对称相同的；有充填体支撑时，顶板没有大幅度下沉，充填体变形释放了部分压力，右侧最大接触应力均降低；部分充填时，充填体变形更大，使两侧的接触应力差值更大。

29.4.6　等效应力分析

如图 29-17 所示，推进至 40m 时，等效应力集中区最大值为 13.7MPa，岩体在此处极易发生剪切破坏，充填体上方直接顶的等效应力值与推进距离呈线性关系。由图 29-18 可知，充填体与推进工作面一侧的等效应力值相当，但是依然远小于不充填两侧的最大等效应力值。

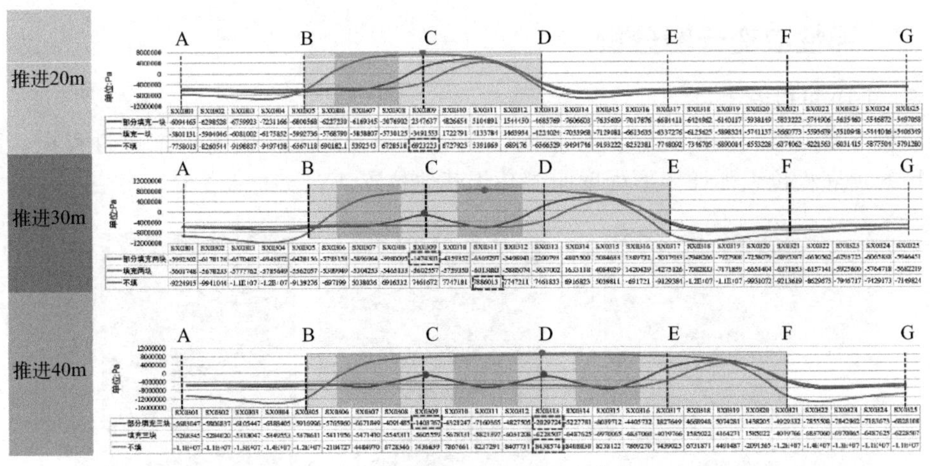

图 29-15 顶板 0m X 轴应力曲线

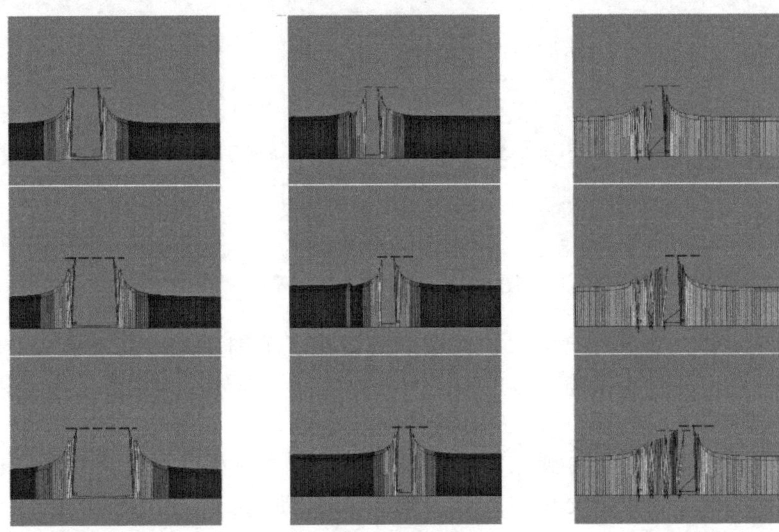

图 29-16 接触应力云图

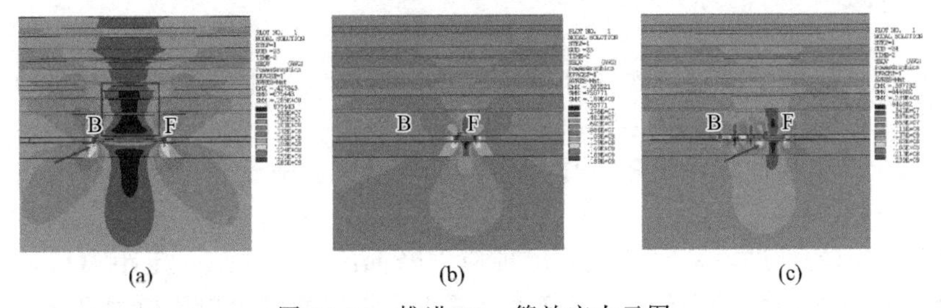

图 29-17 推进 40m 等效应力云图

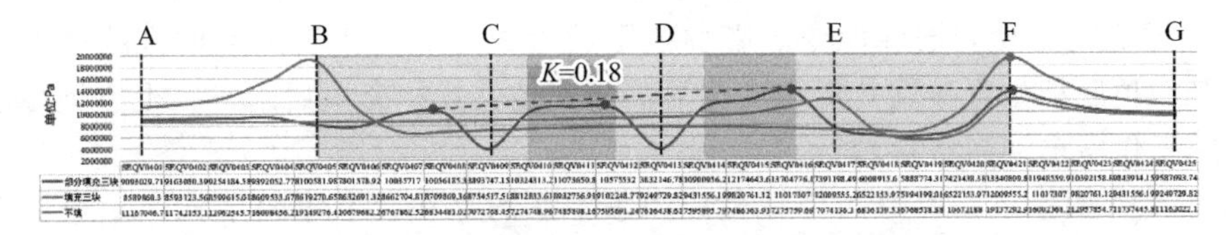

图 29-18 上覆顶板 0m 监测点等效应力曲线

29.4.7 弹性应变云图分析

由图 29-19 可以看出：

不充填方案上覆岩层的弹性变形影响范围约为 35m，工作面向前推进过程中，两帮处以及连接的顶底板位置弹性变形程度明显高于其他位置。

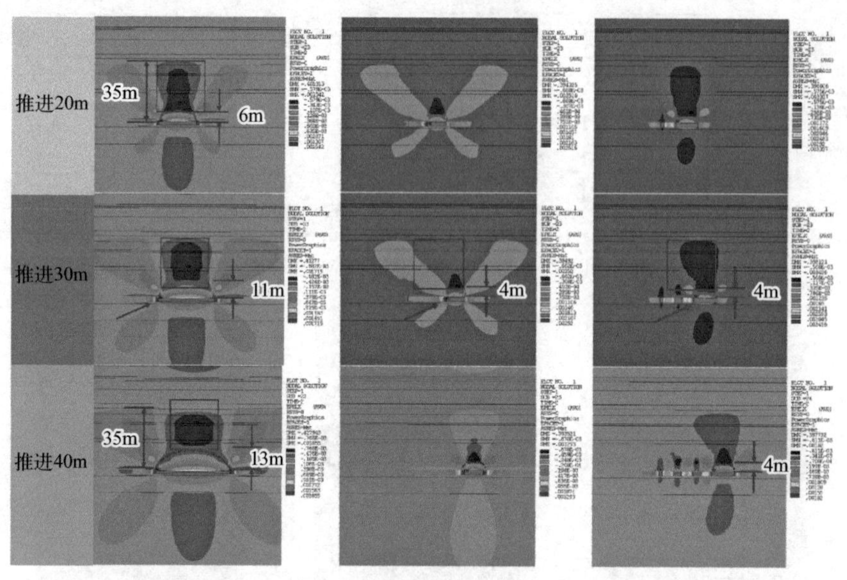

图 29-19 弹性应变云图

右侧从上往下看，推进距离增大，弹性应变最小区范围变大，高度由 6m 提高至 13m，采空区上方的弹性应变最小区与下方的应力集中区之间，是岩石离层形成大面积垮落的重点关注区域。

充填体的存在使采空区上方弹性应变区域减小，应力最小区的高度仅为 4m，直接顶垮落，基本顶受影响较小，可见充填体影响上覆岩层的变形。

29.5 结论

本案例利用 Ansys 数值模拟软件分析了工作面推进过程中三种充填方式的位移场、应力场、应变场分布特征，得出的主要结论如下：

① 采空区上覆岩层的沉降量随工作面的推进而增大，随着充填宽度的增高，上覆岩层沉降量变小。

② 随着工作面的推进，采空区上方出现应力降低区域，开采一定距离后，当拉应力的值大于顶板的抗拉强度时，直接顶发生垮落。靠近采空区两侧出现压应力升高区域，集中压应力的值随工作面的推进不断增大，最大值为 13.7MPa，岩体在此处极易发生剪切破坏。

③ 回采导致的上覆岩层弹性变形影响范围约为 35m，工作面向前推进的过程中，两帮处以及连接的顶底板位置弹性变形程度明显高于其他位置。充填后采空区上方弹性应变区域减小，且随工作面推动向右移动。

④ 随着工作面推进，因为 X 形等效应力集中区的存在，上覆岩层先产生剪切变形，后因为顶板弯曲而产生拉伸变形，采场塑性区的发育高度及发育范围都随之增大；充填体压实后，对顶板的控制作用增强，塑形破坏区高度减小 30%，减缓了矿压显现强度。

参考文献

[1] 葛金福，左文强．厚煤层短壁分层跳采矸石胶结充填技术应用研究 [J]. 中国煤炭工业，2019 (2)：53-55.
[2] 周波，袁亮，薛生．巷道围岩结构稳定性控制机理研究综述 [J]. 煤矿安全，2018，49 (5)：214-217，221.
[3] 路彬，张新国，李飞，等．短壁矸石胶结充填开采技术与应用 [J]. 煤炭学报，2017，42 (S1)：7-15.
[4] 张斌，王存文，谭洪山，等．浅埋深煤层长壁式复采区段煤柱稳定性研究 [J]. 煤炭科学技术，2015，43 (1)：25-27，32.
[5] 颜丙双，田锦州．巷式充填工作面矿压显现规律实测分析 [J]. 煤矿开采，2014，19 (6)：87-89，102.

案例 30

地面应急救援车载钻机钻架力学行为研究及改进初探

参赛选手：马志远，蒋寅飞　　指导教师：苏荣华

辽宁工程技术大学

第一届工程仿真创新设计赛项（研究生组），二等奖

作品简介： 地面应急救援车是针对矿山应急先导救援孔施工需要研制的一款专用钻机。为保证稳定、快速救援，避免作业过程中钻架的振动、应力集中等不利因素的影响，本案例以应急救援车钻机为研究对象，应用 Ansys 有限元分析软件对其钻架装置进行了静力学的弹塑性分析、动力学的动态特性分析以及随机振动响应分析，指出了最大应力应变位置及其数值，找出了主模态的频率；针对分析结果，对车载钻机进行了结构优化，并进行了静力学、动力学分析。

作品标签： 钻机机架、强度、刚度、静态分析、模态分析。

30.1 引言

ZMK55 系列地面应急救援车是一种针对地面煤层气抽采和矿山应急先导救援孔施工的需要开发的新型顶驱式全液压钻机。地面应急救援车钻机的给进机架是整个车载钻机的主要部件，支撑着动力头的提升和降落，力学性能是钻探成功的关键。为保证稳定、快速救援，避免作业过程中给进机架的振动、应力集中等不利因素的影响，应用 Ansys 有限元分析软件对该钻机钻架装置进行了静力学、动力学及随机振动分析。

30.2 技术路线

地面应急救援车钻架在工作过程中，给进装置底部支撑在地面，机身与车底盘固定连接。为了研究机架结构在工作范围内的力学性能，运用 Ansys 有限元软件对机架结构进行预应力结构分析和预应力模态分析，并对机架结构进行改进，分析改进结构的力学性能，如图 30-1 所示。

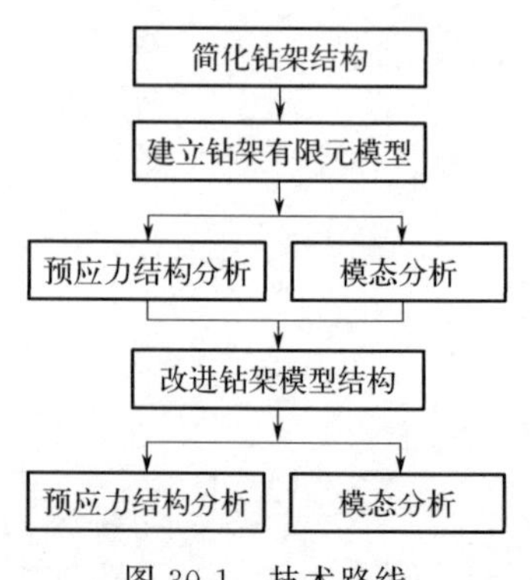

图 30-1　技术路线

30.3 仿真计算

钻架采用的材料为 Q345，弹性模量为 2.1×10^{11} Pa，密

度为 7850kg/m^3，泊松比为 0.28，选用梁单元。

(1) 指定单元类型并设置材料属性

Main Menu > Preprocessor > Element Type > Add/Edit/Delete，如图 30-2、图 30-3 所示。

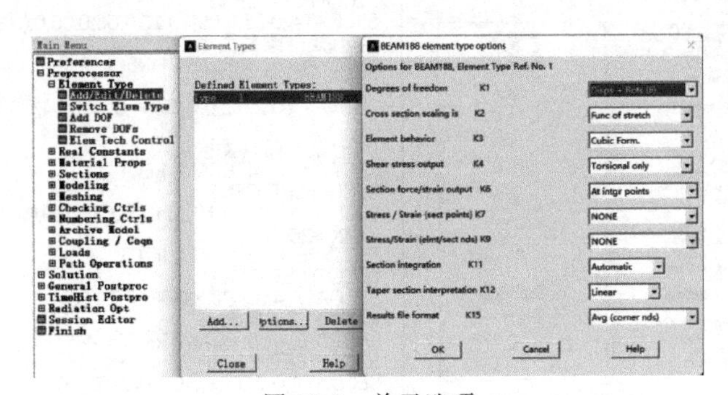

图 30-2 单元选项

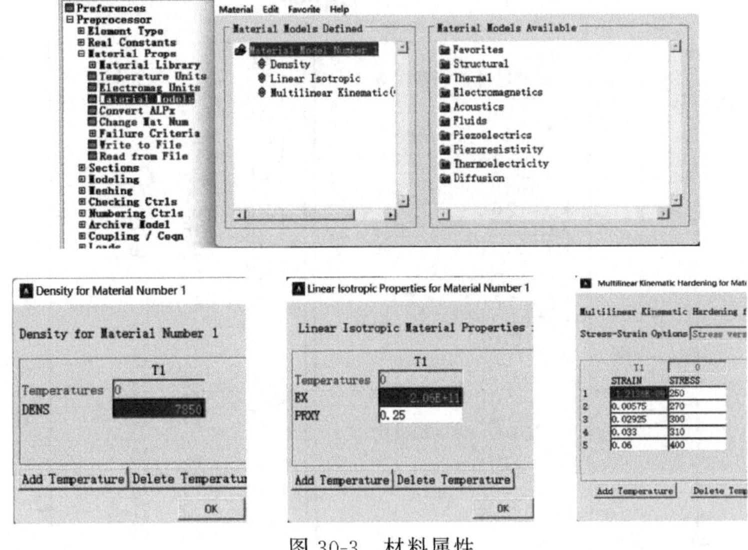

图 30-3 材料属性

(2) 定义截面

Main Menu > Preprocessor > Sections > Beam > Common Sections，在 Sub-Type 下拉框中选择工字钢图形，如图 30-4 所示。

(3) 建立几何模型

① 生成关键点。Main Menu > Preprocessor > Modeling > Create > Keypoints > In Active CS，依次输入关键点的坐标并设置方向关键点。

② 创建直线。Main Menu > Preprocessor > Modeling > Create > Lines > Lines > Straight Line，结果如图 30-5 所示。

③ 查看线的方向。单元坐标系的 Z 轴方向是通过关键点的朝向来完成定义的。Utility Menu > Plot Ctrls > Symbols > LDIR：On→OK。

(4) 划分梁单元网格

① 设置线的单元属性，包括方向关键点。指向关键点的方向就是梁单元坐标系的 Z 方向。

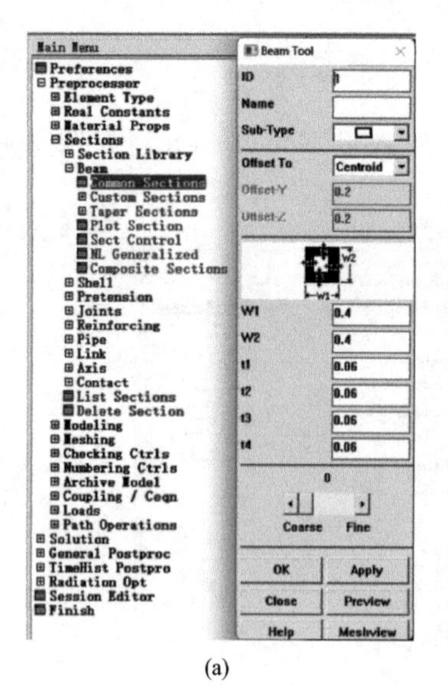

(a)

```
!空心矩形梁截面大
SECTYPE,    1, BEAM, HREC, , 3
SECOFFSET, CENT
SECDATA,0.4,0.4,0.06,0.06,0.06,0.06,0,0,0,0,0,
0
!空心圆形梁截面
SECTYPE,    2, BEAM, CTUBE, , 4
SECOFFSET, CENT
SECDATA,0.05,0.09,10,10,0.06,0.06,0,0,0,0,0,0
!空心矩形梁截面小
SECTYPE,    3, BEAM, HREC, , 2
SECOFFSET, CENT
SECDATA,0.2,0.2,0.04,0.04,0.04,0.04,0,0,0,0,0,
0
!实心梁截面（梁接头）
SECTYPE,    4, BEAM, RECT, , 4
SECOFFSET, CENT
SECDATA,0.4,0.4,10,10,0.06,0.06,0,0,0,0,0,0
!背板梁截面
SECTYPE,    5, BEAM, RECT, , 4
SECOFFSET, CENT
SECDATA,4,0.2,20,2,0,0,0,0,0,0,0,0
!上滑轮组梁截面
SECTYPE,    6, BEAM, RECT, , 4
SECOFFSET, CENT
SECDATA,0.3,0.5,3,5,0,0,0,0,0,0,0,0
```

(b)

图 30-4　6 种梁截面

```
!建模
/VIEW,1,,-1  !调整视角
/ANG,1
/REP,FAST
K,1,0,0,0,  !第一根柱子
K,2,0,0,10.5,
K,3,0,0,11,
K,4,0,0,18,
K,5,-0.2,0,0,
K,6,1.5,0,0,  !第二根柱子
K,7,1.5,0,10.5,
K,8,1.5,0,11,
K,9,1.5,0,18,
K,10,1.3,0,0,
K,11,0,0,2  !背板梁
K,12,-0.3,0,2
K,13,-0.3,-0.3,2
K,14,1.8,-0.3,2
K,15,1.8,0,2
K,16,1.5,0,2
K,17,0,0,5  !第一根横梁
K,18,-0.3,0,5
K,19,-0.3,-0.3,5
K,20,1.8,-0.3,5
K,21,1.8,0,5
K,22,1.5,0,5
K,23,0,0,10  !第二根横梁
K,24,-0.3,0,10
K,25,-0.3,-0.3,10
K,26,1.8,-0.3,10
K,27,1.8,0,10
K,28,1.5,0,10
K,29,-0.3,0,18!上滑轮组
K,30,1.8,0,18
K,31,-0.3,0,10.5
K,32,0,1,18  !上滑轮组指向
```

```
!连线
LSTR,    1,    11
LSTR,    11,   17
LSTR,    17,   23
LSTR,    23,   2
LSTR,    2,    3
LSTR,    3,    4

LSTR,    6,    16
LSTR,    16,   22
LSTR,    22,   28
LSTR,    28,   7
LSTR,    7,    8
LSTR,    8,    9

LSTR,    11,   12
LSTR,    12,   13
LSTR,    13,   14
LSTR,    14,   15
LSTR,    15,   16

LSTR,    17,   18
LSTR,    18,   19
LSTR,    19,   20
LSTR,    20,   21
LSTR,    21,   22

LSTR,    23,   24
LSTR,    24,   25
LSTR,    25,   26
LSTR,    26,   27
LSTR,    27,   28

LSTR,    29,   4
LSTR,    4,    9
LSTR,    9,    30
```

(a)　　(b)　　(c)

图 30-5　模型线图

Main Menu>Preprocessor>Meshing>Mesh Tool>Element Attributes>Lines Set>拾取线>OK>选择梁单元的材料属性，选择 Pick Oriention Keypoint（s）：Yes>拾取 Z 方向作为关键点。

② 设置单元尺寸。为保证求解速度以及求解精度，设置单元尺寸为 0.1m，进行 Sweep 及 Smart 分格。

Main Menu>Preprocessor>Meshing>Mesh Tool>Size Controls>Global Set。

③ 划分梁单元。Main Menu>Preprocessor>Meshing>Mesh Tool>Mesh：Lines>Mesh。

④ 打开梁单元的单元形状。Utility Menu>Plot Ctrls>Style>Size and Shape→[ESHAPE]：On。核对梁单元的摆放位置是否与实际一致，如图 30-6 所示。

(5) 施加边界条件并求解

① 施加约束。全约束底部的关键点：Main Menu>Solution>Define Loads>Apply>Structural>Displacement>On Keypoints>拾取关键点>OK>All DOF>OK。

② 施加集中力。Main Menu>Solution>Define Loads>Apply>Structural>Force/Moment>On Keypoints>拾取关键点>OK→FX。

③ 求解前选择模型所有单元。Utility Menu>Select>Everything。

④ 求解。

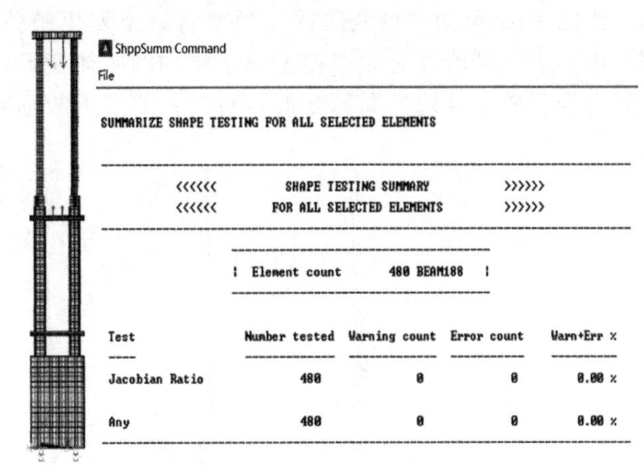

图 30-6　几何模型

30.4 结果分析

30.4.1 静态结构分析

由图 30-7 可知，等效应变最大值为 19.568mm，发生在杠杆与机身相接处，沿两侧递减；二级给进机构方钢上的应变逐渐变小。由图 30-8 可知，等效应力主要发生在给进机构方钢处，沿方钢从上往下传递。

图 30-7　钻架等效应变图　　图 30-8　钻架等效应力图

30.4.2 预应力模态分析

钻架的模态分析可以获得结构动态特性和响应方面的数据，可以了解部件之间的关系和整体系统的动态特性，从而为钻架动态设计、机架参数优化改进提供依据。

由图 30-9 可知，前两阶固有频率时钻架发生整体变形，高阶固有频率时钻架主要以局部变形为主。低阶固有频率振型属于结构的整体变形，对结构的强迫激励响应贡献较大；高阶固有振型属于结构的局部变形，对结构的强迫激励响应贡献较小。

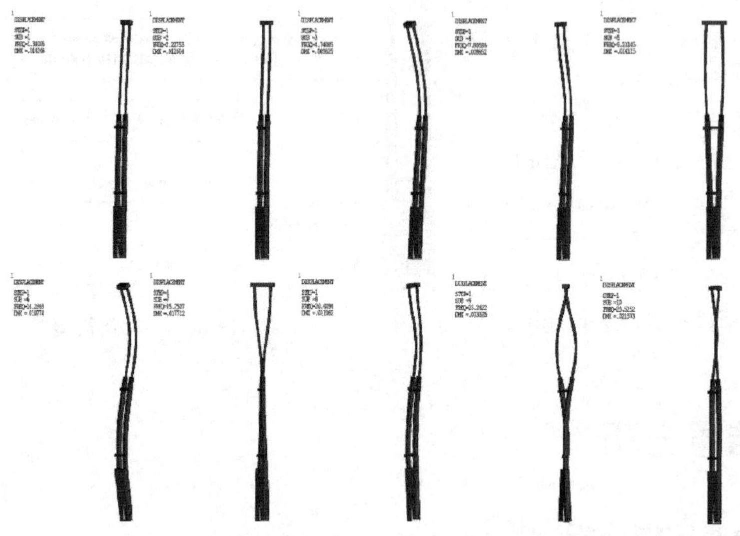

图 30-9 钻架前 10 阶模态振型图

图 30-10 表明，钻机钻架在位移激励谱作用下，位移响应值较小，说明钻机井架系统具有良好的抗振性能，钻机钻架结构二、三阶固有频率接近实际工作频率，应该对钻机钻架结构进行优化。

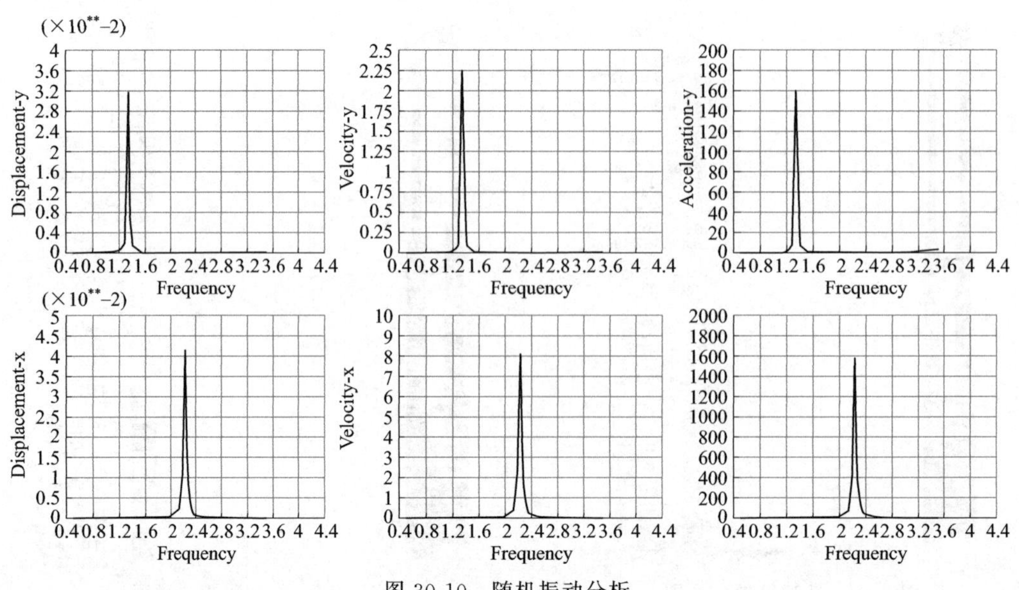

图 30-10 随机振动分析

30.4.3　静态改进结构分析

由静力学、动力学分析可知，钻机顶部位移量较大，钻架液压杆下部出现应力升高区。为了避免在工作状态下钻架出现前后摆动的现象，在钻架结构的前方加装一个液压杆，三个液压杆形成稳定的三角形结构。接下来对改进结构进行静力学分析，如图 30-11 所示。

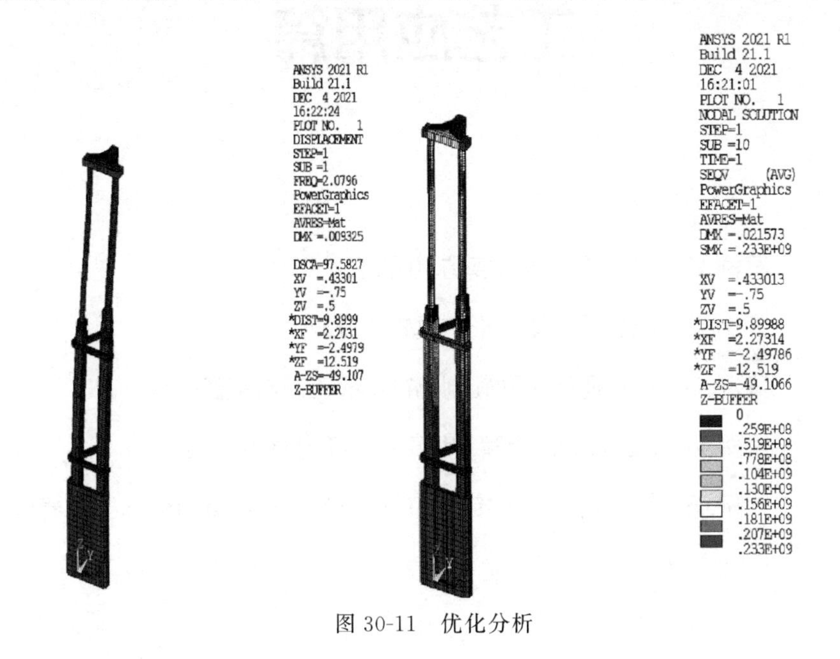

图 30-11　优化分析

30.5　结论

① 通过查阅有关文献将钻机钻架装置进行简化，建立合理的有限元模型，并进行了有限元仿真，得到最大位移位置及应力上升区。

② 通过模态分析得到该钻机钻架装置的固有频率和主振型，在模态分析的基础上对该钻机钻架装置进行了位移谱响应分析，得到该钻机钻架装置在位移激励谱作用下的谱响应值变化范围。

③ 提出优化方案，并对优化方案进行静力学、动力学分析，结果表明，优化方案可以很好地优化钻架顶端位移量、液压杆下部的应力上升区；谱分析结果表明，优化后的钻架结构在位移激励谱作用下的谱响应值变化相较于原有结构更为合理。

参 考 文 献

[1] 朱国栋，邹祖杰，王瑞泽．车载钻机给进装置分析及关键部件的优化 [J]. 煤矿机械，2021，42 (4)：131-133.

[2] 刘祺．大直径钻孔用煤矿车载钻机研制及应用 [J]. 煤矿机械，2020，41 (2)：152-154.

[3] 张阳．车载钻机给进装置设计及关键部件优化 [J]. 煤矿机械，2019，40 (5)：117-120.

[4] 凡东．ZMK5530TZJ100 型车载钻机的试验研究 [J]. 煤田地质与勘探，2018，46 (2)：201-204.

[5] 李冬生，邹祖杰，田宏亮，高岗．ZMK5530TZJ100 车载特种钻机结构分析 [J]. 煤矿机械，2015，36 (6)：188-189.

[6] 曹文刚，宋军，董玉德，等．基于 HyperWorks 的钻机机架有限元分析及优化 [J]. 煤矿机械，2010，31 (10)：26-28.

[7] 申小娟．30DBT 钻机井架的静动态特性分析 [D]. 西安：西安石油大学，2010.

第四篇

工艺应用篇

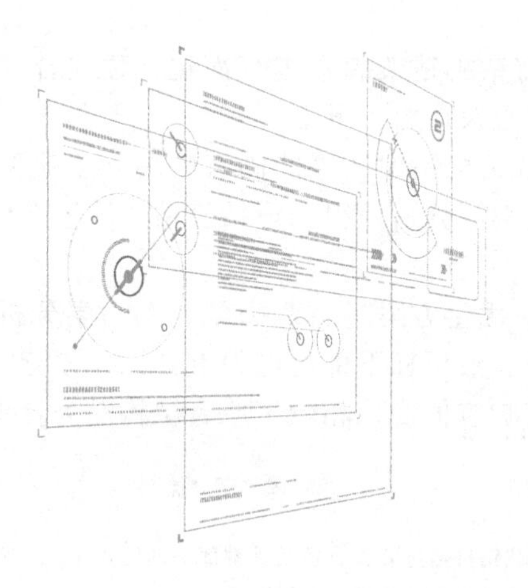

案例 31

疲劳失效多尺度仿真研究

参赛选手：高飞农，王泽诚，刘桐语　　指导教师：解丽静，王西彬
北京理工大学
第一届工程仿真创新设计赛项（研究生组），二等奖

作品简介： 基于材料微观组织以及材料加工和强化工艺分析，建立了考虑表面完整性的疲劳裂纹萌生多尺度仿真预测模型。通过原子尺度仿真-晶体塑性有限元-连续介质有限元多尺度仿真分析，实现了材料微纳观力学特性分析、微观变形分析以及宏观应力场预测。建立了不同表面完整性下材料的疲劳裂纹萌生寿命预测模型，为材料微观组织调控、抗疲劳制造工艺优化提供指导，寿命预测误差不超过30%。

作品标签： 疲劳、多尺度建模、二次开发。

31.1 引言

全世界每年由于机械装备的失效而导致的事故给我们造成了巨大的财产损失和人员伤亡，如1998年6月3日，德国ICE884次高速列车由于轮箍的疲劳失效，导致列车脱轨，造成101人死亡，88人重伤，机械装备可靠性的重要性日益突出。有分析表明，至少80%的机械装备失效都是疲劳失效造成的，尤其是发动机、传动轴、齿轮等关键件的失效，造成的后果尤为严重。通过对失效构件的断口进行分析发现，几乎所有的疲劳裂纹都是从表面层或者亚表层开始萌生，并逐渐扩展，最终导致疲劳断裂，表面层和亚表层处的疲劳裂纹萌生寿命和小裂纹扩展寿命往往能占据构件疲劳寿命的70%以上，在高周疲劳和超高周疲劳中，甚至能够占据全部疲劳寿命的90%以上。也就是说，关键件表面层材料的疲劳性能，在很大程度上决定了装备的服役寿命。

表面层材料为什么会失效？如何防止表面层材料的失效？这是目前我们亟待解决的两个问题。为了解决这两个问题，我们需要从表面层材料的生产和服役两个过程进行分析。现有研究表明，材料加工工艺流程，包括材料热处理、切削加工、表面强化等，均会对表面层材料的抗疲劳性能产生重要影响；表面强化工艺作为最后一道工艺，对表面层抗疲劳性能调控有着最为重要的影响。因此，本案例的仿真研究着眼表面层，以多尺度仿真技术揭示表面完整性对抗疲劳性能的影响，促进抗疲劳制造工艺的发展，提升装备可靠性。

31.2 技术路线

为了实现上述目标，本案例采用疲劳试验与多尺度仿真相结合的方法对表层材料的抗疲劳性能开展研究。研究路线如图31-1所示。首先是宏观疲劳试验研究，通过宏观疲劳试验，

研究表面完整性参数，尤其是表面残余应力和表面粗糙度等，对疲劳性能影响规律。而后针对疲劳试验，采用连续介质有限元方法开展宏观疲劳试验仿真研究，获得材料在不同表面完整性和疲劳载荷下的变形规律以及循环硬化/软化机理。最后根据材料的微观组织分析，建立考虑表面粗糙度和残余应力的微观仿真分析模型，在宏观疲劳试验仿真的基础上，通过子模型方法将宏观模型与微观模型相耦合，实现疲劳失效的多尺度仿真。进一步，针对微观疲劳仿真分析模型，采用晶体塑性有限元以提高微观弹塑性变形的预测精度，通过物理疲劳裂纹萌生模型提高疲劳裂纹萌生以及初期扩展仿真的预测精度。

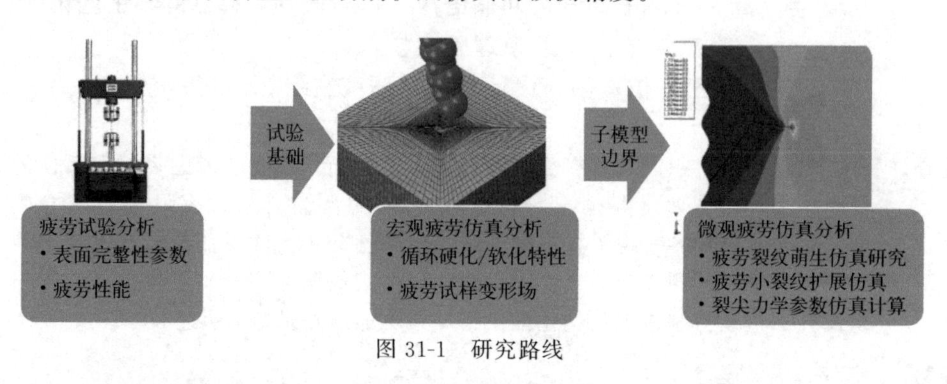

图 31-1 研究路线

31.3 仿真计算

仿真计算过程主要由宏观尺度的连续介质有限元仿真计算以及微纳观的晶体塑性有限元仿真计算组成。其中宏观模型考虑加工表面残余应力的影响，实现疲劳试样由于残余应力以及表面效应而导致的材料内部不均匀变形预测以及材料循环硬化/软化行为预测。微观模型主要考虑表面粗糙度的影响，通过晶体塑性有限元和疲劳裂纹萌生模型两者相结合，实现疲劳裂纹萌生的仿真预测。宏观模型与微观模型之间采用了子模型进行耦合，将宏观模型的变形场作为微观模型的边界条件，因此最终的微观模型实质上是同时考虑了残余应力以及表面粗糙度的疲劳裂纹萌生仿真预测模型，进一步提高了模型的预测精度。

31.3.1 宏观疲劳试验仿真

(1) 疲劳几何建模

根据疲劳试样具体尺寸以及试验载荷，建立一比一有限元仿真模型。疲劳试样具体尺寸以及所建立的有限元仿真模型如图 31-2 所示。其中试样中部试验段厚度为 1mm，宽度为 3mm。

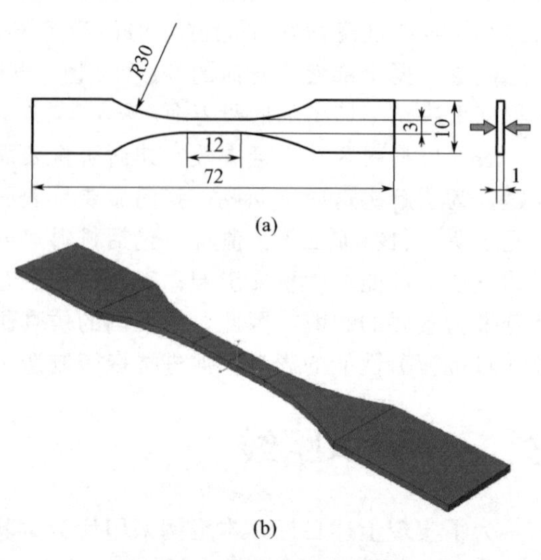

图 31-2 宏观疲劳仿真模型

(2) 材料属性

试样材料为 45CrNiMoVA 马氏体超高强度钢。其具有非常高的强度，屈服应力可达 1500MPa，极限拉伸应力可达到 2000MPa。45CrNiMoVA 材料的基本力学性能如表 31-1 所示。Johnson-Cook 本构能够十分准确地描述其流动应力曲线。Johnson-Cook 本构的参数如表 31-2 所示。

表 31-1 45CrNiMoVA 材料的基本力学性能

材料参数	值
密度/(kg/m^3)	7800
融化温度/℃	1550
杨氏模量/GPa	212
泊松比	0.29

表 31-2 Johnson-Cook 本构的参数

A	B	C	n	m
1404	1247	0.009101	0.1943	0.5724

(3) 疲劳载荷

为了更好地完成疲劳加载，在试样左右两侧分别建立参考点（RPLEFT，RPRIGHT），并将参考点与试样两端进行耦合，从而实现通过两个参考点控制整个试样的变形，如图 31-3 所示。在本案例中，疲劳试样采用应力控制加载，因此在宏观疲劳仿真分析中与试验相一致，右端采用完全固定加载，左侧参考点设置为集中力加载。针对左右两个参考点，分别建立集合，并在分析步中设置历史输出，输出左侧参考点（RPLEFT）上的位移以及右侧参考点（RPRIGHT）上的反作用力（reaction force）。由于右侧参考点完全固定，因此该点受到的实际反作用力即为疲劳试样实际所受到的拉伸载荷，而左侧参考点的位移即为试样的整体变形量。

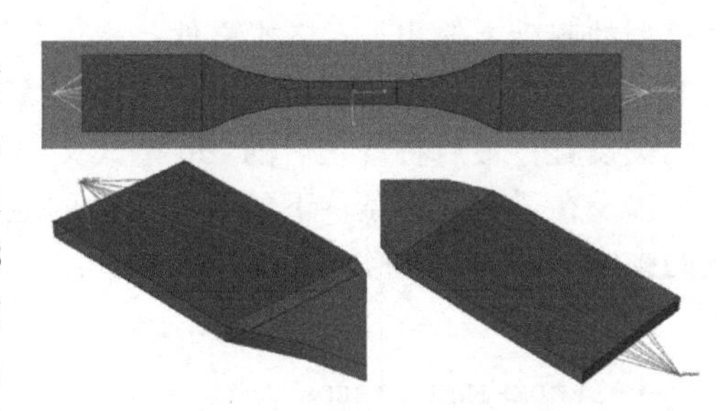

图 31-3 参考点设置示意图

根据试样尺寸，试验段横截面积 3mm^2，计算得到 2100MPa 应力水平条件下试样受到的作用力为 6300N。设置左侧参考点上的集中载荷为 6300N，加载方式为锯齿波加载（Amp-1），加载频率为 1Hz，波形如图 31-4 所示。

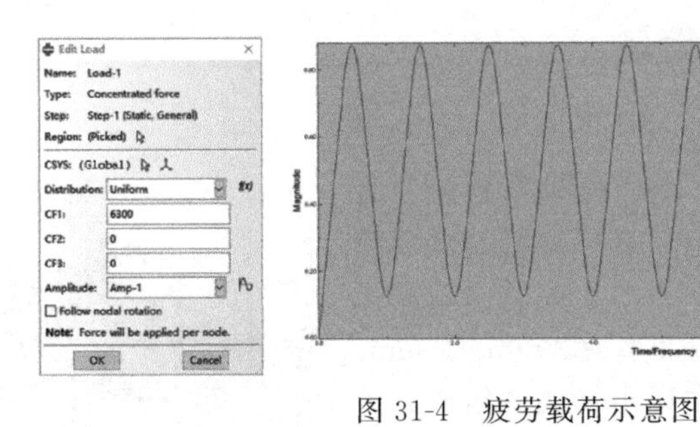

图 31-4 疲劳载荷示意图

(4) 预定义场

通过喷丸可得到残余应力沿层深方向上的分布，如图 31-5 所示。由图可知，经过喷丸强化处理之后的残余应力沿着深度方向有着较大的梯度分布特征，即残余应力为 y 坐标相关的函数，因此不能够通过简单的场分布进行加载。

为了解决残余应力加载的问题，本案例建立了残余应力预定义场修正脚本。首先，在前

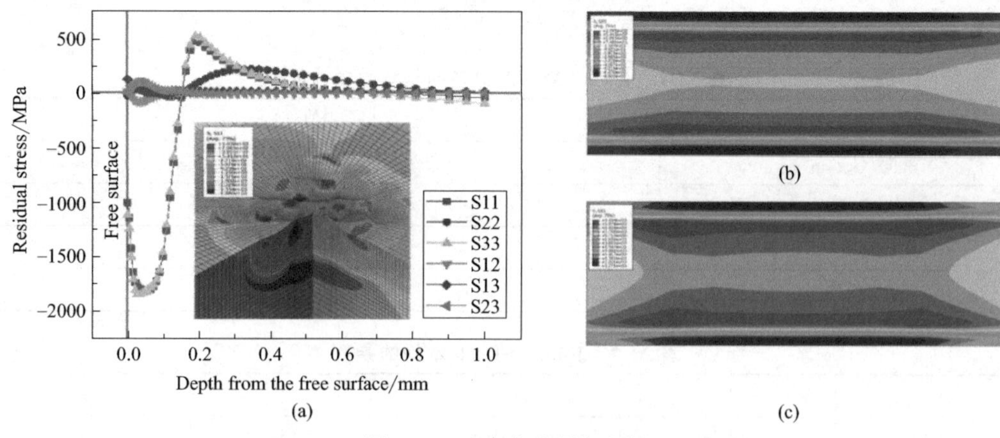

图 31-5 残余应力预定义场

述模型的基础上输出 inp 格式文件；然后，通过编写的脚本读取该文件，提取节点坐标，根据节点 y 坐标值将节点分层，建立相应的集合，并在 inp 格式文件中补充残余应力预定义场的相关设置；最后将修正后的 inp 格式文件导入 Abaqus 中并提交计算。初始定义的残余应力场以及在最大应力条件下的疲劳试样的应力场分别如图 31-5(b) 和 (c) 所示。前两层节点的预定义场的 inp 格式文件设置如下：

```
**
** PREDEFINED FIELDS
**
** Name:Predefined Field-layer1  Type:Stress
*Initial Conditions,type= STRESS
Set-layer1,-1.450016e+03,2.257017e+01,-1.578763e+03,-3.964638e+01,9.251730e+01,5.223683e+01
** Name:Predefined Field-layer2  Type:Stress
*Initial Conditions,type= STRESS
Set-layer2,-1.753649e+03,3.788501e+01,-1.869769e+03,-7.404966e+01,6.296411e+01,8.766721e+01
```

31.3.2 微观疲劳裂纹萌生仿真

(1) 几何建模

疲劳裂纹大多由表面开始萌生，为了准确模拟疲劳裂纹的萌生以及初期扩展过程，需要建立表层材料的微观疲劳裂纹萌生仿真模型。为了减少计算量，本案例中建立了二维代表性体积单元仿真模型，模型大小为 20μm×20μm。根据材料微观组织分析可知，材料主要由马氏体组成。为了模拟裂纹在晶粒内的萌生过程，需要准确建立晶粒的微观几何模型。本案例中采用泰森多边形对其进行建模。根据微观组织分析得知材料平均晶粒尺寸为 4μm，模型中的晶粒数量约为 5。因此再根据泰森多边形建模方法在该模型中随机均布 50 个布点并生成 50 个随机晶粒。建立得到的几何模型如图 31-6 所示。

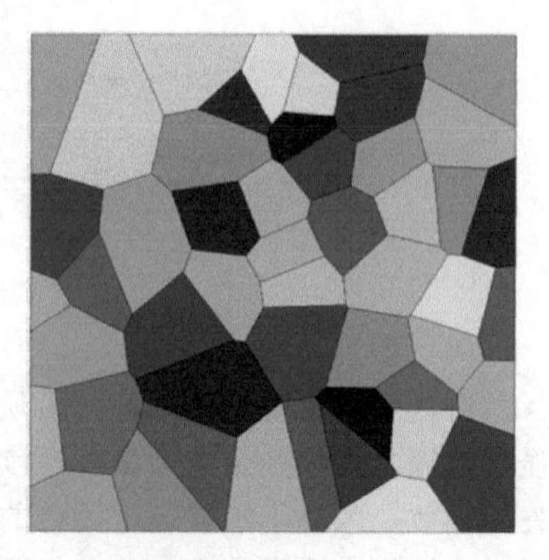

图 31-6 Voronoi 图

(2) 晶体塑性本构

由于晶体对材料变形的影响，马氏体为 BCC 结构，具有较强的各向异性，因此采用宏观均质本构难以准确描述材料变形行为。为了准确描述材料在循环载荷作用下的微纳观力学响应，本案例中采用晶体塑性本构（UMAT）对其开展仿真分析。晶体塑性材料设置如图 31-7 所示。其中，Depvar 为用户定义状态变量，本案例中取其最小值 400；晶体取向、弹性模量等参数均在 User Material 中定义；在提交作业时，还需要选择所编写的用户材料子程序，即 UMAT 程序。

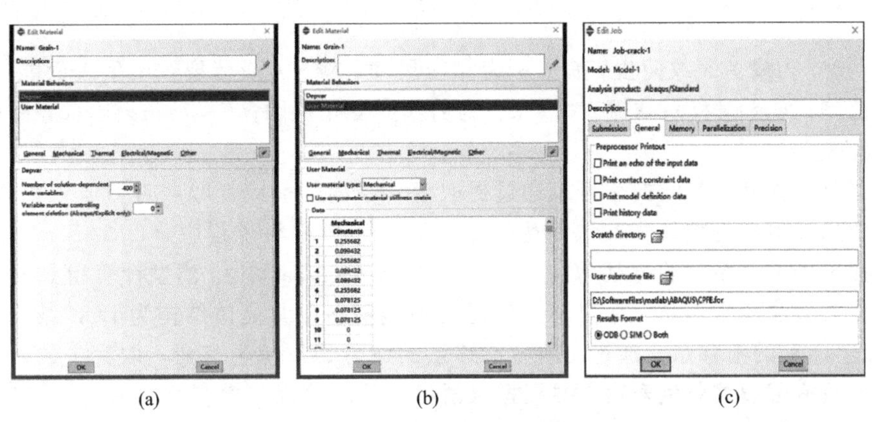

(a) (b) (c)

图 31-7 晶体塑性本构材料设置

(3) 粗糙度

表面粗糙度采用 Rz、Rsm 两个指标表示。在材料表层切除一部分材料用以模拟材料表面粗糙度分布，切除区域通过样条曲线根据表面粗糙度参数绘制。在本案例中，取 $Rz=0.4\mu m$，$Rsm=4\mu m$。

(4) 子模型

相较于宏观疲劳仿真分析，所建立的代表性体积单元仿真模型尺寸较小，并且模型左侧为自由表面。由于表面效应，自由表面处材料的变形为平面应力变形，而基体处材料为平面应变变形，变形机制的差异导致所建立的代表性体积单元的变形不一致，因此不能采用宏观疲劳仿真分析中所采用的集中力加载方法，同时代表性体积单元所承受的载荷与宏观模型所受的平均应力之间也存在较大的差异。为了减少上述差异，采用子模型加载方法，从宏观模型仿真结果 ODB 文件中提取节点位移，并作为子模型边界条件加载到代表性体积单元仿真模型中。为了保证提取边界条件的准确性，需保证两者位于同一坐标系下。在本案例中，取微观模型左下角为坐标原点，相应地，在宏观模型中，中心截面左侧边线中心点为坐标原点，如图 31-8 所示。

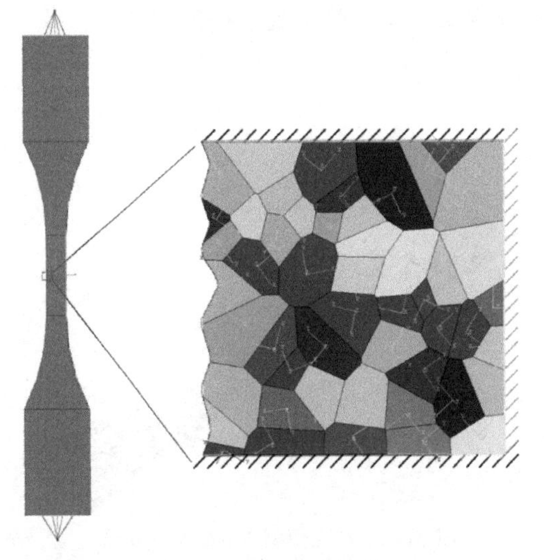

图 31-8 子模型边界

(5) 疲劳裂纹萌生模型

根据晶体塑性有限元仿真结果，结合 Tanaka-Mura 疲劳裂纹萌生预测模型，可实现疲劳裂纹萌生以及初期扩展的仿真预测。

$$
\begin{aligned}
N_{c} &= \frac{4aW_{c}}{(\Delta\tau - 2k)\Delta\gamma} \\
&= \frac{2bW_{c}a^{3}}{A(\Delta\gamma)^{2}} \\
&= \frac{8AW_{c}}{ba(\Delta\tau - 2k)^{2}}
\end{aligned}
\tag{31-1}
$$

$$
A = \frac{Gb}{2\pi(1-\nu)} \tag{31-2}
$$

式中，N_c 为疲劳裂纹萌生寿命；a 为晶粒尺寸；W_c 为疲劳裂纹萌生表面能；$\Delta\tau$ 为剪应力变化范围；k 为滑移系摩擦应力；$\Delta\gamma$ 为剪应变变化范围；b 为 Burgers 矢量；G 为剪切模量；ν 为泊松比。

由公式可知，疲劳裂纹萌生可以通过提取滑移系内的剪应变幅或者剪应力幅作为判据，在本案例中选择剪应力幅作为裂纹萌生判据。通过用户材料子程序（UMAT）提取模型中所有节点在不同滑移系上的分切剪应力幅，并根据 Tanaka-Mura 模型计算得到不同滑移系所对应的疲劳裂纹萌生寿命。针对马氏体超高强钢材料，其晶体结构为 BCC 结构，在常温下共有 24 个活动的滑移系。通过比较各滑移系的疲劳裂纹萌生寿命，取其中的最小值作为该节点的等效疲劳裂纹萌生寿命，并根据该滑移系的滑移面与模型所在平面（XY 平面）的交线作为疲劳裂纹萌生方向，实现疲劳裂纹萌生的建模。

31.4 结果分析

(1) 宏观模型仿真结果

提交运算后，在最大应力下试样的 Mises 应力分布如图 31-9 所示。提取右侧参考点（RPRIGHT）受到的反作用力以及左侧参考点（RPLEFT）的位移历史输出，根据疲劳试样的整体变形以及受力情况，以左侧参考点的位移作为试样的轴向位移，以右侧参考点受到的反作用力除以试样中部试验段的截面积作为应力，绘制在循环载荷作用下的棘轮曲线，如图 31-10 所示。由图可知，随着循环载荷的进行，棘轮曲线不断向右侧偏移，即发生了循环软化现象，与试验中观察得到的结果一致。

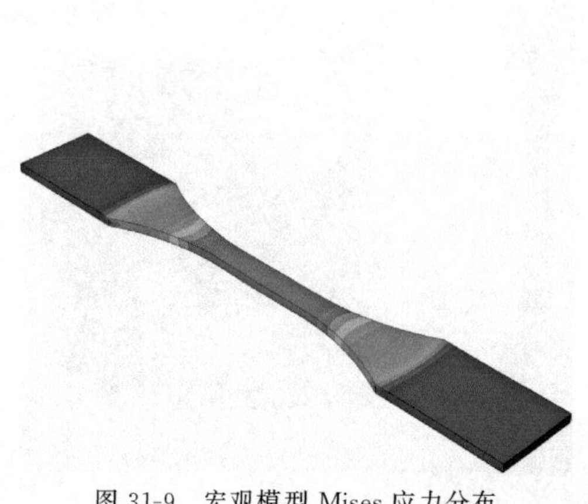

图 31-9　宏观模型 Mises 应力分布

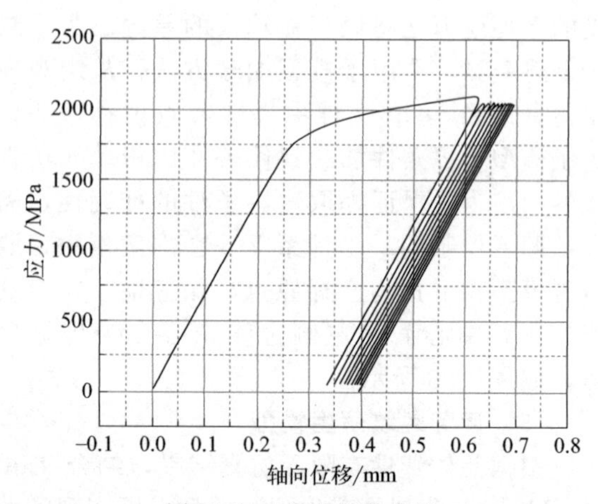

图 31-10　疲劳棘轮曲线

(2) 微观疲劳裂纹萌生仿真结果

采用宏观模型仿真结果作为子模型边界，计算得到的微观模型仿真结果如图 31-11 所示，由图可知，由于表面粗糙度的存在，在波谷处造成了一定的应力集中，并进一步导致在波谷处发生更为明显的塑性变形和位错堆积，因此该点相对于其他部分具有较高的塑性应变能和较短的疲劳裂纹萌生寿命。

针对该晶粒展开分析，通过改变该晶粒的晶体取向（−30°～30°），研究晶体取向对疲劳裂纹萌生的影响规律，结果如图 31-11 所示。由图可知，随着晶体取向增大，疲劳裂纹萌生点逐渐从波谷下侧向波谷上侧偏移。同时对其相对应的疲劳寿命展开分析，结果如图 31-12 所示。由图可知，在晶体旋转角为 45°，即滑移面与载荷方向垂直时，该晶粒具有最长的疲劳寿命。该结果与试验观察到的结果以及 Schmid 分析结果一致，进一步说明了仿真结果的可靠性。

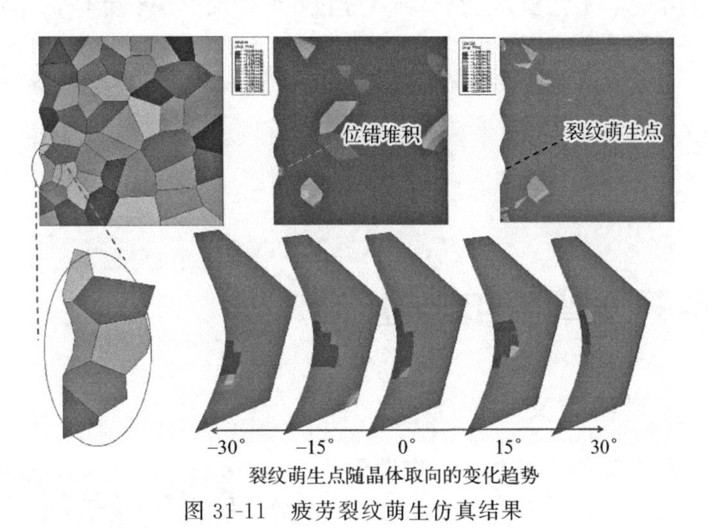

图 31-11 疲劳裂纹萌生仿真结果

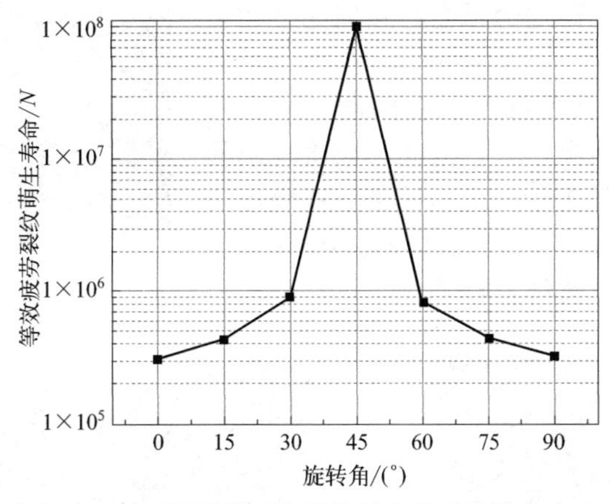

图 31-12 不同晶体取向的等效疲劳裂纹萌生寿命

案例 32

纪念币压印成形仿真软件开发

参赛选手: 王运, 颜廷宇, 陈笑天　　指导教师: 许江平

江苏大学

第一届工程仿真创新设计赛项（研究生组），一等奖

作品简介： 在几何模型、工艺参数、材料参数等相同的情况下，采用 CoinFEM 和 Deform 软件进行了压印成形仿真分析。结果对比如下：成形结束时应力云图和材料流动示意图基本一致；相同单元数情况下 CoinFEM 的计算效率较 Deform 提高 1 倍。

作品标签： 纪念币、压印成形、工业仿真软件、二次开发。

32.1　软件开发背景和定位

32.1.1　研究背景和意义

纪念币作为一种有效的流通载体，在世界上广泛用于流通和收藏。流通纪念币要求表面耐磨性高；而收藏纪念币要求具有较强的耐腐蚀性和耐磨性，花纹精美，表面填充充分。然而纪念币会存在闪光线和填充不足等问题，如图 32-1、图 32-2 所示。工艺人员通常利用自己的经验反复试模解决这些问题，不仅费时、费力、费钱，而且效果不好。因此，采用有限元仿真进行虚拟试模来替代实际的压印试模。这种做法可以极大地提高产品质量，降低生产成本。图 32-3 是一个传统压印成形工艺的模具装配图。

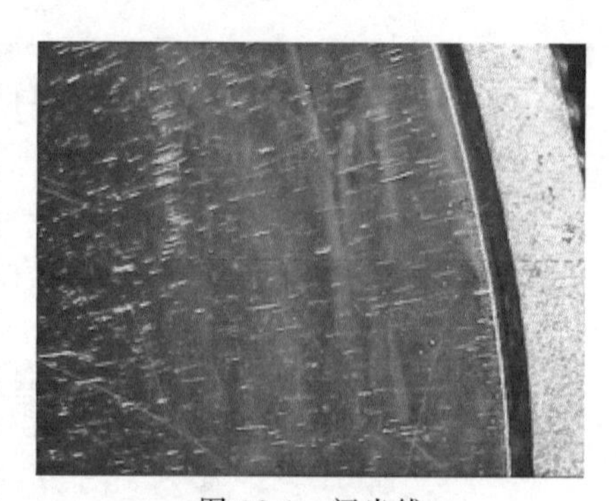

图 32-1　闪光线

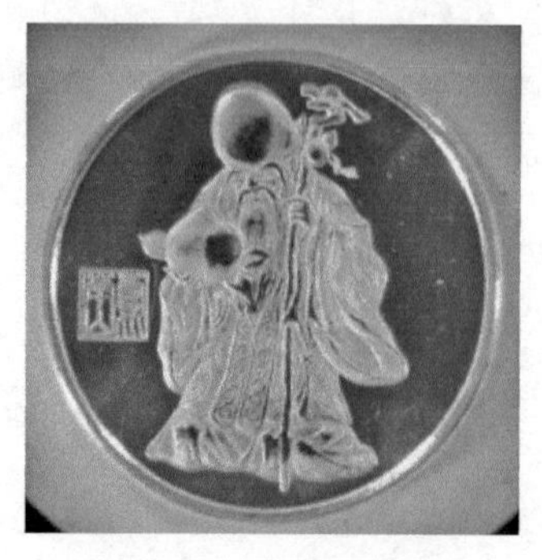

图 32-2　填充不足

图 32-3　压印成形工艺的模具

32.1.2 国内外现状

目前国内的锻造行业发展迅猛，但是拥有自主知识产权的软件极少，大都依赖国外的软件。针对工业软件卡脖子问题，国家对自动化、数字化和信息化发展提出了新的要求。针对锻造行业，实现数字化的关键技术之一就是体积成形 CAE 软件。国外可以用于锻压成形的仿真软件有 Deform、Simufact、Forge、Qform、AFDEX、Abaqus 和 Ansys 等，而国内锻压成形仿真软件有山东大学的 Casform 和华中科技大学的 CoinForm，如表 32-1 所示。

表 32-1 国内外锻压仿真软件

国外锻压成形仿真软件	国内锻压成形仿真软件
Deform 2D/3D(美国)	CASFORM
Simufact(瑞典)	CoinForm
Forge(法国)	
Qform(俄罗斯)	
AFDEX(韩国)	
Abaqus(法国)	
Ansys(美国)	

本案例致力于国产独立知识产权软件的开发工作，开发了基于弹塑性动力显式有限元法的压印成形仿真软件 CoinFEM。该软件可为企业减少昂贵的实验成本，特别是贵金属纪念币和纪念章的试模，同时也可以提高模具设计效率，缩短新产品开发周期，解决企业面临的实际工程问题。CoinFEM 主要适用于纪念章压印成形的领域。同时，该软件也可以应用于其他锻造行业，如齿轮加工等锻压领域。

32.2 方案设计和技术路线

32.2.1 技术路线

总体思路采用前“前处理建模-求解器求解-后处理可视化”这一流程来实现压印产品边缘填充的预测以及边形设计的优化。其中，有限元建模部分是在压印成形仿真软件 CoinFEM 前处理模块中完成。求解器则是基于自研的动力显式中心差分弹塑性四面体有限元算法。CoinFEM 的后处理模块进行对求解结果进行可视化分析，包括坯饼的位移、应力、应变等的可视化。图 32-4 是仿真技术路线的流程。

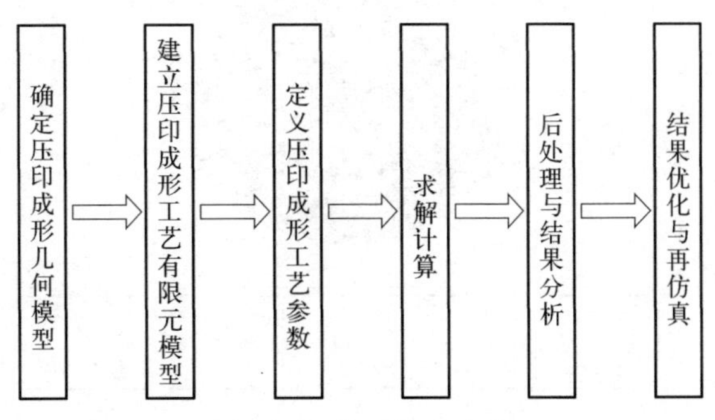

图 32-4 仿真技术路线

32.2.2 设计方案

一方面考虑到计算的经济性，另一方面考虑到浮雕图案具有保密性，因此本案例采用单色币压印成形工艺。如图 32-5 所示，坯饼处于中间位置，对下模和中圈进行固定，使上模向下运动。分别采用 CoinFEM 和 Deform 软件对该工艺过程进行仿真分析，并将两者获得的应力云图和材料流动结果图进行对比。

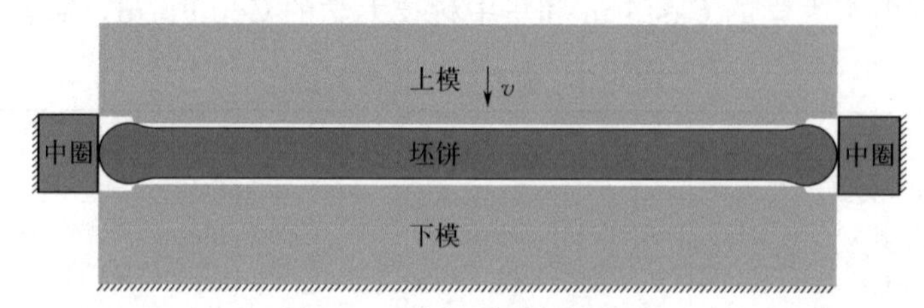

图 32-5 单色币压印剖面图

32.2.3 求解器模块

软件求解器模块包括四面体、六面体弹塑性有限元算法和弹塑性物质点算法。本案例采用的求解器是四面体弹塑性有限元算法，CoinFEM 软件系统的求解器采用的是动力显式算法，而 Deform 软件的求解器采用的是静力隐式算法。

32.2.4 软件系统主界面

图 32-6 为 CoinFEM 压印成形仿真系统主界面，由菜单工具栏（A）、控制面板（B）、绘图区（C）、控制台和进程窗口（D）四大区域组成。菜单工具栏是软件各功能的主要入口，为用户提供快捷方便的交互操作接口。控制面板上半部分是软件主要的功能实现，控制整个软件的运行状态，实现业务的主要流程；控制面板下半部分为属性窗口，显示属性与参数，同时用户可以直接对参数进行修改。绘图区是软件界面中最大的区域，负责实现图形的绘制渲染，同时支持用户的交互操作。控制台用来输出软件运行的状态信息，不仅包括错误警告以及脚本命令，也包括求解器的输出内容；同时可以在窗口键入脚本命令驱动程序的执行。进程窗口主要以进度条的形式显示当前程序的运行进度信息，包括网格剖分进程、求解进程等较为耗时的操作状态。

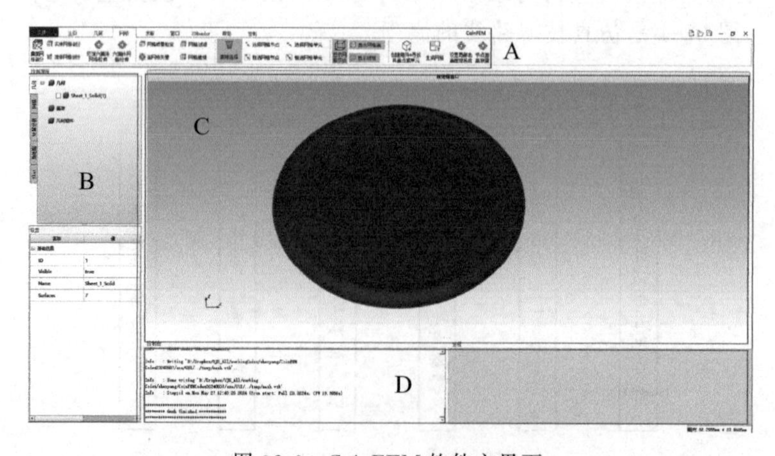

图 32-6 CoinFEM 软件主界面

32.3 仿真计算

32.3.1 坯饼参数设置

如图 32-7 所示，创建坯饼轮廓曲线需要输入的相应参数，包括底面半径 R0、厚度 B0、过渡半径 R1、过渡半径 R2 和坯饼厚度 H0。我们可以根据不同的尺寸来设计不同的坯饼边形，同时本案例软件支持创建单色币和双色币的几何模型。

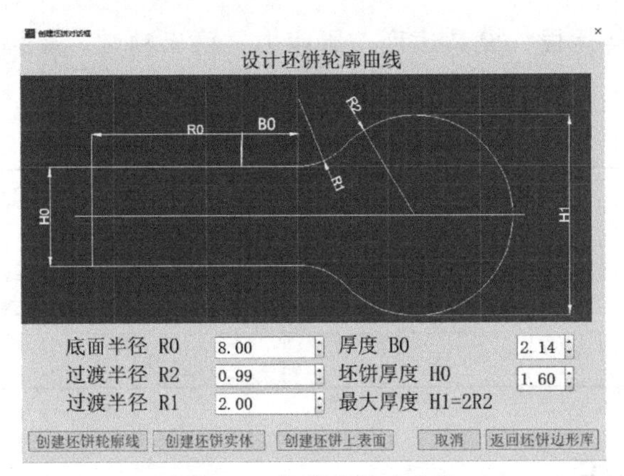

图 32-7 坯饼的尺寸参数

32.3.2 有限元模型的建立

本案例的单色币压印成形实例采用无浮雕模具进行仿真模拟测试，约束情况见图 32-5。具体约束为：对下模和中圈实施固定，上模向下运动，其行程为 0.7mm，速度为 200mm/s。分别采用 Deform 和 CoinFEM 进行仿真分析并进行结果的对比验证。两个软件均采用四面体网格离散坯饼，且对外环凸起部分进行网格加密处理。在这两个软件中，保证模型算例的尺寸、工艺、材料和仿真参数完全一致。图 32-8(a) 和 (b) 分别为 Deform 和 CoinFEM 的有限元模型。需要说明的是，前者采用四分之一对称模型，后者因未在算法中做对称处理而对整个模型进行仿真计算。

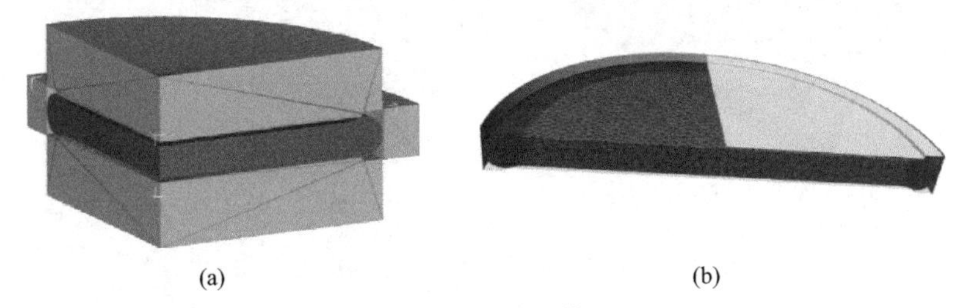

(a) (b)

图 32-8 有限元模型

32.3.3 坯饼的材料

坯饼的材料本案例选择的是铝。表 32-2 是铝的属性参数值，包括密度、杨氏模量、屈服应力、强化系数、硬化系数和泊松比。

表 32-2 铝的材料参数

密度/(g/mm³)	杨氏模量/GPa	屈服应力/MPa
0.027	67	530
强化系数	硬化系数	泊松比
0.0022	0.231	0.33

32.3.4 仿真工艺参数设置

工艺参数包括模具行程、模具速度、压印力、输出帧数、摩擦系数和压印次数，如表 32-3 所示。

表 32-3 仿真工艺参数

模具行程/mm	模具速度/(mm/s)	压印力/kN
0.7	200	130
压印次数	输出帧数	摩擦系数
1	15	0.2

32.4 结果分析

32.4.1 应力分布

图 32-9(a) 和 (b) 分别为 CoinFEM 和 Deform 的应力分布。可以看到，图 (a) 和图 (b) 中的最大值与最小值几乎相等，应力分布也大体一致；应力最大的位置，是上模与坯饼始终接触的地方。

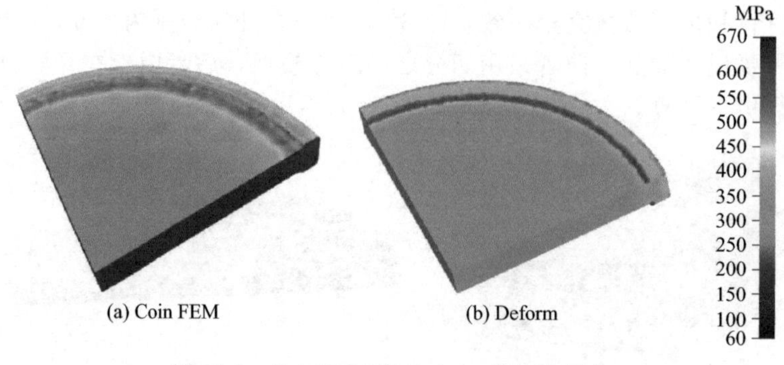

图 32-9 CoinFEM 和 Deform 的应力分布

32.4.2 材料流动

图 32-10(a) 和 (b) 分别为 Deform 和 CoinFEM 的材料流动。可以发现，两坯饼材料流动方向基本一致。坯饼边缘处的材料一部分不仅受到上模的运动挤压，并且受到中圈的横向挤压，所以坯饼边缘处的材料流动方向呈现右下方向的运动趋势。

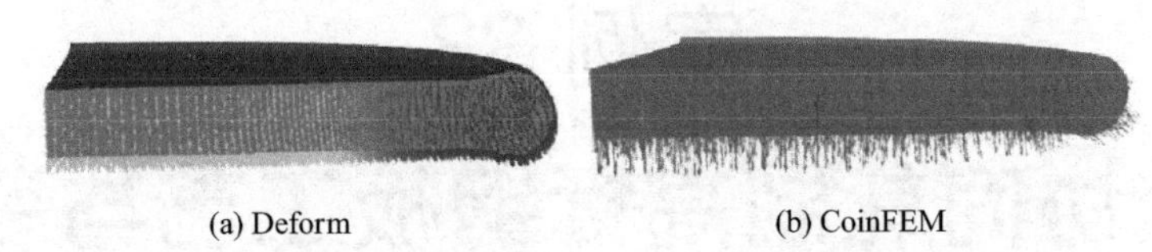

图 32-10 Deform 和 CoinFEM 的材料流动

32.4.3 时间效率对比

表 32-4 为 Deform 和 CoinFEM 软件的计算效率比较。Deform 采用的是 1/4 的坯饼模型，网格单元数量为 9 万；而 CoinFEM 采用的是整个坯饼模型，网格数量为 37 万。两者的模具行程都设置为 0.7mm。Deform 计算 1/4 坯饼模型的时间为 40min，而 CoinFEM 计算整个坯饼模型的时间为 85min，可以大致推测 CoinFEM 的计算效率是 Deform 的 2 倍。

表 32-4 Deform 和 CoinFEM 软件的计算效率比较

项目	Deform	CoinFEM
网格数量/万	9	37
行程/mm	0.7	0.7
时间/min	40(1/4)	85

参考文献

[1] Xu J, Chen X, Zhong W, et al. An improved material point method for coining simulation [J]. Int J Mech Sci, 2021, 196 (11): 106258.
[2] 钟文，柳玉起，许江平，等．金银纪念币压印成形中的缺陷预测 [J]. 中国机械工程，2012，23 (1)：4.
[3] 钟文．压印成形模拟前置处理系统的设计与开发 [D]. 武汉：华中科技大学，2009.
[4] 王忠雷．三维金属体积成形过程有限元模拟若干关键技术研究与系统开发 [D]. 济南：山东大学，2011.
[5] Xu J, Liu Y, Li S, et al. Fast analysis system for embossing process simulation of commemorative coin-CoinForm [J]. Comput Model Eng Sci, 2008, 38 (3): 201-216.

案例 33

蛇形同步协同轧制高锰钢板工艺与装备研究

参赛选手: 徐龙飞, 权士召, 刘施瑀　　指导教师：彭艳，王玉辉
燕山大学
第二届工程仿真创新设计赛项（研究生组），一等奖

作品简介： 首先以薄规格高锰钢板蛇形轧制为研究对象，利用数值模拟，建立了高锰钢板蛇形同步协同轧制 5 道次冷轧有限元模型；然后通过调节初始板坯厚度、上下工作辊错位量和辊径比，得到了蛇形轧制控形控性规律，并利用同步轧制对蛇形轧制引起的板形问题进行了修复；最后，进一步设计出蛇形轧制工业轧机装备、粗轧和精轧阶段的轧制工艺，为提高高锰钢板的力学性能和蛇形轧制的工业化应用提供了理论基础。

作品标签： 高锰钢板、蛇形轧制、协同轧制、控形控性、蛇形轧机。

33.1 引言

蛇形轧制是在异步轧制的基础上增加上下轧辊水平偏移的一种工艺，其作为近年来出现的新型不对称轧制技术已成为研究的热点问题，国内外专家学者多采用蛇形轧制的方式研究改善中厚板心部的变形渗透性。高锰钢可用于低温高强高韧情况下的工作环境，被广泛用于制造耐低温结构钢材料。但高锰钢的晶粒细化一直是国内外学者研究的难点。Wang 等通过对冷轧高锰钢板进行退火处理细化了晶粒，发现轧制应变越大，晶粒细化程度越高，并且可以提高强度而不降低塑性和韧性。冷轧中厚板与退火处理相结合的方式能改善耐低温高锰钢板带的晶粒细化。利用高锰钢板作为模型材料，采用多道次蛇形轧制和常规轧制协同的方式进行轧制工艺和轧机装备设计，既可以进一步提高轧制应变，细化高锰钢板的晶粒，又能修复蛇形轧制带来的轧后板形问题。

33.2 建立轧制过程工艺模型

33.2.1 仿真方案

仿真方案如图 33-1 所示。首先以薄规格高锰钢板蛇形轧制为研究对象，利用数值模拟，建立了高锰钢板蛇形同步协同轧制 5 道次冷轧有限元模型；然后通过调节初始板坯厚度、上下工作辊错位量和辊速比，得到了蛇形轧制控形控性规律，并利用同步轧制对蛇形轧制引起的板形问题进行了修复。

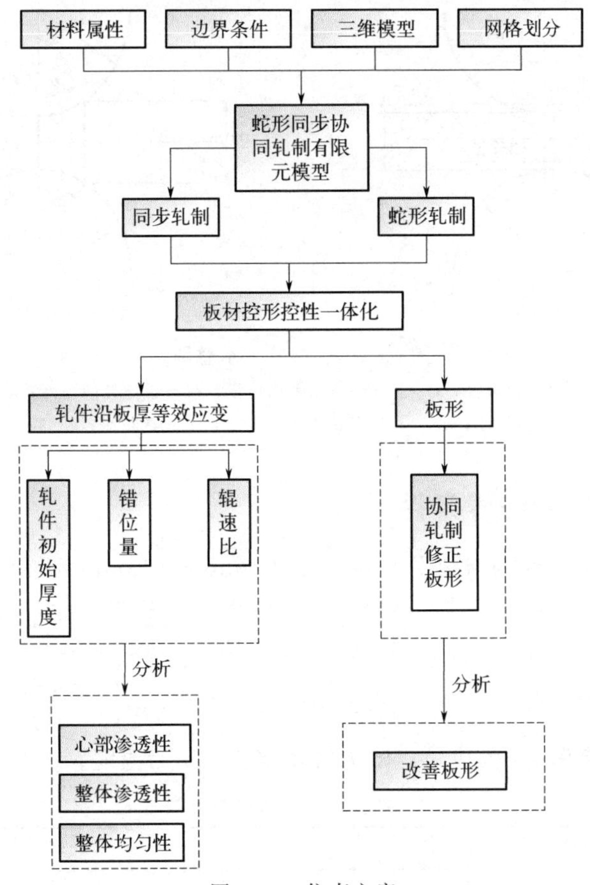

图 33-1 仿真方案

33.2.2 蛇形轧制与同步轧制咬入条件

板带咬入轧辊是轧制的基础，满足咬入条件对蛇形轧制与同步轧制具有重要意义。图 33-2 为蛇形轧制与同步轧制咬入示意图。

蛇形轧制咬入示意图如图 33-2(a) 所示。蛇形轧制中，轧件首先在初始位置接触下轧辊受下轧辊和传送辊的摩擦力作用被抬高，然后与上下轧辊同时接触进入咬入位置。蛇形轧制咬入条件为：

$$\mu_1 \geqslant \lambda_1 = \sqrt{\frac{4R\Delta h - \Delta h^2 - s^2}{4R^2 - 4R\Delta h + \Delta h^2 + s^2}} \tag{32-1}$$

式中，μ_1 为轧辊与轧件间的摩擦系数；λ_1 为咬入系数；R 为轧辊半径；Δh 为压下量厚度；s 为上下辊的水平错位量。

同步轧制咬入示意图如图 33-2(b) 所示。20 世纪，有关专家学者就已推导出同步轧制咬入条件公式：

$$\mu_2 \geqslant \lambda_2 = \tan\alpha \tag{33-2}$$

式中，μ_2 为轧辊与轧件间的摩擦系数；λ_2 为咬入系数；α 为咬入角。

由于 Fe-30Mn-0.11C 材料低温韧性好、室温轧制性能优良、规范热处理方式为回火处理，因此选择板坯材料为 Fe-30Mn-0.11C。轧辊材料选用高镍铬钢。

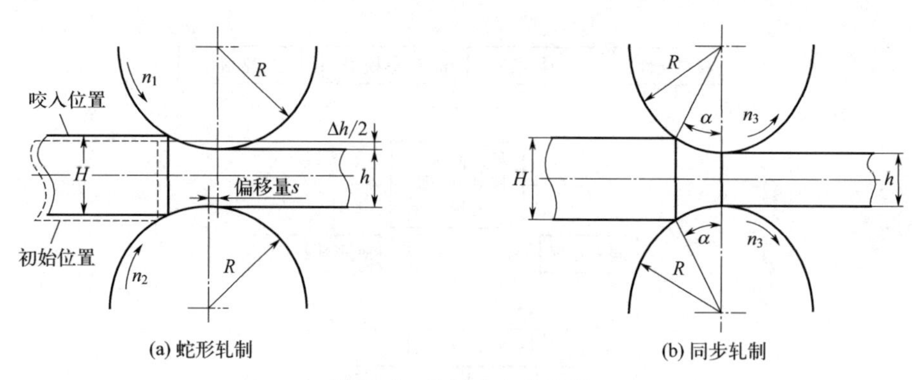

图 33-2　轧制咬入示意图

R—轧辊半径；Δh—压下量厚度；s—上下辊的水平错位量；H—板坯轧前厚度；h—板坯轧后厚度；n_1—上轧辊转速；n_2—下轧辊转速；n_3—上、下轧辊转速；α—咬入角

33.2.3 材料属性和边界条件

在蛇形轧制与同步轧制的对比分析中，采用 20mm、15mm 和 10mm 这 3 种厚度的钢板，其长×宽为 50mm×50mm。Fe-30Mn-0.11C 本构关系如式(33-3) 所示，边界条件如表 33-1 所示。

$$\dot{\varepsilon}=8.698\times10^{13}[\sinh(0.01015\sigma)]^{5.645}\exp\left(-\frac{393070}{RT}\right) \tag{33-3}$$

式中，$\dot{\varepsilon}$ 为应变速率；σ 为应力；R 为气体常数；T 为温度。

表 33-1　边界条件

边界条件系数	值
初始温度/℃	25
环境温度/℃	25
对轧辊的热传导系数/[W/(m·K)]	11
蛇形轧制摩擦系数	0.7
同步轧制摩擦系数	0.7

33.2.4 工艺参数和仿真模型

轧制 3 种厚度钢板，保证最终轧制厚度一致，均为 5mm，通过仿真得出 3 种板厚的应变情况，对蛇形轧制和同步轧制进行对比分析，因此，建立 20mm、15mm 和 10mm 钢板 5 道次轧制有限元模型。轧制模拟结果及工艺参数分别如图 33-3 和表 33-2 所示。

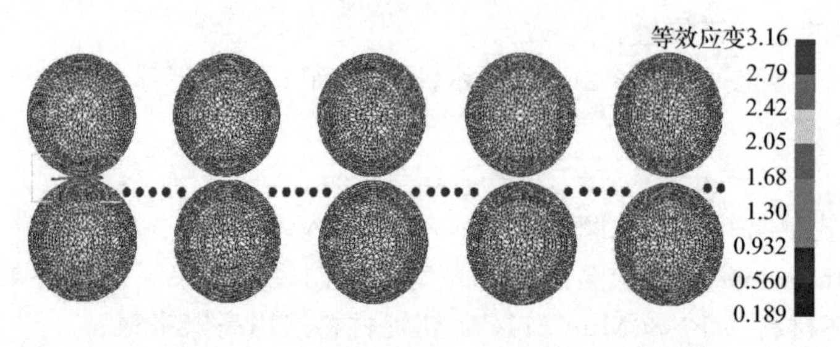

图 33-3　20mm 厚板 5 道次蛇形轧制应变云图

表 33-2 轧制工艺参数

蛇形轧制	板厚/mm	值	同步轧制	板厚/mm	值
上轧辊辊速/(mm/s)	—	45	上轧辊辊速/(mm/s)	—	45
下轧辊辊速/(mm/s)	—	54	下轧辊辊速/(mm/s)	—	45
传送辊辊速/(mm/s)	—	200	传送辊辊速/(mm/s)	—	200
辊速比	—	1.2	辊速比	—	1
轧辊直径/mm	—	280	轧辊直径/mm	—	280
轧辊水平错位量/mm	—	2	轧辊水平错位量/mm	—	0
单道次压下量/mm	20	3	单道次压下量/mm	20	3
	15	2		15	2
	10	1		12	1
5 道次总压下率/%	20	75.0	5 道次总压下率/%	20	75.0
	15	66.7		15	66.7
	10	50.0		10	50.0
轧制后最终厚度/mm	—	5	轧制后最终厚度/mm	—	5

图 33-3 为 5 道次的蛇形轧制应变云图。随着蛇形轧制道次的增加，轧件的等效应变逐渐累加；可以看出 5 道次轧制有限元模型中轧辊、传送辊、轧件的相对位置关系，共采用 10 个轧辊，22 个传送辊，参与每一道次轧制的上、下轧辊为一对轧辊，共有 5 对轧辊，每对轧辊之间设置 5 个传送辊，轧制起始位置设置 2 个传送辊，每对轧辊之间的 5 个传送辊中心水平线在同一高度，并且传送辊中心水平线的高度低于下轧辊顶部，当轧件轧制完一道次后，由传送辊转动带动轧件向下一对轧辊的方向运动，传送辊的快速转动带动轧件增加运动速度，这有利于下一道次轧件咬入轧辊中。表 33-2 中分别列出了蛇形轧制与同步轧制的工艺参数，包括上轧辊辊速，下轧辊辊速，传送辊辊速，辊速比，轧辊直径，轧辊水平错位量，板厚 20mm、15mm、10mm 轧件轧制时的单道次压下量和 5 道次总压下率，轧制后最终厚度。在同一板厚的轧件轧制时，保证蛇形轧制与同步轧制（除下轧辊辊速、辊速比和轧辊水平错位量以外）的工艺参数均相同，其中传送辊辊速为 $200mm \cdot s^{-1}$，远大于上、下轧辊辊速，这更有利于轧件在咬入阶段进入轧辊辊缝中。

33.3 仿真结果分析

33.3.1 不同厚度高锰钢板蛇形轧制与同步轧制对比

对厚度为 20mm、15mm 和 10mm 的钢板进行 5 道次蛇形轧制和同步轧制模拟分析，每道次蛇形轧制相比同步轧制的板厚中心位置等效应变增幅如图 33-4 所示。由图可知，厚度为 20mm 的钢板，各道次蛇形轧制相比同步轧制的板厚中心应变增幅分别为 −2.8%、8.4%、36.2%、44.5%和 36.6%；厚度为 15mm 的钢板，各道次蛇形轧制相比同步轧制的板厚中心应变增幅分别为 10.4%、35.7%、43.6%、36.7%和 27.0%；厚度为 10mm 的钢板，各道次蛇形轧制相比同步轧制的板厚中心应变增幅分别为 41.4%、55.6%、61.0%、

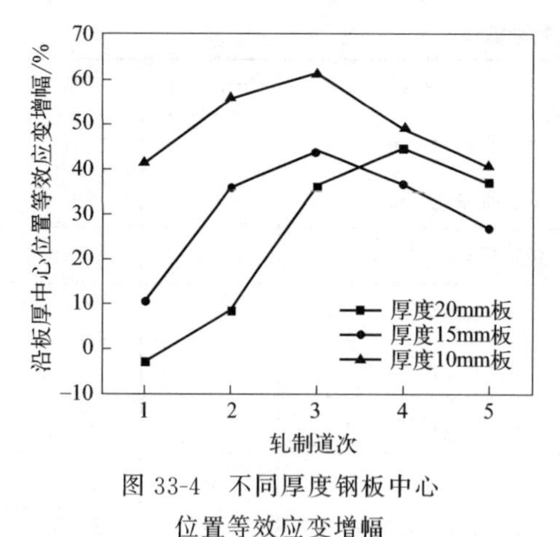

图 33-4　不同厚度钢板中心位置等效应变增幅

48.7%和40.3%。多道次蛇形轧制钢板心部的等效应变均增幅明显，有利于改善高锰钢板心部的渗透性。

在最后一道次中，厚度为10mm的钢板心部等效应变增幅最大，厚度为15mm的钢板心部等效应变增幅最小。由图33-4还可以看出，钢板心部等效应变的增幅不完全是一个累加过程，而是一个先增后减的过程。3种厚度钢板第5道次增幅比率均开始减小，说明轧件在轧制变薄的过程中改变心部等效应变的主要原因逐渐变成轧制正压力，蛇形轧制导致的强烈横向剪切力的影响程度逐渐减小。

33.3.2　不同辊速比和错位量下蛇形轧制渗透性对比

辊速比和错位量是蛇形轧制区别于同步轧制的重要参数，研究辊速比和错位量变化规律对设计蛇形轧制方案具有重要意义。下面利用蛇形轧制使15mm厚的钢板经5道次冷轧至厚度为5mm。原始轧件长×宽为50mm×50mm，边界条件如表33-1所示，除辊速比和错位量以外的蛇形轧制工艺参数如表33-2所示。

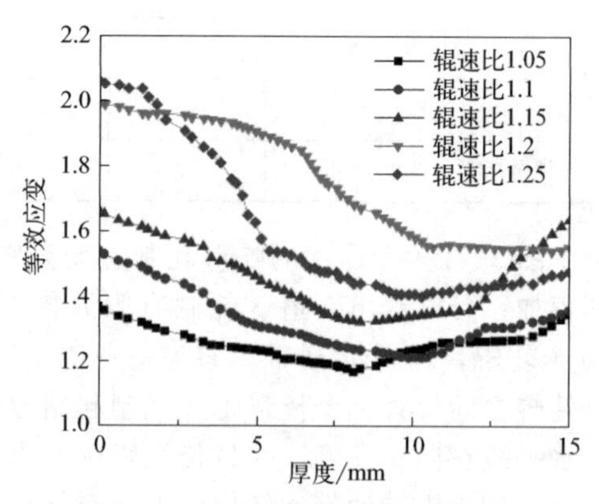

图 33-5　不同辊速比的蛇形轧制第5道次应变对比

当错位量为2mm时，对5种辊速比的蛇形轧制进行仿真，不同辊速比类型的蛇形轧制第5道次应变对比如图33-5所示。在第5道次，辊速比为1.05、1.1、1.15、1.2和1.25的蛇形轧制相比于同步轧制钢板心部应变增幅分别为－13.6%、－9.2%、－2.8%、26.1%和6.6%，随着辊速比的增大，蛇形轧制钢板相比于同步轧制钢板，心部应变增幅先增后减，辊速比为1.2时的蛇形轧制增幅值是最佳的，辊速比1.25的蛇形轧制钢板心部应变仍大于同步轧制，但增幅已经减小。钢板上下两侧表面的应变差值在5种蛇形轧制类型中最大。这是因为当辊速比增大时，蛇形轧制的搓轧区面积增大，钢板上下表面的横向剪切力受力面也增大，有利于心部渗透性。但当辊速比过大时，钢板上下表面的横向剪切力差值也过大，反而不利于钢板轧制心部渗透性和沿板厚应变的整体均匀性。

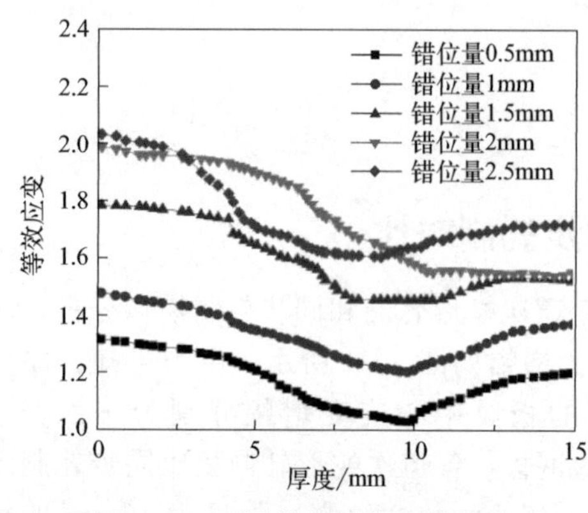

图 33-6　不同错位量的蛇形轧制第5道次应变对比

采用辊速比为1.2，对5种错位量的蛇形轧制进行仿真，当错位量改变时轧制咬入系数数值也发生变化。不同错位量下，第5道次蛇形轧制的应变对比如图33-6所示。在第5道次中，错位量为0.5mm、1mm、1.5mm、2mm和2.5mm的蛇形轧制相比于同步轧制钢板心部应变增幅分别为－21.7%、－8.1%、10.2%、26.1%和17.3%，随着错位量数值的增加，蛇形轧制相比于同步轧制钢板心部应变增幅先增后减，错位量为2mm 时，蛇形轧制的增幅值是 5 种错位量类型中钢板心部应变增幅的最佳值。蛇形轧制中错位量和辊速比数值变化对钢板心部渗透性变化规律相似，这是由于辊速比和错位量增大时，蛇形轧制的搓轧区面积会变大，从而影响横向剪切力对钢板沿板厚方向的应变规律。

33. 3. 3 同步轧制修正板形

蛇形轧制有利于改善钢板的变形渗透性和心部等效应变，但是蛇形轧制后导致的板形弯曲问题一直存在。

蛇形轧制后 5mm 厚的钢板板形如图 33-7 所示。尤其是头尾部的翘扣头和板中间位置的弯曲非常明显，本方案采用蛇形轧制与同步轧制协同工艺，在蛇形轧制后利用同步轧制修正板形，将 15mm 高锰钢厚板轧制成 5mm 板，再将 5mm 板同步轧制成 1mm 薄板，板形情况如图 33-8 所示，在通过同步轧制后板形问题得到了明显改善。

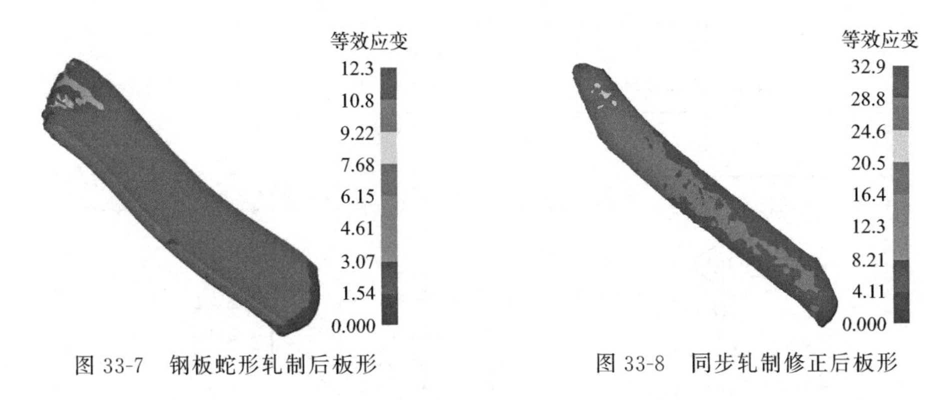

图 33-7 钢板蛇形轧制后板形　　图 33-8 同步轧制修正后板形

因此，本案例提出的蛇形轧制与同步轧制协同工艺对冷轧高强高韧高锰钢板切实可行。

33. 4 蛇形同步协同轧制工业装备与工艺设计

蛇形同步协同轧制工业装备包括一台蛇形轧机和一架四辊式横移车，具体结构如图 33-9

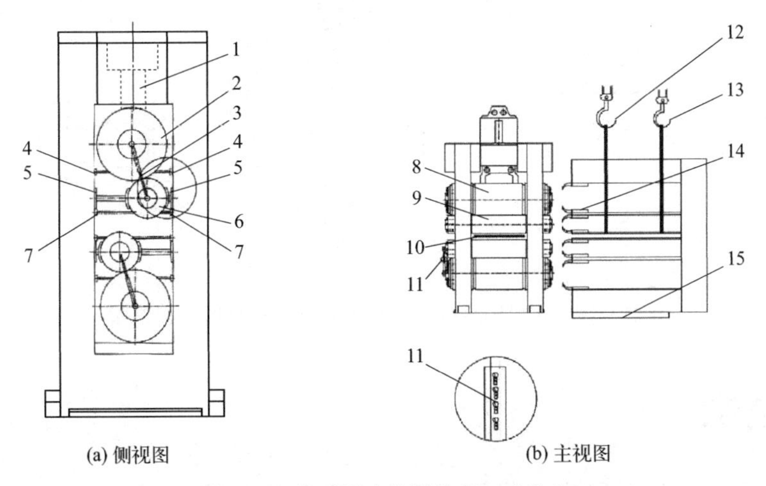

图 33-9 蛇形同步协同轧制工业装备

1—弯辊液压缸；2—支撑辊轴承盖；3—转动杆；4—支撑辊辊道；5—轨道液压缸；6—工作辊轴承座；7—工作辊辊道；8—支撑辊；9—工作辊；10—板坯；11—位移传感器；12—吊车主钩；13—吊车副钩；14—轧辊夹具；15—横移滑道

所示。蛇形同步协同轧制工业装备的特征在于，蛇形轧机的工作辊可沿支撑辊轴心转动，蛇形轧机变规程导致的工作辊抬升和压下均由工作辊沿支撑辊轴心转动实现。上下工作辊分别向两侧偏移形成蛇形轧制，上下工作辊向一侧偏移相同距离形成同步轧制，工作辊偏移距离由辊道液压缸和轴承座上的转动杆共同控制，辊缝距离由支撑辊压下和工作辊偏移共同控制；换辊设备包括轧机上配备的四辊换辊装置和四辊式横移车，四辊式横移车装置主要包括轧辊夹具、吊车主钩、吊车副钩、横移滑道，轧机上配备的换辊装置包括支撑辊辊道、工作辊辊道、轨道液压缸，四辊式横移车可同时更换轧机中四个轧辊，四辊式横移车利用轧辊夹具将轧辊撤出并利用吊车主钩和副钩分担负载，轧辊完全抽出后利用横移滑道实现四辊式横移车的横向移动，从而更换四个新轧辊。

蛇形同步协同轧制工业制备板材的工艺方法如图 33-10 所示。

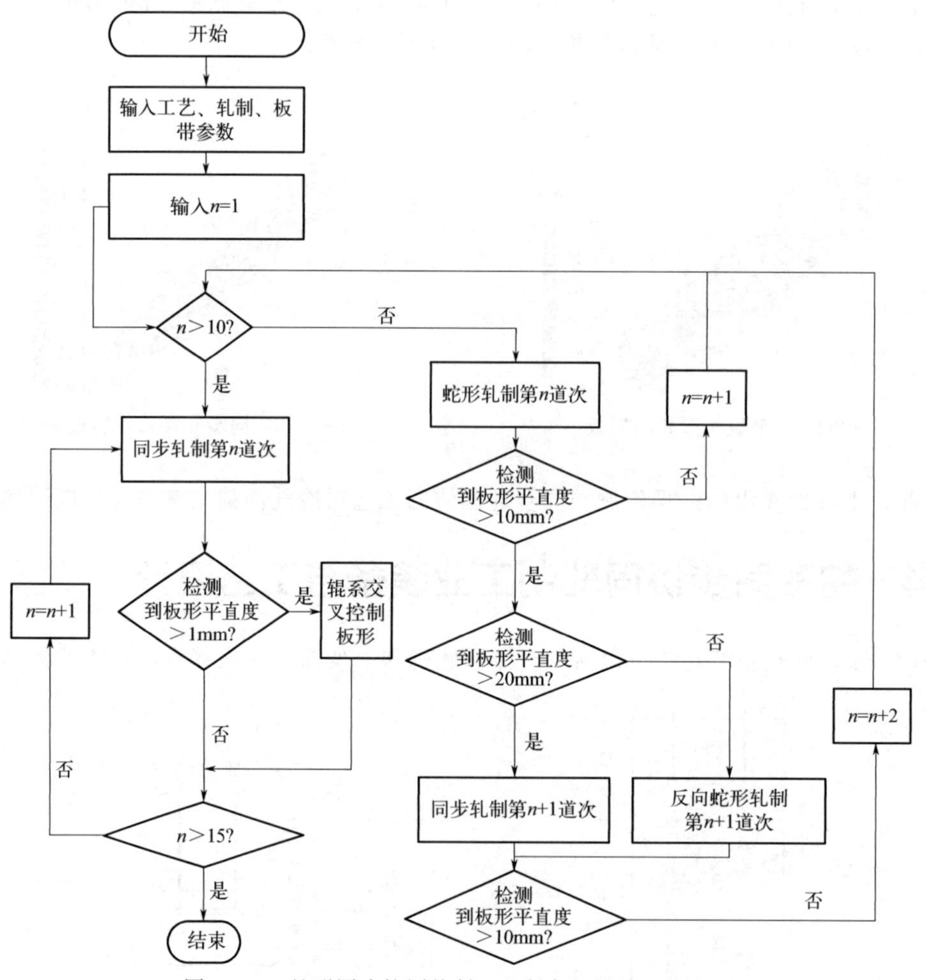

图 33-10　蛇形同步协同轧制工业制备板材的工艺方法

33.5　结论

提出了高锰钢板蛇形同步协同轧制工艺，并利用 Deform 软件对 20mm、15mm 和 10mm 3 种板厚的高锰钢材料建立了蛇形轧制与同步轧制 5 道次冷轧有限元模型，在保证轧后厚度的情况下，对比蛇形轧制与同步轧制的板厚中心位置的等效应变。蛇形轧制钢板相比于同步轧制钢板，心部等效应变均增幅明显，有利于改善高锰钢板心部渗透性。辊速比和错位量数值分别增加时，蛇形轧制相比于同步轧制钢板心部应变增幅均先增后减。蛇形轧制后进行同步轧制修正板形，修正蛇形轧制带来的板形问题。

设计了工业级蛇形轧机成套设备和轧制工艺流程。蛇形轧机成套设备包括一台蛇形轧机和一架四辊式横移车，蛇形轧机利用工作辊沿轧件移动方向圆周偏移实现工作辊之间的横向错位，四辊式横移车可实现轧机四个轧辊的快速同时更换，缩短撤辊时间；轧制工艺流程采用蛇形轧制、反向蛇形轧制、同步轧制协同的轧制工艺，并利用辊系交叉控制板形。

参考文献

[1] Wang Y H，Zhang Y B，Andrew Godfrey，et al. Cryogenic toughness in a low-cost austenitic steel [J]. Communication materials，2021 (2)：4，2-10.

[2] 徐龙飞，孔玲，戚向东，等．基于蛇形轧制与同步轧制协同的高锰钢轧制工艺 [J]. 塑性工程学报，2021，28 (12)：42-53.

[3] 秦国华，杨扬，李强，等．7075 铝合金厚板多道次蛇形热轧的分析与预测 [J]. 光学精密工程．2017，25 (4)：437-446.

[4] 王玉辉，徐龙飞，孔玲，等．一种利用蛇形轧制制备板材的成套设备及其工艺方法：中国，CN202111033088.3 [P]. 2021-11-26.

案例 34

AZ31 镁合金管材绕弯成形工艺数值仿真

参赛选手: 孔繁旭, 张浩睿, 张明曜　　指导教师：赵鹏经
北京工业大学
第二届工程仿真创新设计赛项（本科组），二等奖

作品简介： 镁合金弯管零件具有轻量化特性，在航空、航天领域得到了广泛应用。然而，镁合金管材弯曲过程中容易出现起皱、破裂、回弹等缺陷。针对以上问题，基于有限元软件 Abaqus 建立 AZ31 镁合金管材绕弯过程有限元模型，通过有限元模拟研究了镁合金管材在绕弯过程中的应力场分布、塑性应变分布、壁厚减薄情况。将有限元模拟技术引入管材绕弯工艺分析中，对促进金属管材在航空航天、轨道交通等领域的广泛应用具有重大意义。

作品标签： AZ31 镁合金、有限元模拟、绕弯成形、仿真计算。

34.1　研究背景与意义

弯管作为一种重要的部件，在材料和结构方面都能满足人们对于轻质、高强度的要求，并且已经在航空航天、船舶、汽车和医疗保健等高端行业获得了较为广泛的应用，如图 34-1 所示。管材绕弯成形技术由于具有成形精度高、效率高和易于实现自动化等特点，在管材弯曲成形中拥有十分重要的地位，已成为先进塑性加工技术面向 21 世纪研究与发展的一个重要方向。

(a)

(b)

图 34-1　弯曲成形管材在现实工程中的应用

由于镁合金圆形管空心壁薄的特点，管材在绕弯成形过程中容易出现截面畸变、减薄和拉裂等缺陷。这些缺陷严重地阻碍管材弯曲成形质量的提高，已成为管材弯曲成形技术发展中亟待解决的关键问题。

管材绕弯成形是一个涉及材料非线性、几何非线性及边界条件非线性等多因素影响的过程，而且各因素之间还存在相互耦合作用，单纯采用试验研究或理论分析法，难以准确、高效地解决绕弯成形的生产实际问题。基于有限元法的塑性成形数值模拟技术与其他研究方法相比，效率高、计算精度高、信息量大，而且还能考虑多因素相互耦合的影响。因此，本案例采用有限元数值模拟技术对 AZ31 镁合金管材绕弯成形工艺进行了研究，分析镁合金管材的绕弯成形过程，对管材应力分布、壁厚变化等进行预测。

本案例数值仿真的具体研究意义表现在以下几方面：

① 研究镁合金绕弯成形技术具有较强的工业应用价值和市场前景，是我国航空航天、轨道交通等行业发展的迫切需要；

② 将数值模拟技术引入管材绕弯工艺分析中，可以高效、低成本地研究各个因素对管材弯曲成形质量的影响；

③ 有限元模拟对分析管材应力、应变、回弹、起皱、几何尺寸等变化具有指导意义。

34.2 有限元建模过程

为了分析镁合金管材的弯曲过程，基于有限元仿真软件平台 Abaqus/Explicit 进行绕弯成形工艺有限元模拟。其还可辅助研究弯曲管材的变形状态和可能产生的成形质量缺陷，如管壁减薄、横截面扁化、起皱等。

管材绕弯成形模具由弯曲模、压块、夹块、防皱块和芯轴等组成，所建立的三维绕弯过程有限元模型如图 34-2 所示。在管材绕弯成形过程中，只有管材发生塑性变形，故将其定义为变形体，并采用壳体单元对其进行描述。其他所有模具均设置为不产生变形的刚体，其自由度通过定义各自的参考点来确定。

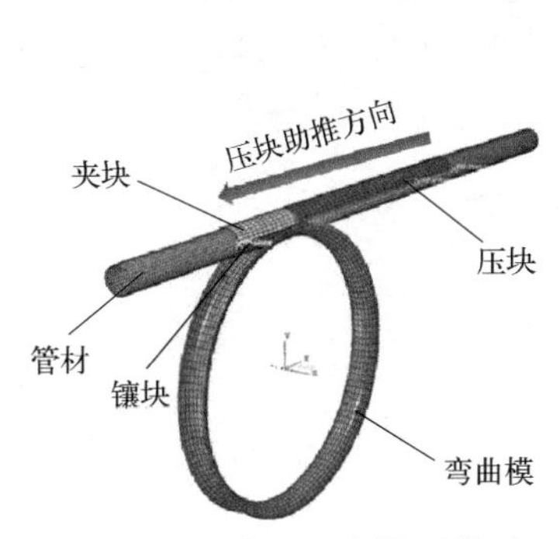

图 34-2 绕弯过程有限元模型

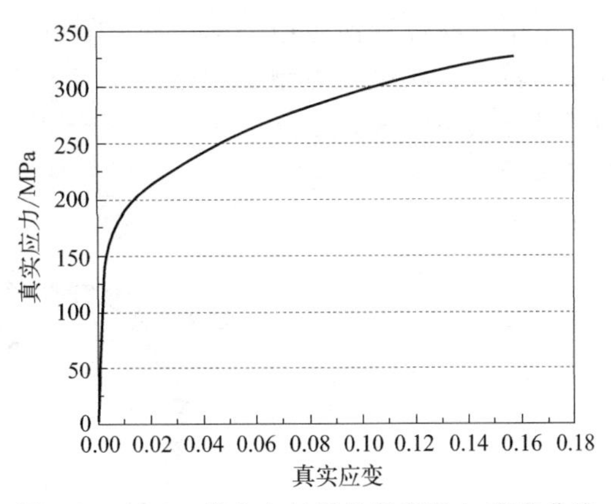

图 34-3 AZ31 镁合金材料的真实应力-应变曲线

根据 GB/T 228.1—2021 标准制备 AZ31 镁合金拉伸试样，通过室温单向拉伸试验，获得 AZ31 镁合金的真实应力-应变曲线，如图 34-3 所示。其主要力学性能参数见表 34-1。由于弯曲模具为刚性体，因此不需要对其定义材料属性。AZ31 镁合金管材绕弯工艺参数如表 34-2 所示。

表 34-1 AZ31 镁合金材料性能参数

弹性模量/GPa	伸长率/%	屈服强度/MPa	抗拉强度/MPa
43.8	18	178	281

表 34-2 AZ31 镁合金管材绕弯工艺参数

工艺参数	数值	工艺参数	数值
弯曲速度/(rad/s)	0.5	压块助推速度/(mm/s)	50
弯曲角度/(°)	90	管材与模具间隙/mm	0.1
弯曲半径/mm	130	压块长度/mm	200

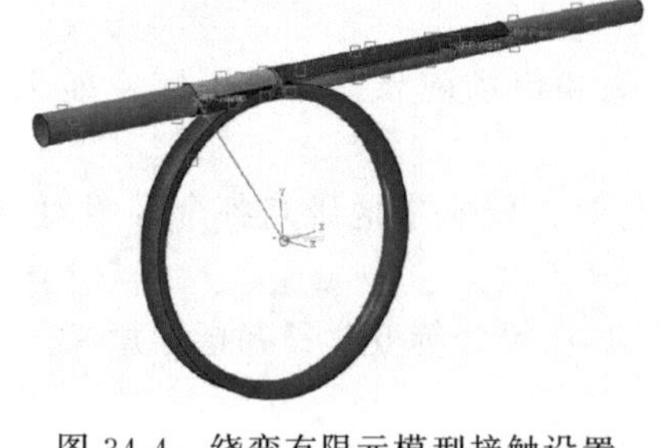

图 34-4 绕弯有限元模型接触设置

由于绕弯塑性成形模拟问题是一个复杂的非线性问题，所以选用分析步类型为显式动力学分析步。在绕弯过程中，由于管材和模具始终保持相互接触，因此两者之间需要设置接触属性，如图 34-4 所示。另外，采用库伦摩擦模型来模拟镁合金管材弯曲成形过程中模具与管材的接触摩擦行为，并假设各接触对间的摩擦系数在绕弯成形过程中始终保持不变。管材与不同模具之间的摩擦系数见表 34-3。

表 34-3 定义管材与模具之间的摩擦系数

接触面	润滑条件	摩擦系数
管材与弯曲模	干摩擦	0.1
管材与压块	干摩擦	0.38
管材与镶块	干摩擦	0.38
管材与芯轴	润滑油	0.08

绕弯成形模具大都为非轴对称的复杂几何体，因此需采用离散型刚体模型，单元类型选用四节点三维双线性刚性四边形单元（R3D4），全局种子尺寸大小设置为 5mm。因为弯曲管材壁薄的特点，故单元类型选用带有减缩积分和沙漏控制的四节点曲面壳单元（S4R），全局种子尺寸大小设置为 2mm。基于上述分析，镁合金管材绕弯成形有限元模型网格划分如图 34-5 所示。

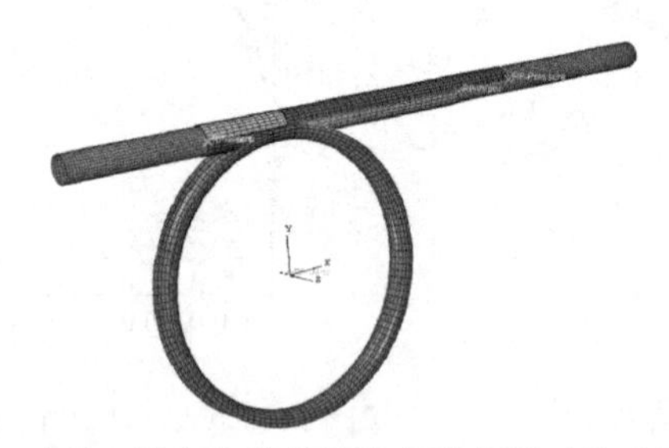

图 34-5 AZ31 镁合金管材绕弯成形有限元模型网格划分

34.3 仿真结果分析

34.3.1 Mises 应力分析

图 34-6 为 AZ31 镁合金管材在绕弯成形后的等效应力分布云图。从仿真结果可知，管材内外侧表面的 Mises 等效应力随弯曲角度的增大呈现先增大后减小的趋势。应力主要发生

在靠近压块端侧，这是管材的主要变形区域；而在远离主变形区的区域，材料发生弹性变形或回弹，应力较小。

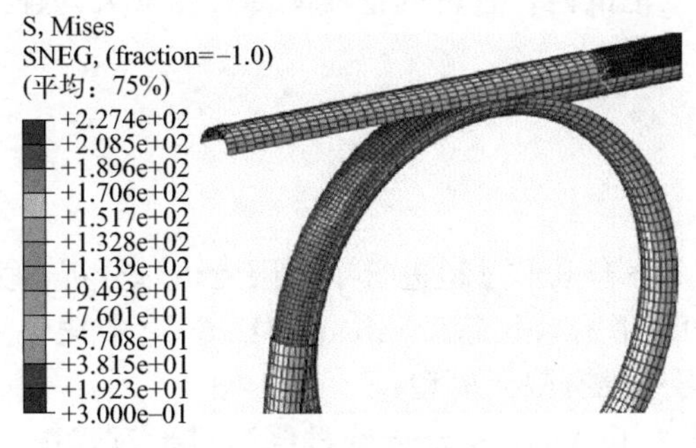

图 34-6 AZ31 镁合金 Mises 应力分析

34.3.2 等效应变塑性分布

图 34-7 为 AZ31 镁合金绕弯成形后的等效塑性应变分布。由图可以看出，等效塑性应变主要集中在弯曲管材截面的顶部和底部。最大等效塑性应变约为 0.091，低于 AZ31 镁合金的极限伸长率（18%），这表明该镁合金管材未发生失效断裂等行为。

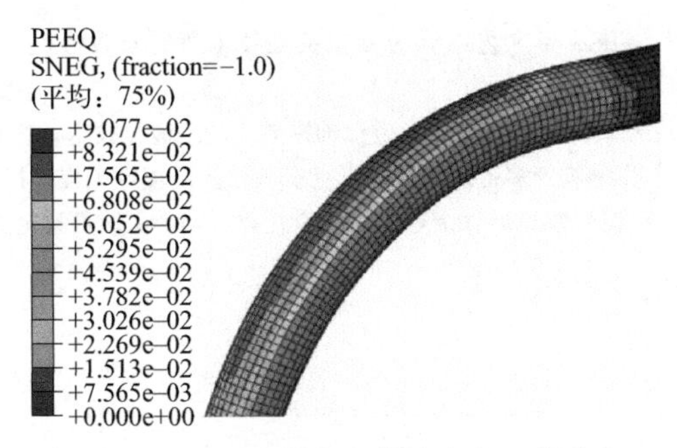

图 34-7 AZ31 镁合金等效应变塑性分析

34.3.3 管材壁厚分布

图 34-8 为在有无芯轴作用下镁合金管材绕弯后的截面变形率和壁厚减薄率随弯曲角度

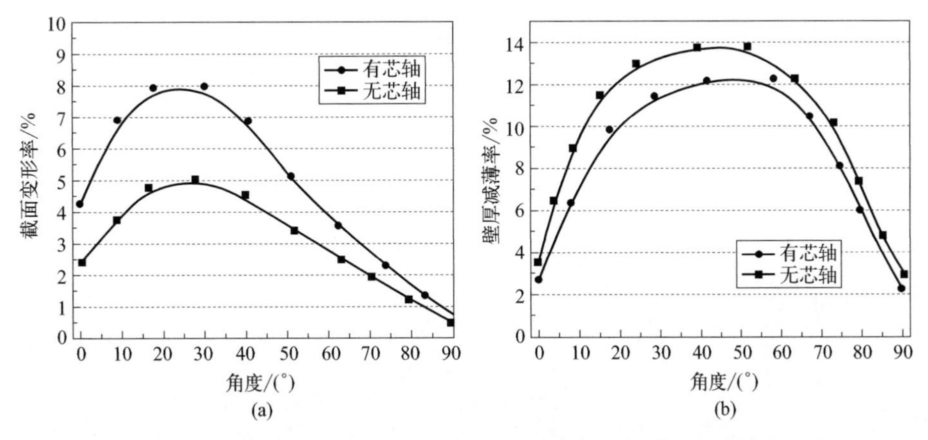

图 34-8 管材截面变形率和壁厚减薄率随弯曲角度的变化规律

的变化规律。由图 34-8(a) 可知，圆管截面变形随弯曲角度的增大先增大后减小。相比于无芯轴弯曲，采用芯轴仿真得到的截面变形率较小，对截面变形质量有较大改善。由图 34-8(b) 可知，在 20°～70°角度范围内，管材的壁厚减薄程度最大，且无芯轴相比有芯轴绕弯时的壁厚减薄程度更大。

34.4 结论

本案例对 AZ31 镁合金绕弯成形过程进行了有限元仿真分析，主要研究内容如下：

① 针对镁合金管材的成形需求，基于 Abaqus/Explicit 有限元平台，建立了 ϕ20mm 的 AZ31 镁合金管材绕弯成形三维有限元模型；

② 通过有限元模拟研究了 AZ31 镁合金管材绕弯成形过程中的应力场分布、塑性应变分布、壁厚减薄情况；

③ 有限元模拟结果可以为实际工程中的镁合金管材绕弯成形工艺优化及成形质量缺陷分析提供参考。

参考文献

[1] 肖寒，曾文文，程明，等. AZ31 镁合金挤压型材温热张力绕弯成形模拟及实验研究 [J]. 塑性工程学报，2019，25 (3)：42-46.

[2] 冯翠云，刘跃峰. 管材绕弯与液压成形工艺结合的支架关键技术研究及数值模拟 [J]. 热加工工艺，2019 (7)：125-128.

[3] 牛卫中，汪倩. 高强钢方管绕弯时截面参数对成形质量的影响 [J]. 锻压技术，2018 (10)：84-90.

[4] 余海燕，艾晨辰，杨兵. 薄壁 U 形圆管多道次绕弯成形性分析 [J]. 塑性工程学报，2012，19 (1)：40-44.

[5] 张洪烈，刘郁丽，杨合. H96 黄铜双脊矩形管绕弯应力演变规律 [J]. 中国科技论文，2015，10 (10)：1209-1212.

案例 35

煤烃合成气直接制高值化学品过程中旋风分离器的模拟

参赛选手:杨雪宁,隗骄阳,何菡苕　　指导教师：于洋
大连理工大学
第一届工程仿真创新设计赛项（本科组），二等奖

作品简介： 基于参数化模型，设计并建模完成有六组叶片的旋风分离器外壳，应用 Fluent 软件对旋风分离器的各种结构引起的流场变化进行分析，建立了旋风分离器含有叶片及不含叶片结构的内部流体模型，进行旋灯分离器结构的尺寸、材料、形状等优化，有效提高旋风分离器的分离性能。

作品标签： Fluent、旋转机械、化机、叶轮机械。

35.1 引言

乙烯的生产能力是一个国家综合国力的标志。在煤生产乙烯过程中有重要的“洗气”环节，即将干净气体和煤渣分离的工艺过程，为后续流程提供重要保障，大大提高效率及机器的使用寿命。在此过程中最重要的装置就是旋风分离器。

旋风分离器是一种典型的流固分离装置，在石油、化工、化学、能源、矿业、环境等多个领域都有着较为广泛的应用。旋风分离器本身具有分离效率高、流阻较低、耗能少、结构紧凑、无相对运动、维修方便等一系列优点，可以应用于不同条件下的生产过程。其内部具有非常复杂的流场结构，且颗粒运动也具有一定的随机性，通过数值模拟来对其进行研究优化，可节约时间和资金成本，达到更好的效果。

在工业发展突飞猛进的今天，旋风分离器作为气固分离的一种典型工业设备也被各行各业广泛应用。因为旋风分离器本身具有分离效率高、流阻较低、耗能少、结构紧凑、无相对运动、维修方便等一系列优点，其在工程应用中起到的作用也将越来越大。因此，我们需要不断地深入探索，在各个不同的领域内，研制出与之相适用的旋风分离器，不断提高其性能，满足各行各业的需要。

35.2 旋风分离器的结构

普通旋风分离器的结构一般分为如下几个方面：进气管、筒体、锥体、排灰口、排气口。每种结构都有不同的形式，从而可组成不同种类的旋风分离器。通过改变结构的形式可改变旋风分离器的性能来满足不同的需要。

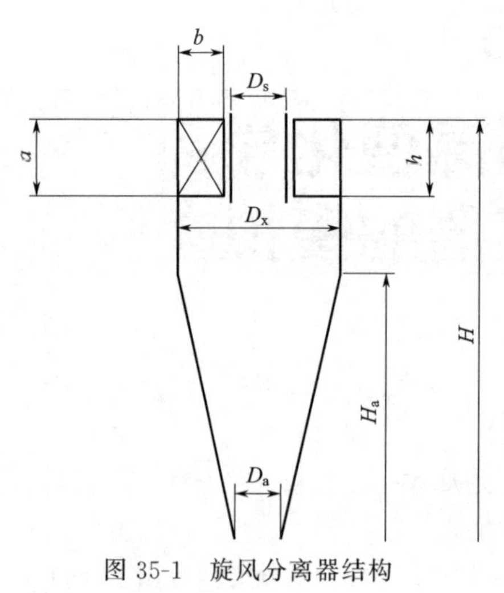

图 35-1 旋风分离器结构

切流式旋风分离器的主要几何尺寸为分离器筒体截面的直径 D_x、从分离器顶板到排灰口的高度 H、升气管的直径 D_s、升气管插入分离器的深度 h、入口位置的截面高度 a 和宽度 b、锥体段的高度 H_a、排灰口的直径 D_a，见图 35-1。

35.2.1 旋风分离器的优点

① 结构特别紧凑；

② 设备之中没有运动的部件，使阻力降维持不变；

③ 分离得到的颗粒便于重新回收和利用；

④ 在高温、高压等特殊工况的场合，仍然可以使用；

⑤ 制造材料多样，可根据不同条件选择不同材料，如陶瓷、塑料、钢板等；

⑥ 可在内壁处加入防腐抗磨材料的衬里结构；

⑦ 无论是固体颗粒还是液滴都可以利用此设备分离，甚至可以达到两者同时分离。

35.2.2 旋风分离器的不足之处

① 若气固两相中固体的含量较少，当颗粒的切割粒径大于本身分离颗粒的直径，则分离效率大大降低；

② 压降的降低程度要比其他的分离设备严重；

③ 若操作和设计过程有问题，会降低旋风分离器本身的分离效率。

所以在保留旋风分离器优点的同时，如何克服其缺点就是目前需要研究的问题。

35.2.3 旋风分离器原理

旋风分离器原理见图 35-2。气固两相流沿入口切向进入分离器，分离器的器壁对进入的介质有着约束的作用，使原本直线运动的两相变成沿轴向下的螺旋运动，逐渐运动到锥体部分。这种运动方式称为外漩涡。在这种旋转运动的过程中，旋风分离器内部流场中的固体颗粒会受到离心力作用，当离心力足够大的时候，颗粒被甩向外壁。颗粒与外壁碰撞后，动能大部分都损失掉，最后会随着旋转气流运动到排灰口完成分离。而外旋涡运动的气流在运动过程中使周边的压力变高导致旋风分离器中心轴附近形成低压区，此时气流在运动到一定位置后，会向中心部分汇集，形成与外旋涡运动方向一致的在分离器内部由下向上螺旋运动

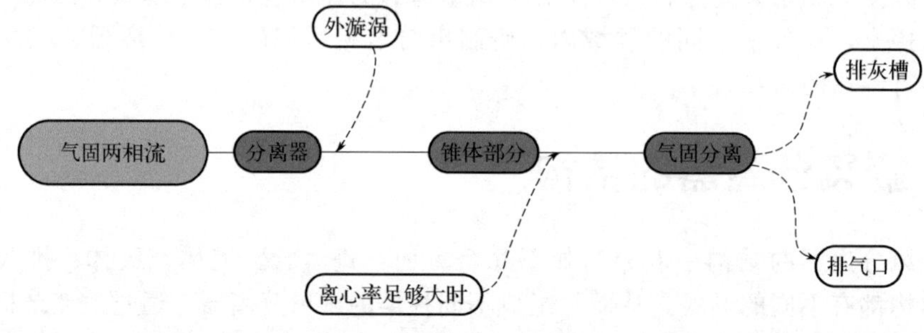

图 35-2 旋风分离器原理

的内漩涡。形成的内漩涡不断向上运动，从而气流与没有分离的固体小颗粒一同从上部分的排气口分离出来。至此，气固两相便相互分离开来。

35.3 模型构建

本案例根据旋风分离器的结构及相关参数，设计并建模完成有六组叶片的旋风分离器外壳，为了方便对比，也建立了无叶片旋风分离器的模型（图 35-3），尺寸参见表 35-1。

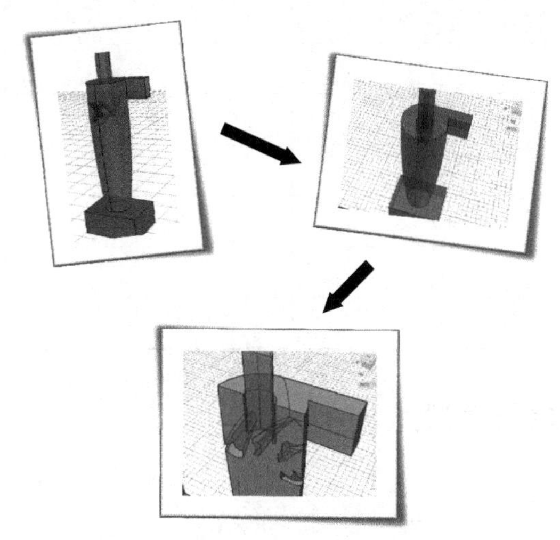

图 35-3 建立模型图

表 35-1 旋风分离器尺寸

D_x	D_a	h	H	H_a	a	b	D_s
316	119	158	1265	791	158	63	158

35.4 数值模拟

35.4.1 背景方法

流场在计算机软件中的数值模拟是基于计算流体力学、现代计算机等学科进行模拟分析。计算流体力学是在流场模拟过程中计算的基础，在模拟之前要建立相关的几何数值模型，再利用计算流体力学中不同条件下的所符合的基本守恒方程组，通过各个方程组所得到的数值模拟结果可以反映出在整个流场中不同变量在特定时间和空间中的分布情况。本案例在建立旋风分离器模型的基础上，利用 Fluent 进行流场模拟计算。

35.4.2 颗粒分布

对于细微颗粒，一种方便的分布方法是 Rosin-Rammler 分布。粒径分布的变化率函数式

$$Y_d = e^{-(d/\bar{d})n}$$

式中，d 为颗粒直径；$\bar{d}$ 为平均粒径；n 为尺寸分布指数。粒径分布见表 35-2。Rosin-Rammler 分布在数值仿真时有着广泛应用。因为通常在实验过程中，颗粒直径和数量并不

完全符合上述的正态分布，所以在本案例的模拟过程中，采用 Rosin-Rammler 分布进行颗粒在流场中的分布模拟。

表 35-2 粒径分布

分布/μm	质量分数	d/μm	Y_d
0～2	3.9%	0	1
2～5	17.63%	2	0.931
5～10	26.92%	5	0.7847
10～20	27.52%	10	0.5155
20～30	11.33%	20	0.2403
30～40	5.35%	30	0.127
40～50	2.5%	40	0.075
50～60	4.85%	50	0.0485
11.1	100%		

35.4.3 气相场性能条件设置

水力直径

$$d=\frac{2ab}{a+b}=\frac{2\times 158\times 63}{158+63}=0.089$$

式中，a、b 为入口的长和宽。

基于水力直径的雷诺数为

$$Re=\frac{\rho Ud}{\mu}$$

式中，ρ 为气体密度；U 为流体气速；d 为水力直径；μ 为气体黏度。

湍流强度

$$I=0.16(Re)^{-1/8}=4\%$$

本案例利用 Fluent 进行数值模拟，但是在数值模拟之前，首先要进行网格无关性的检验，即划分不同数量的网格。网格太少会使计算结果受到很大影响，太多浪费计算时间，所以应通过网格无关性检验，见表 35-3，在保持计算结果准确性的同时，尽可能地节省模拟时间。

表 35-3 旋风分离器网格划分

网格数量	出口速度/(m/s)	入口静压/Pa	2μm 颗粒分离效率	压降/Pa
31004	18.3	1272.9	47.7%	1048
40912	16.7	1050.3	38.2%	1137
50549	15.3	835.4	33.2%	1030
61008	15.0	801.8	33.1%	987
70187	13.7	616	39.2%	901
80419	12.3	572.3	26.8%	749

续表

网格数量	出口速度/(m/s)	入口静压/Pa	2μm 颗粒分离效率	压降/Pa
90182	11.7	474.1	27.2%	738
118032	11.4	464.3	26.4%	744

经过网格无关性检验后，可以得出，当网格达到 80000 以上时，可以认为计算结果和网格数量无关。

35.4.4 分析结果

模拟得出分离器内流场分布图如图 35-4～图 35-6 所示。

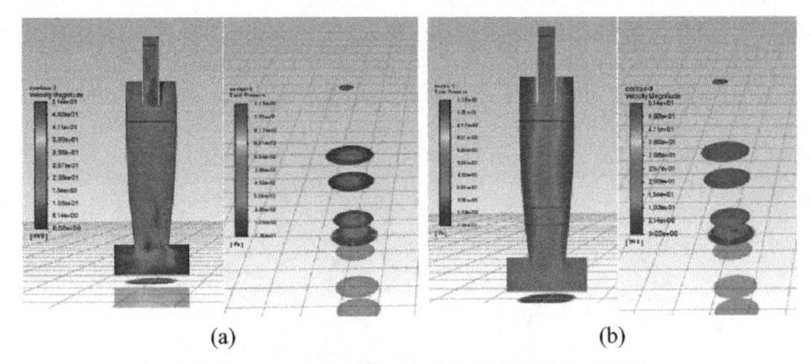

(a) (b)

图 35-4 无叶片组垂直剖面图及切片图

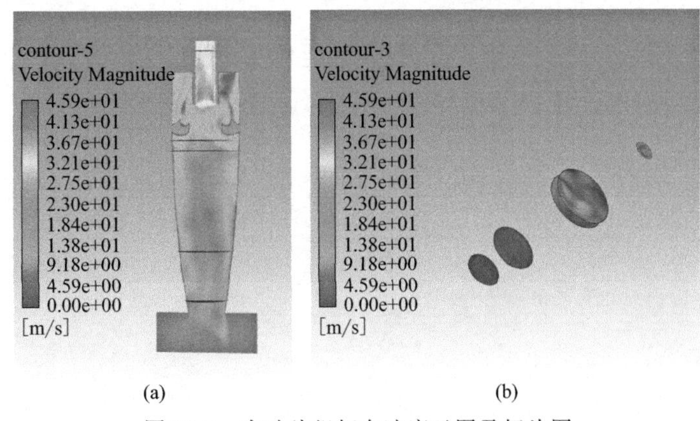

(a) (b)

图 35-5 有叶片组切向速度云图及切片图

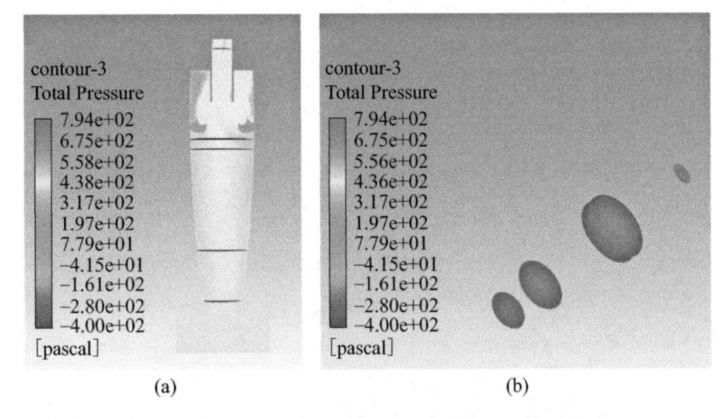

(a) (b)

图 35-6 有叶片组径向速度云图及切片图

通过对比分析可得，存在叶片时，旋风分离器内的流体可以更加迅速地进行气固分离。

35.5 结论

不仅叶片对旋风分离器的性能有很大影响，排气管插入深度、进气口收缩角、进气口长宽比、锥体长度等也会显著改变旋风分离器的性能。本案例仅挑选了效率较好的参数进行模拟，读者可进一步研究模拟出性能更优的旋风分离器。

参考文献

[1] 孙国刚，李双权，杨淑霞，等．高温高压旋风分离器的性能及其应用 [J]．中国石油大学学报（自然科学版），2006（6）：98-101.

[2] 党君祥，李刚，钟圣俊．超细粉体在微型旋风分离器中的分级性能研究 [J]．中国粉体技术，2006（4）：23-26.

第五篇

能源动力应用篇

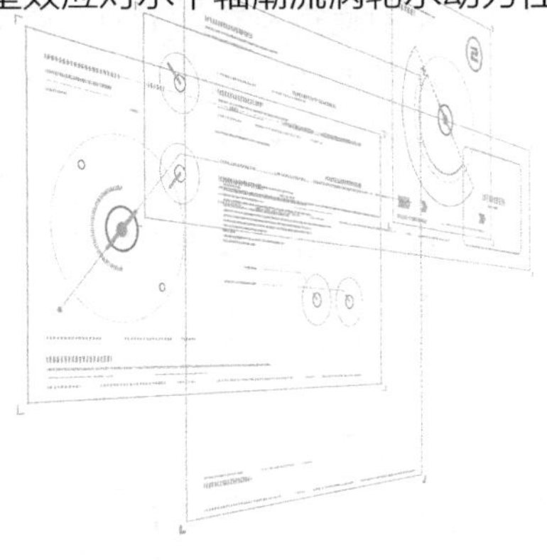

案例 36

微通道换热器扁管优化设计

参赛选手：邓锟　　指导教师：张克鹏
浙江盾安人工环境股份有限公司
第二届工程仿真创新设计赛项（企业组），二等奖

作品简介： 本案例基于参数化模型，对承受规定内压下的微通道换热器扁管的截面尺寸进行优化，得到了满足强度要求的轻质结构。该结构相比原有结构质量减轻了 7.6%，同时扁管流通能力和换热性能也随之提高。

作品标签： 微通道换热器、扁管、参数优化、轻量化。

36.1 引言

微通道换热器是一种高效的风冷式换热器，广泛应用于空调行业。相比常规管翅换热器，其具有材料成本低、制冷剂充注量少、换热效率高的特点。随着全球推进“碳中和”，微通道换热器的市场竞争也愈发激烈，从而对产品性能、成本提出了更高要求。典型的微通道换热器结构如图 36-1 所示。扁管是微通道换热器中的主要部件，其质量一般占换热器总质量的70%左右，因此在满足性能的前提下实现扁管的轻量化设计尤为重要。

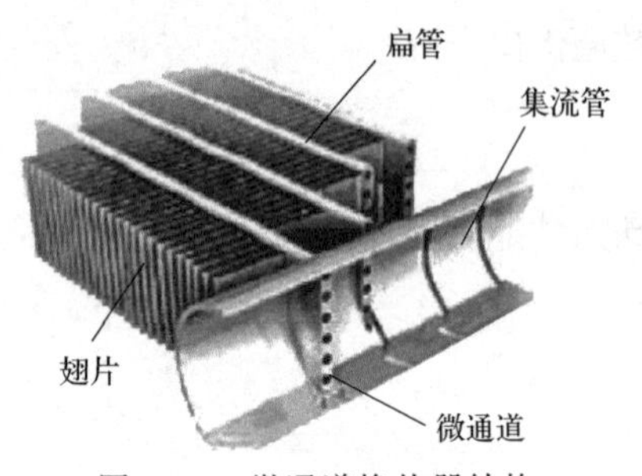

图 36-1　微通道换热器结构

现有尺寸为 12.5mm×3.5mm×500mm 的某型号单根扁管，扁管孔数为 7 个，截面尺寸如图 36-2 所示。根据设计要求，在扁管承受 13MPa 内压不发生泄漏的基础上寻求重量最轻的结构方案。

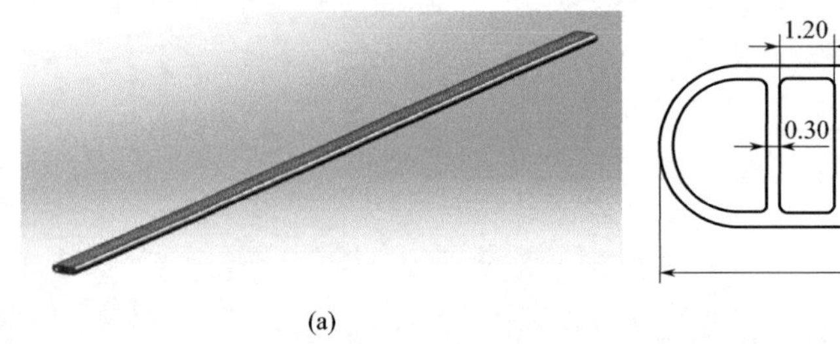
(a)

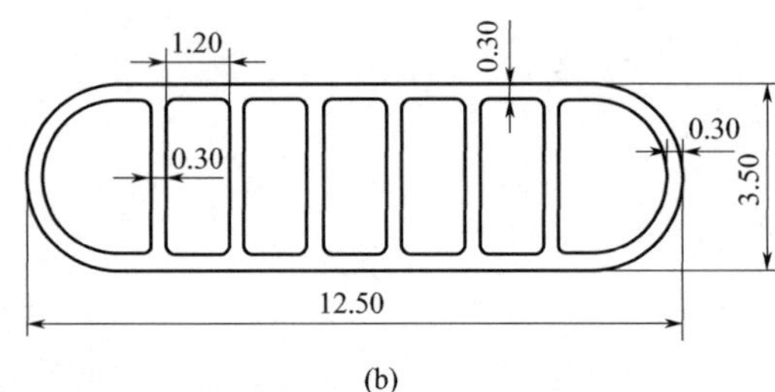

(b)

图 36-2　扁管尺寸示意图

36.2 技术路线

针对该问题，本案例基于 Abaqus 有限元软件，首先对原结构进行仿真分析，以确定强度薄弱点及安全裕量；其次，根据原结构仿真分析结果，选择合适的优化方法进行轻量化设计；最后，输出给定域内的最优解。

对于优化方法的选择，若采用截面拓扑优化，考虑到耐压分析包含非线性，常规优化软件可能不适用，并且会导致压力边界在优化过程中不断变化，因此难以实现；注意到扁管的几何截面较为规则，采用挤压成形易于实现，并且考虑到产品要便于批量化、标准化，因此适合采用参数优化。技术路线见图 36-3。

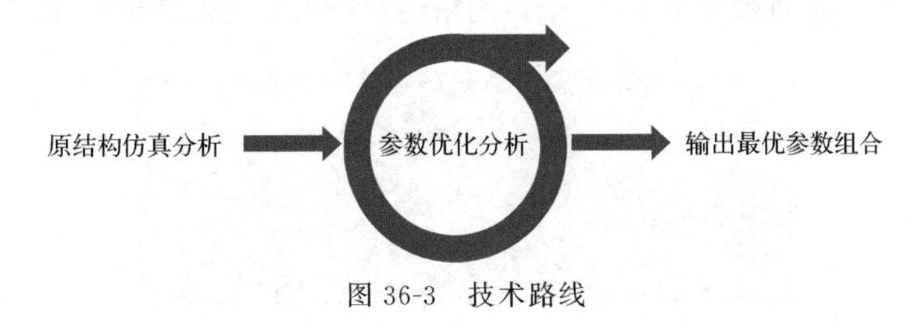

图 36-3 技术路线

36.3 仿真计算

36.3.1 材料参数

扁管材料为 3003 铝合金，其基本力学性能参数见表 36-1。由于耐压分析涉及材料非线性，因此材料的应力-应变曲线通过实测得到，如图 36-4 所示。

表 36-1 扁管材料参数

牌号	密度/(t/mm^3)	弹性模量/GPa	泊松比	屈服强度/MPa	抗拉强度/MPa
3003	2.7×10^{-9}	67	0.32	31.2	95.5

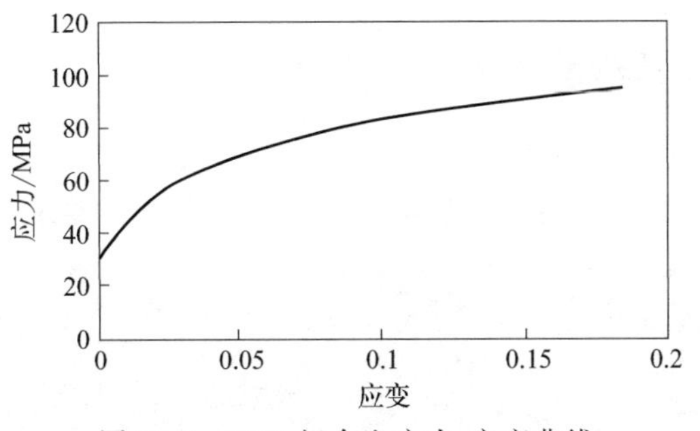

图 36-4 3003 铝合金应力-应变曲线

36.3.2 网格划分

考虑到扁管高度方向尺寸相比其他两个方向尺寸大得多，且截面形状以及内压载荷在高度方向上保持不变，因此将扁管内压简化为一个平面应变问题。进一步考虑到扁管结构的对称性，采用 1/4 对称模型，如图 36-5 所示。

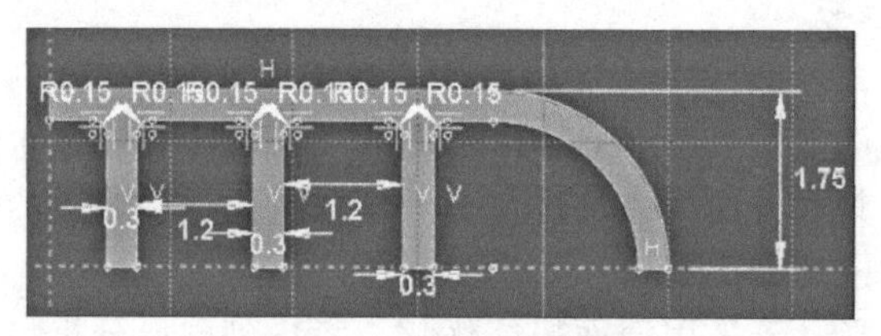

图 36-5 创建对称模型

扁管单元类型选择 4 节点缩减积分平面应变单元 CPE4R，在厚度方向上划分 6 层网格以保证计算精度。有限元模型网格整体尺寸为 0.05mm，圆角处局部加密，如图 36-6 所示。网格总数为 1638 个，节点数量为 1843 个。网格经检查无质量报错与警告。

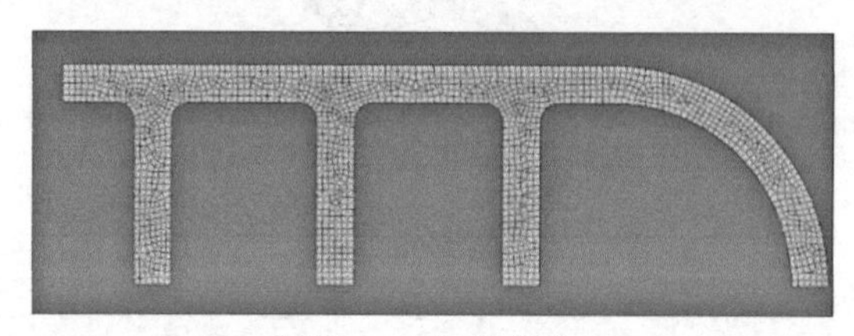

图 36-6 网格划分

36.3.3 载荷及边界约束

在扁管内壁面施加 13MPa 压力载荷，如图 36-7 中箭头所示。由于扁管已简化为 1/4 对称平面模型，因此只需在对称面上施加相应的对称约束即可。

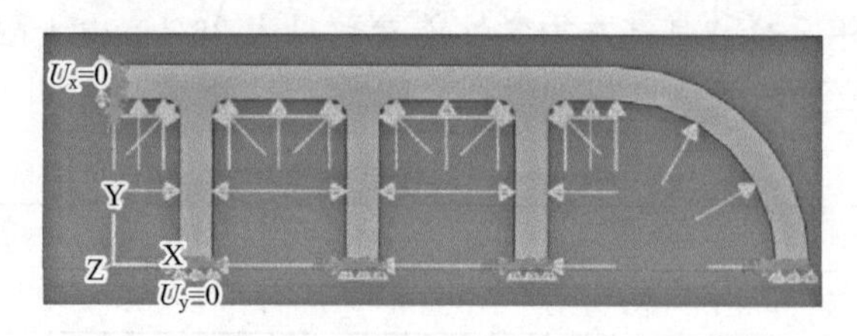

图 36-7 载荷及边界约束示意

36.3.4 原结构分析结果

扁管原结构在 13MPa 内压下的等效应力分布云图如图 36-8 所示，最大应力位于肋筋圆角处，最大应力值小于 3003 材料的抗拉强度，满足耐压强度要求。但从应力云图中也可以

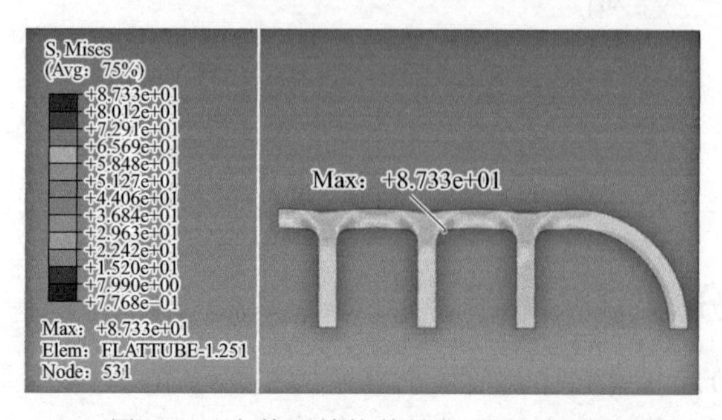

图 36-8 扁管原结构等效应力分布云图

看出，最大应力值也比较接近材料的抗拉强度，继续减重优化的空间可能不大。

36.4 优化分析

36.4.1 参数设置

下面对扁管进行参数优化分析。其基本的分析流程如图 36-9 所示。由于扁管模型直接在 Abaqus 中创建，因此可以直接导入 cae 文件进行参数分析。

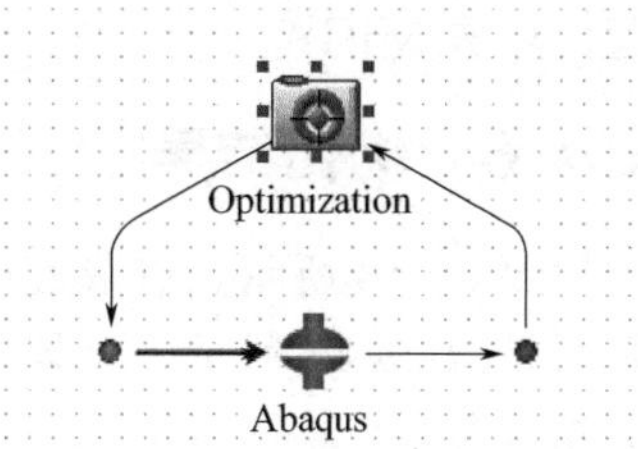

Optimization
Abaqus

图 36-9 参数优化流程

36.4.2 优化变量

考虑到模型对称性，本案例将下述 5 个尺寸参数作为优化变量。

① 3 个肋筋厚度 t_1、t_2、t_3，3 个肋筋厚度范围为 0.2～0.4mm；

② 肋筋间隔 d_1、d_2，肋筋间隔厚度范围为 1.0～1.4mm。

参数变量范围见图 36-10。

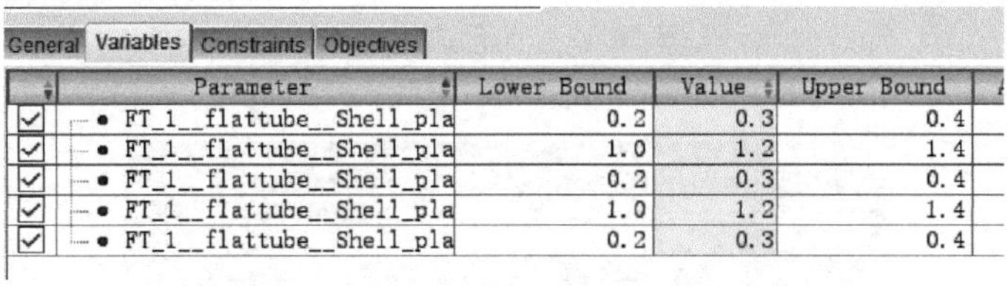

General | Variables | Constraints | Objectives

	Parameter	Lower Bound	Value	Upper Bound
☑	FT_1__flattube__Shell_pla	0.2	0.3	0.4
☑	FT_1__flattube__Shell_pla	1.0	1.2	1.4
☑	FT_1__flattube__Shell_pla	0.2	0.3	0.4
☑	FT_1__flattube__Shell_pla	1.0	1.2	1.4
☑	FT_1__flattube__Shell_pla	0.2	0.3	0.4

图 36-10 优化变量范围

36.4.3 优化目标

优化目标为扁管质量最小。由于扁管为均质材料，因此优化目标可以转化为体积最小，如图 36-11 所示。

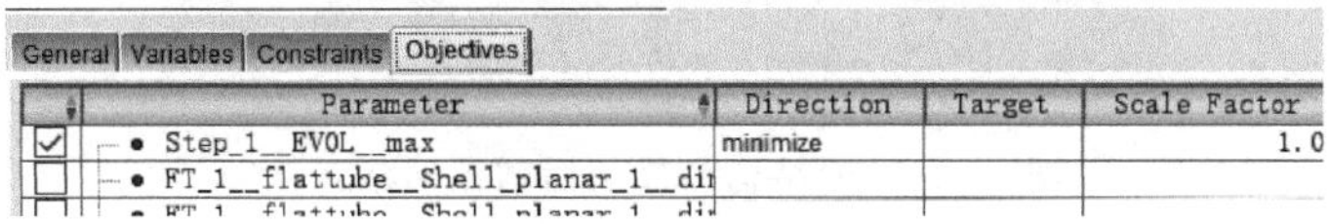

General | Variables | Constraints | Objectives

	Parameter	Direction	Target	Scale Factor
☑	Step_1__EVOL__max	minimize		1.0
☐	FT_1__flattube__Shell_planar_1__di			

图 36-11 优化目标

36.4.4 优化约束

扁管需要满足 13MPa 内压下不发生泄漏的要求，因此约束扁管的最大等效应力小于 95MPa，如图 36-12 所示。

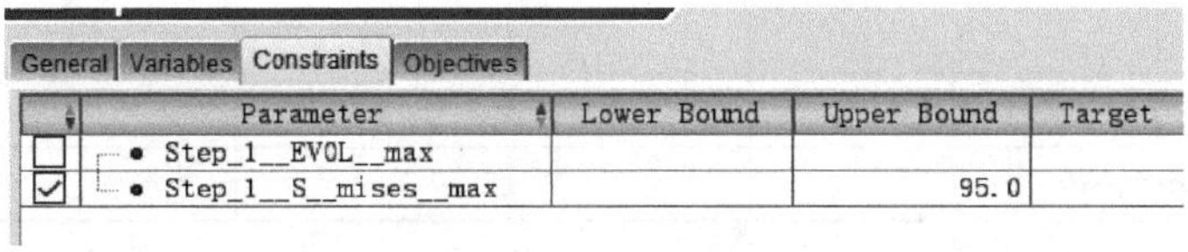

General | Variables | Constraints | Objectives

	Parameter	Lower Bound	Upper Bound	Target
☐	Step_1__EVOL__max			
☑	Step_1__S_mises__max		95.0	

图 36-12 优化约束

36.4.5　优化算法

优化算法一般分为四大类，分别为直接搜索算法、梯度优化算法、全局优化算法、多目标优化算法。为了避免在局部出现最优解的情况，且考虑到模型计算效率高，本案例采用多岛遗传算法 MIGA。

36.4.6　优化结果

如图 36-13 所示，有灰底的一栏为参数优化分析后得到的最优解。原结构和优化后的扁管截面如图 36-14 所示，具体尺寸参数见表 36-2。可以看到优化结构体积相对原结构约减少 7.6%。

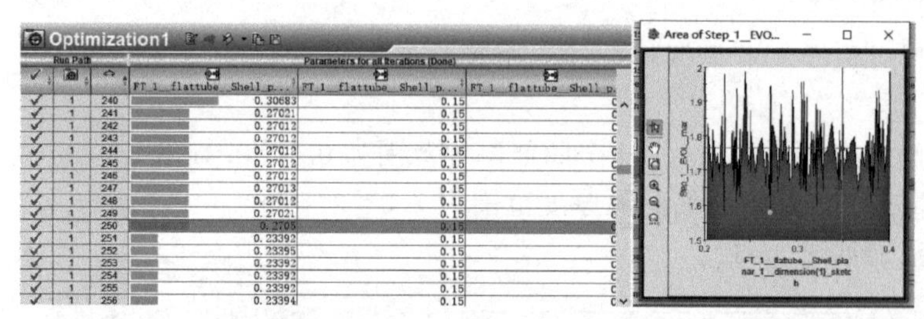

图 36-13　优化迭代结果

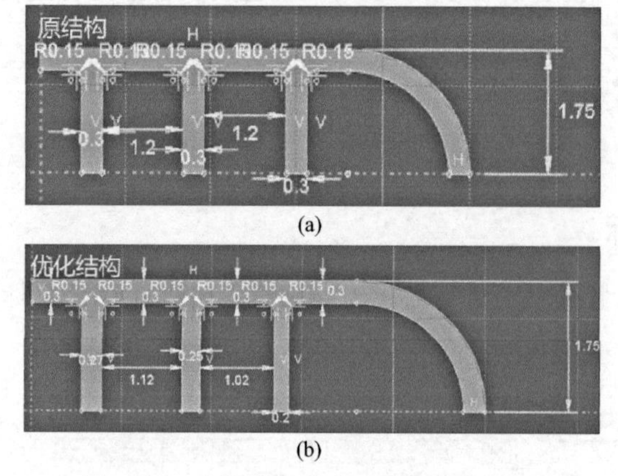

图 36-14　原结构和优化后截面形状对比

表 36-2　扁管截面尺寸参数

编号	尺寸说明	尺寸/mm	
		原结构	优化结构
1	t_1	0.3	0.27
2	t_2	0.3	0.25
3	t_3	0.3	0.2
4	d_1	1.2	1.12
5	d_2	1.2	1.02
体积/mm^3		1718.90	1588.48

根据优化的参数再次分析，应力分布云图如图 36-15 所示。扁管应力小于 3003 铝合金

的抗拉强度，强度满足要求。

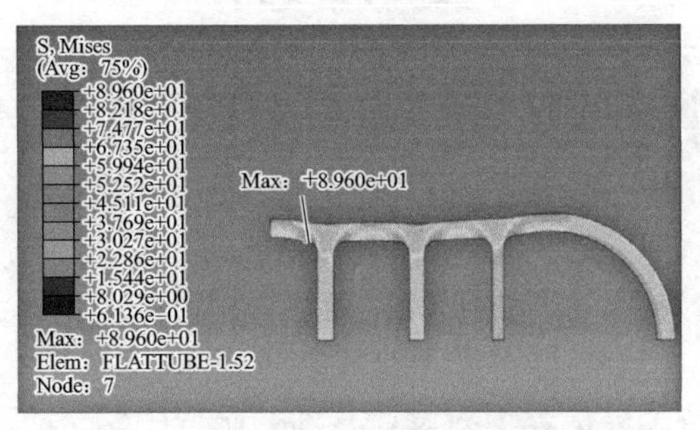

图 36-15 扁管优化结构应力分布云图

综上，通过对扁管截面进行参数优化分析，在满足耐压强度要求的同时，实现了扁管的轻量化目标。优化后单根扁管的体积相对原结构减少约 7.6%。

参 考 文 献

[1] 葛洋，姜未汀. 微通道换热器的研究及应用现状 [J]. 化工进展，2016，35 (1)：10-15.
[2] 张克鹏. 微通道换热器翅片结构优化 [J]. 制冷与空调，2021，21 (1)：32-35.
[3] 朱传辉，李保国，杨会芳. 微通道换热器研究及应用进展 [J]. 热能动力工程，2020，35 (9)：1-9.
[4] 赵万东，于博，刘畅. 基于多岛遗传算法的全封闭变流器散热结构优化 [J]. 制冷技术，2021，41 (1)：62-69.

案例 37

纵向波纹圆柱壳的屈曲分析

参赛选手：廖曦羽，杜梦潮　　指导教师：陈占阳
哈尔滨工业大学（威海）
第一届工程仿真创新设计赛项（研究生组），二等奖

作品简介： 基于潜艇常用的圆柱壳，通过对圆柱壳形状进行优化，设计出一纵向波纹圆柱壳；并通过数值模拟的方法，研究了等容积圆柱壳、环肋圆柱壳、纵筋圆柱翘和纵向波纹柱形耐压壳的屈曲特性。经过计算，纵向波纹圆柱壳的抗屈曲能力比等效圆柱壳高 30.20%，相比加装纵筋和肋板的圆柱壳分别提升 9.68%和 27.70%。

作品标签： 潜艇、屈曲分析。

37.1 引言

37.1.1 海洋开发与深潜器发展现状

海洋占据地球面积近七成，容量足可以放下几十个陆地。但与此相对的是，人类对海洋的探索开发程度还没有达到冰山一角。现在，对海洋的探索，不仅仅是为了满足人类对于未知的好奇心，更多的是为了开发海洋所蕴含的巨大资源。

在我国“十三五”规划中，海洋开发已成为前沿技术研发布局的重点领域。随着蛟龙号与奋斗者号等深潜器相继问世，潜水器已经成为探查深海资源、开展深海科学研究、进行深海工程作业的重要一环。

37.1.2 潜艇耐压壳简介

耐压壳是潜水器的核心结构部件，其质量占潜水器总质量的 1/4～1/2，是潜水器浮力的主要提供者。耐压壳主要承受深水压力，需要足够的强度和可靠的密封性，为内部的仪器设备、电子元器件装置等提供正常运作的环境，保护它们不会因海水压力和腐蚀而受到损害。在载人潜水器中，耐压舱为工作人员提供生活环境与工作空间，确保舱内人员、设备的安全，耐压壳体结构的安全性和可靠性至关重要。

目前，各种耐压壳体常用的有球形、圆柱形等形状。圆柱形耐压壳因良好的承载能力和结构强度，一直备受关注。但是，这种柱形壳易受几何构型、壳体壁厚、材料属性以及几何缺陷的影响而产生弹性或弹塑性屈曲。

当下增加柱形耐压壳抗屈曲能力的方式有两种：一种方式是改变壳体横向或纵向的曲率，另一种方式是增加周向、轴向的肋条或波纹。在这些加强方式中，波纹加强被证明是最有效且最具潜力的方法，而且不需要增设额外的加强肋。

37.2 圆柱壳屈曲分析技术路线

本案例首先设计、建立多种圆柱壳的模型，然后计算不同耐压壳的一阶屈曲模态，最后把计算结果与理论解进行对比，保证计算准确性，同时进行横向对比不同圆柱壳的耐压性能。技术路线如图 37-1 所示。

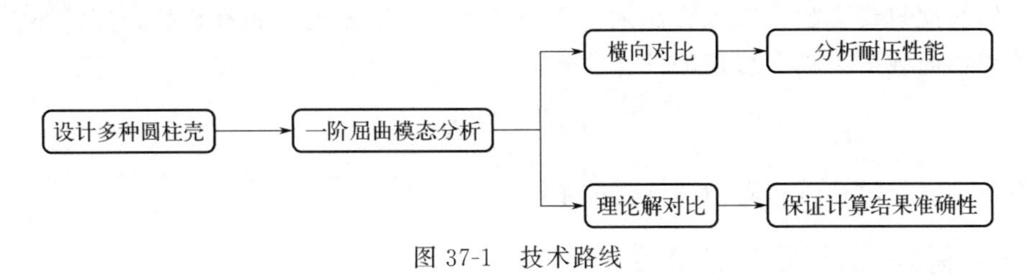

图 37-1 技术路线

37.3 圆柱壳几何模型设计

波纹柱壳是利用波纹在周向将其基柱（圆柱壳，其截面为基圆）分割为若干段，并通过波纹连接而获得的一种耐压壳体。如图 37-2 所示，其基圆半径为 R。为便于研究，将波纹定义为由两段与基圆相切、半径为 r 的圆弧与一段基圆圆弧构成，其圆心角为 β，其中基圆圆弧对应的圆心角为 α。波纹形状参数可用波纹深度 d 和波纹宽度 w 来表征。

本案例选择的波纹柱壳基本参数为：截面基圆直径 D 取 150mm，高度 $H=220$mm，壁厚 $t=0.2$mm，波纹数 $n=12$，$\alpha/\beta=0$。其横截面如图 37-3 所示。

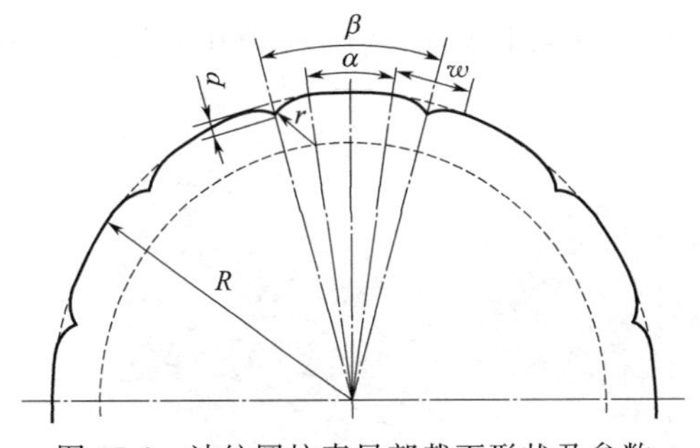

图 37-2 波纹圆柱壳局部截面形状及参数

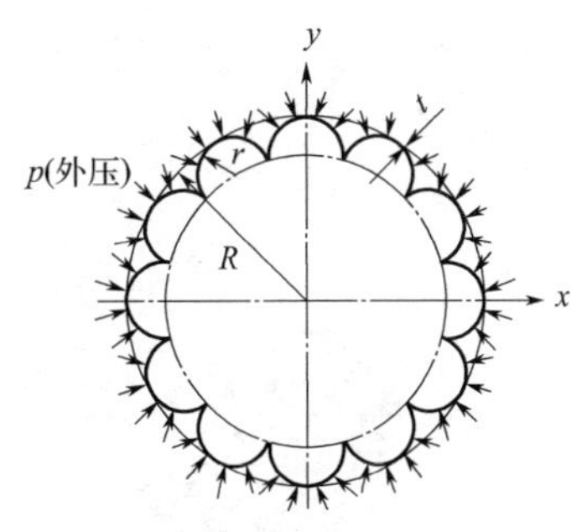

图 37-3 计算用圆柱壳横截面

为了保证计算条件的一致性，按照等容积原则，即壳体内部空腔体积相等，构建其他圆柱壳和波纹柱壳结构模型（称为等效柱壳）。其参数如表 37-1 所示。表中 H 为壳壁高度，t 为壁厚，D 为圆柱壳内壁直径，r 为波纹半径。

表 37-1 圆柱壳尺寸表

参数	D/mm	r/mm	H/mm	t/mm	附属结构尺寸/mm
加筋圆柱壳	118.54	—	220	2	1.5×1.5
环肋圆柱壳					1.5×1.5
纵向波纹圆柱壳	150	15.57			

37.4 计算条件分析

37.4.1 边界条件分析

由于模拟耐压圆柱壳工作时位于水下，受到均布载荷。为了提高计算效率，有限元模型将圆柱壳的两端封头去除，所以在添加边界载荷时，除了添加均布载荷外，还需要在圆柱壳的两端添加轴向载荷。轴向载荷的计算公式为

$$T=-\frac{1}{2}pR$$

式中，p 为均匀外压；R 为圆柱壳的半径。

37.4.2 有限元计算方法选择

在线性屈曲分析中，所有的计算都无法考虑圆柱壳的初始几何缺陷和材料非线性。这就导致计算得到的结果与实际情况的误差较大。因此，为了提高有限元计算结果的精度，本案例引入初始缺陷，特别是初始几何缺陷进行计算，同时将线性屈曲分析作为非线性分析的初始分析步。此外，在壳体非线性分析中，考虑材料非线性可以使得计算结果更加接近实际壳体的塑性变形过程。

37.5 仿真计算

37.5.1 耐压壳几何建模

根据表 37-1 的参数，应用 SolidWorks 进行几何建模。不同圆柱壳几何模型如图 37-4 所示。

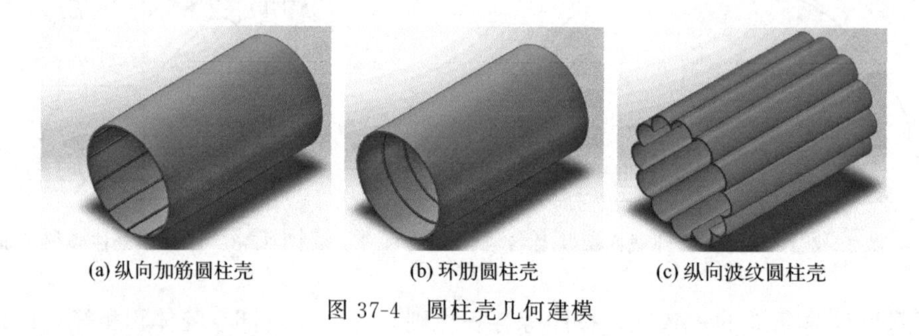
(a) 纵向加筋圆柱壳　(b) 环肋圆柱壳　(c) 纵向波纹圆柱壳

图 37-4　圆柱壳几何建模

37.5.2 网格划分

划分网格类型为六面体网格，基础网格大小设置为 4mm；对附加结构进行网格加密，细化网格尺寸为 1.5mm。网格划分结果如图 37-5 所示。

37.5.3 边界条件

本案例主要模拟潜艇在工作状态中的受压情况，因此在圆柱壳的周向添加载荷 $p=1\text{MPa}$，并在轴向添加载荷 $T=29.5\text{MPa}$，以模拟两端存在封头。

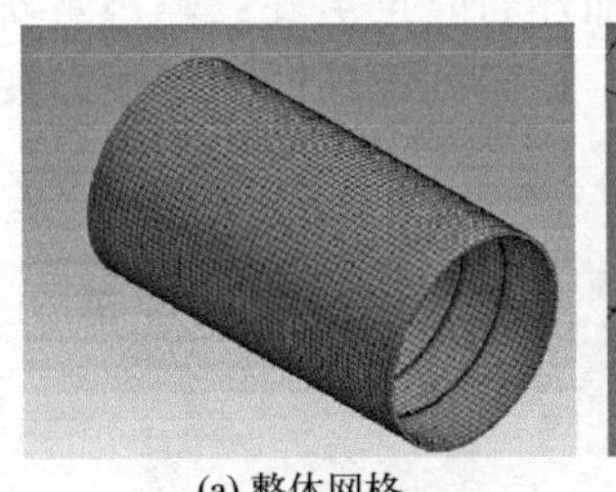
(a) 整体网格

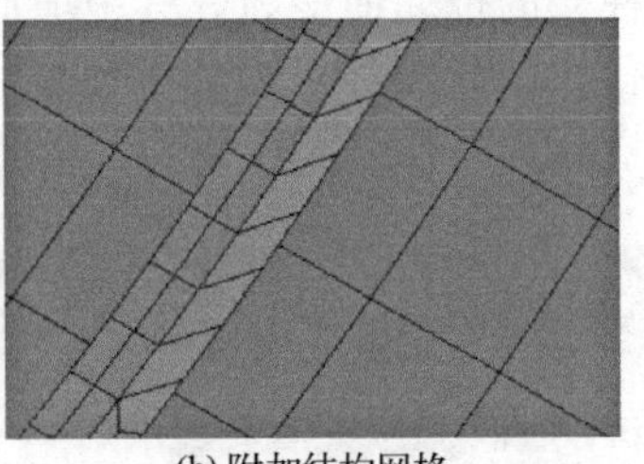
(b) 附加结构网格

图 37-5 网格划分

圆柱壳在水中受到均匀外压作用时不受到任何约束。但是由于简化了圆柱壳的两端封头，因此将圆柱壳模型一端全约束，另一端也进行约束，但保留轴向的位移。

37.6 结果分析

37.6.1 理论解对比

在完成上述仿真设置后，进行各个圆柱壳的屈曲分析。为了保证计算的准确性，本案例采用中国船级社（CCS）和美国船级社（ABS）的耐压壳体设计规范，计算其规范临界屈曲压力并与有限元计算值 p_a 进行比较。

其中中国船级社规范临界屈曲压力 p_e 为

$$p_e=E\left(\frac{t}{R}\right)^2\frac{0.6}{\mu-0.37},\quad \mu=0.643\frac{L}{\sqrt{Rt}}$$

美国船级社规范临界屈曲压力 p_m 为

$$p_m=\frac{2.42E\left(\frac{t}{2R}\right)^{\frac{5}{2}}}{(1-\mu^2)^{\frac{3}{4}}\left[\frac{L}{2R}-0.45\left(\frac{t}{2R}\right)^{\frac{1}{2}}\right]}$$

式中，E 为材料的弹性模量；L 为圆柱壳长度；R 为圆柱壳横截面半径；μ 为系数，$\mu=0.643\frac{L}{\sqrt{Rt}}$。

选取空心圆柱壳的有限元计算结果与规范标准 p_a 对比，结果如表 37-2 所示。

表 37-2 误差对比表

p_e/MPa	p_m/MPa	p_a/MPa	误差	
			$(p_a-p_e)/p_a$	$(p_a-p_m)/p_a$
10.82474	10.68605	11.58	6.52%	7.72%

从表 37-2 中可以看出，有限元计算值与理论规范值相差在 10%以内，符合工程要求，也进一步证明了计算模型的准确性。

37.6.2 屈曲结果分析

最终屈曲结果如图 37-6 所示，屈曲载荷对比如图 37-7 所示。其中四种不同圆柱壳的极限屈曲强度分别为 11.959MPa、11.822MPa、13.764MPa、15.097MPa。可以看出，增加附加结构会提高圆柱壳的抗屈曲能力，其中增加环肋效果更好；经过重新设计的纵向波纹圆柱壳抗屈曲能力最佳。因此经过上述分析可知，本案例设计的新型纵向波纹圆柱壳可以有效提升抗屈曲能力。

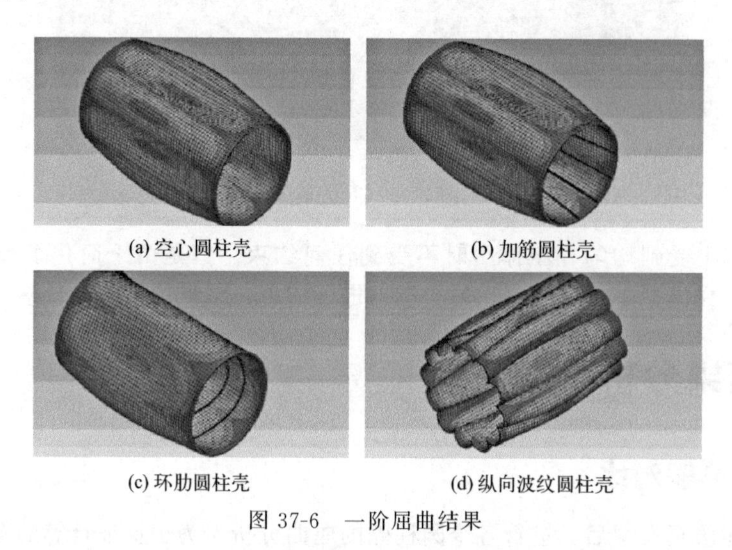

图 37-6 一阶屈曲结果

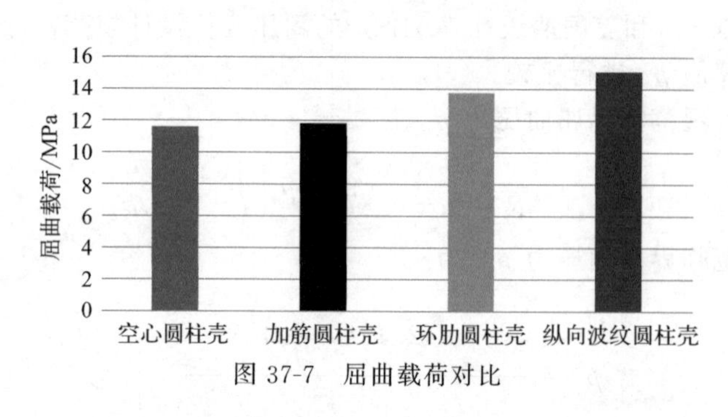

图 37-7 屈曲载荷对比

本案例通过对纵向波纹圆柱壳进行仿真计算，并通过与不同类型圆柱耐压壳进行对比，验证了纵向波纹圆柱壳的抗屈曲能力明显优于其他类型。另外，未来可以通过更改波纹线形及分布方式，进一步提高圆柱壳的抗屈曲能力。

案例 38

分布式草原公路用风力发电机整机结构强度、疲劳及振动特性分析

参赛选手：麻一博，孙士轶，郭焕然　　指导教师：甄琦
内蒙古农业大学
第一届工程仿真创新设计赛项（本科组），二等奖

作品简介： 基于有限元法对风力发电机主轴、叶片和横梁进行静力学分析，通过等效静态载荷法对其进行优化改进。根据所设计尺寸应用建模软件对主轴、叶片和横梁进行三维模型建立；应用力学分析软件对模型进行提取和网格划分，同时分别对主轴、叶片和横梁进行静力学计算、模态计算以及疲劳计算；对计算的模型结果进行整理以及分析，得到主轴、横梁、叶片均无共振可能性且疲劳损伤较小，叶片选择玻璃纤维材料比铝合金材料更加坚固可靠。

作品标签： 风能、静力学、参数优化、疲劳、振动。

38.1 引言

随着我国“碳中和”和“碳达峰”政策的确定与实施，新能源尤其是风力发电更受到重视。草原公路作为我国北方连接各个城市的重要公共道路，为经济发展做出了贡献。考虑到草原特殊的地貌条件及远距离输电的不便性，若在草原公路开发分布式风力发电装置，不仅能够较好地利用草原风能，同时能够带来更便捷的发电方式。

但草原存在的极端强风天气与公路附近高速行驶的车辆产生的空气乱流对风力发电机的安全稳定运行有着较大的负面影响，轻则影响发电效率，重则整机崩坏，造成事故。故针对上述问题，需要从风力发电机的整机结构强度、疲劳及振动特性的角度考虑，确保其处在较高的安全状态。

地处高原的草原地带，风资源分布较广且能量较大，适合风力发电。但极端的强风会严重冲击风力发电机，进而破坏机组结构，使得机组过早地失效断裂。由于极端天气出现的不确定性及危险性，相关的试验条件难以达成，而数值仿真却能有效地解决这一问题。通常影响风电机组整机寿命的主要力学参数有临界疲劳位置、最大应力值及最大位移值、固有频率及离心力等。基于上述参数的数值仿真计算能够有效地提供风电机组的强度、疲劳及振动特性分析参数，较好地保证风力发电机的安全寿命。

38.2 技术路线

研究风力发电机整机结构强度、疲劳及振动特性的技术路线如图 38-1 所示。

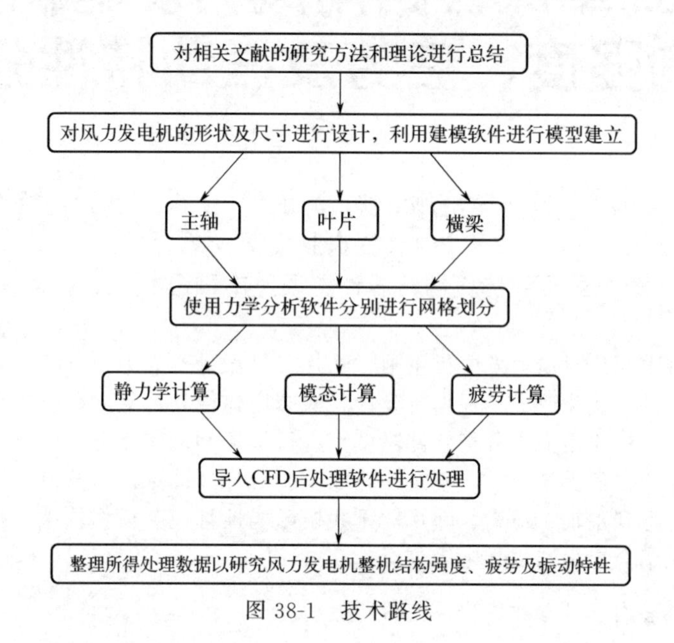

图 38-1 技术路线

38.3 仿真计算

38.3.1 前处理

(1) 三维模型建立

打开三维建模软件新建文件，打开主视面，点击草图，根据表 38-1 的尺寸进行绘制。通过绘制线段、绘制半径、旋转操作建立主轴和横梁模型；通过绘制线段、拉伸、扭转操作建立叶片模型，结果如图 38-2 所示。将建立完成的模型保存为 X_T 格式。

表 38-1 模型尺寸

项目	直径/mm	高度/mm
主轴	30	1000
叶片	250	1000
横梁	10	160

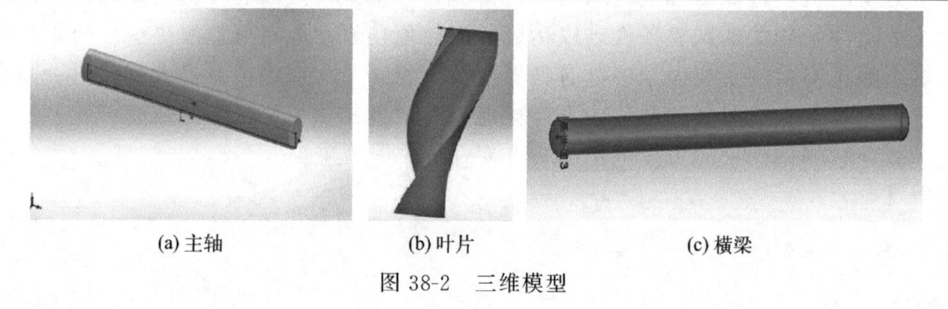

(a) 主轴　(b) 叶片　(c) 横梁

图 38-2 三维模型

(2) 提取物理模型及网格划分

打开力学分析软件，拖拽静力学模块，双击打开几何结构，分别导入主轴、叶片、横梁的 X_T 模型文件。

首先在静力学模块中打开 Model，然后在工具栏中选择网格，点击以此快速生成网格。以主轴为例，其材料为 40Cr，密度为 7850kg/m^3，杨氏模量为 200GPa，泊松比为 0.33，采取精度为 5mm 的网格划分，划分的节点数为 39736 个，单元数为 8282 个，如图 38-3 所示。

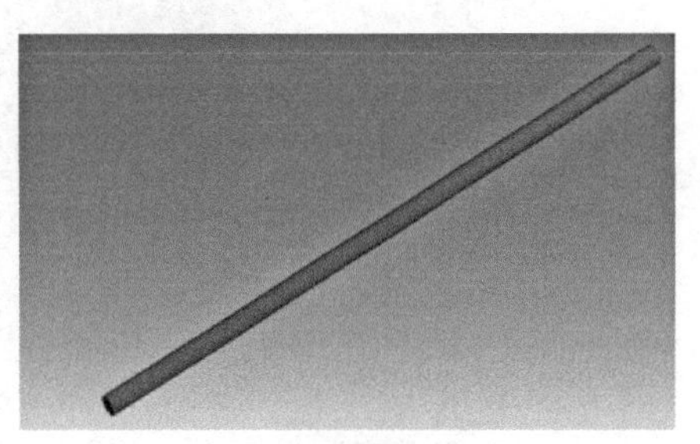

图 38-3 主轴网格划分

38.3.2 计算

(1) 静力学计算

本案例计算以主轴为例，横梁与叶片的前处理、计算以及后处理步骤与主轴一致。风力发电机的主轴部分是风力发电机中主要的支撑部件，其尺寸大小将对风力发电机的整体性能以及整个风力发电机的加工、制造及维修成本产生很重要的影响。主轴在设计时要与风力发电机的发电功率相匹配，主轴的高度会影响风轮捕获的风能大小。

下面对主轴进行静力学理论分析，分析其结构受到的载荷种类及大小。在实际情况中，主轴主要受到的载荷有主轴自身的重力、风机封盖的重力、风轮的转矩、风的压力以及风轮的离心力。因风力发电机的风轮部分为双叶片螺旋对称结构，其离心力可相互抵消，故不予考虑。当风力发电机置于高速公路流场中时，风力对主轴作用面很小，因此横向风压对主轴的作用也可忽略不计。所以，主轴主要受三个力的约束，其中有风轮对主轴整体顺时针施加的转矩、主轴自身的重力以及风机封盖的重力。

为验证所设计的风力发电机主轴的强度和刚度是否符合要求，需对其进行静力学分析，具体操作步骤如下：

在上述静力学模块中打开设置，点击静态结构插入重力，设置重力的大小以及方向参数，如图 38-4 所示；点击静态结构插入位移，选定部位来进行位移分量设置，如图 38-5 所示；点击静态结构插入力矩，输入力矩的大小以及方向参数，选定力矩位置，如图 38-6 所示；点击求解插入等效应力，再点击求解插入等效应变，最后保存并关闭窗口即可。

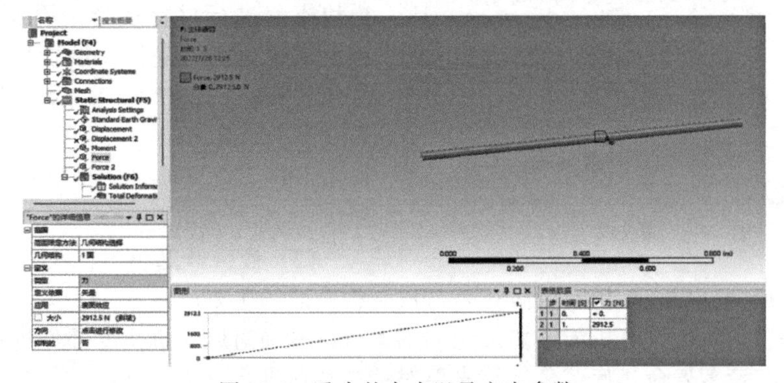

图 38-4 重力的大小以及方向参数

(2) 模态计算

在完成静力学分析的基础上对机组部件进行模态分析。模态分析是通过计算构件的动力

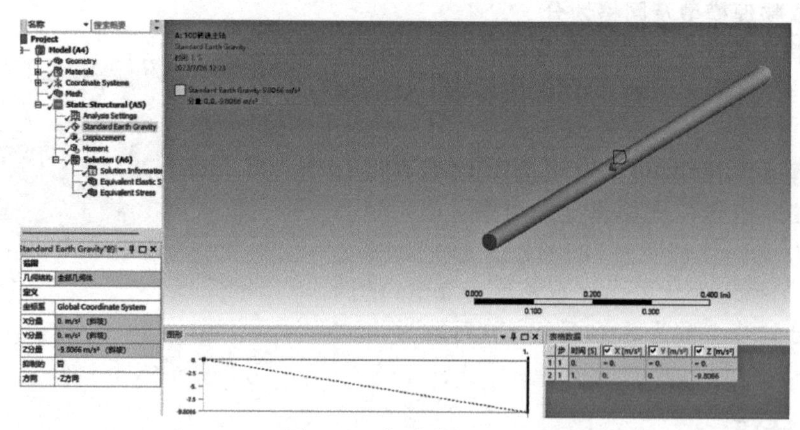

图 38-5 位移分量设置

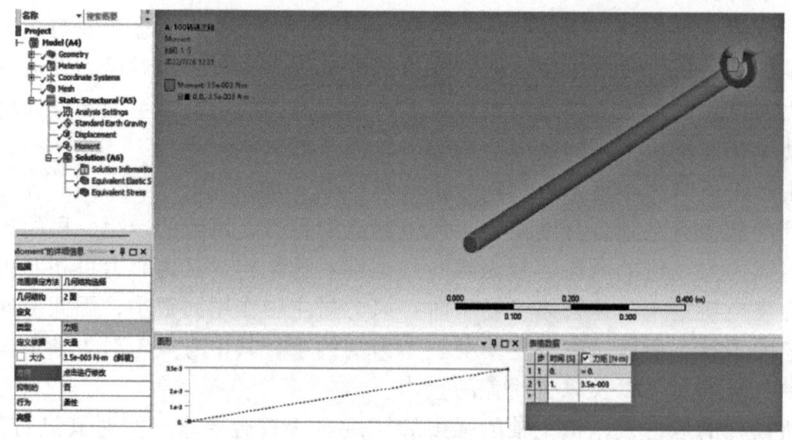

图 38-6 力矩的大小以及方向参数

特性来得出固有频率和振型。在力学分析软件中得到各个结构的自振频率，判断机组产生共振的可能性。模态计算步骤如下：

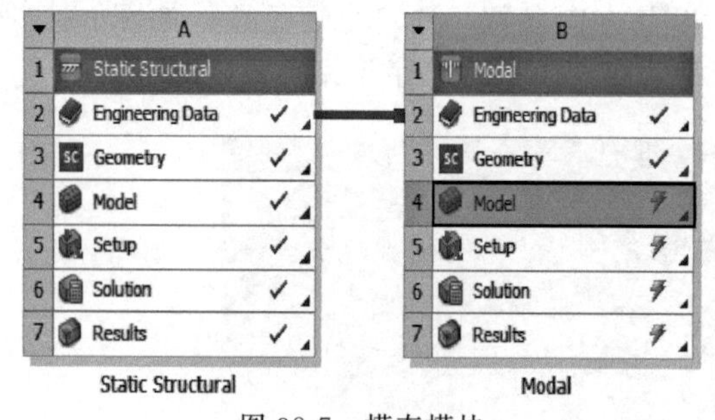

图 38-7 模态模块

首先拖拽一个模态模块与前一个静力学模块相连，如图 38-7 所示；然后点击模态模块模型进行材料选择，添加所用的材料，点击求解插入总变形，设置模式为 7，点击生成按钮，如图 38-8 所示；接着以同样的方式插入总变形 2～6，分别点击生成按钮，得出该模态计算成果；最后保存并关闭窗口即可。

（3）疲劳计算

下面进行疲劳分析。结构疲劳破坏是造成结构失效的主要因素之一，为了确保安装在高速公路上的垂直轴风力发电机能够实现预期的运行，必须对风力机主要部件进行详细的疲劳评估，并估算其疲劳寿命。疲劳分析首先要对结构载荷进行分析，利用计数法确定疲劳荷载谱，然后分析结构应力，并选用合适的疲劳损伤理论来计算疲劳寿命，并在软件中导出其疲劳寿命以及疲劳寿命曲线等。疲劳计算步骤如下：

拖拽一个静力学模块并与前静力学模块相连，如图 38-9 所示；双击打开 Model，在静

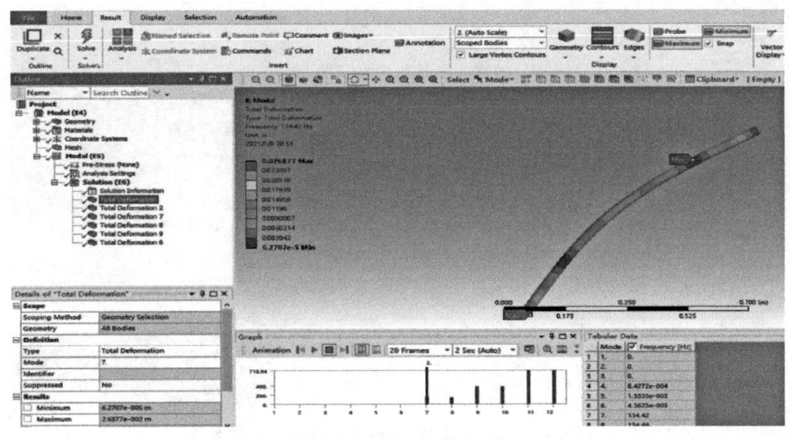

图 38-8　插入总变形

态结构中按照前述静力学计算步骤插入并设置重力、位移以及转矩参数；点击静态结构插入能使力矢量分布在一个或多个拓扑上的力载荷 1，设置力的大小与方向参数，选定力的位置，如图 38-10 所示；以同样的方式插入力 2 并进行设置，如图 38-11 所示；点击求解插入总变形，该结果能提供节点上的位移大小，点击生成按钮。随后依次在求解中插入等效应力、最大等效应力，接着在应力工具中依次插入安全系数、安全裕量、应力比，自此疲劳计算部分完成，最后保存并关闭窗口即可。

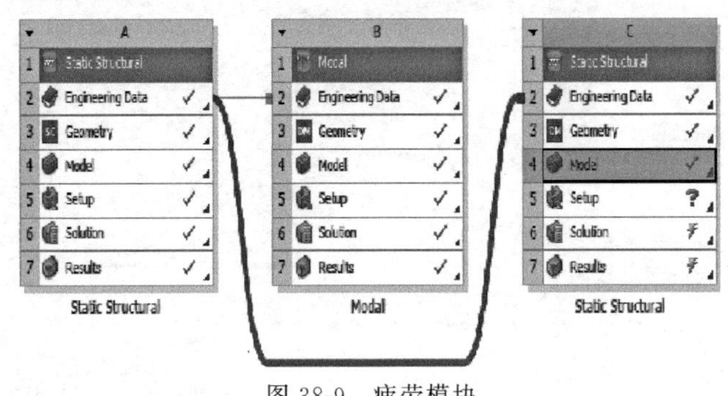

图 38-9　疲劳模块

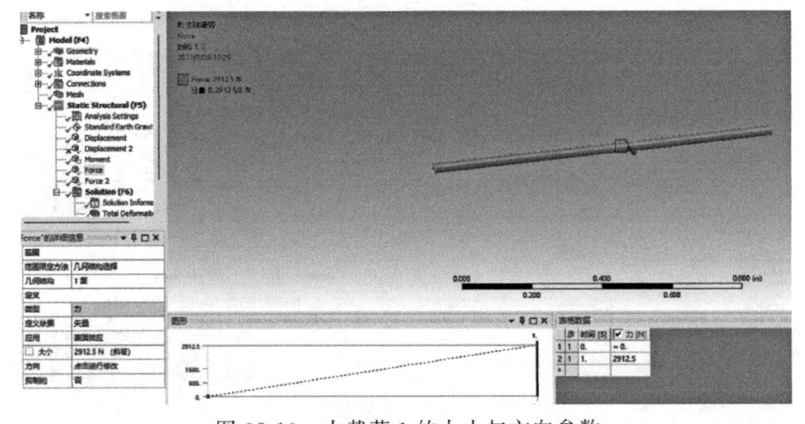

图 38-10　力载荷 1 的大小与方向参数

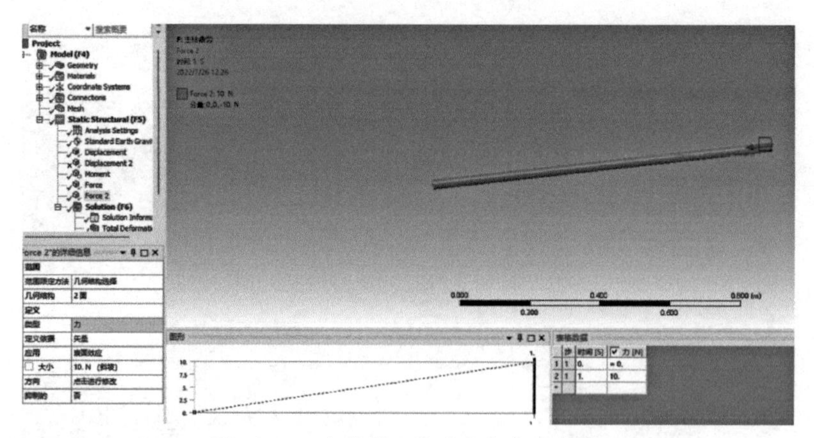

图 38-11　力载荷 2 的大小与方向参数

38.3.3　后处理

(1) 静力学结果

点击第一个静力学模块的结果，主轴的等效应力、等效应变结果如图 38-12、图 38-13 所示。

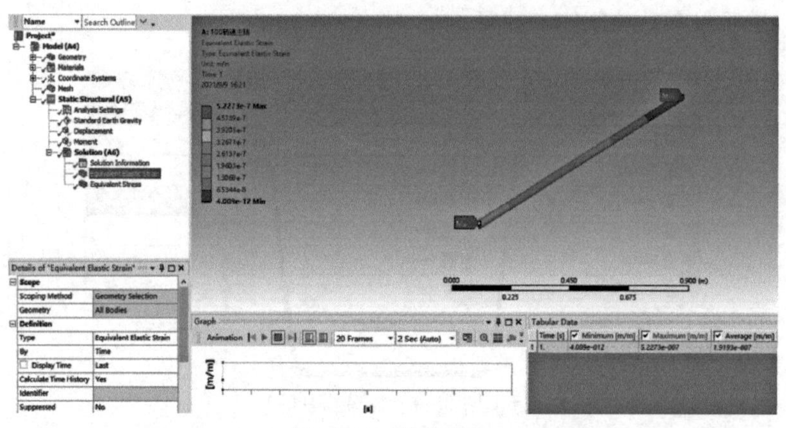

图 38-12　等效应力

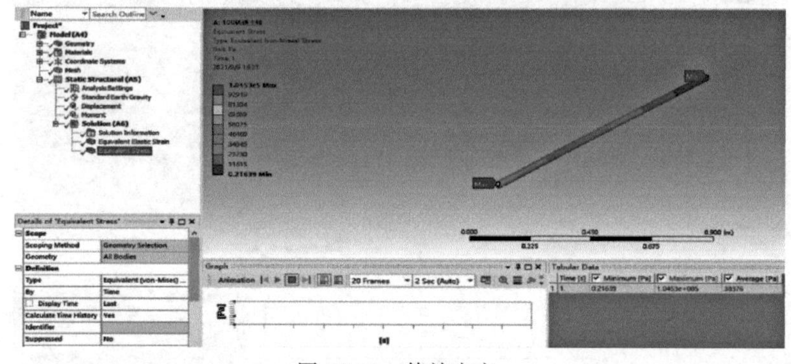

图 38-13　等效应变

(2) 模态结果

点击模态模块的结果，结果如图 38-14 所示。

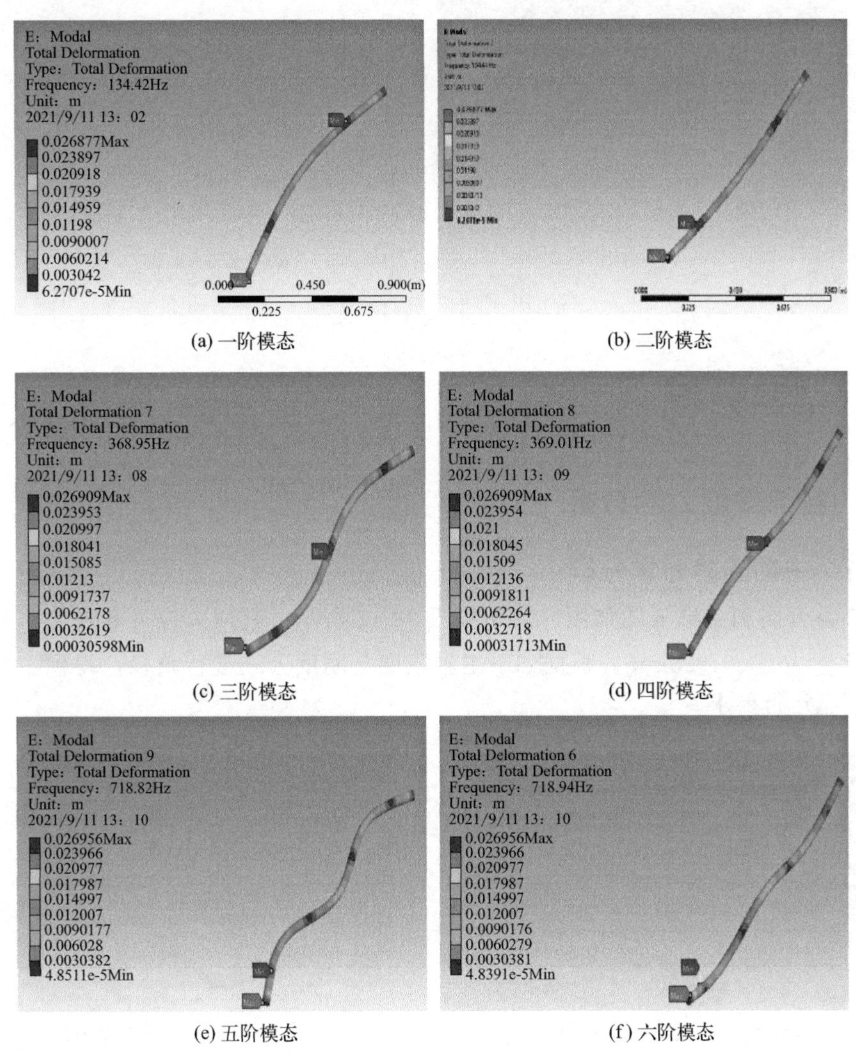

(a) 一阶模态　(b) 二阶模态

(c) 三阶模态　(d) 四阶模态

(e) 五阶模态　(f) 六阶模态

图 38-14　模态结果

(3) 疲劳结果

点击第二个静力学模块的结果，结果如图 38-15 所示。

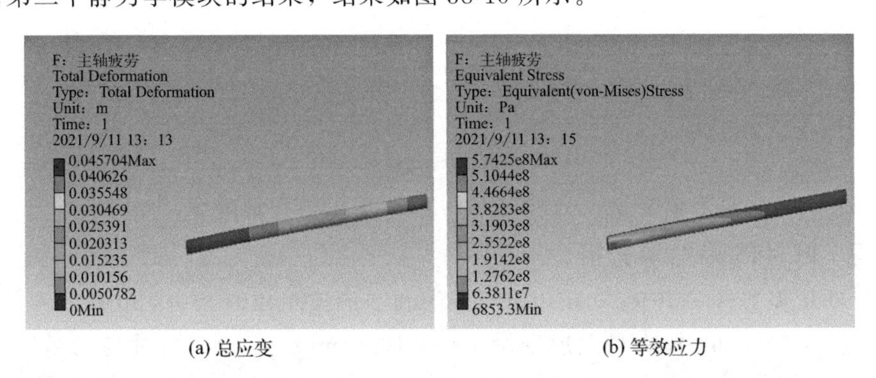

(a) 总应变　(b) 等效应力

图 38-15

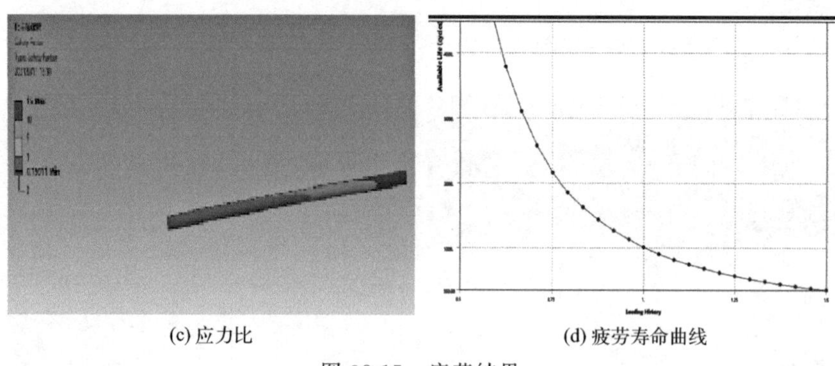

(c) 应力比　　(d) 疲劳寿命曲线

图 38-15　疲劳结果

38.4 结果分析

38.4.1 各部件静力学分析

38.4.1.1 主轴的静力学分析

主轴应力云图和变形云图如图 38-16 和图 38-17 所示。其最大应力 $\delta_{max}=0.1058\text{MPa}$；最大形变量 $y=0.0001923\text{mm}$。根据如下主轴强度与刚度公式进行校核，得到主轴的强度、刚度满足安全运行要求。

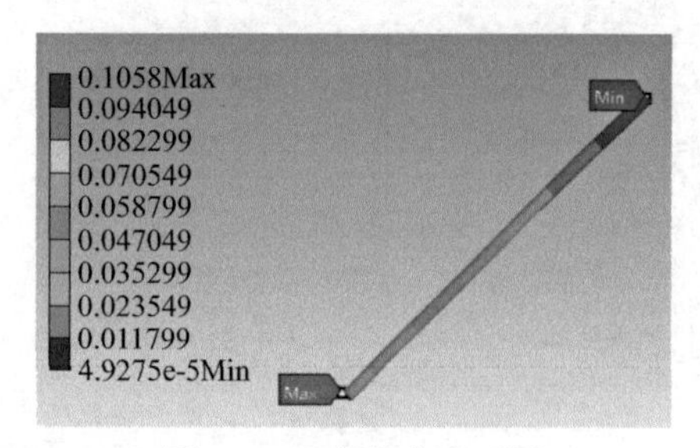

图 38-16　主轴应力云图

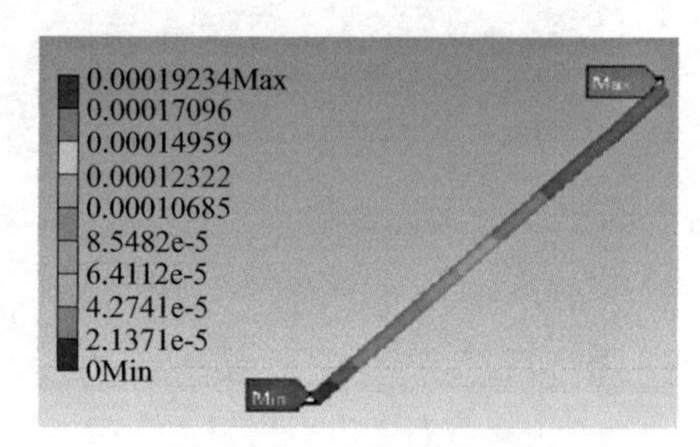

图 38-17　主轴变形云图

主轴强度校核公式为

$$\delta_{max}<\frac{[\delta]}{S} \tag{38-1}$$

式中，δ_{max} 为主轴最大应力，$\delta_{max}=0.1058\text{MPa}$；$[\delta]$ 为 40Cr 的屈服极限，$[\delta]=980\text{MPa}$；S 为主轴的安全系数，$S=3$。

主轴刚度校核公式为

$$y\leqslant 0.0005l \tag{38-2}$$

式中，y 为主轴最大形变量，$y=0.0001923\text{mm}$；l 为主轴高度，$l=1\text{m}$。

38.4.1.2 叶片的静力学分析

玻璃纤维增强塑料（GFRP）叶片应力云图和变形云图如图 38-18 和图 38-19 所示。其最大应力 $\delta_{max}=100.86\text{MPa}$；最大形变量 $y=0.16944\text{mm}$。铝合金叶片应力云图和变形云图如图 38-20 和图 38-21 所示。其最大应力 $\delta_{max}=137.48\text{MPa}$；最大形变量 $y=$

0.22887mm。根据如下叶片的强度与刚度公式进行校核，得出两种材料叶片的强度和刚度均满足安全运行要求。

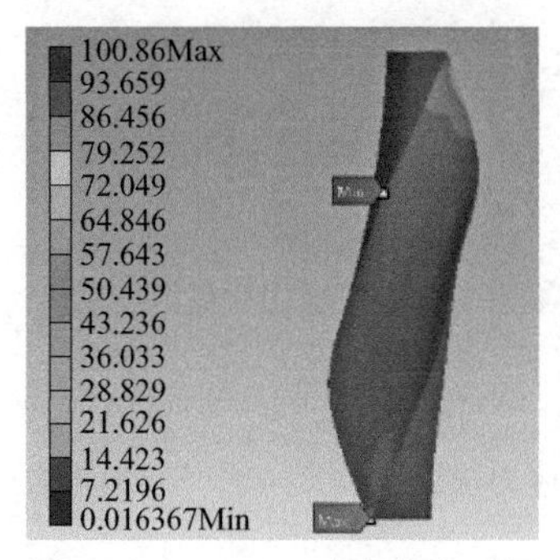

图 38-18　GFRP 叶片应力云图

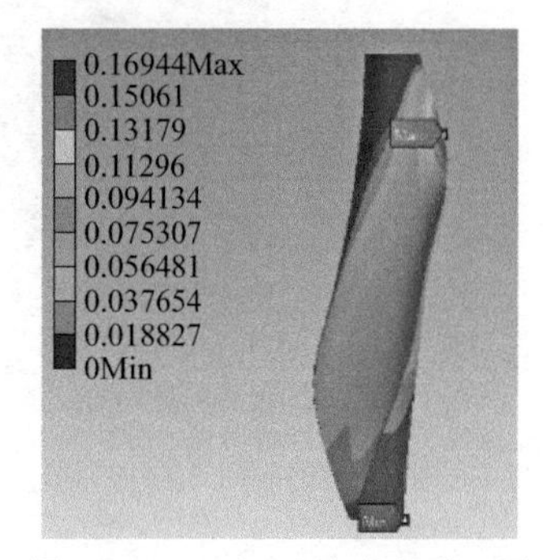

图 38-19　GFRP 叶片变形云图

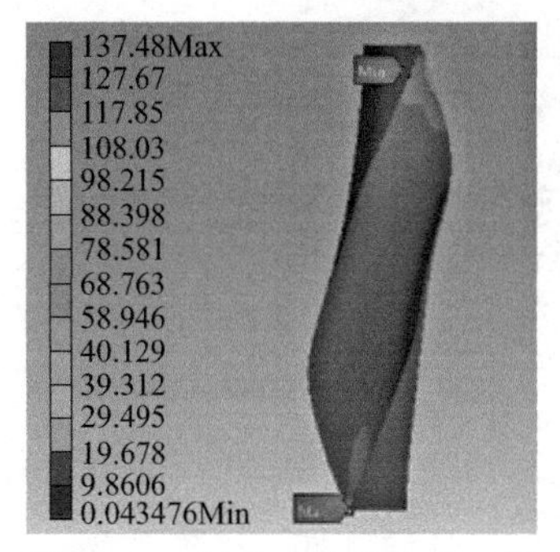

图 38-20　铝合金叶片应力云图

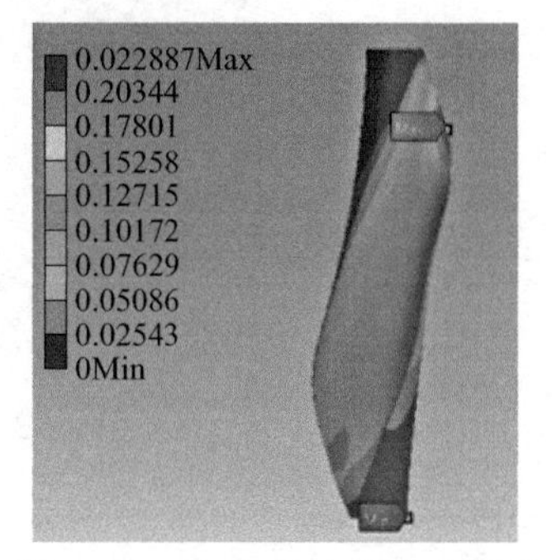

图 38-21　铝合金叶片变形云图

叶片强度校核公式为

$$\delta_{\max} < \frac{[\delta]}{S} \tag{38-3}$$

式中，GFRP 叶片的最大应力为 100.86MPa，铝合金叶片的最大应力为 137.48MPa；GFRP 叶片的屈服极限为 320MPa，铝合金材料的屈服极限为 265MPa；S 为叶片的安全系数，$S=1.5$。

叶片刚度校核公式为

$$y \leqslant 0.0005l \tag{38-4}$$

式中，GFRP 叶片的最大形变量为 0.16944mm，铝合金叶片的最大形变量为 0.22887mm；l 为叶片高度，$l=1$m。

38.4.1.3　横梁的静力学分析

横梁应力云图和变形云图如图 38-22 和图 38-23 所示。其最大应力 $\delta_{\max}=66.563$MPa；最大形变量 $y=0.029761$mm。根据如下横梁的强度与刚度公式进行校核，得到横梁的强度、刚度满足安全运行要求。

横梁强度校核公式为

$$\delta_{\max} < \frac{[\delta]}{S} \tag{38-5}$$

式中，$\delta_{\max}$ 为横梁最大应力，$\delta_{\max}=66.563$MPa；$[\delta]$ 为材料 Q235 的屈服极限，$[\delta]=$

235MPa；S 为横梁的安全系数，$S=1.5$。

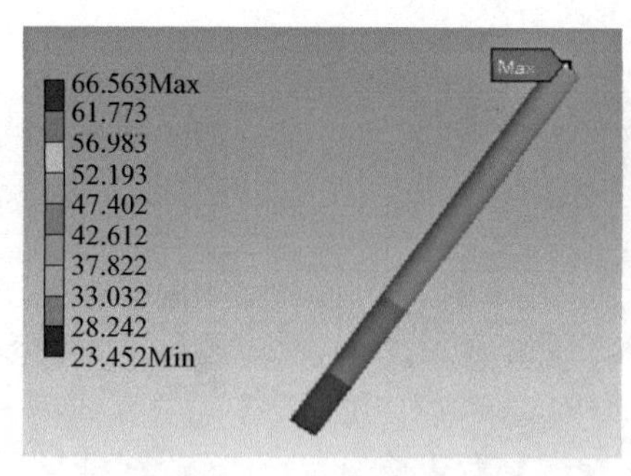

图 38-22 横梁应力云图

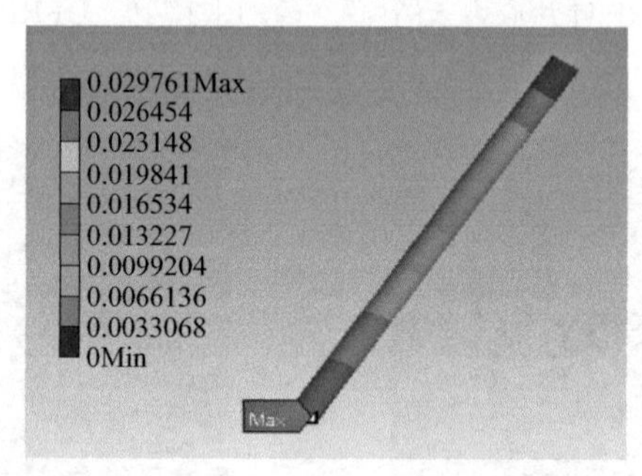

图 38-23 横梁变形云图

横梁刚度校核公式为

$$y \leqslant 0.0005l \tag{38-6}$$

式中，y 为横梁的最大形变量，$y=0.029761\text{mm}$；l 为横梁高度，$l=0.16\text{m}$。

38.4.2 各部件模态分析

自振频率只与刚度和质量有关，不受外力影响。主轴、叶片、横梁频率如表 38-2～表 38-4 所示。

表 38-2 主轴的自振频率表

项目	第一阶	第二阶	第三阶	第四阶	第五阶	第六阶
自振频率/Hz	134.42	134.44	368.95	369.01	718.82	718.94

表 38-3 叶片的自振频率表

项目	第一阶	第二阶	第三阶	第四阶	第五阶	第六阶
自振频率/Hz	22.204	46.608	70.971	81.777	119.97	168.16

表 38-4 横梁的自振频率表

项目	第一阶	第二阶	第三阶	第四阶	第五阶	第六阶
自振频率/Hz	1736.7	1737	4702.6	4703.3	8993.7	8994.9

38.4.3 研究总结

① 主轴最大应力为 0.1058MPa，主轴最大形变量为 0.0001923mm，均满足条件，无共振可能性且疲劳损伤较小；

② 横梁最大应力为 69.563MPa，横梁最大形变量为 0.029761mm，均满足条件，无共振可能性且疲劳损伤较小；

③ 两种材料的叶片中，铝合金叶片产生的应力及位移较大，且最大应力为 137.48MPa，最大位移为 0.22887mm，无共振可能性且疲劳损伤较小。叶片选择玻璃纤维材料比铝合金材料更加坚固可靠。

参考文献

[1] 刘为，王瑞良，孙勇，等．不同风况条件对风力发电机组等效疲劳载荷的影响 [J]. 机电工程技术，2020，49 (12)：114-117.

[2] 王应军，裴鹏宇．风力发电机叶片固有振动特性的有限元分析 [J]. 华中科技大学学报（城市科学版），2006 (S2)：44-46.

[3] 张荼花，陈继传，段巍．基于雨流计数法的风力机叶片疲劳载荷统计分析 [J]. 科教导刊（上旬刊），2013 (2)：190-192.

[4] 袁启龙，马娜，周新涛，等．风力发电机叶片振动特性有限元分析 [J]. 机械科学与技术，2014，33 (5)：730-734.

案例 39

树脂基复合材料风扇叶片结构铺层优化设计

参赛选手: 刘茜, 陈若琦, 孔维瀚　　指导教师: 胡殿印
北京航空航天大学
第一届工程仿真创新设计赛项（研究生组），一等奖

作品简介： 首先建立航空发动机风扇叶片的参数化模型，然后基于 UG-Abaqus-Isight 联合仿真优化平台进行航空发动机风扇叶片的材料、形状、拓扑结构等优化，最终得到满足航空发动机风扇性能要求的复合材料风扇轻质结构；该方法有效解决了性能集成问题，优化效率提升 60%以上。

作品标签： 风扇叶片、结构优化、二次开发。

39.1 项目背景

树脂基复合材料风扇叶片因重量轻、减振性能好等特点，在民用大涵道比涡扇发动机中得到应用。以 GE90-115B 发动机为例，相比于钛合金风扇叶片，树脂基复合材料风扇叶片（图 39-1）可以减重 66%，同时强度性能提升 100%，并且在数百万飞行小时后，仅有 3 片风扇叶片被换下，验证了复合材料实心风扇叶片的优异性和稳定性。为满足日益增长的低油耗和高推重比要求，先进民用涡扇发动机正在向涵道比更大、结构力学性能更稳定的方向发展，因此，重量更轻、减振性能更好的树脂基复合材料风扇叶片结构设计成为当前的研究热点。

图 39-1　GE90-115B 发动机复合材料风扇叶片

风扇叶片结构复杂，复合材料结构有限元建模难度较大。以往的研究未能建立参数化复合材料风扇叶片模型，优化变量选取较为单一，且主要以强度或共振裕度为优化目标，很少对叶片质量进行优化设计，无法实现材料的最大化利用，不利于提高发动机整体性能。因此有必要对风扇叶片优化设计开展研究。

39.2 技术路线

本案例以某型发动机风扇叶片为研究对象，结合工程设计需求对复合材料风扇叶片进行了优化设计研究。技术路线如图 39-2 所示。首先针对蔡-吴失效准则对层间应力分析不足的问题，以 Hashin 失效准则为依据对其进行改进以提高强度性能预测精度，并通过开展层合板准静态拉伸试验，验证了改进方式的有效性。同时，通过相关文献中模态试验数据与模态分析结果对比，验证了基于离散坐标系建模方法的准确性，为树脂基复合材料空心风扇叶片

有限元建模提供依据。然后结合风扇叶片实际载荷和约束，建立有限元分析模型。最后基于多岛遗传算法对风扇叶片铺层角度和结构尺寸进行优化，在满足叶片结构力学性能的前提下，实现了风扇叶片的轻量化设计。

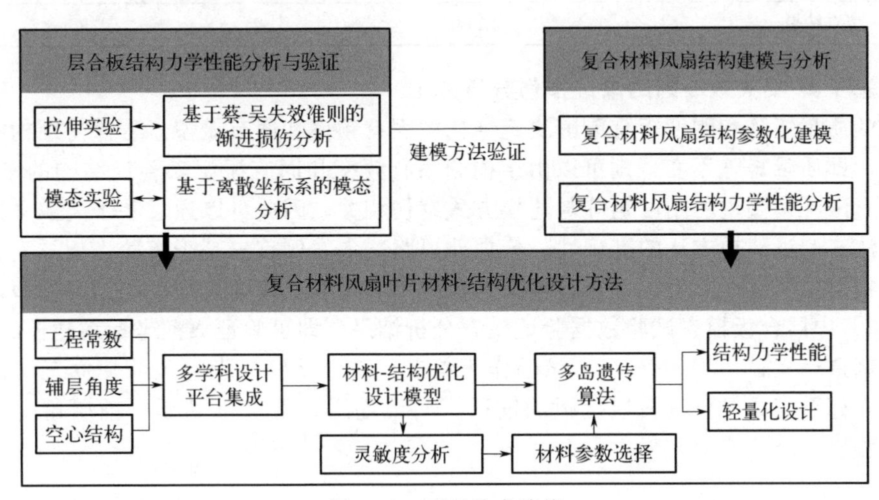

图 39-2 项目技术路线

39.3 仿真与分析

39.3.1 建模方法验证

(1) 基于蔡-吴失效准则的渐进损伤分析方法

渐进损伤分析主要包括应力分析、失效分析、材料性能退化三部分。首先对层合板进行应力分析，得到每个网格单元的应力状态。然后将单元的应力代入失效准则中进行失效分析。若单元失效，则该单元的材料性能退化。随着载荷不断增加，若某一截面的单元全部发生失效破坏，则认为层合板结构失效。此时的载荷为层合板的失效极限载荷。渐进损伤分析流程图如图 39-3 所示。

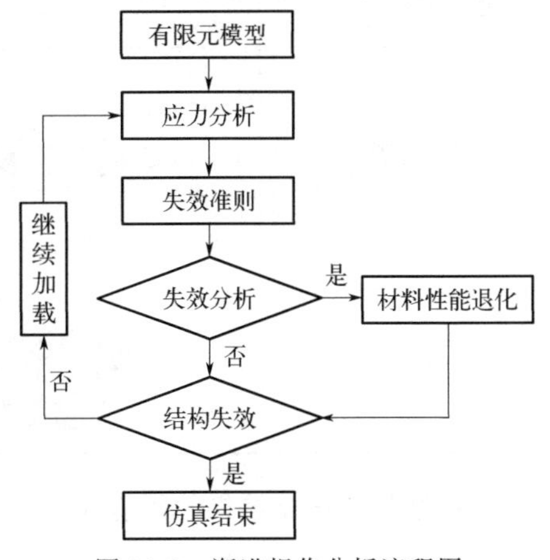

图 39-3 渐进损伤分析流程图

本案例以蔡-吴失效准则作为渐进损伤分析方法的失效判据，材料性能退化在有限元计算中以刚度折减的方式来实现。刚度折减参考文献［1］中的方式进行，即各方向应力状态小于失效强度时，对应的刚度折减为 0。在有限元实际计算中，弹性模量和剪切模量不能为 0，因此将其退化为原值的 0.01%进行计算。

对试验件 D1-2 进行渐进损伤失效分析，为了简化铺层组合，根据总层数设置最小组合层 S（例如共 18 层，设置每 6 层为一组）的材料铺层角度为$[90,45,-45,0,90,0]_S$，采用蔡-吴失效准则对层合板进行渐进损伤分析计算。渐进损伤分析结果与 D1-2 试验数据对比如表 39-1 所示。

表 39-1 渐进损伤分析结果与 D1-2 试验数据对比

试验件	断裂载荷/kN	误差/%
D1-2	23.83	
仿真结果	21.46	9.95

(2) 基于蔡-吴失效准则的渐进损伤分析方法

结构的质量矩阵和刚度矩阵能够决定结构的固有频率和固有振型。若保持结构的体积和密度不变，即质量矩阵不变，则可以由结构的固有频率和固有振型来验证结构的刚度矩阵。复合材料有限元模型中的刚度矩阵与建模方式密切相关，因此可以通过基于离散坐标系的模态分析方法来验证建模方法的准确性。依据此思路，本案例首先基于离散坐标系完成了复合材料层合板铺层属性的赋予，并通过模态分析得到了层合板的固有频率和固有振型，然后利用文献［3］中层合板模态试验数据验证模态分析结果，即可验证离散坐标系建模的准确性。

本案例选取文献［3］中的模态试验作为参考，结合试验件设计尺寸建立三维模型，并利用离散坐标系完成复合材料层合板的铺层方向设置，如图 39-4 所示。铺层角度参考实际试验件设置。

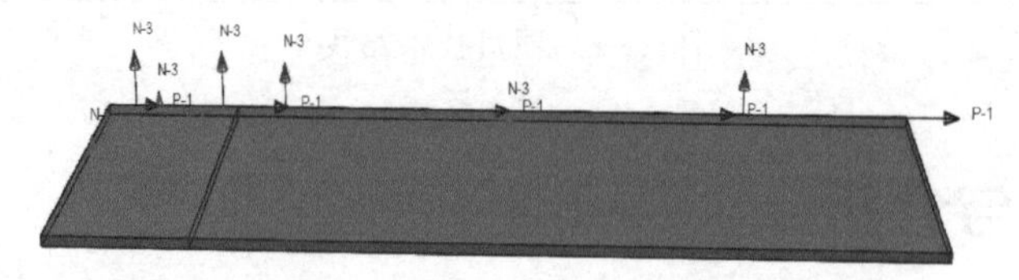

图 39-4 基于离散坐标系的层合板铺层方向设置

结合试验条件设置边界条件，复合材料层合板左侧夹持区域固定，右侧自由。利用 Abaqus 软件中线性摄动分析步完成复合层合板的模态分析，并得到层合板的固有频率和振型。模态仿真与模态试验的固有振型对比如表 39-2 所示。

表 39-2 模态仿真与模态试验的固有振型对比

固有振型	模态试验	模态仿真
一阶弯曲		
一阶扭转		

模拟结果与试验结果的固有频率对比如表 39-3 所示。

表 39-3 模拟结果与试验结果的固有频率对比

固有频率	模态试验/Hz	模态仿真/Hz	误差/%
一阶弯曲	49	52	6.12
一阶扭转	180	205	13.89
二阶弯曲	301	324	7.64

续表

固有频率	模态试验/Hz	模态仿真/Hz	误差/%
弯扭耦合	584	675	15.58
三阶弯曲	838	906	8.11

39.3.2 复合材料风扇叶片建模仿真与分析

风扇叶片的实体外形是气动课题组根据气动力学性能要求研究得到的。将叶形各截面数据点文件导入三维建模软件 UG 中，利用“样条”“通过曲线组”“N 边曲线”和“缝合”命令将数据点组合成叶片实体模型，如图 39-5 所示。叶身左侧高 542.75mm，叶根宽度 397.76mm，叶尖最大厚度 13.16mm。

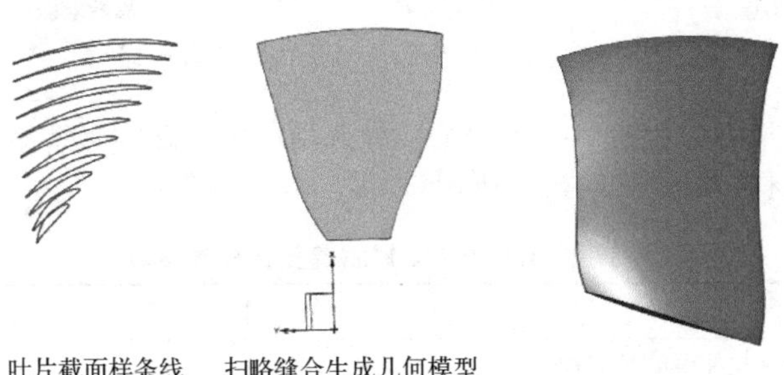

图 39-5 风扇叶片实体模型

复合材料的铺层结构设计是结合构件受载情况，确定复合材料铺层的总层数、各铺层方向的单向预浸料所占比例和各铺层的铺放次序。理论上复合材料铺层方向可以有无数种，但过多铺层方向会给预浸料的生产、加工和储备带来诸多不便。在工程上，铺层方向通常只有 4 种，即 0°、±45°和 90°。复合材料的铺层结构设计需要综合考虑结构形状、力学性能、加工工艺等因素的影响。根据大量理论研究与试验数据，并结合复合材料在工业中的应用经验，国内外学者对复合材料铺层设计提出了很多具有指导意义的准则。在航空领域，复合材料的铺层顺序设计应满足以下几个原则：①铺层均衡对称原则。为避免产生拉-剪、拉-弯耦合变形，复合材料结构件的铺层方式应保持对称性和均衡性。对称性的含义为，铺层的顺序关于中面对称；均衡性的含义为，铺层角度保持均衡，－45°的铺层数目应与＋45°保持相同。②按照受载情况的铺层取向原则。0°铺层承受单轴拉伸载荷的能力较强；90°铺层承受剪切载荷的能力较强；±45°铺层承受扭力载荷的能力较强。根据实际受载情况，选择铺层方式。③铺层最小比例原则。为使树脂基体的各个方向均不受过大载荷，每个方向的铺层数量应至少占铺层总数量的 10%。④铺层顺序原则。同一铺层不能连续铺放 4 层，采用错序铺放的方式可以降低层间应力，提高强度性能。同时因为 0°铺层抗冲击特性较差，所以 0°铺层不应铺放于构件上下表面。

叶片平均厚度约为 10mm，EH918-HF40C 树脂基复合材料的单层预浸料厚度为 0.187mm，因此将叶片实心部分的铺层数量设为 48 层，铺层角度设置为$[-45,0,0,45,0,0,90,0]_S$。这种铺层方式可以保证叶片上下两个表面的铺层方式一致，减少加工缺陷。对于叶片根部超过 48 层预浸料厚度的部位，继续按$[-45,0,0,45,0,0,90,0]_S$铺层方式由表面向中心重复铺设，确保加工时预浸料铺放的连续性。

本案例采用了 Abaqus 有限元分析软件完成复合材料风扇叶片的结构力学性能分析。风扇叶片结构力学分析模型设计的基本内容包括叶片几何模型的处理、铺层属性的赋予、网格划分、载荷及边界条件的施加等，如图 39-6 所示。

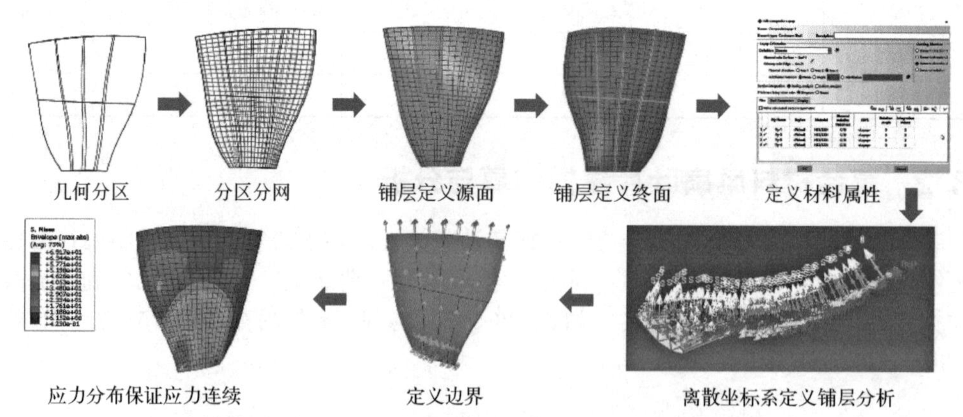

图 39-6 复合材料风扇叶片仿真分析流程

复合材料风扇叶片的材料初始给定的是一种典型的国产连续碳纤维增强树脂基复合材料 HT3/5224。具体的材料参数如表 39-4 所示。

表 39-4 HT3/5224 树脂基复合材料参数

参数	数值
纵向拉伸模量 E_1/GPa	140.0
横向拉伸模量 E_2/GPa	8.6
面内剪切模量 G/GPa	5.0
泊松比 ν	0.35
纵向拉伸强度 X_T/MPa	1400
纵向压缩强度 X_C/MPa	1100
横向拉伸强度 Y_T/MPa	50
横向压缩强度 Y_C/MPa	180
面内剪切强度 S/MPa	99

结合前述基于离散坐标系的建模方法，完成风扇叶片铺层属性赋予。本案例利用“复合层”命令中的离散坐标系为风扇叶片指定了铺层堆叠方向和纤维增强方向。设定叶片的叶盆面为特征面，叶盆面的法向为离散坐标系的法向轴，即风扇叶片的铺层堆叠方向，设定叶片分区的中线为纤维增强方向，如图 39-7 所示。

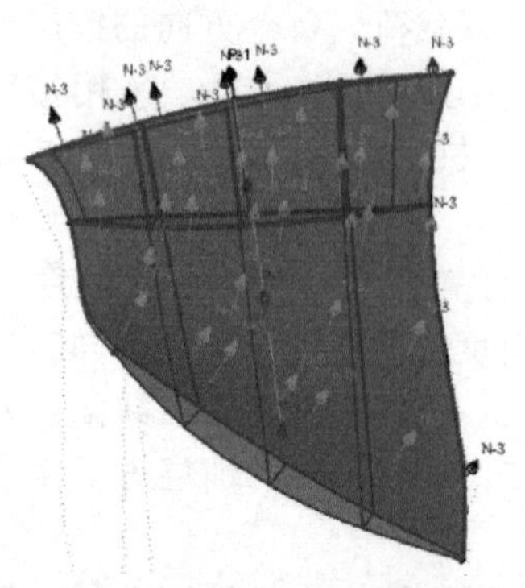

图 39-7 基于离散坐标系的风扇叶片铺层结构设计

复合材料结构网格划分与铺层属性密切相关。由于“复合层”命令的效果是为每一层网格都赋予相同的铺层属性，因此可以调整网格种子的数量实现对铺层数量的控制。铺层设计结果如图 39-8 所示。

风扇叶片整体较薄，本案例采用了 SC8R 八节点四边形面内通用连续壳减缩积分单元对叶片进行网格划分。叶片网格类型选用六面体网格，六面体网格相较四面体网格的优势是不需要划分非常细密的有限元网格，就可以得到精度较高的计算结果，非常有效地减少网格单元数，缩短计算时间。为保证复合材料铺层质量，还需设置各分区网格扫略方向一

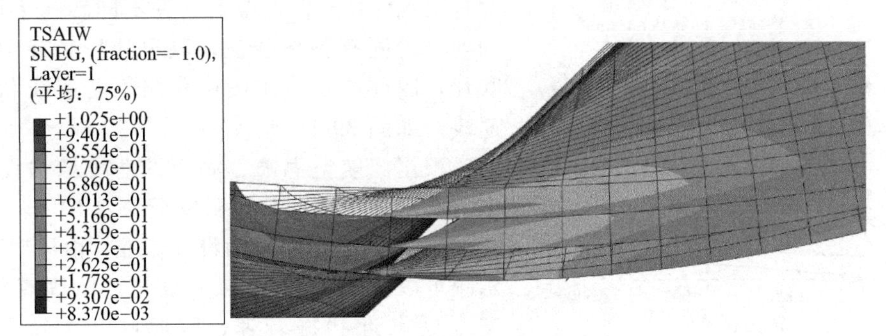

图 39-8 叶片实心部分铺层结构示意图

致，网格堆叠方向与铺层堆叠方向一致。

叶片所受载荷包括离心载荷和气动载荷。风扇叶片的设计转速为 3525.64r/min，在 Abaqus 中转化为角速度 369rad/s 的旋转离心力，旋转轴为 Z 轴（叶片实际转轴方向）。气动载荷由气动课题组提供进出口流道速度经流固耦合分析计算得到。由于气动载荷最大仅为 5.63MPa，与离心载荷 97.68MPa 相比较小，且流固耦合计算需要结构求解器和流体求解器反复数据交换才能得到计算结果，整个过程需要耗费大量的时间和计算资源，因此为节约成本，本案例参考文献［7］中的方式，将气动载荷简化为静力载荷，以压力的形式按最大载荷施加在风扇叶片的表面上。叶片拟设计为整体叶盘结构，因此在有限元模型中对叶片根部进行约束，三个方向的平动自由度设置为 0。

本案例采用蔡-吴失效准则校核叶片强度。蔡-吴强度因子大于或等于 1，代表复合材料结构发生损伤，不满足强度要求；若小于 1，表示复合材料结构不发生失效，满足强度要求。在实际工程应用中，引入安全系数来判断结构是否满足设计要求。复合材料的安全系数一般要求不低于 1.5，即蔡-吴强度因子小于 0.66。考虑到环境腐蚀等特殊要求，安全系数的要求值会更大，所以蔡-吴强度因子的设计值应为复合材料的强度性能提供足够裕度。

对上述的风扇叶片进行结构力学特性分析，可得到风扇叶片的等效应力分布云图和蔡-吴强度因子分布云图，如图 39-9 和图 39-10 所示。

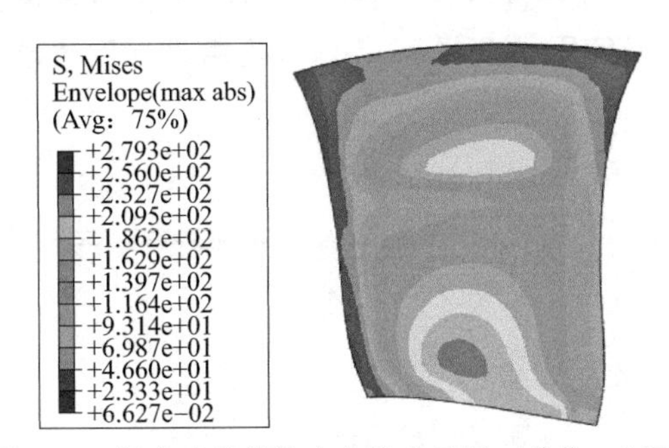

图 39-9 风扇叶片等效应力分布云图（单位：MPa）

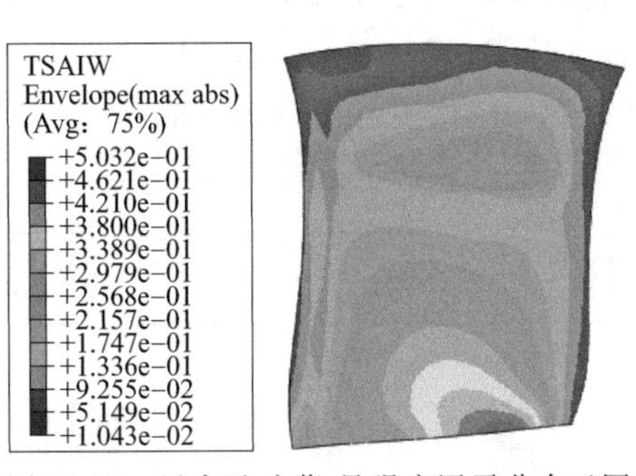

图 39-10 风扇叶片蔡-吴强度因子分布云图

由等效应力分布云图可以看出，风扇叶片根部所受应力最大，为 279.3MPa；在底部，风扇叶片应力有一定的应力集中现象。由蔡-吴强度因子分布云图可以看出，风扇叶片根部为危险区域，最大蔡-吴强度因子为 0.503，即安全系数为 2.0，大于 1.5，满足强度要求。

制坎贝尔图需要不同转速下的各阶固有频率。已知叶片的工作转速为 3525.64r/min，另外选取 5 个计算转速，分别为 500r/min、1500r/min、2500r/min、4500r/min 和 5500r/min。

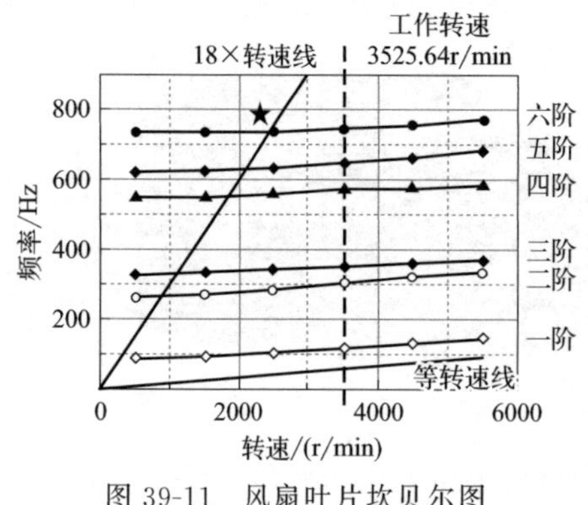

图 39-11　风扇叶片坎贝尔图

经有限元计算分析，得到 6 种不同转速下风扇叶片的前六阶固有频率数值，风扇叶片后有 18 个静子叶片，因此在坎贝尔图中作出等转速线和 18 倍转速线，如图 39-11 所示。

根据《航空涡喷、涡扇发动机结构设计准则》中的要求，叶片的共振裕度至少为 10%，实际设计通常以 20%共振裕度为设计标准。由风扇叶片坎贝尔图可以得到，18 倍转速线与六阶固有频率线的交点更靠近共振转速，因此叶片的临界转速为 2464.86r/min，共振裕度为 30.10%，满足模态性能设计要求。

39.3.3　材料风扇叶片结构优化

风扇叶片优化见图 39-12。

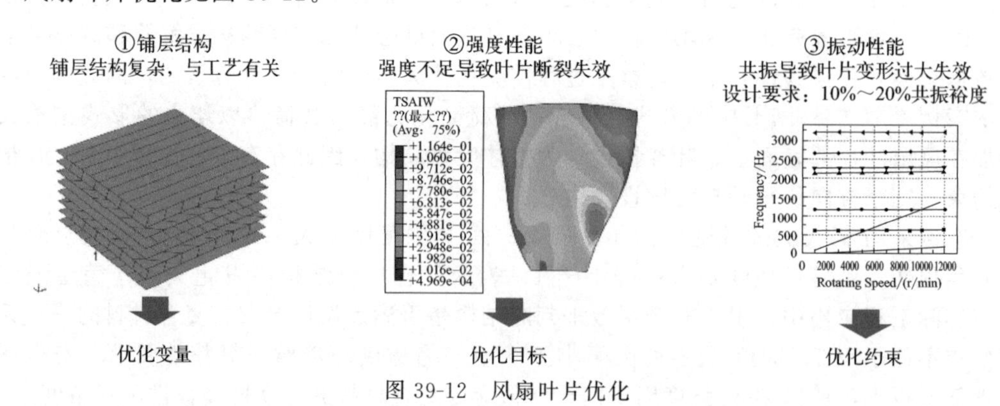

图 39-12　风扇叶片优化

本案例以复合材料风扇叶片铺层角度为优化变量，以强度性能为优化目标，以振动性能为优化约束，在 UG-Abaqus-Isight 联合仿真优化平台上进行优化设计。最终优化后铺层角度为[−45,0,45,45]，共振裕度提高 17%，蔡吴强度因子值提高 45%（仍满足强度要求），成功实现了风扇叶片的强度性能优化。

风扇叶片优化流程见图 39-13。

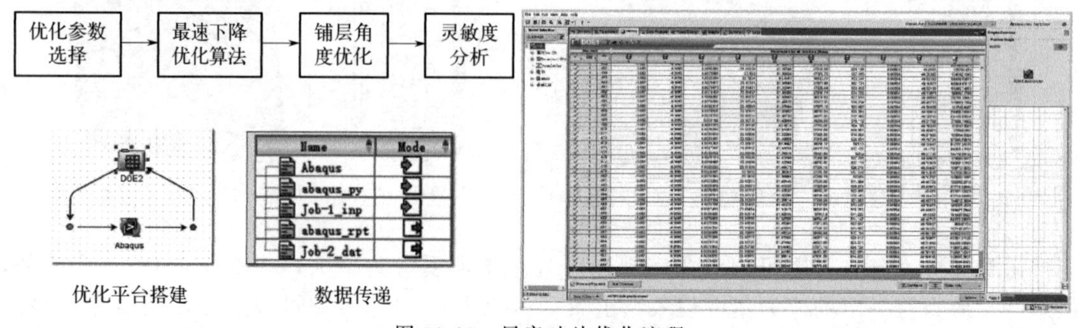

图 39-13　风扇叶片优化流程

参考文献

[1]　孔祥宏，王志瑾．复合材料层压板压缩剩余强度分析［J］．飞机设计，2014，34（6）：42-47.

[2] 史学涛 . 结构健康监测系统的研究 [D]. 上海：同济大学，2006.
[3] 邹志明 . 二维机织复合材料弹性性能预测及模态分析研究 [D]. 南京：南京航空航天大学，2007.
[4] 朱启晨，陈勇，肖贾光毅 . 复合材料风扇叶片铺层设计方法研究 [J]. 航空发动机，2018，44 (3)：49-54.
[5] 岳彩宾 . 基于遗传算法的复合纤维风力机叶片结构铺层优化与应用 [D]. 呼和浩特：内蒙古工业大学，2015.
[6] 刘昊 . 小型固体运载器一体化主承力结构研究 [D]. 长沙：国防科学技术大学，2012.
[7] 王燚林 . 2.5D 机织碳纤维复合材料静子叶片的设计与成型研究 [D]. 太原：中北大学，2019.
[8] 吴大观 .《航空涡喷、涡扇发动机结构设计准则（研究报告）》的出版在发动机研制中的作用 [J]. 航空发动机，1997 (3)：42-43，47.

案例 40

高效低阻低成本印制电路板式换热器

参赛选手：巩楷刚，孙振豪，张朋成　　指导教师：朱兵国，彭斌
兰州理工大学
第二届工程仿真创新设计赛项（研究生组），二等奖

作品简介： 印制电路板式换热器由于结构紧凑、换热效率高、体积占比小、耐高温高压等诸多优点，被认为在新型超临界 CO_2 发电领域具有广阔应用前景。本案例基于边界层理论和场协同理论，认为变截面通道将改变流体速度场和温度场，从而改变边界层的发展以及场协同性，最终改善流动传热性能，创新性地提出了渐变截面通道的PCHE芯体概念。数值计算结果表明，在相同换热面积下，相较于等截面通道，渐变截面通道不仅能提高换热系数，还可大幅减小流动阻力。

作品标签： Fluent、ICEM CFD、换热散热、UDF、流固 & 热耦合。

40.1 引言

随着不可再生能源的逐渐消耗，温室效应等环境问题的激增，世界各国对开发新能源和提升能源利用效率的需求日益迫切。超临界二氧化碳（SCO_2）由于优异的特性被应用于换热设备，参与能量转换过程。SCO_2 布雷顿循环系统逐渐成为能源行业的关注焦点，而换热器是系统的核心组成部分，对系统效率影响巨大。印制电路板式换热器（PCHE）具备高效紧凑、耐高温高压的特性，目前可于核能、太阳能、海上天然气、航空等诸多范围有宽广的应用。近年来，性能优异的超临界流体开始被应用于换热设备和能源传递系统，成为新的研究热点。在蒸汽发电领域，超临界二氧化碳（SCO_2）布雷顿循环发电技术得到了国际学者的广泛关注，成为前沿热点研究领域。该发电系统在紧凑性、热效率、灵活性等方面具有无可比拟的优势，其中灵活性可以实现机组快速启停和变负荷，对消纳新能源非常有利。因此，该技术在新一代核能、火电、太阳能、新型电热储能等领域具有广泛应用前景，被普遍认为是电力行业的颠覆性、变革性技术。Gong 等研究了超临界压力下 CO_2 在竖直圆管内向上流传热的传热特性，解释了传热恶化产生的原因，为燃煤发电提供了基础。其中光伏发电与风电容易受到天气影响，水电与季节有关，都不够稳定，因此核电是稳定、清洁能源的重要选择。目前，第三代核电站已经进入建设投产阶段，我国自主研发的三代核电“华龙一号”在国内和国外都进行了并网发电。

换热器是热量传递的关键设备之一，数量最多，体积最大，其成本占整体系统成本的一半以上，也是循环中不可逆损失较大的部件，其流动换热性能对整个系统的效率至关重要。提升换热器的运行性能，可以提升系统的整体效率。减小换热器的体积，能够增加系统紧凑度，降低投资成本。为了展现 SCO_2 布雷顿循环的优点，设计高效且紧凑的换热器显得十分

重要。紧凑式换热器的研究近年来吸引了多方面的关注和研究。印制电路板换热器（printed circuit heat exchanger，PCHE）是一种高效紧凑的微通道换热器，体积只有传统管壳式换热器的六分之一，整体性更好，安全性更佳，具备耐高温高压的优点，且无泄漏，换热效率更优。因此，PCHE 尤为适合成为 SCO_2 布雷顿循环中的各级受热面、回热器和冷却器。

许多能量的储存、传递和运输等普遍是以热量的形式进行，在热量与其他形式能量的转化过程和传递过程中，总是会存在一定的能量耗散，同时达不到理想的能量传递效果。蒸发器、过热器、冷却器、回热器和发生器等换热设备在冶金、石油和天然气开采等各个领域广泛应用，其换热系数、换热效率直接影响着换热器的综合换热性能，部分领域还需考虑换热器中流体的压降、换热功率以及设备容积等问题。所以，换热器的优化设计是一个的关键问题。所以，在提高换热系数、降低流动阻力、减小换热的不可逆损失和其制造成本多重制约下，强烈要求发展高效低阻的 SCO_2 通道内强化传热原理与方法，揭示其传热机制，改进紧凑式换热器优化设计方法，提高 SCO_2 循环系统的效率。它是实现低温差能量传递的关键技术，对我国“双碳”战略目标的实现具有重要意义。

管式换热器的结构和设计已经逐步成熟，但是其存在着很多的问题。而印制电路板式换热器（图 40-1）不仅可以应用于高温高压的环境，同时具有更好的换热能力，远远超过管式换热器。由于结构紧凑、体积小、占用面积少、换热效率高等特点，它已经被广泛地应用于电能、制冷、化工等领域。

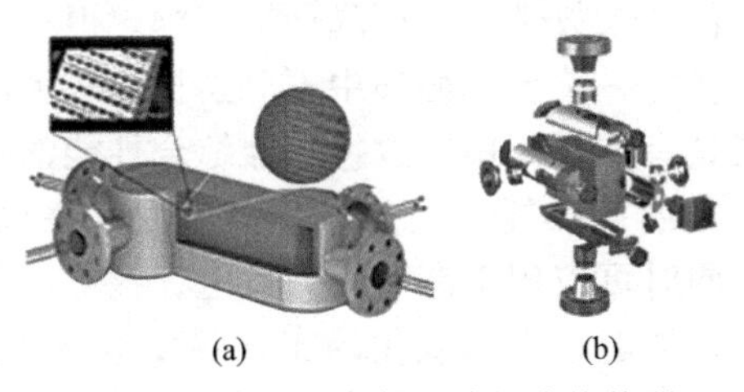

图 40-1 常见的印制电路板式换热器

Zhang 等对 SCO_2 在加热系统中的传热强化方法进行了综述，阐述了强化传热的基本思想和方法，提出了管内填充金属泡沫改善传热的方法。刘占斌等构建了泡沫材料有效热导率的预测模型，研究了不同泡沫材料填充方式对集热管内 SCO_2 对流传热性能的影响。颜建国等开展了 SCO_2 在内凸管内对流传热特性的试验研究，通过与同等工况条件下的光滑管做试验对比，得出内凸管结构能以增加较小的阻力为代价来获取较高的传热系数增幅，从而强化传热；通过试验探究了高热流密度和低质量流速条件下 SCO_2 在内径 2mm 水平小圆管内的对流传热特性。

王柯等对 SCO_2 在垂直微细管道内的传热特性进行了数值模拟，发现增大质量流速可以减小壁面边界层厚度，从而强化传热。此外，由于重力和浮升力作用的综合影响，导致流动方向极大程度上影响了 SCO_2 对流传热特性。Zhang 等采用数值模拟方法研究了垂直螺旋管内 SCO_2 的对流传热特性，主要分析了浮升力和流动加速对传热的影响机理，认为浮升力和离心力在径向方向引起了二次流动，从而提高了传热效率。

张良等通过实验和数值模拟研究两种方法，阐述了 SCO_2 在垂直光管内的传热特性。Zhang 等从 SCO_2 布雷顿循环关键传热部件的设计与优化角度出发，探索了 SCO_2 不同运行工况的传热机理，提出了一种新的传热分析方法，发现边界层导热对 SCO_2 的整体传热性能有很大的影响。Lau 等为了抑制超临界水在垂直向上管内发生传热恶化现象，采用收敛、渐扩和周期性变化的截面结构进行了数值模拟研究；结果表明，收敛管道可以很好地抑制传热恶化发生，且抑制效果与渐变程度成正比。Zhang 等对 SCO_2 在水平半圆管道内的耦合传热特性进行了数值模拟研究，分析了由于浮升力引起的二次流对局部传热性能的影响；结果表明，浮升力对传热的影响随质量流速增加而降低。

Pizzarelli 等对超临界流体传热恶化研究现状做了较为详尽的综述，认为尽管科学界已经做出了巨大的努力，但超临界流体传热恶化的问题还远没有被完全解决，因此需要结合广泛的实验研究和数值模拟等研究方法来探索超临界流体传热机理。Xie 等对超临界流体的传热行为做了综述总结，认为提高动力循环和能量转换中的热效率首当其冲就应该考虑高效的工作介质，如今超临界流体（如碳氢化合物燃料、水、二氧化碳和有机工作介质等）已成为航空航天、太阳能和制冷等工程领域的工作流体。浮升力已被广泛应用于评估低质量流速条件下传热行为，但目前依旧缺少基于浮升力效应阐述传热恶化和传热强化的一致结论。王乃心等对不同管道内 SCO_2 的对流传热特性试验进展做了研究，归纳得出：垂直管道与异形管道内 SCO_2 对流传热特性的研究相比水平管更加匮乏，此外，虽然已有大量 SCO_2 对流传热特性的试验和数值模拟研究，但是工况参数均是在小范围变化，急需更多工况参数下 SCO_2 研究分析，提出适用于不同工况下 SCO_2 的传热关联式。

综上所述，各国科研人员对传热恶化的研究一直是一个棘手的热点问题，解释超临界流体传热恶化发生的原因并不统一，对超临界流体传热强化的机理也急需研究。此外，绝大多数强化传热方法采用扩展传热面、粗糙表面、管内插入物等来促进流体扰动或交混的传统方法，都未能很好地解决增大传热系数带来的压降惩罚问题。但是换热器作为 SCO_2 发电系统实现热能传递最为关键的设备之一，也是循环中不可逆损失较大的部件，其对系统安全、稳定运行以及发电效率的提高具有重要作用，故换热器综合性能的提升就显得尤为重要。

PCHE 是一种新型高效紧凑换热器，其换热的高效性和集成性非常适用于液化天然气接收站的中间流体换热器，同时可应用于高效火力发电、核电、氢能源、海洋工程、船舶等众多工业领域的工艺流程中，如超临界二氧化碳布雷顿发电系统的回热器/冷却器、第四代核电系统一回路二回路中间换热器、加氢站的氢气冷却器、海洋油气平台的干/湿气换热器、浮式存储与再气化装置（FSRU）的 LNG 气化器等。PCHE 因耐高温高压、换热效率高、结构紧凑等突出优势，已逐步在各应用领域投用，并成为国内外研究热点。

40.2 技术路线

PCHE 具有效率高、紧凑性好、成本低等优势，在新一代核能、太阳能等领域具有极为广阔的应用前景。超临界 CO_2 循环系统包括取热器、高温回热器、低温回热器、冷却器等换热器。换热器是超临界 CO_2 循环系统中数量最多、体积最大的设备，其成本约占整体系统成本的 50%以上。此外，换热器对系统安全、稳定运行，系统整体效率的提高具有重要作用，是该系统最为关键的设备之一。

在超临界压力 CO_2 传热流动特性研究、换热器设计方法与优化理论等方面开展了卓有成效的工作。针对 CO_2 在临界点或拟临界点附近物性参数剧烈变化导致的特殊传热流动现象，深入系统地开展了超临界 CO_2 传热流动特性研究，揭示了传热流动过程中的一些新现象和新规律，基于传热强化新理论阐述了传热强化、恶化抑制的发展机制及新方法，为换热器的设计和优化奠定了重要理论基础。

针对超临界 CO_2 在近临界点或拟临界点区域物性变化较大，传统换热器设计方法不再适用的缺陷，开发了新型换热器设计方法，有效克服了物性变化较大对设计的影响；并从矩阵分析角度阐述了工质物性剧烈变化条件下换热器参数“分布耦合、协同优化”的新思想，为开发高效低流阻的新型超临界 CO_2 换热器提供理论依据。基于超临界 CO_2 传热流动特性以及印制电路板式换热器加工特点，开发了多种具有自主知识产权的新型换热板型及换热器结构形式。

图 40-2(a) 为我们设计的变截面圆管 PCHE 换热器芯体，图 40-2(b) 为我们设计的变截面半圆管 PCHE 换热器芯体。图 40-3 为换热器装备图（爆炸图）。通过数值模拟计算发现，不论是变截面圆管还是变截面半圆管，传热系数（传热效率相比等截面管均有大幅度提升，提高 32.30%）增大，压降大幅度降低（同等截面管相比减少 53.87%）。

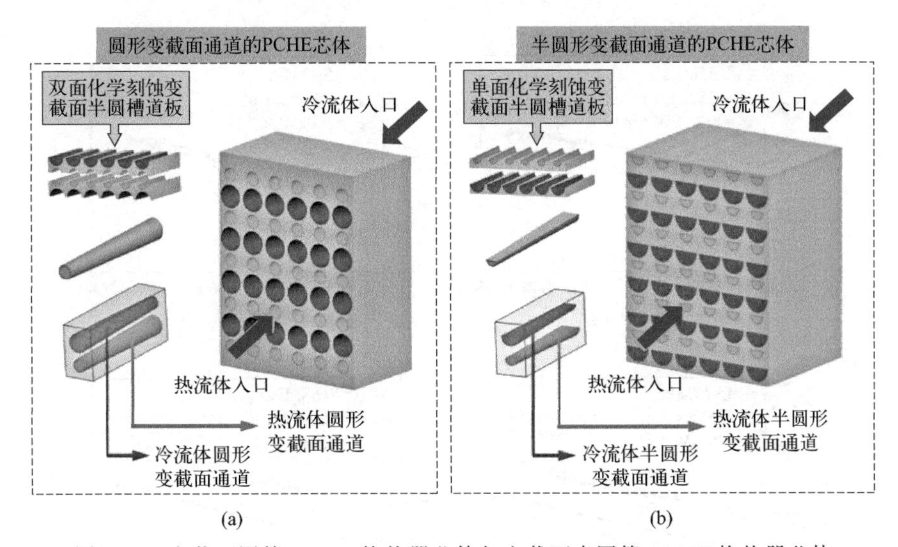

图 40-2　变截面圆管 PCHE 换热器芯体与变截面半圆管 PCHE 换热器芯体

因此我们设计的产品，在换热性能上已有了较大突破。除此之外，为了验证所建模型的可靠性和准确性，首先进行模型敏感性验证，来确保所建模型不受网格质量以及网格数量的影响。由图 40-4 可以发现，当网格达到一定数量的时候，壁面温度并不会再发生变化，因此所建立的模型网格是可靠的。最后考虑到成本问题，将模型简单化，和已有的实验数据进行比对，来确保所应用数值计算的准确性。由图 40-5 可以发现，误差仅仅在 5%以内，因此，无论是湍流模型还是网格因素或边界条件均对试验结果无太大影响。故本案例进行了对变截面 PCHE 模型的数据预测，发现有上述所阐述的重大性能突破，由此诞生了这一款高效低成本低阻变截面 PCHE 换热器。

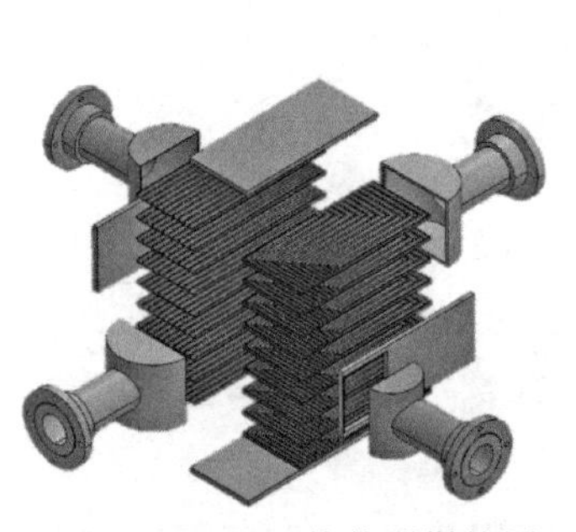

图 40-3　PCHE 换热器爆炸图

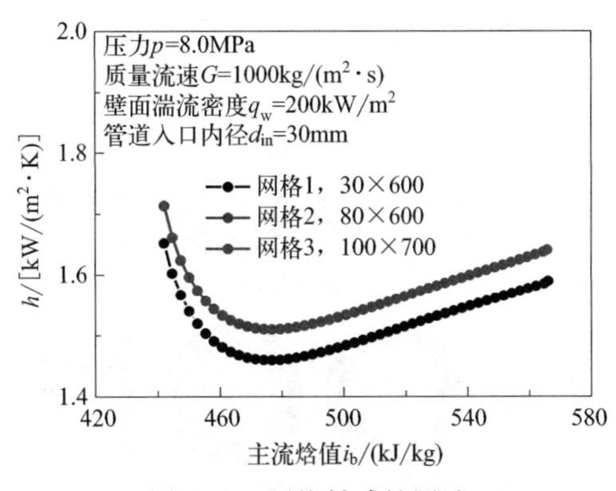

图 40-4　网格敏感性测试

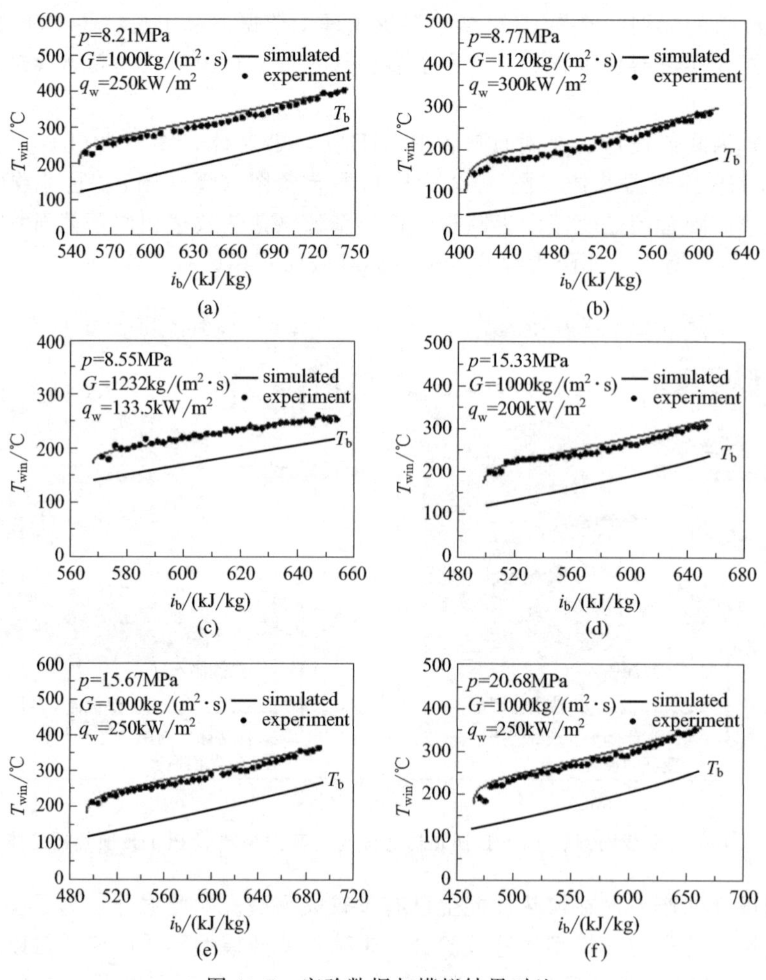

图 40-5 实验数据与模拟结果对比

40.3 仿真分析

仿真分析结果如图 40-6～图 4-12 所示。

① 构建变截面流道，基于场协同理论和类沸腾换热理论分析研究，研究变截面单通道内的换热特性和阻力特性；分析变截面流道不同尺寸参数下的多相流热质传递规律，提出不

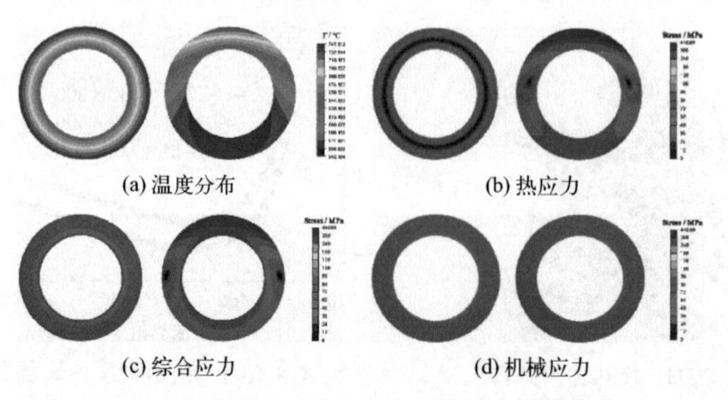

图 40-6 温度分布、综合应力、热应力及机械应力

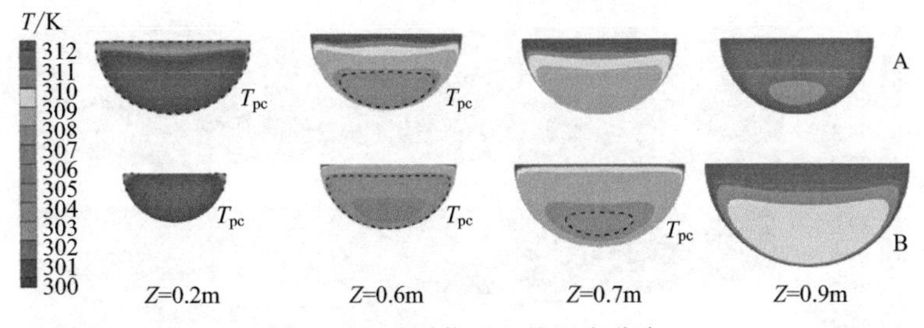

图 40-7 不同截面上的温度分布

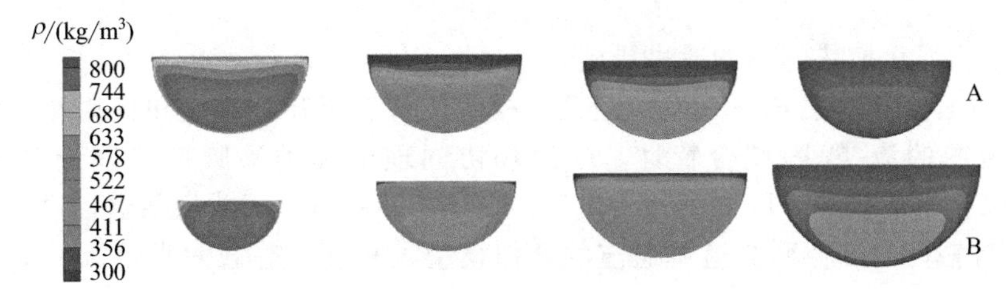

图 40-8 不同截面上的密度分布

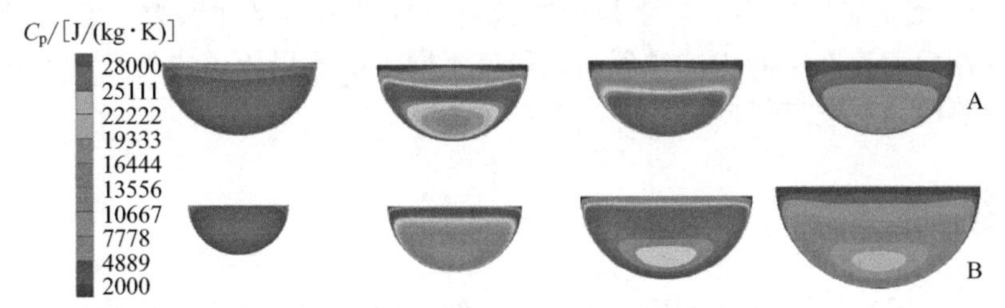

图 40-9 不同截面上的定压比热容

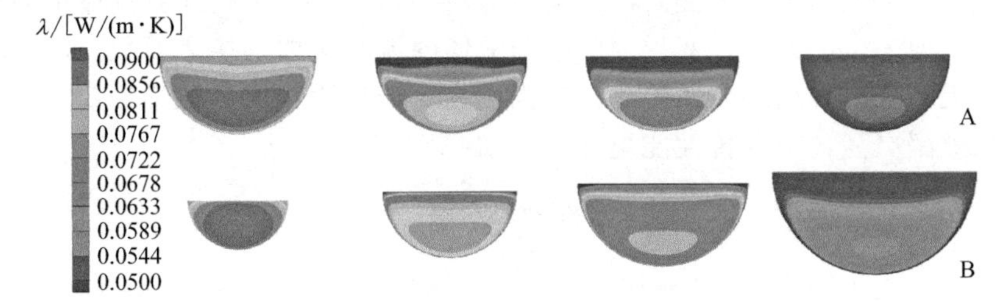

图 40-10 不同截面上的热导率

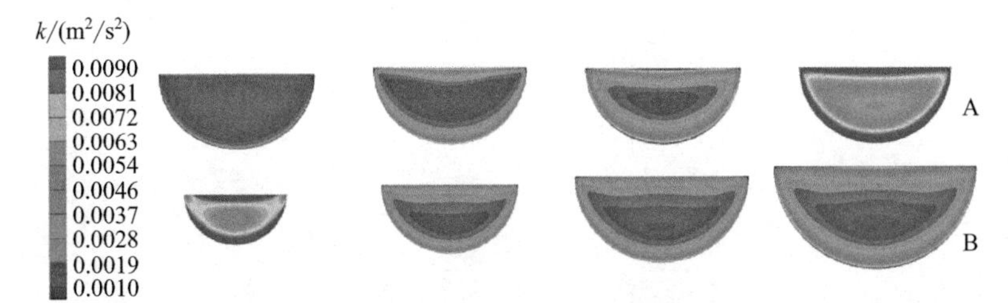

图 40-11 不同截面上的湍动能

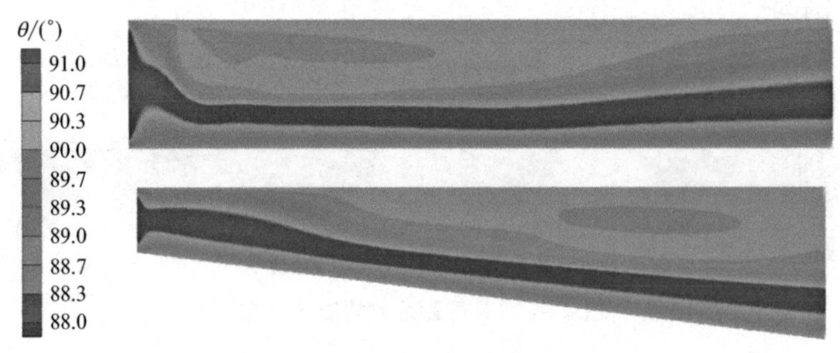

图 40-12　场协同角

同工况下流道内强化换热的结构改进措施。

② 以变截面流道建立 PCHE 双通道几何模型，基于浮升力效应和流动加速效应，分析流体在双通道内的流-热-固耦合特性，采用场协同理论和类沸腾换热理论对变截面流道 PCHE 内的强化换热机理予以揭示，为设计出更优的印制电路板式换热器提供理论依据。

③ 建立等截面和变截面流道单通道的几何模型，并进行等截面直管、扩张管和收缩管的三维数值模拟，以强变物性流体超临界二氧化碳为工质，分析对比三种类型管的换热特性和阻力特性，得到换热能力提升和压降降低的流道类型。

④ 改变变截面流道的直径、扩张角或收敛角，分析不同尺寸参数下的多相流热质传递规律；改变变截面流道在空间中的倾斜角，研究不同工况下里流道内的流动换热特性，提出流道内强化换热的结构改进措施。

40.4　结论

综上可知，与现有传统的 PCHE 相比，本案例新型的 PCHE 将压降提升至原来的 2%～5%，而阻力则减小原有 PCHE 换热器的 42.8%～55%，新型 PCHE 传热系数是之前 PCHE 的 1.5 倍左右，换热效率也显著提高。流动阻力减小，增加传热，同时流体更加均匀，产生的涡旋现象也更加平缓。另外，变截面的壁面流体的流动增加了换热面积，使得单位体积的传热率也大幅提高。同时结果表明流体湍流强度高，传热面积大，故而新型 PCHE 传热好，流阻小，换热效率更高，综合传性能更好。

参考文献

[1] Gong K G, Zhu B G, Peng B, et al. Numerical investigation of heat transfer characteristics of $scCO_2$ flowing in a vertically-upward tube with high mass flux [J]. Entropy, 2022, 24 (1): 79.

[2] 朱兵国，巩楷刚，孙健，等. 竖直管中超高温压参数 CO_2 的传热特性分析 [J]. 流体机械，2022，50 (7)：29-36.

案例 41

基于格子玻尔兹曼方法的流体仿真软件（FlowJSU）面向燃料电池水热管理优化

参赛选手：许晟，李泽锴，周泽原　　指导教师：辛俐
江苏大学

第一届工程仿真创新设计赛项（研究生组），二等奖

作品简介： 本案例针对氢燃料电池运行过程中的水热管理问题，采用基于焓的格子玻尔兹曼方法建立不同工况下的气体扩散层与流道水汽输运和相变模型，探究新型打孔气体扩散层和微结构表面流道形状参数的影响。相关结果表明，新型微孔气体扩散层和微结构流道有着较好的排水能力与融冰能力，接触角能达到153°，融冰和排水性能提高10%以上。

作品标签： 氢燃料电池、格子玻尔兹曼方法、排水性能、融冰性能。

41.1 引言

现阶段，实现碳中和已成为全球共识，正在驱动能源转型。氢能源优势突出，除运输和压缩过程以外没有碳足迹。燃料电池作为氢能源的主要载体，逐步得到了广泛应用。

燃料电池单电池主要由集电板、双极板、气体扩散层、催化层和质子交换膜组成。燃料电池运行时，其内部会产生液态水。当液态水充满气体扩散层和流道时，就会堵塞气体扩散层，腐蚀流道，出现“水淹”和腐蚀问题。“水淹”会造成流场堵塞、电池性能下降和电池温度上升。腐蚀会造成燃料电池内部金属离子扩散、接触电阻增大，还有爆炸风险。燃料电池“水淹”、腐蚀问题严重影响燃料电池性能。水管理优化对提高燃料电池性能、寿命和耐久性能有重要意义。当燃料电池低温运行时，既要保证燃料电池内部大部分水的去除，又要保证膜的含水量。冷启动时，保证燃料电池内部冰较少，减小冰对部件的损伤。冷启动时，大部分冰能融化，成功冷启动。因此，燃料电池各个阶段的水热管理极其重要。

现阶段，在自然界和工程领域，存在大量复杂流体流动现象。流体实验存在模型尺寸、流场扰动、人身安全、测量精度、耗费和周期等一系列问题，因此，计算流体动力学方法应运而生。通过在计算机上实现特定的计算，得到实际流体流动中的各种细节。现阶段的微观分子动力学方法存在计算量大、计算区域小和计算耗费大等缺点，而宏观基于N-S方程的方法，存在较难捕捉介微观流体流动状态、较难捕捉不稳定流体流动状态和编程计算较为复杂等缺点。因此，开发一种能克服微观尺度和宏观尺度方法缺陷的程序是计算流体动力学方法的难题。在此基础上，介观尺度的格子玻尔兹曼方法应运而生。介于微观与宏观之间的介观尺度的基于动力学模型的格子玻尔兹曼方法有着易于并行，能捕捉微介观流动等优点，能

有效克服宏观与微观方法的不足。因此，格子玻尔兹曼方法逐步广泛应用于多个领域的仿真计算。在本案例中，我们开发了面向燃料电池水热管理优化的自主可控计算流体动力学软件。

41.2 技术路线

图 41-1 为格子玻尔兹曼方法执行步骤。主要为定义物理参数并初始化物理场、执行迁移步和边界条件、宏观量和力的计算、执行碰撞步、判断时间是否结束。如果时间结束，输出结果；如果时间未结束，继续循环。

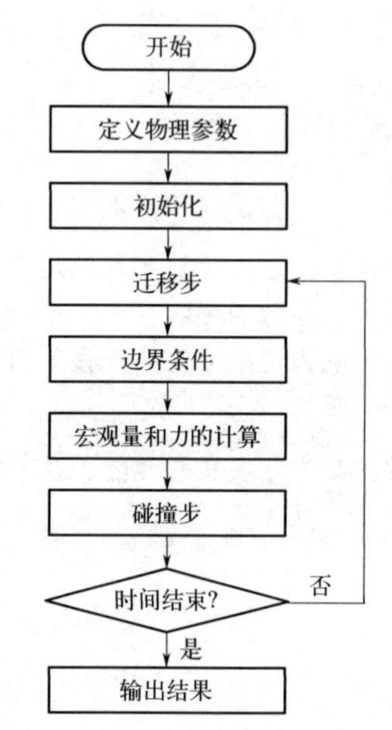

图 41-1 格子玻尔兹曼方法执行步骤

41.3 仿真计算

41.3.1 控制方程

为了模拟大密度比下的多相流，采用多松弛模型（MRT-LBM），其表达式为

$$f_{\alpha}(\boldsymbol{x}+\boldsymbol{e}_{\alpha}\delta_{t},t+\delta_{t})=f_{\alpha}(\boldsymbol{x},t)-(\boldsymbol{M}^{-1}\boldsymbol{\Lambda}\boldsymbol{M})_{\alpha\beta}(f_{\beta}-f_{\beta}^{eq})+\delta_{t}\boldsymbol{F}'_{\alpha} \tag{41-1}$$

式中，f_{α} 为 α 坐标方向的密度分布函数；$\boldsymbol{x}$ 为空间分布；$\boldsymbol{e}_{\alpha}$ 为沿方向离散速度；δ_{t} 为时间步长；t 为当前时间步；$\boldsymbol{F}'_{\alpha}$为速度空间的力源项；$\boldsymbol{M}$ 为正交变换矩阵；$\boldsymbol{\Lambda}$ 为松弛矩阵 αβ 为格点坐标角标；f_{β} 为 β 坐标方向的密度分布函数；f_{β}^{eq} 为平衡密度分布。

宏观密度和宏观速度计算如下：

$$\rho=\sum_{\alpha}f_{\alpha},\quad \rho\boldsymbol{v}=\sum_{\alpha}\boldsymbol{e}_{\alpha}f_{\alpha}+\frac{\delta_{t}}{2}\boldsymbol{F} \tag{41-2}$$

式中，ρ 为宏观密度；$\boldsymbol{v}$ 为宏观速度；$\boldsymbol{F}$ 为作用在系统上的力。粒子间的作用力为

$$\boldsymbol{F}_{m}=-G\psi(\boldsymbol{x})\sum_{\alpha}w_{\alpha}\psi(\boldsymbol{x}+\boldsymbol{e}_{\alpha})\boldsymbol{e}_{\alpha} \tag{41-3}$$

固液界面力的计算表达式为

$$F_{ads}=-G_w\psi(\boldsymbol{x})\sum_{\alpha}\omega_\alpha S(\boldsymbol{x}+\boldsymbol{e}_\alpha)\boldsymbol{e}_\alpha \tag{41-4}$$

式(41-3) 和式(41-4) 中，G 为粒子间的调节因子；$\psi(\boldsymbol{x})$ 为空间函数；G_w 是固液界面的调节因子；$\omega_\alpha=w_\alpha/3$，w_α 为权重系数；$S(\boldsymbol{x}+\boldsymbol{e}_\alpha)=\psi(\boldsymbol{x})s(\boldsymbol{x}+\boldsymbol{e}_\alpha)$，$s(\boldsymbol{x}+\boldsymbol{e}_\alpha)$是相的开关函数。在本模型中也加入了表面张力可调模型和热力学平衡模型。焓的计算表达式为

$$En^k=c_pT^k+L_ff_1^{k-1} \tag{41-5}$$

式中，En^k 是焓；c_p 是热容；T^k 是现在时间步的温度；L_f 是潜热；f_1^{k-1} 是前一步的水分数。水分数的计算表达式为

$$f_1^k=\begin{cases}0 & En^k<En_s=c_pT_m\\ \dfrac{En^k-En_s}{En_1-En_s} & En_s<En^k\leqslant En_1=En_s+L_f\\ 1 & En^k>En_1=En_s+L_f\end{cases} \tag{41-6}$$

式中，T_m 为平均温度。

修正的热传导方程为

$$g_\alpha(\boldsymbol{x}+\boldsymbol{e}_\alpha\delta_t,t+\delta_t)=g_\alpha(\boldsymbol{x},t)-\frac{1}{3\alpha_t+0.5}[g_\alpha(\boldsymbol{x},t)-g_\alpha^{eq}(\boldsymbol{x},t)]-\frac{w_\alpha}{3}\times\frac{L_f}{c_p}[f_1^k(\boldsymbol{x})-f_1^{k-1}(\boldsymbol{x})] \tag{41-7}$$

式中，$g_\alpha(\boldsymbol{x},t)$是分布函数，$g_\alpha^{eq}(\boldsymbol{x},t)$是平衡分布函数；$\alpha_t$ 是热扩散率；L_f 是潜热；f_1 是水分数。平衡分布函数为

$$g_\alpha^{eq}(\boldsymbol{x},t)=\frac{w_\alpha}{3}T(\boldsymbol{x},t)\left(1+\frac{\boldsymbol{e}_\alpha\boldsymbol{v}_g}{c_s^2}\right) \tag{41-8}$$

式中，c_s 为格子单位声速。

热扩散率为

$$\alpha_t=\frac{\nu}{Pr} \tag{41-9}$$

式中，ν 为黏度；Pr 为普朗特数。温度为

$$T=\sum_i g_i \tag{41-10}$$

式中，g_i 为 i 时刻的温度。

41.3.2 边界条件

在仿真计算中，对固体边界采用 He-Zou 边界条件，温度边界采用基于格子玻尔兹曼方法的温度边界。

41.4 结果分析

41.4.1 模型验证

图 41-2 为模型验证。相关格子玻尔兹曼模型已通过了接触角验证、拉普拉斯定律测试、实验验证、固液界面验证、温度场验证、水饱和度验证，证明了模型的正确性和精确性。

41.4.2 燃料电池双极板流道排水性能优化

如图 41-3 所示，通过在表面设计凹坑，采用格子玻尔兹曼方法建立了液滴在圆形凹坑

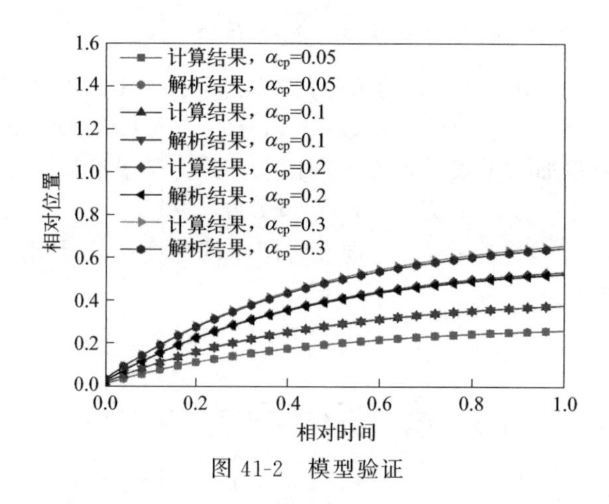

图 41-2 模型验证

上的润湿模型，采用响应面方法优化了形状参数。其中，d 为微结构宽度，t 为时间，Δt 为格子时间步。相关结果表明，响应面方法最终得到的相关系数 $R^2=0.9797$，表明预测结果与模拟数据具有显著的相关性，能够对数据进行准确预测。响应面显示，当微孔直径为 76μm、微孔间距为 48μm 时，液滴接触角最大，为 171.4°。

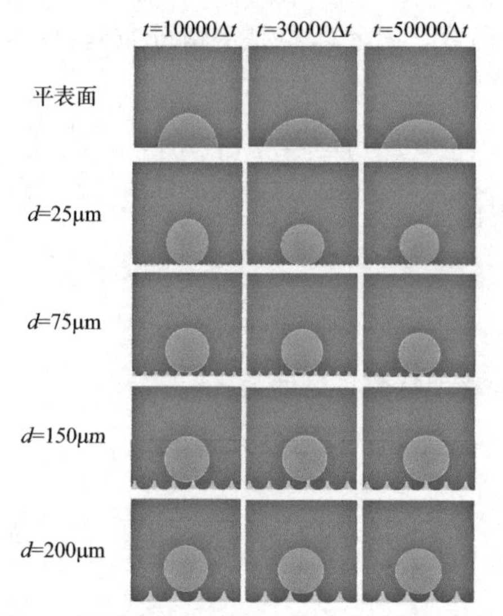

图 41-3 燃料电池双极板流道排水性能优化结果

41.4.3 燃料电池气体扩散层水管理优化

如图 41-4 所示，采用激光穿孔气体扩散层技术建立了穿孔气体扩散层几何模型，采用格子玻尔兹曼方法建立了穿孔气体扩散层水气输运模型，探究了不同参数的影响。研究结果表明，直径对 GDL 内水的运移有显著影响。随着直径的增大，GDL 孔隙度增大，液态水运移受阻程度减小，高液态水流速区域变大。孔内液态水突破高度增加，GDL 含水饱和度增加。同时，直径也不宜过小，过小会造成液态水的堆积。

41.4.4 低温环境下燃料电池气体扩散层热管理优化

如图 41-5 所示，采用激光穿孔气体扩散层技术建立了穿孔气体扩散层几何模型，采用

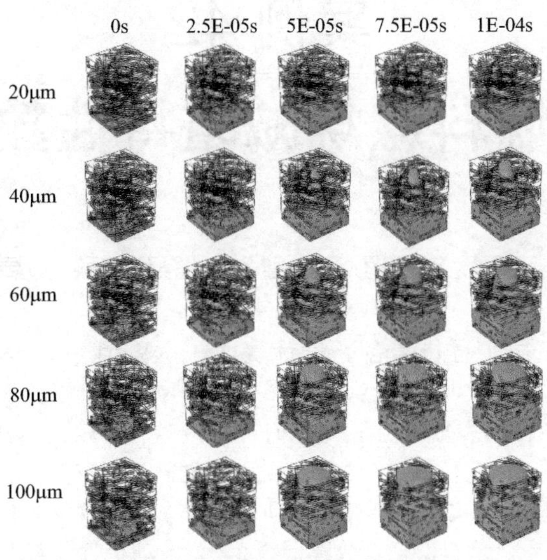

图 41-4 燃料电池打孔气体扩散层水管理优化结果

基于焓的格子玻尔兹曼方法建立了穿孔气体扩散层融冰模型，探究了不同参数的影响。研究结果表明，与常规 GDL 相比，穿孔 GDL 中的冰融化速度更快。孔宽的增大主要影响高温区域面积，孔深主要控制固液界面，孔的数量决定了温度分布均匀性。

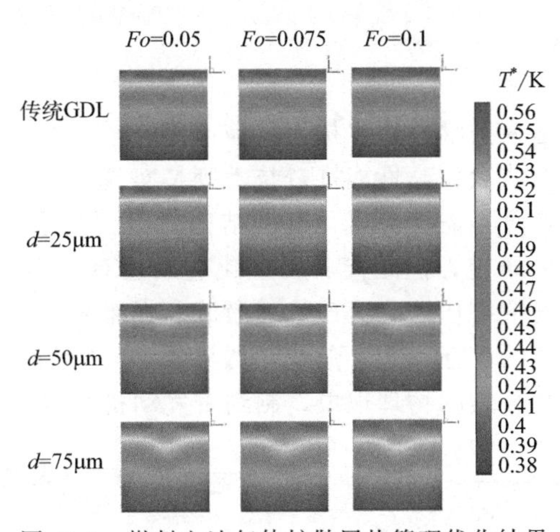

图 41-5 燃料电池气体扩散层热管理优化结果

案例 42

受限空间内燃料燃烧减阻特性数值仿真研究

参赛选手：惠峰，庞晟曌，孙加敏　　指导教师：郑星，吴振宇
西安航空学院
第二届工程仿真创新设计赛项（本科组），一等奖

作品简介： 基于数值模拟方法，开展了二维等直冲压流道、实际模型冲压发动机受限空间内燃料燃烧减阻特性研究。针对二维等直冲压流道，进行了不同来流状态参数的减阻特性影响规律研究；实际模型冲压发动机增设减阻装置后，燃烧效率提高 20%，净推力提升约 60%，总压恢复系数降低约 2%，发动机性能得到大幅提升。

作品标签： 超燃冲压发动机、边界层燃烧、摩擦减阻、数值模拟。

42.1 引言

高超声速飞行器技术是人类继发明飞机、突破声障、进入太空之后又一个跨时代的里程碑，而以超燃冲压发动机为代表的高性能推进技术则是实现高超声速飞行的核心关键技术之一。超燃冲压发动机由于自身不需携带氧化剂、结构简单、推重比高等特点受到各国青睐，各军事强国也相继展开相关研究，但距离其工程化应用还有一定距离。如图 42-1 所示，超声速状态下，气流经过进气道被压缩时会产生强激波，强激波在隔离段中与上、下固体壁面附近的湍流边界层发生复杂的相互作用，形成“激波串”，之后进入燃烧室，与燃料混合燃烧，在此过程出现一些非常复杂的物理现象，制约着发动机性能。

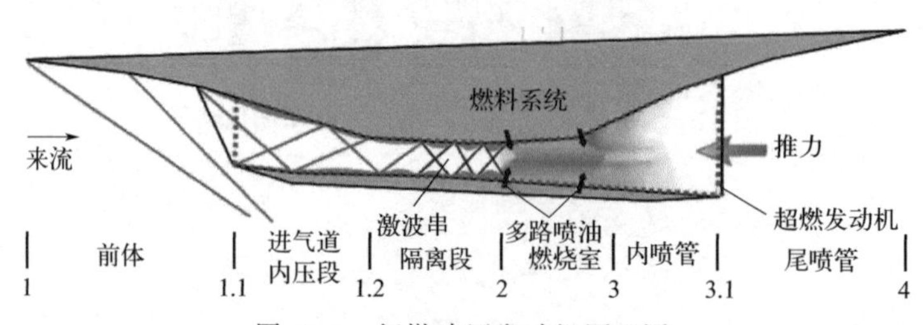

图 42-1　超燃冲压发动机原理图

高超声速飞行空气阻力巨大。从整个高超声速飞行器来看，尽管发动机流道相对于飞行器较短，但是 Paull 等经过实验发现，发动机进气道、燃烧室和尾喷管内部的摩擦阻力占飞行器总摩擦阻力的 60%。为此，相关学者相继展开摩擦减阻的研究。就目前来看，流道壁面减阻方式主要有被动减阻和主动减阻两大类，如图 42-2 所示。被动减阻方式主要通过设计固体表面结构，改变近壁面流体的流动状态，达到减小壁面摩擦阻力的目的。如圆坑点阵、V 形肋条几何结构、方鲨鱼皮固壁结构等。主动减阻则包括等离子体喷注以及受限空

间内喷注低密度气体燃料与来流掺混、燃烧等方式。研究表明，等离子体减阻技术的平均减阻幅度在 20%。通过受限空间内喷注燃料燃烧技术，壁面摩擦阻力最大减少 60%。在减阻幅度上，相较于其他减阻技术，受限空间内燃料燃烧技术具有更大的优越性。

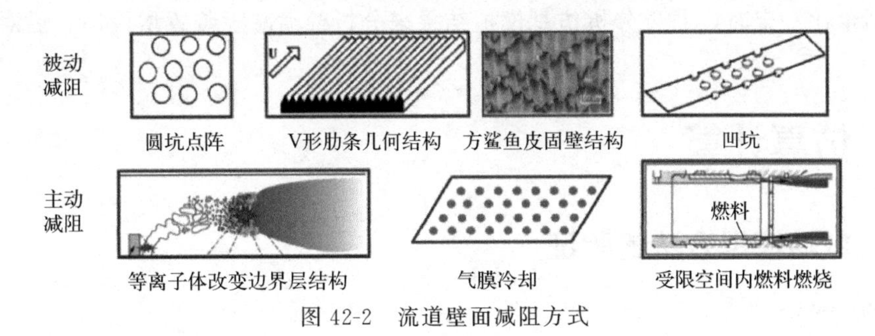

图 42-2 流道壁面减阻方式

42.2 技术路线

42.2.1 设计思路

采用数值模拟手段先后开展二维等直冲压流道、实际模型冲压发动机受限空间内燃料燃烧减阻特性研究。针对二维等直冲压流道，进行不同来流状态参数的减阻影响规律研究，初步揭示燃烧减阻机理和减阻规律，基于此，开展三维实际模型冲压发动机增设减阻装置后的应用研究。

42.2.2 技术方案

目前处理湍流数值计算问题主要有直接数值模拟（direct numerical simulation，DNS）、大涡模拟（large eddy simulation，LES）、雷诺时均（Reynolds-averaged Navier-stokes，RANS）等方法。本案例主要基于 k-k_1-ω 湍流模型开展相关数值研究。k-k_1-ω 湍流模型是基于传统的 k-ω 湍流模型的框架，被认为是涡流黏度三方程类型模型，其中包括运输方程湍流动能（k）、层流动能（k_1）和逆湍流时间尺度（ω），主要用于解决边界层由层流向湍流的转捩问题，往往用来预测边界层发展和计算转捩的开始。

考虑到燃烧过程涉及多物理/化学耦合过程，选取 9 基元-27 反应步氢气燃烧机理作为化学动力学模型，选取求解超声速燃烧流动问题的层流有限速率模型为燃烧模型。

首先以经典的 Burrows 边界层燃烧实验和 Suraweera 后向台阶喷氢燃烧实验作为算例，验证本案例所选数值方法的准确性和有效性。

在上述验证算例完成的基础上，针对带有后向台阶的二维等直冲压流道开展减阻机理研究，根据式(42-1) 初步解耦分析黏度、速度梯度和密度的影响。对不同来流状态下受限空间内燃料燃烧摩擦减阻规律进行研究，变来流工况的主要参数有不同来流温度、水含量和压强。

$$C_f=\frac{2\mu\dfrac{\partial u}{\partial y}}{\rho U^2} \tag{42-1}$$

式中，C_f 表示摩擦阻力系数；μ 表示黏性系数；ρ 表示来流密度；U 表示来流速度；u 表示流场内流体的速度。

在二维等直冲压流道减阻特性规律及减阻机理初步揭示研究的基础上，选取 UVA 超燃冲压发动机构型，开展三维实际模型超燃冲压发动机壁喷装置增设前、后减阻特性及适用性研究。在原发动机几何构型基础上，沿着展向方向增设 5 个燃料喷口用于受限空间内喷注燃料。保证当量比一定时，通过分析仿真模拟结果来分析壁喷减阻装置增设前、后对发动机性能的影响。

42.3 仿真计算

42.3.1 数值模拟方法的验证

(1) Burrows 实验

Burrows 和 Kurkov 所进行的壁面射流燃烧实验的配置与边界层燃烧要求的配置形式非常相似，因此选择该实验进行数值验证。实验配置方案如图 42-3 所示，气流入口高度为 89mm。氢气从高度为 4mm 的后台阶平行于气流注入，之后，沿流向方向，注氢侧壁面扩张，截面整体高度从 93.8mm 线性增加到出口的 104.8mm。

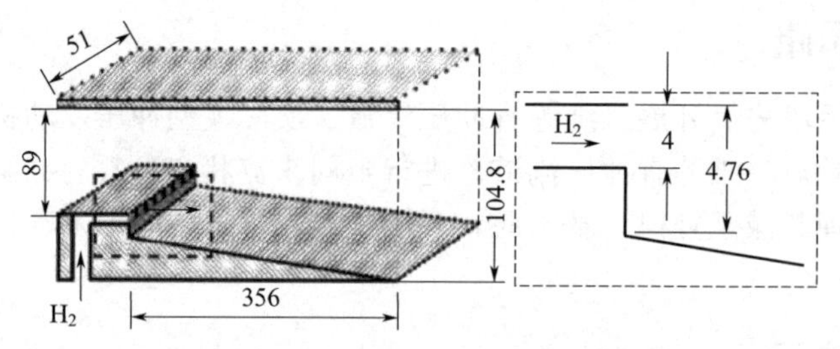

图 42-3 Burrows-Kurkov 实验示意图

二维计算结构网格如图 42-4 所示。对网格边界层进行加密。第一行单元格的高度设置为 10^{-5}m，网格总数为 128520。为满足边界层厚度的要求，将计算域扩展到入口上游约 7 倍的入口高度，使边界层得到充分发展。因此，在实验中可以形成适当厚度的边界层来模拟气流进入条件。纯混合和燃烧情况下的气流和燃油喷射条件如表 42-1 所示。所有壁面均为无滑移条件，壁面温度设置为等温壁面，即 T_w=300K。

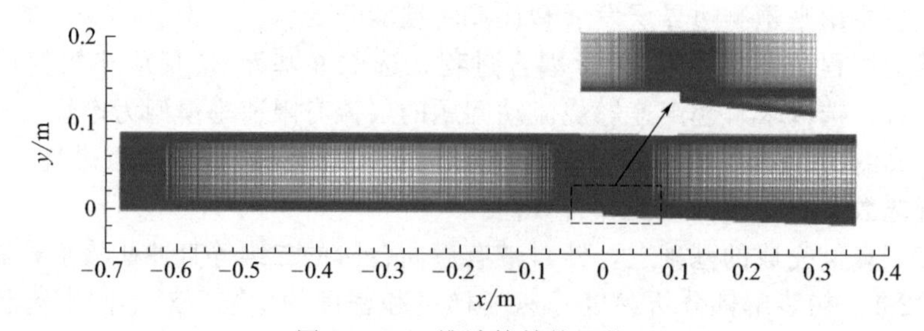

图 42-4 二维计算结构网格

表 42-1 数值仿真工况

参数	马赫数	温度/K	压强/kPa	氧气含量	氢气含量	氮气含量	水含量
纯混合工况							
空气	2.44	1150	96	0	0	0.768	0.232
注氢	1.0	254	100	0	1	0	0

续表

参数	马赫数	温度/K	压强/kPa	氧气含量	氢气含量	氮气含量	水含量
燃烧工况							
空气	2.44	1270	96	0.258	0	0.486	0.256
注氢	1.0	254	100	0	1	0	0

(2) Suraweera 实验

Suraweera 等进一步研究了不同来流条件下边界层燃烧减阻的影响。其采用的实验装置如图 42-5 所示。空气来流马赫数变化范围为 4.0～4.5。研究表明，不同来流条件均实现了不同程度、可观的壁面减阻量。当来流驻点焓为 7.6MJ/kg 时，壁面摩阻最多减小 77%；而当驻点焓降低至 5.6MJ/kg 时，壁面摩阻最多减小 60%。同样，相较于薄膜冷却，边界层燃烧并没有使壁面温度过高。

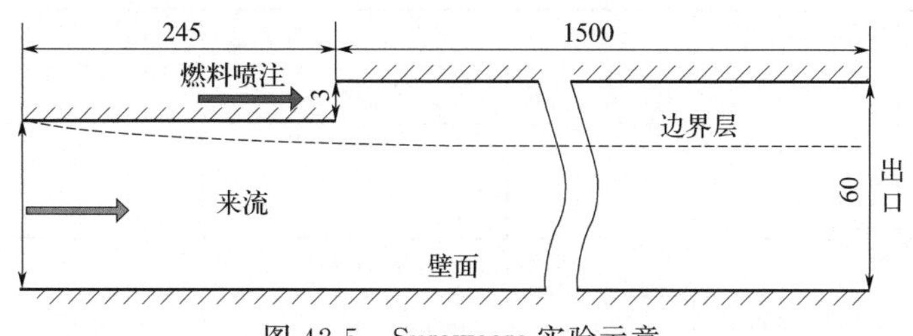

图 42-5 Suraweera 实验示意

42.3.2 带有后向台阶的二维等直冲压流道数值模拟

如图 42-6 所示，H_2 从后台阶以高度 $h=4\text{mm}$ 平行于来流注入，在下游形成平板边界层流动，且在下游一定距离处发生非预混燃烧。H_2 喷射侧的壁面为等直段，流向方向长为 1500mm，与发动机燃烧室内用于产生推力的燃料不同，该燃料喷注量较小，且其主要用于在边界层燃烧。在实际的超燃冲压发动机中，从槽口喷射的 H_2 燃料并不是主燃料，其目的是减少表面摩擦力。

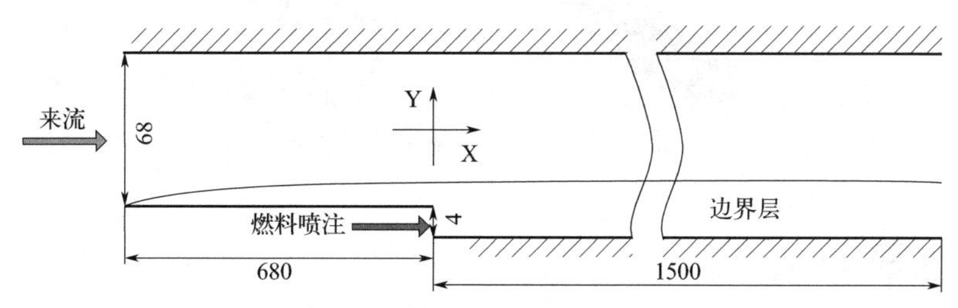

图 42-6 带有后向台阶的二维等直冲压流道构型

42.3.3 超燃冲压发动机数值模拟方法/网格无关性校验

以美国弗吉尼亚大学的超燃冲压构型作为模型发动机，图 42-7 为该超燃冲压发动机构型示意图。整个试验发动机采用矩形截面，由隔离段、燃烧室和尾喷管 3 个部分组成。发动机宽为 38.1mm，隔离段长度为 265.93mm，高度为 25.4mm；燃烧室长 64.26mm，高度为 25.4mm；燃料沿着倾斜角为$-10°$的斜坡注入燃烧室与来流空气掺混并燃烧，燃料喷口半径 $R=1.5\text{mm}$；斜坡宽度为 12.7mm，法向高度 H 为 6.35mm；在燃烧室末端，尾喷管上壁面沿着 2.9°的方向单侧扩张直到发动机末尾。

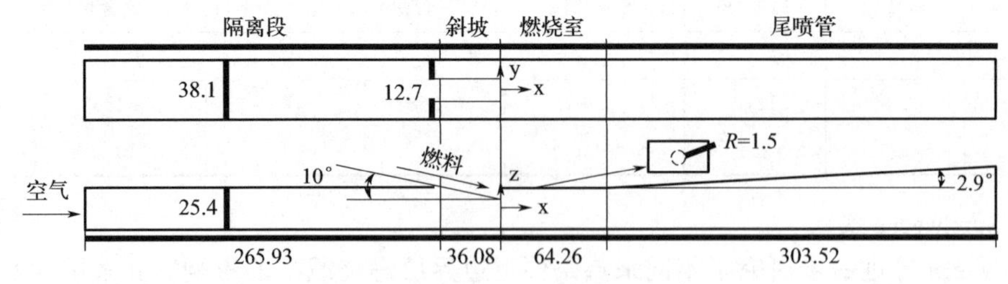

图 42-7 超燃冲压发动机构型示意图

表 42-2 分别给出了非燃烧和燃烧工况下的边界条件。图 42-8 为发动机结构化网格划分示意图。

表 42-2 非燃烧和燃烧工况下的边界条件

参数	M/(kg/s)	总温/K	压强/kPa	氧气含量	氢气含量	氮气含量
冷流工况(工况 1)						
来流	0.220	1033	327.72	0.232	0	0.768
主燃料	0	0	0	0	0	0
燃烧工况(工况 2)						
来流	0.203	1203	326.97	0.232	0	0.768
主燃料	0.00154	298.96	709.94	0	1	0

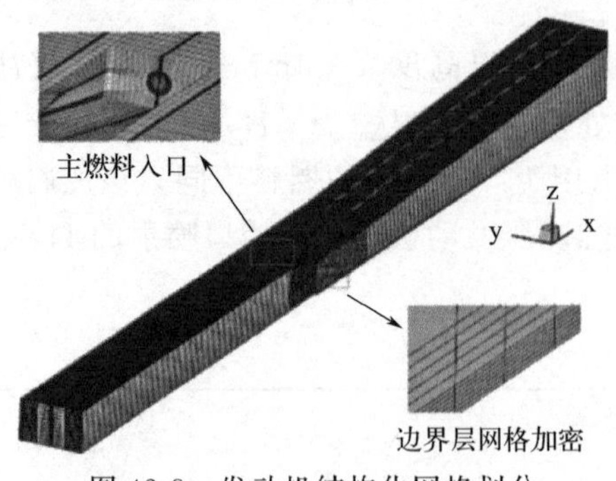

图 42-8 发动机结构化网格划分

42.4 结果分析

42.4.1 带有后向台阶的二维等直冲压流道数值模拟

从图 42-9 中可以看出，受限空间内燃料燃烧减阻效果好于纯预混，在近出口处减阻幅度仍可达 40%左右。

为进一步揭示哪一关键参数对阻力影响最大，初步解耦分析黏度、速度梯度和密度的影响。由图 42-10、图 42-11 可知，近壁面速度梯度对摩擦阻力的贡献大于黏度对摩擦阻力的贡献。

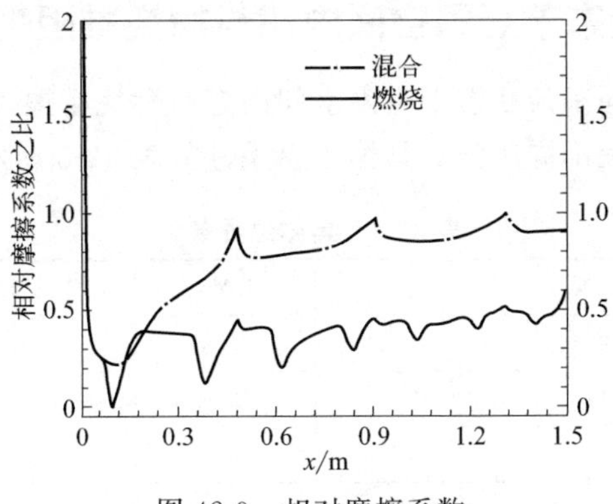

图 42-9 相对摩擦系数

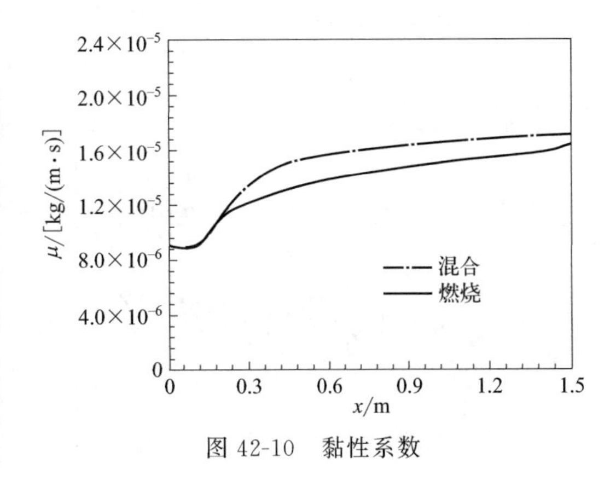

图 42-10 黏性系数

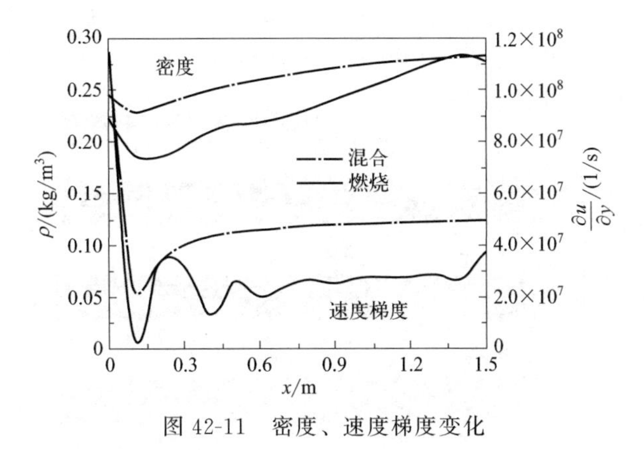

图 42-11 密度、速度梯度变化

图 42-12 为温度、羟基的质量分数、马赫数和压强分布云图。从温度云图中可以看出，受限空间内形成一股抬升火焰，且在激波与火焰面相互作用点处产生褶皱。此外，从压力云图中可以看出，激波与火焰面相互作用除产生反射波以外还会产生透射波。

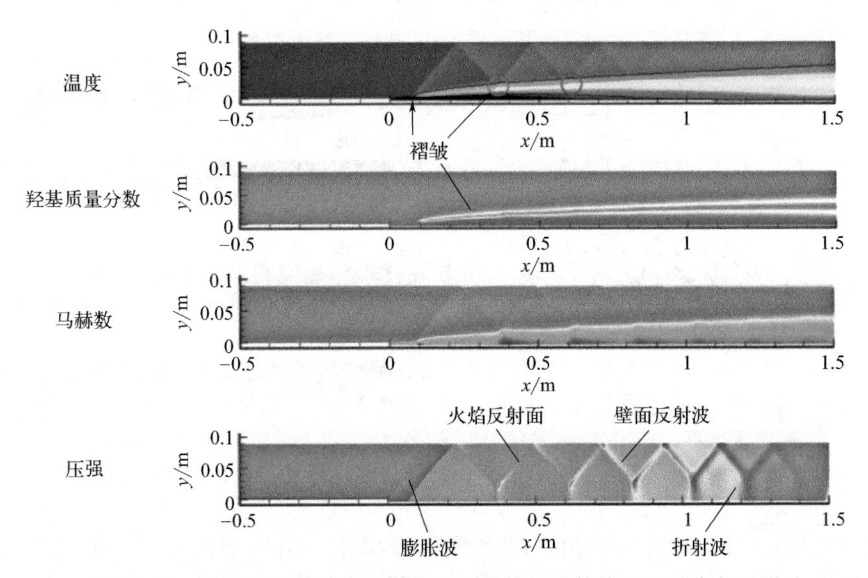

图 42-12 基准工况下温度、羟基质量分数、马赫数和压强分布云图

42.4.2 不同来流状态下受限空间内燃料燃烧减阻规律研究

基于上述研究开展不同来流状态下受限空间内燃料燃烧摩擦减阻规律研究，主要包括不同来流温度、不同水含量及不同压强。具体边界条件如表 42-3 所示。

表 42-3 具体边界条件

参数	基准工况	工况 1	工况 2	工况 3	工况 4	工况 5	工况 6
马赫数	2.44	2.44	2.44	2.44	2.44	2.44	2.44
温度 T/K	1270	1143	1397	1270	1270	1270	1270
压强 p/MPa	0.1	0.1	0.1	0.1	0.1	0.09	0.11
水含量	0.256	0.256	0.256	0.2048	0.3072	0.256	0.256

从图 42-13、图 42-14 中可以看出，随温度升高，自燃点提前，激波与火焰面相互作用位置提前，壁面摩擦阻力增大。

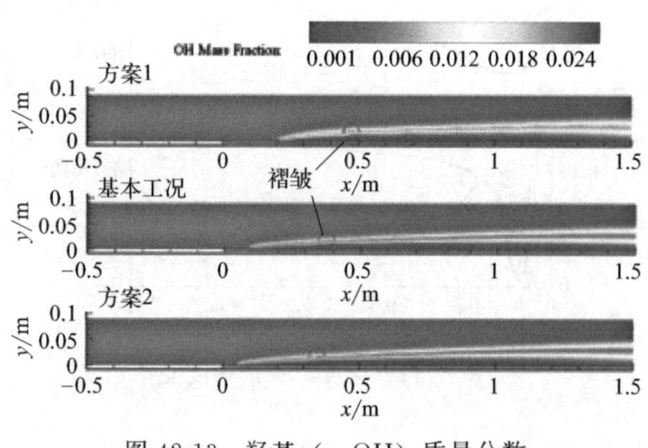

图 42-13 羟基（—OH）质量分数

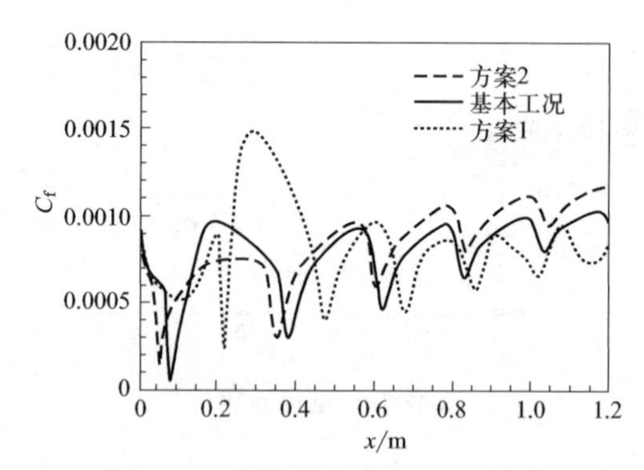

图 42-14 摩擦阻力系数（C_f）变化

从图 42-15、图 42-16 中可以看出，水含量的变化对燃烧场影响不大，但来流中水含量的增加，使表面摩擦阻力增大。这主要是因为水含量的增加抑制了氢气与氧气的混合，使燃烧变得不充分。

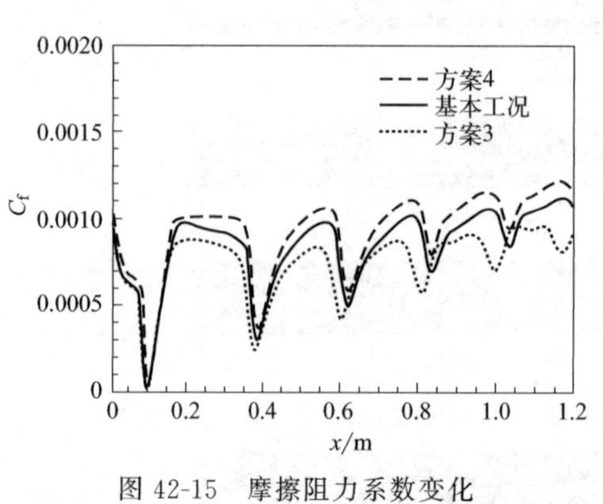

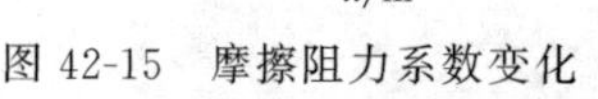

图 42-15 摩擦阻力系数变化

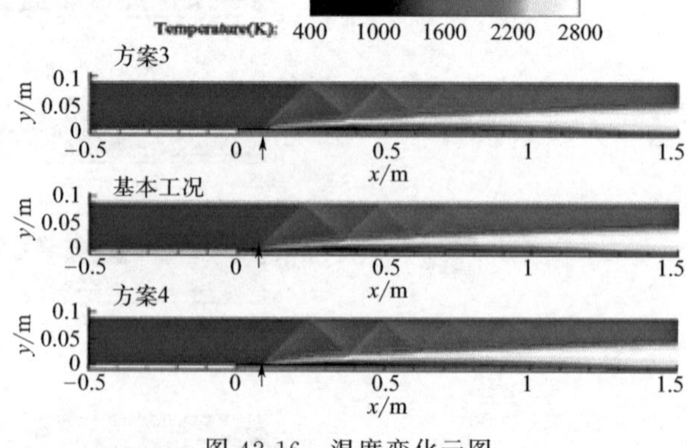

图 42-16 温度变化云图

图 42-17、图 42-18 中可以看出，随来流压强减小，由于型面变化引起的膨胀波消失，且自燃点上游及其附近增大压强，阻力减小，自燃点下游减小压强，阻力减小。

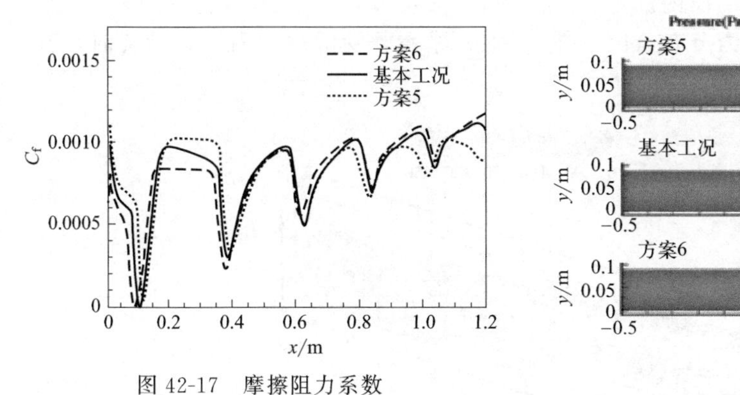

图 42-17 摩擦阻力系数

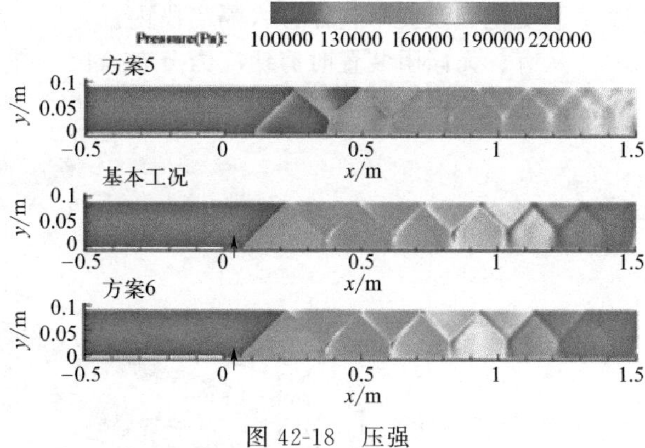

图 42-18 压强

42.4.3 三维超燃冲压发动机模型仿真结果

从释热率分布云图（图 42-19）中可以看出，当量比一定时，增设壁喷减阻装置后，燃烧更加均匀、充分。

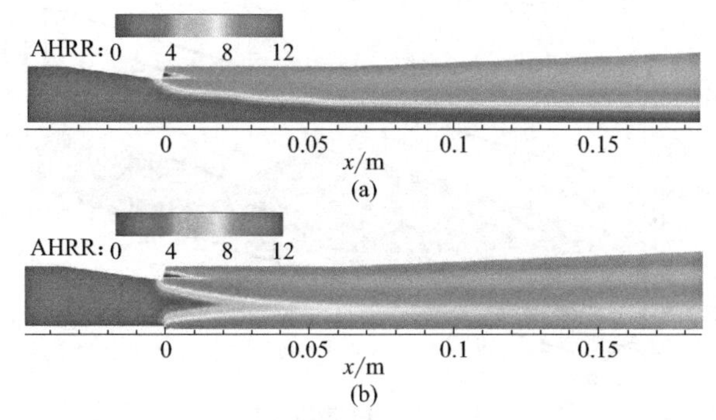

图 42-19 绝对释热率（AHRR）分布云图

从中心截面马赫数分布云图（图 42-20）中可以看出，减阻装置的引入使起始激波形状

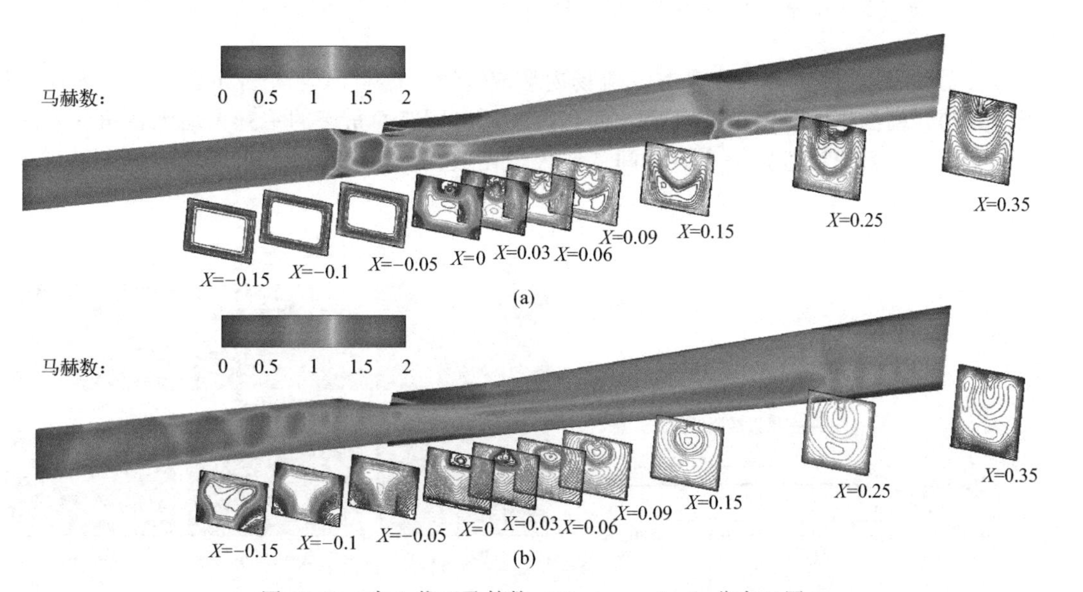

图 42-20 中心截面马赫数（Mach number）分布云图

发生了变化，激波串整体移入隔离段内。

从有、无减阻装置时剪切应力分布云图（图 42-21）来看，受限空间内燃料燃烧时，剪切应力进一步降低，降低 60%左右。

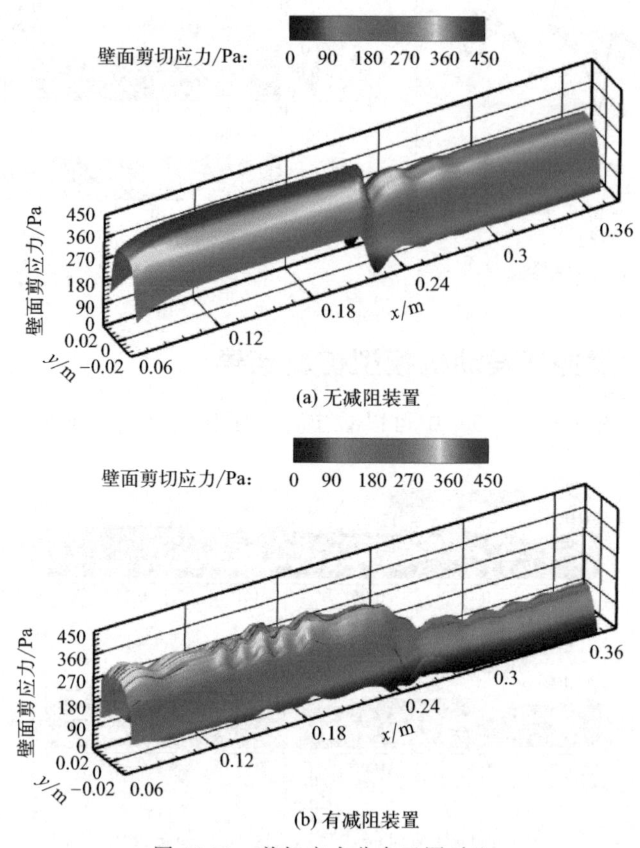

(a) 无减阻装置

(b) 有减阻装置

图 42-21　剪切应力分布云图对比

从图 42-22 中可以看出，在受限空间内燃料燃烧作用下，发动机壁面的摩擦阻力进一步减小。

结合温度云图（图 42-23）来看，流场内形成一股主燃料燃烧火焰和五股抬升火焰，且沿流向方向，高温区域逐渐减小变薄，而靠近发动机侧壁面角区的抬升火焰则在角区回流区作用下逐渐增厚且温度逐渐增大，中间三股火焰在主燃料燃烧作用下出现局部熄火。

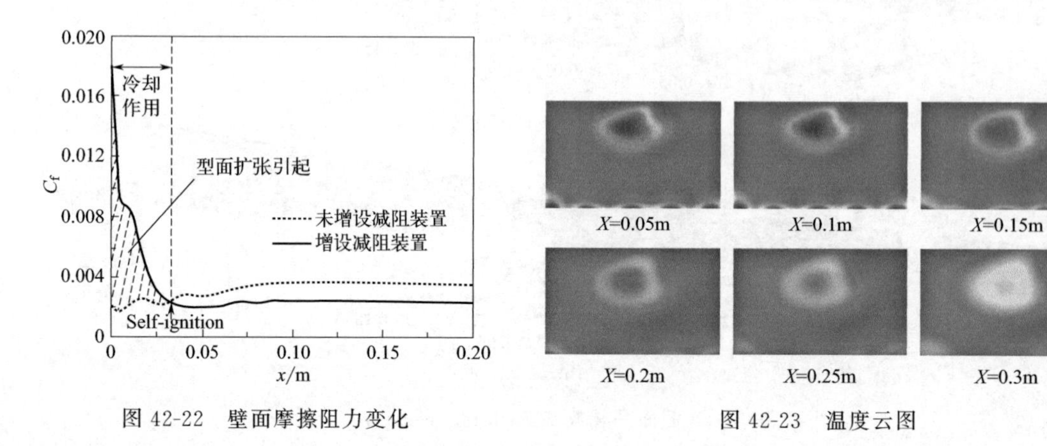

图 42-22　壁面摩擦阻力变化

图 42-23　温度云图

结合图 42-24～图 42-26 来看，通过增加壁喷减阻装置可使燃烧效率提高 20%，净推力提升约 60%，总压恢复系数降低约 2%。在超燃冲压发动机燃烧室中引入壁喷减阻装置可使发动机整机性能大幅提升。

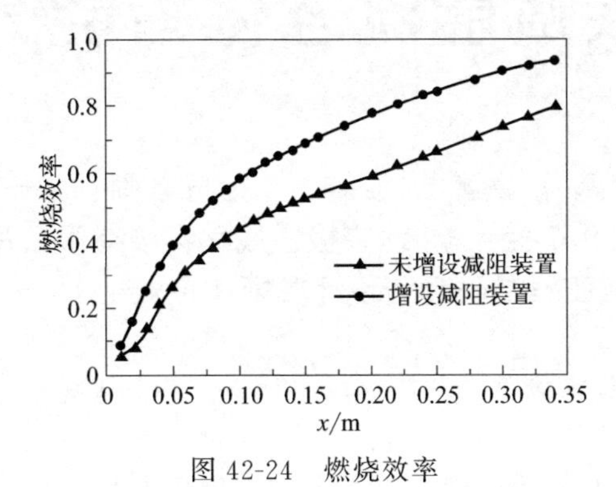

图 42-24 燃烧效率

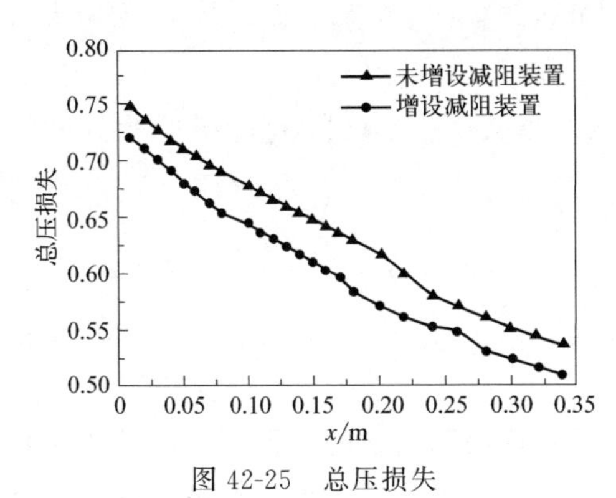

图 42-25 总压损失

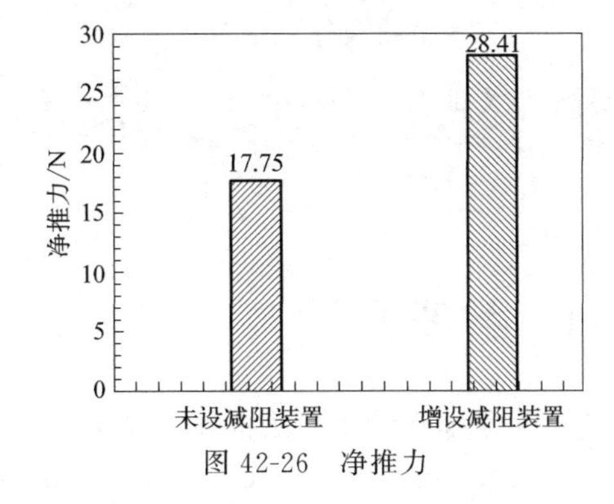

图 42-26 净推力

参考文献

[1] Burrows M C, Kurkov A P. Supersonic combustion of hydrogen in a vitiated air stream using stepped wall injection [M]. AIAA, 1971.

[2] Denman A W. Large-eddy simulation of compressible turbulent boundary layers with heat addition. Ph. D. Thesis [M]. Queensland, Australia: Univ of Queensland, 2007.

[3] Suraweera M, Mee D, Stalker R. Skin friction reduction in hypersonic turbulent flow by boundary layer combustion [C] //43rd AIAA Aerospace Sciences Meeting and Exhibit, Reno, Nevada. Reston, Virigina: AIAA. AIAA-2005-0613.

[4] https: // doi. org/10. 2514/6. 2005-6131.

[5] Suraweera M, et al. Reduction of skin friction drag in hypersonic flow by boundary layer combustion [D]. University of Queensland, 2006.

[6] Mcrae C, Johansen C T, Danehy P M, et al. OH PLIF visualization of the UVA supersonic combustion experiment: Configuration A [C] // 51st AIAA Aerospace Sciences Meeting including the New Horizons Forum and Aerospace Exposition. Grapevine, USA: AIAA, 2013.

案例 43

双碳赋能流态化智能开采

参赛选手：李婧，李赟鹏，张亚雄　　指导教师：张一鸣，易新德
河北工业大学，北京极道成然科技有限公司
第二届工程仿真创新设计赛项（企业组），一等奖

作品简介： 本案例将仿真技术模拟和分析应用于地下工程问题，结合国家“碳中和、碳达峰”理念，模拟了流态化智能开采的过程；通过采—选—充三个步骤，实现了煤层原位开采、原位回填。这种新型的煤炭开发一体化工艺，可以实现开发、利用、转化污染物全过程近乎零排放，既避免了煤矸山污染，又降低了地表塌陷沉降，从而实现了污染物及伴生资源最大限度的利用。

作品标签： 深部煤层开采、“双碳”目标、有限元、离散元、二次开发。

43.1 数值方法

基于连续-非连续单元法描述了煤层开采这一从连续到离散的过程。连续-非连续单元法（continuous-discontinuous element method，CDEM）可定义为：一种拉格朗日系统下的基于可断裂单元的动态显示求解算法。通过拉格朗日能量系统建立严格的控制方程，利用动态松弛法显式迭代求解，实现了连续-非连续的统一描述，可模拟材料从连续变形到断裂直至运动的全过程，结合了连续和离散计算的优势。其中，连续计算可采用有限元、有限体积及弹簧元等方法，离散计算则采用离散元方法。

43.2 研究思路

① 高精度建模：通过平台共节点建模并借助GID导入，如图43-1所示。

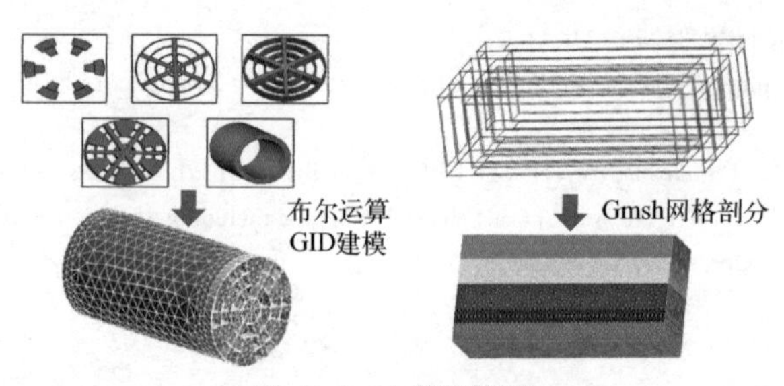

图 43-1　高精度模型

② 确定拟开采位置：根据地质勘探信息，确定煤层及开采位置。

③ 流态化开采：盾构刀盘切割煤层，随后煤层由块体转化为颗粒。在当前开采步开采完毕后，盾构机进行下一开采步的同时将煤矸石等从盾构机尾部推出进行原位回填，如图 43-2 所示。

④ 布设监测点：根据需求，在开采通道附近布设监测点，用来监测上覆岩层的下沉及应力信息。

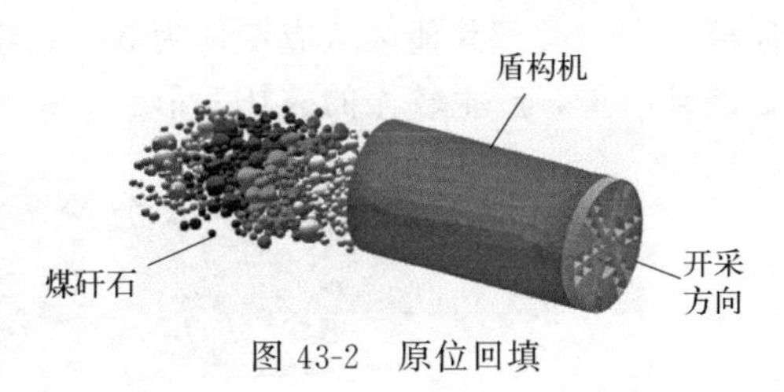

图 43-2 原位回填

43.3 数值模拟流程

在参数化建模后，根据地质勘察报告，对模型施加了边界条件。对模型的底部设置了全约束，模型的四周施加了围压，围压的强度则是根据地应力的大小设置的。流态化智能开采流程如图 43-3 所示。

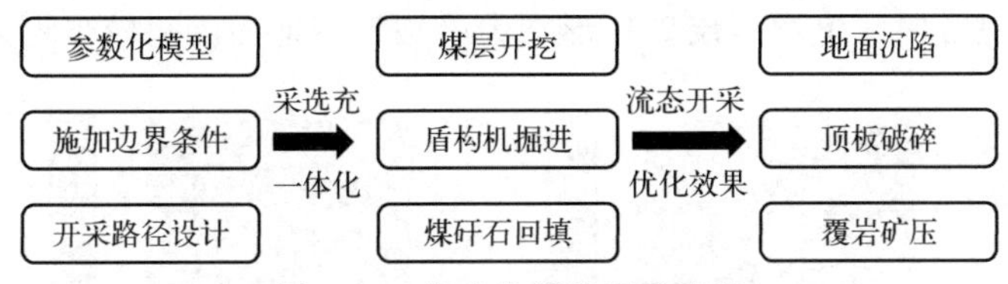

图 43-3 流态化智能开采流程

在进行数值模拟时，结合连续-非连续单元法及煤层开采的特点，采用块体（有限元）来模拟煤层和盾构机，采用颗粒（离散元）来模拟回填的煤矸石。通过块体和颗粒的耦合，实现了流态化开采的数值仿真，如图 43-4 所示。

图 43-4 流态化开采数值仿真

43.4 数值仿真结果

对煤层进行周期性流态化开挖，拟设定的开挖步距为 1m。盾构机在掘进过程中，对开挖煤层进行分选，处理加工后的煤矸石废弃物填充至开采后方，对上覆岩层具有一定的支撑作用。由图 43-5 可以看到，在开挖前，地应力平衡，此时整个模型呈彩虹色；随着采空范围不断增大，岩层位移呈整体下沉。由图 43-6 可以看到，在开采前，只有开采矿洞四周有

图 43-5 位移云图

局部应变，模型其他区域应变均为 0；随着开采过程不断向前推进，上覆岩层应力扰动，顶板破碎严重，产生较大的破坏变形。

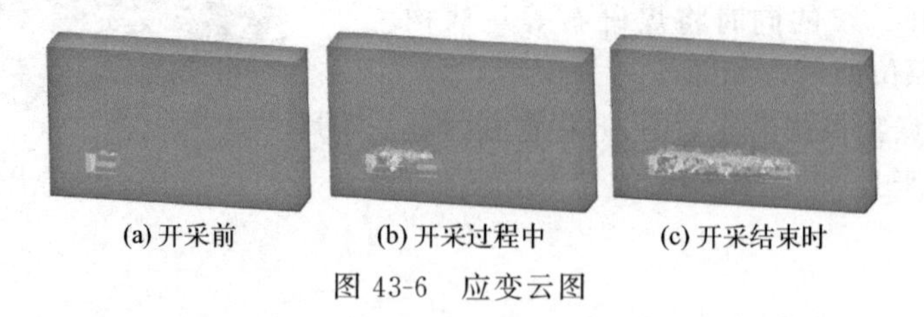

(a) 开采前 (b) 开采过程中 (c) 开采结束时

图 43-6 应变云图

43.5 工况参数优化

设置开挖步距分别为 1m 和 4m，对流态化开采覆岩破坏进行分析。由图 43-7(a) 和 (c) 可知，开挖步距越大，上覆岩层破坏越显著，顶板碎落体积越大。由图 43-7(c) 和 (d) 可知，开挖步距为 4m 时，上覆岩层破坏形态为马鞍形，地面沉陷较步距为 1m 时严重。

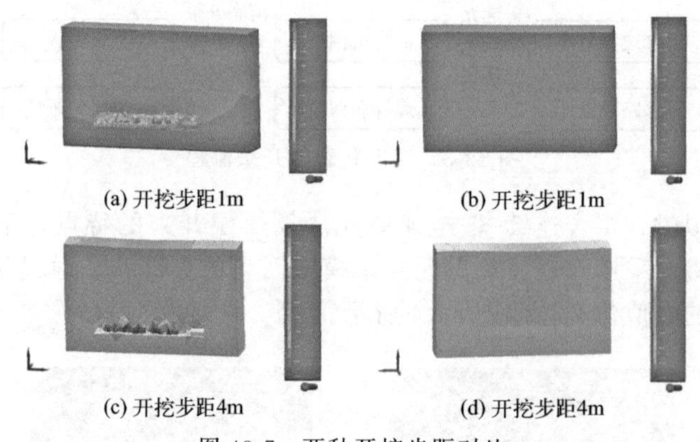

(a) 开挖步距1m (b) 开挖步距1m

(c) 开挖步距4m (d) 开挖步距4m

图 43-7 两种开挖步距对比

案例 44

池壁效应对水平轴潮流涡轮水动力性能的影响分析

参赛选手：蔡洪伟，黄明，张松宝　　指导教师：张岩，郭彬
哈尔滨工业大学（威海）
第二届工程仿真创新设计赛项（研究生组），二等奖

作品简介： 为分析池壁效应对水平轴潮流涡轮水动力性能的影响，采用数值仿真与模型试验测试潮流涡轮的水动力性能并验证仿真方法。通过总结目前公开的池壁效应修正方法获取不同流域及来流流速下 5 种池壁效应修正结果，最终采用 Bahaj 池壁效应修正方法与数值仿真方法对不同流域、流速下涡轮的能量转换效率及阻力系数进行对比，进而分析池壁效应对涡轮桨盘及尾流区流场的影响。其结果可为水平轴潮流涡轮水动力性能的数值仿真与试验提供相关数据及参考。

作品标签： 海洋、池壁效应、水动力性能、数值仿真。

44.1 引言

潮流能作为一种绿色无污染的海洋可再生能源，具有周期性、可预测性以及能量密度高的特点，可为解决煤、石油、天然气等传统能源短缺问题以及减少温室气体排放提供一种切实有效的方案。目前，常用于评估水平轴潮流涡轮水动力性能的方法主要为叶元体动量理论、CFD 数值仿真计算和模型试验。在模型试验过程中，潮流涡轮与实验设备周围边界会不可避免地产生交互作用（池壁效应），进而使涡轮的水动力性能相较无限流域工况下的水动力性能发生改变。池壁效应是指试验物体在受限流域内工作时，周围边界与被测物体的交互作用对其工作性能产生的影响。相较于无限边界下的工况，在边界受限的试验设备中测试潮流涡轮时，池壁效应会改变涡轮桨盘处的水流流速以及下游区尾流恢复，进而影响潮流涡轮的能量转换效率以及阻力系数。因此准确分析池壁效应对潮流涡轮水动力性能的影响是有重要意义的。

综上所述，受限于数值仿真资源与模型试验条件，公开发表文献中以三维潮流涡轮模型为研究对象的 CFD 数值仿真与模型试验中对池壁效应影响的研究较少。因此，本案例通过数值仿真与模型试验和理论方法对比的方式来分析池壁效应对潮流涡轮水动力性能的影响，并进一步分析池壁效应对涡轮桨盘以及尾流区流场的影响。其相关结果可以为水平轴潮流涡轮水动力性能的数值仿真与模型试验提供相关数据及参考。

44.2 技术路线

目前，探索池壁效应对潮流涡轮水动力性能影响的方法主要有两种：一种是基于一维激盘理论与模型试验的理论研究；另一种是CFD数值仿真研究。为了验证采用数值仿真方法得到的不同流域、流速下涡轮的能量转换效率以及阻力系数的准确性，需要找到一个合适的修正池壁效应的理论方法与其进行对比。在之前工作中，通过总结公开发表文献中的5种池壁效应修正方法，与无限流域下水平轴潮流涡轮的能量转换效率以及阻力系数进行对比，获得了可准确预估无限流域下水平轴潮流涡轮水动力性能的池壁效应修正方法。其中，Pope-Harper以及Bahaj这两种池壁效应修正结果在不同来流流速、阻塞因子以及尖速比下与无限流域下潮流涡轮的水动力性能结果吻合良好，所以本案例采用了Bahaj池壁效应修正结果与数值仿真结果进行对比。综上所述，本案例的设计思路如下，技术路线如图44-1所示。

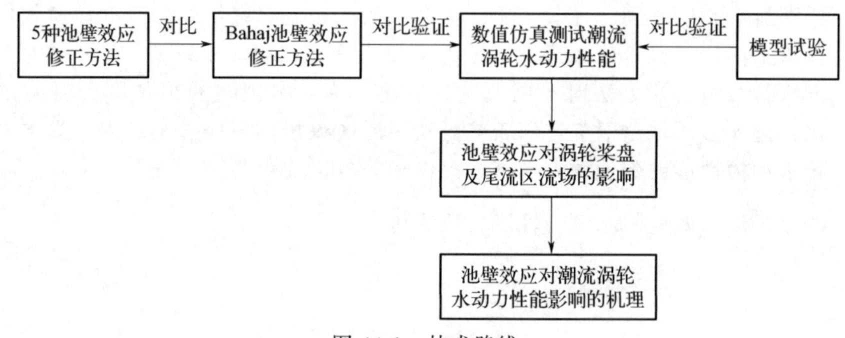

图44-1 技术路线

① 基于三维潮流涡轮模型对其水动力性能进行数值仿真，并通过模型试验对数值仿真方法进行验证。

② 对数值仿真结果与理论方法即Bahaj池壁效应修正结果进行对比，进一步验证方法的可靠性。

③ 对比分析不同流速以及流域尺寸下池壁效应对潮流涡轮桨盘处以及尾流区域流场的影响，进一步阐述池壁效应对水平轴潮流涡轮水动力性能影响的机理。

44.3 仿真计算

44.3.1 边界条件与网格划分

本案例使用三叶水平轴潮流涡轮，直径300mm，设计尖速比为5，涡轮设计采用叶元体动量理论。详细的涡轮设计过程在前期工作中已经描述，在此不再赘述。

数值仿真采用矩形流域，流域尺寸与模型试验空泡水洞的试验段尺寸一致。以潮流涡轮直径D为参考值，流域进口位于涡轮上游约$3D$处，边界条件设置为均匀速度入口；流域出口位于涡轮下游约$7D$处，边界条件设置为压力入口。详细的边界条件设置如图44-2所示。

仿真流域内设有旋转域和静止域，两者之间通过交界面进行数据传递。潮流涡轮位于旋转域内，采用定常动参考系模拟涡轮旋转。涡轮导边、随边、吸力面以及压力面被标记，并采用线控制以及面控制对标记的特征线以及特征面进行加密，生成的潮流涡轮面网格如图 44-3 所示。

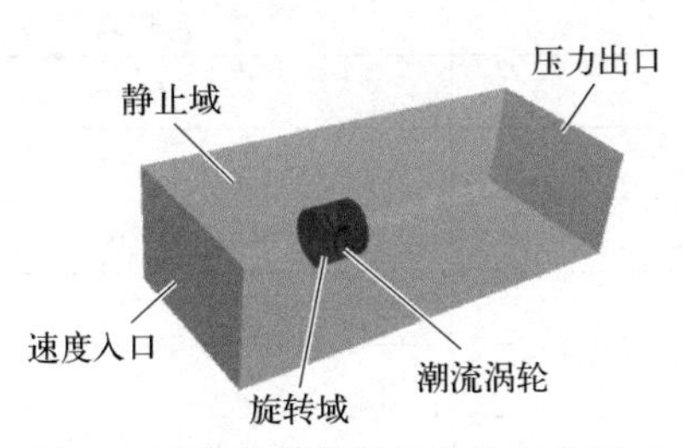

图 44-2 数值仿真流域边界条件设置

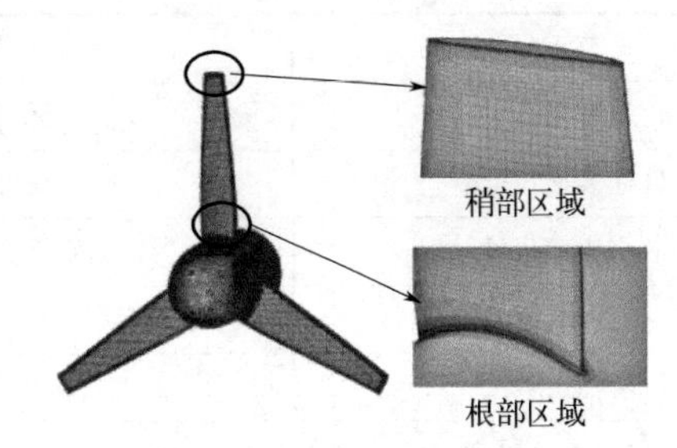

图 44-3 潮流涡轮面网格

44.3.2 仿真操作步骤

44.3.2.1 软件参数设置

(1) 几何模型建立

仿真软件采用 STAR-CCM+，其为 CD-adapco 公司采用最先进的连续介质力学数值技术开发的新一代通用计算流体力学分析软件。

在几何模型建立时，首先要载入已准备好几何的模拟。主要包括以下步骤：首先启动 STAR-CCM+，创建新模拟，导入 CAD 模型；然后选择文件>导入>导入面网格，选择文件几何模型文件（此时将显示导入表面选项对话框，默认的选项适合本案例）；最后单击确定，如图 44-4 所示。最初，导入的几何的所有零部件均为单纯灰色表面。

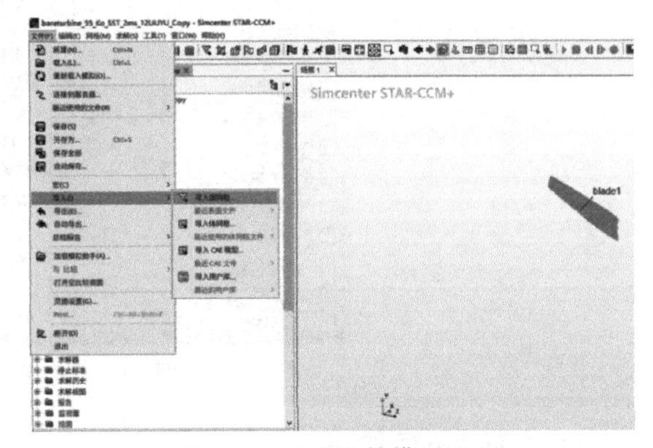

图 44-4 潮流涡轮模型导入

(2) 网格生成

首先将零部件旋转域和静止域分配给区域，右键单击几何>零部件>旋转域/静止域，将零部件分配给区域。选择网格操作，右键几何>操作，然后选择新建>网格>自动网格，如图 44-5、图 44-6 所示。

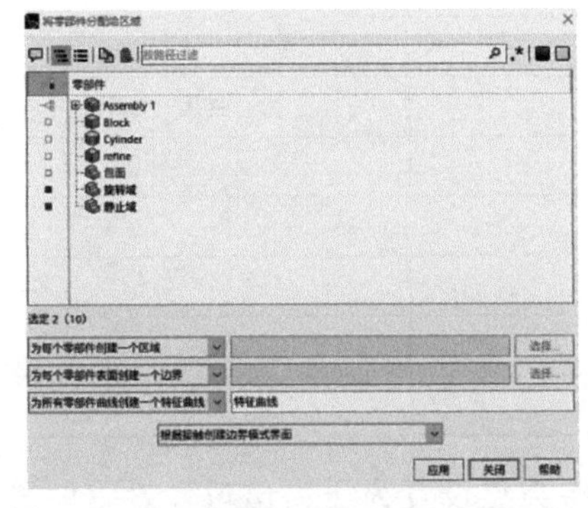

图 44-5 分配旋转域和静止域

图 44-6 创建网格

将上述网格进行指定网格设置，编辑自动网格＞默认控制节点。具体设置如表 44-1。

表 44-1 网格设置

节点	属性	设置
基础尺寸	价值	0.2m
目标表面尺寸	基数百分比	50
最小表面尺寸	基数百分比	10
表面曲率	点数/圆	72
棱柱层数	棱柱层数	20
棱柱层近壁厚度	值	7.0×10^{-6}m
棱柱层总厚度	绝对值	0.0015m
体积增长率	默认增长率	适中

(3) 选择物理模型

右键单击连续体＞物理 1＞模型，然后选择模型，如图 44-7 所示。

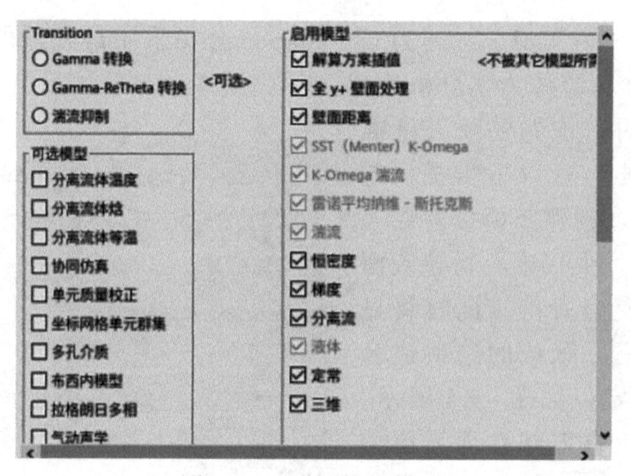

图 44-7 选择物理模型

(4) 设置边界条件

① 选择区域＞静止域＞边界＞in 节点，并将类型设置为速度进口，然后设置表 44-2 所示的属性。

表 44-2 速度进口设置

节点	属性	设置
物理条件		
湍流指定	方法	强度＋黏度比
速度指定	方法	分量
物理值		
湍流强度	值	0.01
湍流黏度比	值	10
速度	值	[2.0,0.0,0.0]m/s

② 选择区域＞静止域＞边界＞out 节点，并将类型设置为压力出口，然后设置表 44-3 所示的属性。

表 44-3 压力出口设置

节点	属性	设置
物理条件		
湍流指定	方法	强度+黏度比
压力出口选项	方法	平均压力
物理值		
湍流强度	值	0.01
湍流黏度比	值	10

44.3.2.2 可视化与数据分析

(1) 为随时间变化的阻力创建报告

右键单击报告节点，选择新建报告>力。在力 1-属性窗口中，将零部件设置为区域>旋转域>blade，hub，单击确定，如图 44-8 所示。

(2) 为随时间变化的力矩创建报告

同 (1)，将力换为力矩即可，如图 44-9 所示。

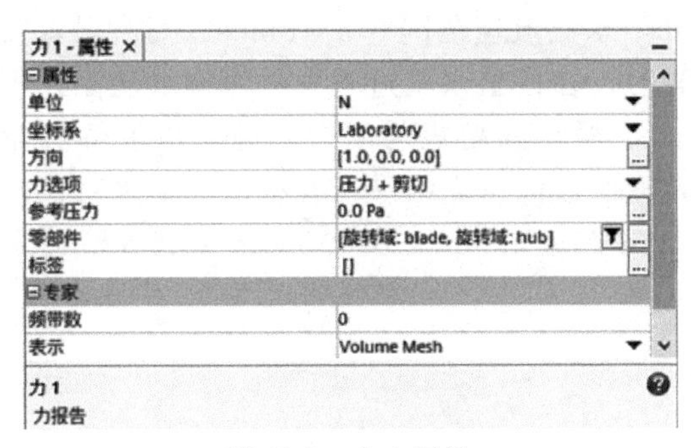

图 44-8 力 1 属性

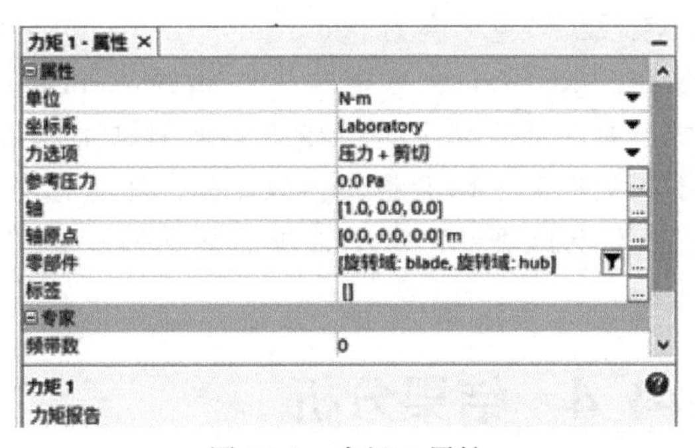

图 44-9 力矩 1 属性

(3) 为随时间变化的压降创建报告

右键报告节点，选择新建报告>压降。在力 1-属性窗口中：将高压设置为区域>旋转域>interface1 [交界面 1]，将低压设置为区域>旋转域>interface2 [交界面 2]，单击确定，如图 44-10 所示。

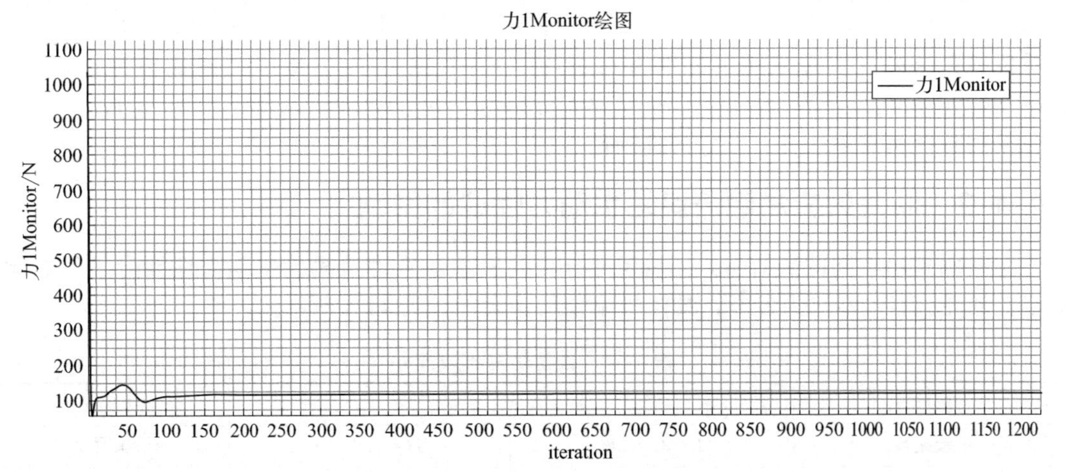

图 44-10 力 1Monitor 绘图

(4) 创建监视器和绘图显示阻力、力矩和压降

同时选择力 1、力矩 1、压降 1，这里仅展示力 1；右键单击突出显示任何节点并选择根据报告创建监视器和绘图；在弹出窗口中，单击多个绘图（每一个报告一个绘图）。

(5) 分析压力变化，创建标量场景

首先右键单击场景节点，然后选择新建场景>标量。单击场景/绘图；接下来选择标量 1 节点，然后将轮廓样式设置为光滑填充；选择标量 1>零部件节点，然后将零部件设置为衍生零部件>平面截面；选择标量 1>标量场节点，最后将函数设置为 Pressure。

(6) 分析涡轮叶片周围速度变化，创建标量场景

首先右键单击场景节点，然后选择新建场景>标量；单击场景/绘图；选择标量 2 节点，然后将轮廓样式设置为光滑填充；选择标量 2>零部件节点，然后将零部件设置为衍生零部件>005，010，0025；选择标量 2>标量场节点，将函数设置为 Velocity>Magnitude。最后单击 STAR-CCM+工具栏上的运行按钮，保存模拟。

44.3.3 模型试验

为验证数值仿真方法的准确性，通过五轴数控机床加工直径 300mm 的潮流涡轮模型，试验段长×宽×高为 3000mm×1219mm×806mm，水流流速范围 0.5～8m/s。潮流涡轮安装在敞水动力仪上（型号：Kempf&Remmers H33）。在模型试验过程中，保持水流流速不变，通过调节潮流涡轮转速实现测试不同尖速比下涡轮的扭矩与阻力，进一步求解涡轮不同尖速比下的能量转换效率以及阻力系数。为确保数值仿真结果与模型试验结果对比的全面性与准确性，水平轴潮流涡轮模型试验在 1.6m/s、2.0m/s 以及 3.0m/s 三种流速下进行。

44.4 结果分析

44.4.1 数值仿真方法验证

由图 44-11 可以看出，3 种流速下潮流涡轮能量转换效率和阻力系数数值仿真结果与试验结果吻合良好。在设计尖速比下，流速 1.6m/s、2.0m/s 与 3m/s 时数值仿真的能量转换效率（C_p）分别为 0.4108、0.4227 以及 0.4340，对比模型试验结果 0.4174、0.4184 以及 0.4132，能量转换效率的相对误差分别为 1.6%、−1.0%以及−5.0%；阻力系数（$C_D/10$）的数值仿真结果在 3 种流速下分别为 0.08187、0.08218 以及 0.08230，对比模型试验结果 0.08620、0.08582 以及 0.08784，相对误差分别为 5.0%、4.2%以及 6.3%。由此可知，本案例采用数值仿真方法具有较好的准确性。

44.4.2 池壁效应对潮流涡轮水动力性能的影响

本案例采用不同的数值仿真流域尺寸分析池壁效应对潮流涡轮水动力性能产生的影响。以潮流涡轮直径（D）为参考，具体的流域尺寸设置如表 44-4 所示。

表 44-4 数值仿真流域尺寸

流域	宽	高	阻塞因子 β
试验流域	$L=4.063D$	$H=2.687D$	0.071907
1.2 倍试验流域	$1.2L=4.876D$	$1.2H=3.224D$	0.049936

续表

流域	宽	高	阻塞因子 β
1.5 倍试验流域	$1.5L=6.095D$	$1.5H=4.03D$	0.031959
2.0 倍试验流域	$2.0L=8.127D$	$2.0H=5.373D$	0.017977
5.0 倍试验流域	$5.0L=20.317D$	$5.0H=13.433D$	0.002876
10.0 倍试验流域	$10.0L=40.633D$	$10.0H=26.867D$	0.000719

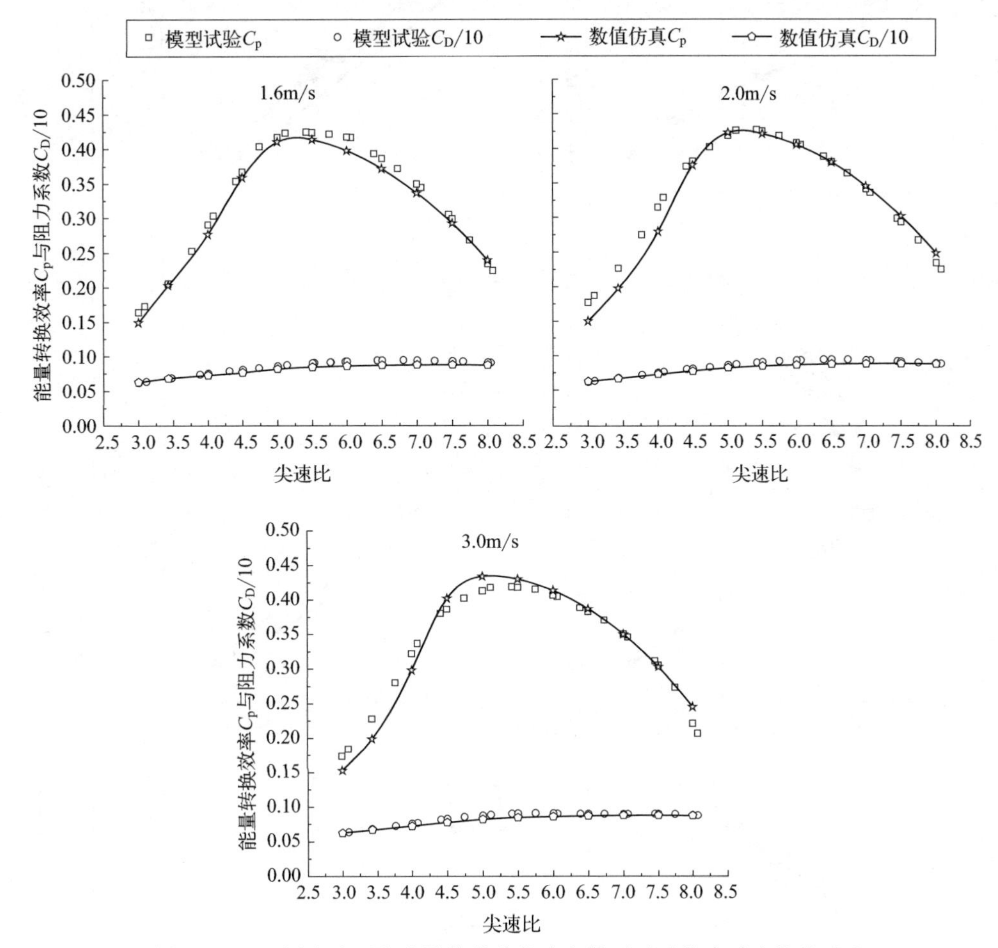

图 44-11 不同流速下潮流涡轮数值仿真与模型试验的水动力性能对比

不同流域尺寸下潮流涡轮能量转换效率与阻力系数的数值仿真结果如图 44-12 所示。在图中首先可以看出，随着流域尺寸增大，潮流涡轮的能量转换效率与阻力系数均呈现逐渐降低的趋势。也就是说，池壁效应会增强潮流涡轮的水动力性能，流域越小，池壁效应对涡轮水动力性能的影响越明显。其次可以看出，5.0 倍流域尺寸下潮流涡轮的水动力性能与 10.0 倍流域尺寸下潮流涡轮的水动力性能基本一致。说明，当流域尺寸增大至 5 倍流域后（$\beta=0.002876$），池壁效应不会对涡轮水动力性能产生影响。这一结论和 Garrett 与 Cummins 在 2007 年提出的“当堵塞因子小于 1%时，涡轮可视为工作于无边界流域中”结论保持一致。

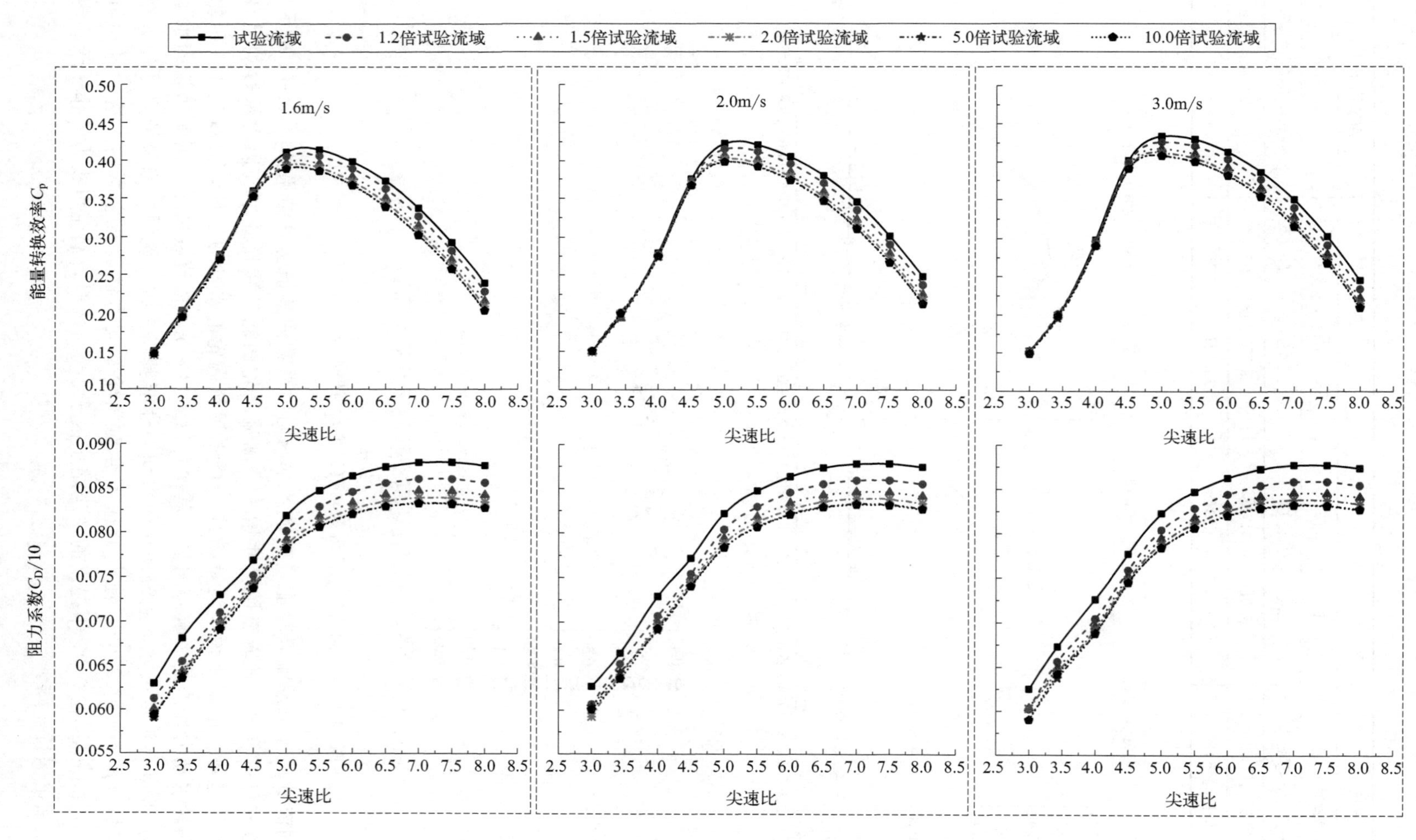

图 44-12 不同流速以及流域尺寸下潮流涡轮水动力性能对比

为进一步量化池壁效应对潮流涡轮水动力性能的影响，对比试验流域以及 5.0 倍试验流域下潮流涡轮的能量转换效率以及阻力系数。结果如图 44-13 所示。

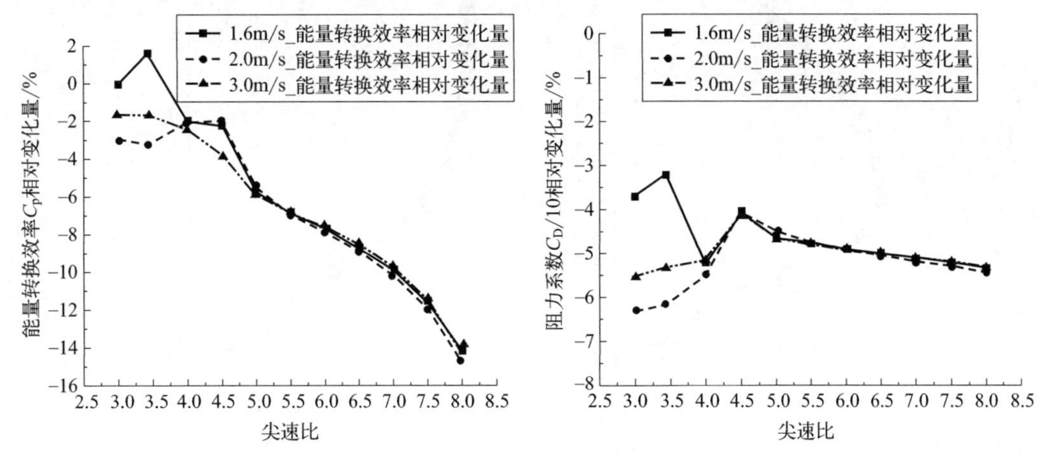

图 44-13 试验流域与 5.0 倍试验流域下潮流涡轮能量转换效率与阻力系数的相对变化量

在图 44-13 中首先可以看出，在本案例来流流速范围内（1.6～3.0m/s），潮流流速对池壁效应的影响较小；其次可以看出，池壁效应对潮流涡轮能量转换效率的影响较为明显，且呈现随涡轮尖速比增加，池壁效应对能量转换效率的影响逐渐增大的趋势。

以 3.0m/s 来流流速为例，设计尖速比下（$\lambda=5$），涡轮在试验流域下的能量转换效率相对 5.0 倍试验流域下的结果增加 5.844%，而在尖速比为 8 时的能量转换效率相对 5.0 倍试验流域下的结果增加 14.269%。池壁效应对潮流涡轮阻力系数的作用受尖速比的影响较小，在本案例尖速比范围内，池壁效应使试验流域下涡轮的阻力系数相对 5.0 倍试验流域下的阻力系数增加约 5%。

44.4.3 池壁效应的修正

由前述可知，池壁效应在 5.0 倍试验流域尺寸下对潮流涡轮的水动力性能不再产生影响，说明潮流涡轮在该流域尺寸下的水动力性能与自由流动状态（无限流域）的水动力性能一致。本案例采用 Bahaj 池壁效应修正方法，对 3 种流速下涡轮的能量转换效率与阻力系数进行了修正，并对修正结果与 5.0 倍试验流域下的数值仿真结果进行了对比，结果如图 44-14 所示。在图中可以看出，不同流域尺寸下 Bahaj 池壁效应修正结果均与数值仿真结果吻合较好，说明该修正方法受流域尺寸影响较小，可满足不同流域尺寸下水平轴涡轮池壁效应的修正。

44.4.4 池壁效应对潮流涡轮流场影响分析

（1）池壁效应对涡轮桨盘处流场的影响

5 种流域下涡轮桨盘处的轴向速度对比如图 44-15 所示。

图 44-15 中桨盘处的轴向流速通过涡轮桨盘前、后 0.06D 处截面轴向流速平均获得。由图 44-15 可以看出，3 种来流流速下涡轮桨盘处的轴向流速均随流域尺寸增大呈现逐渐降低的现象。

提取试验流域与 5.0 倍试验流域下涡轮桨盘处的轴向速度分布云图，进而观察池壁效应对涡轮桨盘处流场的影响，如图 44-16 所示。通过对比可以看出，两种流域下涡轮桨盘处的流场基本一致。也就是说，虽然池壁效应小范围地增加了潮流涡轮桨盘处的轴向流速，但对涡轮桨盘处的流场影响并不明显。

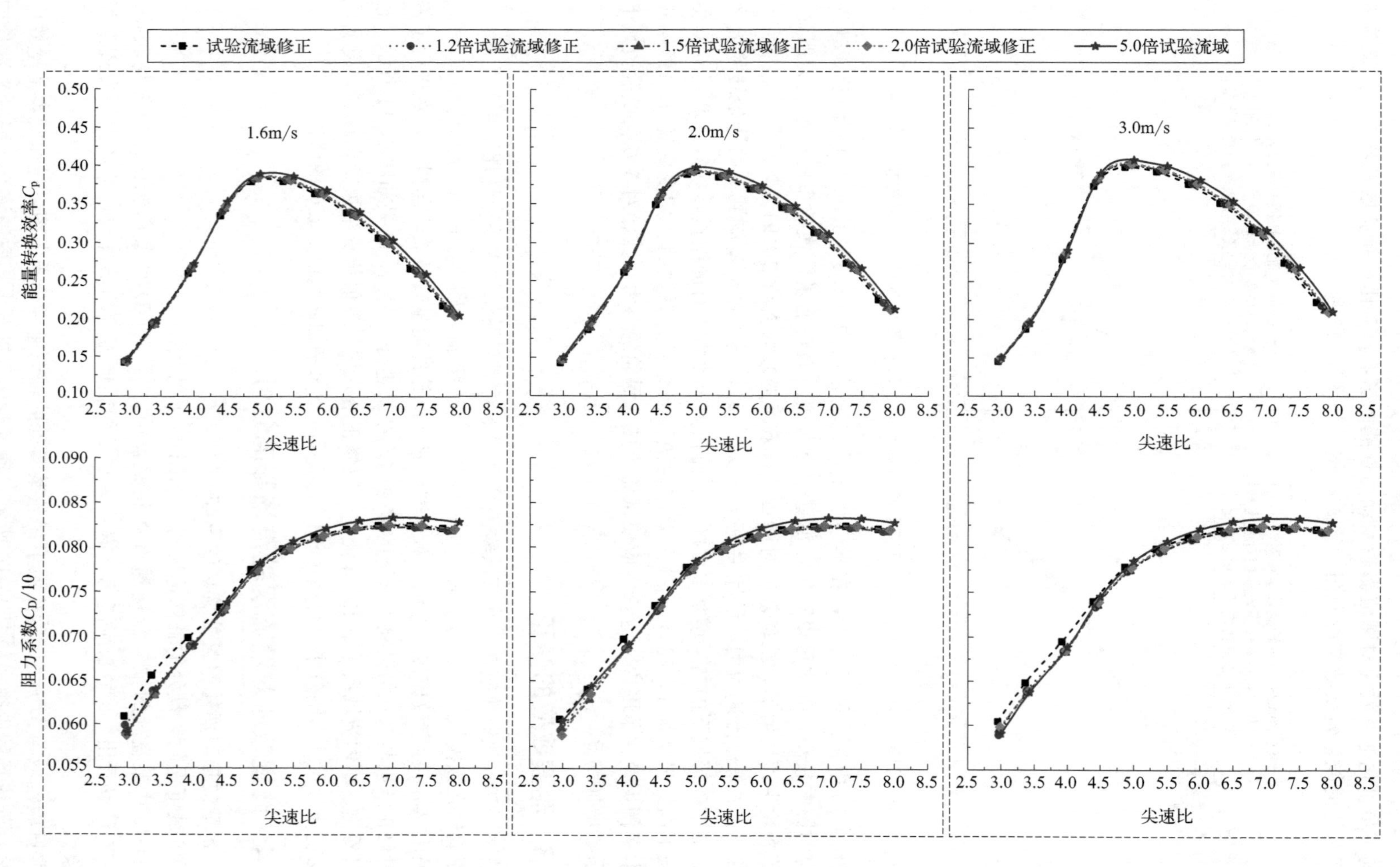

图 44-14　潮流涡轮水动力性能的 Bahaj 池壁效应修正结果与数值仿真结果对比

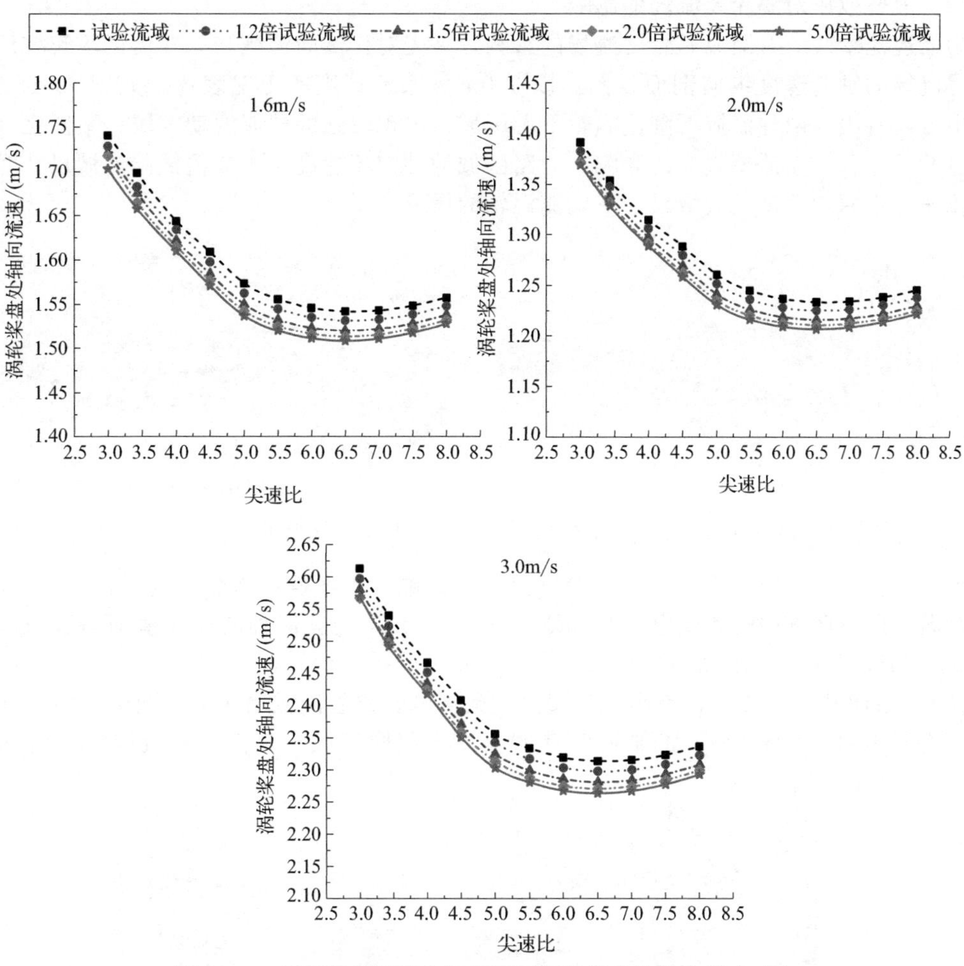

图 44-15　不同流域以及来流流速下涡轮桨盘处轴向流速对比

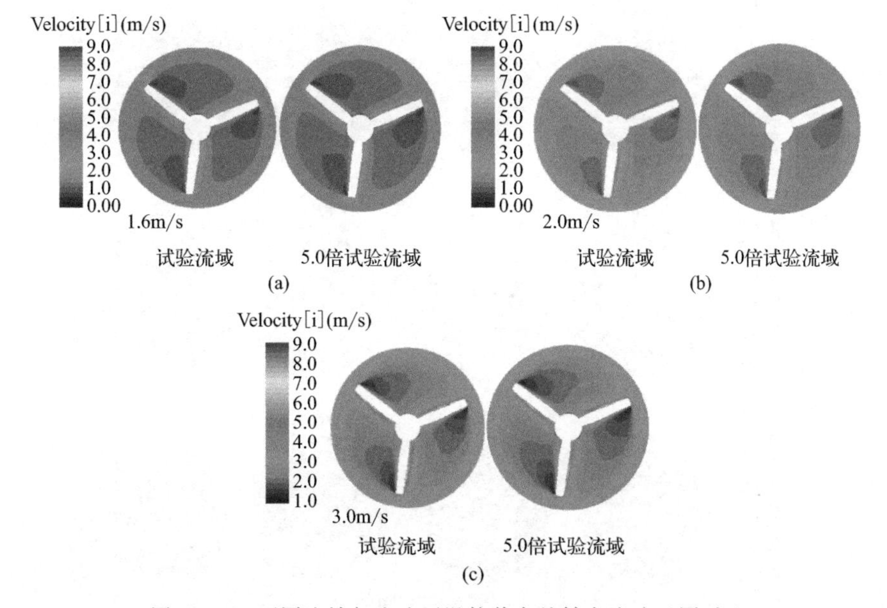

图 44-16　不同流域与流速下涡轮桨盘处轴向流速云图对比

(2) 池壁效应对涡轮尾流场的影响

为描述池壁效应对潮流涡轮尾流场的影响，首先对比试验流域与5.0倍试验流域尺寸下涡轮尾流场的轴向速度纵向剖面云图。以3.0m/s来流速度的工况表述，如图44-17所示。从图中可以看出，两种流域下潮流涡轮下游区域均出现较强的尾流波动区域；不同之处在于试验流域尺寸下，受池壁效应的影响，旁路区域的轴向流速高于5.0倍试验流域尺寸对应区域的流速，进而加速试验流域尺寸下潮流涡轮的尾流恢复。

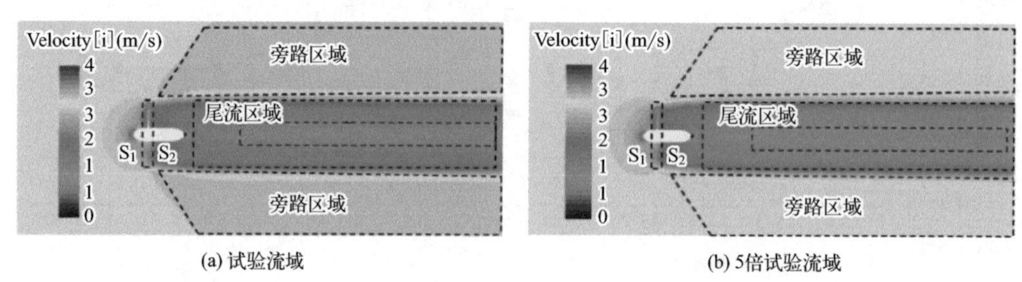

图44-17 3.0m/s流速下涡轮尾流场轴向流速纵剖面云图对比

为进一步描述池壁效应对潮流涡轮尾流场的影响，本案例以涡轮半径（R）为参考量，分别在涡轮尾流区域中距离桨盘$2R$、$5R$、$8R$以及$12R$处获取轴向速度横剖面云图，截面半径为$1.2R$，如图44-18所示。

在图44-18中，首先可以看出受池壁效应的影响，试验流域尺寸下不同横截面的外围区域（对应图44-16旁路区域）的轴向流速明显高于相同区域5.0倍试验流域尺寸的轴向流

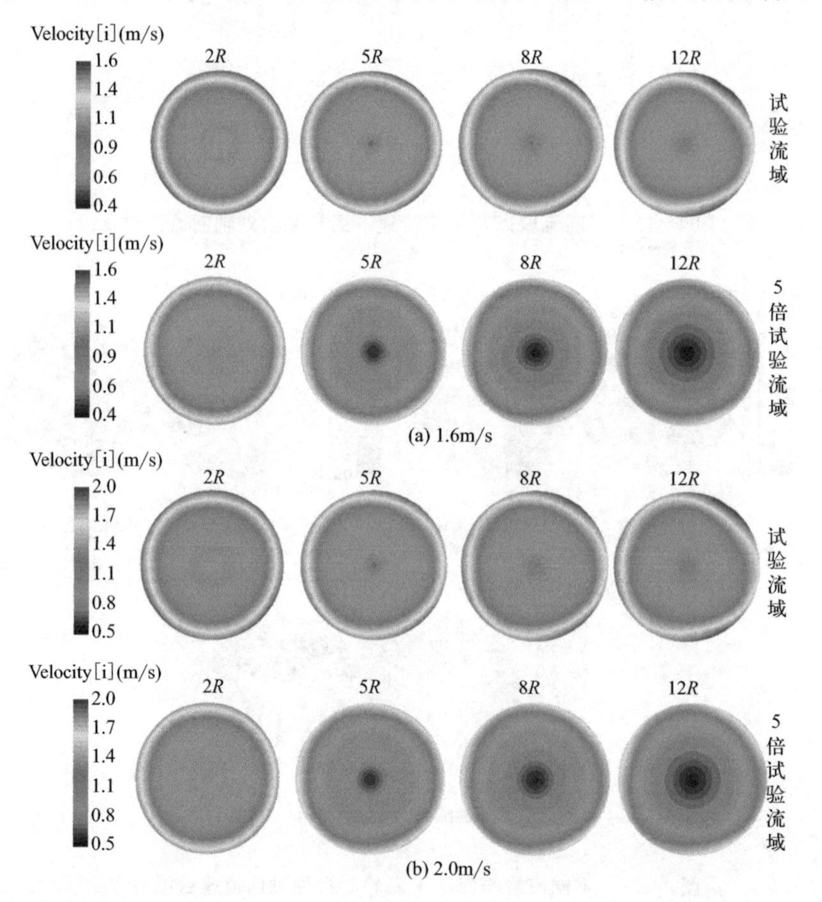

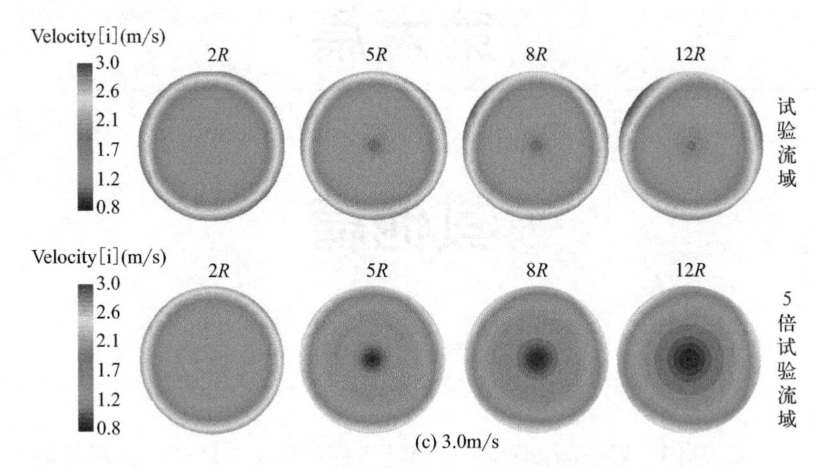

图 44-18 不同流域以及来流流速下涡轮尾流场轴向流速对比

速。此外，轴向流速在横剖面内呈现不均匀分布；受池壁效应的影响，试验流域尺寸下的轴向流速不均匀性优于 5.0 倍试验流域尺寸下的轴向流速不均匀性，且两者之间的差异随横截面与涡轮桨盘之间距离的增加而逐渐增大。

44.5 结论

本案例以数值仿真与模型试验的方式分析池壁效应对水平轴潮流涡轮水动力性能的影响，通过对比不同流域尺寸下潮流涡轮的能量转换效率、阻力系数以及流场信息，得到以下结论：

① 池壁效应对潮流涡轮能量转换效率与阻力系数影响明显，随流域尺寸的减小，池壁效应影响呈现逐渐增大的现象；并且池壁效应在涡轮能量转换效率上的影响对尖速比较为敏感，随尖速比的增大，池壁效应对能量转换效率的影响逐渐增大。

② 池壁效应会小幅度影响潮流涡轮桨盘处的轴向流速。相较于无限流域，本案例中试验流域下桨盘处的轴向流速受池壁效应的影响增大 2%～3%，但池壁效应对涡轮桨盘处的流场影响并不明显。

③ 池壁效应对潮流涡轮尾流区的流场会产生较为明显的影响。相较于无穷边界流域，较小的流域尺寸会加速潮流涡轮尾流场的恢复；且池壁效应对尾流场的影响随涡轮下游截面与桨盘之间距离的增加呈现逐渐增大的趋势。

参考文献

[1] Glauert H. Wind tunnel interference on wings，bodies and airscrews [R]. Aeronautical research committee reports and memoranda NO. 1566，1933：1-52.

[2] Guo B，Wang D，Zhou X，et al. Performance evaluation of a tidal current turbine with bidirectional symmetrical foils [J]. Water，2020，12 (1)：1-21.

[3] Atlar，M. Recent upgrading of marine testing facilities at Newcastle University [C] // In Proceedings of the 2nd Intl' Conference on Advanced Model Measurement Technology for the EU Maritime Industry，Newcastle upon Tyne，2011：1-32.

[4] Garrett C，Cummins P. The efficiency of a turbine in a tidal channel [J]. Journal of fluid mechanics，2007，588：243-251.

第六篇

其他篇

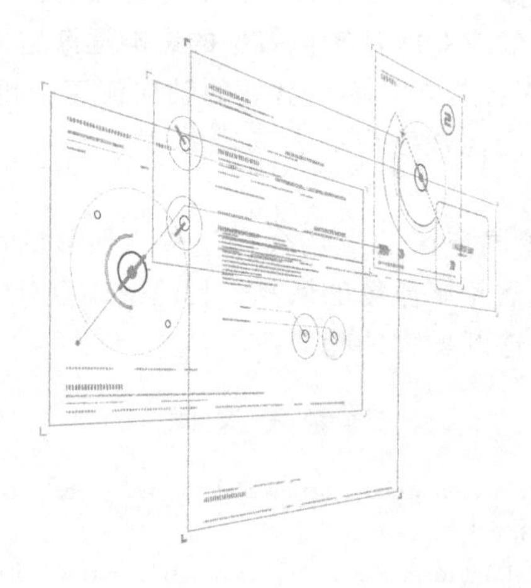

案例 45

基于 AnyBody 仿真技术探究膝关节的生物力学特征

参赛选手: 刘晓德, 吴晋芳, 李浩然　　指导教师: 荣起国
北京大学
第一届工程仿真创新设计赛项（研究生组），一等奖

作品简介： 基于人体多刚体动力学的肌肉骨骼模型仿真可以深入揭示膝关节的动力学特征，为理解早期膝骨关节炎的发展机制提供理论基础。本案例采用 AnyBody 中的人体步态模型，依据运动捕捉实验和形态学参数对正常人和患者进行了个性化建模仿真，通过运动学和逆向动力学模拟人体步态过程中的生物力学变化，结合临床、统计学及相关病理特征进行了分析。结果表明前交叉韧带合并内侧和外侧半月板撕裂患者的膝关节表现出异常的生物力学特征和步态模式。

作品标签： AnyBody、仿生、系统仿真、多体动力学、生物力学。

45.1 引言

膝骨关节炎是骨科常见的一种退行性的关节疾病，也是慢性残疾的首要诱因，严重影响人们的生活健康。该病的发生与前交叉韧带损伤密切相关。据报道，78%的足球运动员在前交叉韧带损伤 14 年后发现了放射性骨关节炎。相比之下，他们未受伤的膝盖骨关节炎的发生率只有 4%。对于一些特定运动，如篮球、足球等，损伤后大约 50%的受伤者没有恢复到伤前运动状态，并且他们在相对年轻的时候发生骨关节炎的概率大大增加。与老年人的非创伤性骨关节炎相比，创伤后骨关节炎导致关节相关疾病的发病时间更长，同时患者的生活质量也受到严重影响。因此，深入了解前交叉韧带损伤与膝骨关节炎的发病机制，对于临床治疗以及患者生活质量的改善，具有重要的现实意义和社会意义。

前交叉韧带（合并半月板）损伤诱发骨关节炎，是一个长期作用的结果。其中包含患者下肢术前及术后的一些适应性改变。这些改变可能会伴随有膝关节周边稳态的变化，包括肌肉力、关节力改变等，进而导致膝关节异常的运动模式，增加膝关节处发生病变的概率。长期的生物力学异常会启动和加速膝关节的退行性改变和骨关节炎的发生，其作用机理如图 45-1 所示。

因而，理解前交叉韧带合并半月板损伤的生物力学变化，对揭示运动损伤与骨关节炎的相关机制起着非常重要的作用。本案例结合 AnyBody 软件对人体肌肉骨骼模型进行了仿真分析，重点关注术前合并半月板损伤患者的运动学和动力学变化，旨在通过生物力学分析揭示出患者的异常步态模式及与膝骨关节炎的潜在联系。

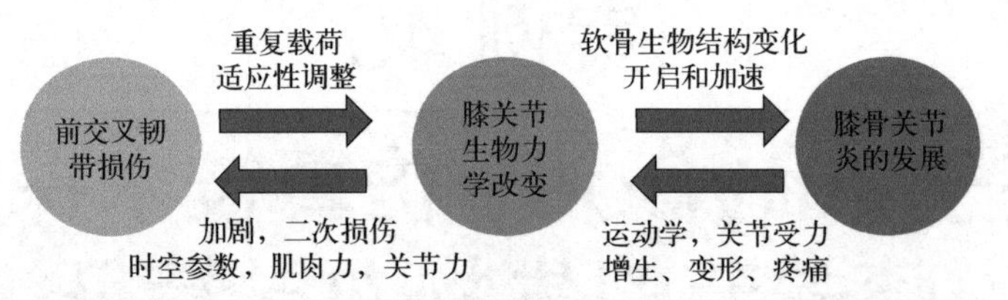

图 45-1 膝关节生物力学改变在膝骨关节炎发展中的重要作用

45.2 技术路线

本案例主要分析前交叉韧带合并不同类型半月板损伤的生物力学变化。在进行肌肉骨骼模型仿真分析之前，需要采集患者和正常人的运动学与地面反力数据，作为人体逆向动力学仿真的输入条件。总体技术路线如图 45-2 所示。技术手段主要分为步态数据采集、逆向动力学分析、数据挖掘与分析三个部分。首先，通过三维动作捕捉技术捕捉受试者的运动学数据及地面反力；其次，借助 AnyBody 完成受试者的个性化建模和生物力学建模分析；最后，借助统计学手段及主成分方法对运动学、动力学结果进行挖掘分析。

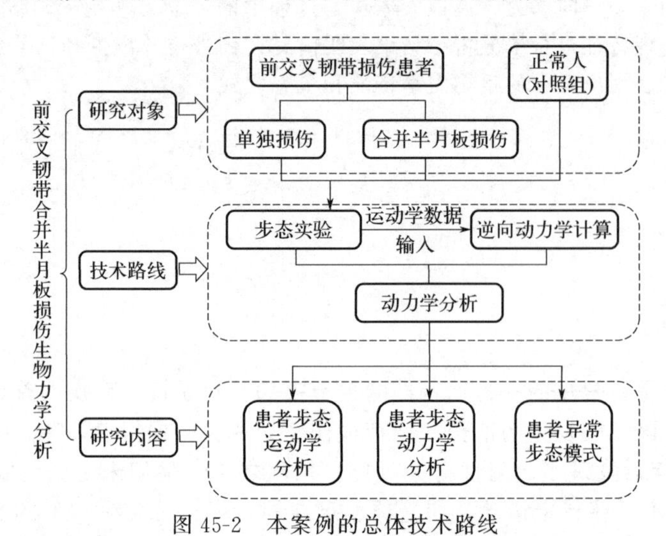

图 45-2 本案例的总体技术路线

45.3 仿真计算

本案例中，以运动捕捉实验采集到的包含运动学和地面反力在内的 c3d 文件作为人体肌肉骨骼系统仿真分析的输入条件，采用生物力学分析软件 AnyBody（版本 6.0.5）中比较成熟的一款人体肌骨模型——MoCapModel 下肢模型进行仿真分析。该模型主要由 12 个骨骼组成，包括头、手臂、躯干、骨盆、左右股骨、髌骨、胫骨、距骨和脚。其中定义了 11 个关节来连接各个部分。下肢包含三个主要关节约束：髋关节处具有三个方向的转动自由度；膝关节具有矢状面一个自由度；踝关节包含一个转动和一个位移两个自由度。使用约 160 个希尔肌肉三元素模型组成的 55 个肌腱单元来模拟人体下肢各部分肌肉。考虑到不同个体之间骨骼、肌肉的差异，依据长度-质量-脂肪定律，通过受试者的形态参数（身高、体重）对节段和等长肌力进行缩放。

考虑到数据采集过程中不可避免的环境噪声，在逆向动力学分析之前，对输入数据进行预处理。本案例采用系统中的二阶零相位 Butterworth 过滤器对 c3d 文件进行前处理，截止频率设定为 10Hz。逆向动力学仿真分析主要包括如下两个部分：

① 运动学分析。运动学模型中不包含肌肉部分，以步态或者慢跑实验数据为基础，将 c3d 实测数据导入到 MoCapModel 下肢模型中以匹配人体模型中的骨性标志点，如图 45-3 所示。随后以 c3d 文件中的运动轨迹作为驱动条件进行运动学仿真。该仿真可以得到人体骨骼模型的运动学结果，并且作为逆向动力学分析的基础。

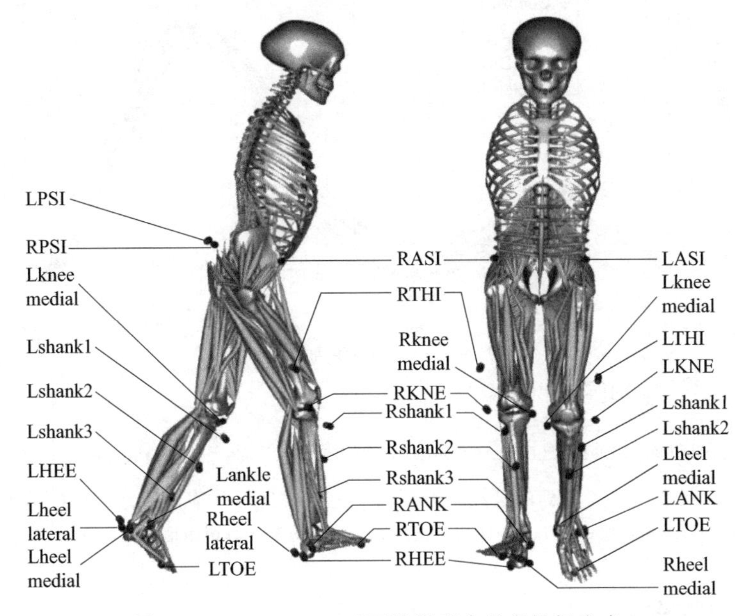

图 45-3 MoCapModel 下肢模型中的骨性标志点

② 逆向动力学分析。引入肌肉模型进行仿真计算。基于运动学分析拟合好的运动轨迹，结合输入的测力台数据，逆向计算产生这种运动模式所需要的关节力和肌肉力。在肌肉冗余度优化方案中，我们采用最小/最大招募标准来解决肌肉冗余问题。对每个参与者，依次模拟 5 次独立的步态试验，并使用平均值（包括矢状关节角和关节力矩）进行分析。

结合 AnyBody 进行生物力学分析的技术路线如图 45-4 所示。

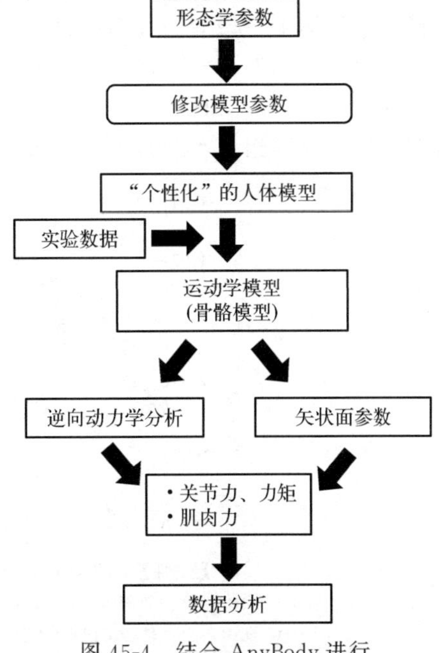

图 45-4 结合 AnyBody 进行生物力学分析的技术路线

45.4 结果分析

45.4.1 运动学分析

对照组和患者组（ACLD：单独前交叉韧带损伤组；ACLDL：前交叉韧带合并外侧半月板损伤组；ACLDM：前交叉韧带合并内侧半月板损伤组；ACLDML：前交叉韧带合并内外侧半月板损伤组）

在行走速度方面无明显差异。无论是否合并有半月板损伤，前交叉韧带损伤患者的膝关节在末支撑相的伸展角度均明显小于对照组（伸展范围：ACLD：4.84°±4.31°；ACLDL：6.65°±5.73°；ACLDM：5.21°±4.77°；ACLDML：6.91°±4.30°；对照组：12.35°±5.52°；$P<0.05$）。同时，在摆动相中期，与对照组相比，患者膝关节的屈曲角度明显减小（图 45-5）。合并半月板损伤组的最大屈曲角与对照组相比显著降低。载荷响应期和摆动相末期各组之间的关节角度无显著性差异。

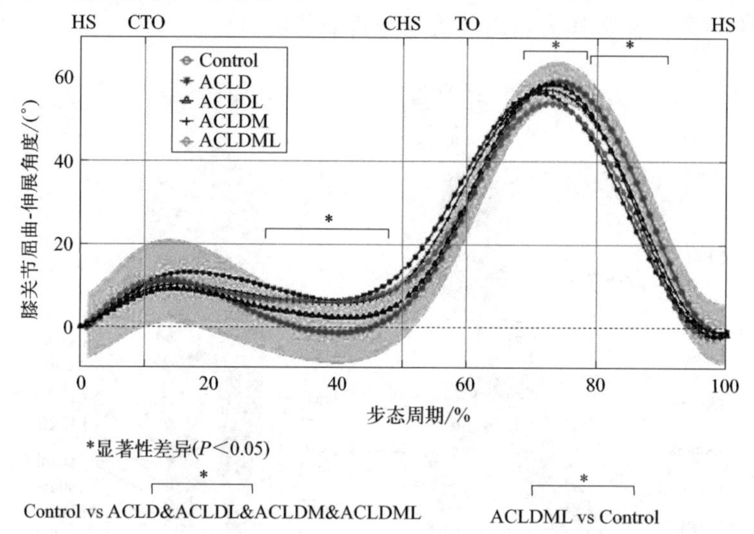

图 45-5 胫股关节矢状面的运动学特征（灰色底纹区域代表对照组的标准差范围）

HS—脚后跟触地；CTO—对侧脚趾离地；CHS—对侧脚后跟触地；TO—脚趾离地

45.4.2 动力学分析

前交叉韧带损伤患者膝关节伸展力矩呈现出不同程度的变化。在中支撑相期间，受前交叉韧带损伤影响，患者膝关节的伸展能力相比正常膝关节的伸展能力显著减小（屈曲力矩谷值：对照组：−2.38±1.67；ACLD：−1.15±1.40；ACLDL：−1.08±1.01；ACLDM：−1.16±1.08；ACLDML：−1.77±0.77；$P<0.05$）。同时，ACLDML 的最大屈曲力矩也明显低于对照组、ACLD、ACLDL 和 ACLDM，如图 45-6 所示。

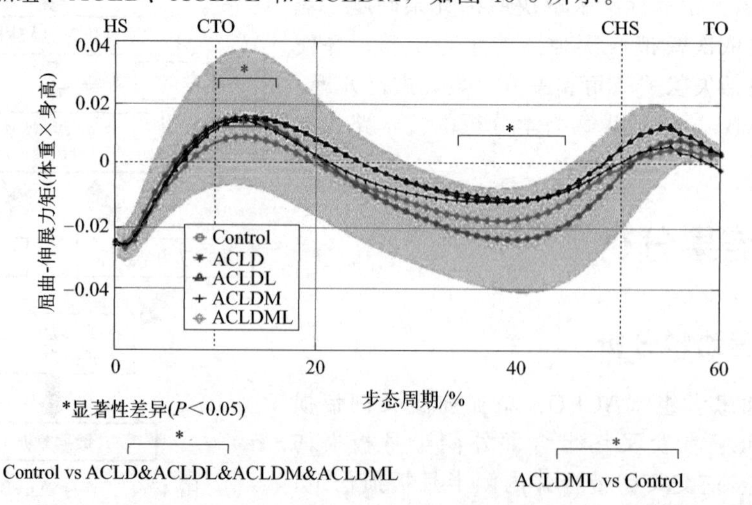

图 45-6 胫股关节矢状面的动力学特征（灰色底纹区域代表对照组的标准差范围）

45.4.3 运动模式分析

前交叉韧带损伤患者，无论是否合并有半月板损伤，在运动过程中均表现出较小的伸展角度和伸展力矩。这一适应性策略与之前报道的僵硬策略一致。有关单独的前交叉韧带损伤，已有大量分析表明患者在运动过程中呈现出步态僵硬的调控机制。本案例仿真分析表明，这一特征是前交叉韧带损伤患者普遍存在的一种适应性策略。无论是否合并有半月板损伤，从矢状面的运动结果中均可以看出，患者膝关节表现得更加“谨慎”——即伴随有较小的膝关节活动范围和伸展力矩。

参考文献

[1] Issa S N, Sharma L. Epidemiology of osteoarthritis: An update [J]. Current Opinion in Rheumatology, 2006, 18 (2): 147-156.

[2] Ardern C L, Webster K E, Taylor N F, et al. Return to sport following anterior cruciate ligament reconstruction surgery: a systematic review and meta-analysis of the state of play [J]. British Journal of Sports Medicine, 2011, 45 (7): 596-606.

[3] Lund M E, Andersen M S, Zee M D, et al. Scaling of musculoskeletal models from static and dynamic trials [J]. International Biomechanics, 2015, 2 (1): 1-11.

[4] Marra M A, Vanheule V, Fluit R, et al. A subject-specific musculoskeletal modeling framework to predict in vivo mechanics of total knee arthroplasty [J]. Journal of Biomechanical Engineering, 2015, 137 (2): 1490-1502.

[5] Hurd W J, Snyder-Mackler L. Knee instability after acute ACL rupture affects movement patterns during the mid-stance phase of gait [J]. Journal of Orthopaedic Research, 2010, 25 (10): 1369-1377.

案例 46

液舱晃荡及浮板制荡机构分析

参赛选手: 高原, 赵媛媛, 张城森　　指导教师：陈占阳，谢芳
哈尔滨工业大学（威海）
第二届工程仿真创新设计赛项（研究生组），二等奖

作品简介： 基于黏性流理论，结合 VOF 法和重叠网格技术对矩形液舱内的晃荡问题及浮板制荡效果进行了数值研究。首先，在充容率为 60%的情况下对其施加一简谐激励，外激励的频率与液舱的一阶固有频率相同，导致剧烈的晃荡现象；随后，选择三种浮动挡板机构置于舱内，计算发现浮板可以较好地抑制晃荡现象；最后，对比计算效果，发现浮板布置方式在很大程度上影响其制荡效果，置于液舱正中位置的浮板较为优越，而在外轮廓尺寸相近的情况下，板型并没有对结果产生较大影响。

作品标签： 液舱晃荡、浮动挡板。

46.1 研究现状

液舱晃荡问题是近年来在船舶、汽车等领域的一个重要课题。最早 Armenio 等分别使用 SWE 方法和 RANSE 方法计算了敞水液舱在外加周期横摇激励下的晃荡，并将计算结果与实验结果进行了对比，发现在针对小、中幅值的外部激励时，RANSE 的计算结果较 SWE 更为准确。Faltinsen 提出了一种基于势流理论的三阶晃荡模型的非线性分析方法，考虑液舱大幅度运动的非线性效应。Faltinsen 和 Timokha 完善了求解液体在有限液深的矩形容器中非线性晃荡的半解析方法，基于速度势理论，分析了二维矩形液舱在水平运动条件下的晃动问题。由于液舱晃荡有时会对舱壁造成破坏，故制荡机构的研究也陆续开展。

46.2 技术路线

46.2.1 理论依据

湍流模型一般可以根据微分方程的数量进行分类，如零方程模型、一方程模型、两方程模型、四方程模型、七方程模型等。在实际工程应用中，通常会使用两方程模型，CFD 商用软件也不例外。本案例综合考虑了计算精度、计算时间以及收敛性等因素，使用含有两个微分方程的 k-ε 湍流模型对液舱晃荡进行模拟：

$$\frac{\partial \overline{u}_i}{\partial x_i}=0$$

$$\frac{\partial \overline{u}_i}{\partial x_i}+\overline{u}_j\frac{\partial \overline{u}_j}{\partial x_j}=f_i-\frac{1}{\rho}\frac{\partial \overline{\rho}}{\partial x_i}+v\frac{\partial^2 \overline{u}_i}{\partial x_j^2}-\frac{\partial \overline{u'_i u'_j}}{\partial x_j}$$

$$\rho\frac{\partial k}{\partial t}+\overline{\rho u}_j\frac{\partial k}{\partial x_j}=\tau_{ij}\frac{\partial \overline{u}_i}{\partial x_j}-\rho\varepsilon+\frac{\partial}{\partial x_j}\left[\left(\mu+\frac{\mu_{\mathrm{T}}}{\sigma_{\mathrm{k}}}\right)\frac{\partial k}{\partial x_j}\right]$$

$$\rho\frac{\partial \varepsilon}{\partial t}+\overline{\rho u}_j\frac{\partial \varepsilon}{\partial x_j}=\frac{\partial}{\partial x_j}\left[\left(\mu+\frac{\mu_{\mathrm{T}}}{\sigma_{\varepsilon}}\right)\frac{\partial \varepsilon}{\partial x_j}\right]+\rho C_1\overline{S}\varepsilon-\rho C_2\frac{\varepsilon^2}{k+\sqrt{v\varepsilon}}$$

式中，u_i 和 u_j 为瞬时速度分量；x_i 和 x_j 为瞬时位移分量；f_i 为体积力；ρ 为流体密度；v 为流体速度；u'_i 和 u'_j 为脉动速度分量；各参数上标的横杠表示雷诺平均；τ_{ij} 为湍流应力；$\mu_{\mathrm{T}}=\rho C_{\mu}k^2/\varepsilon$；$C_{\mu}$ 为经验系数；k 为湍动能；ε 为湍流耗散率；σ_{k}、σ_{ε}、C_1、C_2 分别为经验系数；S 为局部应变率；t 为时间；μ 为湍流黏度。

同时，对于浮动挡板运动的模拟工作，采用具有六自由度的刚体模型进行计算，同时，为保证结构在出现较大幅度运动时计算的准确性，采用重叠网格技术。

46.2.2 模型调试

本案例应用的数值模型及求解器如图 46-1 所示。

46.2.3 模型验证

以周期变化的简谐运动作为外部激励，达到在一定程度上模拟船舶运行过程中的纵荡现象。选用 VOF 数值模型来对水平激励下的液舱晃荡问题进行研究，为了验证数值模型的可靠性，针对 Faltinsen 的实验进行相同工况下的数值模拟。矩形液舱参数如图 46-2 所示。其中，FS1、FS2、FS3 为用于监测三个位置自由液面高度变化的波高仪。本案例将以 FS1 处的数据进行对比。

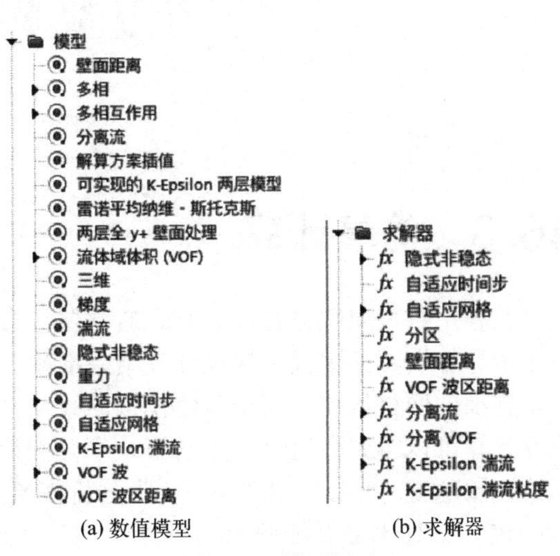

图 46-1 模型调试

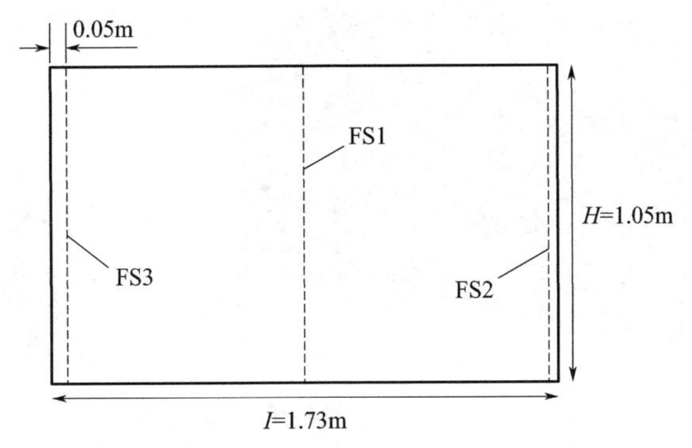

图 46-2 实验液舱参数

工况：$h/l=0.173$；$H/l=0.028$；$T=1.7\mathrm{s}$。h 为舱内水深，H 和 T 分别为外部简谐激励的幅值与周期。经过计算，得到数值模拟结果和实验结果对比，如图 46-3 所示。经过对比可以看出，对于 FS3 处自由液面晃动的频率和变化趋势，两种方法的计算结果吻合度较高，但会在某些波峰波谷处出现幅值偏差。这是由于自由液面幅值处于极值附近时，非线性现象会比较明显，这时，数值模拟无法将具体细节很好地呈现出来。综合来看，计算误差满足该工况下对黏流数值模拟的基本要求。

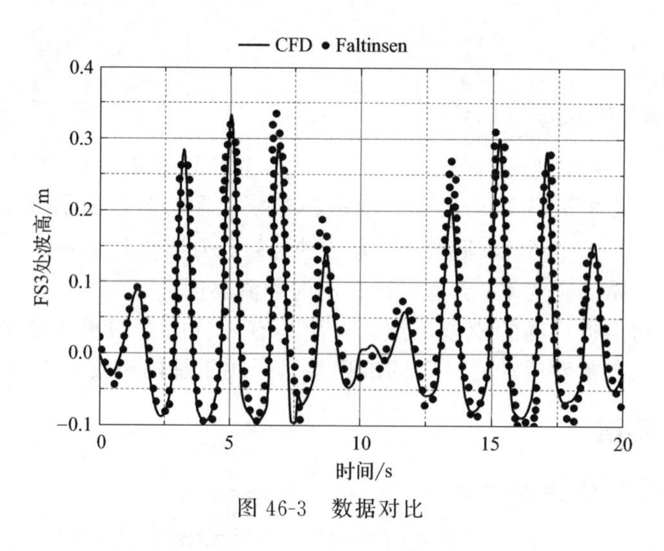

图 46-3 数据对比

46.3 仿真计算

在利用数值模拟进行计算时，通常要综合考虑精确度、收敛性和计算时间等，力求在占用较少计算资源的情况下保证计算结果准确。网格尺寸很大程度上决定了数值模拟的计算时间，精细的网格虽然有利于数值模拟的收敛性，但也会使计算时间大幅度上涨。通过网络无关性计算可以得到合适尺寸的网格。本案例计算用液舱为矩形液舱，液舱在水平方向受到外部简谐激励 $v=0.1\cos(3.368t)$。为分析液舱舱壁受力情况，在液舱左壁面布置压力监测点P1～P5，具体参数及如图 46-4 所示。对边界条件进行设定，四个舱壁及舱底均无滑移壁面，舱顶设为压力出口。

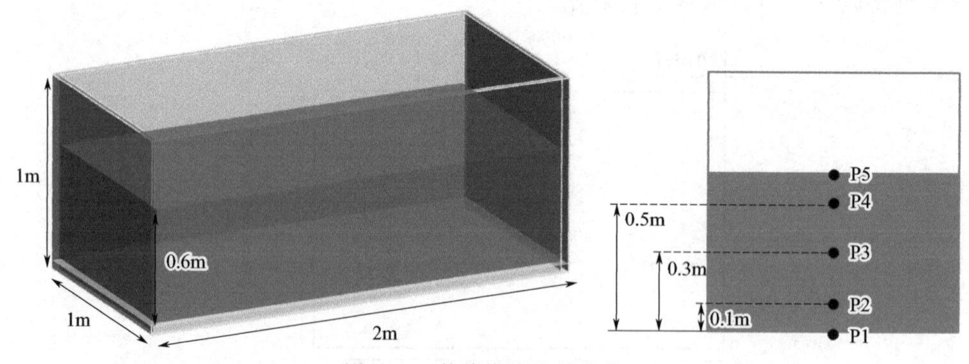

图 46-4 数值模拟液舱参数

根据液舱参数选定 0.1m、0.05m、0.025m 三种不同尺寸的网格进行划分，在同一工况下进行计算，得到液舱左壁面处的液面高度变化，如图 46-5 所示。可以看出，计算结果曲线拟合较好，在周期、峰值及变化趋势等方面呈现出一致性，说明本案例选择的数值模型和计算方法对晃荡问题的适应性较好，故而计算结果并没有因网格尺寸的变化而产生波动。综合考量计算精度和效率，选用尺寸为 0.05m 的网格进行划分。对边界条件进行设定，四个舱壁及舱底均设为无滑移壁面，舱顶设为压力出口，液舱网格划分情况如图 46-6 所示。

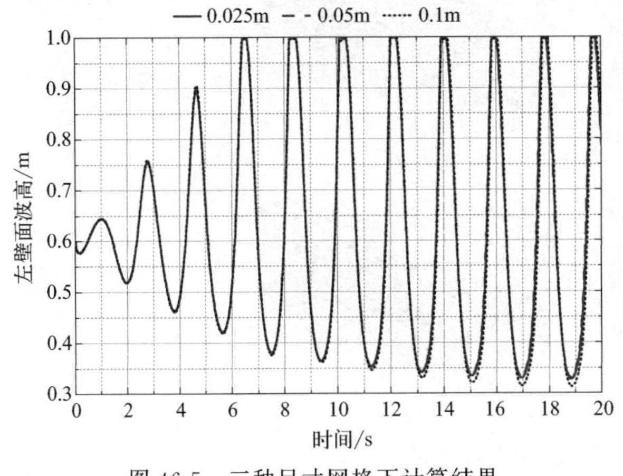

图 46-5 三种尺寸网格下计算结果

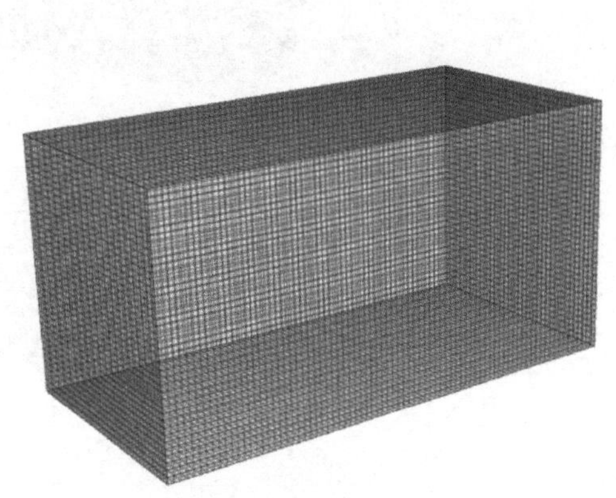

图 46-6 液舱网格划分情况

46.4 结果分析

46.4.1 液舱晃荡的共振现象

液舱在工作过程中有时会出现晃荡较为剧烈的情况，这是由于外部激励的频率与其本身固有频率相近或一致，导致了舱内液体出现共振现象。本案例选用的外部激励频率与液舱的固有频率一致，其内部的晃荡现象较为明显。如图 46-7 所示，五个监测点的压力曲线在晃荡过程中的变化趋势呈现一致性。同时，在压力峰值处出现双峰形态。这是由于液体运动滞后于液舱运动，在对壁面产生直接冲击后，惯性力会使其对壁面产生二次冲击。

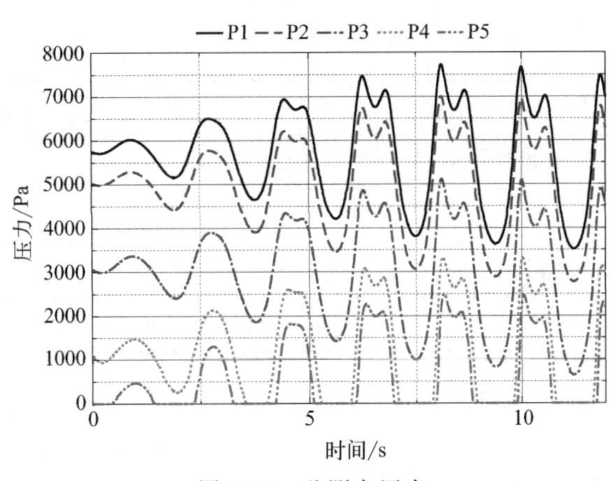

图 46-7 监测点压力

在晃荡过程中，自由液面的变化逐渐剧烈，后期出现了对舱顶的拍击现象，如图 46-8 所示。在实际应用中，这可能会对液舱结构产生破坏，缩短其使用寿命，在液舱的设计之初一般要结合工作条件。

46.4.2 浮动挡板的制荡效果

为了探究浮动挡板的制荡性能，本案例设置三种类型的浮动挡板机构，分别为单浮板机构、双浮板机构和 T 形挡板机构。具体布置方案如图 46-9 所示。

浮板的具体布置方式如表 46-1 所示。

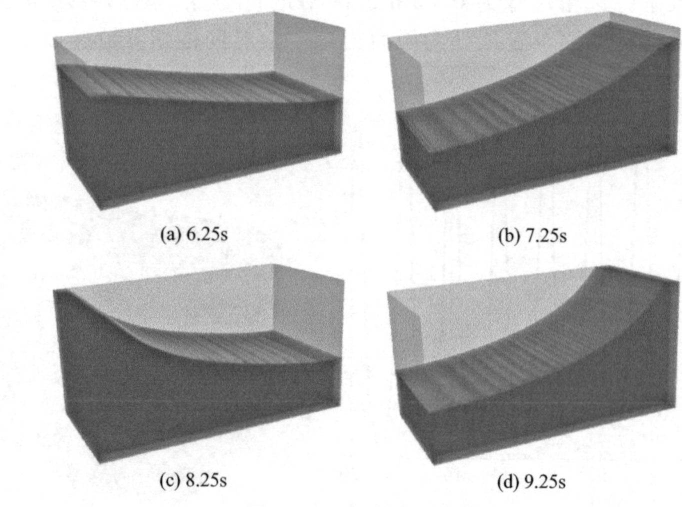

(a) 6.25s　(b) 7.25s

(c) 8.25s　(d) 9.25s

图 46-8　自由液面变化

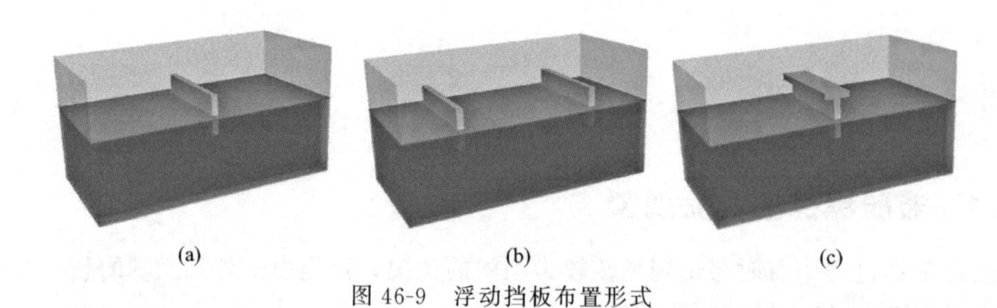

(a)　(b)　(c)

图 46-9　浮动挡板布置形式

表 46-1　浮板布置细节

浮板形式	尺寸/m	距左壁面距离/m
单浮板	0.3×0.8×0.05	1
双浮板 1	0.3×0.8×0.05	0.25
双浮板 2	0.3×0.8×0.05	0.25
T 形浮板	0.3×0.8×0.05、0.2×0.8×0.05	1

各浮板制荡计算结果对比如图 46-10、表 46-2 所示。从图中可以看出，三种浮动挡板机构的制荡效果存在差异。其中，单浮板和 T 形浮板的制荡效果较好且相差不多，双浮板的制荡效果相对较差。

表 46-2　压力峰值衰减情况　　单位：%

F_{max} 减少	单浮板	双浮板	T 形浮板
P1	16.3	11.1	17.1
P2	14.5	8.8	15.5
P3	22.1	14.0	23.5
P4	34.4	24.2	37.4
P5	44.3	32.2	49.1

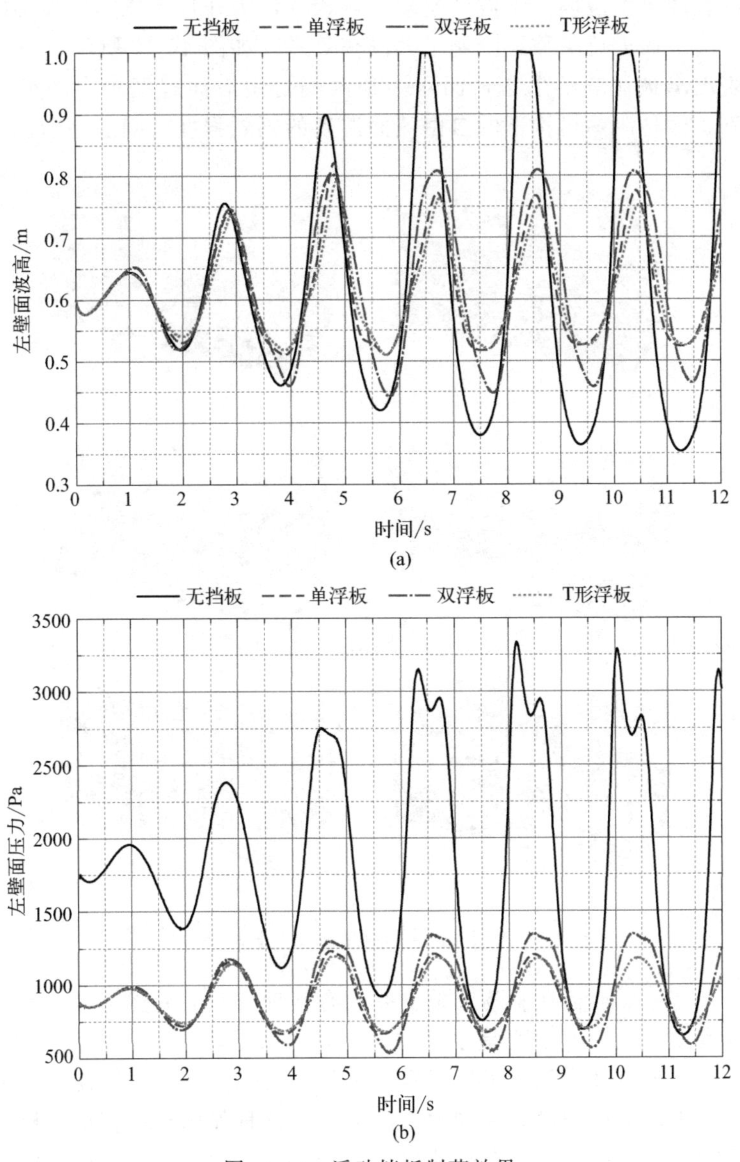

图 46-10　浮动挡板制荡效果

整体而言，三种浮动挡板机构对晃荡现象均起到了抑制作用，左壁面处的波高值和压力值都大幅度降低。自由液面波动不再剧烈，液体对舱顶的冲击现象完全消失，左壁面的受力情况也有了明显的改善。从图 46-10 中可以看出，在没有制荡机构的情况下，左壁面压力曲线同 5 个监测点压力曲线类似，在幅值最大处产生双峰现象。这种二次冲击现象，单浮板和 T 形浮板基本将其消除，双浮板也很大程度上将其削弱。而从监测点压力峰值的衰减程度来看，舱壁上方压力减小较多。这是由于随着高度的上升，舱壁受到的冲击不仅会被浮板和水的直接作用削弱，同时也受到自由液面波动减缓的影响，这就使得高处的压力值衰减幅度较大。

浮板制荡效果差异源于浮板不同的布置方式。在简谐激励作用下，舱内自由液面的一阶固有振型呈简谐形态。单浮板和 T 形浮板置于液舱的中间位置，此处的自由液面斜率变化剧烈但上下波动不大，浮板的上下运动幅值便相对较小，这使得其对液面的阻截能力较强；

而双浮板所处位置的自由液面上下波动剧烈，浮板在浮力作用下也随之大幅度运动，导致其无法很好地对自由液面进行阻截，限制了其制荡效果。如图 46-11 所示，可以看出单浮板两侧的自由液面表现出被截断的形态，而双浮板两侧自由液面过度较为平滑，阻截效果不明显。在相同时刻，两种制荡机构下的自由液面波动的剧烈程度有明显差别。

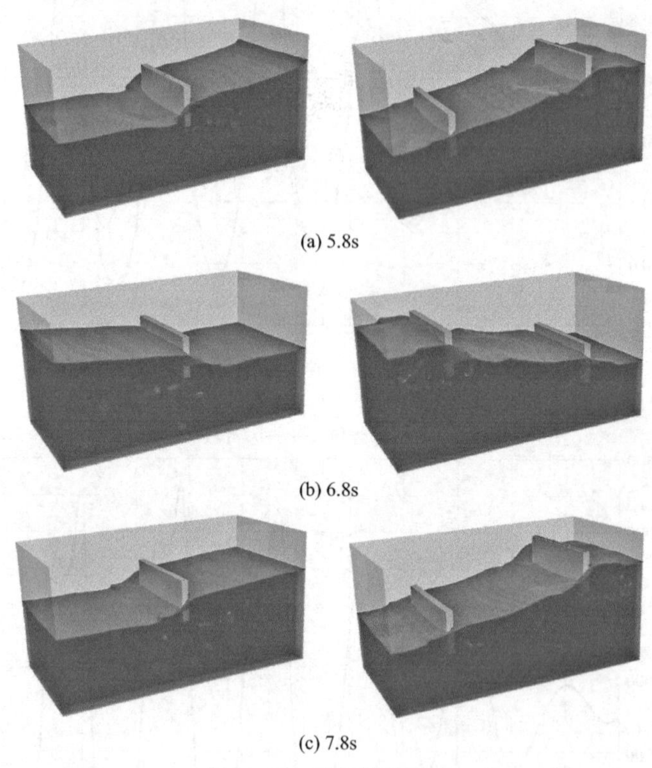

(a) 5.8s

(b) 6.8s

(c) 7.8s

图 46-11 制荡效果对比

比较于单浮板，T 形浮板在制荡效果上并没有表现出明显的优越性，原因可能在于液舱内液体在晃荡过程中的惯性力主要是水平方向的，与 T 形浮板的窄版的法向垂直，这就导致了液体和浮板这一部分基本没有可以提升制荡效果的相互作用，即使是在晃荡现象较为剧烈的情况下，水平板部分依旧没有受到太大的冲击，这种作用形态和单浮板相差无几，造成了两种浮板制荡效果相近的结果，在晃荡过程中处于浮板附近的自由液面形态也基本相同。

参考文献

[1] Armenio V，Rocca M L. On the analysis of sloshing of water in rectangular containers：Numerical study and experimental validation [J]. Ocean Engineering，1996，23 (8)：705-739.

[2] Faltinsen O M. A nonlinear theory of sloshing in rectangular tanks [J]. Journal of Ship Research，1974，18 (4)：224-241.

[3] Faltinsen O M，Timokha A N. Asymptotic modal approximation of nonlinear resonant sloshing in a rectangular tank with small fluid depth [J]. Fluid Mech，2002，470，319-357.

[4] Faltinsen O M，Timokha A N. Sloshing [M]. Cambridge University Press，New York，USA；Cambridge，2009.

[5] Liu D M，Lin P Z. Three-dimensional liquid sloshing in a tank with baffles [J]. Ocean Engineering，2009，36：202-212.

[6] 于曰旻. 带新型浮式制荡装置的液舱晃荡和制荡效果研究 [D]. 上海：上海交通大学，2017.